新编机床电气与PLC控制技术

主编　高安邦　智淑亚　徐建俊
参编　朱　静　陈俊生　崔荣兰
主审　俞　宁

机 械 工 业 出 版 社

本书从凸现工学结合、学用一致，理论密切联系生产实际，“教、学、做”一体化的现代教学特色，注重对大学生进行素质和技能培养与提高的实用角度出发，详尽介绍了“机床电气与 PLC 控制技术”。全书共分 8 章，主要介绍机床传动控制中的电动机、机床常用低压电器和图形符号说明、机床电气控制电路的基本环节、机床控制中的 PLC 技术、典型机床的电气与 PLC 控制、机床电气与 PLC 控制系统设计、机床电气与 PLC 控制实验与实训指导和施耐德公司的 Twido 系列 PLC 开发应用指南。这是一部既有理论教学，更突出工程实践的新编综合性教程。

本书可作为普通高等理工科院校相关专业本、专科教材及参考书；也适宜教学、科研和工矿企事业单位的工程技术人员学习掌握机床电气控制与 PLC 技术以及在设计改造传统机床、机电控制设备的应用中参考。

图书在版编目(CIP)数据

新编机床电气与 PLC 控制技术/高安邦等主编. —北京：机械工业出版社，2008.2（2014.3 重印）
ISBN 978-7-111-23267-4

Ⅰ. 新… Ⅱ. 高… Ⅲ. ①机床-电气控制②可编程序控制器
Ⅳ. TG502.35 TP332.3

中国版本图书馆 CIP 数据核字（2008）第 002399 号

机械工业出版社(北京市百万庄大街 22 号 邮政编码 100037)
责任编辑：黄丽梅 版式设计：冉晓华 责任校对：魏俊云
封面设计：王奕文 责任印制：刘 岚
北京圣夫亚美印刷有限公司印刷
2014 年 3 月第 1 版 · 第 6 次印刷
169mm×239mm · 29.5 印张 · 572 千字
15001—16500 册
标准书号：ISBN 978-7-111-23267-4
定价：43.00 元

凡购本书，如有缺页、倒页、脱页，由本社发行部调换
电话服务
社服务中心 :(010)88361066
销 售 一 部 :(010)68326294
销 售 二 部 :(010)88379649
读者购书热线:(010)88379203
网络服务
门户网:http://www.cmpbook.com
教材网:http://www.cmpedu.com
封面无防伪标均为盗版

前　言

机床电气与PLC控制技术是综合了机床设备、电气控制和PLC应用技术的一门新兴科学，是实现机械加工、工业生产、科学研究以及其他各个领域自动化的重要技术之一，它是“机械设计制造及其自动化”、“机械电子工程（机电一体化）”、“数控机床”、“电气工程”、“工企自动化”、“计算机应用”以及“自动化”等专业的一门重要的新专业课，应用特别广泛。该新兴技术教学的目的无疑就是使学生掌握典型机床加工设备的机械结构组成、生产工艺过程、对电气控制的要求以及传统机床设备电气控制特点，并了解传统机电技术上的落后，从而采用先进的PLC技术加以改造和研发创新；这是一门工学结合、学用一致、理论紧密联系生产实际、能有效培养学生分析和解决生产实际问题的工程实践创新能力和综合素质的应用技术。本书编者就是一些多年来一直在从事“机电一体化”新学科教学发展和科研开发的专家教授，他们一直承担着机床电气与PLC控制技术这门新专业课的教学和科研开发。

然而遗憾的是，目前图书市场上没有一本教材是将机床设备、电气控制和PLC应用技术三者融会贯通在一起，尤其是把PLC技术真正用在机床设备的改造设计上。机床电气与PLC控制技术教材不针对性地介绍PLC高新技术在机床设备上的应用，机床设备电气与PLC控制技术严重脱节，学生们学完该课程后不会应用先进的PLC高新技术改造技术落后的传统机床老设备，甚至不知道PLC技术是怎样控制机床设备的；这就是目前图书市场上的机床电气与PLC控制技术教材的严重弊端和缺陷。现在PLC已被排在现代工业四大支柱（PLC、数控机床、工业机器人、CAD/CAM）之首位，其推广应用的程度已被作为衡量一个国家先进水平的重要标志。本书编者从事该课程教学多年，深感此类教材的学和用、理论和实践的严重脱节，即学习过机床电气与PLC应用技术课程的学生改造或设计不了真实机床的电气和PLC控制系统。

大学生素质和技能教育的教学课程改革必须从教材改革入手，机床电气与PLC应用技术课程的教学目的和宗旨就是要学生学会机床电气控制技术和PLC应用技术，并把两种技术能有机地融合在一起，用先进的PLC技术改造传统落后的机床及机械设备，设计出现代化的机床PLC控制系统来，达到工学结合、理论教学服务于生产实践之目标。

本书编者早就想编写一本能改造和设计出现代机床PLC控制的好书。本书的编写正是从实际的工程应用出发，努力培养学生的综合素质和技能，力求设计实例丰富，可读性、可用性和实践性强，学生通过学习和参考此书，能进行传统落后机床及机械设备的PIC技术改造和创新设计。它要将机床设备、电气控制和PLC应用技术三者融会贯通在一起，尤其是把PLC技术真正用在机床设备的技术改造和创新设计上。

本教材将从使用的角度出发，以培养学生的综合素质和工程实践创新能力为主线，突出工艺要领与操作，既注重传统技能的培养，又注重高新技术应用能力的开发。书中将详细介绍机床中常用交直流电动机的工作特性；低压电器的结构组成、图形符号、工作原理、使用说明；机床电气控制的基本电路环节；日本三菱公司FX_{2N}和施耐德公司Twido系列PLC的原理与应用；典型机床电气控制电路和PLC控制电路的分析与设计等内容，偏重点放在PLC新技术在典型机床设备的开发应用上，因而具有知识新、实用性和综合性强等特点。

由于电气控制与PLC控制本是起源于同一体系，只是发展的阶段不同，在理论和应用上是一脉相承的，因此本书将机床电气控制技术和PLC应用技术的内容融会贯通编写在一起，能够更好地体现出它们之间的内在联系，使本书的结构和理论基础系统化，并更具有科学性和先进性。本书注意精选内容，结合实际，突出应用，注重实例。在编排上循序渐进、由浅入深；在内容阐述上，力求简明扼要，图文并茂，通俗易懂，便于教学和自学。在绘图上使用国家最新标准。由于本课程的实践性强，因此配合理论教学还编写了“机床电气控制与PLC技术”的实验与实训指导之内容。这是一部既有理论，更突出实践的综合性教程。

本书可作为普通高等理工科院校“机械设计制造及自动化专业”、“机械电子工程专业”、“数控机床专业”、“汽车专业”、“自动控制工程专业”、“电气工程专业”、“工企自动化专业”、“计算机应用专业”及相关专业本、专科教材及参考书；各类机电、电气、自动化、计算机应用技术培训及实训班最理想的实用教材及参考书；更适宜教学、科研和工矿企事业单位的工程技术人员学习掌握机床电气控制与PLC技术以及在设计改造传统机床、机电控制设备的应用中参考。尤其是在该课程计划教学课时普遍不足的情况下，本书更是一部理想的自学专业教材。

本书中的PLC选用在我国引进最早、应用最广泛，各类教材中选用也最多、最具有代表性、普遍性和先进性的日本三菱公司新一代FX_{2N}系列PLC。近来施耐德公司的PLC物美价廉，很畅销，亚龙（教仪）科技集团有限公司利用施耐德公司PLC制作的YL-100A电工电子设备（含PLC实验）一举国家中标，被不少高校政府采购选用，但目前的图书市场上尚看不到有介绍它的书籍。本书在第8章还特别介绍了当今图书市场上短缺的有关施耐德公司PLC的内容。

本书的编写已被列入中国高等教育学会“十一五”教育科学规划课题（批

准号：06AIP0090046）；江苏省教育科学"十一五"规划 2006 年度课题（立项编号：高校系统 179）；山东省教育科学"十一五"规划 2006 年度课题（立项编号 115GG41）；黑龙江省教育科学"十一五"规划 2006 年度课题（批准编号：HGG027）；淮安信息职业技术学院 2007 年重点教科研课题和哈尔滨理工大学 2006 年教学科研课题等。

本书的编写既是编者多年来教学和实践经验的概括和总结，又博采了目前各教材和著作的精华。参加该书编写工作的有高安邦教授（选题、立项、制定编写大纲和前言、第 8 章等）、智淑亚副教授（第 3 章、第 5 章）、徐建俊副教授/高级工程师（第 4 章）、朱静副教授/高级工程师（第 1 章、第 2 章）、陈俊生高级工程师（第 6 章和附录）、崔荣兰高级工程师（第 7 章）。全书由淮安信息职业技术学院特聘教授、哈尔滨理工大学教授、硕士生导师高安邦主持编写和负责统稿；聘请全国电子信息产业专业教学指导委员会委员、淮安市电子学会副理事长、计算机学会副理事长、淮安信息职业技术学院主管教学的副院长俞宁副教授/高级工程师担任主审，他对本书的编写提供了大力主持，并提出了宝贵的编写意见；高安邦教授指导的硕士学位研究生杨帅、姜姗、刘磊、吕宝增、罗梦、卫军峰等也为本书做了大量的辅助性工作，在此表示最衷心的感谢！本书的编写得到了淮安信息职业技术学院、金陵科技学院和哈尔滨理工大学的大力支持，在此也表示最真诚的感激之意！

一本新书的出版一般都是在认真总结和引用前人知识和智慧的基础上创新发展起来的，本书的编写也参考和引用了许多前人优秀教材与研究成果的结晶和精华。在此向本书所参考和引用资料、文献、教材和专著的编著者表示最诚挚的敬意和感谢！

本书是 21 世纪新时代的新编教材，既要凸现工学结合、学用一致、理论密切联系生产实际、"教、学、做"一体化等教学特色，又要注重对大学生素质和技能的培养和提高，所以难度较大。鉴于编者的水平和经验有限，书中错误、疏漏、不足之处肯定不少，恳请读者和专家们不吝批评、指正、赐教。

编　者

目录

第1章　机床传动控制中的电动机

主要内容

1）机床传动控制常用交流电动机的基本结构、工作原理和机械特性。

2）机床传动控制常用直流电动机的基本结构、工作原理和调速方法。

3）数控机床传动控制常用伺服电动机的基本结构、工作原理和机械特性。

学习重点及教学要求

1）从使用的角度重点掌握三相交流异步电动机的基本结构、工作原理、工作特性。

2）从使用的角度一般了解直流电动机的基本结构、工作原理、工作特性。

3）从使用的角度一般了解常用伺服电动机的基本结构、工作原理、工作特性。

普通机床和数控机床的结构组成框图如图1-1和图1-2所示。

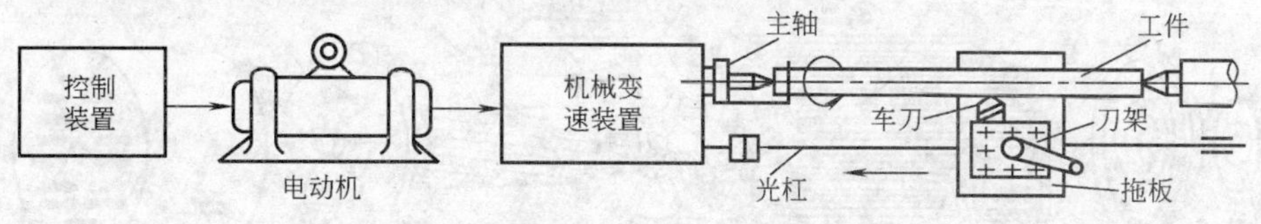

图1-1　普通机床的结构组成框图

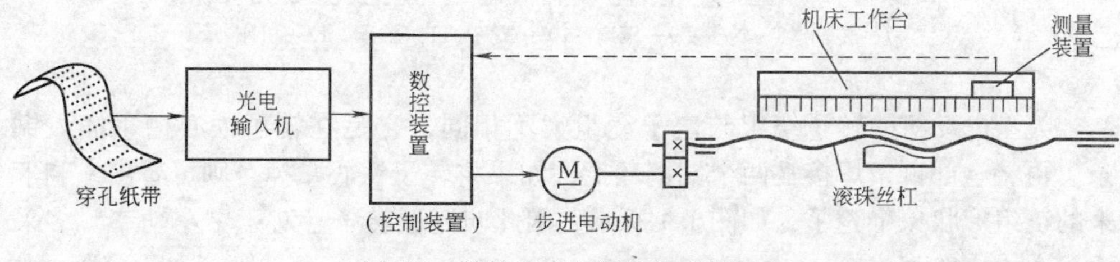

图1-2　数控机床的结构组成框图

由图 1-1 和图 1-2 可知，机床的传动控制主要就是电动机的控制，电动机包括普通电动机和控制电动机，控制方法有继电器-接触器控制、PLC 控制、步进电动机控制、交直流调速控制、伺服驱动控制、计算机数控等。随着电力电子技术的发展，还会出现各种各样新的控制方法，这些方法将是普通机床和现代数控机床传动控制的基础。因此，要学好机床电气和 PLC 控制必须首先要了解和掌握机床传动电动机及其拖动的基本知识。

1.1 交流异步电动机的工作原理和运行特性

交流异步电动机按照转子的结构形式分为笼型异步电动机和绕线转子异步电动机。笼型异步电动机因具有结构简单、制造方便、价格低廉、坚固耐用、转子惯量小、运行可靠等优点，在机床中得到了极其广泛的应用。绕线式异步电动机因其转子采用绕线方式，具有调速简单、成本低的优点，在吊车、卷扬机等中小设备中得到了广泛的应用。

1.1.1 异步电动机的工作原理及其机械特性

图 1-3 所示是一台三相异步电动机，它主要由定子、转子两大部分构成，定子与转子之间有一定的气隙。定子是静止不动的部分，由定子铁心、定子绕组和机座组成。转子是旋转部分，由转子铁心、转子绕组和转轴组成。

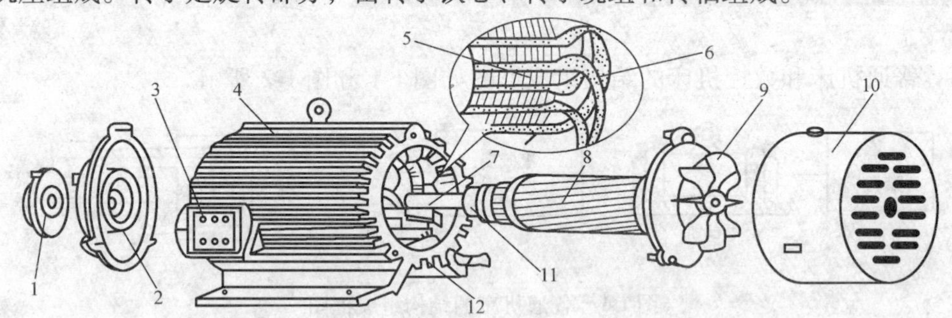

图 1-3 三相异步电动机的结构图

1—轴承盖 2—端盖 3—接线盒 4—散热筋 5—定子铁心 6—定子绕组 7—转轴 8—转子 9—风扇 10—罩壳 11—轴承 12—机座

笼型电动机的转子绕组与定子绕组大不相同，它是在转子铁心槽里插入铜条。再将全部铜条焊接在两个端铜环上，如果将转子铁心拿掉，则可看出，剩下来的绕组形状象个笼子，如图 1-4 所示，因此叫笼型转子。对于中小功率，多采用铝离心浇铸而成。

绕线式异步电动机的转子绕组与定子绕组一样，是由线圈组成绕组放入转子铁心槽里，转子可以通过电刷和集电环外串电阻以调节转子电流的大小和相位的方式进行调速，如图 1-5 所示。

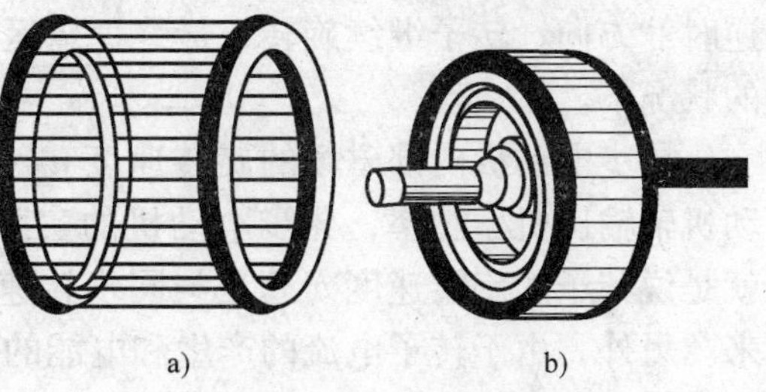

图 1-4　三相异步电动机的结构图
a）笼型绕组　b）转子外形

笼型异步电动机不能使转子电阻改变而调速，但同绕线式电动机相比要坚固而价廉，在机床等实际工业现场使用的电动机当中，绝大多数是笼型异步电动机。

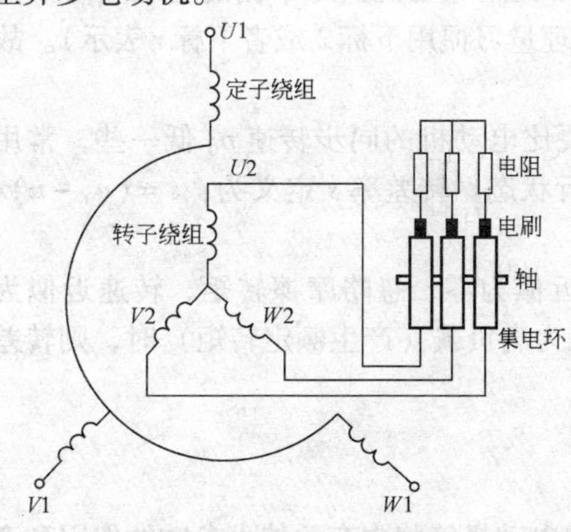

图 1-5　绕线式异步电动机定转子绕组及外加电阻的接线方式

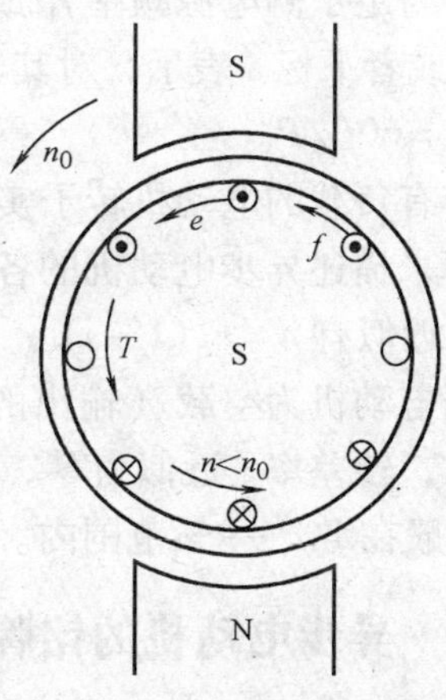

图 1-6　异步电动机的工作原理

1.1.2　异步电动机的工作原理

异步电动机的工作原理如图 1-6 所示。当定子接三相对称电源后，电动机内便形成圆形旋转磁场，设其方向为逆时针旋转，假设速度为 n_0。若转子不转，转子笼型导条与旋转磁场有相对运动，转子导条中便感应有电动势 e，方向由右手定则确定。由于转子导条彼此在端部短路，于是导条中便有感应电流，不考虑电动势与电流的相位差时，电流方向同电动势方向。这样，载流导条就在磁场中感生电磁力 f，形成电磁转矩 T，用左手定则确定其方向，如图 1-6 所示。转子在方向与旋转磁场同方向的力 f（电磁转矩 T）的作用下，转子便沿着该方向跟随着旋转磁场旋转起来。

转子旋转后，假设其转速为 n，只要 $n < n_0$，转子导条与磁场之间仍有相对

运动，产生与转子不转时相同方向的电动势、电流及受力 f，电磁转矩 T 仍旧为逆时针方向，转子继续旋转，最终稳定运行在电磁转矩 T 与负载转矩 T_L 相平衡的状况下。

异步电动机内部磁场的旋转速度 n_0 被称作同步转速。在电动机运行时，电动机轴输出机械功率，异步电动机的实际转速 n 总是低于旋转磁场转速 n_0，也就是说转子的旋转速度 n 总是与同步转速 n_0 不等，故异步电动机的名称由此而来。另外，由于转子电流的产生和电能的传递是基于电磁感应现象，故异步电动机又称为感应电动机。

异步电动机的同步转速 n_0 与定子绕组磁极对数 P（等于磁极数的一半）成反比，与定子侧电源频率 f_1 成正比（对于交流电动机其定子侧的物理量习惯用下标 l 或者下标 s 表示，对其转子侧的物理量习惯用下标 2 或者下标 r 表示）。故有：$n_0 = 60f_1/P$。

带有负载的电动机转子实际转速 n 要比电动机的同步转速 n_0 低一些，常用转差率来描述异步电动机的各种不同运行状态。转差率 s 定义为：$s = (n_0 - n)/n_0$；故近似有 $n = n_0(1 - s)$。

当电动机为空载（输出的机械转矩近似为零，忽略摩擦转矩，转速近似为 n_0）时，转差率 s 近似为零。而当电动机为满负载（产生额定转矩）时，则转差率 s 一般在 1% ~9% 范围内。

1.1.3 异步电动机的铭牌

铭牌是电动机的身份证，认识和了解电动机铭牌中有关技术参数的作用和意义，可以帮助正确地选择、使用和维护它。图 1-7 是我国使用最多的 Y 系列三相感应电动机铭牌的一个实例。

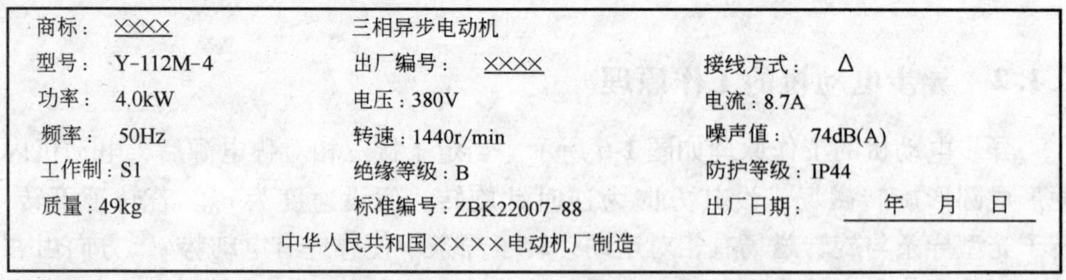

商标：××××	三相异步电动机	
型号：Y-112M-4	出厂编号：××××	接线方式：Δ
功率：4.0kW	电压：380V	电流：8.7A
频率：50Hz	转速：1440r/min	噪声值：74dB(A)
工作制：S1	绝缘等级：B	防护等级：IP44
质量：49kg	标准编号：ZBK22007-88	出厂日期：　年　月　日
	中华人民共和国××××电动机厂制造	

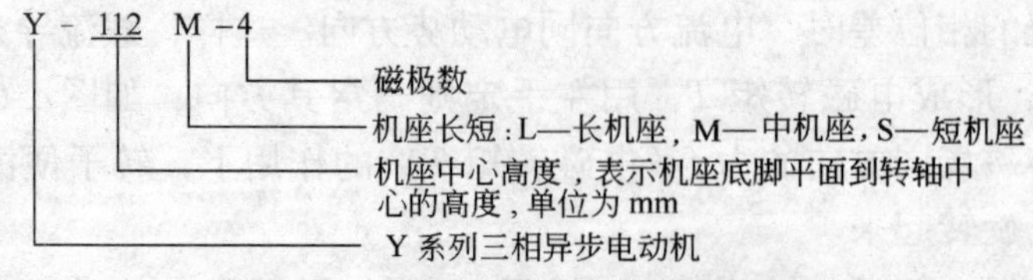

图 1-7　Y 系列三相感应电动机铭牌

1. 型号

如 Y-112M-4。

2. 额定值

（1）额定功率 P_N　指电动机在额定运行时，电动机轴上输出的机械功率，单位为 kW；

（2）额定电压 U_N　指额定运行状态下加在电动机定子绕组上的线电压，单位为 V；

（3）额定电流 I_N　指电动机在定子绕组上施加额定电压、电动机轴上输出额定功率时的线电流，单位为 A；

可以根据电动机的额定电压、电流及功率，利用三相交流电路功率计算公式计算出电动机在额定负载时定子边的功率因数 $\cos\phi$。例如图 1-7 所示铭牌的电动机在额定负载时的功率因数 $\cos\phi = 4000/(3^{1/2} \times 380 \times 8.7) = 0.699$。

（4）额定频率 f_N　我国规定工业用电的频率是 50Hz，国外有些国家采用 60Hz。

（5）额定转速 n_N　指电动机定子加额定频率的额定电压、轴端输出额定功率时电动机的转速，单位为 r/min。可以根据额定转速与额定频率计算出电动机的极数 P 和额定转差率 s_N。

3. 噪声值（LW）

噪声值是指电动机在运行时的最大噪声。一般电动机功率越大，磁极数越少，额定转速越高，噪声越大。

4. 工作制式

工作制式是指电动机允许工作的方式，共有 S1 ~ S10 十种工作制。其中，S1 为连续工作制；S2 为短时工作制；其他为不同周期或者非周期工作制。

5. 绝缘等级

绝缘等级与电动机内部的绝缘材料有关。它与电动机允许工作的最高温度有关，共分 A、E、B、F、H 五种等级。其中 A 级最低，H 级最高。在环境温度额定为 40℃时，A 级允许的最高温升为 105℃，H 级允许的最高温升为 140℃。

6. 连接方法

有如图 1-8 所示的Y/△两种方式。请注意有些电动机只能固定一种接法，有些电动机可以两种切换工作。但是要注意工作电压，防止错误接线烧坏电动机。高压大、中型容量的异步电动机定子绕组常采用Y接线，只有三根引出线。对中、小容量低压异步电动机，通常把定子三相绕组的六根出线头都引出来。根据需要可接成Y型或△型，如图 1-8 所示。另外，有一点需要说明的是，在电动机直接起动过程中，为了减小起动冲击电流[$I_Q = (5 \sim 7) I_N$]对于电网的影响，一种简单、实用、低成本的方法是采用如图 1-9 所示的Y/△降压起动、起动过程用Y连接（KM 和 KM_1 闭合，KM_2 断开），起动过程结束后切换为△连接（KM 和 KM_2 闭合，KM_1 断开）运行。

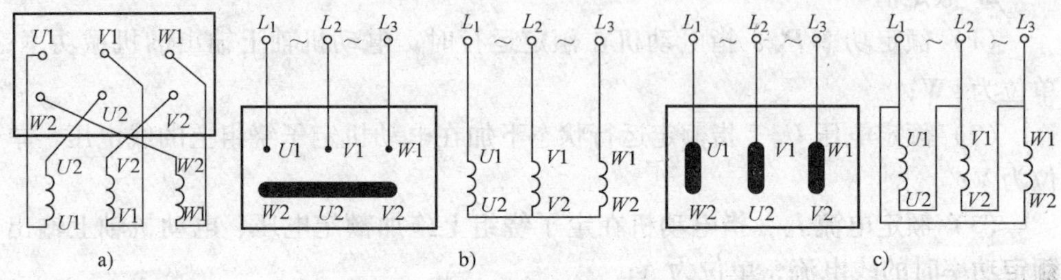

图 1-8 三相异步电动机的引出线

a）线端的排列 b）Y连接 c）△连接

7. 防护等级

IP 为防护代号，第一位数字（0 ~ 6）规定了电动机防护体的等级标准。第二位数字（0 ~ 8）规定了电动机防水的等级标准。如 IP00 为无防护，数字越大，防护等级越高。

8. 其他

对于绕线转子电动机还必须标明转子绕组接法、转子额定电动势及转子额定电流；有些还标明了电动机的转子电阻；有些特殊电动机还标明了冷却方式等。

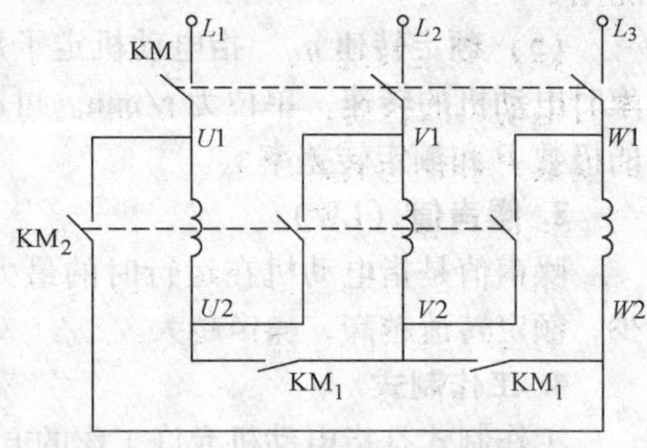

图 1-9 Y/△降压起动的接线图

1.1.4 三相异步电动机的机械特性

在异步电动机中，电动机电磁转矩 T 与转差率 s 的关系 $T=f(s)$ 通常叫做 T-s 曲线。为了符合习惯画法。可将 T-s 曲线转换成转速 n 与转矩 T 之间的关系曲线 $n=f(T)$，称为异步电动机的机械特性。分为固有机械特性和人为机械特性。

1. 固有机械特性

异步电动机在额定电压和额定频率下，用规定的接线方式，定子和转子电路中不串联任何电阻或电抗时的机械特性称为固有（自然）机械特性，如图 1-8 所示。曲线 1 为电源正相序时的固有机械特性；曲线 2 为负相序时的曲线。其特点如下：

1）在 $0<s\leqslant 1$，即 $0<n<n_0$ 的范围内，特性在第一象限，电磁转矩 T 与转速 n 都为正，电动机工作在电动状态，电动机轴输出机械功率。

2）在 $s<0$ 范围内，$n>n_0$，特性在第二象限，电磁转矩 $T<0$ 为负值，工作在发电状态，电动机的轴机械功率转化为电能。

3）在 $s>1$ 范围内，$n<0$，特性在第四象限。$T>0$，电动机处于一种制动状态。

从特性曲线上可以看出，其中有四个特殊点可以决定特性曲线的基本形状和异步电动机的运行性能，这四个特殊点是：

1）$T=0$，$n=n_0$，$s=0$，电动机处于理想空载转速（同步转速）n_0。实际上由于摩擦力矩的存在，电动机的理想空载转速只是一个理论值，对应图 1-10 中的 a 点。

2）$T=T_N$（电动机输出额定转矩），$n=n_N$，$s=s_N$ 为电动机额定工作点，对应图 1-10 中的 b 点。此时，$T_N=9550P_N/n_N$。

3）$T=T_{max}$（电动机最大转矩），$n=n_m$（临界速度），$s=s_m$（临界转差率），为电动机的临界工作点，当电动机的负载转矩超过此点时，电动机的输出转矩将会急剧下降，转速也会随之下降，甚至造成堵转，对应图 1-10 中的 c 点。

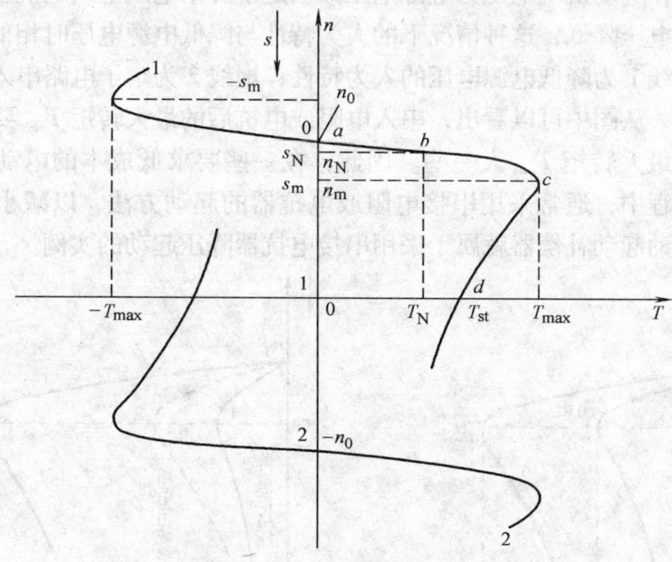

图 1-10　电动机的固有机微特性

4）$T=T_{st}$（电动机起动转矩），$n=0$，$s=1$，为电动机的起动工作点，对应图 1-10 中的 d 点。通常把在固有机械特性上起动转矩与额定转矩之比 $\lambda_{st}=T_{st}/T_N$ 作为衡量异步电动机起动能力的一个重要数据；把 $\lambda_m=T_{max}/T_N$ 称为电动机的过载能力系数，它表征了电动机能够承受过负载的能力大小。绕线型转子电动机的 λ_m 往往大于笼型异步电动机，这就是绕线转子电动机多用于起重、冶金等冲击性负载的机械设备上的原因。

2. 人为机械特性

异步电动机的机械特性除与电动机的参数有关外，还与外加定子电压 U_1、定子电源频率 f_1、定子或者转子电路中串入的电阻或电抗等有关，将这些参数人为地加以改变而获得的机械特性称为异步电动机的人为机械特性。

（1）降低电源电压时的人为机械特性　降低电动机电源电压时的人为机械特性如图 1-11 所示。从图中可以看出，电压的改变并不影响理想空载转速 n_0 和临界转差率 s_m，只是影响 T_{max}，即电压越低，人为机械特性曲线越往左移。理论可以证明，最大转矩 T_{max} 与 U_1^2 成正比。因此，如果电压降低太多，会大大降低电动机的过载能力与起动转矩。甚至使电动机发生堵转或者根本不能起动的现象。此外，电网电压下降，在负载不变的条件下，将使电动机转速下降，转差率增大，电流增加；引起电动机发热甚至烧坏。在实际应用中常采用的软起动器就是采用晶闸管（SCR）调压调速的原理而设计的起动装置。

（2）定子电路接入电阻或电抗时的人为机械特性　在电动机定子电路中外串电阻或电抗后，电动机端电压为电源电压减去定子外串电阻上或电抗上的压降，致使定子绕组相电压降低，这种情况下的人为特性与降低电源电压时相似。如图 1-12 所示，图中实线 1 为降低电源电压的人为特性；虚线 2 为定子电路串入电阻或电抗时的人为特性。从图中可以看出，串入电阻或电抗后的最大转矩 T_{max} 要比直接降低电源电压时的最大转矩 T_{max} 大一些。因此，在一些要求低成本的电动机起动的场合，在起动过程中，通常采用串接电阻或电抗器的起动方法，以减小对电网的冲击。常用的手动起动补偿器就属于采用串接电抗器降压起动的实例。

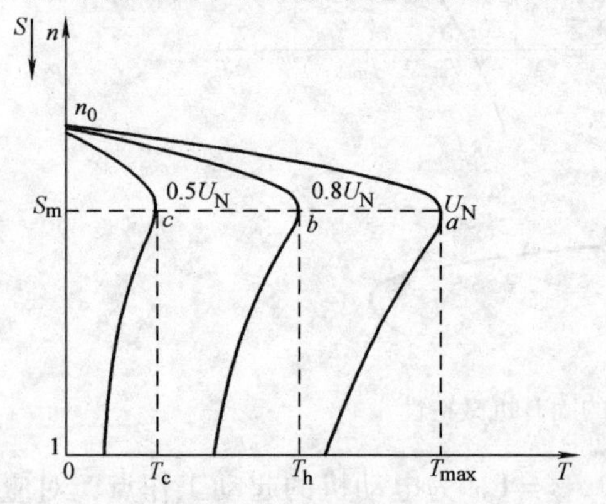

图 1-11　改变电源电压时的人为机械特性

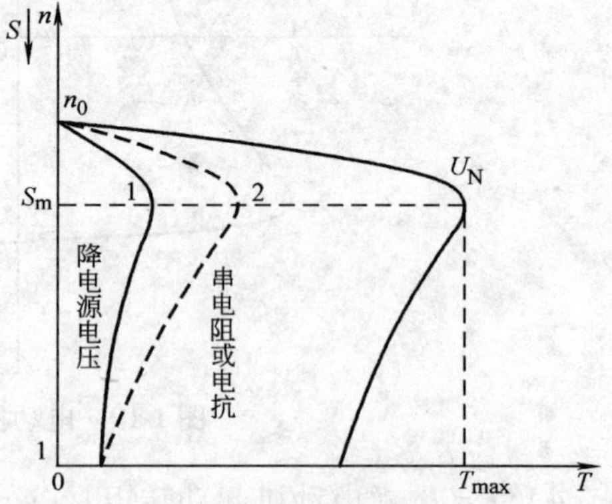

图 1-12　定子电路外接电阻或电抗时的人为机械特性

（3）改变定子电源频率时的人为机械特性　改变定子电源频率 f_1 对三相异步电动机机械特性的影响是比较复杂的，一般变频调速采用恒转矩调速，即希望最大转矩 T_{max} 保持为恒值。电动机气隙磁通保持不变，为此在改变频率 f_1 的同时，电源电压 U_1 也要做相应的变化，使 E_1/f_1 = 常数。在上述条件下，存在有 $n_0 \propto f_1$，$T_{st} \propto 1/f_1$ 和 T_{max} 不变的关系，即随着 f_1 频率的降低，理想空载转速 n_0 要减小，临界转差率 s_m 要增大，起动转矩 T_{st} 要增大，而最大转矩 T_{max} 维持不变，如图 1-13 所示。

（4）转子电路串电阻时的人为机械特性　在三相绕线转子异步电动机的转子电路中串入电阻后的机械特性如图 1-14 所示。电阻的串入对理想空载转速 n_0、最大转矩 T_{max} 没有影响，但临界转差率 s_m 则随着电阻的增加而增大，此时的人为特性将是一根比固有机械特性较软的一条曲线。

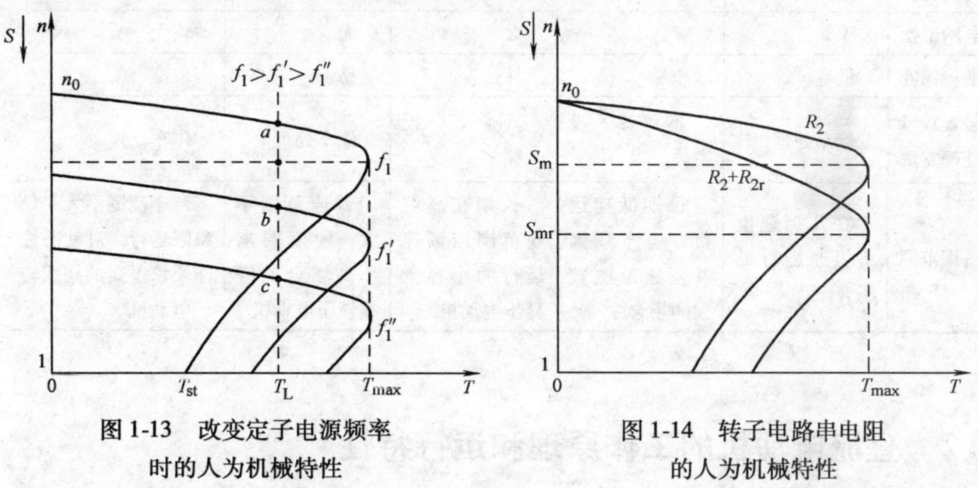

图 1-13　改变定子电源频率时的人为机械特性

图 1-14　转子电路串电阻的人为机械特性

1.1.5　异步电动机的一般调速方法

异步电动机实际转速 n 与电动机输入定子电源频率 f_1、转差率 s 和电动机磁极对数 P 的关系式为：$n = 60 \times (f_1/P) \times (1-s)$。可以看出，异步电动机的调速有通过改变磁极对数 P、调节转差率 s 及改变定子频率 f_1 三种方式。常用的异步电动机调速方法及其比较见表 1-1，由表中的对比可以看出，PWM 变频调速是最理想的调速方式，将在以后变频调速课程中做专门阐述。

表 1-1　常用的异步电动机调速方法及其比较表

调速方法	磁极对数 P	改变定子频率	调节转差率 s		
调速根据	改变电动机极对数 P	PWM 变频（变 f/U）	改变定子输入交流电压值	改变转子串接电阻值	改变逆变器逆变角 β，调节转差电压
调速类别	有极	无极	无极	有极，调速平滑性差	调速范围小小时可做到无极平滑调速
调速范围	25/50/100（%额定）	100 ~ 0（%额定）	100 ~ 80（%额定）	100 ~ 50（%额定）	100 ~ 50（%额定）

（续）

调速方法	磁极对数 P	改变定子频率	调节转差率 s		
调速精度	高	最高	一般	一般	高
节能效果	高效	最高效	低效	低效	高效
功率因数	良	优	良	良	差
动态响应	快	最快	快	差	较快
控制装置	简单	复杂	较简单	简单	较复杂
初投资	低	最高	较低	低	中
电网干扰	无	有	大	无	较大
维护保养	最易	较易	易	易	较难
装置故障处理方法	停车处理	不停车，投工频	不停车，投工频	停车处理	停车处理
适用范围	在几挡速度下恒速运行的场合	长期低速运行，起停频繁或调速范围较大的场合	长期在高调速范围内调速运行的小容量异步电动机	调速范围不大，硬度要求不高场合的绕线转子电动机	调速范围不大，单象限运行，对动态性能要求不高的绕线转子电动机

1.2 直流电动机的工作原理和运行特性

直流电动机的构造较复杂，价格也比交流电动机昂贵，维护维修也较困难。近年来，由于变频调速技术的发展和应用，在中小功率的电动机调速领域中，交流电动机正在逐步取代直流电动机。尽管如此，由于直流电动机具有转速稳定、便于大范围平滑调速、起动转矩较大等优点，因此，广泛用于要求进行平滑、稳定、大范围的调速或需灵活控制起动、制动的生产机械。特别是对调速要求较高的工作装置（尤其是大功率的生产设备，如龙门刨床），仍然多采用直流电动机来驱动。事实上，直流电动机调速技术也随着电力电子技术的发展而不断地发展和完善。这里主要介绍直流电动机的基本工作原理、基本构造、运行特性和调速方法。

1.2.1 直流电动机的基本工作原理

直流电动机的基本工作原理是建立在电磁感应和电磁力的基础上的。图 1-15 为直流电动机的基本构成和模型图。

它主要由磁极、电枢、电刷及换向片（又称整流子或转换器）等三大部分构成。N、S 两个磁极在工作时固定不动，故又称定子。定子磁极用于产生主磁场。在永磁式直流电动机中（一般为小功率的直流电动机），磁极采用永磁材料制成。定子磁极励磁后即可产生恒定磁场。在他励式直流电动机中，磁极由冲压的硅钢片迭加而成；外绕励磁线圈，由外加励磁电流才能产生磁场。在磁极的内侧有一个安装在轴承上可以转动的铁心（电枢铁心，为便于看清结构，图中用双点画线表示铁心）。

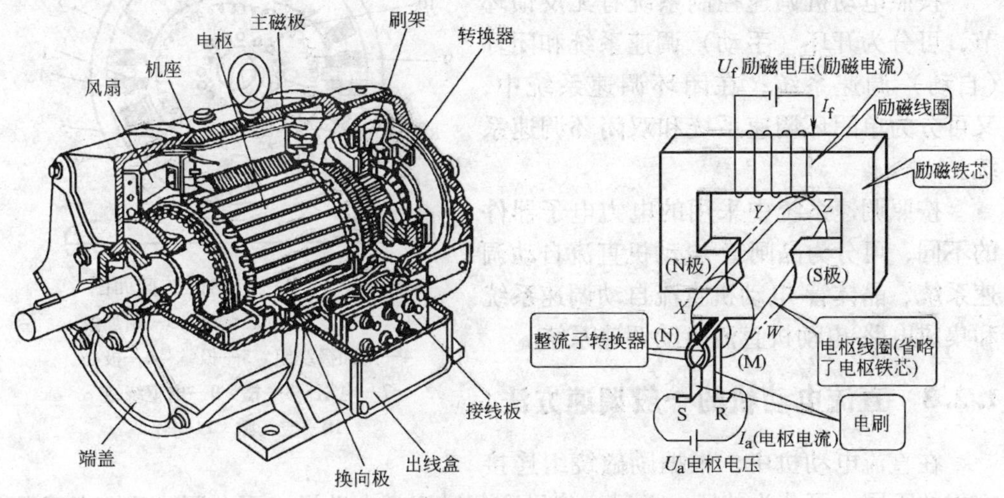

图 1-15　直流电动机的基本构成和模型图

电枢是直流电动机中的转动部分，故又称转子。它由硅钢片叠成，并在表面嵌有绕组（电枢绕组）（为直观，图中只画出了一匝）。绕组的起头和终端接在与电枢铁心同轴转动的一个换向片上，同固定在机座上的电刷联接，而与外加的电枢电源相连。

当电枢绕组中通过直流电时，在定子磁场的作用下就会产生带动负载旋转的电磁力和电磁转矩，驱动转子旋转。直流电动机产生的的电磁转矩由下式表示：

$$T = K_m \Phi I_a \tag{1-1}$$

式中　T——电磁转矩（N · m）；

Φ——对磁极的磁通（Wb）；

I_a——电枢电流（A）；

K_m——与电动机结构有关的常数（称转矩常数），$K_m = PN/2\pi a$，其中，P 为磁极对，a 为电枢绕组并联支路数，N 为切割磁通的电枢总导体数。

图 1-16 为四极直流电动机的截面图。由图可见直流电动机的基本构造。它由主极、励磁绕组、附加极、附加极绕组、电枢、电枢绕组、轭等构成。

1.2.2 直流自动调速系统的分类

按照直流自动调速系统中使用的直流电动机的种类不同，可分为普通直流电动机的调速系统和控制用直流伺服电动机的调速系统。

按照电动机调速控制系统有无反馈环节，可分为开环（手动）调速系统和闭环（自动）调速系统；在闭环调速系统中，又可分为单闭环调速系统和双闭环调速系统。

按照调速系统中采用的电力电子器件的不同，可分为晶闸管-电动机直流自动调速系统、晶体管-电动机直流自动调速系统和集成电路-电动机直流自动调速系统。

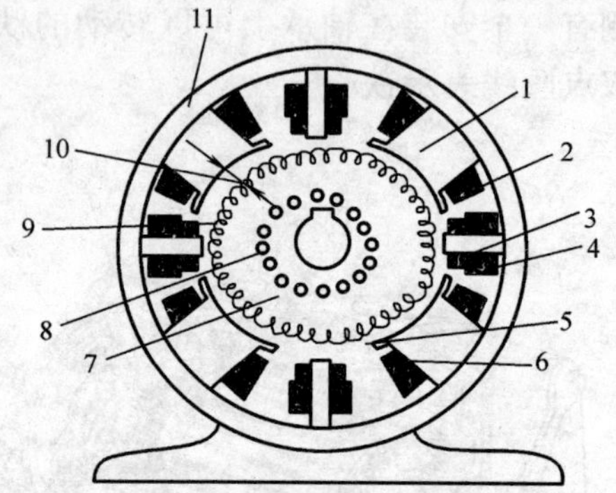

图 1-16　直流电动机的截面图

1—主极　2—励磁绕组　3—附加极　4—附加极绕组　5—极掌　6—极心　7—电枢　8—槽　9—电枢绕组　10—空气隙　11—轭

1.2.3 直流电动机的一般调速方法

在直流电动机中，根据励磁绕组连接方式的不同，可分为他励、并励、串励和复励四类电动机，而在调速系统中用得最多的是他励电动机。图 1-17 为直流他励电动机与直流并励电动机的原理图。

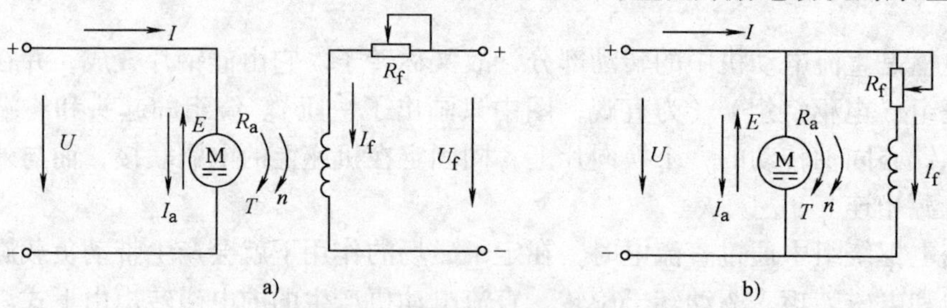

图 1-17　直流他励电动机与直流并励电动机的原理图

电枢回路中的电压平衡方程式为

$$U = E + I_a R_a \tag{1-2}$$

式中　U——电动机的端电压（V）；

I_a——流经电枢的电流（A）；

R_a——电枢绕组的电阻（Ω）；

E——直流电动机电刷间的电动势。

直流电动机电刷间的电动势是由于电枢绕组在磁场中旋转而产生的感应电动

势，其计算式为

$$E = K_e \Phi n \tag{1-3}$$

式中 Φ——主磁极的磁通（WL）；

n——电枢的转速（r/min）；

K_e——与电动机结构有关的常数。

以式（1-3）代入式（1-2），并加整理可得

$$n = U/(K_e \Phi) - I_a R_a/(K_e \Phi) \tag{1-4}$$

为改善直流电动机的起动特性，限制电枢电流，在电枢回路中应串接外加电阻 R_{ad}，式（1-2）则为

$$U = E + I_a(R_a + R_{ad}) \tag{1-5}$$

式（1-4）则变为

$$n = U/(K_e \Phi) - I_a(R_a + R_{ad})/(K_e \Phi) \tag{1-6}$$

由式（1-1）可得

$$I_d = T/(K_m \Phi)$$

代入式（1-6），则可得

$$n = U/(K_e \Phi) - T(R_a + R_{ad})/(K_e K_m \Phi^2) \tag{1-7}$$

由式（1-7）可知，调节串入电枢回路的外加电阻 R_{ad}、电枢的供电电压 U 或磁极间的磁通（主磁通）Φ，都可以在负载转矩不变的情况下，调节电动机的转速；而改变电枢的供电电压 U 的方向，或改变电枢绕组中的电流 I_a 的方向，都可以改变电动机的旋转方向。即直流电动机的一般调速方法有如下三种：

1. 调节串入电枢回路的外加电阻 R_{ad}（调阻调速法或电阻控制法）

保持电动机的供电电压 U 和磁极的磁通不变，调节电枢回路的电阻，就可得到不同的转速。如图 1-18 所示，在电枢回路中，串入 R_1、R_2、R_3 不同的电阻，依靠控制接触器 KM_1、KM_2 和 KM_3，依次将外接的外加电阻 R_{ad}（如 R_1、R_2、R_3）接入，从而使 $R_a + R_{ad}$ 的阻值由 R_a 变为 $R_1'(=R_a + R_1)$、$R_2'(=R_a + R_1 + R_2)$ 和 $R_3'(=R_a + R_1 + R_2 + R_3)$。这样，就可以得到对应于 A、C、E、G 点的不同转速 n_A、n_C、n_E、n_G。

当负载转矩 T_L 相同时，转速随外加电阻 R_{ad} 的增大而降低。

若不考虑电枢电路的电感，电动机调速时（降低转速）的机电过程将如图 1-18 中所示，沿 $A \to B \to C \to D \to E \to F \to G$ 变化。电动机从稳定的转速 n_A 降低到新的稳定转速 n_C，再降低至 n_E、n_G。如串接的附加电阻减小，也可使转速上升。

这种调速方法具有以下一些特点：

1）当 $R_{ad}=0$ 时，电动机运行于固有机械特性的“基速”上，随着串入的外加电阻 R_{ad} 的增大，转速降低，即从基速下调。若减小串入电阻，也可使转速上升，但永远不会超过基速。

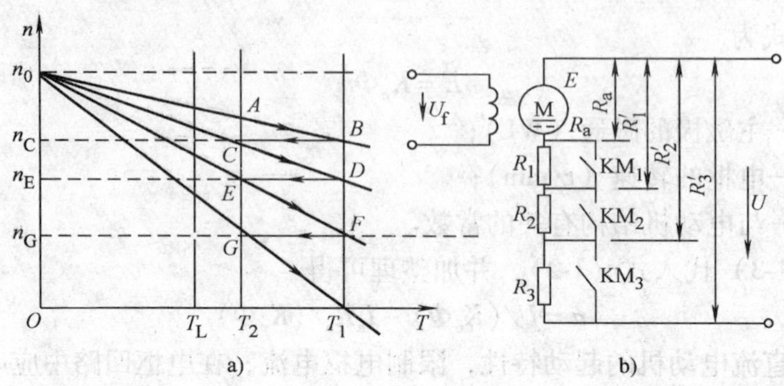

图 1-18　具有三段附加电阻的他励电动机控制电路

2）调阻调速，电动机工作于一组机械特性上，各条特性均经过相同的理想空载点 n_0，而斜率不同。机械特性较软，平滑性较差，R_{ad} 越大，斜率越大，即特性越软。电动机在低速运行时稳定度变差。

3）这种调速方法虽然能够调节转速，但它一般只在需要降低转速时使用且多采用分级调速（一般最大为六级），而不能实现无级调速。

4）在空载或轻载时，调速范围不大；在重载时会产生堵转现象。

5）由于电枢电流流过调速电阻，因而消耗电能较大，转速越低，损耗越大。

因此，这种调速方法只适用于对调速性能要求不高的中、小电动机，大容量电动机不宜采用。

2. 调节电动机的电枢供电电压 *U*（调压调速法或电压控制法）

保持直流电动机励磁磁通和电枢回路的电阻不变，调节电动机的电枢供电电压 U，由式（1-7）可见，转速 n 即随之发生变化。如图 1-19 所示，在负载转矩 T_L 一定的情况下，加上不同的电枢电压 U_N、U_1、U_2、U_3、…（$U_N > U_1 > U_2 > U_3 > \cdots$），可以得到不同的转速 n_a、n_b、n_c、n_d、…（$n_a > n_b > n_c > n_d > \cdots$），并随着电压的降低，转速相应地降低。这种调速方法具有以下一些特点：

1）当供电电压连续变化时，转速也可以连续平滑地变化。即可实现无级调速，且调运范围较大。但供电电压不能超过电动机的额定电压。因此，调节的速度均低于额定转速。

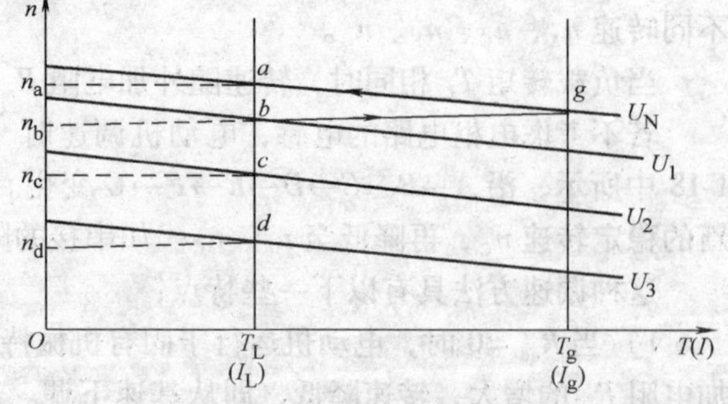

图 1-19　改变电枢电压调速的特性

2）降低电压时，电动机

的机械特性与固有特性相平行，斜率不变，即硬度不变，调速的稳定度较高。

3）调速时，因电枢电流与电压 U 无关，且磁通未变化，故电磁转矩 $T=K_m\Phi I_d$ 不变，即为恒转矩调速。

4）可以用调节电枢电压的办法来起动电动机，而不用其他起动设备。

由于这些特点，调压调速法在大型设备或精密设备上得到广泛的应用。电压的调节，过去是用直流发电机组、电动机放大机组、水银整流器、闸流管等，目前用得较多的是可调直流电源、晶闸管整流装置和晶体管脉宽调制放大器供电系统等。

3. 调节电动机的主磁通 Φ（调磁调速法或励磁控制法）

保持电动机的电枢电压和电枢回路的电阻不变，调节励磁磁通，即改变电动机的主磁通 Φ，由式（1-7）可见，转速 n 随着磁通 Φ 的降低而升高。

图1-20所示为在负载转矩 T_L 一定的情况下，在不同的主磁通 Φ_N、Φ_1、Φ_2、…下，可得到的不同转速 n_a、n_b、n_c、…。图中，$\Phi_N>\Phi_1>\Phi_2$，因而得到 $n_a<n_b<n_c$。这种调速方法具有以下一些特点：

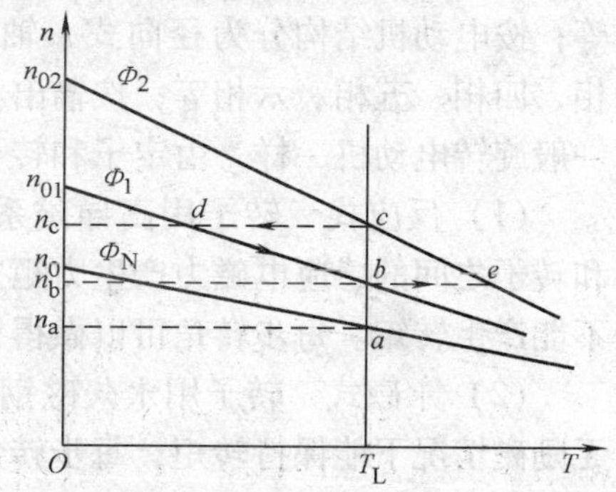

图1-20 弱磁调速的特性

1）可以平滑无级调速，但由于设计时一般总是使磁通工作在饱和区域，再增加主磁通 Φ 的可能性不大，所以，调磁调速一般只能以削弱磁通来实现，即弱磁调速，而调节的速度将超过额定转速。

2）调速特性较软，且受电动机换向条件等的限制。普通他励电动机的最高转速不得超过额定转速的1.2～1.5倍，所以，弱磁调速的调速范围不大。

3）调速时维持电枢电压 U 和电枢电流 I_d 不变，即功率 $P=UI_d$ 不变。所以，弱磁调速适合于恒功率负载，实现恒功率调速。但电动机的转矩 $T=K_m\Phi I_d$ 将随着主磁通 Φ 的减小而减小。

4）由于削弱主磁通后，转速增长较快，过分地弱磁，甚至可能造成“飞车”恶性事故。因此，不得过分地弱磁，速度也不能调得过高，使用中还必须具有弱磁保护安全措施。基于弱磁的调速范围很小，一般不单独使用，需和调压调速配合使用。即在额定转速（基速）以下用降压调速；而在额定转速以上时，则用弱磁调速。这样，可得到很宽的调速范围，而且调速损耗小，运行效率高，并可获得较好的调速方式与负载的配合关系。

目前，对调速性能要求较高的电力拖动系统，大多以闭环控制的调压调速方法为主。

1.3 伺服控制电动机的工作原理和运行特性

伺服控制电动机包括步进电动机、交/直流伺服控制电动机等。

1.3.1 步进电动机的工作原理和运行特性

步进电动机的输入电源是一种脉冲电压，有一个输入脉冲，电动机转过一个固定角度。它是一种“一步一步”地转动的电动机，其转过的角度与输入的电脉冲个数严格地成比例，故因此而得名。改变其输入脉冲的频率，就可以在很广的范围内平滑连续地调整输出转速。它还是目前唯一能进行开环控制的执行电器，广泛用于简易经济性数控装置的改造和设计中。

1. 步进电动机的分类

步进电动机有很多分类方法。按产生力矩原理分为反应式、永磁式、混合式等；按电动机结构分为径向式、轴向式、印刷绕组式等；按照励磁相数分为三相、四相、五相、六相等；按输出力矩大小分为伺服式和功率式；步进电动机与一般旋转电动机一样，由定子和转子两大部分构成。定子由硅钢片叠制而成。

(1) 反应式　转子用高导磁系数的材料制造，做成齿型，无线圈，靠定子和转子之间的感应电磁力产生力矩并维持相互间的位置。当磁极绕组不通电时，不能产生转矩。每步转角可以做得很小。

(2) 永磁式　转子用永久磁钢制成，产生转矩时兼有吸引力和排斥力。在无励磁情况下能保持转矩，每步转角不能做得很小。

(3) 混合式　转子由永久磁钢制成，同时也做成齿状；定子也与反应式定子相似。它具有反应式和永磁式两种方式的优点，但结构复杂。

数控机床中常用反应式和混合式两种步进电动机。不同类型的步进电动机，其结构和工作原理也不完全相同。

2. 反应式步进电动机的工作原理

步进电动机的有关术语：

相数：电动机定子上有磁极，磁极对数为相数，如图 1-21 有六个磁极，为三相步进电动机。五相步进电动机则有十个磁极。

拍数：电动机定子绕组每改变一次通电方式，称为一拍。

步距角：转子经过一拍转过的空间角度，用符号 a 表示。

齿距角：转子上齿距在空间的角度，如转子上有 N 个齿，齿距角 $=360°/N$。

步进电动机由定子和转子组成，定子上的磁极和转子都有齿，定子磁极上的磁宽和磁槽必须和转子上的磁宽和磁槽相等。图 1-21 为径向反应式步进电动机结构原理示意图，它的定子上有 6 个磁极，极距角为 60°。每个磁极都看作是一个齿。每个磁极上都装有控制绕组，形成 U、V、W 三相绕组。转子上均匀地分布着4个齿，每个齿宽与定子磁极极靴的宽度完全一样，齿距角为 360°/4 = 90°。其工作原理就是电磁铁的动作原理，即磁通总是要沿着磁阻最小的路径闭合，所以当某相的绕组例如 U 相绕组第一个通电时，使转子齿1、3和定子 U 相磁极对齐，这时电动机的其他两相（V 相、W 相）的磁极分别和转子上的齿产生一个角度，把它叫作错齿，错齿角是转子齿距角的1/3，即30°。当 U 相绕组断电，V 相绕组通电时，同样磁通沿着最小磁阻路径闭合，转子逆时针旋转30°，使转子齿2、4与 V 相磁极相对齐。此时转子1、3齿和 U 相、W 相产生30°的错齿。若再使 V 相断电，W 相通电，则转子再逆时针旋转30°，使转子齿1、3和 W 相对齐。若再使 W 相断，U 相通电，则由于仍有错齿，则使2、4齿和 U 相磁极对齐，转子转了一个齿距角90°，回到了刚开始的状态。如果按这种通电顺序通电，电动机便会按一定的方向转动，这即是反应式步进电动机的基本工作原理。其转速决定于电源通断的变化频率，运转方向决定于电源通断顺序。从上述工作原理可看出，步进电动机能够步进旋转的根本原因就在于转子齿和每相定子磁极齿错开 $1/m$ 齿距。对三相步进电动机，当转子齿和某相（如 U 相）对齐时，则和另外两相（V 相、W 相）分别向前和向后产生1/3的错齿。错齿，实际上就是定子相邻磁极的磁极距所占的齿距数不是整数，如上述转子上有4个齿，齿距角为90°，而相邻磁极的极距角为60°，60°所占的齿距角为2/3，不是整数，结构上的这种错齿才能使步进电动机在电脉冲作用下产生转动。错齿角的大小决定着步距角的大小，步距角小才能提高加工精度。实际中采用的步进电动机转子齿数基本上由步距角的要求决定，齿数多，步距角少。但为了实现错齿，转子齿数不能为任意值。某一极下若定子和转子齿对齐，则要求应错开转子齿距的 $1/m$（m 为相数），转子齿应符合的条件为

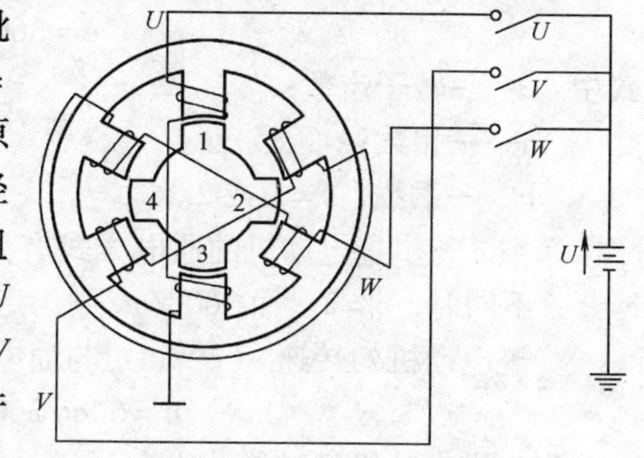

图1-21 径向反应式步进电动机结构原理示意图

$$z = 2m(k \pm 1/m)$$

式中 m——相数；

k——正整数1，2，3，…。

例如三相步进电动机，取转子齿数为40个，上式取 $z = 2m(k \pm 1/m)$，k 取7，等式成立。说明转子齿数取40个满足错齿的要求，步进电动机的结构是合理的。

步进电动机的步距角 a 由下式决定：

$$a = 360°/mzc$$

式中　z——转子齿数；

m——相数；

c——系数，$c=1$ 或 2。

系数 c 与步进电动机的通电方式有关。当相邻两拍接通的定子极数相同时，$c=1$，不同时，$c=2$。而 $360°/mz$ 则为定子相对转子错开的齿距角。

步进电动机的转速 n(r/min) 与通电频率 f 成正比。即

$$n = 60af/360° = 60f/mzc$$

当步进电动机经过传动比为 $i(i=z_1/z_2)$，驱动丝杠螺距为 t 的传动系统时，脉冲当量 δ(mm/脉冲) 为

$$\delta = tai/360° = ti/mzc$$

步进电动机相数和齿数越多，步距角越小，脉冲当量也越小。加工精度可以提高，但电源也复杂。目前比较小的步距角常为 0.75°，脉冲当量常为 0.01mm。常用相数为 3 相或 5 相，最多为 6 相。

步进电动机有单拍、双拍、单双拍几种不同的通电方式，以三相步进电动机为例：

1）三相单三拍通电方式：每次只有一相通电，按 $U \to V \to W \to U$ 顺序循环通电。由于每次只有一相通电，在绕组通电切换的瞬间，电动机将失去自锁转矩，因而稳定性较差。步距角系数 $c=1$。

2）三相双三拍通电方式：每次都是同时两相通电、按 $UV \to VW \to WU \to UV$ 顺序循环通电。由于每次有两相通电，切换时不失去自锁转矩，稳定性较好。步距角系数 $c=1$。

3）三相单双三拍（六拍）通电方式：即按 $U \to UV \to V \to VW \to W \to WU \to U$ 顺序通电，仍具有较好的稳定性；同时因转一个齿距是六拍，故步距角是其他两种方式的一半，即步进角系数 $c=2$。

3. 混合式步进电动机工作原理

混合式步进电动机由定子和转子组成。定于铁心与反应式步进电动机相同，每个极上有小齿和控制绕组。转子的结构与永久磁钢的电磁减速式同步电动机相同。以两相混合式步进电动机为例，其结构原理如图 1-22 所示。

转子为对称的两段磁钢，轴向充电后，一段是 N 极，另一段是 S 极。定子对应转子也分两段，但实际上按一段处理，两段定子铁心上装有同一个两相对称控制绕组，如图 1-20b 所示，转子上均匀分布着小齿，定子上均匀分布着 8 个磁极，每个磁极上也有小齿，定子和转子上的齿宽和齿距严格相等，两段定子磁极轴向中心线应严格对齐，不允许产生任何错位。两段转子轴向中心线彼此错开半

个齿距，定子上 8 个磁极每个磁极安装一个线圈，每个线圈贯通前后两段定子。8 个线圈按一定方式连接，如图 1-23 所示，图中“＊”表示同名端连接。1→3→5→7 磁极上的绕组组成 U 相控制绕组，2→4→6→8 磁极上的绕组组成 V 相控制绕组。当开关 S_1 和 S_3 闭合时，定子上的磁极 1→3→5→7 的极性为 N→S→N→S，称为 U 相通正电。当 S_2 和 S_4 闭合时，4 个线圈中的电流反向，磁极 1→3→5→7 上的极性为 S→N→S→N，称为 U 相通负电。当相绕组中的开关 S_5 和 S_7 闭合时，2→4→6→8 磁极的极性也为 N→S→N→S，称为 V 相通正电。S_6 和 S_8 闭合时，其极性也为 S→N→S→N，称为 V 相通负电，如图 1-22a 和 c 所示。设 U 相通正电时，转子位置为衡位置。此时定子磁极 1 和 5 上的齿在 U_1 端与转子齿对齐，在 V_1 端与转子槽对齐，磁极 3 和 7 上的齿与 V_1 端上的转子齿及 U_1 端上的转子槽对齐，而 V 相 4 个极（2，4，6，8）上的齿与转子都错开 1/4 齿距，由于定子同一个极的两端极性相同，转子两端极性相反但错开半个齿距，所以当转子偏离平衡位置时，两端作用转矩的方向是一致的。在同一端，定子第一个与第三个极的极性相反，转子同一端极性相同，但第一极和第三极下定、转子小齿的相对位置错开了半个齿距，所以作用转矩的方向也是一致的。

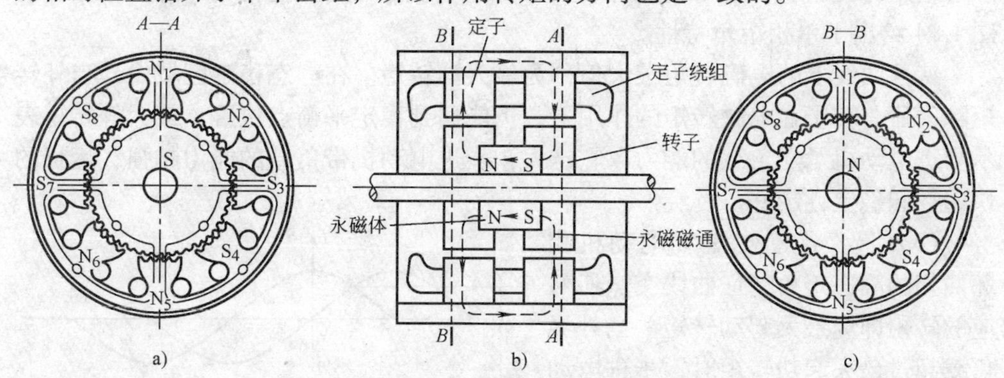

图 1-22 混合式步进电动机结构原理图

a）极性转子径向剖面图 b）轴向视图 c）N 极性转子段径向剖面图

当给电动机定子各相绕组以 U 正→V 正→U 负→V 负→U 正的顺序轮流循环加直流电脉冲时，由于电动机的上述错齿结构和线圈连接方式，迫使转子以 1/4 齿距的齿距角沿某一方向运转。

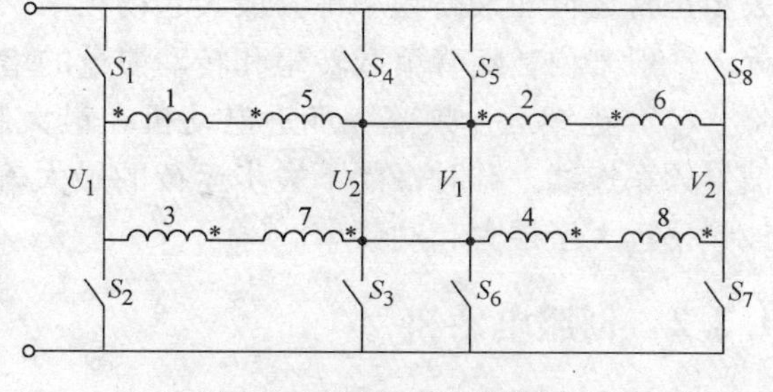

图 1-23 两相绕组接线图

4. 步进电动机的主要特性

（1）步距角及步距误差 步距角是步进电动机的一项重要性能指标，它直接关系到进给伺服系统的定位精度，因此选择电动机也要选择步距角。步进电动机的实际步距角与理论步距角之间有误差，步距误差指步进电动机转一转内误差的最大值。影响步距误差的因素主要是齿和磁极的机械加工及装配精度。步进电动机通、断电一次，转过一个步距角。累积误差是指转子从任意位置开始，经任意步后，转子的实际转角与理论转角之差的最大值。步进电动机转一周的积累误差为零；其步距误差通常为理论步距角的5%。

(2) 静态矩角特性和最大静转矩　当步进电动机某一相通电时，转子上受到的电磁转矩 T 称为静态转矩，转子处于不动状态，这时转子上无转矩输出。如果在电动机轴上加一个负载转矩，转子按一定方向转过一个遍转角度 θ，重新处于不动（稳定状态），这时的转子转矩与负载转矩相等，转过的角度 θ 又称为失调角，静态时 T 与 θ 的关系称为静态矩角特性，它反应了电磁转矩 T 随偏转角的关系，近似于一条正弦曲线。图 1-24 给出了单相矩角特性。

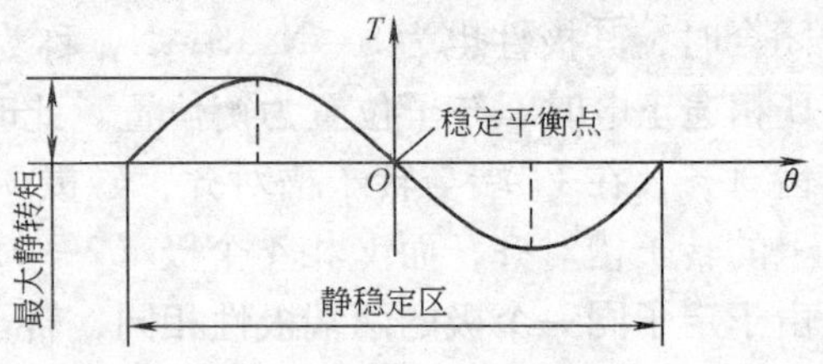

图 1-24　步进电动机距角特性

特性曲线上的电磁转矩最大值称为最大静转矩。在静态稳定区域内，当外转矩除去后，转子在电磁转矩的作用下，仍能回到稳定平衡点位置。最大静转矩表示步进电动机承受负载的能力。它越大，步进电动机带负载的能力越强，运行的快速性和稳定性越好。

(3) 最大起动转矩　电动机相邻两相的静态矩角特征曲线交点所对应的转矩即为最大起动转矩。当外界负载超过最大起功转矩时，步进电动机就不能起动，如图 1-25 所示。

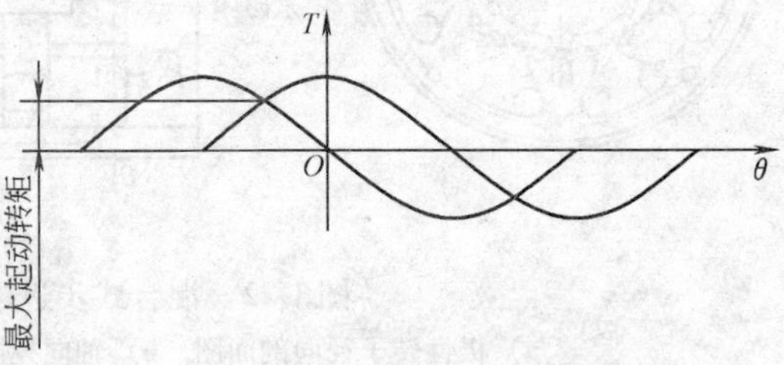

图 1-25　步进电动机最大起动转矩

(4) 最大起动频率　空载时，步进电动机由静止状态起动、达到不丢步正常运行的最高频率称为最大起动频率。它是步进电动机快速性能的重要指标。一般来说，随着负载转矩和转动惯量的增加，起动频率下降。

(5) 连续运行频率　步进电动机在最大起动频率以下起动后，当输入脉冲信号频率连续上升时，能不失步运行的最大输入信号频率，称为连续运行频率，该频率远大于最大起动频率。

1.3.2　伺服电动机

伺服电动机又称为执行电动机，它把输入的信号电压转变为转轴的角位移或角速度输出，其转轴的转向与转速随信号电压的方向和大小而改变，并能带动一定大小的负载，常在雷达系统或数控机床等随动伺服系统中作为执行元件。例如在雷达天线系统中，雷达天线就是由交流伺服电动机拖动的。当天线发出去的无线电波遇到目标时，就会被反射回来送给雷达接收机。雷达接收机将目标的方位和距离确定后，向交流伺服电动机送出电信号；交流伺服电动机按照该电信号拖动雷达天线跟踪目标转动。伺服电动机有直流和交流两大类。直流伺服电动机输出功率较大，一般可达几百瓦。

1. 单相异步电动机

单相异步电动机就是指用单相交流电源的异步电动机。单相异步电动机具有结构简单、成本低廉、噪声小等优点，由于只需要单相电源供电，使用方便，因此被广泛应用于工业和人民生活的各个方面，尤以家用电器、电动工具、医疗器械等使用较多。与同容量的三相异步电动机相比较，单相异步电动机的体积较大，运行性能较差，因此一般只做成小容量的单相异步电动机，我国现有产品功率从几瓦到几百瓦。

单相异步电动机的运行原理和三相异步电动机基本相同，但有其自身的特点。单相异步电动机通常在定子上有两相绕组，转子是普通笼型的。根据定子两个绕组在定子上的分布以及供电情况的不同，可以产生不同的起动待性和运行待性。一般单相异步电动机有以下几种类型：

1）单相电阻分相起动异步电动机。

2）单相电容分相起动异步电动机。

3）单相电容运转异步电动机。

4）单相电容起动与运转异步电动机。

5）单相罩极式异步电动机。

（1）一相定子绕组通电时的机械特性　单相异步电动机定子两相绕组是主绕组 m 及副绕组 a，它们一般是在空间上相差90°电角度的两个分布绕组，通电时产生空间正弦分布的空间磁通势。首先分析只有一相绕组通电时的机械特性。

从交流电动机绕组产生磁通势的原理知道，若单相异步电动机只有主绕组 m 通入单相交流电流时，产生空间正弦分布的脉振磁通势 F。一个脉振磁通势可以看成为转速相同、转向相反的两个旋转磁通势合成的，一个是正转磁通势 F^+，一个是反转磁通势 F^-，$F^+=F^-$。单相异步电动机转子在脉振磁通势作用下受到的电磁转矩，就等于在正转磁通势 F^+ 和反转磁通势 F^- 两者分别作用下受到的电磁转矩的合成。

在三相异步电动机原理分析中，我们对旋转磁通势及其产生的电磁转矩已经很熟悉了。那么单相异步电机中，笼型转子在正转磁通势或反转磁通势分别作用下受的电磁转矩 T^+ 或 T^-，与笼型转子在三相异步电动机正向旋转磁通势（电源相序为正）或反向旋转磁通势（电源相序为负）分别作用下受的电磁转矩是完全一样的，$T^{+}=f(s)$ 与 $T^{-}=f(s)$ 两条转矩特性如图 1-26 所示。单相异步电动机转子在脉振磁通势作用下的转矩为 $T=T^{+}+T^{-}$，$T=f(s)$ 为主绕组通电时的机械特性曲线，为 $T^{+}=f(s)$ 与 $T^{-}=f(s)$ 两条曲线的合成，如图 1-26 所示。其机械特性 $T=f(s)$ 具有下列特点：

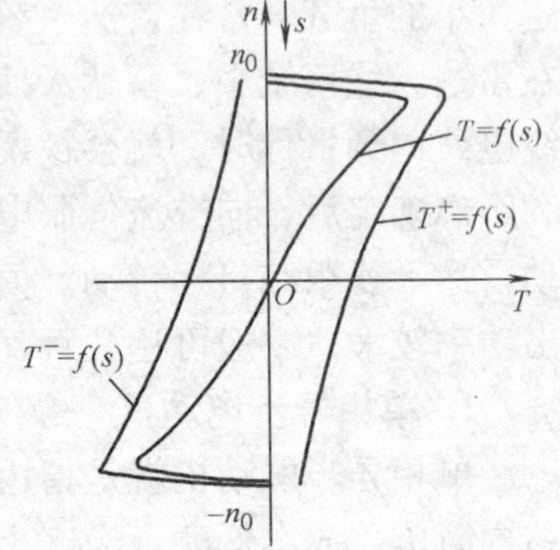

图 1-26　主绕组通电时的机械特性曲线

1）当转速 $n=0$ 时，电磁转矩 $T=0$，即无起动转矩，电动机不能够起动。

2）当转速 $n>0$ 时，转矩 $T>0$，机械特性在第Ⅰ象限，电磁转矩是拖动性质的转矩。如果由于其他原因使电动机正转后，电磁转矩使电动机继续正转运行。当转速 $n<0$，$T<0$，机械待性在第Ⅲ象限，仍是拖动性质的，如果电动机反转了，仍能继续反转运行。

3）理想空载转速 $n_0>n$，单相异步电动机额定转差率比三相异步电动机略大一些。

综上所述，单相异步电动机定子上如果只有主绕组，则无起动转矩，可以运行但不能起动，因此，要使单相异步电动机正常工作必须有两相绕组才行。

（2）两相绕组通电时的机械特性　当单相异步电动机主绕组与副绕组同时通入不同相位的两相交流电流时，一般情况下产生椭圆旋转磁通势 F。一个椭圆旋转磁通势也可以分成两个旋转磁通势，一个是正转磁通势 F^{+}，一个是反转磁通势 F^{-}，$F^{+}\neq F^{-}$。笼型转子在 F^{+} 作用下产生电磁转矩 T^{+}，$T^{+}=f(s)$ 为正向转矩特性。在 F^{-} 作用下，产生电磁转矩 $T^{-}=f(s)$ 为反向转矩特性。这样合成转矩特性 $T=f(s)$，即机械特性为不过坐标原点的一条曲线。当 $T^{+}>T^{-}$ 时，电动机的 $T=f(s)$、$T^{+}=f(s)$、$T^{-}=f(s)$ 三条曲线如图 1-27 所示。

从图 1-27 椭圆磁通势时单相异步电动机机械特性可以看出，$F^{+}>F^{-}$ 的情况下，当 $n=0$ 时，$T>0$，这就是说电动机有正向起动转矩，可以正向起动。当 $n>0$ 时，$T>0$，即电动机起动后仍能继续运行。当然，如果 $F^{+}<F^{-}$，则 $n=0$ 时，$T<0$；$n<0$，$T<0$；即电动机可以反向起动并反向电动运行。

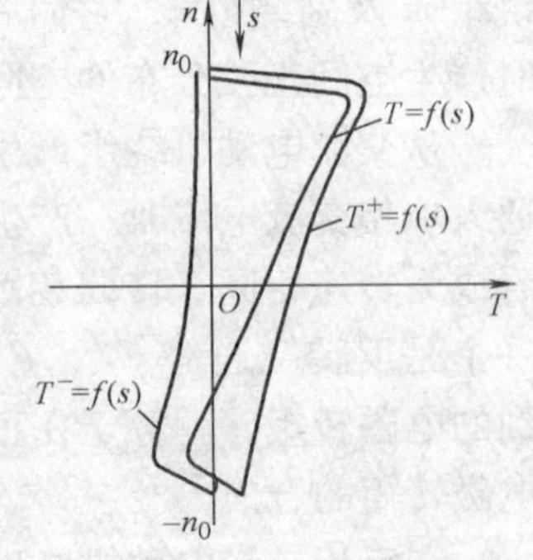

图 1-27　单相异步电动机的起动特性

不言而喻，如果两相绕组 m 和 a 通入相位相差 90°的两相交流电流并产生圆形旋转磁通势，例如当 $F=F^{+}$，$F^{-}=0$ 时，则电动机 $T=T^{+}$，$T^{-}=0$，机械特

性 $T=f(s)$ 与三相异步电动机机械特性的情况一样了，由 $T=0$，起动转矩相对地比椭圆磁通势时的大。从上面分析的结果可看出，单相异步电动机的关键问题是如何起动的问题。而且必要条件是：

1）定子具有空间不同相位的两个绕组。

2）两个绕组中通入不同相位的交流电流。

实际单相异步电动机主绕组 m 是工作绕组（或称运行绕组），与之差90°空间电角度是副绕组（或称起动绕组）。工作绕组在电动机起动与运行时都一直接在交流电源上，而起动绕组只是在起动时必须通电，起动后可以切除不用。

单相异步电动机的优点主要是使用单相交流电源，但是单相异步电动机起动的必要条件要求两相绕组中通入相位不同的两相电流。如何把工作绕组与起动绕组中的电流相位分开，即所谓的“分相”，就变成了单相异步电动机十分重要的问题。单相异步电动机的分类，也就是以它不同的分相方法而区别的。

（3）各种类型的单相异步电动机

1）单相电阻分相起动异步电动机。单相电阻分相起动异步电动机的副绕组通过一个起动开关和主绕组并联接到单相电源上，如图1-28a所示。起动开关的作用是：当转子转速上升到一定大小（一般为75%～80%的同步转速）时，断开副绕组电路，使电动机运行在只有主绕组通电的情况下。一种常用的起动开关是离心开关，它装在电动机的转轴上随着转子一起旋转，当转速升到一定值时，依靠离心块的离心力克服弹簧的拉力（或压力），使动触点与静触点脱离接触，切断副绕组电路。

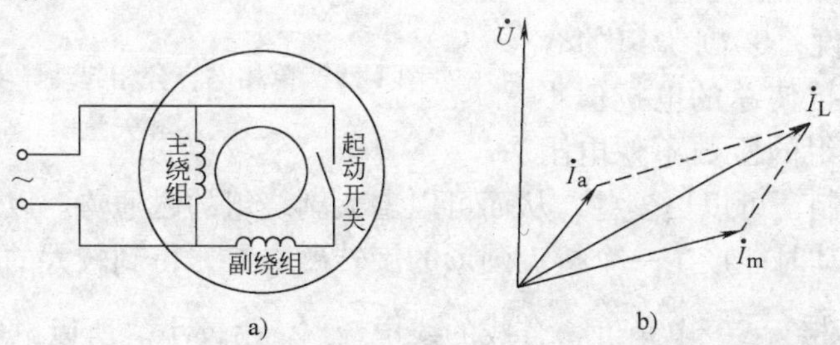

图1-28 单相电阻分相起动异步电动机接线图和矢量图

为了使起动时主绕组中的电流与副绕组中的电流之间有相位差，从而产生起动转矩，通常设计副绕组匝数比主绕组要少一些，副绕组的导线截面积要比主绕组的导线截面积小得更多些。这样副绕组的电抗就比主绕组的电抗小，而副绕组的电阻却比主绕组的电阻大。当两绕组并联接电源时，副绕组的起动电流 $\dot{I}_a$ 则比主绕组的起动电流 $\dot{I}_m$ 相位领先，如图1-28b所示。从电源送来的线电流为

$\dot{I}_L$，$\dot{I}_L = \dot{I}_m + \dot{I}_a$，电源电压为 $\dot{U}_a$。有时为了增加副绕组的电阻而不增加它的电抗，还可以将副绕组的线圈正绕若干匝后再反绕若干匝，这样有效匝数没增加，电抗不变，电阻却增大了。这种单相异步电动机，由于两相绕组中电流的相位相差不大，气隙磁通势椭圆度较大，其起动转矩较小。

电阻分相起动的单相异步电动机改变转向的方法是：把主绕组或者副绕组中的任何一个绕组接电源的两出线端对调，也就是把气隙旋转磁通势旋转方向改变，因而转子转向随之也改变了。

2）单相电容分相起动异步电动机。单相电容分相起动异步电动机接线如图 1-29a 所示，其副绕组回路串联了一个电容器和一个起动开关，然后再和主绕组并联到同一个电源上。电容器的作用是使副绕组回路的阻抗呈容性。从而使副绕组在起动时的电流领先电源电压 $\dot{U}$ 一个相位角。由于主绕组的阻抗是感性的，它的起动电流落后电源电压 $\dot{U}$ 一个相位角。因此电动机起动时，副绕组起动电流 $\dot{I}_a$ 领先主绕组起动电流 $\dot{I}_m$ 一个相当大的相位角，如图 1-29b 所示。

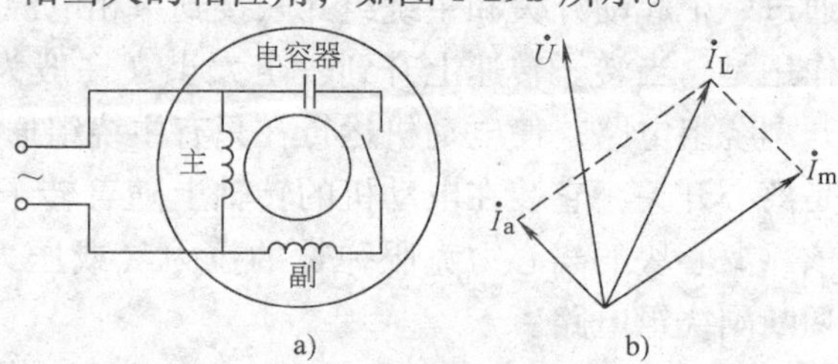

图 1-29　单相电容分相起动异步电动机接线图和矢量图

与电阻分相单相异步电动机比较，电容分相电动机有一些优点：①如果电容器的电容量配得合适，能够做到使起动时副绕组电流 $\dot{I}_a$ 差不多比主绕组电流 $\dot{I}_m$ 领先 90°电角度；②副绕组的容抗可以抵消感抗使总的电抗值小些，所以副绕组的匝数不像电阻分相时受到限制，可以更多些，从而可以增大副绕组的磁通势。以上两点都可使得电动机在起动时能产生一个接近圆形的旋转磁通势，得到较大的起动转矩。③由于 $\dot{I}_a$ 和 $\dot{I}_m$ 接近 90°电角度，合成的线电流 $\dot{I}_L$ 比较小。所以电容分相起动的单相异步电动机的起动电流较小，起动转矩却比较大。在副绕组中也串接了一个起动开关，当转子转速达到 75% ~80% 同步转速时，起动开关动作，使副绕组脱离电源。在转子转速上升的过程中，副绕组电流加大，电容器的端电压会升高，起动开关及时动作可以降低对电容器耐压的要求。

电容分相起动单相异步电动机改变转子转向的方法同电阻分相起动单相异步电动机。

3）单相电容运转异步电动机。在单相电容运转异步电动机中，副绕组不仅在起动时起作用。而且在电动机运转时也起作用，长期处于工作状态，电动机定子接线如图 1-30 所示。

电容运转异步电动机实际上是个两相电动机，运行时电动机气隙中产生较强的旋转磁通势，其运行性能较好，功率因数、效率、过载能力都比电阻分相起动和电容分相起动的异步电动机要好。一般电容运转电动机中电容器电容量的选配主要考虑运行时能产生接近圆形的旋转磁通势，提高电动机运行时的性能。这样一来，由于异步电动机从绕组看进去的总阻抗是随转速变化的，而电容的容抗为常数，因此运行时接近圆形磁通势的某一确定电容量，就不能使起动时的磁通势仍旧接近圆形磁通势，而变成了椭圆磁通势。这样就造成了起动转矩较小、起动电流较大，起动性能不如单相电容分相起动异步电动机。

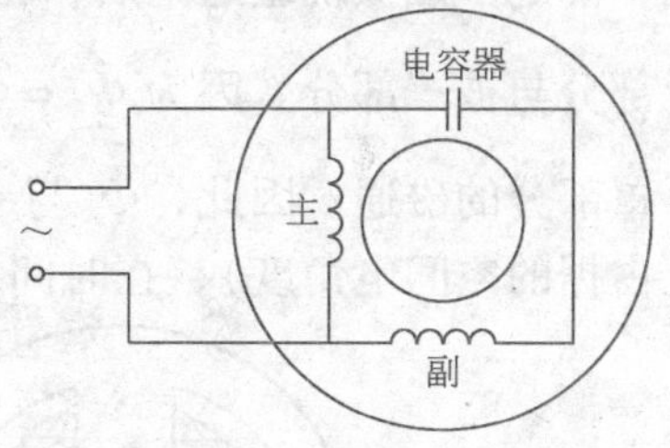

图 1-30　单相电容运转异步电动机

改变单相电容运转异步电动机转向的方法同单相电阻分相起动异步电动机。

4）单相电容起动与运转异步电动机。为了使电动机在起动时和运转时都能得到比较好的性能，在副绕组中采用了两个并联的电容器，如图 1-31 所示。电容器 C 是运转时长期使用的电容，电容器 C_S 是在电动机起动时使用的，它与一个起动开关串联后再和电容器 C 并联起来。起动时，串联在副绕组回路中的总电容为 $C+C_S$，比较大。可以使电动机气隙中产生接近圆形的磁通势。当电动机转到转速比同步转速稍低时，起动开关动作，将起动电容器 C_S 从副绕组回路中切除，这样使电动机运行时气隙中的磁通势也接近圆形磁通势。

电容起动与运转的单相异步电动机，与电容起动单相异步电动机相比较，起动转矩和最大转矩有了增加，功率因数和效率有了提高，电动机噪声较小，所以它是单相异步电动机中最理想的一种。

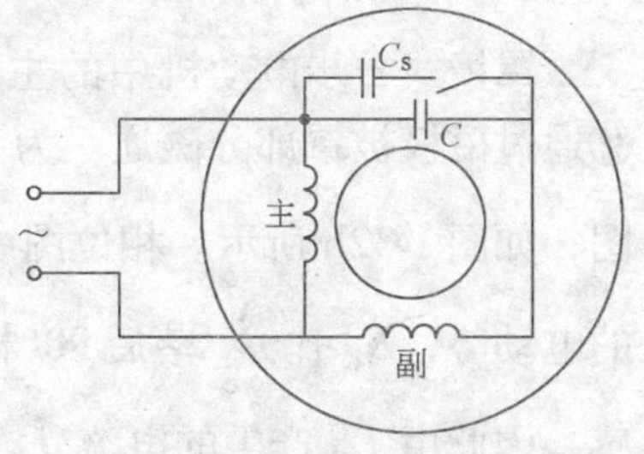

图 1-31　单相电容起动与运转异步电动机

单相电容起动与运转异步电动机也能改变转向，办法与前边其他单相异步电动机相同。

5）单相罩极式异步电动机。单相罩极式异步电动机的结构分为凸极式和隐极式两种，原理完全一样，只是凸极式结构更为简单一些。凸极式单相罩极异步电动机的主要结构如图 1-32a 所示。其转子仍然是普通的笼型转子，但其定子都有凸起的磁极。在每个磁极上有集中绕组，即为主绕组。极面的一边约 1/3 处开有小槽，经小槽放置一个闭合的铜环 K，叫短路环，把磁极的小部分罩起来，故称之为罩极式异步电动机。

罩极式异步电动机当定子绕组通电时，产生气隙椭圆旋转磁通势，情况如下。定子磁极绕组通电后，就要产生交变的磁通 $\dot{\Phi}_A$。磁极包括了两部分：末罩部分与被罩部分。因为 $\dot{\Phi}_A=\dot{\Phi}_A'+\dot{\Phi}_A''$，$\dot{\Phi}_A'$为通过末罩部分的磁通，$\dot{\Phi}_A''$为通过被罩部分的磁通。因此，$\dot{\Phi}_A'$与 $\dot{\Phi}_A''$空间上有一个角度差（所差之空间角为半个极面占据的空间电角度），在时间上却同相位。

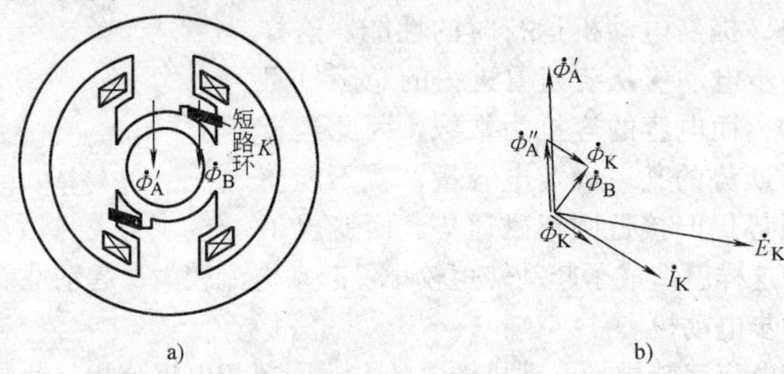

图 1-32　单相罩极式异步电动机的结构及矢量图

如果短路环 K 不是短路的，那么被罩部分中的磁通就只是 $\dot{\Phi}_A''$了，但是 K 是短路的，情况则不一样了。由于短路环中 $\dot{\Phi}_A''$交变，短路环就会有电流产生，这个电流又要产生磁通势和磁通。最后，短路环与主绕组中两部分磁通势的合成磁通势，在磁极被罩部分产生的磁通为 $\dot{\Phi}_B$。

罩极式异步电动机中的主磁通包括两部分：①通过磁极末罩部分磁通 $\dot{\Phi}_A$；②通过磁极被罩部分磁通。为了说明这两部分磁通的相应关系，我们画一个相位图，如图 1-32b 所示。相位图中，$\dot{E}_K$ 电动势是由磁通 $\dot{\Phi}_B$ 感应而在短路环中产生的电动势，$\dot{E}_K$ 比 $\dot{\Phi}_B$ 落后 90°相位。短路环像任何一个闭合绕组一样，都有漏电感，因此由 $\dot{E}_K$ 产生的电流 $\dot{I}_K$ 要比 $\dot{E}_K$ 落后一个相位角。由于 $\dot{I}_K$ 的作用，在磁极被罩部分中产生的磁通为 $\dot{\Phi}_K$，忽略铁损耗时，$\dot{\Phi}_K$ 与 $\dot{I}_K$ 同相位。$\dot{\Phi}_K$ 与 $\dot{\Phi}_A''$合成即为 $\dot{\Phi}_B$。从相量图上看出，$\dot{\Phi}_A'$与 $\dot{\Phi}_B$ 在时间上相差了一个相位差角，$\dot{\Phi}_A'$领先一个电角度。

综上所述，磁极式异步电动机中的磁通 $\dot{\Phi}_A'$与 $\dot{\Phi}_B$，在空间上相差一个电角度，在时间上也相差一个电角度。从前面对交流电机磁通势的分析中已经知道，对两相绕组来说，如果两组绕组轴线在空间上有电角度差，通以不同相位的交流电流时，产生的气隙合成磁通势是椭圆旋转磁通势。单相磁极式异步电动机的磁通分析结果与此是完全一致的，因此罩极式电动机中，也是一个椭圆旋转磁场，旋转的方向是从领先相绕组的轴线（$\dot{\Phi}_A'$的轴线）向着落后相绕组的轴线（$\dot{\Phi}_B$轴线），这也是转子旋转的方向。

由于 $\dot{\Phi}_A'$与 $\dot{\Phi}_B$ 轴线相差的空间电角度等于半个磁极极面所占的空间电角度，比较小，而且 $\dot{\Phi}_B$ 本身也较小，因此起动转矩很小，一般只能用于起动转矩小于 $0.5T_K$ 的轻载起动。但是由于其结构简单，制造方便，罩极式的单相异步电动机常用用于小型风扇、电唱机等起动转矩要求不大的机器中。

罩极式电动机中 $\dot{\Phi}_A'$永远领先 $\dot{\Phi}_B$，因此电动机的转向总是从磁极的未罩部分向着被罩部分的方向不变，即使改变电源两个端点，也不能改变它的转向。

2. 直流伺服电动机

直流伺服电动机就是微型的他励直流电动机，其结构与原理都与他励直流电动机相同。按磁极的种类划分为两种：一种是永磁式直流伺服电动机，它的磁极是永久磁铁；另一种是电磁式直流伺服电动机，它的磁极是电磁铁，磁极外面套着他励励磁绕组。直流伺服电动机就其用途来讲，既可作驱动电动机（例如一些便携式电子设备中用永磁式直流电动机），也可作为伺服电动机（例如录相机，精密机床）。

一般用电压信号控制直流伺服电动机的转向与转速大小。改变电枢绕组电压 U_a 的方向与大小的控制方式，叫电枢控制；改变电磁式直流伺服电动机励磁绕组电压 U_f 的方向与大小的控制力式，叫磁场控制。后者性能不如前者，很少采用。

电枢绕组也就是控制绕组，控制电压为 U_a。对于电磁式直流伺服机，若励磁电压 U_f 为常数不变，且在不考虑电枢反应影响的前提下，电枢控制的直流伺服电动的机械特性表达式为

$$n = U_a/K_e\Phi - I_a(R_a + R_{ad})/K_e\Phi = U_a/K_e\Phi - T(R_a + R_{ad})/K_eK_m\Phi^2 = n_0 - \beta T$$

当 U_a 大小不同时，机械特性为一组平行的直线，如图 1-33a 所示。当 U_a 大小一定时，转矩 T 大时转速 n 低，转矩的增加与转速的下降之间成正比关系，这是十分理想的特性。另一个重要的特性是调节特性。所谓调节特性，是指在一定的转矩下，转速 n 与控制电压 U_a 的关系。调节特性可以从机械特性得到，例如 $T=0$ 的这一调节特性，是从机械特性上 $T=0$（即纵轴）上的 1、2、3 点得到的。点 1 的转速和电枢电压为 n_1 和 U_{a1}；点 2 的为 n_2 和 U_{a2}；点 3 的为 n_3 和 U_{a3}。那么，在 n 和 U_a 坐标平面上，根据 n_1、U_{a1} 找到调节特性上的点 1；根据 n_2、U_{a2} 找到调节特性上的点 2；根据 n_3、U_{a3} 找到调节特性上的点 3；过 1、2、3 点的直线就是 $T=0$ 的调节特性，如图 1-33b 所示。用同样的方法，根据机械特性得到

$T=T_1$、$T=T_2$ 各条调节特性，如图 1-33 所示。机械特性与调节特性中相同标号的点互相对应。直流伺服电动机的调节特性，是一组平行直线。

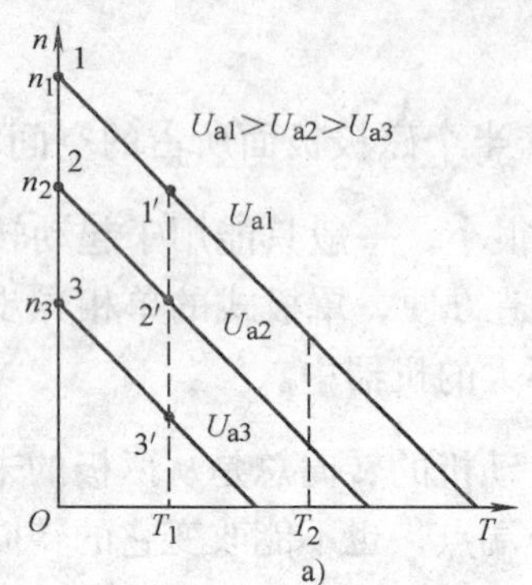

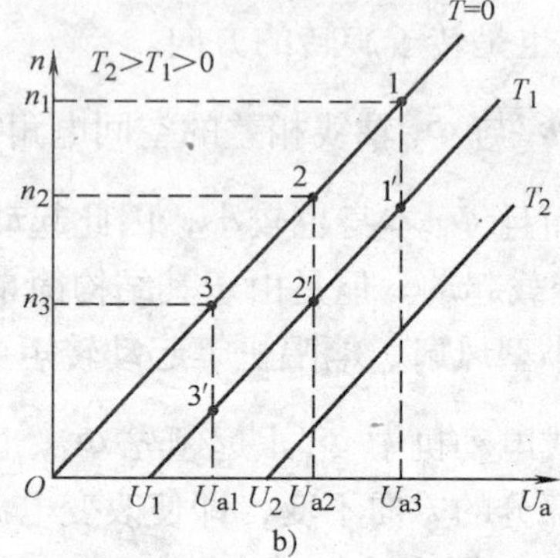

图 1-33 直流伺服电动机的特性

a）机械特性 b）调节特性

从直流伺服电动机的调节特性上可看出，T 一定时，控制电压 U_a 高时转速 n 也高，控制电压增加与转速增加之间成正比关系。另外，还可以看出，当 $n=0$ 时，不同的转矩 T 需要的控制电压 U_a 也不同。例如 $T=T_1$，$U_a=U_1$，表示只有当控制电压 $U_a>U_1$ 的条件下，电动机才能转起来，而当 $U_a=0\sim U_1$ 区间时，电动机不转；我们称 $0\sim U_1$ 区间为死区或失灵区，称 U_1 为始动电压。T 不同，始动电压也不同，T 大的始动电压也大。$T=0$，即电动机理想空载时，只要有信号电压 U_a，电动机就转动。直流伺服电动机的调节特性也是很理想的。

3. 交流伺服电动机

交流伺服电动机就是两相异步电动机，其定子上有空间相差 90°电角度的两相分布绕组，一相为励磁绕组 f，一相为控制绕组 K，转子为笼形。电动机工作时，励磁绕组 f 接单相交流电压 U_f，控制绕组接控制信号电压 U_K，U_f 与 U_K 两者同频率。交流伺服机必须象直流伺服机一样具有伺服性，即控制信号电压强时，电动机转速高；控制信号电压弱时，电动机转速低；若控制信号电压等于零，电动机就应该不转了。为了满足信号电压强时转速高、信号电压弱时转速低这一要求，可以让信号强时电动机气隙磁通势接近圆形旋转磁通势，弱时椭圆度大接近脉振磁通势就行。而对于要求信号电压消失，即 $U_K=0$ 后，电动机不转必须采用相应技术措施才能实现。单相异步电动机定子若只有一相绕组通电时，其机械特性为过点（$T=0$，$n=0$）的对称曲线，在其正转电磁转矩特性曲线 $T^+=f(s)$、$T^+=T_m^+$ 时的临界转差率 $s_m^+<1$；$T^-=f(s)$，与 T^+

$=f(s)$ 对称；因此 $0<n<n_0$（n_0 为理想空载转速），合成转矩 $T<0$；而 $0>n>-n$，合成转矩 $T>0$。如果交流伺服电动机的定子绕组与一般单相异步电动机的一样，那么正在运行的交流伺服电动机的控制信号电压一旦变为零，电动机就运行于只有励磁绕组一相通电的情况下，那么电动机还必然在原来的旋转方向上继续旋转，只是转速略有下降，但绝不可能停下来。这种信号电压消失后电动机仍然旋转不停的现象称为自转，自转现象破坏了伺服性，显然是要避免的。那么交流伺服电动机怎样避免单相运行时的自转呢？可以看一下图1-33中所示的机械特性，这也是只有一相绕组通电时的机械特性，其正转电磁转矩特性曲线 $T^+=f(s)$、$T^+=T_m^+$ 时的临界转差率 $s_m^+=1$，$T^+=f(s)$ 与 $T^-=f(s)$ 对称。因此电动机总的电磁转矩持性 $T=f(s)$ 具有这样的特点：①过零，无起动转矩；②$0<n<n_1$ 时，$T<0$，是制动性转矩；$0>n>-n_1$ 时，$T>0$，也是制动件转矩。在这种情况下，本来运转的交流伺服机，若控制信号电压消失后，由于一相绕组通电运行时的电磁转矩是制动性的，电动机转速将被制动到 $n=0$；只要 $s_m^+>1$，就能避免自转现象（见图1-34）。

实际的交流伺服电动机，需要正转磁通势（或反转磁通势）单独作用时的 s_m 很大。加大 s_m 的方法是增大转子回路的电阻 R_2。因为 $s_m\propto R_2$，所以交流伺服电动机转子电阻相对于一般异步电动机来说是很大的。

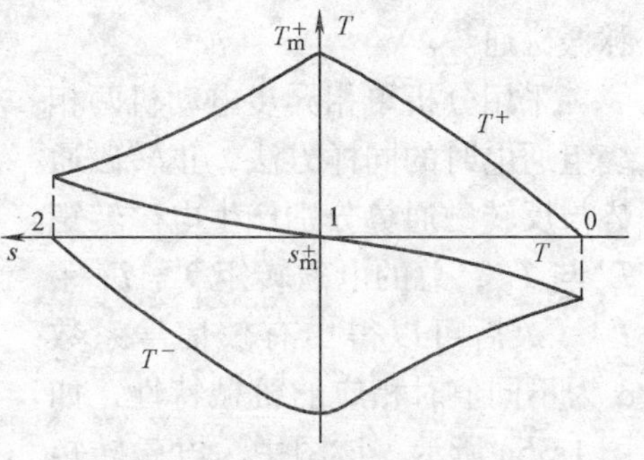

图1-34 交流伺服电动机自转现象的避免

设计交流伺服电动机时，当励磁绕组与控制绕组分别为额定值大小时（对控制绕组来讲，额定电压指最大的控制电压），两绕组产生的磁通势幅值也一样大。交流伺服电动机运行时，励磁绕组如果接在额定电压上，大小、相位都不变，那么改变控制绕组所加的电压 U_K 的大小和相位，电动机气隙磁通势则随着信号电压 U_K 的大小和相位而改变，有可能为圆形旋转磁通势，有可能为不同椭圆度的椭圆旋转磁通势，也有可能为脉振磁通势。而由于气隙磁通势的不同，电动机机械特性也相应改变，那么拖动负载运行的交流伺服电动机的转速 n 也就随之变化了。这就是交流伺服电动机利用控制信号电压 U_K 的大小和相位的变化，控制转速随之变化的道理。

改变 U_K 的大小与相位即实现对交流伺服电动机的控制，控制方法主要有三种：幅值控制、相位控制和幅值-相位控制。

（1）幅值控制 由加在控制绕组上信号电压的幅值大小来控制交流伺服电

动机转速，这种控制方式称为幅值控制。幅值控制接线如图 1-35 所示。励磁绕组 f 直接接交流电源。电压大小为额定值。控制绕组所加的电压为 U_K，其相位与励磁绕组电压相差 90°，如落后 90°，U_K 大小可以改变。U_K 的大小为 $U_K = \alpha U_{Kn}$，U_{Kn}为控制绕组额定电压，α 称为有效信号系数，α 最大值为 1。若以 U_{Kn} 为基恒，控制信号电压 U_K 的标么值是 α，即 $U_K/U_{Kn} = U_K = \alpha$。若有效信号系数 $\alpha \neq 1$，控制绕组磁通势幅值与励磁绕组磁通势幅值不一样大，而两绕组空间相差 90°电角度，所加电压及所通电流时间相差 90°电角度，电动机总的气隙合成磁通势为椭圆形旋转磁通势，空间磁通势向量图如图 1-35b 所示。该图中 F_f^+ 与 F_f^- 为励磁绕组脉振磁通势 F_f 分解成的两个正、反旋转磁通势；F_K^+ 与 F_K^- 为控制绕组脉振磁通势 F_K 分解成的两个正、反旋转磁通势；电动机内正转磁通势为 $F^+ = F_f^+ + F_K^+$，反转磁通势 $F^- = F_f^- + F_K^-$，这是最一般的情况。当 $\alpha = 1$ 时，$F_f = F_K$，$F^+ = 2\ F_f^+$，$F^- = 0$。气隙磁通势 $F = F^+$，为圆磁通势；当 $\alpha = 0$ 时，$F_K = 0$，气隙磁通势 $F = F_f^+$ 为脉振磁通，$F^+ = F^- = F_f/2$；而 $0 < \alpha < 1$ 时，气隙中 $F^+ = F_f^+ + F_K^+$，$F^- = F_f^- + F_K^-$，为椭圆磁通势。α 值越小，椭圆度越大，越接近脉振磁通势。

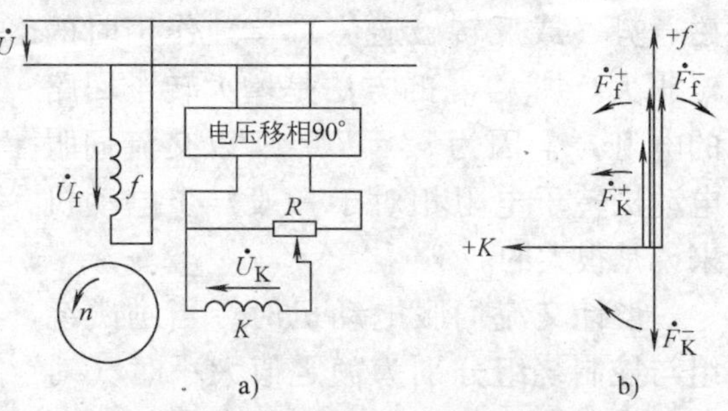

图 1-35　交流伺服电动机幅值控制

a）控制接线图　b）F_f 最大瞬间

采用分析单相异步电动机两相绕组通电时的同样方法，正转磁通势与反转磁通势分别产生电磁转矩 T^+ 与 T^-，总的电磁转矩 $T = T^+ + T^-$。最后可以得出有效信号系数 α 为不同值时相应的机械特性，如图 1-36a 所示。该图中，电磁转矩与转速都采用标么值，转矩的基值是 $\alpha = 1$ 圆形磁通势时电机的起动转矩，转速的基值是同步转速 n_1。机械特性不是直线。从图 1-36 所示的机械特性看出，有效信号系数 $\alpha = 1$ 时，气隙磁通势为圆磁通势，$F^- = 0$，$T^- = 0$，在一定的转速下，电磁转矩 $T = T^+$ 最大。$\alpha < 1$ 时，正转磁通势 F^+ 减小，T^+ 减小反转磁通势 F^- 出现，$T^- \neq 0$，在一定转速下电磁转矩 $T = T^+ + T^-$，比 $\alpha = 1$ 时小。而 $\alpha = 0$，正转磁通势 F^+ 与反转磁通势 F^- 大小相等，机械特性 $T = f(s)$ 如图 1-33 所示。在图 1-36a 中则过原点不在第 I 象限内。同时还可以看出，$\alpha = 1$ 时，理想空载转速为同步转速 n_0；而 $\alpha < 1$ 时，由于 T^- 存在，使得理想空载转速小于 n_0，道理与单相异步电动机相同。α 越小，理想空载转速越低。机械特性中，在 $0 < \alpha < 1$ 整个范围内，起动转矩的标么值 $T_S = \alpha$。

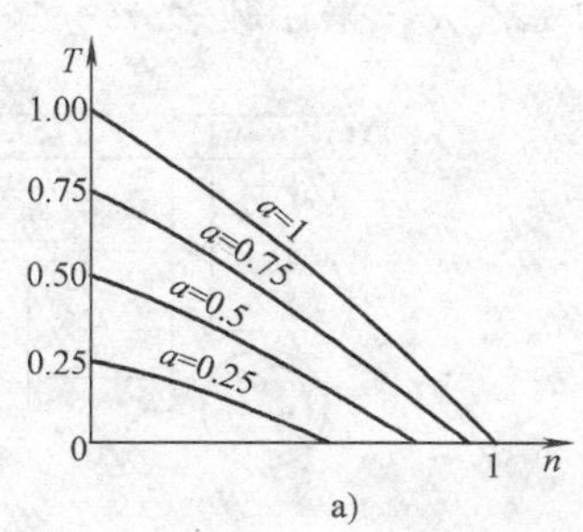

a)

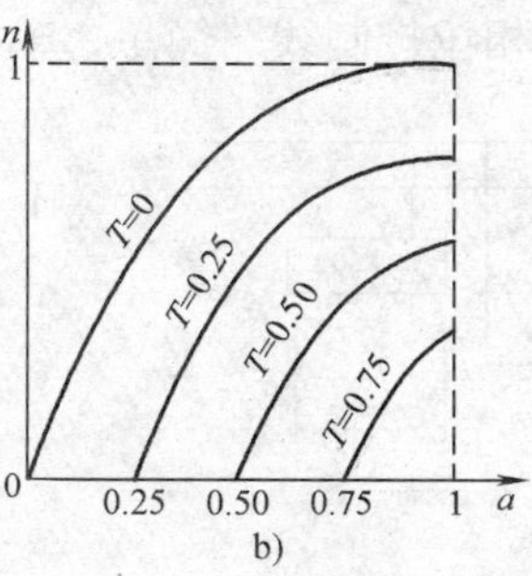

b)

图 1-36　幅值控制时的机械特性与调节特性
a）机械特性　b）调节特性

交流伺服电动机幅值控制时的调节特性也可以从机械特性得到，如图 1-36b 所示。幅值控制时调节特性也不是直线，只在 n 较小时近似为直线。为了尽量使交流伺服电动机调节特性用在 n 较小的区域，以保证伺服系统的动态误差较小，许多交流伺服电动机采用频率为 400Hz 的交流电源，提高它的同步转速 n_0。与直流伺服电动机相似，调节特性与横轴交点的有效信号系数 α 的值为始动电压的标么值，转矩大时，始动电压高，始动电压与转矩二者标么值的数值相等。

交流伺服电动机输出功率 $P_2 = T_2\Omega \approx T\Omega$，在一定的控制信号电压下，若转速很低，由于 Ω 很小，输出功率 P_2 也很小；若转速接近于理想空载转速时，由于 T 很小，输出功率也很小。α 越大，输出的功率也越大。交流伺服电动机的额定功率通常规定为当 $\alpha = 1$ 时的最大输出功率，此时相应的转速则为额定转速，相应的输出转矩则为额定转矩，与一般电动机的规定方法是不一样的。

（2）相位控制　由加在控制绕组上的信号电压的相位来控制交流伺服电动机转速的控制方式称为相位控制。相位控制接线如图 1-37 所示。励磁绕组接在交流电源上，大小为额定电压，控制绕组所加信号电压的大小为额定值，但是相位可以改变。$\dot{U}_f$ 与 $\dot{U}_K$ 是同频率的，二者相位差为 β，$\beta = (0 \sim 90)°$，例如 $\dot{U}_K$ 落后于 $\dot{U}_f$。这样 $\sin\beta = 0 \sim 1$，$\sin\beta$ 称为相位控制的信号系数。

（3）幅值-相位控制　交流伺服电动机幅值-相位控制接线如图 1-38 所示。励磁绕组外边串电容器后再接交流电源，控制电压为 $\dot{U}_K$，$\dot{U}_K$ 与电源电压同频率、同相位，大小可以改变。

相位控制、幅值-相位控制的交流伺服电动机的控制信号变化时，电动机内合成磁通势的性质或椭圆度也随之改变，从而具有不同的机械特性，使电动机具有伺服性。这两种控制方法的机械特性和调节特性与幅值控制的相似，为非线性，在转速标么值较小时线性好。

由于幅值-相位控制线路简单，输出功率较大，采用较多。

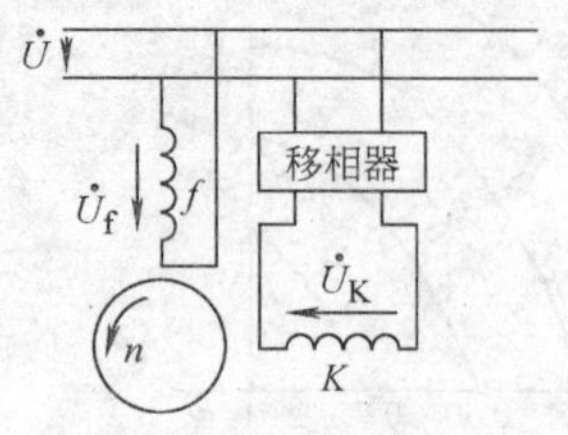

图 1-37　相位控制

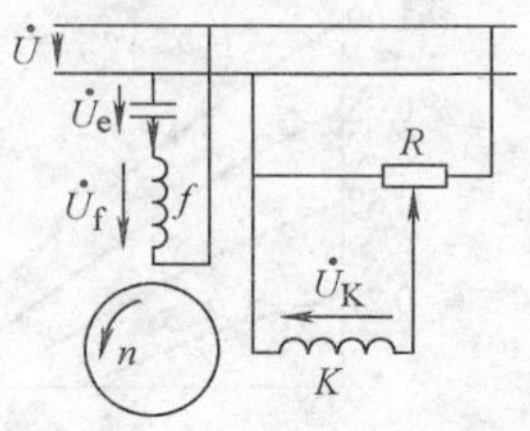

图 1-38　幅值-相位控制

4. 力矩电动机

直流力矩电动机是一种低速大力矩伺服电动机。它能在不需要中间减速机构的情况下直接拖动负载实现低速大力矩的平稳运行，甚至可以工作在堵转情况下且无爬行现象，又具有很高的稳速精度。因此，特别适用于那些常用于较低速度且又有相当负载能力要求的场合。力矩电动机是一种把伺服电动机和驱动电动机结合而发展成的一种电动机，它输出较大的转矩，直接拖动负载运行，同时它又受控制信号电压的直接控制进行转速调节。在自动控制系统中作为执行元件。由于没有中间的减速装置，采用力矩电动机拖动负载（单轴拖动系统）比采用高速的伺服电动机经过减速装置拖动负载（多轴拖动系统），在很多方面具有优越性，主要是：响应快速、高精度、机械特性及调节特性线性好，而且结构紧凑、运行可靠、维护方便、振动小等，尤其突出表现在低速运行时，转速可低到 0.00017r/min（4 天半才转一圈，低于地球自转速度），其调速范围 D（指最高转速与最低转速之比）可以高达几万、几十万。力矩电动机有直流和交流两大类，从作用原理上看，就是低速的直流和交流伺服电动机，但其转矩较大，转速较低，外形轴向长度短，径向长度长，通常为扁平式结构，极数较多。应用广泛的是直流力矩电动机。

直流力矩电动机在结构上和普通电枢直流伺服电动机相同。它的定子主磁极数较多（通常 6、8 极），它通常做成扁平结构，电枢长度与直径之比一般仅为 0.2 左右（即外表呈现圆盘状）。直流力矩电动机总体结构形式有分装式和内装式两种。分装式直流力矩电动机有定子、转子和刷架三大件，转子直接套在负载轴上，转轴和机壳按控制系统要求配制。图 1-39a 示意了分装式结构。分装式将定子、转子和刷子三大部分分离出厂，使用时现场装配，转子直接套在负载轴上，机壳可根据需要自行选配。内装式直流力矩电动机与一般电动机一样，由生产厂把定子、转子、刷架与转轴、端盖装配成一整机，如图 1-39b 所示。电动机加电压后，转速为零时的电磁转矩称为堵转转矩，转速为零的运行状态又称堵转状态。一般电动机不能长时间运行于堵转状态，但力矩电动机经常使用于低速和堵转状态。电动机长时间堵转时，稳定温升不超过允许值时输出的最大堵转转矩，称为连续堵转转矩，相应的电枢电流为连续堵转电流。运行转速大于零时输出转矩小于堵转转矩。力矩电动机机械特性是直线。

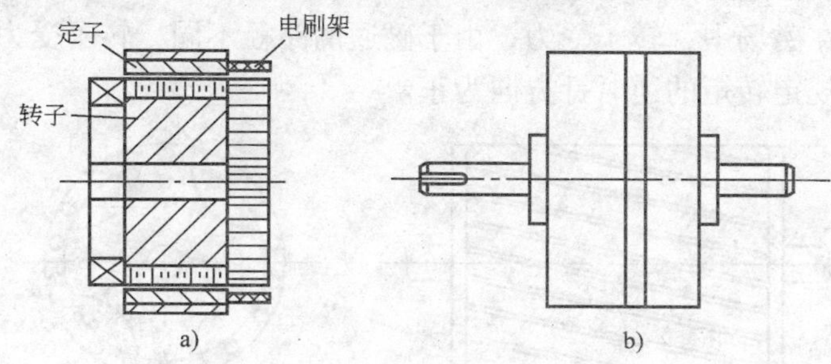

图 1-39 直流力矩电动机
a）分装式 b）内装式

在很短时间内电枢电流超过连续堵转电流而又不使电动机发热烧坏，这样电动机输出较大的堵转转矩。但电流太大会使永久磁铁去磁，受去磁限制的最大堵转转矩称为峰值转矩。相应的电枢电流称为峰值电流，在永磁式直流力矩电动机技术数据中给出。

5. 微型同步电动机

微型同步电动机与交流同步电动机一样，转子转速恒为同步转速 n_0，使用在转速要求恒定的装置中，例如电唱机、录音机、电视设备、电钟、时间机构、记录仪表装置、陀螺仪等。微型同步电动机的定子结构与异步电动机定子是一样的，有单相的也有三相的，定子绕组通电后建立气隙旋转磁通势。转子的极数与定子极数相同，依据转子不同的类型，微型同步电动机分成永磁式、反应式和磁滞式几种。

（1）永磁式微型同步电动机　永磁式微型同步电动机的转子是一个永久磁铁，N、S 极沿着圆周方向交替排列。当电动机运行时，定子产生转速为 n_0 的旋转磁通势，转子则以 n_0 转速随之同步旋转，图 1-40 为永磁式微型同步电动机永磁转子，图 1-40a 为永久磁铁，图 1-40b 为起动绕组。转子永久磁铁磁力线与定子磁力线的夹角为 θ，永磁式微型同步电动机电磁转矩大小与 $\sin\theta$ 成正比。当 $\theta=0°$时，电磁转矩 $T=0$；当 $\theta=90°$时，$T=T_{max}$，T-θ 曲线为正弦曲线。永磁式微型同步电动机采用异步起动，即在转子上装上笼型起动绕组，在起动过程中产生异转矩起动。待到转子转速接近同步转速 n_0、旋转磁通势与转子相对速度很小时，转子被牵入同步，转速升到 n_0。在同步电动机运行时，笼型起动绕组不再起作用。反应式微型同步电动机的转子由铁磁材料制成，其纵轴与横轴方向的磁阻大小相差比较多，纵轴方向的磁阻最小，横轴方向的磁阻最大，纵轴与横轴相差 90°空间电角度。纵轴与定子磁极轴线夹角为 θ，规定转子纵轴逆时针方向领先定子磁极轴线时，θ 为正。转子处于磁场中，当其纵轴与横轴的磁阻不对称时，磁通必然要穿过磁阻最小的路径。图 1-41a ~ d 为转子位置不同时磁通路径的几种情况。在磁场中，转子受力，由于磁通的路径不同，转子受力的大小与方向也都不同，规定转矩的逆时针方向为正。

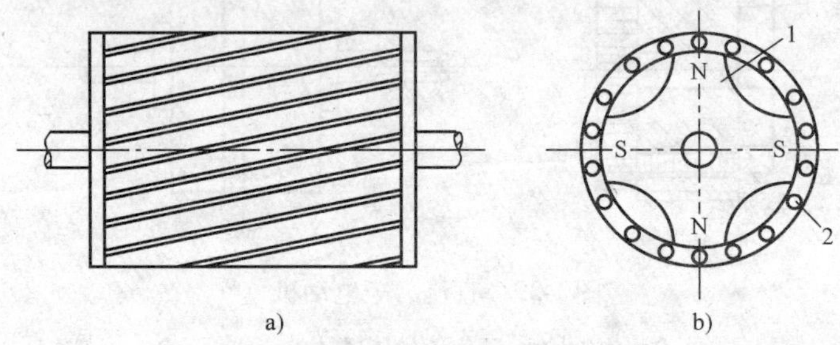

图 1-40　永磁式微型同步电动机永磁转子

a）永久磁铁　b）起动绕组

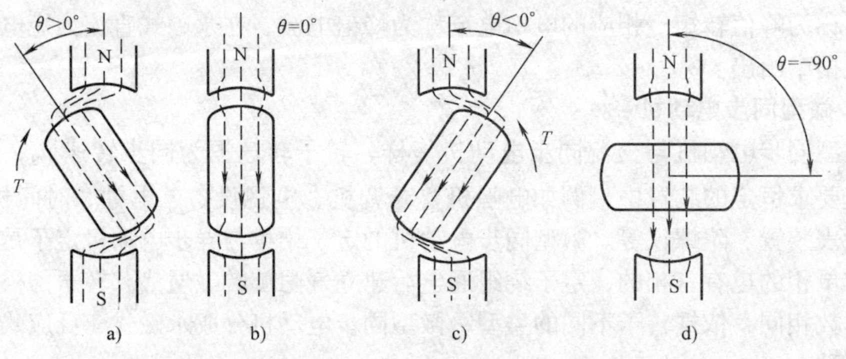

图 1-41　磁阻不对称时的反应转矩

分析磁场力的方向可以想象电磁场课程中所讲的法拉第电磁定律，形象的比喻就是把每根磁力线都看成为被拉长了的橡皮筋，它有着纵向收缩、横向扩张的趋势，由此对磁场中的导体或铁磁体产生力的作用即磁场力。按照这个方法，图 1-41a 中，$0° < \theta < 90°$时，定子与转子之间的磁力线都有纵向收缩的趋势，因此被磁力线连着的定子和转子沿着磁力线方向相互吸引，也就是转子受到电磁转矩 T 作用，方向为顺时针。按照正方向规定，$T < 0$。同理，图 1-41b 中，$\theta = 0°$，被磁力线连着的定子与转子互相吸引的电磁力方向在转子纵轴，因此转矩 $T = 0$。不言而喻，图 1-41c 中，$-90° < \theta < 0°$，$T > 0$；图 1-39d 中，$\theta = -90°$，$T = 0$。这种由于转子纵、横轴的磁阻不对称而使转子在磁场中受到转矩作用，该转矩被称为反应转矩，或称为磁阻转矩。

由于反应转矩的存在，定子磁通势若以同步转速 n_0 旋转时，转子也随之同步旋转。反应式微型同步电动机以 n_0 转速带负载 T_L 运行时，其 $T=T_L$。也就是说 θ 的大小由负载转矩 T_L 决定。

反应式微型同步电动机转子上也装有笼型绕组，用来起动；同时笼型绕组还可作为阻尼绕组，消除转子的振荡。图1-42是不同形式的转子冲片，冲片上的小圆孔内系装笼条。

(2) 磁滞式同步电动机　磁滞式同步电动机转子由硬磁材料制造。硬磁材料的磁滞现象非常显著，其磁滞回线宽，剩磁与矫顽力数值很大，反应出硬磁材料磁化时，阻碍磁分子运动的相互间摩擦力甚大。铁磁材料在交变磁化时，磁滞现象表现为 B 滞后于 H 一个时间角。磁滞式同步电动机转子，是处于旋转磁化状态，磁滞现象表现为铁磁材料的磁通势滞后于外磁通势一个空间角，具体分析如下。图1-43a中，电动机转子是一个硬磁材料的实心转子，大小不变的定子磁通势（或磁力线、或磁通，方向都一样）在空间固定方向，转子处于恒定磁化状态。转子上的磁分子沿定子磁通势方向排列，转子总磁通势 F 与定子磁通 ϕ 方向一致，转子转矩 $T=0$。若定子磁通势逆时针方向在空间旋转，如图1-43b所示，转子处于旋转磁化状态，其上的磁分子都不停地改变方向，以使其磁通势的方向与定子旋转磁通势的方向一致，但是磁分子旋转时彼此甚大的摩擦力，使得它们不能即时跟上定子旋转磁通势的速度，而始终落后一个空间角度 θ_C，这就是转子磁通势 F 与定子磁通 ϕ 的空间夹角，称作磁滞角。旋转磁化时由于磁滞角存在，转子转矩 $T_C\neq0$，是逆时针方向，称为磁滞转矩。磁滞式同步电动机起动时，转子之所以能随定子旋转磁通势旋转并能达到同步转速 n，其原因就在于有磁滞转矩。磁滞式同步电动机中，磁滞角 θ_C 的大小只取决于硬磁材料的磁化特性，与旋转磁通势的转速无关。当 ϕ 一定时，在 $0\sim n_0$ 范围内，θ_C 与 T_C 又都为常数。磁滞式同步电动机可以自行起动，而且起动转矩较大，这是它的优点。当转子

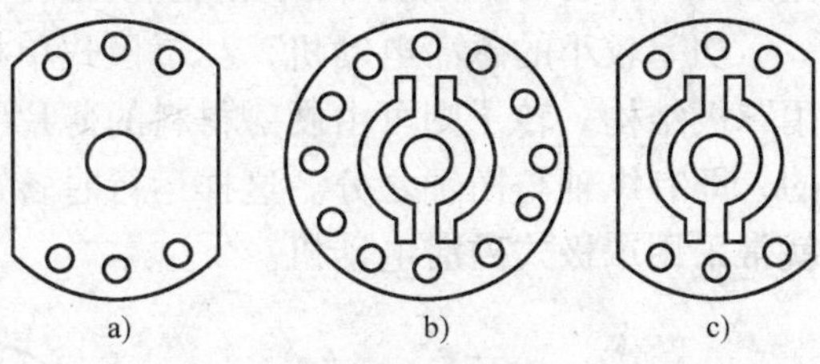

图1-42　不同型式的转子冲片
a) 外反应式　b) 内反应式　c) 内外反应式

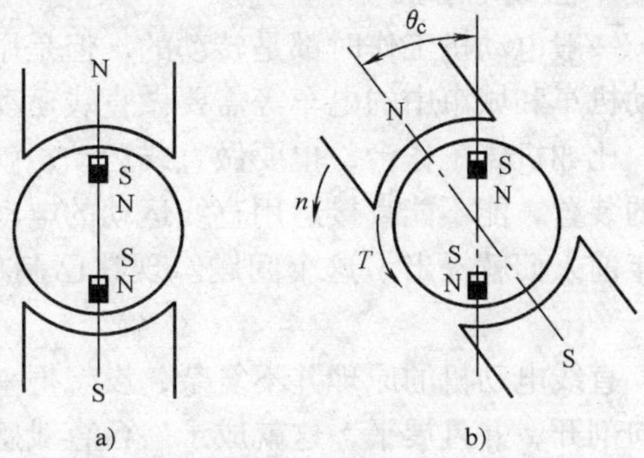

图1-43　硬磁材料转子的磁化

转速到达 n_0 同步运行以后，旋转磁通势与转子之间无相对运动，转子也从旋转磁化变为恒定磁化，即成了个永久磁铁。带的负载大小可以从 0 到 T_L；定子磁通势与转子磁通势夹角 θ 相应从 0 到 θ_C。

磁滞式同步电动机转子多数采用环形硬磁材料，可用冲片叠压而成，也可用整块铸造而成。里面有套筒，如图 1-44a 所示。套筒可由非磁性材料制成，转子磁路如图中 1-44b 所示；套筒也可由磁性材料制成，转子磁路如 1-44c 所示。无论是哪一种套筒，磁通都必须经过硬磁材料的有效环。

功率较小的磁滞电动机，与罩极式单相异步电动机的定子一样，定子可以采用罩极结构。转子则可由硬磁材料的薄片组成，薄片的形状还可以是磁路不对称的，即有纵轴与横轴之分。这样运行时转矩既有磁滞转矩又有反应转矩。电子钟就常采用罩极式磁滞电动机。

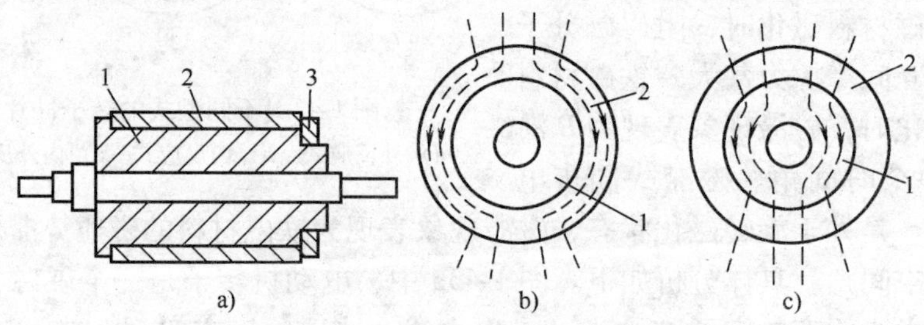

图 1-44　磁滞式电动机的转子

a）转子结构　b）非磁性套筒　c）磁性套筒

1—套筒　2—硬磁材料的有效环　3—挡环

前边讲的永磁式同步电动机起动时除用笼型绕组产生异步转矩以外，也可以采用转子上装上硬磁材料的圆环，既产生较大的起动转矩，又增加运行时的同步转矩。

6. 直线电动机

一般电动机工作时都是转动的，但是用旋转的电动机驱动的交通工具，比如电动机车和城市中的电车等需要做直线运动；用旋转的电动机驱动机器的一些部件，比如机床工作台，也要做直线运动；就需要增加一套把旋转运动变为直线运动的装置，能不能直接运用直线运动的电动机来驱动，从而省去这套装置呢？几十年前人们就提出了这个问题。现在已制成了直线运动的电动机，即直线电动机。

直线电动机的原理并不复杂，设想把一台旋转运动的感应电动机沿着半径的方向剖开，并且展平，这就成了一台直线感应电动机。在直线电动机中，相当于旋转电动机定子的，叫一次级；相当于旋转电动机转子的，叫二次级。一次级中通以交流，二次级就在电磁力的作用下沿着一次级做直线运动。这时一次级要做得很长，延伸到运动所需要达到的位置，而二次级则不需要那么长。实际上，直线电动机既可以把一次级做得很长，也可以把二次级做得很长；既可以一次固定、二次级移动，也可以二次级固定、一次移动。现以混合式直线步进电动机来说明它的工作原理。

混合式直线步进电动机也叫做 Sawyer 直线步进电动机，如图 1-45 所示。该电动机由上下两部分组成。上面的可动部分称为动子，下面的固定部分称为定子。

定子部分是用铁磁材料做成的平板条。平板条的上平面铣有槽形或齿形，槽里浇注环氧树脂后与平面一起磨平。动子由一块永久磁钢 PM 和两个凹型电磁铁 EMA 相 EMB 组成。电磁铁 EMA 和 EMB 各有两个小极，分别相对于定子齿错开半个齿距。在 EMA 和 EMB 上均绕有激磁线圈。当绕组中无激磁电流时，磁钢产生的磁通均等地通过四个极，与定子齿形成闭合磁路。当绕组中通入电流时，电磁铁每个小极上的绕组所产生的磁通与永久磁钠的磁通大小相等。

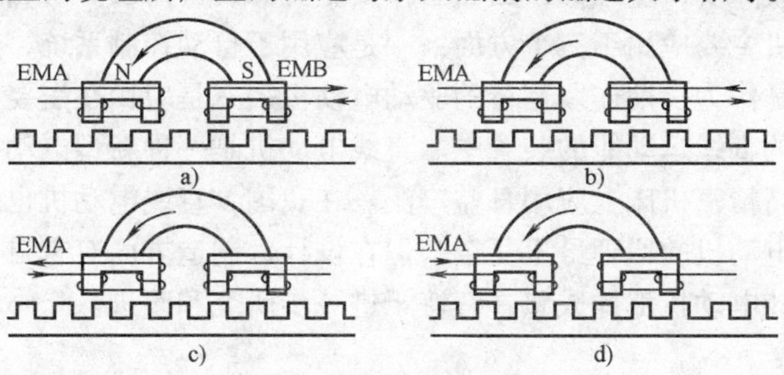

图 1-45　Sawyer 直线步进电动机

动子与定子相对的表面上也有槽，槽中也浇注环氧树脂并磨平。在动子表面上还开有若干小孔，这些小孔与外界的压缩空气皮管相通。当从外界打入压缩空气时，借助空气压力以克服由于永久磁钢和定子的吸力，同时将动子悬浮在定子表面。

这种直线步进电动机利用具有一定规律变化的电磁铁与永久磁钢的复合作用形成步进运动。具体运行过程如图 1-45 所示。图 1-45a 中，电磁铁 EMB 通入正脉冲电流，EMA 无电流，因电磁铁 A 的小极 1、小极 2 中只有永久磁钢产生的磁通。而电磁铁 B 的小极 4 上磁通抵消，小极 3 叠加。因小极 3 磁性最强，故与定子齿对齐。图 1-45b 中，电磁铁 B 切断，A 通入负脉冲电流。此时小极 2 上磁通最大，与定子齿对齐，动子左移 1/4 齿距。图 1-45c 中，电磁铁 A 切断，B 进入负脉冲电流，动子再左移 l/4 齿距。图 1-45d 中，B 切断，A 进入正脉冲电流，动子再左移 l/4 齿距。每次切换，动子都移动 l/4 齿距。不断切换，则连续前进。

这就是这种直线电动机的基本工作原现。

很明显，利用这种电动机可做成作平面运动的直线步进电动机。这时，动子由两个垂直放置的直线步进电动机构成。

直线电动机与旋转电动机相比，主要有如下几个特点：一是结构简单，由于直线电动机不需要把旋转运动变成直线运动的附加装置，因而使得系统本身的结构大为简化，重量和体积大大下降；二是定位精度高，在需要直线运动的地方，直线电动机可以实现直接传动，因而可以消除中间环节所带来的各种定位误差，故定位精度高，如采用微机控制，则还可以大大地提高整个系统的定位精度；三是反应速度快，灵敏度高，随动性好。直线电动机容易做到其动子用磁悬浮支撑，因而使得动子和定子之间始终保持一定的空气隙而不接触，这就消除了定、动子间的接触摩擦阻力，因而大大地提高了系统的灵敏度、快速性和随动性；四是工作安全可靠、寿命长。直线电动机可以实现无接触传递力，机械摩擦损耗几乎为零，所以故障少，免维修，因而工作安全可靠、寿命长。

直线电动机主要应用于三个方面：一是应用于自动控制系统，这类应用场合比较多；其次是作为长期连续运行的驱动电动机；三是应用在需要短时间、短距离内提供巨大的直线运动能的装置中。直线电动机是一种新型电动机，近年来在磁悬浮列车和高精密机床上应用日益广泛。在我国，直线电动机也逐步得到推广和应用，直线电动机的原理虽不复杂，但在设计、制造方面有它自己的特点，其产品远不如旋转电动机那样成熟，有待于进一步研究和改进。

本章小结

本章从使用的角度出发，简明扼要地介绍了普通机床电气控制中常用的交直流电动机和现代数控机床中常用的步进电动机与伺服电动机。重点介绍了三相交流电动机的基本结构、工作原理、机械特性和调速方法；一般介绍了直流电动机和伺服电动机的基本结构、工作原理、机械特性和调速方法等基础知识。要学习和掌握机床电气控制和 PLC 技术，必须首先了解和掌握机床电气控制中常用电动机的基本结构、工作原理、机械特性和调速方法，它是机床电气控制的拖动基础。

习题与思考题

1-1　三相交流异步电动机的基本结构组成有哪些？按转子结构分类有哪几种？

1-2　三相交流异步电动机的工作原理、工作特性如何？

1-3　三相交流异步电动机如何进行调速？

1-4　在使用中应如何选用三相交流异步电动机？

1-5　直流电动机的基本结构组成有哪些？按励磁分类有哪几种？

1-6　直流电动机的工作原理、工作特性如何？

1-7　直流电动机如何进行调速？

1-8　在使用中应如何选用直流电动机？

1-9　步进电动机的基本结构组成有哪些？按不同分类方法各有哪几种？

1-10　步进电动机的工作原理、工作特性如何？

1-11　步进电动机的是如何进行调速的？

1-12　步进电动机有哪些主要参数？在使用中应如何选用直流电动机？

1-13　什么是伺服电动机？常用的有哪几种？

1-14　单相交流异步电动机的基本结构组成有哪些？按起动方法分类有哪几种？

1-15　什么是直流伺服电动机？按磁极的种类划分有哪几种？

1-16　直流伺服电动机的机械特性和调速特性如何？

1-17　什么是交流伺服电动机？按磁极的种类划分有哪几种？

1-18　控制交流伺服电动机转速的常用方法有哪几种？

1-19　什么是力矩电动机？其最大特点是什么？按总体结构形式分类有哪几种？

1-20　什么是微型同步电动机？依据转子分类有哪几种？

1-21　什么是直线电动机？结构上有何特点？应用上有何好处？

第 2 章　机床常用低压电器和图形符号说明

主要内容

1）机床控制常用低压电器的基本结构、工作原理、用途和选用方法。

2）机床控制常用低压电器图形符号说明。

学习重点及教学要求

1）从使用的角度重点掌握机床控制常用低压电器的基本结构、工作原理。

2）从使用的角度了解机床控制常用低压电器的用途和选用方法。

3）要熟练掌握机床控制常用低压电器的图形符号说明，以便下一步分析、阅读和设计常用机床的电气控制电路图。

2.1　概述

机床电气控制系统不仅需要电动机或液压、气动装置来驱动，还需要一套电气控制装置来控制，包括各类低压电器，用以实现机床的各种工艺要求。所谓电器就是指能控制电的器具，即对电能的生产、输送、分配和使用起控制、调节、检测、转换及保护作用的电工器械称为电器。所谓低压电器，指工作在交流电压1200V 或直流电压 1500V 及以下的电路中起通断、检测、保护、控制或调节作用的电器产品。常见的部分低压电器如图 2-1 所示。

电器的种类很多，分类的方法也不同。表 2-1 为机床控制常用低压电器分类及用途说明。

1. 按控制作用分类

（1）执行电器　用来完成某种动作或传递功率。例如：接触器、电磁阀、电磁铁。

（2）控制电器　用来控制电路的通断。例如：开关、继电器。

（3）主令电器　用来发出信号指令的电器。它的信号指令将通过继电器、接触器和其他自动电器的动作，接通和分断被控制电路，以实现对电动机和其他生产机械的远距离控制。例如：按钮、主令控制器、转换开关等。

图 2-1　机床中常见的部分低压电器图示

a）HZ10/3 型组合开关　b）HZ3 型转换开关　c）DZ5-20 型自动开关　d）RL 螺旋式熔断器
e）CJ10-10 型交流接触器　f）CJ10-20 型交流接触器　g）JDB 型交流接触器
h）JZ7 型中间继电器　i）JDS 型中间继电器　j）JR0 型热继电器
k）UA 型热继电器　l）JT4 型过电流继电器　m）JFZ0 型速度继电器
n）JY1 型速度继电器　o）JS7 型空气阻尼式时间继电器
p）JS11 型电动式时间继电器　q）TBR 型电动式时间继电器
r）JS14 型晶体管式时间继电器　s）LA19 型按钮
t）LA18 型按钮　u）LA10 型按钮　v）JLXK1-111 型行程开关
w）JLXK1-211 型行程开关　x）JLXK1-311 型行程开关
y）JLXK1-411 型行程开关　z）X2-N 型行程开关

（4）保护电器　用来保护电源、电路及用电设备的安全，使它们不致在短路、过载状态下运行，免遭损坏。例如：熔断器、热继电器、漏电断路器、过（欠）电流（压）继电器等。

表 2-1　机床控制中常用低压电器分类及用途说明

种类	名称	主要品种	用途
配电电器	刀开关	负荷开关 熔断器式开关 扳形开关	主要用于电路的隔离，也能接通和分断额定电流
	转换开关	组合开关 换向开关	用于两种以上电源和负载的转换，接通或分断电路
	低压断路器	塑壳式低压断路器 框架式低压断路器 限流式低压断路器 漏电保护开关	用于线路过载、短路或欠电压保护，也可用做不频繁接通和断开电路
	熔断器	无填料式熔断器 有填料式熔断器 快速熔断器 自动熔断器	用于电器设备的过载和短路保护
	接触器	交流接触器 直流接触器	用于远距离频繁起动和控制电动机，接通和分断正常工作的电路
控制电器	继电器	热继电器 中间继电器 时间继电器 电流继电器 速度继电器	主要用于控制系统，用作控制其他电器或作主电路的保护
	起动器	磁力起动器 降压起动器	主要用于电动机的起动和正反转控制
	控制器	轮控制器 主令控制器	主要用于电气设备中转换主电路或励磁回路的接法，完成换向和调速
	主令电器	按钮 限位开关 万能转换开关 微动开关	主要用于接通和分断控制电路
	变阻器	励磁变阻器 起动变阻器 频敏变阻器	用于发电机及电动机减压起动和调速
	电磁铁	起重电磁铁 牵引电磁铁 制动电磁铁	用于起重、操纵或牵引机械装置

（5）配电电器　用于电能的输送和分配的电器。如低压断路器、隔离器等。

2. 按动作方式分类

（1）自动切换电器　按照信号或某个物理量的变化而自动动作的电器。例如：接触器、继电器等。

（2）非自动电器　通过人力操作而动作的电器。例如：开关、按钮等。

3. 按动作原理分类

（1）电磁式电器　它是根据电磁铁的原理工作的。例如：接触器、继电器等。

（2）非电磁式电器　它是依靠外力（人力或机械力）或某种非电量的变化而动作的电器。例如：行程开关、按钮、速度继电器、热继电器等。

4. 按在机床中的用途分类

（1）信号及控制电器　用于发送控制指令及实现机床控制电路中逻辑运算、延时等功能的电器。如：按钮开关、行程开关、刀开关、中间继电器、时间继电器、速度继电器等。

（2）执行电器　用于完成传动或实现机床某种动作的电器。如：接触器、电磁阀、电磁铁、电磁离合器等。

（3）保护电器　用于保护机床控制电路及其用电设备安全的电器。如：熔断器、热继电器、过、欠电流（压）继电器等。

本章就从使用的角度出发，按其在机床控制中的用途来分类介绍它们的结构、动作原理和图形符号说明。

2.2　信号及控制电器

2.2.1　非自动切换信号及控制电器

1. 按钮（SB）

按钮又称控制按钮或按钮开关，是一种手动控制电器。它只能短时接通或分断 5A 以下的小电流电路，向其他自动电器发出指令性的电信号，控制其他自动电器动作。由于按钮载流量小，不能直接用于控制主电路的通断。常用按钮的结构图如图 2-2 所示。按钮的作用是发布命令，在控制电路中用于远距离操纵接触器、继电器等，从而控制电动机的起动、运转、停止。常态时，动断（常闭）触点闭合，动合（常开）触点断开。按下按钮，动断（常闭）触点断开，动合（常开）触点闭合，松开按钮，在

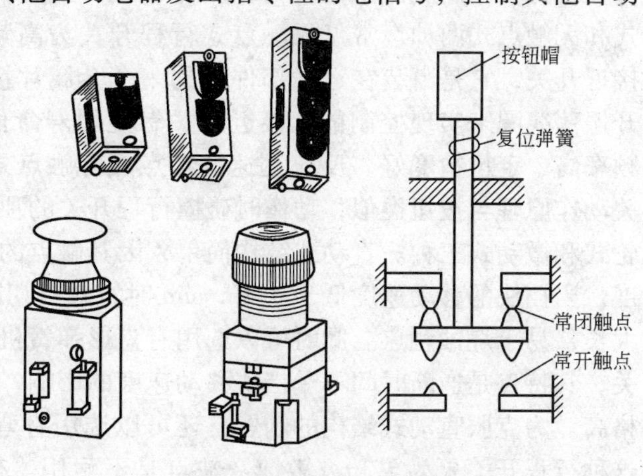

图 2-2　常用按钮的结构图

复位弹簧作用下使触点复位。为避免误操作，常将钮帽做成不同的颜色来区别，如以红色作为停止和急停，绿色作为起动和运行，黄色表示干预，黑色表示点动；蓝色表示复位；另外还有黄、白等颜色等，供不同场合使用。按钮的图形符号如图 2-3 所示。

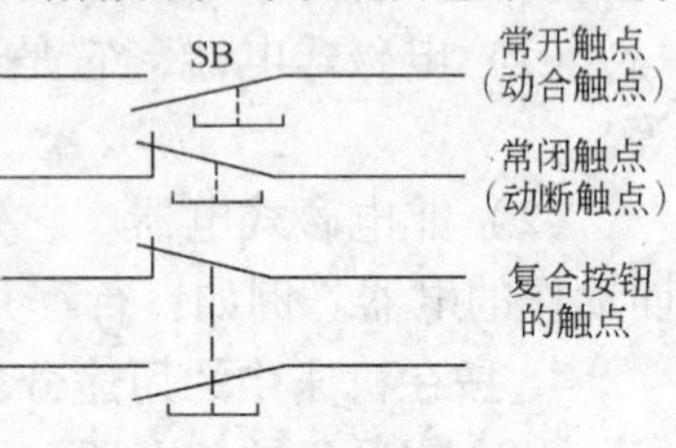

图 2-3　按钮的图形符号

按钮的选择使用时应从使用场合、所需触点数、触点形式及按钮帽的颜色等因素考虑。

2. 刀开关（QS）

刀开关俗名闸刀，是一种结构最简单且应用最广泛的手控低压电器，主要用于接通和切断长期工作设备的电源。广泛用在照明电路和小容量（5.5kW）、不频繁起动的动力电路和控制电路中。刀开关的种类很多，根据通路的数量可分为单极、双极和三极。一般刀开关的额定电压不超过 500V。额定电流有 10A 到上千安培多种等级，有的刀开关附有熔断器。三极刀开关的结构如图 2-4 所示。

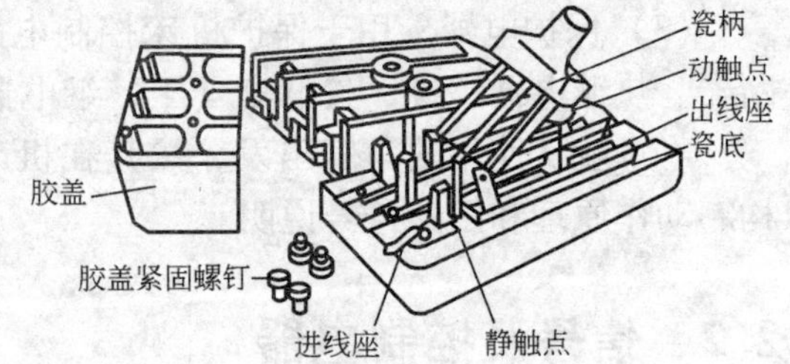

图 2-4　三极刀开关的结构图

三极刀开关的图形符号如图 2-5 所示。

主要根据电源种类、电压等级、工作电流、所需极数选择刀开关。

3. 行程开关

行程开关（ST）又称为限位开关（SQ）。是一种根据运动部件的行程位置而切换电路的电器，用于反映机构的运动方向或所在位置，可实现行程控制及极限位置的保护。行程开关分为有触点式和无触点式两种，常见无触点式行程开关为高频振荡型接近开关，它是由装在运动部件上的一个金属片接近或离开振荡线圈来实现控制的。接近开关有使用寿命长、操作频率高、定位精度好、反应迅速的特点，有触点式行程开关动作原理与按钮类似，动作时碰撞行程开关的顶杆。按结构可分为直动式、滚轮式和微动式三种。直动式结构简单，因其触点的分合速度取决于挡块的移动速度，当挡块的移动速度低于 0.4m/min 时，触点切断太慢，使电弧在触点上停留太长，易于烧蚀触点。此时可以选用有盘形弹簧机构能瞬时动作的滚轮式行程开关，其特点是通断时间不受挡块移动速度的影响，动作快；缺点是结构复杂，价格高。为克服直动式结构的问题，还可以选用有弯片状弹簧的微动式行程开关，这种行程开关更为灵巧、敏捷，缺点是不耐用。行程开关的结构图如图 2-6 所示。

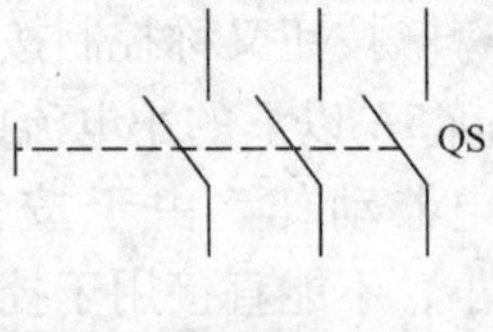

QS

图 2-5　三极刀开关的图形符号

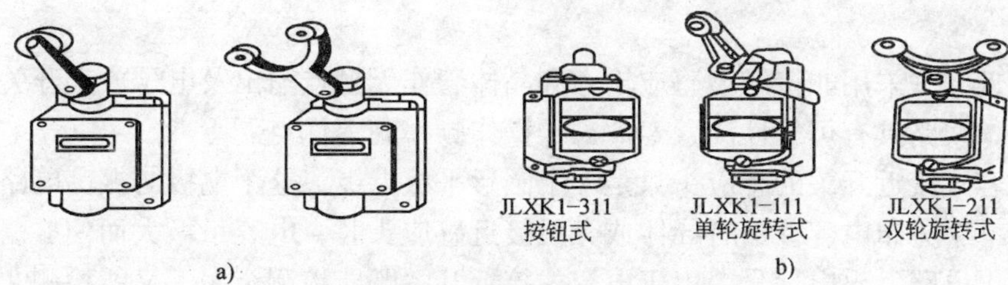

图 2-6　行程开关的结构
a）LX19 系列　b）JLXK1 系列

行程开关的图形符号如图 2-7 所示，或用 SQ。

随着电子技术的不断发展，目前还广泛使用电子式接近开关作为行程或位置控制。其电路图和图形符号如图 2-8 所示。

ST(Q)
常开触点
ST(Q)
常闭触点

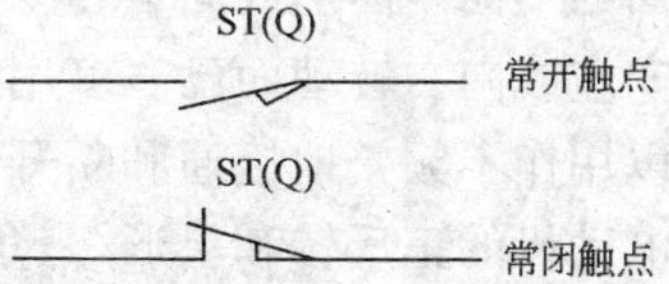

图 2-7　行程开关的图形符号

行程开关的选择主要应根据电源种类、电压等级、工作电流、现场使用环境条件等进行。

接近开关分为电容式和电感式两种，电感式的感应头是一个具有铁氧体磁心的电感线圈，故只能检测金属物体的接近。常用的型号有 LJ1、LJ2 等系列。图 2-8 为 LJ2 系列晶体管接近开关电路原理图，由图 2-8 可知，电路由晶体管 V_1、振荡线圈 L 及电容器 C_1、C_2、C_3 组成电容三点式高频振荡器，其输出经由 V_2 级放大，V_7、V_8 整流成直流信号，加到晶体管 V_3 的基极，晶体管 V_4、V_5 构成施密特电路，V_6 级为接近开关的输出电路。

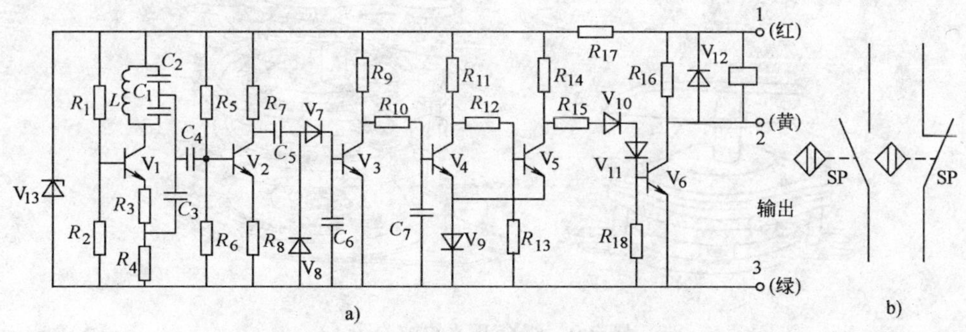

图 2-8　接近开关的电路原理图及符号
a）LJ2 系列晶体管接近开关原理图　b）接近开关的图形及文字符号

当开关附近没有金属物体时，高频振荡器谐振，其输出经由 V_2 放大并经 V_7、V_8 整流成直流，使 V_3 导通，施密特电路截止，V_5 饱和导通，输出级 V_6 截止，接近开关无输出。

当金属物体接近振荡线图 L 时，振荡减弱，直至停止，这时 V_3 截止，施密特电路翻转，V_5 截止，V_6 饱和导通，即有输出。其输出端可带继电器或其他负载。

接近开关采用非接触型感应输入和晶体管作无触点输出及电子放大开关构成的开关，线路具有可靠性高、寿命长、操作频率高等优点。

电容式接近开关的感应头只是一个圆形平板电极，这个电极与振荡电路的地线形成一个分布电容。当有导体或介质接近感应头时，电容量增大而使振荡器停振，输出电路发出电信号。由于电容式接近开关既能检测金属，又能检测非金属及液体，因而在国外应用得十分广泛，国内也有 LXJ15 系列和 TC 系列等产品。

4. 组合开关

它实质上也是一种特殊刀开关，只不过一般刀开关的操作手柄是在垂直安装面的平面内向上或向下转动，而组合开关的操作手柄则是平行于安装面的平面内向左或向右转动而已。多用在机床电气控制线路中，作为电源的引入开关，也可以用作不频繁地接通和断开电路、换接电源和负载以及控制 5kW 以下的小容量电动机的正反转和星形/三角形起动等。组合开关的结构图如图 2-9 所示。组合开关的图形符号如图 2-10 所示。组合开关的选择主要应根据电源种类、电压等级、工作电流、使用场合的具体环境条件等进行。

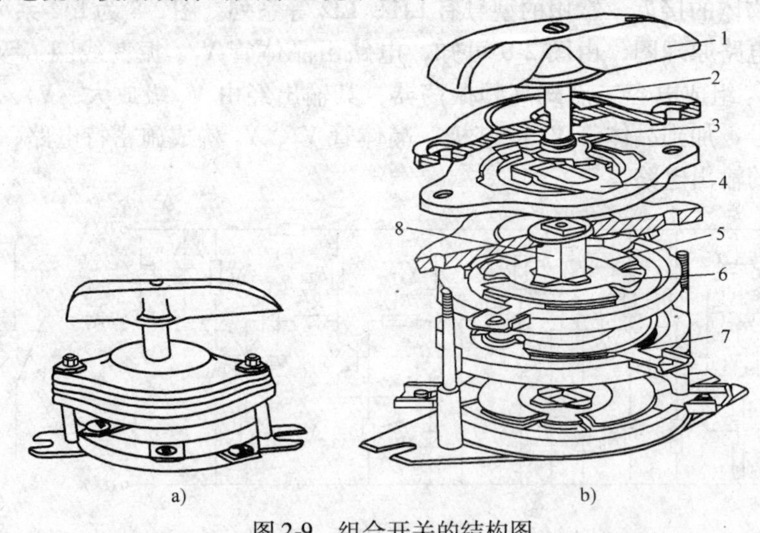

图 2-9　组合开关的结构图

a）外形图　b）内部结构

1—手柄　2—转轴　3—弹簧　4—凸轮　5—绝缘垫板

6—动触点　7—静触点　8—绝缘方

5. 万能转换开关

具有更多操作位置和触点、能够连接多个电路的一种手动控制电器。由于它的档位多、触点多，可控制多个电路，能适应复杂线路的要求。万能转换开关的结构如图 2-11 所示。

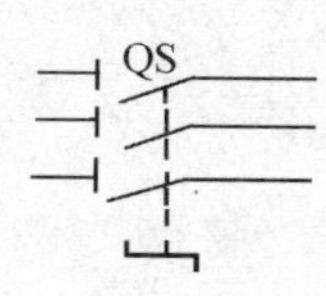

图 2-10　组合开关的图形符号

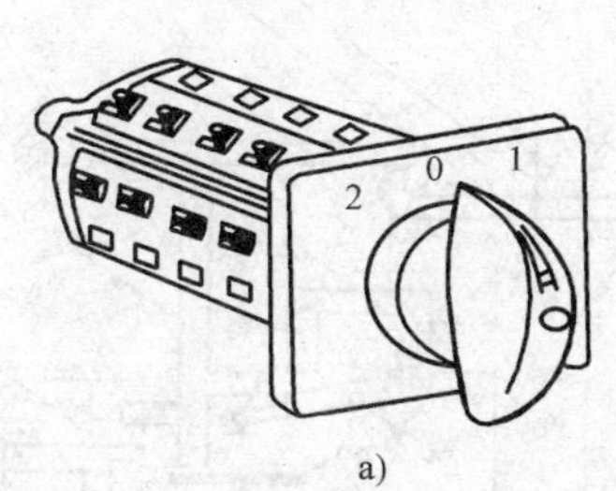

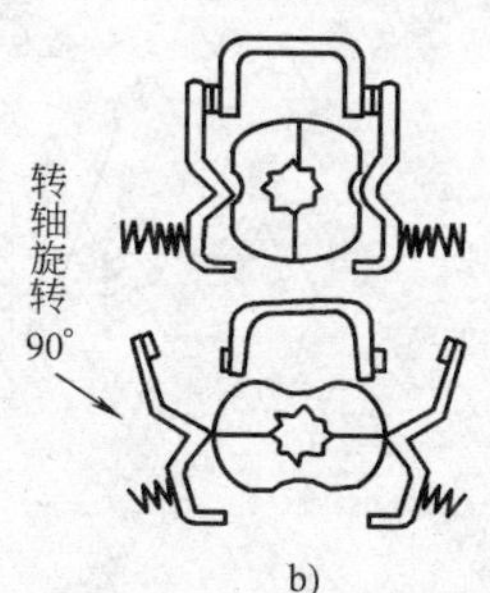

图 2-11　万能转换开关的结构图
a）外形　b）凸轮通断触点示意图

万能转换开关的图形符号和开关表如图 2-12 所示。

万能转换开关的选择也应该根据电源种类、电压等级、工作电流、使用场合的具体环境条件等进行。

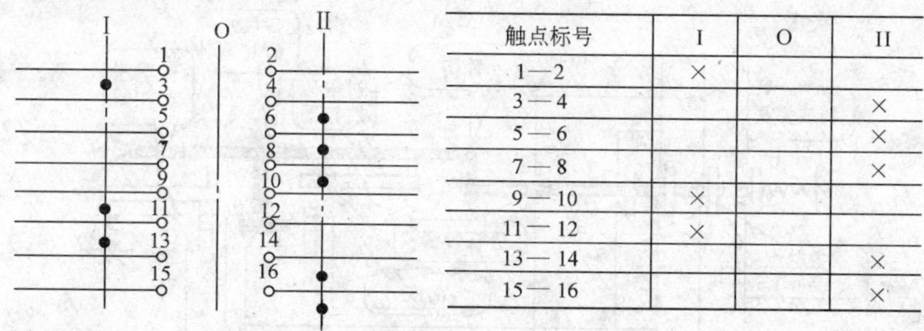

触点标号	I	O	II
1—2	×		
3—4			×
5—6			×
7—8			×
9—10	×		
11—12	×		
13—14			×
15—16			×

图 2-12　万能转换开关的图形符号和开关表

6. 低压断路器（QF）

低压断路器又名自动开关，是一种集操作控制和多种保护功能于一身的电器。它除主要能完成接通和分断电路外，还能对电路或电气设备发生的短路、过载、失压等故障进行保护。常用作低压配电的总电源开关和电动机主电路的短路、过载、失压保护开关。其结构如图 2-13、图 2-14 所示。低压断路器主要由触点系统、操作机构、各种脱扣器和灭弧装置等组成。

触点系统、操作机构主要完成合、分闸操作，实现开关的作用。

脱扣器是自动开关的主要保护装置，包括电磁脱扣器（作短路保护）、热脱扣器（作过载保护）、失压脱扣器以及由电磁和热脱扣器组合而成的复式脱扣器等种类。电磁脱扣器的线圈串联在主电路中，若电路或设备短路，主电路电流增大，线圈磁场增强，吸动衔铁，使操作机构动作，断开主触点，分断主电路而起到短路保护作用。电磁脱扣器有调节螺钉，可以根据用电设备容量和使用条件手动调节脱扣器动作电流的大小。

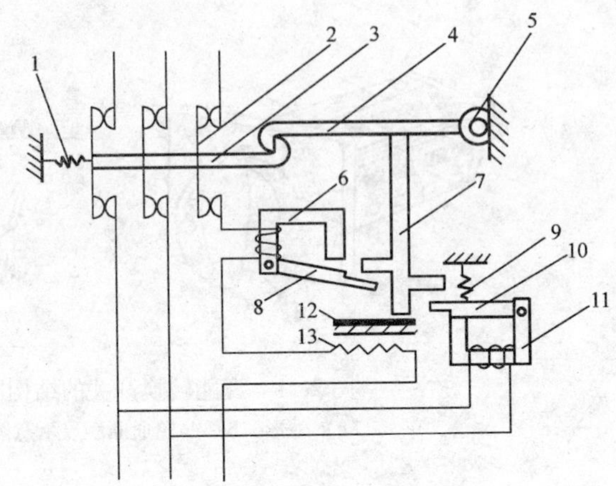

图 2-13　自动开关的原理图

1、9—弹簧　2—触点　3—锁键　4—搭钩　5—轴　6—过电流脱扣器　7—杠杆　8、10—衔铁　11—欠电压脱扣器　12—双金属片　13—电阻丝

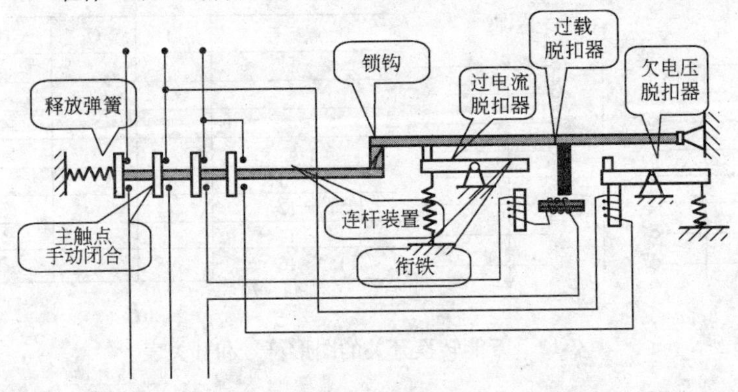

图 2-14　低压断路器的结构和工作原理图

热脱扣器是一个双金属片热继电器。它的发热元件串联在主电路中。当电路过载时，过载电流使发热元件温度升高，双金属片受热弯曲，顶动自动操作机构动作，断开主触点，切断主电路而起过载保护作用。

低压断路器的图形符号如图 2-15 所示。低压断路器的选择应考虑额定电压、额定电流和允许切断的极限电流以及脱扣器的整定值等和所控制的主电路相匹配。

7. 负荷开关

为保障机床供电主电路大电流的安全可靠，还常采用封闭式的电源开关，如铁壳开关或带有熔断器的三相低压断路器。它们均为负荷开关，即可在带负荷大电流状态下直接分断大负荷主电路。

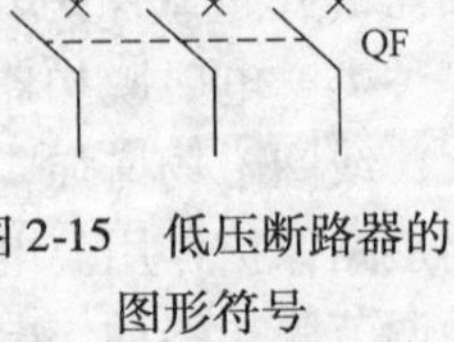

QF

图 2-15　低压断路器的图形符号

铁壳开关的结构如图 2-16 所示。DW10 和 DW16 系列三相低压断路器的结构如图 2-17 所示。其图形符号同图 2-15 的低压断路器。

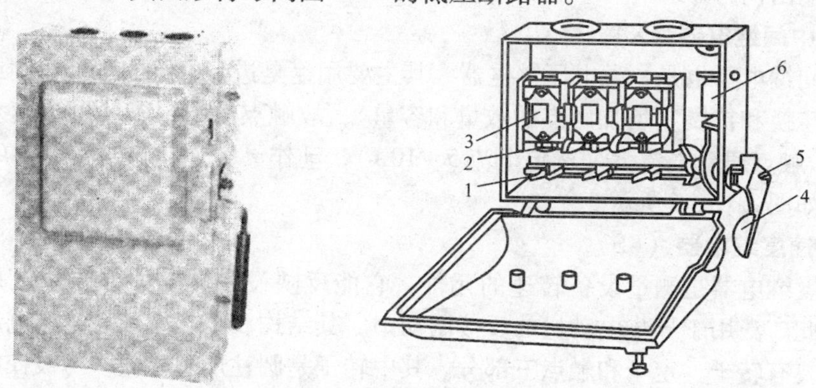

图 2-16　铁壳开关的结构图

1—闸刀　2—夹座　3—熔断器　4—手柄　5—转轴　6—速断弹簧

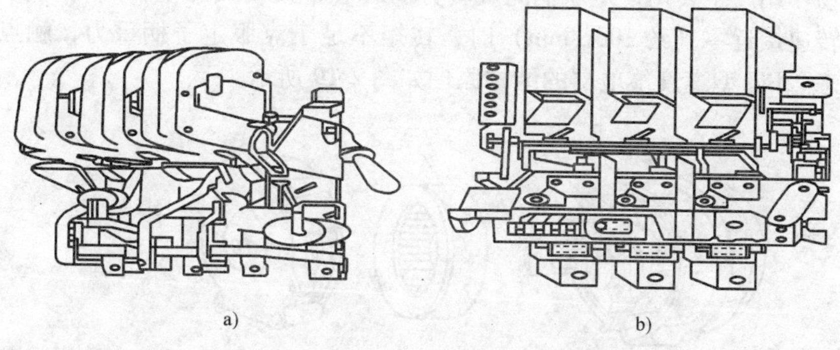

图 2-17　DW10 和 DW16 系列三相低压断路器的结构图

a）DW10 系列　b）DW16 系列

2.2.2　自动切换信号及控制电器

自动切换信号及控制电器是指主要借助电磁力或某个物理量的电磁继电器。继电器主要用于传递控制信号，其触点通常接在控制电路中。继电器种类很多，机床电气控制系统中常用的主要有电磁式中间继电器、速度继电器、时间继电器等。继电器的工作特点是阶跃式的输入输出特性，如图 2-18 所示。当继电器输入量由零增加到 x_2 以前，继电器输出为零；当输入量 x 增加到 x_2 时，继电器吸合，通过其触点的输出量突变为 y_1 并保持不变。若

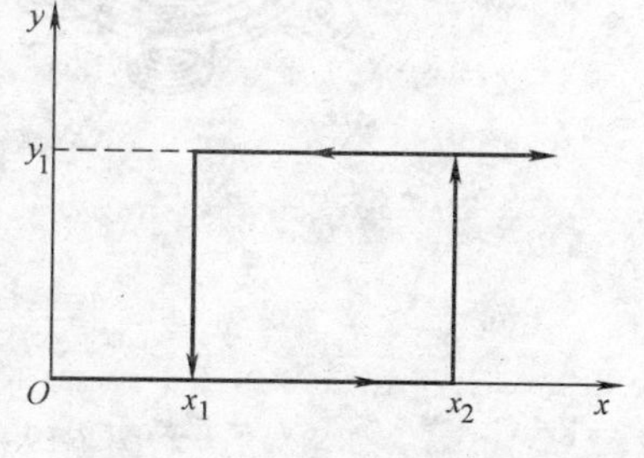

图 2-18　继电器特性曲线

x 再增加，输出 y_1 不变。当 x 减少到 x_1 时，继电器释放。输出 y 从 y_1 降到零。x 再小，输出仍为零。

1. 中间继电器（K）

中间继电器也是一种电压继电器，其主要用途是进行电路的逻辑控制或实现触点的转换和扩展（增加触点的数量和容量），故触点的数量多（可多达六对或更多），触点通断电流大（额定电流 5～10A），动作灵敏（动作时间小于 0.5s）。其外形如图 2-1h、i 所示。

2. 速度继电器（KS）

速度继电器是测量设备转速的元件。它能反映设备转动的方向以及是否停转，因此广泛用于异步电动机的反接制动中。其结构和工作原理与笼型电动机类似，主要有转子、定子和触点三部分。其中转子是圆柱形永磁铁，与被控旋转机构的轴连接，同步旋转。定子是笼形空心圆环，内装有笼形绕组，它套在转子上，可以转动一定的角度。当转子转动时，在绕组内感应出电动势和电流，此电流和磁场作用产生转矩使定子柄向旋转方向转动，拨动簧片使触点闭合或断开。当转子转速接近零（约 100r/min）时，转矩不足于克服定子柄重力，触点系统恢复原态。JYJ 型速度继电器的结构原理如图 2-19 所示。

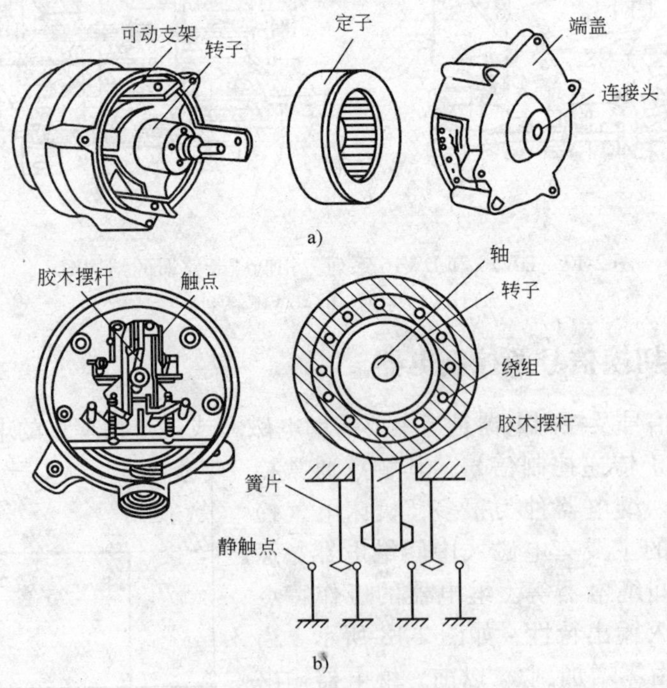

图 2-19　速度继电器的外形和结构图

a）外形　b）结构图

速度继电器的图形符号如图 2-20 所示。

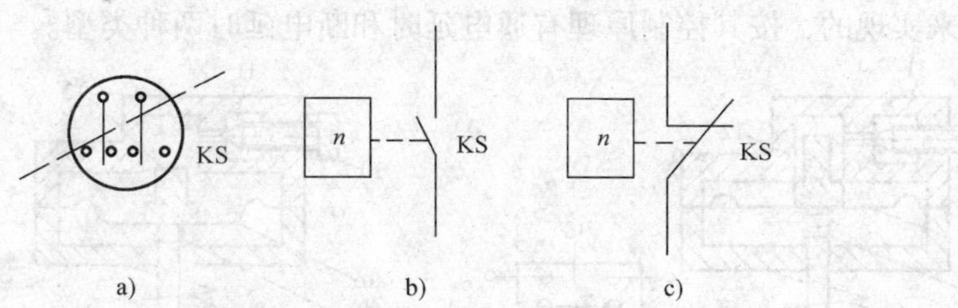

图 2-20　速度继电器的图形符号

3. 时间继电器（KT）

时间继电器是用来定时的电器件，是一种按照时间原则进行控制的电器。时间继电器的外形图和结构图如图 2-21 所示。

时间继电器按工作方式可分为通电延时动作型和断电延时动作型两类；按动作原理分为空气阻尼型、电磁式、电动机式、半导体式。

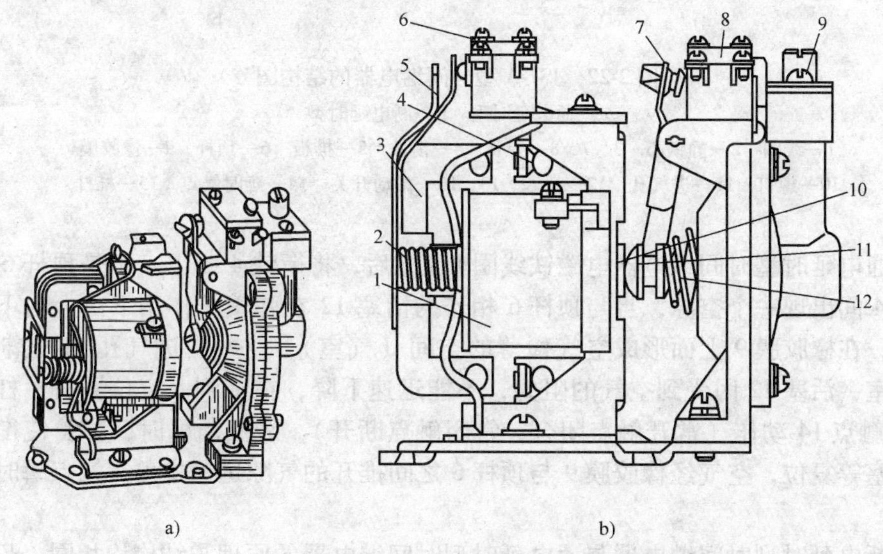

图 2-21　时间继电器的外形图和结构图

a）外形图　b）结构图

1—线圈　2—反力弹簧　3—衔铁　4—静铁心　5—弹簧片　6、8—微动开关

7—杠杆　9—调节螺钉　10—推杆　11—活塞杆　12—宝塔弹簧

1）常见空气阻尼型时间继电器有 JS7-A 型。延时范围为 0.4 ~180s。JS7-A 型时间继电器的结构图如图 2-22 所示。

JS7-A 由电磁机构、工作触点及气室三部分组成，它的延时是靠空气的阻尼作用来实现的，按其控制原理有通电延时和断电延时两种类型。

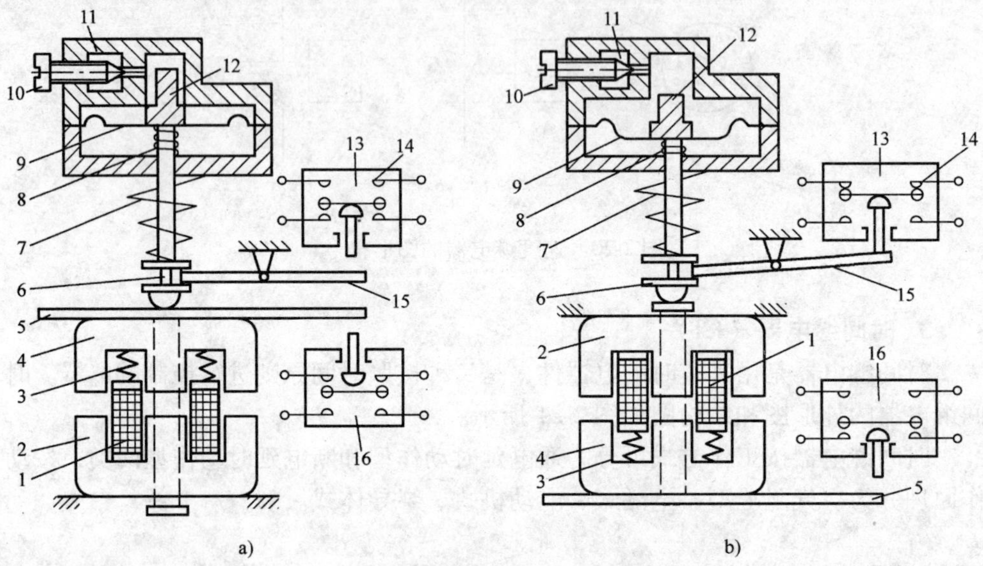

图 2-22　JS7-A 型时间继电器的结构图

a）通电延时型　b）断电延时型

1—线圈　2—静铁心　3、7、8—弹簧　4—衔铁　5—推板　6—顶杆　9—像胶膜　10—螺钉　11—进气孔　12—活塞　13、16—微动开关　14—延时触点　15—杠杆

通电延时型时间继电器电磁铁线圈 1 通电后，将衔铁 4 吸下，于是顶杆 6 与衔铁 4 间出现一个空隙，当与顶杆 6 相连的活塞 12 在弹簧 7 作用下由上向下移动时，在橡胶膜 9 上面形成空气稀薄的空间（气室），空气由进气孔 11 逐渐进入气室，活塞 12 因受到空气的阻力，不能迅速下降，在降到一定位置时，杠杆 15 使触点 14 动作（常开触点闭合，常闭触点断开）。线圈断电时，弹簧使衔铁和活塞等复位，空气经橡胶膜 9 与顶杆 6 之间推开的气隙迅速排出，触点瞬时复位。

断电延时型时间继电器与通电延时型时间继电器的原理与结构均相同，只是将其电磁机构翻转 180°安装，即为断电延时型。

空气阻尼式时间继电器延时时间有 0.4 ~ 180s 和 0.4 ~ 60s 两种规格，具有延时范围较宽，结构简单，工作可靠，价格低廉，寿命长等优点，是机床交流控制线路中常用的时间继电器。

时间继电器的图形符号如图 2-23 所示。应特别注意：在分析和记忆时间继电器的图形符号时首先要看其接点是常开触点还是常闭触点？然后再将是闭合时延时还是开启时延时加上就可以了，这样不容易混淆。常用的有（记忆时选择每组中的右边的为标准)：

①延时闭合的常开触点（开启时不延时)；

②延时开启的常开触点（闭合时不延时)；

③延时开启的常闭触点（闭合时不延时)；

④延时闭合的常闭触点（开启时不延时)。

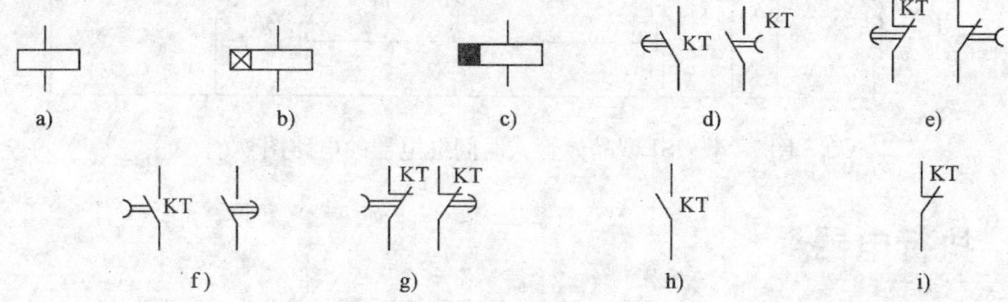

图2-23 时间继电器的图形符号

a）线圈一般符号 b）通电延时线圈 c）断电延时线圈 d）延时闭合常开触点 e）延时断开常闭触点 f）延时断开常开触点 g）延时闭合常闭触点 h）瞬动常开触点 i）瞬动常闭触点

2）晶体管式时间继电器也称半导体式时间继电器，具有延时范围广（最长可达3600s)、精度高（一般为5%左右)、体积小、耐冲击振动、调节方便和寿命长等优点，它的发展很快，使用也日益广泛。

晶体管式时间继电器是利用RC电路中电容电压不能跃变，只能按指数规律逐渐变化的原理——电阻尼特性获得延时的。所以，只要改变充电回路的时间常数即可改变延时时间。由于调节电容比调节电阻困难，所以多用调节电阻的方式来改变延时时间。

常用的产品有JSJ、JS13、JS14、JS15、JS20型等。现以JRJ型为例说明晶体管式时间继电器的工作原理。图2-24为JSJ型晶体管式时间继电器的原理图。其工作原理为：接通电源后，变压器二次侧18V负电源通过继电器K的线圈、R_5使V_3获得偏流而导通，从而V_6截止。此时K的线圈中只有较小的电流，不足以使K吸合，所以继电器K不动作。同时，变压器二次侧12V的正电源经V_2半波整流后，经过可调电阻R_1、R，继电器常闭触点K向电容C充电，使a点电位逐渐升高。当a点电位高于b点电位并使V_3导通时，在12V正电源作用下V_5截止，V_6通过R_3获得偏流而导通。V_6导通后继电器线圈K中的电流大幅度上升，达到继电器的动作值时使K动作，其常闭触点打开，断开充电回路，常开触点闭合，使C通过R_4放电，为下次充电作准备。继电器K的其他触点则分别接通或分断其他电路。当电源断电后，继电器K释放。所以，这种时间继电器是通电延时型的，断电延时只有几秒钟。电位器R_1用来调节延时范围。

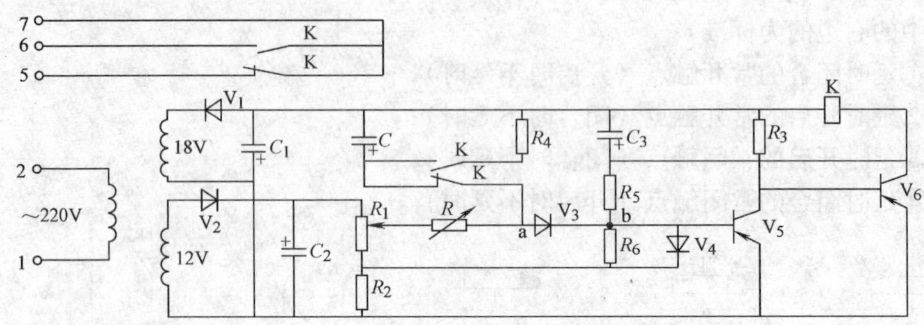

图 2-24　JSJ 型晶体管式时间继电器的电路图

2.3　执行电器

执行电器以电磁式为主，常用的有接触器、电磁阀、电磁铁、电磁离合器等。

2.3.1　接触器

接触器（KM）是一种接通或切断电动机或其他负载主电路的自动切换电器。它是利用电磁力来使开关打开或断开的电器，适用于频繁操作、远距离控制强电电路，并具有低压释放的零压保护性能。接触器通常分为交流接触器和直流接触器。其主要结构包括触点系统、电磁机构、灭弧机构以及反作用弹簧等。其工作原理是当线圈得电后，衔铁被吸合，带动三对主触点闭合，接通电路，辅助触点也闭合或断开；当线圈失电后，衔铁被释放，三对主触点复位，电路断开，辅助触点也断开或闭合。

选择接触器主要考虑以下参数：

1）触点通断电源种类：交流或直流。

2）主触点额定电压和电流。

3）辅助触点种类、数量及触点额定电流。

4）电磁线圈的电源、种类及频率。

交流接触器外形和结构图如图 2-25 所示。交流接触器的图形符号如图 2-26 所示。

2.3.2　交流固态继电器

交流固态继电器 SSR 是一种无触点通断电子开关，为四端有源器件。其中两个端子为输入控制端，另外两端为输出受控端，中间采用光电隔离，作为输入输出之间电气隔离（浮空）。在输入端加上直流或脉冲信号，输出端就能从关断状态转变成导通状态（无信号时呈阻断状态），从而控制较大负载。整个器件无可动部件及触点，可实现相当于常用的机械式电磁继电器一样的功能。光电耦合式固态继电器的工作原理如图 2-27 所示。

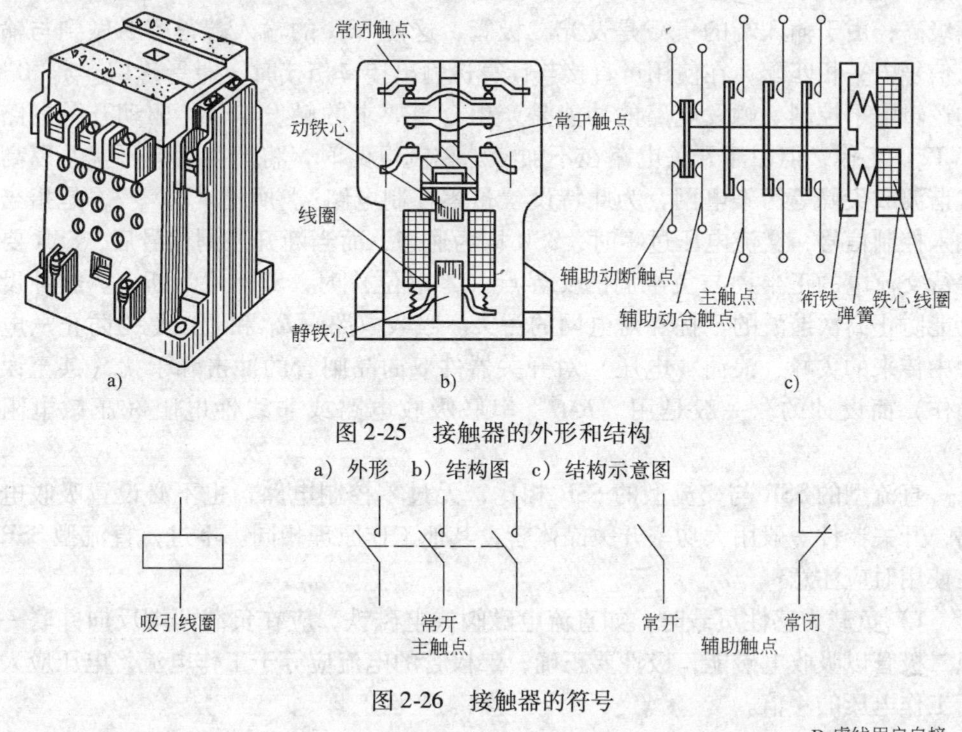

图 2-25　接触器的外形和结构

a）外形　b）结构图　c）结构示意图

图 2-26　接触器的符号

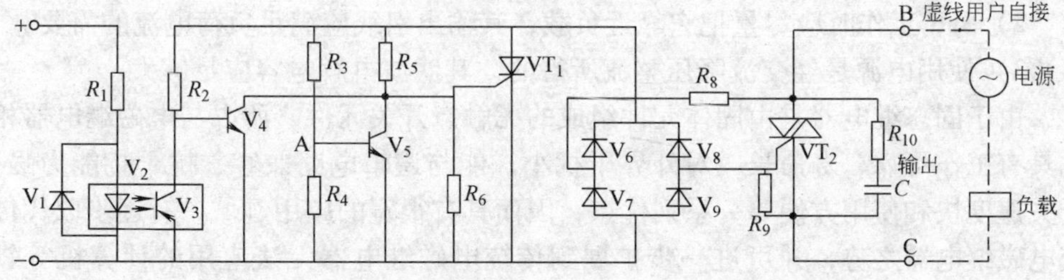

图 2-27　光电耦合式固态继电器的工作原理

SSR 按使用场合可以分成交流型和直流型两大类，它们分别在交流或直流电源上做负载的开关，不能混用。

下面以交流型的 SSR 为例来说明它的工作原理，图 2-27 是它的工作原理框图，图 2-27 中的部件 VT1、VT2、V_2、V_6 ~ V_9 构成交流 SSR 的主体，从整体上看，SSR 只有两个输入端（+和－）及两个输出端（B 和 C），是一种四端器件。工作时只要在 +、－上加上一定的控制信号，就可以控制 B、C 两端之间的“通”和“断”，实现“开关”的功能，其中耦合电路的功能是为 +、－端输入的控制信号提供一个输入/输出端之间的通道，但又在电气上断开 SSR 中输入端和输出端之间的（电）联系，以防止输出端对输入端的影响，耦合电路用的元件是“光耦合器”，它动作灵敏、响应速度高、输入/输出端间的绝缘（耐压）等级高；由于输入端的负载是发光二极管，这使 SSR 的输入端很容易做到与输入信号电平相匹配，在使用可直接与计算机输出接口相接时，即受“1”与“0”的逻辑电平控制。触发电路的功能是产生合乎要求的触发信号，驱动开关电路（VT2）工作，但由于开关电路在不加特殊控制电路时，将产生射频干扰并以高次谐波或尖峰等污染电网，为此特设“过零控制电路”。所谓“过零”，是指当加入控制信号，交流电压过零时，SSR 即为通态；而当断开控制信号后，SSR 要等待交流电的正半周与负半周的交界点（零电位）时，SSR 才为断态。这种设计能防止高次谐波的干扰和对电网的污染。吸收电路（R_{10}和 C）是为防止从电源中传来的尖峰、浪涌（电压）对开关器件双向晶闸管的冲击和干扰（甚至误动作）而设计的，一般是用“R-C”串联吸收电路或非线性电阻（压敏电阻器）。

直流型的 SSR 与交流型的 SSR 相比，无过零控制电路，也不必设置吸收电路，开关器件一般用大功率开关晶体管，其他工作原理相同。不过，直流型 SSR 在使用时应注意：

1）负载为感性负载时，如直流电磁阀或电磁铁，应在负载两端反向并联一只二极管以吸收电磁能，极性要正确，二极管的电流应等于工作电流，电压应大于工作电压的 4 倍。

2）SSR 工作时应尽量把它靠近负载，其输出引线应满足负荷电流的需要。

3）使用电源是经交流降压整流所得的，其滤波电解电容应足够大。

由于固态继电器是由固体元件组成的无触点开关元件，所以与电磁继电器相比具有工作可靠、寿命长，对外界干扰小，能与逻辑电路兼容、抗干扰能力强、开关速度快和使用方便等一系列优点，因而具有很宽的应用领域，有逐步取代传统电磁继电器之势，并可进一步扩展到传统电磁继电器无法应用的计算机等领域。目前，国内已有北京先锋公司电子厂、上海超诚电子技术研究所、上海中沪电子仪器厂、无锡康裕电器元件厂、无锡天豪电子仪器设备厂、苏州无线电元件一厂等单位生产此类产品。

SSR 固态继电器由触发形式，可分为零压型（Z）和调相型（P）两种。在输入端施加合适的控制信号 VIN 时，P 型 SSR 立即导通。当 VIN 撤消后，负载电流低于双向晶闸管维持电流时（交流换向），SSR 关断。

Z 型 SSR 内部包括过零检测电路，在施加输入信号 VIN 时，只有当负载电源电压达到过零区时，SSR 才能导通，并有可能造成电源半个周期的最大延时。Z 型 SSR 关断条件同 P 型，但由于负载工作电流近似正弦波，高次谐波干扰小，所以应用广泛。

2.3.3 电磁阀

电磁阀由阀体和电磁铁组成，在气动或液动的系统中用来控制流向、流速与通断。阀门的开闭由电磁铁推动滑阀移动操纵，即控制电磁铁就是控制电磁阀。电磁阀一般无辅助触点，需借助中间继电器传递逻辑关系。电磁阀的结构性能用其位置数和通路数表示，“位”是指滑阀位置，“通”是指流体的通道数，常用的有二位三通、二位四通、三位五通等。二位四通电磁阀结构图和图形符号如图2-28所示。

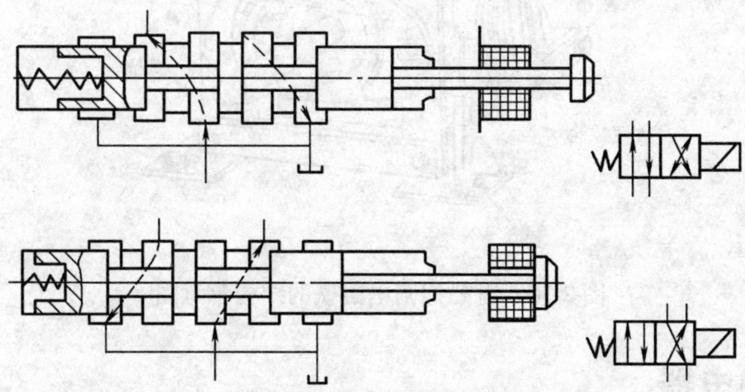

图2-28　二位四通电磁阀结构图和图形符号

在气动或液动的系统中，与电磁阀配套使用的几种常见液压元件的图形符号如图2-29所示。它们是组成电液（气）控制系统的常用器件。

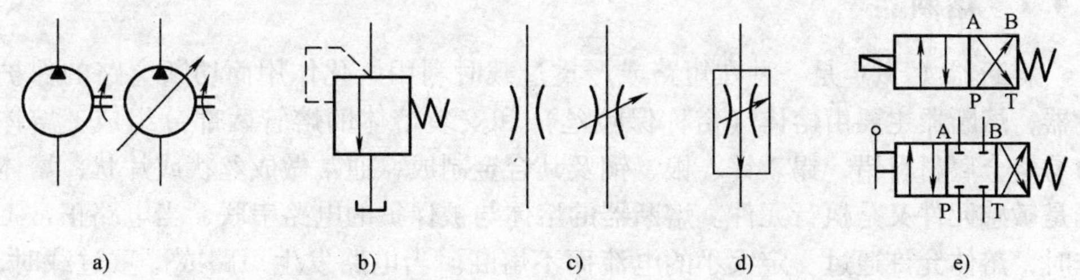

图2-29　几种常见液压元件的图形符号

a）液压泵　b）溢流阀　c）节流阀　d）调速阀　e）换向阀

2.3.4 制动电磁铁

制动电磁铁是一种电磁机构，它的作用是控制抱闸机构或电磁离合器实现制动。电磁抱闸如图2-30所示，它主要由两部分组成，制动电磁铁和闸瓦制动器。制动电磁铁由铁心、衔铁和线圈三部分组成，并有单相和三相之分。闸瓦制动器由闸轮、闸瓦、杠杆和弹簧等部分组成，闸轮与电动机装在同一根轴上。

当电动机通电起动时，电磁抱闸线圈也通电，吸引衔铁动作，克服弹簧力推动杠杆使闸瓦松开闸轮，电动机正常运行。当电动机切断电源时，线圈也同时断电，衔铁与铁心分离，在弹簧的作用下，使闸瓦与闸轮紧紧抱住，电动机被迅速制动而停转。

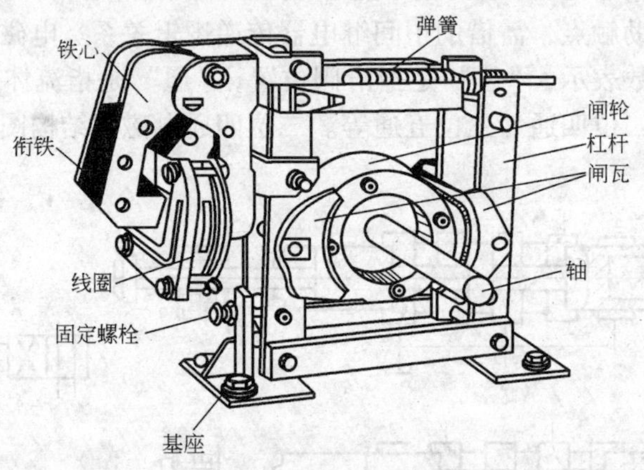

图 2-30　电磁抱闸电磁铁的结构示意图

2.4　保护电器

机床电气控制中除了使用操作控制电器外，还必须有安全可靠的保护电器，常用的有如下几种。

2.4.1　熔断器

熔断器（FU）是一种在短路或严重过载时利用熔化作用而切断电路的保护电器，熔断器主要由熔体（俗称保险丝）和安装熔体的熔管两部分组成。熔体由易熔金属材料铅、锡、锌、银、铜及其合金制成，通常做成丝状或片状，熔体既是敏感元件又是执行元件。熔断器的熔体与被保护的电路串联，当电路正常工作时，熔体允许通过一定大小的电流而不熔断。当电路发生短路或严重过载时，熔体中流过很大的故障电流，当电流产生的热量达到熔体的熔点时，熔体熔断切断电路，从而实现保护目的。熔管是装熔体的外壳，由陶瓷、绝缘钢纸或玻璃纤维制成，在熔体熔断时兼有灭弧作用。熔断器种类很多，常见有：瓷插式、螺旋式、封闭管式和自复式等，如图 2-31 所示。

选择熔断器，主要选择熔断器的额定电压、熔断器额定电流等级和熔体的额定电流。对没有冲击电流的电路，熔体的额定电流应稍大于线路工作电流，对有冲击电流的电路，熔体的额定电流应取为最大电流的 0.4 倍。

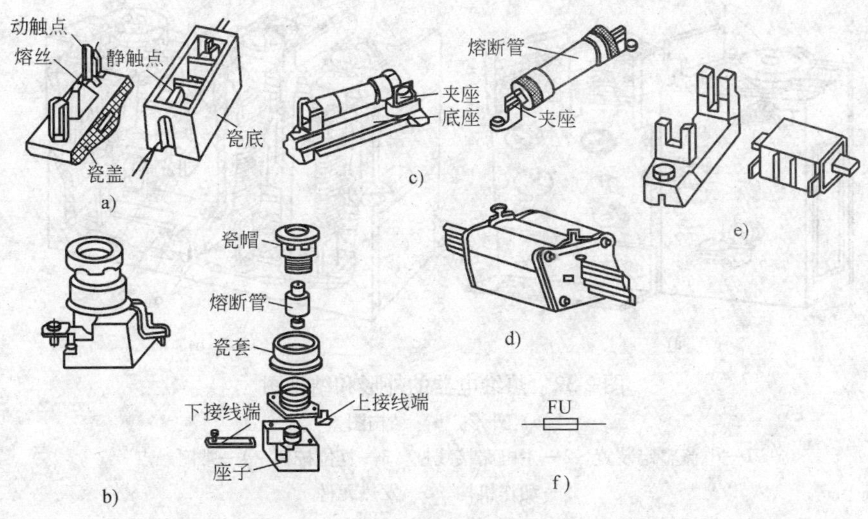

图 2-31　常用的部分熔断器的结构图

a) RC1A 系列瓷插式　b) RL1 系列螺旋式　c) RM 系列无填料封闭管式　d) RT0 系列有填料封闭管式　e) NT 系列有填料封闭管式　f) 符号

2.4.2　热继电器

热继电器（KR 或 FR）是利用电流热效应原理进行动作的一种保护电器，它在电路中主要用于过载保护。电动机具备一定的过载能力，在实际运行中，只要过载不严重，时间较短，温升不超过容许值，电动机仍能工作。若过载严重，时间长，使电动机温升过高，会老化绕组绝缘，严重时还会使绕组烧毁，因此连续工作制的电动机工作时需要有过载保护装置。但热继电器有惯性、对短时间大电流不会立即动作，不能用于短路保护。热继电器种类很多，应用最广泛的是基于双金属片的热继电器，其外形及结构如图 2-32 所示，主要由驱动器件（发热元件）、双金属片和触点三部分组成。热继电器的常闭触点串联在被保护的二次回路中，它的驱动器件（发热元件）由电阻值不高的电热丝或电阻片绕成，串联在电动机或其他用电设备的主电路中。靠近热元件的双金属片，是用两种不同线膨胀系数的金属用机械辗压而成，为热继电器的感测元件。热继电器中双金属片与加热元件串接在接触器负载端（电动机电源端）的主回路中。当电动机正常运行时，热元件产生的热量虽能使双金属片弯曲，但还不足以使继电器动作。当电动机过载时，流过热元件的电流增大，发热元件产生的热量增加，使双金属片产生的弯曲位移增大，主双金属片推动导板，并通过补偿双金属片与推杆将触点（即串接在接触器线圈回路的热继电器常闭触点）分开，以切断电路保护电动机。

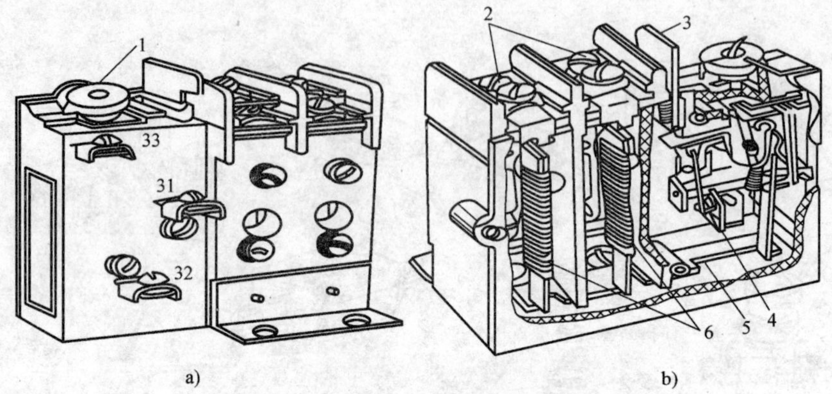

图 2-32 热继电器的外形和结构图

a）外形 b）结构图

1—电流整定装置 2—主电路接线柱 3—复位按钮 4—常闭触点
5—动作机构 6—发热元件
31—常闭触点接线柱 32—公共动触点接线柱 33—常开触点接线柱

为防止机床的拖动电动机在缺相故障情况下运行而烧坏电动机，对重要负荷还常采用带有缺相保护设施的热继电器。热继电器的结构原理如图 2-33 所示。带有缺相保护设施的热继电器的结构原理如图 2-34 所示。热继电器的图形及文字符号如图 2-35 所示。热继电器的选择主要是根据电动机的额定电流来确定型号与规格，热继电器元件的额定电流应接近或略大于电动机的额定电流。在一般情况下，可选用两相结构的热继电器。在恶劣工作环境可选用三相结构的热继电器。

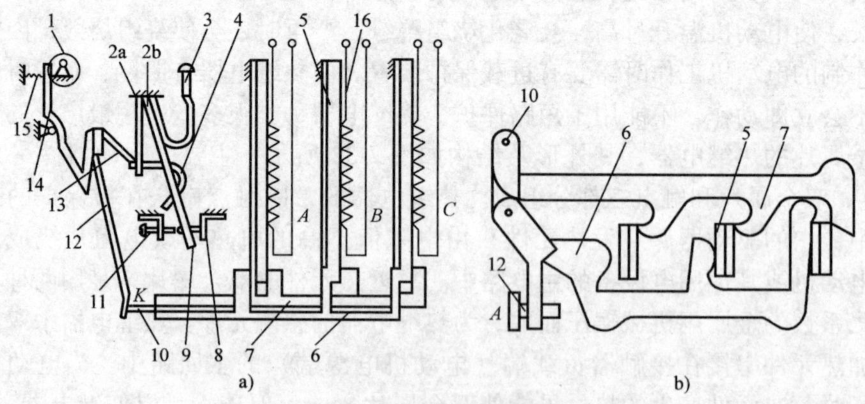

图 2-33 热继电器的结构示意图

a）结构原理示意图 b）差动式断相保护示意图

1—电流条件凸轮 2a、2b—簧片 3—手动复位机构 4—弓簧 5—主双金属片
6—外导板 7—内导板 8—常闭触点 9—静触点 10—杠杆 11—复位条件螺钉 12—补偿双金属片 13—推杆 14—连杆 15—压簧 16—发热元件

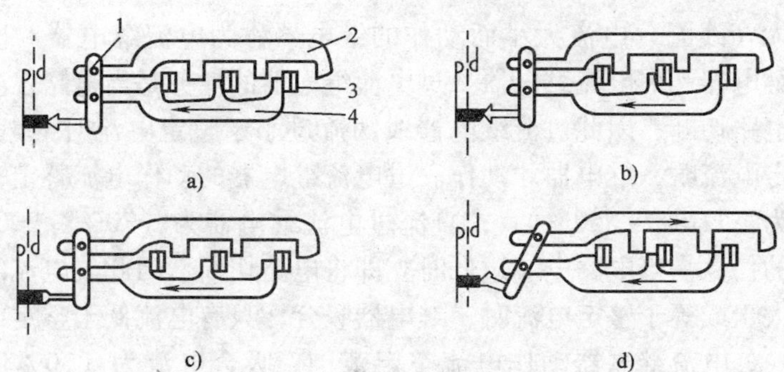

图 2-34　带有缺相保护热继电器的结构示意图

a）端电　b）正常运行　c）过载　d）单相断相

1—杠杆　2—上导板　3—双金属片　4—下导板

2. 4. 3　电流和电压继电器

电流继电器的作用是反映电路中电流的变化，需将其线圈串在被测电路中，为不影响电路正常工作，要求线圈的匝数少、导线粗、阻抗小。电压继电器的作用是反映电路中电压的变化，和电流继电器相比其线圈要并联在被测电路，故要求线圈的匝数多、导线细。

电流和电压继电器主要用于保护电路中，按其用途又可分为过电流和过电压继电器与欠电流和欠电压继电器。前者是电流或电压超过规定值时衔铁吸合，后者是电流或电压低于规定值时衔铁释放。电磁式电流和电压继电器结构图如图 2-36 所示。其图形符号如图 2-37 所示。

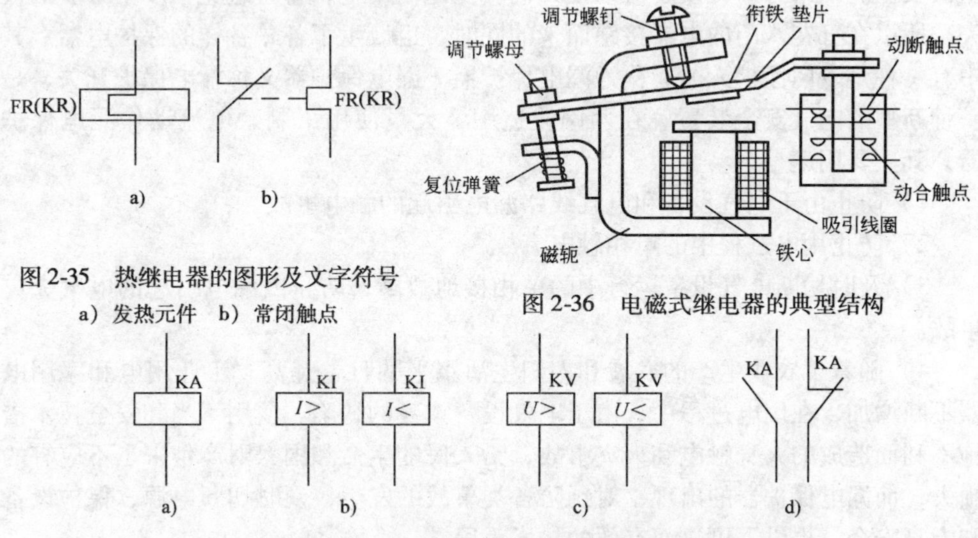

图 2-35　热继电器的图形及文字符号

a）发热元件　b）常闭触点

图 2-36　电磁式继电器的典型结构

图 2-37　电流和电压继电器的图形符号

a）一般线圈　b）电流继电器线圈　c）电压继电器线圈　d）触点

根据输入（线圈）电流大小而动作的继电器称为电流继电器。按用途还可分为过电流继电器和欠电流继电器。过电流继电器的任务是当电路发生短路及过流时立即将电路切断，因此过流继电器线圈流过小于整定电流时继电器不动作，只有超过整定电流时，继电器才动作。过电流继电器的动作电流整定范围，交流过流继电器为（110%～350%）I_N；直流过电流继电器为（70%～300%）I_N。欠电流继电器的任务是当电路电流过低时立即将电路切断，因此欠电流继电器线圈通过的电流大于或等于整定电流时，继电器吸合，只有电流低于整定电流时，继电器才释放。欠电流继电器动作电流整定范围，吸合电流为（30%～50%）I_N，释放电流为（10%～20%）I_N，欠电流继电器一般是自动复位的。

与此类似，电压继电器是根据输入电压大小而动作的继电器，过电压继电器动作电压整定范围为（105%～120%）U_N，欠电压继电器吸合电压调整范围为（30%～50%）U_N，释放电压调整范围为（7%～20%）U_N。

电流（压）继电器选用时主要依据继电器所保护或所控制对象对继电器提出的要求，如触点的数量、种类，返回系数，控制电路的电压、电流、负载性质等。由于继电器触点容量小，所以经常将触点并联使用。有时增加触点的分断能力，也可以把触点串联起来使用。

2.4.4 漏电保护器

自人类发明用电以来，电不仅给人类带来了很多方便，也能给人类带来灭顶之灾。当使用不当时，它可能会烧坏设备，引起火灾；或者使人触电，危及人的生命安全。如果有一种设备可以使人们安全地使用电，将会避免很多不必要的损失。所以在五花八门的电器接踵而来的同时，也诞生了各式各样的保护电器。其中有一种是专门保护人的，称为漏电保护器。漏电保护器又称漏电保护开关，是一种新型的电气安全装置，在两网改造中，大量使用了剩余电流动作漏电保护器。其主要用途是：

1）防止由于电气设备和电气线路漏电引起的触电事故。

2）防止用电过程中的单相触电事故。

3）及时切断电气设备运行中的单相接地故障，防止因漏电引起的电气火灾事故。

4）随着工农业生产的发展和人们生活水平的日益提高，工业用电和家用电器不断增加，在用电过程中，由于电气设备本身的缺陷、使用不当和安全技术措施不利而造成的人身触电和火灾事故，给人民的生命和国家财产带来了不应有的损失，而漏电保护器的出现，对预防各类事故的发生，及时切断电源，保护设备和人身安全，提供了可靠而有效的技术手段。

在了解触电保护器的主要原理前，我们有必要先了解一下什么是触电。触电指的是电流通过人体而引起的伤害。如图 2-38 所示，当人手触摸电线并形成一个电流回路的时候，人身上就有电流通过；当流过人体的电流足够大时，就能够被人感觉到以至于形成危害。当触电已经发生的时候，就要求在最短的时间内切除电流，比如说，如果通过人的电流是 50mA 的时候，就要求在 1s 内切断电流；如果是 500mA 的电流通过人体，那么时间限制是 0.1s；否则危及人的生命。

图 2-39 是简单的漏电保护装置的原理图。从图中可以看到漏电保护装置安装在电源线进户处，也就是电度表的附近，接在电度表的输出端即用户端侧。图中把所有的用电电器用一个电阻 R_L 替代，用 R_N 替代接触者的人体电阻。

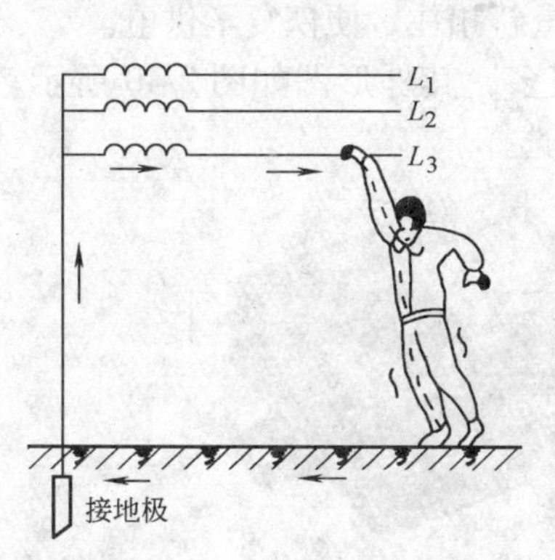

图 2-38　人体触电示意图

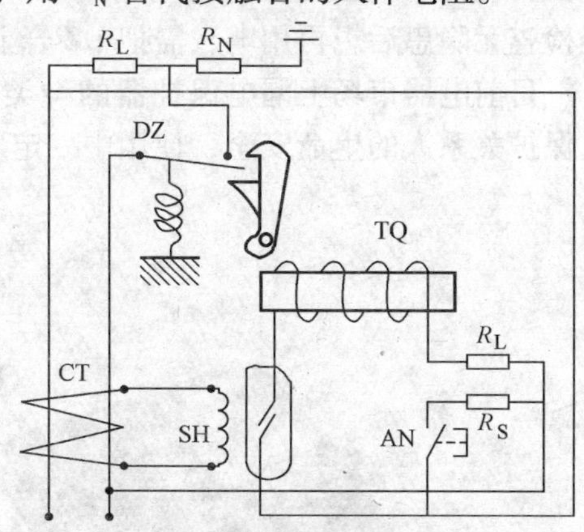

图 2-39　漏电保护装置原理图

图中的 CT 表示“电流互感器”，它是利用互感原理测量交流电流用的，所以叫“互感器”，实际上是一个变压器。它的一次线圈是进户的交流线，把两根线当作一根线并起来构成一次线圈。二次线圈则接到“舌簧继电器”SH 的线圈上。

所谓的“舌簧继电器”就是在舌簧管外面绕上线圈，当线圈里通电的时候，电流产生的磁场使得舌簧管里面的簧片电极吸合，来接通外电路。线圈断电后簧片释放，外电路断开。总而言之，这是一个灵巧实用的继电器。

原理图中开关 DZ 不是普通的开关，它是一个带有弹簧的开关，当人克服弹簧力把它合上以后，要用特殊的钩子扣住它才能够保证处于通的状态；否则一松手就又断了。

舌簧继电器的簧片电极接在“脱扣线圈”TQ 电路里。脱扣线圈是个电磁铁的线圈，通过电流就产生吸引力，这个吸引力足以使上面说的钩子解脱，使得 DZ 立刻断开。因为 DZ 就串在用户总电线的火线上，所以脱了扣就断了电，触电的人就得救了。

不过，漏电保护器之所以可以保护人，首先它要“意识”到人触了电。那么漏电保护器是怎样知道人触电了呢？从图 2-39 中可以看出，如果没有触电的话，电源来的两根线里的电流肯定在任何时刻都是一样大的，方向相反。因此 CT 的一次线圈里的磁通完全地消失，二次线圈没有输出。如果有人触电，相当于相线上有经过电阻，这样就能够连锁导致二次侧上有电流输出，这个输出就能够使得 SH 触电吸合，从而使脱扣线圈得电，把钩子吸开，开关 DZ 断开，从而起到了保护的作用。

值得注意的是，漏电保护器一旦脱了扣，即使脱扣线圈 TQ 里的电流消失也不会自行把 DZ 重新接通。因为没人帮它合上是无法恢复供电的。触电者离开，经检查无隐患后想再用电，需把 DZ 合上使其重新扣住，便恢复了供电。

目前电器市场上漏电保护器的种类品牌繁多，其外形图如图 2-40 所示。漏电保护关系人的生命安全，使用中一定要注意选择。

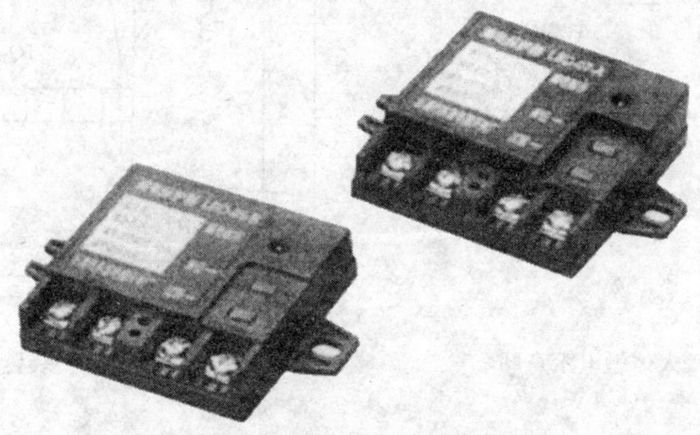

图 2-40　漏电保护器的外形图

本 章 小 结

本章简要介绍了机床电气控制常用的低压电器和图形符号说明。它是组成机床电气控制电路图的基础，也是分析、阅读和设计机床电气控制电路图的最基本的知识，必须熟练了解和掌握。但这种了解和掌握只是从使用的角度出发的初步了解和掌握，程度可适当放松一些，因为我们毕竟不是电器的专业制造人员，不专门从事低压电器的设计和生产制造。我们能熟练了解和掌握常用的低压电器的简单工作原理和图形符号，能分析、阅读和设计机床电气控制电路图，会选用，会简单的故障处理和维修，就达到了学习的目的。

习题与思考题

2-1　什么是电器？什么是低压电器？从使用的角度，其分类有哪几种？

2-2　什么是信号及控制电器？常用的有哪几种？

2-3　什么是执行电器？常用的有哪几种？

2-4　什么是主令电器？常用的有哪几种？

2-5　什么是保护电器？常用的有哪几种？

2-6　什么是叫接触器？其分类、主要结构、工作原理、图形符号、用途、选用方法如何？

2-7　什么是叫继电器？其分类、主要结构、工作原理、图形符号、用途、选用方法如何？

2-8　什么是叫开关？其分类、主要结构、工作原理、图形符号、用途、选用方法如何？

2-9　什么是叫熔断器？其分类、主要结构、工作原理、图形符号、用途、选用方法如何？

2-10　在电液控制系统中，常用的液压元件有哪几种？其图形符号如何？

2-11　时间继电器的图形符号和文字符号是如何规定的？试举例说明。

2-12　什么是叫漏电断路器？它的工作原理和用途是什么？

2-13　KM、K、SB、FR、FU、KT、KS、SQ 等各代表什么电器？

第3章 机床电气控制电路的基本环节

主要内容

1）机床电气制图与识图基础。

2）机床电气控制常用电路的基本环节。

学习重点及教学要求

1）掌握电气制图与识图基础知识。

2）掌握机床控制中自锁、联锁、互锁的作用及其基本电路。

3）掌握机床控制直接起动的条件和各种减压起动的方法，重点掌握Y-△起动电路的工作原理，了解其他减压起动的基本电路。

4）掌握机床正反转运行的基本电路。

5）掌握机床控制的基本制动电路。

6）掌握机床控制的基本调速电路。

7）掌握机床控制的基本保护电路。

8）了解机床电液控制的基本电路。

3.1 机床电气制图与识图基础

电气线路根据电流和电压的大小可分为主电路和控制电路。主电路是流过大电流或高电压的电路，如电动机所在的电路；控制电路是流过小电流或低电压的电路，如接触器和继电器的线圈所在电路以及耗能低的保护电路、联锁电路。电气控制系统图就是指根据国家电气制图标准，用规定的电气符号、图线来表示系统中各电气设备、装置、元器件的连接关系的电气工程图。电气控制系统图通常包括：①电气原理图；②电器元件布置图；③电气安装接线图等。

3.1.1 电气原理图

电气控制原理图表示电气控制线路的工作原理，即表示电流从电源到负载的传送情况和各电气元件的动作原理及相互关系，而不考虑各电器元件实际安装的位置和实际连线情况。绘制电气控制原理图时，一般应遵循以下原则：

1. 所有电动机、电器等元件都要采用国家最新统一规定的图形符号和文字

符号来表示

（1）文字符号　用来表示电气设备、装置、元器件的名称、功能、状态和特征的字符代码。例如 FR 表示热继电器、KM 表示接触器等，见附录 A。

（2）图形符号　用来表示一台设备或概念的图形、标记或字符。例如，“~”表示交流，R 表示电阻等。GB/T 4728.1 ~.13—1985 ~ 2000《电气图用符号》规定了电气简图中图形符号的画法，GB/T 6988.1 ~.4—1997 ~ 2002 规定了电气技术用文件的编制方法，见附录 A。

2. 电气原理图绘制原则

某车床电气原理图的绘制样例如图 3-1 所示。其绘制原则概括为：

1）电器控制线路分主电路和控制电路。一般主电路画在左侧或上方，控制电路用细线条画在右侧或下方。

2）所有电器元件，均采用国家标准规定的图形符号和文字符号表示。需要测试和拆、接外部引线的端子，应用图形符号“空心圆”表示。电路的连接点用“实心圆”表示。

3）同一电路的不同部分（如线圈、触点）可分散在图中不同部位。按功能布置，分别放在它们完成逻辑作用的地方。为易于识别，同一电器的不同部位使用同一文字符号标明；若有多个同一种类的电器元件，可在文字符号后加上数字符号的下标，如 KM_1、KM_2 等。

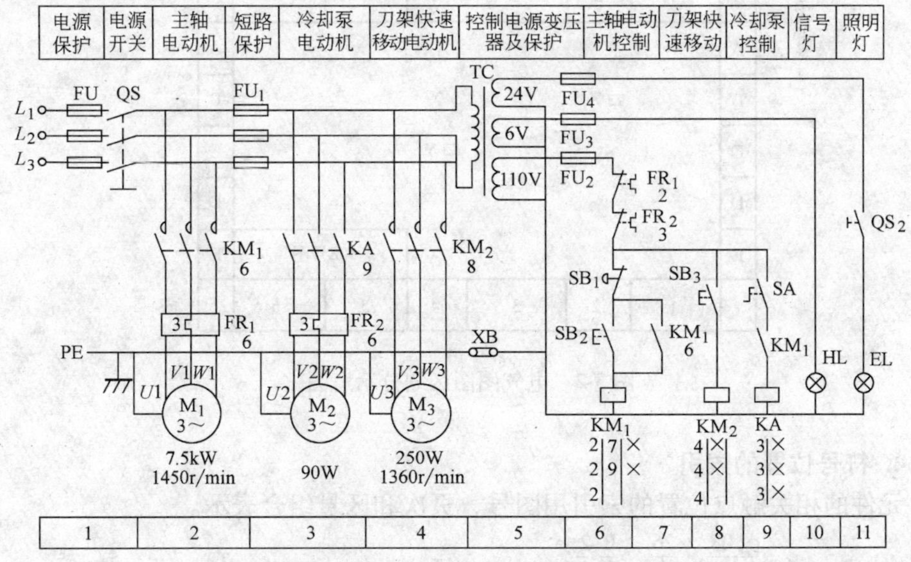

图 3-1　某车床电气图绘制样例

4）电气控制线路的所有按钮、触点均按没有外力作用和没有通电时的原始状态画出。“原始状态”对按钮、行程开关等是指没有受到外力时的触点状态；

而对于接触器、继电器等是指线圈未通电时的触点状态。

5）控制电路的分支电路，原则上按动作顺序和信号流自上而下或从左到右的原则绘制。电路图应按主电路、控制电路、照明电路、信号电路分开绘制。直流和单相电源电路用水平线画出，一般画在图样上方，相序自上而下排列。中性线（N）和保护接地线（PE）放在相线之下。主电路与电源电路垂直画出。控制电路与信号电路垂直画在两条水平电源线之间。耗电元件（如电器的线圈、电磁铁、信号灯等）直接与下方水平线连接。控制触点连接在上方水平线与耗电元件之间。当图形垂直放置时，各元器件触点图形符号以“左开右闭”绘制。当图形为水平放置时以“上闭下开”绘制。其触点动作的方向是从下向上、由左到右。

特别值得注意的是GB/T 4728.1～.13已实施多年，目前国内仍有很多图书资料的图稿很不标准和规范，仍然采用国家早就明文强令废弃的老标准图形符号，实不应该。

3. 图区的划分

在图样的下方沿横坐标方向划分图区，并用数字编号。同时在图样的上方沿横坐标方向划区，分别标明该区电路的功能。电气图图区划分示意图如图3-2所示。

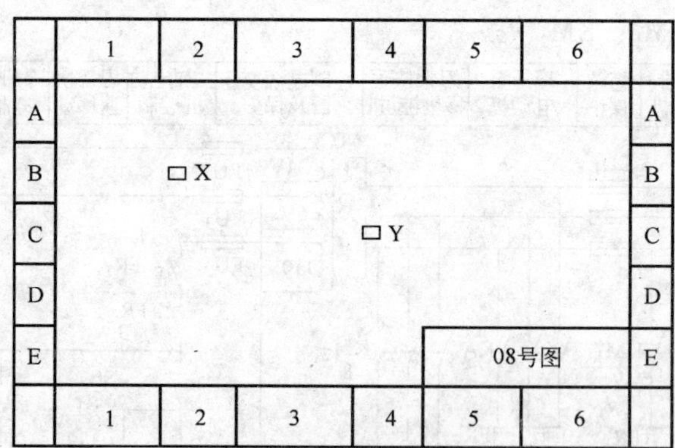

图3-2 电气图图区划分示意图

4. 符号位置的索引

元件的相关触点位置的索引用图号、页次和区号组合表示。

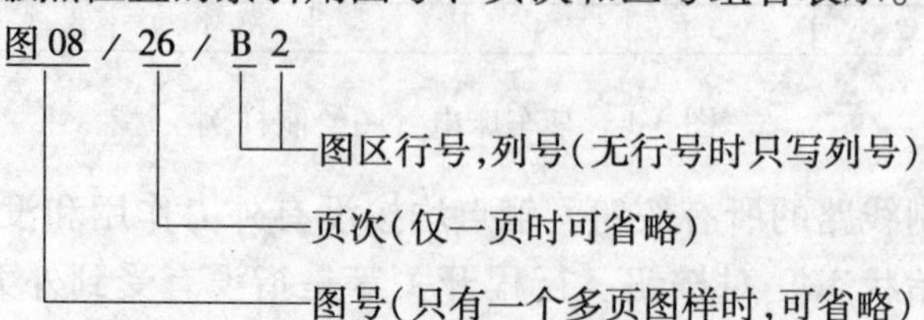

接触器和继电器的触点位置可采用附图的方式表示。

接触器各栏的含义：

左栏	中栏	右栏
主触点的图区号	辅助动合触点的图区号	辅助动断触点的图区号

继电器各栏的含义：

左栏	右栏
动合触点的图区号	动断触点的图区号

5. 主电路各接点标记

三相交流电源引入线采用 L_1、L_2、L_3 标记。电源开关之后的分别按 U、V、W 顺序标记。分级三相交流电源主电路可采用 1U、1V、1W；2U、2V、2W 等。各电动机分支电路各接点可采用三相文字代号后面加数字来表示如：U11、U21 等，数字中的十位数字表示电动机代号，个位数字表示该支路的接点代号。

控制电路采用阿拉伯数字编号，一般由三位或三位以下的数字组成。

3.1.2　电器元件布置图

表示各种电气设备在机床、机械设备和电气控制柜的实际安装位置。各电气元件的安装位置是由机床结构和工作要求决定的，如电动机要和被拖动的机械部件在一起，行程开关应放在要取得信号的地方，操作元件放在操作方便的地方，一般电气元件放在电气控制柜内。电器元件布置图详细绘制出电气设备、零件的安装位置。电气图中电气元件布置示意图如图 3-3 所示，图中各电器代号应与有关电路和电器清单上所有元器件代号相同。

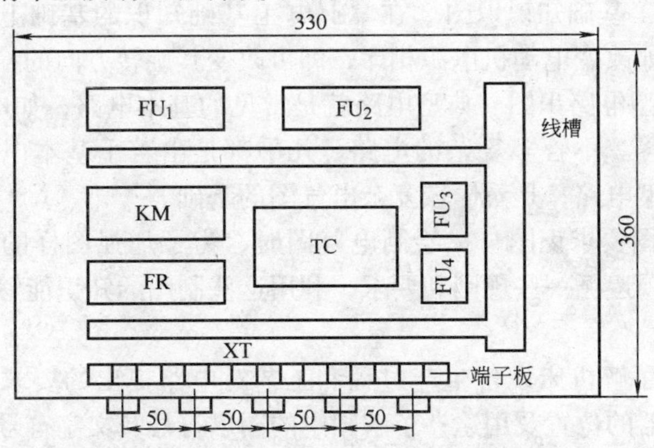

图 3-3　电气图中电气元件布置示意图

3.1.3　安装接线图

表示电气设备各单元之间实际接线情况。绘制接线图时应把各电器的各个部分（如触点与线圈）画在一起，文字符号、元件连接顺序、线路号码编制必须与电气原理图一致。电气设备接线图和安装图用于安装接线、检查维修和施工。图 3-4 为电动机正反转控制安装接线图，表明了电气设备外部元件的相对位置及它们之间的电气连接，是现场实际安装接线的依据。

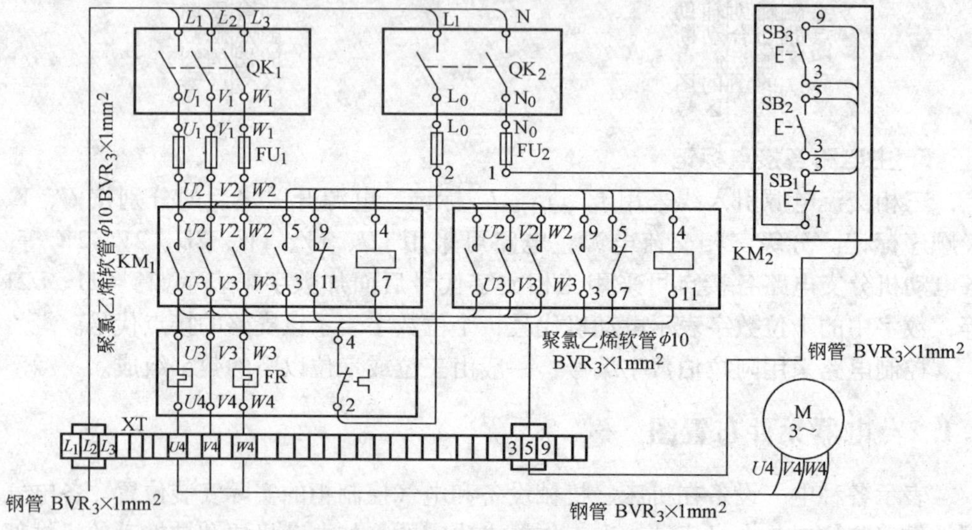

图 3-4　电动机正反转控制的实际安装接线图

3.1.4　电气识图方法与步骤

1. 识图方法

（1）结合电工基础知识识图　在掌握电工基础知识的基础上，准确、迅速地识别电气图。如改变电动机电源相序，即可改变其旋转方向的控制。

（2）结合典型电路识图　典型电路就是常见的基本电路，如电动机的起动、制动、顺序控制等。不管多复杂的电路，几乎都是由若干基本电路组成的。因此，熟悉各种典型电路，是看懂较复杂电气图的基础。

（3）结合制图要求识图　在绘制电气图时，为了加强图样的规范性、通用性和示意性，必须遵循一些规则和要求，利用这些制图的知识能够准确地识图。

2. 识图步骤

（1）准备　了解机床设备生产过程和工艺对电路提出的要求；了解各种用电设备和控制电器的位置及用途；了解图中的图形符号及文字符号的意义。

（2）主电路　首先要仔细看一遍电气图，弄清电路的性质，是交流电路还是直流电路。然后从主电路入手，根据各元器件的组合判断电动机的工作状态。如电动机的起停、正反转等。

（3）控制电路　分析完主电路后，再分析控制电路。要抓住基本控制环节，按动作顺序对每条小回路逐一分析研究；然后再全面分析各条回路相互间的配合

（连锁）和制约（互锁）关系，要特别注意与机械、液压部件的动作关系。

（4）最后阅读保护、照明、信号指示、检测等部分。

3.2 机床电气控制常用电路的基本环节

任何一个复杂的机床电气控制线路，总是由一些基本的控制环节、辅助环节和保护环节，根据机床生产工艺的要求，按照一定的规律组合起来的。图 3-5 所示的 C650 型卧式车床电气控制电路原理图，就是由双向起动、正反转运行、正反转停机反接制动、长动、自锁、连锁、互锁、过载和断路保护等一些基本控制环节组成的。机床电气控制的环节实际上就是电动机控制的环节。因此，掌握这些基本的控制环节是学习和设计复杂机床电气控制电路的基础。

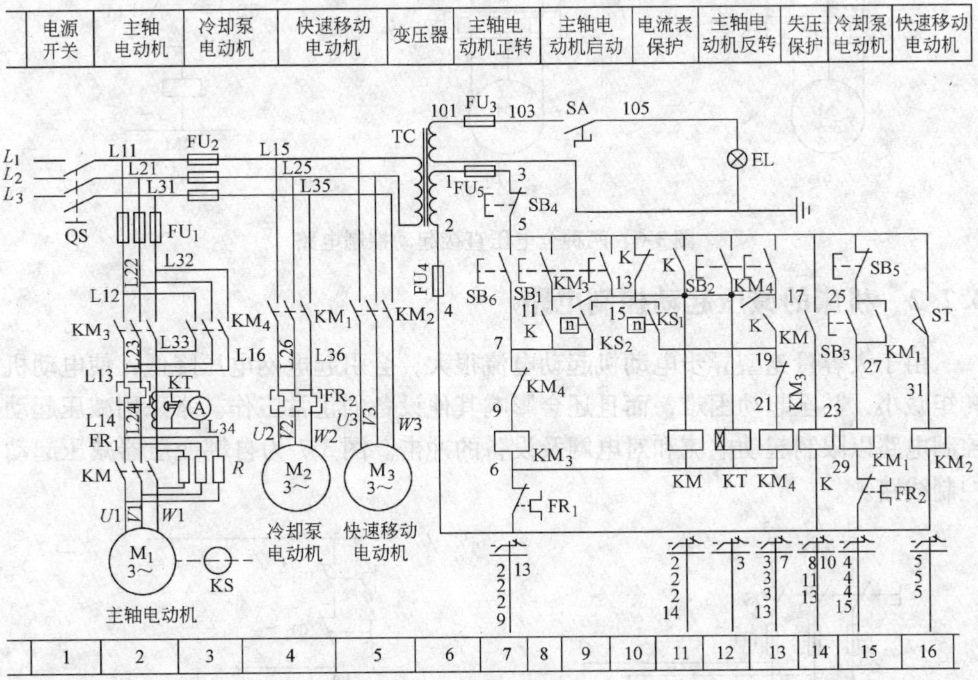
电源开关
主轴电动机
冷却泵电动机
快速移动电动机
变压器
主轴电动机正转
主轴电动机启动
电流表保护
主轴电动机反转
失压保护
冷却泵电动机
快速移动电动机
冷却泵电动机
快速移动电动机
主轴电动机
1 2 3 4 5 6 7 8 9 10 11 12 13 14 15 16

图 3-5　C650 型卧式车床电气控制电路原理图

3.2.1　机床的全电压起动控制电路

电动机起动是指电动机的转子由静止状态变为正常运转状态的过程。笼型交流异步电动机起动时的起动电流很大，约为额定值的 4 ~ 7 倍，过大的起动电流一方面会引起供电线路上很大的压降，影响线路上其他用电设备的正常运行；另一方面电动机频繁起动会严重发热，加速线圈老化，缩短电动机的寿命。由经验公式，当$I_{st}/I_N \leqslant (3/4 + P_S/4P_N)$时，中小型电动机可全电压直接起动。式中，$I_{st}$为电动机起动电流（A）；$I_N$为电动机额定电流（A）；$P_S$为电源容量（kVA）；$P_N$为电动机额定功率（kW）。

图 3-6 为两种全电压直接起动控制电路。图 3-6a 为开关直接起动，适用于小型设备，如风机、电钻等。图 3-6b、c 为接触器直接起动，适用于中小型机床。

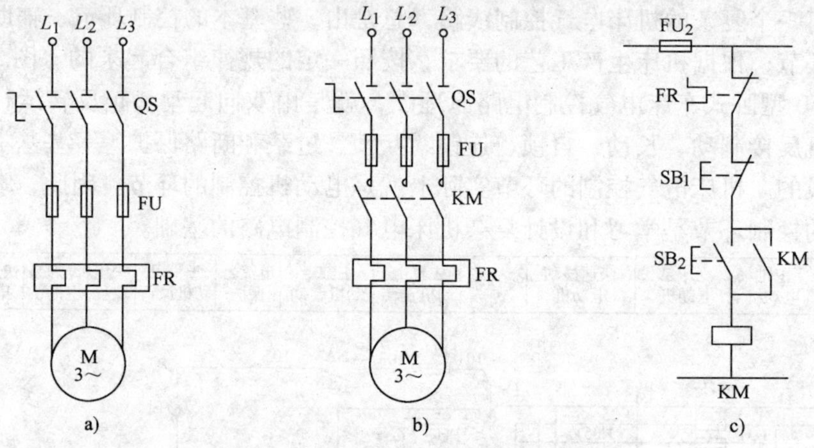

图 3-6　两种全电压直接起动控制电路

3.2.2　机床的减压起动控制电路

由于大容量笼型异步电动机起动电流很大，会引起电网电压降低，使电动机转矩减小，甚至起动困难，而且还会影响其他设备的正常工作。常采用减压起动控制电路以限制起动电流和对电网及设备的冲击。图 3-7 为自耦变压器减压起动控制线路。

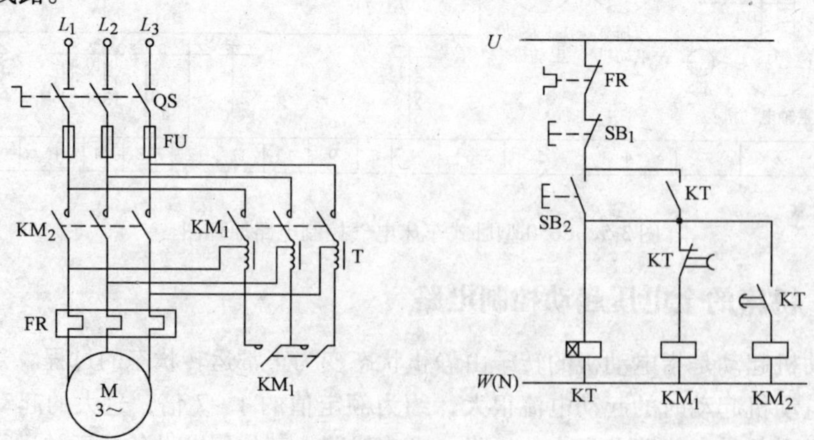

图 3-7　自耦变压器减压起动控制线路

3.2.3　机床的点动、长动和停车控制

机床常常需要试车或调整对刀，刀架、横梁、立柱也常需要快速移动等，此时需要所谓的“点动”动作，即按下按钮，电动机转动，带动生产机械运动；放开按钮，电动机停转，生产机械就停止运动。正常工作时又要求连续工作，按下起动按钮，接触器KM的线圈通电，其主控触点KM吸合，电动机起动，此时辅助触点也吸合；若松开按钮，接触器KM线圈通过其辅助触点可以继续保持通电，维持其吸合状态，电动机继续转动。这里是用接触器的辅助触点KM来代替按钮闭合导通回路。这种利用接触器自身的触点来使其线圈保持长期通电的环节，叫“自锁（保）环节”。要停车时，按下停车按钮，接触器KM的线圈失电，主触点断开，电动机失电停转。长动与点动的主要区别就在于接触器KM能否自锁。

如果生产机械既要能点动又要能连续工作，则可以采用图3-8所示电路来实现。图3-8a用按钮来实现；图3-8b用开关来实现；图3-8c用中间继电器来实现。其共同点是能自保的即为长动；不能自保的即为点动。

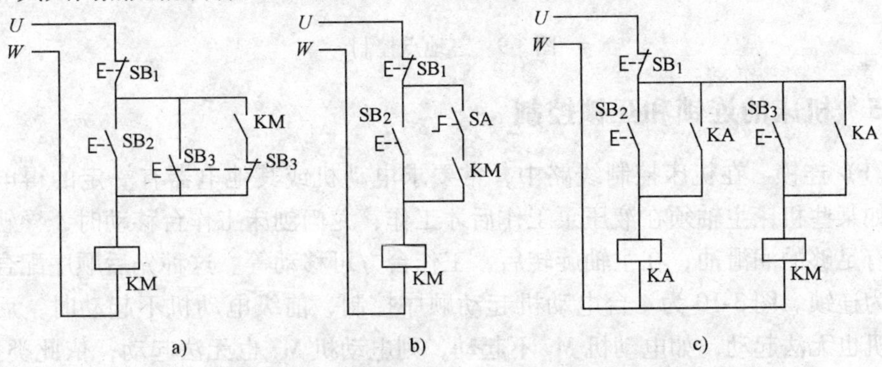

图3-8　既可点动又可长动（带自锁）控制线路

a）用按钮实现长动与点动控制电路　b）用开关实现长动与点动的控制电路

c）用中间继电器实现长动与点动控制电路

3.2.4　机床的多地点控制

在大型机床设备中，为了操作方便或安全起见，常用到多地点控制。这时的电气控制线路，即使较复杂，通常也是由动合和动断触点串联或并联组合而成。现把它们的相互关系归纳为以下几个方面：

（1）动合触点串联　当要求几个条件同时具备时，才使电器线圈得电动作，可用几个常开触点与线圈串联的方法实现。

（2）动合触点并联　当在几个条件中，只要求具备其中任一条件，所控制的继电器线圈就能得电，这可以通过几个动合触点并联来实现。

（3）动断触点串联　当几个条件仅具备一个时，被控制电器线圈就断电，

可用几个动断触点与被控制电器线圈串联的方法来实现。

（4）动断触点并联　当要求几个条件都具备时，电器线圈才断电，可用几个动断触点并联，再与被控制的电器线圈串联的方法来实现。

图 3-9 为三地点控制的电路图。

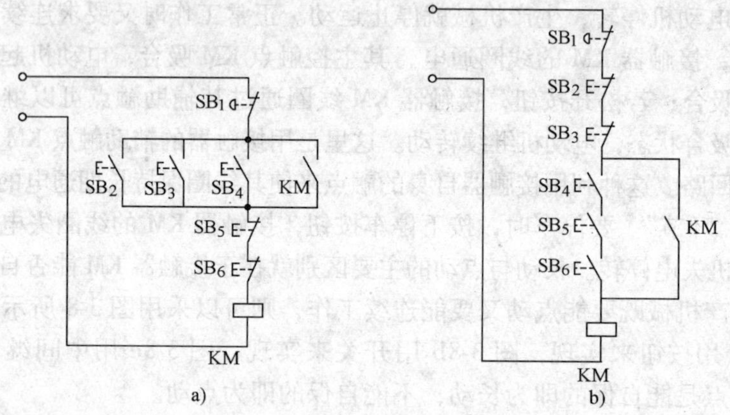

图 3-9　三地点控制

3.2.5　机床的连锁和互锁控制

（1）连锁　在机床控制线路中，常要求电动机或其他电器有一定的得电顺序。如某些机床主轴须在液压泵工作后才工作；龙门刨床工作台移动时，导轨内必须有足够的润滑油；在主轴旋转后，工作台方可移动等。这种先后顺序配合关系称为连锁。图 3-10 为 4 台电动机起动顺序控制，前级电动机不起动时，后级电动机也无法起动，如电动机 M_1 不起动，则电动机 M_2 也无法起动；依此类推，前级电动机停止时，后级电动机也停止，如电动机 M_2 停止，则电动机 M_3、M_4

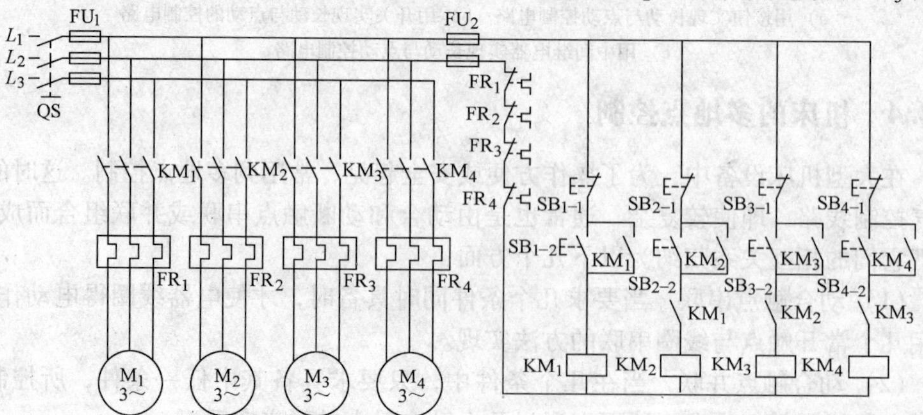

图 3-10　起动顺序控制

也停止。图 3-11 为三段传送带电动机起动/停止均延时顺序控制。当按下起动按钮时，电动机 M_3 起动运行，2s 后电动机 M_2 起动运行，再过 2s 后电动机 M_1 起动运行；按下停止按钮停止时，电动机 M_1 立刻停止，延时 2s 后 M_2 停止，M_3 在 M_2 停 2s 后停止。图 3-11 中，$KT_1 \sim KT_3$ 的定时为 2s，KT_4 的定时为 4s。

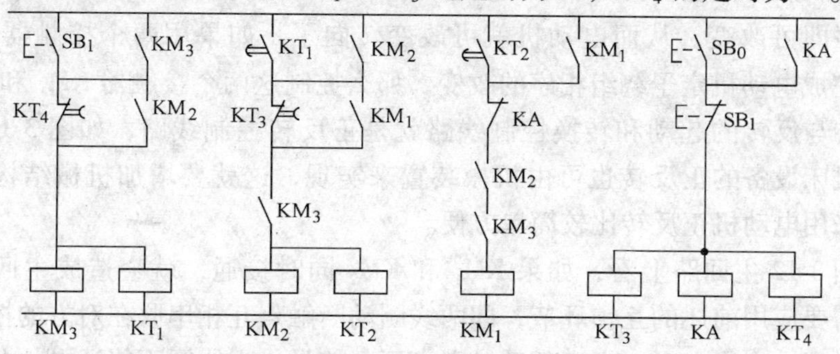

图 3-11 三段传送带电动机起动/停止均延时顺序控制

（2）互锁 在机床控制线路中，要求两个或多个电器不能同时得电动作，相互之间有排他性，这种相互制约的关系称为互锁。如控制电动机正反转的两个接触器如果同时得电，将导致电源短路。在比较复杂的机床中，不仅运动方向上有互锁关系，各运动之间也有互锁关系。故常用操作手柄和行程开关形成机械和电气双重互锁。如图 3-12 所示，三相交流电动机正反转的这种相互禁止的控制关系，就是互锁。

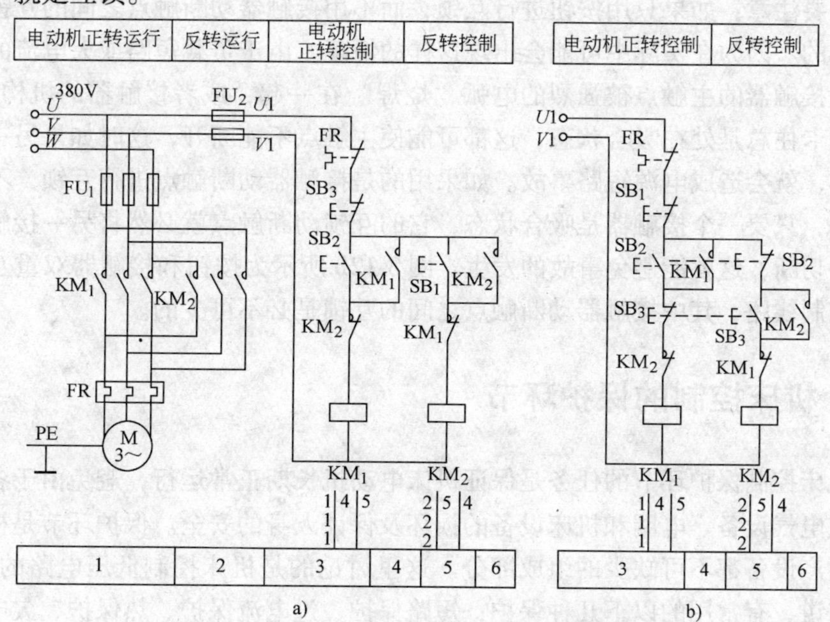

图 3-12 三相交流电动机的正反转互锁控制

3.2.6 机床的正反向可逆运行控制

因大多数机床的主轴或进给运动都需要正反两个方向运行，常要求电动机能够正反转。只要把电动机定子三相绕组任意两相调换一下接到电源上去，电动机定子相序即可改变，从而电动机就可改变转向了。如果用两个接触器 KM_1 和 KM_2 来完成电动机定子绕组相序的改变，那么控制这两个接触器 KM_1 和 KM_2 来实现正转与反转的起动和转换控制线路就是正反转控制线路，如图 3-12 所示。当然，机床设备的正反转也可由机械装置来实现，这就要增加机械结构的复杂性，而采用电动机正反转比较简单方便。

从图 3-12 主回路上看，如果 KM_1 和 KM_2 同时接通，就会造成主回路的短路，故需要应用前述的互锁环节，即两线圈动断触点互相串联在对方的控制回路中，这样当一方得电时，由于其动触点打开，使另一方线圈不能通电，此时即使按下按钮，也不能造成短路。

从图 3-12a 中可以看出，如果电动机正在正转，想要反转，需先停止正转，然后才能起动反转，显然操作不方便。可以使用复合按钮解决这一问题，如图 3-12b 所示，正反转可以直接切换，使用复合按钮同时还可以起到互锁作用。这是由于按下 SB_2 时，只有 KM_1 可得电动作，同时 KM_2 回路被切断。同理按下 SB_3 时，只有 KM_2 可得电动作，同时 KM_1 回路被切断。

但要注意：如果只用按钮进行互锁，而不用接触器动断触点之间的互锁，是不可靠的。因为在实际中可能会出现这样的情况，由于负载短路或大电流的长期作用，接触器的主触点被强烈的电弧“烧焊”在一起，或者接触器的机构失灵，使衔铁卡住总是处在吸合状态，这都可能使主触点不能断开，这时如果另一接触器动作，就会造成电源短路事故。如果用的是接触器动断触点进行互锁，不论什么原因，只要一个接触器是吸合状态，它的互锁动断触点就必然将另一接触器线圈电路切断，这就能避免事故的发生。图 3-12b 所示为按钮和接触器双重互锁正反转控制线路，其中接触器动断触点之间的互锁是必不可少的。

3.3 机床控制的保护环节

机床控制保护环节的任务是保证机床电动机长期正常运行，避免由于各种故障造成电气设备、电网和机床设备的损坏及保证人身的安全。保护环节是机床等所有生产设备都不可缺少的组成部分。这里讨论的是机床控制低压电路的保护。一般来讲，有常用的以下几种保护：短路保护、过电流保护、热保护、欠电压保护及漏电保护等。图 3-13 为控制电路的欠压、过流、过载、短路保护。

3.3.1 短路保护

当电动机绕组的绝缘、导线的绝缘损坏时，或电气线路发生故障时，例如正转接触器的主触点未断开而反转接触器的主触点闭合了都会产生短路现象。此时，电路中会产生很大的短路电流，它将导致产生过大的热量，使电动机、电器和导线的绝缘损坏。因此，必须在发生短路现象时立即将电源切断。常用的短路保护元件是熔断器和断路器。

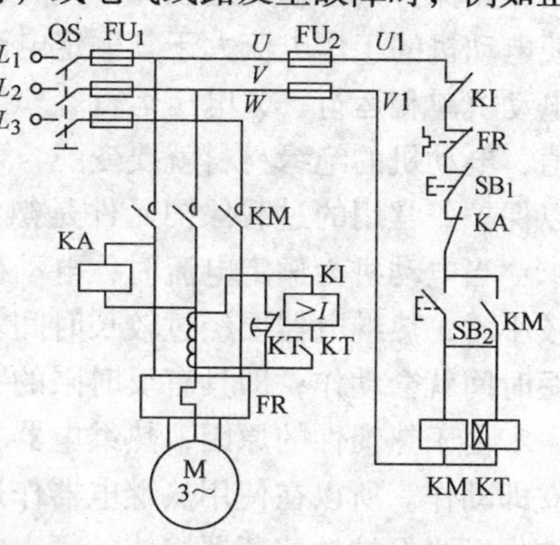

图 3-13 控制电路的欠压、过流、过载、短路保护

熔断器的熔体串联在被保护的电路中，当电路发生短路或严重过载时，它自动熔断，从而切断电路，达到保护的目的。断路器俗称自动开关，它有短路、过载和欠电压保护功能。通常熔断器比较适用于对动作准确度要求不高和自动化程度较差的系统中；当用于三相电动机保护时，在发生短路时有可能会使一相熔断器熔断，造成单相运行。但对于断路器，只要发生短路就会自动跳闸，将三相电路同时切断。断路器结构复杂，广泛用于要求较高的场合。

3.3.2 过电流保护

不正确的起动和过大的负载转矩以及频繁的反接制动，都会引起过电流。为了限制电动机的起动或制动电流过大，常常在直流电动机的电枢回路中或交流绕线转子电动机的转子回路中串入附加的电阻。若在起动或制动时，此附加电阻已被短接，就会造成很大的起动或制动电流。另外，电动机的负载剧烈增加，也要引起电动机过大的电流，过电流的危害与短路电流的危害一样，只是程度上的不同，过电流保护常用断路器或电磁式过电流继电器。将过电流继电器串联在被保护的电路中，当发生过电流时，过电流继电器 KI 线圈中的电流达到其动作值，于是吸动衔铁，打开其常闭触点，使接触器 KM 释放，从而切断电源。这里过电流继电器只是一个检测电流大小的元件，切断过电流还是靠接触器。如果用断路器实现过电流保护，则检测电流大小的元件就是断路器的电流检测线圈，而断路器的主触点用以切断过电流。

对于交流异步电动机，因其起动电流较大，允许短时间过电流，故一般不用过电流保护。若要用过电流保护，如图 3-13 所示，可用时间继电器 KT 躲过起动时的过电流。

3.3.3 过载（热）保护

热保护又称长期过载保护。所谓过载通常是指发生了“小马拉大车”现象，使电动机的工作电流大于其额定电流。造成过载的原因很多，如负载过大、三相电动机单相运行、欠电压运行等。当长期过载时，电动机发热，使温度超过允许值，电动机的绝缘材料就要变脆，寿命降低；严重时使电动机损坏，因此必须予以保护。常用的过载保护元件是热继电器（FR）。热继电器可以满足这样的要求：当电动机为额定电流时，电动机为额定温升，热继电器不动作；在过载电流较小时，热继电器要经过较长时间才动作；过载电流较大时，热继电器则经过较短时间就会动作；即具有反时限的特点。

由于热惯性的原因，热继电器不会因电动机短时过载冲击电流或短路电流而立即动作。所以在使用热继电器作过载保护的同时，还必须设有短路保护，并且选作短路保护的熔断器熔体的额定电流不应超过 4 倍热继电器发热元件的额定电流。

3.3.4 零电压与欠电压保护

当电动机正在运行时，如果电源电压因某种原因消失，为了防止电源恢复时电动机自行起动的保护称为零电压保护，零电压保护常选用零压保护继电器 KHV。对于按钮起动并具有自锁环节的电路，本身已具有零电压保护功能，不必再考虑零电压保护。

当电动机正常运行时，电源电压过分地降低将引起一些电器释放，造成控制线路不正常工作，可能产生事故。因此，需要在电源电压降到一定允许值以下时，将电源切断，这就是欠电压保护。欠电压保护常用电磁式欠电压继电器 KV 来实现。欠电压继电器的线圈跨接在电源两相之间，电动机正常运行时，当线路中出现欠电压故障或零压时，欠电压继电器的线圈 KA 得电，其常闭触点打开，接触器 KM 释放，电动机被切断电源。

3.3.5 漏电保护

漏电保护采用漏电保护器，主要用来保护人身生命安全。其应用见图 2-39 所示漏电保护装置。

3.4 机床电气控制线路常用的一些控制原则

通过前面的介绍，已经知道可将电器元件的动合、动断触点进行某种组合，形成机床的基本控制环节，以满足机床各种操作控制和保护要求。从前面的讨论还可以看出，机床控制过程的开始和结束以及中间状态的转换都是借助于按动按钮（人工）实现的，而实际运行中还经常伴随着行程（位置）、时间、电流（力或转矩）、速度等物理量的变化。如何根据这些物理量的变化而实现机床工作的自动控制呢？关键是将这些物理量（模拟量）用相应的检测装置转换成开关量并应用于控制线路中。在本节中将着重讨论机床电气控制线路常用的一些控制原则。

3.4.1　机床的行程控制原则

行程控制就是按照机床被控制对象的位置变化进行控制。行程控制需要行程开关来实现，当机床运动部件到达某一位置或在某一段距离内时，行程开关动作并使其动合触点闭合，动断触点断开。其控制线路如图 3-14a 所示。

在图 3-14a 所示的机床工作台控制线路中，行程开关 ST_1 的动断触点串联在 KM_1 控制电路中，而它的动合触点是与 KM_2 的起动控制按钮 SB_2 并联，这样当工作台由 KM_1 控制向左前进到一定位置碰触到 ST_1 时，由于 ST_1 断触点受压断开，KM_1 失电，工作台停止前进；而 ST_1 动合触点受压闭合，起动 KM_2，KM_2 得电自锁，控制工作台自动向右退回；当退至原位触碰 ST_2 时，ST_2 动断触点断开，又使 KM_2 关断，使工作台停止后退。继而 ST_2 动合触点闭合又重新起动 KM_1，使工作台再次前进；即实现了工作台的自动往复工作。上述工作过程可用图 3-14b 所示的动作图进行描述。

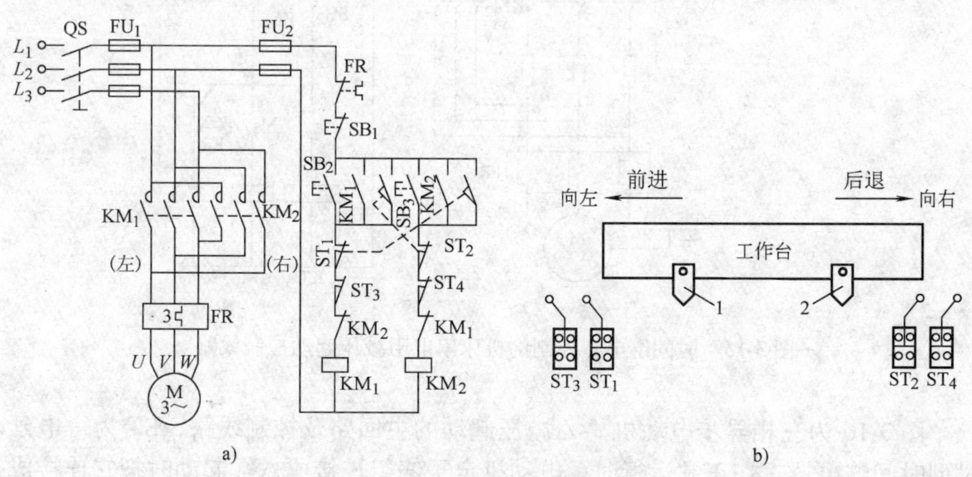

图 3-14　机床的行程控制线路

除行程开关 ST_1 和 ST_2 外，还有开关 ST_3 与 ST_4 安装在行程极限位置。当由于某种原因工作台到达 ST_1 与 ST_2 位置时，未能切断电动机，工作台将继续移动到极限位置，压下 ST_3 或 ST_4，此时可使电动机停止，避免由于超出允许位置所导致的事故，因此 ST_3 与 ST_4 起到超行程限位保护作用。

工作台往复工作自动循环控制线路，实现的是两个工步交替执行的顺序控制，两个行程开关交替发出切换信号，控制两个工步的转换。若加在某个工艺过程中包含有多个工步时，则可由若干个行程开关顺序来实现工步切换。

3.4.2 机床的时间控制原则

时间继电器具有延时动作触点，以这种触点发出的开关信号作为受控系统的转换信号，是时间控制线路的关键。时间继电器有通电延时型和断电延时型两类。

图 3-15 是时间继电器控制串电阻减压起动控制线路。它的控制特点是当按下起动按钮 SB_2 时，接触器 KM_1 首先闭合，电动机 M 串电阻减压起动；经过预定的时间后，接触器 KM_2 闭合，切除串电阻 R，电动机 M 全压运行。

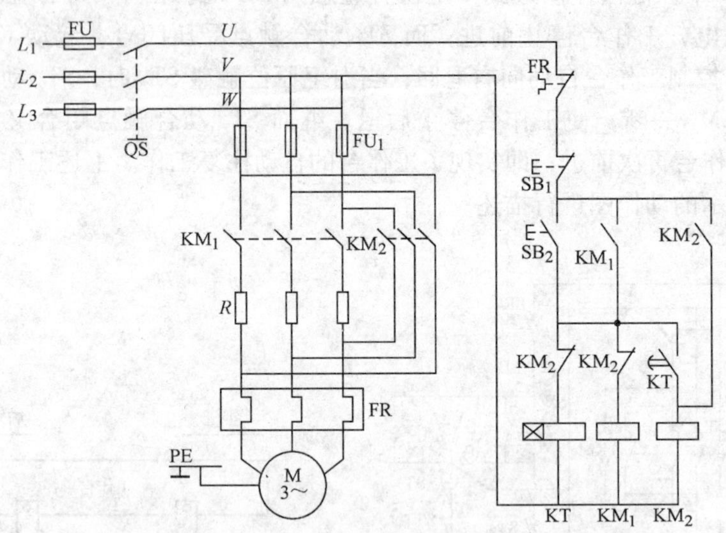

图 3-15　时间继电器控制的机床串电阻减压起动控制线路

图 3-16 为三相异步电动机Y-△减压起动的主回路及控制线路，KT 为得电延时型时间继电器。在正常运行时，电动机定子绕组连接成△，起动时把它连接成Y形，起动完成后再恢复成△。从主回路可知，KM_1 和 KM_3 主触点闭合，使电动机接成Y形，并且经过一段延时后 KM_3 主触点断开，KM_1 和 KM_2 主触点闭合再接成△，从而完成减压起动，而后再自动转换到正常速度运行。

控制线路的工作过程是：按下 SB_2，KM_1、KM_3 和 KT 同时得电自锁，电动机丫接起动。延时一段时间后，KM_3 失电，KM_2 得电，电动机由丫接切换到△接运行，同时 KT 失电。在丫/△控制期间，KM_1 始终得电自保持；在△接运行期间，仅 KM_1 和 KM_2 得电。

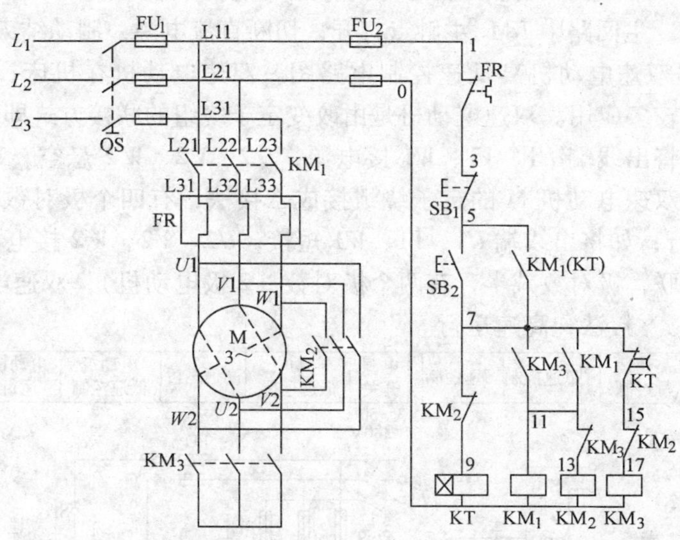

图 3-16　时间继电器控制机床丫-△减压起动控制线路

图 3-17 是时间继电器控制的交流电动机能耗制动控制线路图。三相异步电动机的能耗制动是在电动机定子绕组交流电源被切断后，在定子两相绕组间加进直流电源，产生一个恒定磁场，利用惯性转动的转子切割其磁力线所产生的转子电流在磁场中受力，从而产生制动力矩使电动机快速地停车。

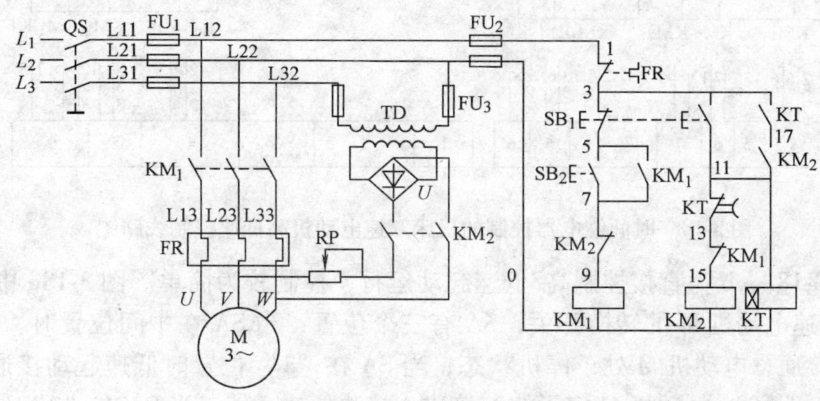

图 3-17　时间继电器控制的机床能耗制动控制线路图

在图 3-17 所示控制线路中，SB_2 用于起动，SB_1 用于制动，KM_2 为制动用接触器。若在电动机正在运行时，按下 SB_1，KM_1 断电，切除交流运行电源。制动接触器 KM_2 及时间继电器 KT 得电，KM_2 得电自锁使直流电接入主回路进行能耗制，KT 得电开始计时。当速度接近零时，延时时间到，KT 的延时动断触点打开，KM_2 失电。主回路中 KM_2 主触点打开，切断直流电源，制动结束。

图 3-18 是双速电动机高低速控制电路图。双速电动机在机床，诸如车床、铣床等中都有较多应用。双速电动机是由改变定子绕组的联接方式即改变极对数来调速的。若将出线端 *U*1、*V*1、*W*1 接电源，*U*2、*V*2、*W*2 悬空，每相绕组中两线圈串联，双速电动机 M 的定子绕组接成△接法，有四个极对数（4 极电动机），低速运行；如将出线端 *U*1、*V*1、*W*1 短接，*U*2、*V*2、*W*2 接电源，每相绕组中两线圈并联，极对数减半，有两个极对数（2 极电动机），双速电动机 M 的定子绕组接成丫丫接法，高速运行。

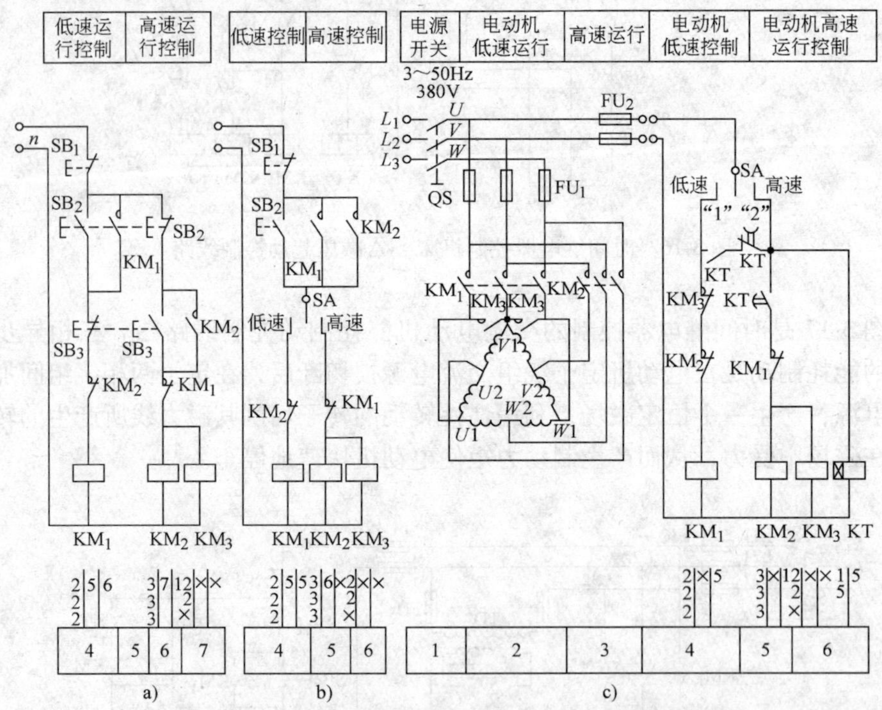

图 3-18　时间继电器控制的机床双速电动机高低速控制线路图

图 3-18a、b 为直接控制高/低速起动运行，控制较为简单。图 3-18c 中，SA 为高/低速电动机 M 的转换开关，SA 有三个位置：当 SA 在中间位置时，高/低速均不接通，电动机 M 处于停机状态；当 SA 在“1”位置时低速起动接通，接触器 KM_1 闭合，电动机 M 定子绕组接成△接法低速运转；当 SA 在“2”位置时电动机 M 先低速起动，延时一整定时间后，低速停止，切换高速运转状态，即

接触器 KM_1、KT 首先闭合，双速电动机 M 低速起动，经过 KT 一定的延时后，控制接触器 KM_1 释放，接触器 KM_2 和 KM_3 闭合，双速电动机 M 的定子绕组接成YY接法，转入高速运转。

3.4.3 机床的速度控制原则

利用电动机转速的变化也可实现机床运行状态的控制，常用于交流异步电动机反接制动控制线路。电动机正常运行时，速度继电器 KS 的动合触点闭合。当需要制动时变换其中任意两相电源相序并使电动机定子绕组串入电阻，使其立即进入反接制动状态。当电动机转速下降接近于零时，KS 动合触点必须立即断开，快速切断电动机电源，否则电动机会反向起动。

三相异步电动机双向反接制动控制电路原理图如图3-19 所示。在图3-19 中，按钮 SB_2 为电动机 M 正转起动按钮，SB_3 为电动机 M 的反转起动按钮，SB_1 为电动机 M 的制动停止按钮；KSR 和 KSF 为速度继电器。串接在反转电路中的速度继电器的常开触点 KSR 为电动机正转制动触点，电动机正转过程中，当其速度达到 120r/min 时，这个触点闭合，为电动机正转反接制动作好准备。串接在正转电路中的速度继电器的常开触点 KSF 为电动机反转制动触点。电动机反转过程中，当其速度达到 120r/min 时，这个触点闭合，为电动机反转反接制动作好准备。当按动停止按钮 SB_1 后，中间继电器 KA 得电自保，正常运行的接触器断开，切断正常运行的电源；反接制动的接触器闭合，接通反接制动的电源，电动机开时反接制动；当电动机转速下降到 100r/min 时，其正常运行时为电动机反接制动作好准备的相应速度继电器已闭合的常开触点（KSR 或 KSF）及时断开，

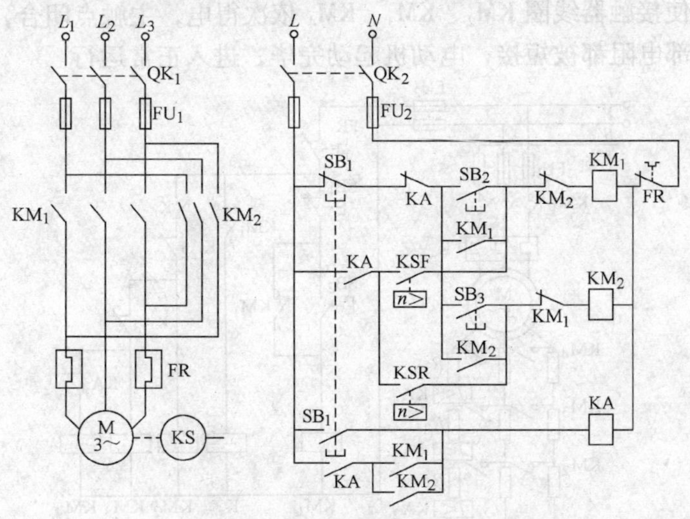

图 3-19　双向反接制动的机床电气控制线路

切除了反接制动的电源，反接制动结束，电动机及时停机，又防止了反方向起动。这里采用速度控制及时准确、安全可靠，恰到火候。

为更安全可靠，该线路中还增加了一个中间继电器 KA。因为在停车期间，如遇调整、对刀等，需用手转动机床主轴，则速度继电器的转子也将随着转动，其动合触点闭合，反向接触器得电动作，电动机处于反接制动状态，不利于调整工作。为解决这个问题，故在该控制线路中增加了一个中间继电器 KA，这样在用手转动电动机时，虽然 KS 的动合触点闭合，但只要不按停止按钮 SB_1，KA 失电，反向接触器不会得电，电动机也就不会反接于电源。只有操作停止按钮 SB_1 时，制动线路才能接通，保证了操作者的人身安全。

3.4.4 机床的电流控制原则

电流的强、弱既可作为电路或电器元件保护动作的依据，也可反映机床控制中其他物理量如卡紧力或扭矩等控制信号的大小。通常电流控制是借助于电流继电器来实现的，当电路中的电流达到某一预定值时，电流继电器的触点动作，切换电路，达到电流控制的目的。图 3-20 是绕线转子交流电动机根据转子电流大小的变化来控制电阻短接的起动控制电路，图中主电路转子绕组中除串接起动电阻外，还串接有电流继电器 KA_2、KA_3 和 KA_4 的线圈，三个电流继电器的吸合电流都一样，但是释放电流不同，KA_2 释放电流最大，KA_3 次之，KA_4 最小。当刚起动时，起动电流很大，电流继电器全部吸合，控制电路中的动断触点打开，接触器 KM_2、KM_3、KM_4 的线圈不能得电吸合，因此全部起动电阻接入，随着电动机转速升高，电流变小，电流继电器 KA_2、KA_3、KA_4 根据释放电流的大小等级依次释放，使接触器线圈 KM_2、KM_3、KM_4 依次得电，主触点闭合，逐级短接电阻，直到全部电阻都被短接，电动机起动完毕，进入正常运行。

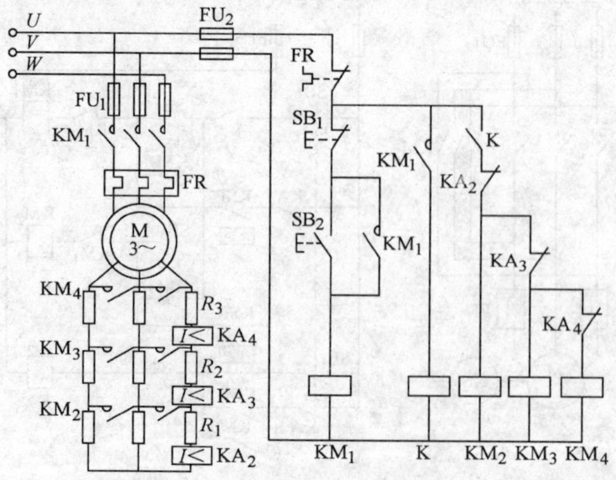

图 3-20　绕线转子交流电动机串电阻限制起动电流的控制电路

图 3-21 为机床用直流电动机的串电阻起动和能耗制动控制电路图，其电枢回路需要有限制过电流的控制，故在电枢回路串入过电流继电器 KA_1。当电枢回路的电流超过设定值时过电流继电器动作，KM_1 断开，切断电枢回路，保护直流电动机电枢回路中电流不超过设定值；其磁场回路中有励磁绕组欠磁场保护控制，故在电枢回路串入欠电流继电器 KA_2，当励磁绕组中电流太弱或失磁时 KA_2 动作，切断电枢回路，防止直流电动机弱磁转速过高或发生失磁飞车事故。

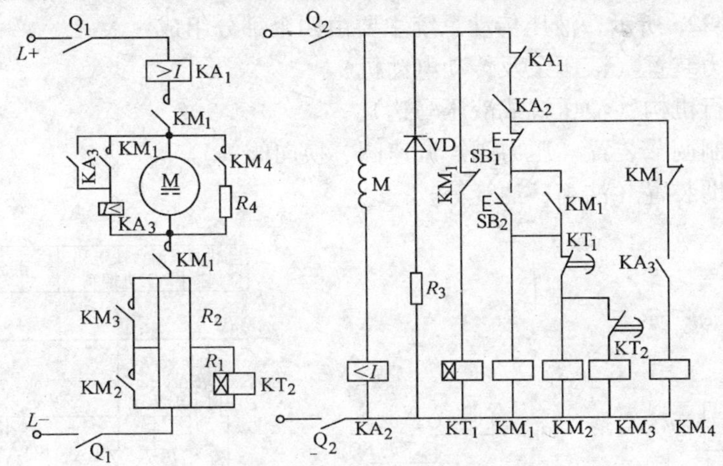

图 3-21　电流控制的机床控制线路

以上介绍了机床电气控制线路常用的四种基本控制原则，即行程控制原则、时间控制原则、电流控制原则和速度控制原则，简单总结如下：

1）行程控制原则就是根据机床运动部件的行程或位置，利用行程开关控制机床的工作行程或位置状态。

2）时间控制原则就是根据机床生产工艺要求，利用时间继电器按一定的时间间隔发出切换信号，控制机床的工作状态。

3）电流控制原则是根据机床主回路的电流变化，利用电流继电器控制机床的工作状态。

4）速度控制原则是根据机床电动机的转速变化，利用速度继电器等电器来控制机床电动机的运行状态。

应该注意的是，上述几种一般控制原则，在机床控制的实际应用中并不是相互矛盾、彼此独立的，倒是常常结合在一起，组成机床复合的电气控制线路。

3.5　机床中的电液控制

液压传动系统能够提供较大的驱动力，并且运动传递平稳、均匀、可靠、控制方便。当液压系统和电气控制系统组合构成电液控制系统时，很容易实现自动化，电液控制被广泛地应用在各种机床设备上。电液控制是通过电气控制系统控制液压传动系统按给定的工作运动要求完成动作。液压传动系统的工作原理及工作要求是分析电液控制电路工作的一个重要环节。

3.5.1 液压系统组成

如图 3-22a 所示，液压传动系统主要由四个部分组成：

1）动力装置（液压泵及传动电动机）。

2）执行机构（液压缸或液压马达）。

3）控制调节装置（压力阀、调速阀、换向阀等）。

4）辅助装置（油箱、油管等）。

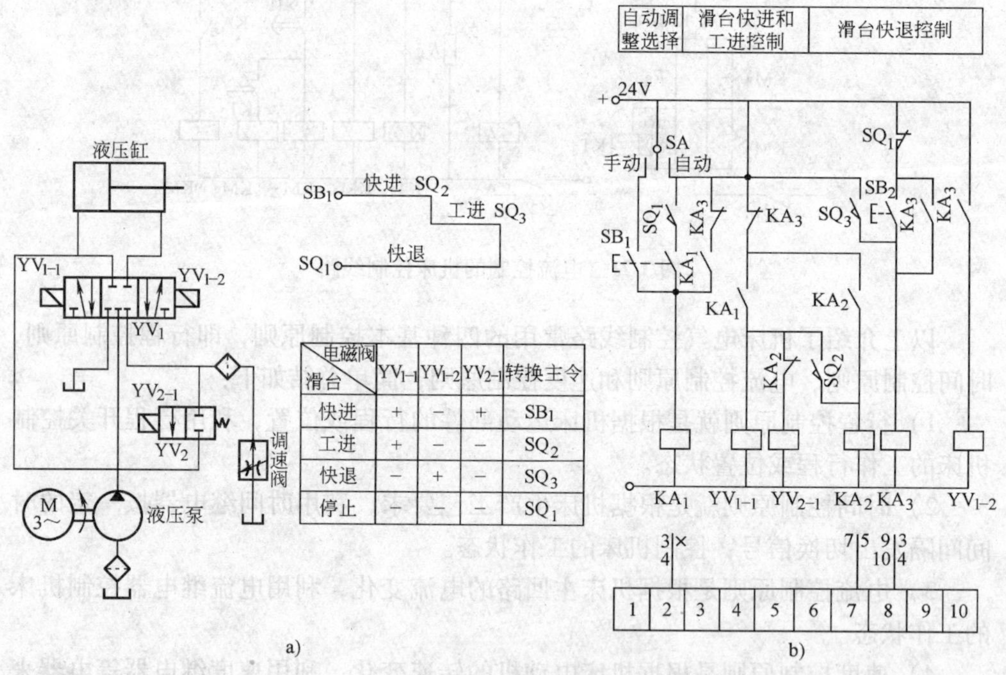

电磁阀 / 滑台	YV_{1-1}	YV_{1-2}	YV_{2-1}	转换主令
快进	+	−	+	SB_1
工进	+	−	−	SQ_2
快退	−	+	−	SQ_3
停止	−	−	−	SQ_1

图 3-22 组合机床液压动力滑台电液控制系统

由电动机拖动的液压泵为电液系统提供压力油，推动执行件液压缸活塞移动或者液压马达转动，输出动力。控制调节装置中，压力阀和调速阀用于调定系统的压力和执行件的运动速度，方向阀用于控制液流的方向或接通、断开油路，控制执行件的运动方向和构成液压系统工作的不同状态，满足各种运动的要求。辅助装置提供油路系统。

液压系统工作时，压力阀和调速阀的工作状态是预先调整好的固定状态，只有方向阀根据工作循环的运动要求而变化工作状态，形成各工步液压系统的工作状态，完成不同的运动输出。因此对液压系统工作自动循环的控制，就是对方向阀工作状态进行控制。

方向阀因其阀结构的不同而有不同的操作方式，可用机械、液压和电动方式改变阀的工作状态，从而改变液流方向，或接通、断开油路。电液控制中是采用电磁铁吸合推动阀芯移动，改变阀工作状态的方式，实现控制。

3.5.2　电磁换向阀

由电磁铁推动改变工作状态的阀称为电磁换向阀，其图形符号如图3-23所示。电磁换向阀的工作原理在液压传动课程中已讲述，从图3-23a可知两位阀的工作状态，当电磁阀线圈通电时，换向阀位于一种通油状态；线圈失电时，在弹簧力的作用，换向阀复位处于另一种通油状态；电磁阀线圈的通断电控制了油路的切换。图3-23d为三位阀，阀上装有两个线圈，分别控制阀的两种通油状态；当两电磁阀线圈都不通电时，换向阀处于第三种的中间位通油状态；需注意的是两个电磁阀线圈不能同时得电，以免阀的状态不确定。

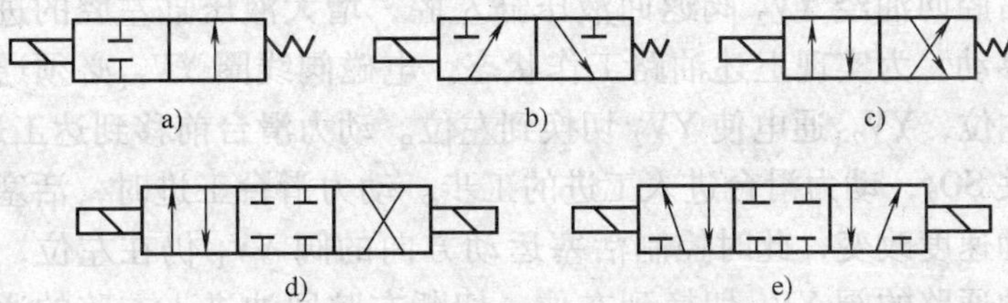

图3-23　电磁换向阀图形符号

a）二位二通阀　b）二位三通阀　c）二位四通阀　d）三位四通阀

e）三位五通阀

电磁换向阀有两种，即交流电磁换向阀和直流电磁换问阀，由阀上电磁阀线圈所用电源种类确定，实际使用中根据控制系统和设备需要而定。电液控制系统中，控制电路根据液压系统工作要求控制电磁换向阀线圈的通断电来实现所需运动输出。

3.5.3　液压系统工作自动循环控制电路

组合机床液压动力滑台工作自动循环控制是一典型的电液控制，下面将其作为例子，分析液压系统工作自动循环的控制电路。

液压动力滑台是机床加工工件时完成进给运动的动力部件，由液压系统驱动，自动完成加工的自动循环。滑台工作循环的工步顺序与内容，各工步之间的转换主令，和电动机驱动的自动工作循环控制一样，由设备的工作循环图给出。电液控制系统的分析通常分为三步：

1）分析工作循环图，以确定工步顺序及每步的工作内容，明确各工步的转换主令。

2）分析液压系统，分析液压系统的工作原理，确定每工步中应通电的电磁阀线圈，并将分析结果和工作循环图给出的条件通过动作表的形式列出，动作表上列有每个工步的内容、转换主令和电磁阀线圈通电状态。

3）分析控制电路，根据动作表给出的条件和要求，逐步分析电路如何在转换主令的控制下完成电磁阀线圈通断电的控制。

液压动力滑台一次工作进给的控制如图3-24所示。电路液压动力滑台的自动工作循环计有4个工步：滑台快进、工进、快退及原位停止，分别由行程开关SQ_2、SQ_3、SQ_1及SB_1控制循环的起动和工步的切换。对应于四个工步，液压系统有四个工作状态，满足活塞的四个不同运动要求。

其工作原理如下：动力滑台快进，要求电磁换向阀YV_1在左位，压力油经换向阀进入液压缸左腔，推动活塞右移，此时电磁换向阀YV_2也要求位于左位，使得液压缸右腔回油经YV_2阀返回液压缸左腔，增大液压缸左腔的进油量，活塞快速向前移动。为实现上述油路工作状态，电磁阀线圈YV_{1-1}必须通电，使阀YV_1切换到左位，YV_{2-1}通电使YV_2切换到左位。动力滑台前移到达工进起点时，压下行程开关SQ_2，动力滑台进入工进的工步。动力滑台工进时，活塞运动方向不变，但移动速度改变，此时控制活塞运动方向的阀YV_1仍在左位，但控制液压缸右腔回油通路的阀YV_2切换到右位，切断右腔回油进入左腔的通路，而使液压缸右腔的回油经调速阀流回油箱，调速阀节流控制回油的流量，从而限定活塞以给定的工进速度继续向右移动，YV_{1-1}保持通电，使阀YV_1仍在左位，但是YV_{2-1}断电，使阀YV_2在弹簧力的复位作用下切换到右位，满足工进油路的工作状态。工进结束后，动力滑台在终点位压动终点限位开关SQ_3，转入快退工步。滑台快退时，活塞的运动方向与快进、工进时相反，此时液压缸右腔进油，左腔回油，阀YV_1必须切换到右位，改变油的通路，阀YV_1切换以后，压力油经阀YV_1进入液压缸的右腔，左腔回油经YV_1直接回油箱，通过切断YV_{1-1}的线圈电路使其失电，同时接通YV_{1-2}的线圈电路使其通电吸合，阀YV_1切换到右位，满足快退时液压系统的油路状态。动力滑台快速退回到原位以后，压动原位行程开关SQ_1，即进入停止状态。此时要求阀YV_1位于中间位的油路状态，YV_2处于右位，当电磁阀线圈YV_{1-1}、YV_{1-2}、YV_{2-1}均失电时，即可满足液压系统使滑台停在原位的工作要求。

控制电路中SA为选择开关，用于选定滑台的工作方式。开关扳在自动循环工作方式时，按下起动按钮 SB_1，循环工作开始，其工作过程如电器动作顺序图3-24所示。SA扳到手动调整工作方式时，电路不能自锁持续供电，按下按钮 SB_1 可接通 YV_{1-1} 与 YV_{2-1} 线圈电路，滑台快速前进，松开 SB_1，YV_{1-1} 与 YV_{2-1} 线圈失电，滑台立即停止移动，从而实现点动向前调整的动作。SB_2 为滑台快速复位按钮，当由于调整前移或工作过程中突然停电的原因，滑台没有停在原位不能满足自动循环工作的起动条件，即原位行程开关 SQ_1 必须处于受压状态时，通过压下复位按钮 SB_2，接通 YV_{1-1} 线圈电路，滑台即可快速返回至原位，压下 SQ_1 后停机。

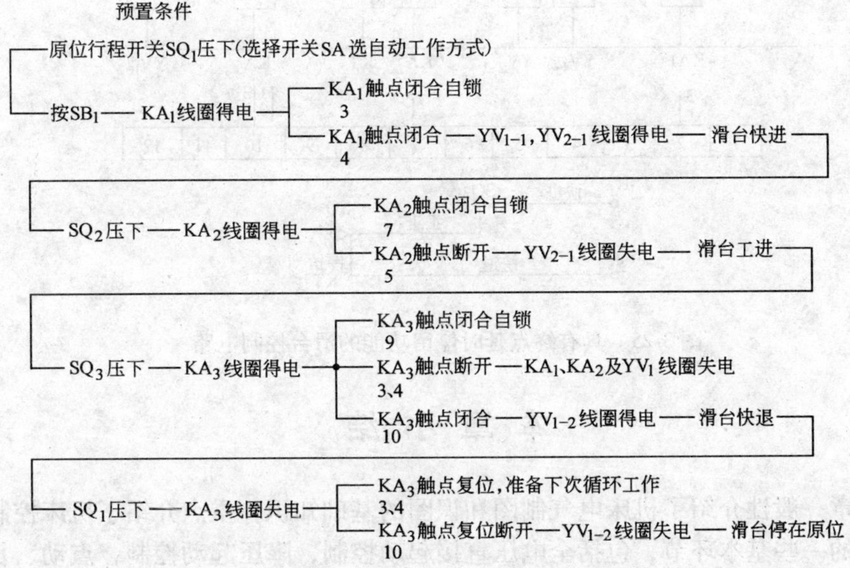

图3-24 液压动力滑台电器动作顺序图

在上述控制电路的基础上，加上一延时元件，可得到具有进给终点延时停留的自动循环控制电路，其工作循环图及控制电路图如图3-25所示。当滑台工进到终点时，压下终点限位开关 SQ_3。接通时间继电器KT的线圈电路，KT的动断触点使 YV_{1-1} 线圈失电，阀 YV_1 切换到中间位置，使滑台停在终点位，经一定时间的延时后，KT的延时动合触点接通滑台快速退回的控制电路，滑台通过进入快退的工步，退回原位后行程开关 SQ_1 被压下，切断电磁阀线圈 YV_{1-2} 的电路，滑台停在原位，其他工步的控制和调整控制方式，带有延时停留的控制电路，与无终点延时停留的控制电路相同。

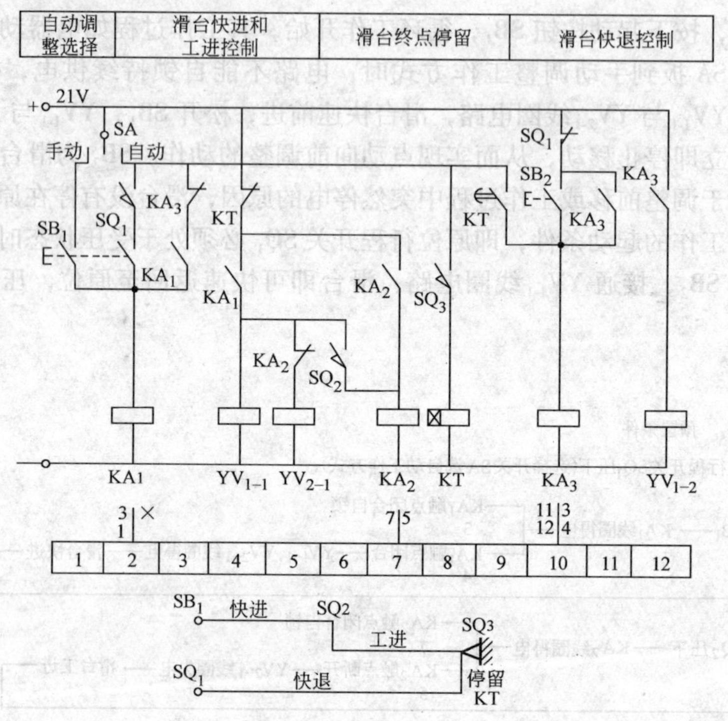

图 3-25　具有终点延时停留功能的滑台控制电路

本 章 小 结

本章一般性介绍了机床电气制图和识图的基础知识；重点介绍了机床控制电路常用的一些基本环节，包括全电压直接起动控制，降压起动控制，点动、长动（自锁）和停车控制，多地点控制，连锁和互锁控制，正反转控制；短路、过载、过电流、过欠电压及零压等保护；行程、时间、速度、电流等控制原则以及电液控制等；它们是组成机床实用电路的基础。任何复杂的机床电器控制电路都是由这些基本电路环节组成的，必须认真学习掌握。

习题与思考题

3-1　电气控制系统图通常包括哪些图？

3-2　电气控制原理图基本的绘图原则有哪些？

3-3　试述“自锁”、“联锁”、“互锁”的含义，并举例说明各自的作用。

3-4　短路保护、过电流保护及热继电器保护有何区别？各自常用的保护元件是什么？

3-5　为什么电动机应具有零电压和欠电压保护？

3-6　试以行程原则和时间原则来设计某机床工作台往复移动。要求在原位和终点间往复移动，当往复时间超时，立即返回并灯光报警。

3-7　磁继电器与接触器的区别主要是什么？

3-8　为什么热继电器不能作短路保护而只能作长期过载保护？熔断器则相反，为什么？

3-9　机床电气控制常设有哪些保护电路？其保护的原理是什么？

3-10　试分析机床电气控制常用的Y/△起动、能耗制动、反接制动、交流电动机的高低速控制、自动循环控制、电液控制的电路图。

3-11　在有自动控制的机床上，电动机由于过载而自动停车后，有人立即按起动按钮，但不能开车，试说明可能是什么原因？

3-12　在电动机的主电路中既然装了熔断器，为什么还要装热继电器？它们各起什么作用？

3-13　试说明图 3-26 所示三速交流电动机电气控制是由哪些基本电路环节组成的？

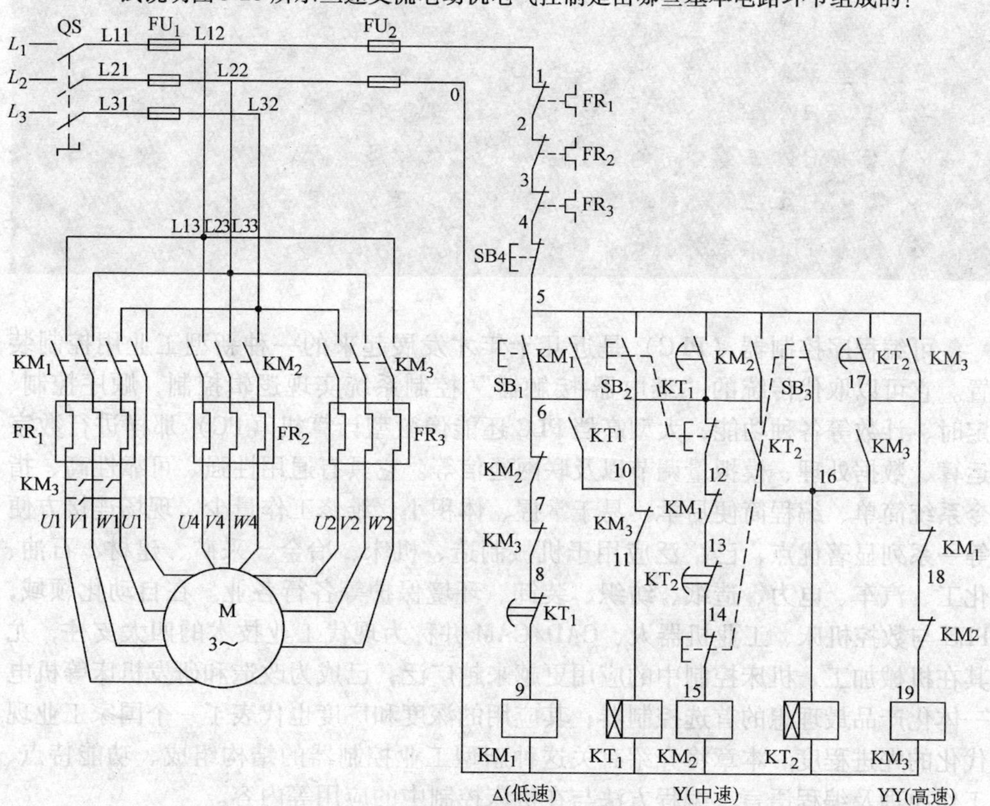

图 3-26　三速交流电动机电气控制原理图

第 4 章　机床控制中的 PLC 技术

主要内容

1）可编程序控制器（PLC）的概述、硬软件组成和基本工作原理。

2）日本三菱公司的 FX_{2N} 系列微型 PLC 应用指南。

学习重点及教学要求

1）了解 PLC 的基本概况、特点、应用和新发展。

2）掌握 PLC 硬软件组成和基本工作原理。

3）掌握日本三菱公司的 FX_{2N} 系列 PLC 的硬件资源。

4）掌握日本三菱公司的 FX_{2N} 系列 PLC 的软件资源。

5）掌握日本三菱公司的 FX_{2N} 系列 PLC 的开发应用方法。

6）了解 PLC 在机床控制中的基本应用。

可编程序控制器（PLC）是近几十年才发展起来的一种新型工业用控制装置。它可以取代传统的“继电器-接触器”控制系统实现逻辑控制、顺序控制、定时、计数等各种功能，大型高档 PLC 还能像微型计算机（PC）那样进行数字运算、数据处理、模拟量调节以及联网通信等。它具有通用性强、可靠性高、指令系统简单、编程简便易学、易于掌握、体积小、维修工作量少、现场连接方便等一系列显著优点，已广泛应用于机械制造、机床、冶金、采矿、建材、石油、化工、汽车、电力、造纸、纺织、装卸、环境保护等各行各业。在自动化领域，PLC 与数控机床、工业机器人、CAD/CAM 并称为现代工业技术的四大支柱，尤其在机械加工、机床控制中的应用更越来越广泛，已成为改造和研发机床等机电一体化产品最理想的首选控制器；其应用的深度和广度也代表了一个国家工业现代化的先进程度。本章将介绍有关这种新型工业控制器的结构组成、功能特点、工作原理及编程语言、编程方法与在机床控制中的应用等内容。

4.1　可编程控制器（PLC）概述

4.1.1　PLC 的基本概念

可编程控制器（Programmable Controller）简称 PC；个人计算机（Personal

Computer）也称PC；为了避免混淆，目前都将最初多用于逻辑控制而发展起来的可编程控制器叫做PLC（Programmable logic Controller）。

国际电工委员会在1987年颁布的PLC标准草案中对PLC作了如下定义："PLC是一种专门为在工业环境下应用而设计的数字运算操作的电子装置。它采用可以编制程序的存储器，用来在其内部存储执行逻辑运算、顺序运算、定时、计数和算术运算等操作的指令，并能通过数字式或模拟式的输入和输出，控制各种类型的机械或生产过程。PLC及其有关的外围设备都应按照易于与工业控制系统形成一个整体，易于扩展其功能的原则而设计。"定义中有以下几点应值得注意：

1）PLC是"数字运算操作的电子装置"，其中带有"可以编制程序的存储器"，可以进行"逻辑运算、顺序运算、定时、计数和算术运算"工作，可以认为PLC具有计算机的基本特征。事实上，PLC无论从内部构造、功能及工作原理上看都不折不扣的是一种计算机。

2）PLC是"为工业环境下应用"而设计。工业环境和一般办公环境有较大的区别，PLC具有特殊的构造，使它能在高粉尘、高噪声、强电磁干扰和温度变化剧烈的环境下正常工作；为了能控制"机械或生产过程"，它又要能"易于与工业控制系统形成一个整体"；这些都是个人计算机不可能做到的。因此PLC又不是普通的计算机，它是一种能满足工业现场恶劣环境下使用的工业控制计算机。

3）PLC能控制"各种类型"的工业设备及生产过程。它"易于扩展其功能"，它的程序能根据控制对象的不同要求，让使用者"可以编制程序"。也就是说，PLC较之以前的工业控制计算机，如单片机等工业控制系统，具有更大的灵活性，它可以方便地应用在各种场合，它又是一种通用的工业控制计算机。

通过以上定义还可以了解到，相对于一般意义上的计算机，PLC并不仅仅具有计算机的内核，它还配置了许多使其适用于工业控制的器件。它实质上是经过了一次开发的工业控制用计算机。但是，从另一个方面来说，它是一种通用机，但不经过二次开发，它就不能在任何具体的工业设备上使用。不过，自其诞生以来，电气工程技术人员感受最深刻的也正是PLC二次开发编程十分容易。它在很大程度上使得工业自动化设计从专业设计院走进了厂矿企业，变成了普通工程技术人员甚至普通电气工人都力所能及的工作。再加上其体积小、可靠性高、抗干扰能力强、控制功能完善、适应性强、安装接线简单等众多显著优点，PLC在问世后的短短几十年中便获得了突飞猛进的发展，在工业控制中得到了极其广泛的应用，已跃居现代工业四大支柱（PLC、数控机床、工业机器人、CAD/CAM）之首。

4.1.2 PLC 的特点及应用

1. PLC 的特点

（1）可靠性高，抗干扰能力强　高可靠性是电气控制设备最重要的关键性能。PLC 由于采用现代超大规模集成电路技术，严格的生产工艺制造，内部电路采用了先进的抗干扰技术，具有很高的可靠性。例如日本三菱公司生产的 F 系列 PLC 平均无故障时间已高达 30 万小时。一些使用冗余 CPU 的 PLC 的平均无故障工作时间则更长。从 PLC 的机外电路来说，使用 PLC 构成控制系统，和同等规模的“继-接控制系统”相比，电气接线及开关接点已减少到原来的数百甚至数千分之一，故障也将随之大大降低。此外，PLC 具有硬件故障的自我检测功能，出现故障时可迅速及时地发出报警信息。在应用软件中，用户还可以编入外围器件的故障自诊断程序，使系统中 PLC 以外的电路及设备也获得故障自诊断保护。这样，就使整个 PLC 系统都具有了极高的可靠性。

（2）配套齐全，功能完善，适用性强　PLC 发展到今天，已经形成了大、中、小、微各种规模的系列化产品，可以用于各种规模的工业控制场合。除了逻辑控制功能外，现代 PLC 大都具有完善的数据运算能力，可用于各种数字控制领域。近年来 PLC 的功能模块大量涌现，使 PLC 已渗透到了位置控制、运动控制、过程控制、温湿度控制、计算机数控（CNC）等各种工业控制中。加上 PLC 通信能力的增强及人机界面技术的发展，使用 PLC 组成各种控制系统变得非常容易。

（3）易学好懂易用，深受工程技术人员欢迎　PLC 作为现代通用工业控制计算机，是面向工矿企业的工控设备，其编程语言易于为工程技术人员接受。像梯形图语言的图形符号和表达方式与继电器电路图非常接近，只用 PLC 的少量开关逻辑控制指令就可以方便地实现“继-接控制电路”的功能；像步进式顺序控制的状态转移图（SFC），简单、直观、容易设计复杂的多流程顺序控制，并且能够减少程序条数，使程序易于理解。

（4）系统设计周期短，维护方便，改造容易　PLC 用存储逻辑代替接线逻辑，大大地减少了控制设备外部的接线，使控制系统设计周期大大缩短，同时维护也变得容易起来。更重要的是使同一设备经过改变程序便可改变生产过程成为可能。因此很适合多品种、小批量的生产场合。

（5）体积小，重量轻，能耗低　以超小型 PLC 为例，其新近产品的品种底部尺寸小于 $100mm^2$，重量小于 150g，能耗仅数瓦。由于体积小很容易嵌入机械内部，是实现机电一体化首选的最理想控制器件。

2. PLC 的应用领域

目前，PLC 在国内外已广泛应用于钢铁、石油、化工、电力、建材、机械制造、轻纺、交通运输、环保及文化娱乐等各个行业，使用情况可归纳为以下几大类：

（1）开关量的逻辑控制 这是PLC最基本、最广泛的应用领域，可用它取代传统的“继-接控制电路”，实现逻辑控制、顺序控制，既可用于单机设备的控制，又可用于多机群控制及自动化流水线。如电梯控制、高炉上料、注塑机、印刷机、数控与组合机床、磨床、包装生产线和电镀流水线等。

（2）模拟量控制 在工业生产过程中，有许多连续变化的模拟量，如温度、压力、流量、液位和速度等。为使PLC能处理模拟量信号，PLC厂家都生产有配套的A/D和D/A转换模块，使PLC可直接用于模拟量控制。

（3）运动控制 PLC可以用于圆周运动或直线运动的控制。从控制机构配置来说，早期直接用开关量I/O模块连接位置传感器和执行机构；现在可使用专用的运动控制模块，如可驱动步进电动机或伺服电动机的单轴或多轴位置控制模块。世界上各主要PLC厂家的产品几乎都有运动控制功能，广泛地用于各种机械、机床、机器人和电梯等场合。

（4）过程控制 过程控制是指对温度、压力、流量等模拟量的闭环控制。作为工业控制计算机，PLC能编制各种各样的控制算法程序，完成闭环控制。PID控制是一般闭环控制系统中常用的控制方法。目前不仅大中型PLC都有PID模块，而且许多小型PLC也具有PID功能。PID处理一般是运行专用的PID子程序。过程控制在冶金、化工、热处理、锅炉控制等场合有非常广泛的应用。

（5）数据处理 现代PLC具有数学运算（含矩阵运算、逻辑运算）、数据传送、数据转换、排序、查表、位操作等功能，可以完成数据的采集、分析及处理。这些数据可以与储存在存储器中的参考值比较，完成一定的控制操作，也可以利用通信功能传送给别的智能装置，或将它们打印制表。数据处理一般用于大型控制系统，如无人控制的柔性制造系统；也可用于过程控制系统，如造纸、冶金、食品工业中的一些大型控制系统。

（6）通信及联网 PLC通信包含PLC之间的通信以及PLC与其他智能设备之间的通信。随着计算机控制技术的不断发展，工厂自动化网络的发展也将会更加迅猛，各PLC厂商都十分重视PLC的通信功能，纷纷推出各自的网络系统。最新生产的PLC都具有通信接口，实现通信非常方便。

4.1.3 PLC与“继电器-接触器”控制系统的比较

在PLC出现以前的一个世纪中，“继电器-接触器”硬件电路是逻辑控制、顺序控制的唯一执行者，它结构简单，价格低廉，一直被广泛应用。但它与PLC控制系统相比却有许多缺点，见表4-1。

表 4-1　PLC 与继电路逻辑控制系统的比较

比较项目	继电器逻辑	可编程序控制器
控制逻辑	体积大、接线复杂，修改困难	存储逻辑体积小，连线少，控制灵活，易于扩展
控制速度	通过触点开闭实现控制作用，动作速度为几十毫秒，易出现触点抖动	由半导体电路实现控制作用，每条指令执行时间在微秒级，不会出现触点抖动
限时控制	由时间继电器实现，精度差，易受环境温度影响	用半导体集成电路实现，精度高，时间设置方便，不受环境、温度影响
设计与施工	设计、施工、调试必须顺序进行，周期长，修改困难	在系统设计后，现场施工与程序设计可同时进行，周期短，调试修改方便
可靠性与可维护性	寿命短，可靠性与可维护性差	寿命长，可靠性高；有自诊断功能，易于维护
价格	使用机械开关、继电器及接触器等，价格便宜	使用大规模集成电路，初期投资较高

4.1.4　PLC 与微机（PC）的区别

采用微电子技术制作的 PLC，它也是由 CPU、RAM、ROM、I/O 接口等 5 大件构成的，与微机有相似的构造，但又不同于一般的微机，特别是它采用了特殊的抗干扰技术，使它更能适用于恶劣环境下的工业现场控制。PLC 与微机各自的特点见表 4-2。

表 4-2　PLC 与微机（PC）的比较

比较项目	可编程序控制设备	微　机
应用范围	工业控制	科学计算、数据处理、通信等
使用环境	工业现场	具有一定温度、湿度的机房
输入/输出	控制强电设备需光电隔离	与主机采用微电联系不需光电隔离
程序设计	一般为梯形图语言，易于学习和掌握	程序语言丰富，汇编、FORTRAN、BASIC 及 COBOL 等语句复杂，需专门计算机的硬件和软件知识
系统功能	自诊断、监控等	配有较强的操作系统
工作方式	循环扫描方式及中断方式	中断方式

4.1.5　PLC 的新发展

PLC 作为现代工业四大支柱之首，在先进发达工业国家中已成为自动化控制系统重要的基本电控装置。它具有控制方便、可靠性高、容易掌握、体积小、价格适宜等显著特点。据不完全统计，当今世界PLC生产厂家约200多家，生产300多个品种，占工控机市场份额的50%以上，PLC将在工控机市场中占有主要地位，并保持继续上升的势头。目前主要应用在汽车（23%）、粮食加工（16.4%）、化学/制药（14.6%）、金属/矿山（11.5%）、纸浆/造纸（11.3%）等行业。PLC在20世纪60年代末引入我国时，只用作离散量的控制，其功能只是将操作接到离散量输出的接触器等，最早只能完成以继电器梯形逻辑的操作。新一代的PLC具有PID调节功能，它的应用已从开关量控制扩大到模拟量控制领域，广泛地应用于航天、冶金、轻工、建材等行业。目前正向着以下几个方面迅猛发展：

（1）微型、小型PLC功能明显增强　很多著名的PLC厂家相继推出高速、高性能、小型、特别是微型的PLC。三菱的FXOS14（8个24VDC输入，6个继电器输出），其尺寸仅为58mm×89mm，仅大于信用卡几个毫米，而功能却有所增强，使PLC的应用领域扩大到远离工业控制的其他行业，如快餐厅、医院手术室、旋转门和车辆等，甚至引入家庭住宅、娱乐场所和商业部门。

（2）集成化发展趋势增强　由于现代高新技术控制内容的复杂化和高难度化，使PLC向集成化方向发展，PLC与PC集成、PLC与DCS集成、PLC与PID集成等，并强化了通信能力和网络化功能，尤其是以PC为基础的控制产品增长率最快。PLC与PC集成，即将计算机、PLC及操作人员的人-机接口结合在一起，使PLC能利用计算机丰富的软件资源，而计算机能和PLC的模块交互存取数据。以PC机为基础的控制容易编程和维护用户的利益，开放的体系结构提供较大的灵活性，最终将提高生产率和降低生产成本。

（3）向开放性转变　PLC目前存在的最严重缺点，主要是PLC的软、硬件体系结构是封闭的而不是开放的，绝大多数的PLC是专用总线、专用通信网络及协议，编程虽多为梯形图，但各公司的组态、寻址、语言结构不一致，导致各种PLC互不兼容，致使广大PLC用户开发应用互不统一，使用很不方便，学用开发费力费神、劳民伤财。国际电工协会（IEC）在1992年颁布了IEC1131-3《可编程序控制器的编程软件标准》，为各PLC厂家编程的标准化铺平了道路。现在开发以PC为基础、在WINDOWS平台下，符合IEC1131-3国际标准的新一代开放体系结构的PLC正在规划中。

（4）将来的新一代PLC将要实现：

1）CPU处理速度进一步加快。

2）控制系统分散化。

3）可靠性进一步提高。

4）控制与管理功能一体化。

5）向两极化（大型化和小型化）方向发展。

(6) 编程语言和编程工具向标准化和多样化发展。

(7) I/O 组件标准化、功能组件智能化。

(8) 通信网络化。

(9) 大记忆容量，快处理速度发展。

(10) 发展故障诊断技术和容错技术。

总之，PLC 的新发展可概括为以下几个方面：

1) 在系统构成规模上，向超大型、超小型方向发展。

2) 在增强控制能力和扩大应用范围上，进一步开发各种智能 I/O 模块。

3) 在系统集成方面进一步提高安全性、高可靠性。

4) 在控制与管理功能一体化方面，进一步增强通信联网能力。

5) 在编程语言与编程工具方面，达到多样化、高级化、标准化。

在全球 PLC 制造商中，根据美国 Automation Research Corp(ARC)调查，世界 PLC 主导厂家的五霸分别为 Siemens(西门子)公司、Allen-Bradley(A-B)公司、Schneider(施耐德)公司、Mitsubishi(三菱)公司、Omrom(欧姆龙)公司，他们的销售额约占全球总销售额的 2/3。我国的 PLC 产品市场目前也还被外国人垄断着、霸占着。

我国的 PLC 生产目前也有一定的发展，小型 PLC 已批量生产；中型 PLC 已有产品；大型 PLC 已开始研制。国内 PLC 形成产品化的生产企业约 30 多家，国内产品市场占有率不超过 10%，主要生产单位有：苏州电子计算机厂、苏州机床电器厂、上海兰星电气有限公司、天津市自动化仪表厂、杭州通灵控制电脑公司、北京机械工业自动化所和江苏嘉华实业有限公司等。目前国内产品在价格上占有明显的优势，而在质量上还稍有欠缺、不足。

4.2 PLC 的基本结构及工作原理

4.2.1 PLC 的基本结构

目前 PLC 生产厂家很多，产品结构也各不相同，但其基本组成部分如图 4-1 ~图 4-3 所示。可以看出，PLC 采用了典型的计算机结构，主要包括 CPU、RAM、ROM 和 I/O 接口电路等。其内部采用总线结构进行数据和指令的传输。如果把 PLC 看做一个系统，该系统由“输入变量→PLC→输出变量”组成。外部的各种开关信号、模拟信号以及传感器检测的各种信号均可作为 PLC 的输入变量；它们经 PLC 外部输入端子输入到内部寄存器中，经 PLC 内部逻辑运算或其他各种运算处理后送到输出端子，它们是 PLC 的输出变量；由这些输出变量对外围设备进行各种控制。因此也可以把 PLC 看做一个中间处理器或变换器，它将工业现场的各种输入变量转换为能控制工业现场设备的各种输出变量。

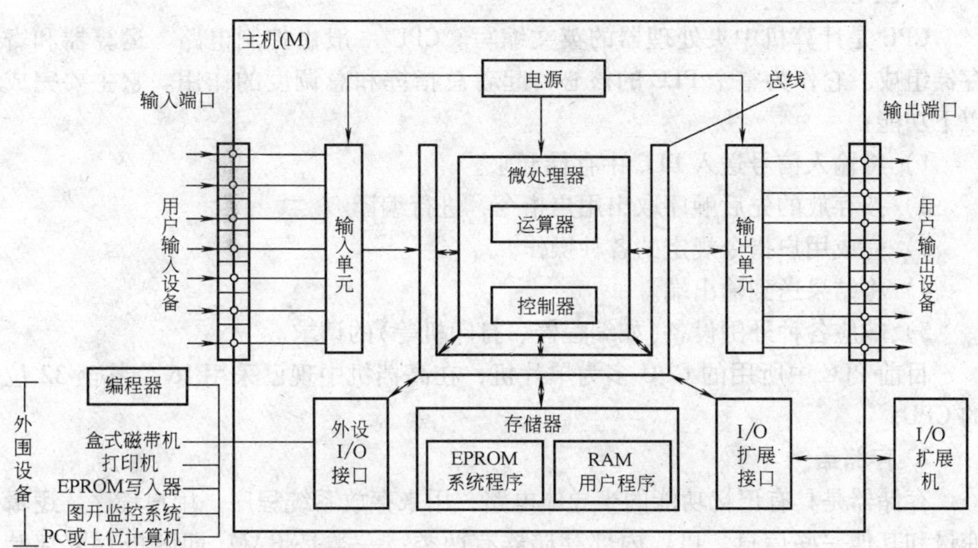

图 4-1 PLC 的典型组成示意图

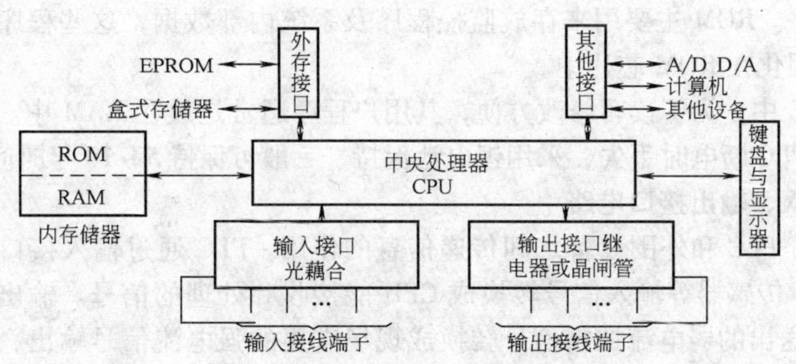

图 4-2 PLC 的逻辑结构示意图

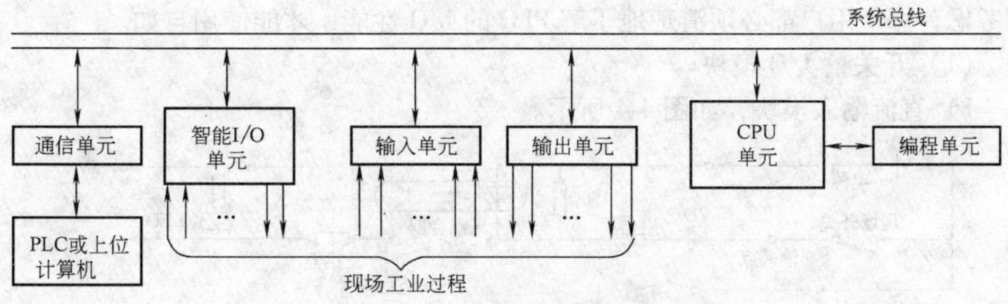

图 4-3 组合式 PLC 的逻辑功能示意图

下面结合图 4-1 ~ 图 4-3，具体介绍各部分的作用。

1. CPU

CPU 是计算机中央处理器的英文缩写。CPU 一般由控制电路、运算器和寄存器组成。它作为整个 PLC 的核心，起着总指挥和总调度的作用。它主要完成以下功能：

1）将输入信号送入 PLC 中存储起来。

2）按存放的先后顺序取出用户指令，进行编译。

3）完成用户指令规定的各种操作。

4）将结果送到输出端。

5）响应各种外围设备(如编程器、打印机等)的请求。

目前 PLC 中所用的 CPU 多为单片机，在高档机中现已采用 16 位甚至 32 位的 CPU。

2. 存储器

存储器是具有记忆功能的半导体电路，用来存放系统程序、用户程序、逻辑变量和其他一些信息。PLC 内部存储器有两类：一类是 RAM(即随机存取存储器)，可以随时由 CPU 对它进行读出、写入；另一类是 ROM(即只读存储器)，CPU 只能从中读取而不能写入。RAM 主要用来存放各种暂存的数据、中间结果及用户程序。ROM 主要用来存放监控程序及系统内部数据，这些程序及数据在出厂时已固化在 ROM 芯片中。

在 PLC 中，为了读写修改方便，其用户程序通常是放在 RAM 中。为防止用户程序在 PLC 断电时丢失，采用锂电池保持，一般可保持 5 ~ 10 年时间。

3. 输入、输出接口电路

它起着 PLC 和外围设备之间传递信息的作用。PLC 通过输入接口电路将开关、按钮、传感器等输入信号转换成 CPU 能接收和处理的信号。输出接口电路是将 CPU 送出的弱电流控制信号转换成现场需要的强电流信号输出，以驱动被控设备。为了保证 PLC 可靠地工作，设计者在 PLC 的接口电路上采取了不少措施。输入、输出接口电路是用户使用 PLC 唯一要进行的硬件连接，从使用的角度考虑，每个用户都必须清楚地了解 PLC 的 I/O 性能，才能使用自如。

(1）开关量 I/O 模块

1）直流输入模块，如图 4-4 所示。

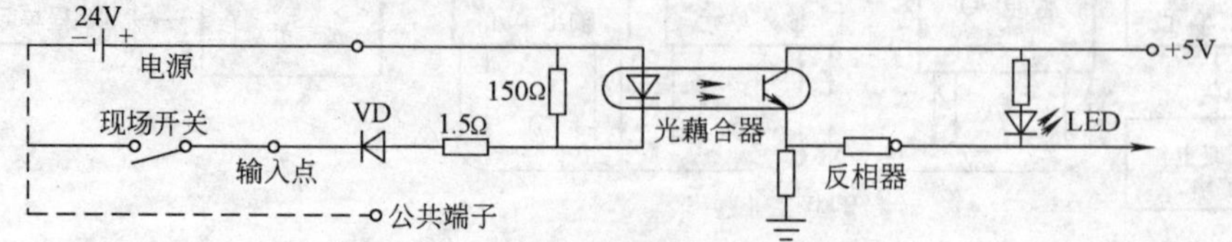

图 4-4　直流输入模块

2）交流/直流输入模块，如图4-5所示。

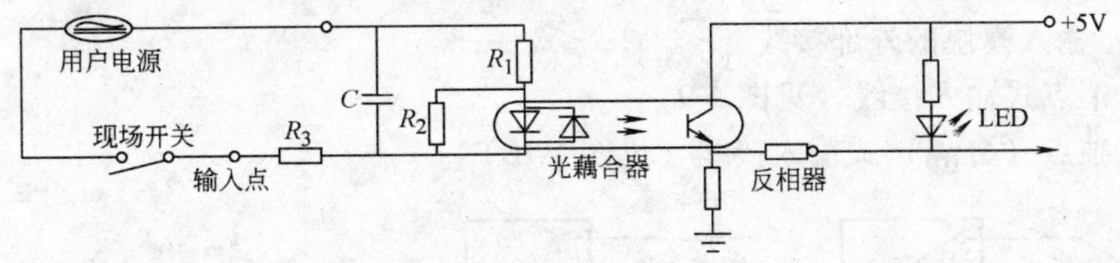

图4-5 交流输入模块

3）直流输出模块，如图4-6所示。

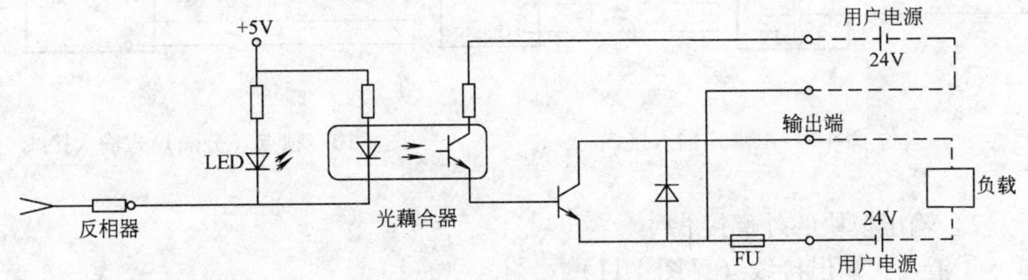

图4-6 直流输出模块

4）交流输出模块，如图4-7所示。

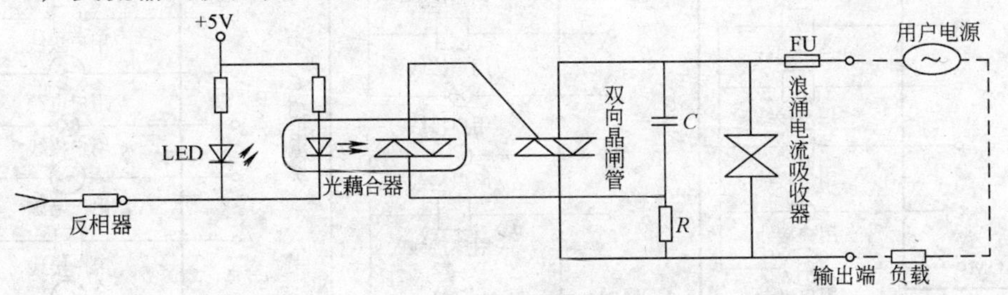

图4-7 交流输出模块

5）交/直流输出模块，如图4-8所示。

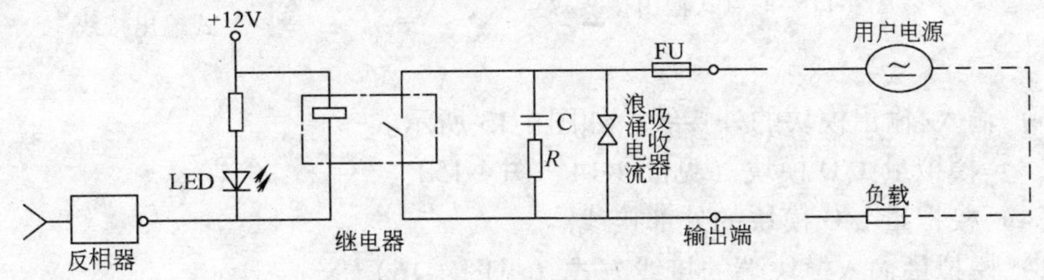

图4-8 交/直流输出模块

(2) 开关量 I/O 模块的外部接线

1) 输入模块的外部接线

①汇点式输入接线（见图 4-9）

②独点（分隔）式输入接线（见图 4-10）

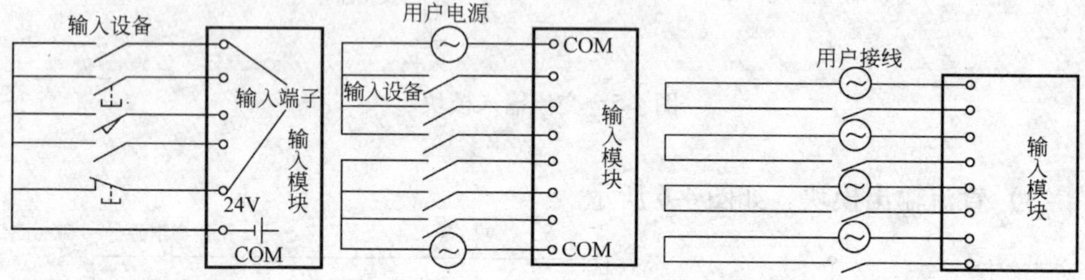

图 4-9　汇点式输入接线　　图 4-10　独点（分隔）式输入接线

2) 输出模块的外部接线

①汇点式输出接线（见图 4-11）

②独点（分隔）式输出接线（见图 4-12）

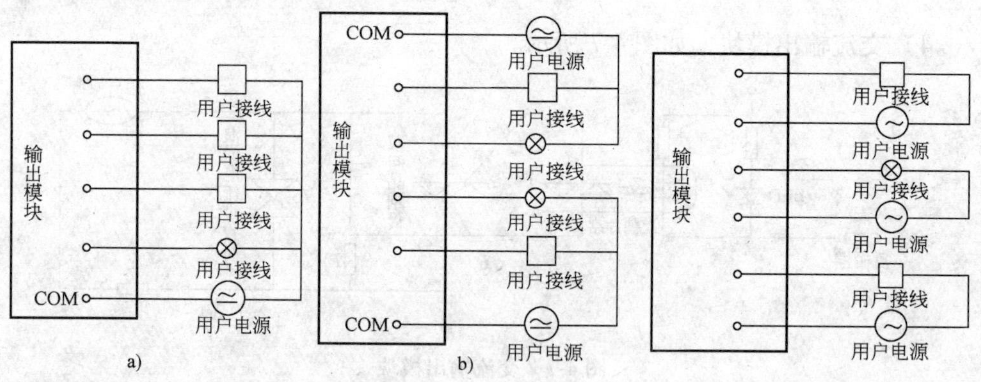

图 4-11　汇点式输出接线　　图 4-12　独点（分隔）式输出接线

3) 输入/输出模块的外接线，如图 4-13 所示。

(3) 模拟量 I/O 模块（见图 4-14、图 4-15）

(4) 模拟量 I/O 模块的外部接线

1) 模拟量输入模块端的接线方式（见图 4-16）

2) 模拟量输出模块端的接线方式（见图 4-17）

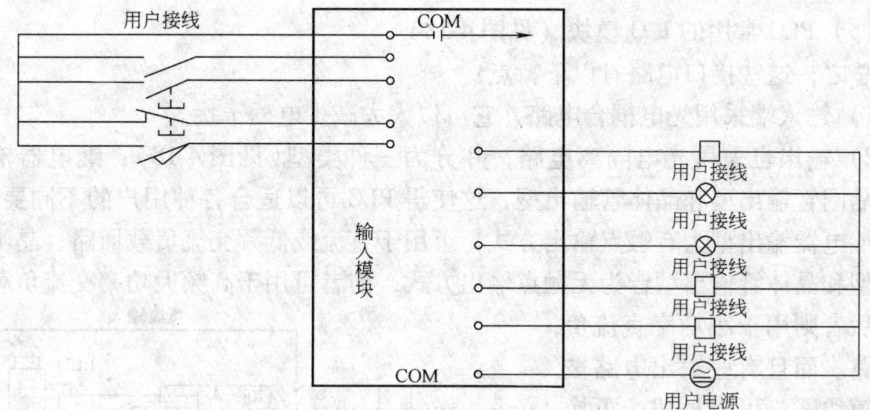

图 4-13　输入/输出接线

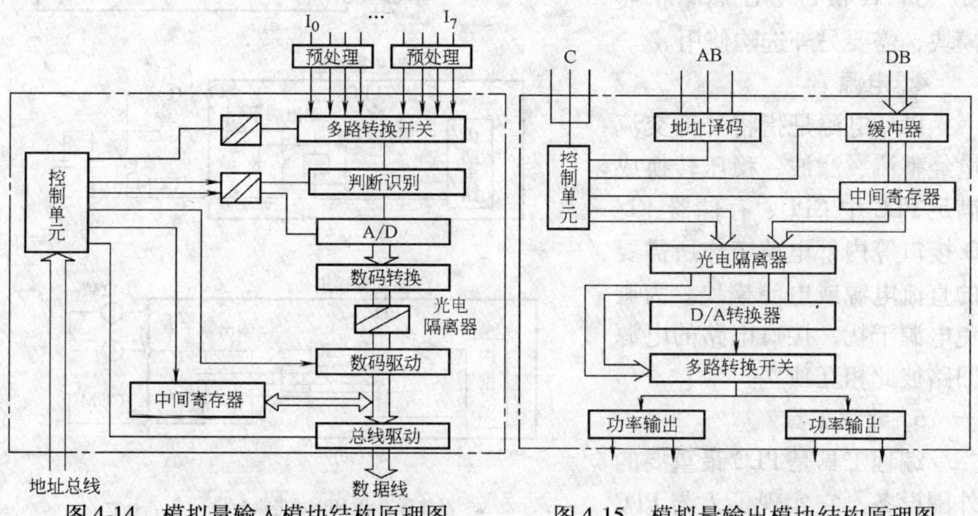

图 4-14　模拟量输入模块结构原理图　　图 4-15　模拟量输出模块结构原理图

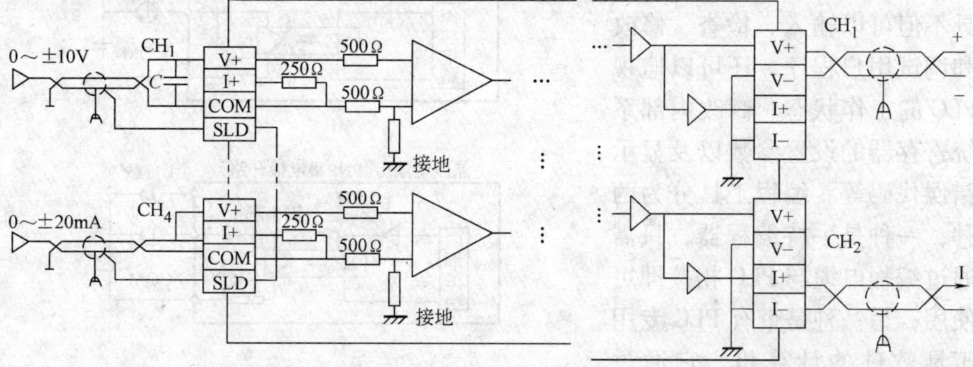

图 4-16　模拟量输入模块结构原理图　　图 4-17　模拟量输出模块结构原理图

（5）PLC 常用的 I/O 模块（见图 4-18）

总之，这些接口电路有以下特点：

1）输入端采用光电耦合电路，它可以大大减少电磁干扰。

2）输出也采用光电隔离电路，并分为三种类型(见图 4-18)：继电器输出型、晶闸管输出型和晶体管输出型，这使得 PLC 可以适合各种用户的不同要求。其中继电器输出型为有触点输出方式，可用于直流或低频交流负载回路；晶闸管输出型和晶体管输出型皆为无触点输出方式，前者可用于高频大功率交流负载回路，后者则用于小功率直流负载回路。而且有些输出电路被做成模块式，可以插拔，更换起来十分方便。

3）模拟量 I/O 属于扩展模块，需要另外选购使用。

4. 电源

PLC 电源是指将外部交流电经整流、滤波、稳压转换成满足 PLC 中 CPU、存储器、I/O 接口等内部电路工作所需要的直流电源或电源模块。为避免电源干扰，接口电路的电源回路彼此相互独立。

5. 编程工具

编程工具是 PLC 最重要的外围设备，它实现了人与 PLC 的联系对话。用户利用编程工具不但可以输入、检查、修改和调试用户程序，还可以监视 PLC 的工作状态、修改内部系统寄存器的设置参数以及显示错误代码等。编程工具分为两种，一种是手持编程器，只需通过编程电缆与 PLC 相接即可使用；另一种是带有 PLC 专用工具软件的计算机，它通过 RS232 通信口与 PLC 连接；若

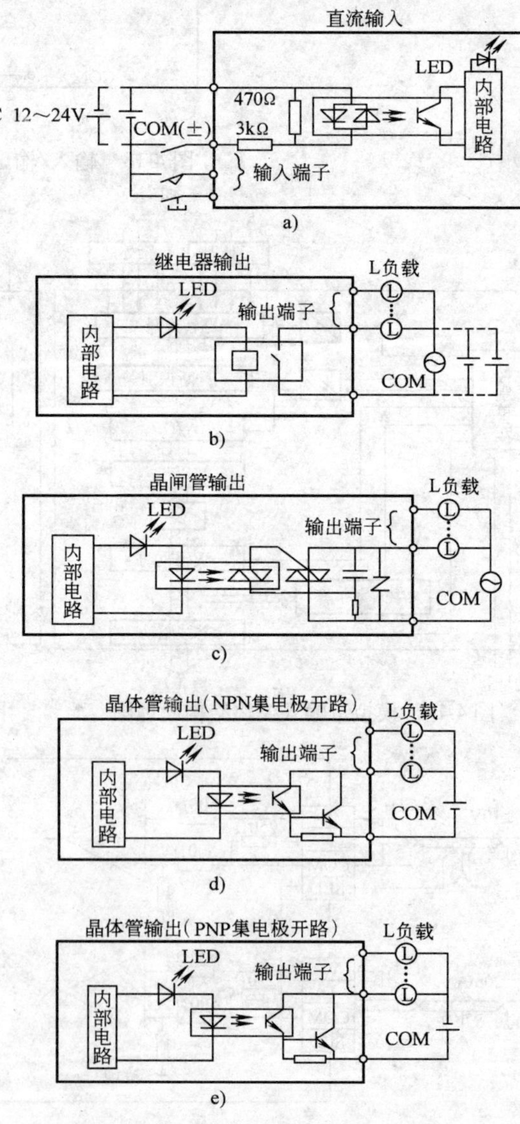

图 4-18　PLC 中常用的 I/O 电路

PLC 用的是 RS422 通信口，则需另加适配器。目前多使用后者。

6. I/O 扩展接口

若主机单元(带有 CPU)的 I/O 点数不够用，可进行 I/O 扩展，即通过 I/O 扩展接口电缆与 I/O 扩展单元(不带有 CPU)相接，以扩充 I/O 点数。A/D、D/A 单元一般也通过接口与主机单元相接。

除了上面介绍的几个最常用的主要部分外，PLC 上还常常配有连接各种外围设备的接口，并均留有插座，可通过电缆方便地配接诸如串行通信模块、EPROM 写入器、打印机、录音机等外围设备。

4.2.2 PLC 的工作原理

1. PLC 控制系统的等效电路

图 4-19 是一个典型的机床继电器控制电路，KT 是时间继电器；KM_1、KM_2 是两个接触器，分别控制电动机 M_1、M_2 的运转；SB_1 为停止按钮，SB_2 为起动按钮。控制过程如下；按下起动按钮 SB_2，电动机 M_1 开始运转，10s 后，电动机 M_2 开始运转；按下停止按钮 SB_1，电动机 M_1、M_2 同时停止运转。

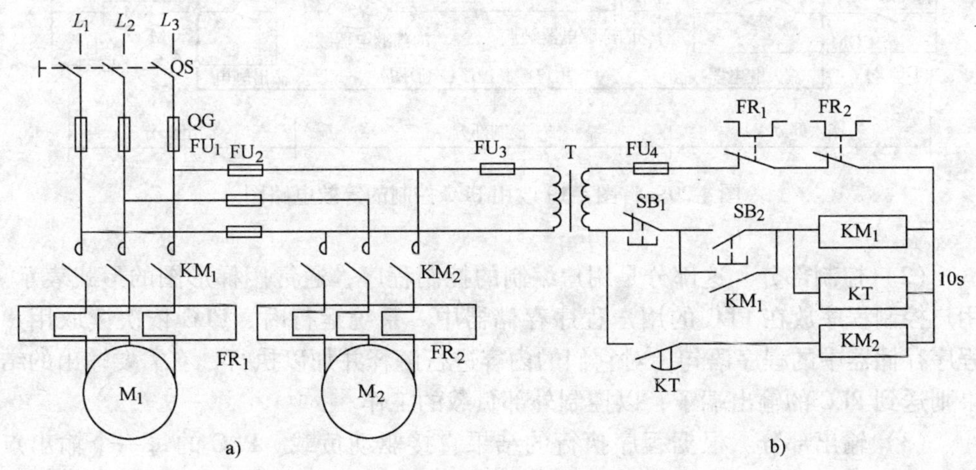

图 4-19 一个典型的继电器控制电路

在控制线路中，当按下 SB_2 时，KM_1、KT 的线圈同时通电，KM_1 的一个常开触点闭合并自锁，M_1 开始运转；KT 线圈通电后开始计时，10s 后 KT 的延时常开触点闭合，KM_2 线圈通电，M_2 开始运转。当按下 SB_1 时，KM_1、KT 线圈同时断电，KM_2 线圈也断电，M_1、M_2 随之停转。

现改用日本三菱公司生产的 FX 系列微型 PLC 来实现上述的控制功能，图 4-

20 为改用 PLC 控制的等效电路图。在 PLC 的面板上有一排输入端子和一排输出端子，输入端子和输出端子各有自己的公共接线端子 COM，输入端子的编号为 X0、X1、…，输出端子的编号为 Y0、Y1、…。停止按钮 SB_1、起动按钮 SB_2、热继电器 FR_1 与 FR_2 的一端按到输入端子上，另一端接到输入公共端子 COM 上；接触器 KM_1、KM_2 的线圈接到输出端子上，输出公共端子 COM 上接 AC220V 负载驱动电源。PLC 控制的等效电路由三部分组成：

（1）输入部分　接收操作指令（由启动按钮、停止按钮、开关等提供），或接收被控对象的各种状态信息（由行程开关、接近开关、各种传感器信号等提供）。PLC 的每一个输入点对应一个内部输入继电器，当输入点与输入 COM 端接通时，输入继电器线圈通电，它的常开触点闭合、常闭触点断开；当输入点与输入 COM 端断开时，输入继电器线圈断电，它的常开触点断开、常闭触点接通。

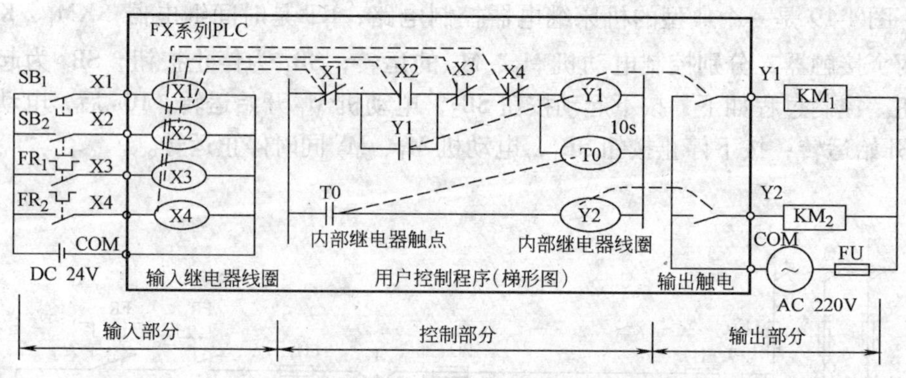

图 4-20　将图 4-19 改用 PLC 控制的等效电路图

（2）控制部分　这部分是用户编制的控制程序，通常用梯形图的形式表示。用户控制程序放在 PLC 的用户程序存储器中。系统运行时，PLC 依次读取用户程序存储器中的程序语句，对它们的内容进行解释并加以执行，有需要输出的结果则送到 PLC 的输出端子，以控制外部负载的工作。

（3）输出部分　根据程序执行的结果直接驱动负载。PLC 的每一个输出点对应一个内部输出继电器，每个输出继电器仅有一个硬触点与输出点相对应。当程序执行的结果使输出继电器线圈通电时，对应的硬输出触点闭合，控制外部负载动作。

其 PLC 控制过程为：当按下 SB_2 时．输入继电器 X2 的线圈通电，X2 的常开触点闭合，使输出继电器 Y1 的线圈得电，Y1 对应的硬输出触点闭合，KM_1 得电，M_1 开始运转；同时 Y1 的一个常开触点闭合并自锁；定时器 T0 的线圈通电开始计时，延时 10s 后 KT 的常开触点闭合，输出继电器 Y2 的线圈得电，Y2 对应的硬输出触点闭合，KM_2 得电，M_2 开始运转。当按下 SB_1 时，输入继电器 X1

的线圈通电，X1的常闭触点断开，Y1、T0的线圈均断电，Y2的线圈也断电，Y1、Y2对应的两个硬输出触点随之断开，KM_1、KM_2断电，M_1、M_2停转。

2. PLC的工作原理

PLC采用循环扫描工作方式，其工作过程如图4-21所示。PLC通电后，有两种基本的工作状态，即运行(RUN)状态与停止(STOP)状态。在运行状态，PLC的工作过程分为内部处理、通信服务、输入处理、程序执行和输出处理5个阶段。在停止状态，PLC只进行内部处理和通信服务。

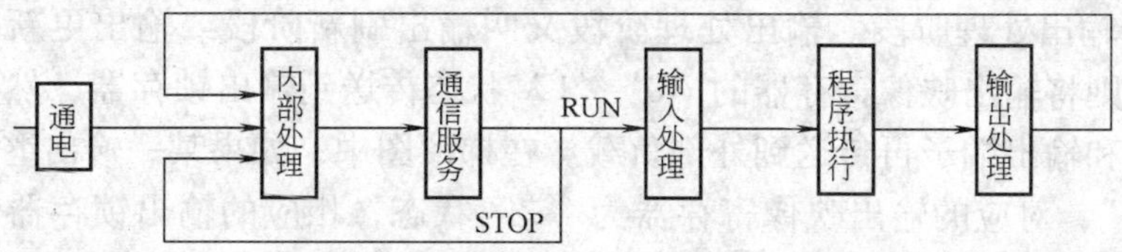

图4-21 PLC采用循环扫描工作

(1) 内部处理阶段 在内部处理阶段，PLC复位监控定时器，运行自诊断程序(进行硬件检查、用户内存检查等)。检查正常后，方可进行下面的操作。如果有异常情况. 则根据错误的严重程度报警或停止PLC运行。

(2) 通信服务阶段 通信服务阶段又叫通信处理阶段、通信操作阶段或外设通信阶段。在此阶段，PLC与带微处理器的外部智能装置进行通信，响应编程工具键入的命令，更新编程工具的显示内容。

当PLC处于停止状态时，只执行以上两个阶段的操作；当PLC处于运行状态时，还要完成以下三个阶段的操作。

(3) 输入处理阶段 输入处理阶段又叫输入采样阶段、输入刷新阶段或输入更新阶段。在此阶段，PLC中的CPU把所有外部输入电路的接通/断开(ON/OFF)状态通过输入接口电路读入输入映像寄存器（此时输入映像寄存器的状态被刷新)，接着进入程序执行阶段。在输入处理阶段，如果外接的输入触点电路接通，对应的输入映像寄存器为“1”状态，梯形图中对应的输入继电器的常开触点接通，常闭触点断开；如果外接的输入触点电路断开，对应的输入映像寄存器为“0”状态，梯形图中对应的输入继电器的常开触点断开，常闭触点接通。在输入处理阶段完成后，输入映像寄存器与外界隔离，即使外部输入信号的状态发生了变化，输入映像寄存器的状态也不会随之而变。输入信号变化了的状态只有等到下一个扫描周期的输入处理阶段到来时才能通过COU送入输入映像寄存器中，这种输入工作方式称为集中输入工作方式。

(4) 程序执行阶段件 PLC的用户程序由若干条指令组成，指令在存储器中按步序号顺序排列。在没有跳转指令时，则从第一条指令开始，逐条顺序地执行用户程序，直到用户程序结束之处；然后，进入输出处理阶段。在程序执行阶段，CPU 对程序按从左到右、先上后下的顺序对每条指令进行解释、执行，则从输入映像寄存器、输出映像寄存器和元件映像寄存器中将有关编程元件的“0”/“1”（“OFF”/“ON”）状态读出来，并根据用户程序给出的逻辑关系进行相应的逻辑运算，运算的结果再写入到对应的输出映像寄存器和元件映像寄存器中。因此，各编程元件的映像寄存器（输入映像寄存器除外）的内容随着程序的执行而变化。

（5）输出处理阶段　输出处理阶段又叫输出刷新阶段或输出更新阶段。在此阶段，则将输出映像寄存器的“0”/“1”状态传送到输出锁存器，然后经输出接口电路和输出端子再传送到外部负载。在梯形图中，如果某一输出继电器的线圈“通电”，对应的输出映像寄存器为“1”状态，相应的输出锁存器也为“1”状态。信号经输出接口电路的隔离和功率放大后（继电器型输出接口电路中对应的硬件继电器的线圈通电、其常开触点闭合），驱动外部负载通电工作；反之，外部负载断电，停止工作。在输出处理阶段完成后，输出锁存器的状态不变，即使输出映像寄存器的状态发生了变化，输出锁存器的状态也不会随之改变。输出映像寄存器变化了的状态只有等到下一个扫描周期的输出处理阶段到来时才能通过 CPU 送入输出锁存器中，这种输出工作方式称为集中输出工作方式。

根据 PLC 的上述循环扫描工作过程，可以得出从输入端子到输出端子的信号传递过程，如图 4-22 所示。

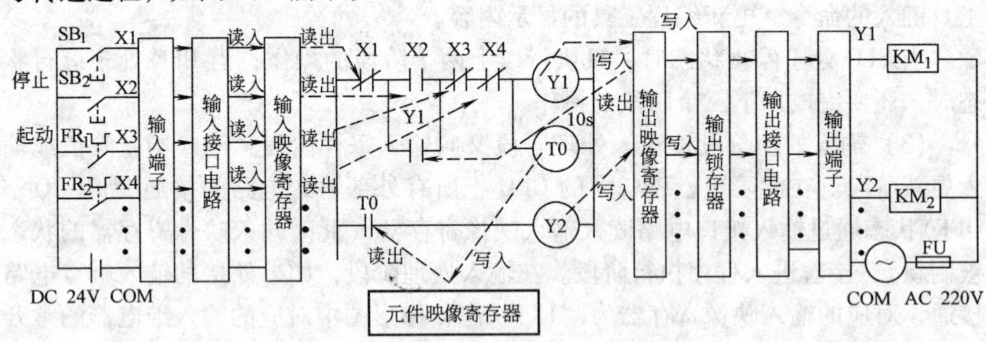

图 4-22　PLC 从输入到输出的信号传递过程示意图

在输入处理阶段，CPU 将 SB_1、SB_2、FR_1、FR_2 触点的状态读入相应的输入映像寄存器，外部触点接通时存入输入映像寄存器的是二进制数“1”，反之存入“0”。

在程序执行阶段，当执行第一条指令时，从输入映像寄存器 X1、X2、X3、X4 和输出映像寄存器 Y1 中读出二进制数进行逻辑运算（触点串联对应“与”运算，触点并联对应“或”运算），其运算结果写入输出映像寄存器 Y1 和元件映像寄存器T0中。当执行第二条指令时，从元件映像寄存器T0中读出二进制数，然后写入输出映像寄存器Y2中。

在输出处理阶段，CPU将各输出映像寄存器中的二进制数写入输出锁存器并锁存起来，再经输出电路传递到输出端子，从而控制外部负载动作。如果输出映像寄存器Yl和Y2中存放的是二进制数“1”，外接的KM_1和KM_2线圈将通电，反之将断电。

PLC的循环扫描工作方式为PLC提供了一条死循环自诊断功能。PLC内部设置了一个监控定时器WDT，其定时时间可由用户设置为大于用户程序的扫描周期，PLC在每个扫描周期的内部处理阶段将监控定时器复位。正常情况下，监控定时器不会动作，如果由于COU内部故障使程序执行进入死循环，那么，扫描周期将超过监控定时器的定时时间，这时监视定时器动作，运行停止，以示用户。

综上所述，PLC虽具有微机的许多特点，但它的工作方式却与微机有很大不同。微机一般采用等待命令的工作方式，而PLC则采用循环扫描的工作方式。在PLC中用户程序按先后顺序存放，如图4-23所示。

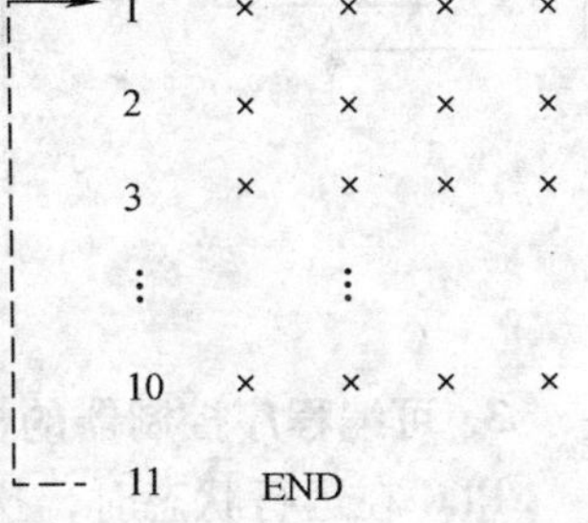

图4-23 PLC循环扫描方式图

对每个程序，CPU从第一条指令开始执行，直至遇到结束符END后又返回第一条，如此周而复始不断循环，每一个循环称为一个扫描周期。扫描周期的长短主要取决于以下几个因素：一是CPU执行指令的速度；二是执行每条指令占用的时间；三是程序中指令条数的多少。一个扫描周期大致可分为I/O刷新和执行指令两个阶段，即：

I/O刷新	执行指令	I/O刷新	执行指令	…	…
←第一个扫描周期→		←第二个扫描周期→			

所谓I/O刷新，是指PLC先将上一次扫描的执行结果送到输出端，再读取当前输入的状态，也就是将存放输入、输出状态的寄存器内容进行一次更新，故称为“I(输入)/O(输出)刷新”。由于每一个扫描周期只进行一次I/O刷新，即每一个扫描周期PLC只对输入、输出状态寄存器更新一次，故使系统存在输入、输出滞后现象，这在一定程度上降低了系统的响应速度。由此可见，若输入变量在I/O刷新期间状态发生变化，则本次扫描期间输出会相应地发生变化。反之，若在本次刷新之后输入变量才发生变化，则本次扫描输出不变，而要到下一次扫描的I/O刷新期间输出才会发生变化。由于PLC采用循环扫描的工作方式，所以它的输出对输入的响应速度要受扫描周期的影响。PLC的这一特点，一方面使它

的响应速度变慢，但另一方面也使它的抗干扰能力增强，对一些短时的瞬间干扰，可能会因响应滞后而躲避开。这对一些慢速控制系统是有利的，但对一些快速响应系统则不利，在使用中应特别注意这一点。

总之，采用循环扫描的工作方式，是 PLC 区别于微机和其他控制设备的最大特点，使用者对此应给予足够的重视。其具体工作过程如图 4-24 所示。

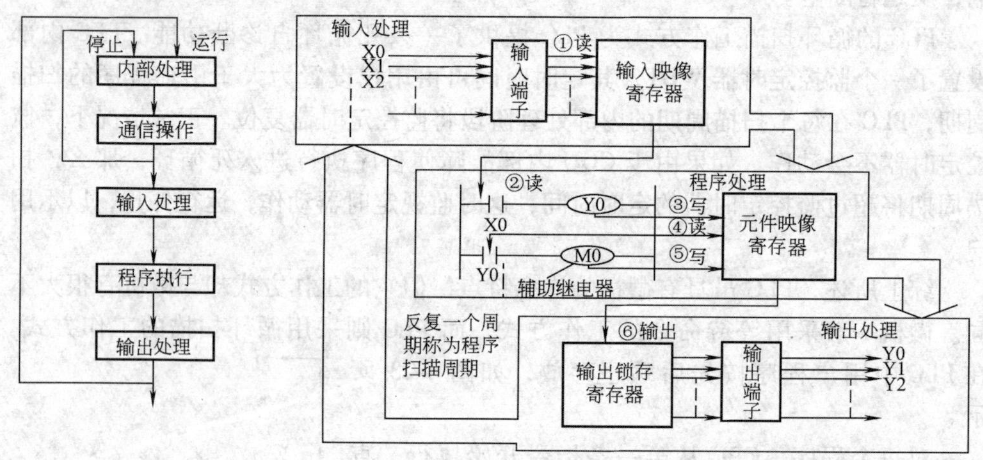

图 4-24 PLC 工作过程图

3. 可编程序控制器的扫描周期

PLC 在运行状态时，执行一次图 4-21 所示的扫描操作所用的时间称为扫描周期(工作周期)，其典型值为几十毫秒。扫描周期 T 的计算公式为

$$T = T_1 + T_2 + T_3 + T_4 + T_5$$

式中，$T = T_1$ 为内部处理时间；T_2 为通信服务时间；T_3 为输入处理时间；T_4 为程序执行时间；T_5 为输出处理时间。

如日本三菱公司 FX2-40MR 型 PLC，配置开关量输入 24 点，开关量输出 16 点，用户程序为 1000 步，不包含功能指令，PLC 运行时不连接编程器等外设。FX2-40MR 型 PLC 的 I/O 扫描速度为 0.03ms/8 点，用户程序的扫描速度为 0.74 μs/步，内部处理所需要的时间为 0.96ms。则：

内部处理所需要的时间为 $T_1 = 0.96\text{ms}$；

通信服务所需要的时间 $T_2 = 0\text{ms}$；

输入处理所需要的时间 $T_3 = 0.03\text{ms/8 点} \times 24 \text{ 点} = 0.09\text{ms}$

程序执行所需要的时间 $T_4 = 0.74\mu\text{s/步} \times 1000 \text{ 步} = 0.74\text{ms}$

输出处理所需要的时间 $T_5 = 0.03\text{ms/8 点} \times 24 \text{ 点} = 0.06\text{ms}$

一个扫描周期 T 为

$$T = T_1 + T_2 + T_3 + T_4 + T_5 = 0.96\text{ms} + 0\text{ms} + 0.09\text{ms} + 0.74\text{ms} + 0.06\text{ms}$$
$$= 1.85\text{ms}$$

该例中假设用户程序中没有功能指令，而在实际的控制程序设计中，稍微复杂一点的程序都包含有功能指令。对于功能指令，逻辑条件满足与否，执行时间不同甚至差异较大，计算出的扫描周期也不一样。

4.3 PLC的技术性能

由于各厂家的PLC产品技术性能不尽相同，且各有特色，故不可能一一介绍，只能介绍一些最基本的技术性能。

4.3.1 基本技术性能

（1）输入/输出点数(即I/O点数) 这是PLC最重要的一项技术指标。所谓I/O点数，即是PLC外部的输入、输出端子数。这些端子可通过螺钉或电缆端口与外部设备相连，它直接决定了PLC能控制的输入与输出量的多少，即控制系统规模的大小。

（2）程序容量 一般以PLC所能存放用户程序的多少来衡量。在PLC中程序是按“步”存放的(一条指令少则1步、多则十几步)，一“步”占用一个地址单元，一个地址单元占两个字节。如日本三菱公司F_1系列PLC的程序容量为1000步，可推知其程序容量为2k字节；FX_{2N}系列PLC的程序容量则为8000步，16k字节。

（3）扫描速度 PLC工作时是按照扫描周期进行循环扫描的，所以扫描周期的长短决定了PLC运行速度的快慢。因扫描周期的长短取决于多种因素，故一般用执行1000步指令所需时间作为衡量PLC速度快慢的一项招标，称为扫描速度，单位为“ms/k”。扫描速度有时也用执行一步指令所需的时间来表示，单位为“μs/步”。PLC的I/O响应时序图如图4-25所示，从中可以了解PLC扫描周期和扫描速度的内涵。

（4）指令条数 这是衡量PLC软件功能强弱的主要指标。PLC具有的指令种类越多，说明其软件功能越强。PLC指令一般分为基本指令和高级指令(或称功能指令)两部分。

（5）内部继电器和寄存器 PLC内部有许多继电器和寄存器，用以存放变量状态、中间结果、数据等，还有许多具有特殊功能的辅助继电器和寄存器，如定时器、计数器、系统寄存器、索引寄存器等。用户通过使用它们，可简化整个系统的设计。因此内部继电器、寄存器的配置情况是衡量PLC硬件功能的一个指标。

(6) 编程语言及编程手段　编程语言一般分为梯形图、助记符语句表、状态转移图、控制流程图等几类，不同厂家的 PLC 编程语言类型有所不同，语句也各异。编程手段主要是指用何种编程装置，编程装置一般分为手持编程器和带有相应编程软件的计算机两种。

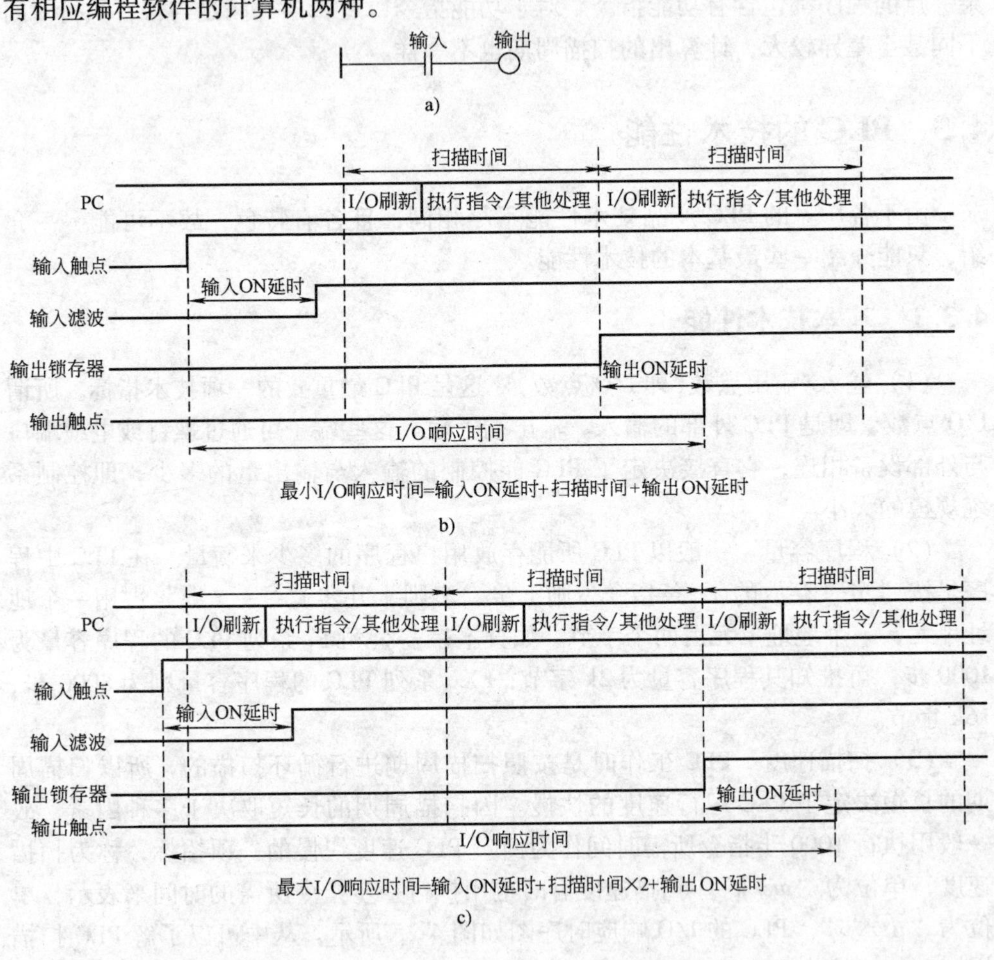

图 4-25　PLC 的 I/O 响应时序图

a) 梯形图　b) 最小 I/O 响应时序图　c) 最大 I/O 响应时序图

(7) 高级(功能)模块　PLC 除了主控模块外，还可以配接各种高级模块。主控模块实现基本控制功能，高级模块则可实现某种特殊功能。高级模块的种类及其功能的强弱常用来衡量该 PLC 产品的技术水平高低。目前各厂家开发的高级模块种类繁多，主要有以下一些：A/D、D/A、高速计数、高速脉冲输出、PID 控制、模糊控制、运动控制、位置控制、网络通信以及各种物理量转换模块等。这些高级模块使 PLC 不但能进行开关量顺序控制，而且能进行模拟量控制，以及精确的速度和定位控制。特别是网络通信模块的迅速发展，使得 PLC 可以充分利用计算机和互联网的资源，实现远程监控。近年来出现的网络机床、虚拟制造等就是建立在网络通信技术的基础上的。

4.3.2 PLC 的内存分配及 I/O 点数

在使用 PLC 之前，深入了解 PLC 内部寄存器的配置和功能，以及 I/O 分配情况对使用者来说是至关重要的。下面是一般 PLC 产品的内部寄存器区划分情况：

I/O 继电器区	内部通用继电器区	数据寄存器区
特殊继电器区	特殊寄存器区	系统寄存器区

每个区分配一定数量的内存单元，并按不同的区命名编号。下面分别介绍各个区。

（1）I/O 继电器区　I/O 区的寄存器可直接与 PLC 外部的输入、输出端子传递信息。这些 I/O 寄存器在 PLC 中具有“继电器”的功能，即它们有自己的“线圈”和“触点”。故 PLC 中又常称这一寄存器区为“I/O 继电器区”。每个 I/O 寄存器由一个字(16 个 bit)组成，每个 bit 位对应 PLC 的一个外部端子，称作一个 I/O 点。I/O 寄存器的个数乘以 16 等于 PLC 总的 I/O 点数。如某 PLC 有 10 个 I/O 寄存器，则该 PLC 共有 160 个 I/O 点。在程序中，每个 I/O 点又都可以看成是一个“软继电器”，有常开触点，也有常闭触点。同一个命名的触点可以反复使用，其使用次数不限。这里的“软继电器”实际上就是 PLC 内部的逻辑电路或只是一些存储的逻辑量。在 PLC 中常常用这样的逻辑量代替实际的物理器件，用这种“软继电器”代替“硬继电器”可以大大减少外部接线，增加系统设计的灵活性，便于实现柔性制造系统(FMS)。这可以说是“继电器-接触器控制”设计上的一个革命，也是 PLC 之所以能逐渐取代传统“继电器-接触器”控制的一个重要原因。

不同厂家的 PLC 对 I/O 寄存器有不同的编号，有的以 X、Y 分别表示输入、输出端，以下标数字进行编号；还有的用序号为输入、输出分区编号。不同型号的 PLC 配置有不同数量的 I/O 点，一般小型的 PLC 主机有十几至几十个 I/O 点。

若一台 PLC 主机的 I/O 点数不够，可进行 I/O 扩展。一般 I/O 扩展模块中只有 I/O 接口电路、驱动电路，而没有 CPU。它只能通过接口与主机相连使用，不能单独使用。PLC 的最大扩展能力主要受 CPU 寻址能力和主机驱动能力的限制。

（2）内部通用继电器区　这个区的寄存器与 I/O 区结构相同，即能以字为单位(16 个 bit)使用，也能以位为单位(1 个 bit)使用。不同之处在于它们只能在

PLC 内部位用，而不能直接进行输入/输出控制。其作用与中间继电器相似，在程序控制中可存放中间变量。

（3）数据寄存器区　这个区的寄存器只能按字使用，不能按位使用。一般只用来存放各种数据。

（4）特殊继电器、寄存器区　这两个区中的继电器和寄存器的结构并无特殊之处，也是以字或位为一个单元，但它们都被系统内部占用，专门用于某些特殊目的，如存放各种标志、标准时钟脉冲、计数器和定时器的设定值和经过值、自诊断的错误信息等。这些区的继电器和寄存器一般不能由用户任意占用。

（5）系统寄存器区　系统寄存器一般用来存放各种重要信息和参数，如各种故障检测信息、各种特殊功能的控制参数以及 PLC 产品出厂设定值。这些信息和参数保证 PLC 的正常工作。在某些 PLC 产品中，这些寄存器是以十进制数进行编号的，它们各自存放着不同的信息。这些信息有的可以进行修改，有的是不能修改的。当需要修改系统寄存器时，必须使用特殊的命令，这些命令的使用方法见有关的使用手册。而通过用户程序，不能读取和修改系统寄存器的内容。

上面介绍了 PLC 的内部寄存器及 I/O 点的概念，这对使用者是十分重要的。但对于具体的寄存器及 I/O 编号和分配使用情况，则必须结合具体机型进行针对性的学习和掌握，才有实际意义。

4.4　PLC 的分类

目前各个厂家生产的 PLC，其品种、规格及功能都各不相同。其分类也没有统一标准，这里仅介绍常见的三种分类方法供参考，见表 4-3 ~ 表 4-5。

表 4-3　按结构分类表

分　类	结构形式	主要特点
一体式	将 PLC 的各部分电路包括 I/O 接口电路、CPU、存储器、稳压电源均封装在一个机壳内，称为主机。主机可用电缆与 I/O 扩展单元、智能单元、通信单元相连接	结构紧凑、体积小、价格低。一般小型 PLC 机采用这种结构。常用于单机控制的场合
模块式	将 PLC 的各基本组成部分做成独立的模块，如 CPU 模块（包括存储器）、电源模块、输入模块、输出模块。其他各种智能单元和特殊功能单元也制成各自独立的模块。然后通过插槽板以搭积木的方式将它们组装在一起，构成完整的系统	对被控对象应变能力强，便于灵活组合。可随意插拔，易于维修。一般中、大型机都采用这种结构

表4-4　按I/O点数和程序容量分类表

分　类	I/O点数	程序容量
超小型机	64点以内	256～1000字节
小型机	64～256	1～3.6k字节
中型机	256～2048	3.6～13k字节
大型机	2048以上	13k字节以上

表4-5　按功能分类表

分　类	主要功能	应用场合
低档机	具有逻辑运算、定时、计数、移位及自诊断、监控等基本功能。有的还有少量的模拟量I/O、数据传送、运算及通信等功能	主要适用于开关量控制、顺序控制、定/计数控制及少量模拟量控制的场合
中档机	除了进一步增加以上功能外，还具有数制转换、子程序调用、通信联网功能，有的还有中断控制、PID回路控制等功能	适用于既有开关量又有模拟量的较为复杂的控制系统，如过程控制、位置控制等
高档机	除了进一步增加以上功能外，还具有较强的数据处理功能、模拟量调节，特殊功能的函数运算、监控、智能控制及通信联网的功能	适用于更大规模的过程控制系统，并可构成分布式控制系统，形成整个工厂的自动化网络

注：以上分类并不十分严格，特别是目前市场上许多小型机已具有中、大型机功能，故表中所列仅供参考。

4.5　PLC的编程语言

PLC的编程语言目前常用的主要有以下几种。

4.5.1　梯形图

PLC的梯形图是在继电器控制系统电路图的基础上演变而来的。它与继电器控制线路原理图相对应，具有直观、简单、易懂和易于检查等特点，很容易被广大工程技术人员掌握。梯形图编程语言特别适用于开关量逻辑控制，是PLC最主要的编程语言。图4-26是继电器控制线路原理图，图4-27是与其等效的PLC梯形图。

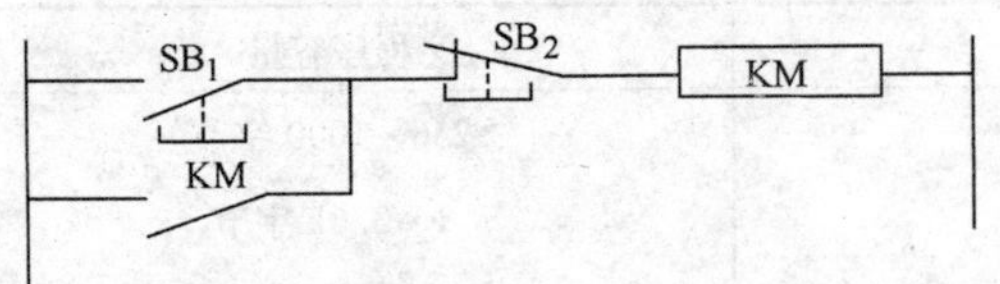

图 4-26　继电器控制线路原理图

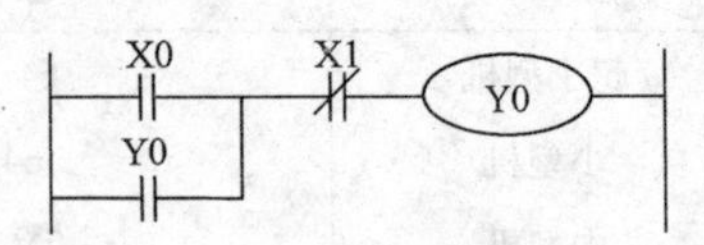

图 4-27　与图 4-25 等效的 PLC 梯形图

4.5.2　指令表

用梯形图等图形编程虽然直观、简便，但要求 PLC 配置 LRT 显示器方可能输入图形符号。在许多小型、微型 PLC 的编程器中没有 LRT 屏幕显示，或没有较大的液晶屏幕显示，就只能用一系列 PLC 操作命令组成的指令程序将梯形图控制逻辑描述出来，并通过编程器输入到 PLC 中去。

PLC 的指令表(语句表、指令字程序、助记符语言)是由若干条 PLC 指令组成的程序。PLC 的指令类似于计算机汇编语言的形式，它是用指令的助记符来编程的。但是 PLC 的指令系统远比计算机汇编语言的指令系统简单得多。PLC 一般有 20 多条基本逻辑指令，可以编制出能替代继电器控制系统的梯形图。因此，指令表也是一种应用很广的编程语言。

PLC 中最基本的运算是逻辑运算，最常用的指令是逻辑运算指令，如“与”、“或”、“非”等。这些指令再加上“输入”、“输出”和“结束”等指令，就构成了 PLC 的基本指令。不同厂家的 PLC，指令的助记符不相同。如 FX 系列 PLC 常见指令的助记符为：

LD/LDI 表示逻辑操作开始，分别为常开触点/常闭触点与左母线连接；

AND/ANI 表示逻辑“与”/“与反”，分别为常开触点/常闭触点与左边的触点相串联；

OR/ORI 表示逻辑“或”/“或反”，分别为常开触点/常闭触点与上边的触点相并联；

ANB/ORB 表示逻辑块“与”/“或”；

…

END 表示程序结束。

指令表是梯形图的派生语言，它保持了梯形图的简单、易懂的特点，并且键入方便、编程灵活。但是指令表不如梯形图形象、直观，较难阅读，其中的逻辑关系也很难一眼看出。所以在设计时一般多使用梯形图语言；而在使用指令表编程时，也是先根据控制要求编出梯形图，然后根据梯形图转换成指令表后再写入 PLC 中，这种转换的规则是很简单的。在用户程序存储器中，指令按步序号顺序排列。

4.5.3　顺序功能图

顺序功能图(或称状态转移图 SFC)用来编制顺序控制程序。步、转换和动作是顺序功能图中的三大部件，如图 4-28 所示。步是一种逻辑块，即对应于特定的控制任务的编程逻辑；动作是控制任务的独立部分；转换是从一个任务变换到另一个任务的原因或条件。

4.5.4　功能块图

功能块图是一种类似于数字逻辑电路的编程语言，有数字电路基础的人很容易掌握。该编程语言用类似“与门”、“或门”、“非门”的方框来表示逻辑运算关系，方框的左侧为逻辑运算的输入变量，右侧为输出变量，输入、输出端的小圆圈表示“非”运算，信号是自左向右流动的。对应于图 4-27 的功能块图如图 4-29 所示。

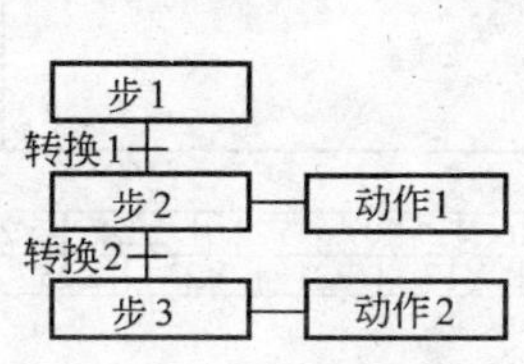

图 4-28　顺序功能图

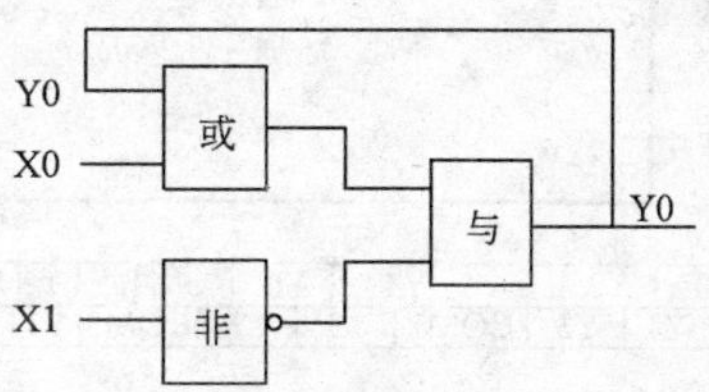

图 4-29　对应于图 4-27 的功能块图

4.5.5　高级编程语言

目前也有一些 PLC 可用 BASIC 和 C 等高级语言进行编程，但使用尚不普遍。

4.6　日本三菱公司 FX_{2N} 系列 PLC 的开发应用指南

PLC 的种类繁多，发展迅猛，日本三菱公司的 F 系列 PLC 在中国引进最早，应用也最广泛。近年来又推出 FX 系列 PLC，其中高性能小型 PLC 就有 FX_2、FX_1、FX_{2C} 系列，微型 PLC 主要有 FX_0、FX_{0S}、FX_{0N} 和 FX_{2N} 系列。FX_{2N} 系列 PLC 是 FX 中运算速度最快、功能最强、配置最灵活、功能模块最多的微型 PLC。本节就以日本三菱公司 FX_{2N} 系列 PLC 为例介绍 PLC 系统及其编程元器件。FX_{2N}-48MR PLC 的外形图如图 4-30 所示；其接线端子排列如图 4-31 所示。

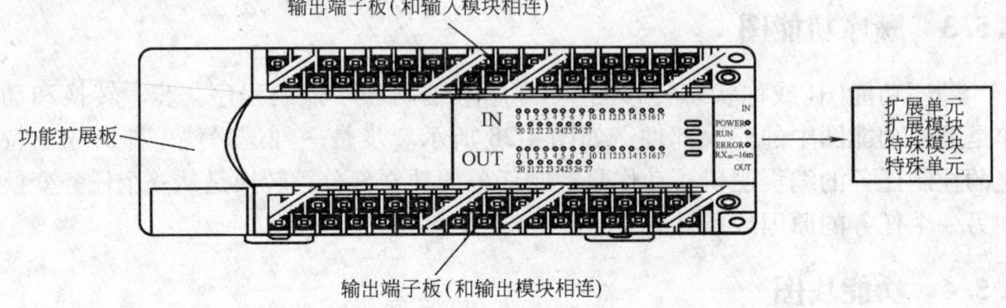

图 4-30　FX_{2N}-48MR PLC 的外形图

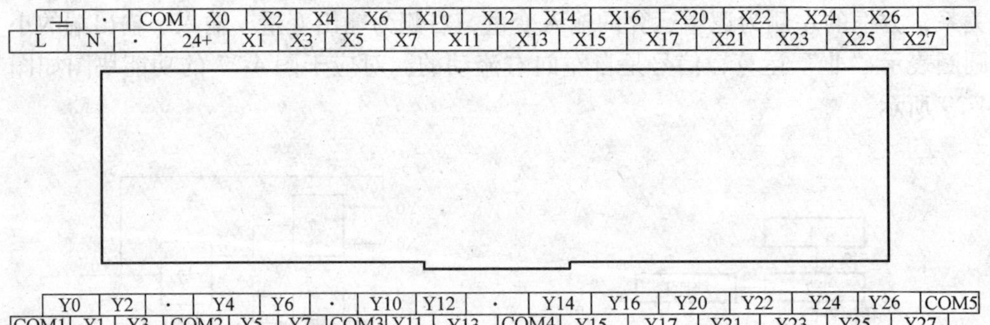

图 4-31　FX_{2N}-48MR PLC 的 I/O 端子排列图

4.6.1　FX_{2N}系列 PLC 型号名称的含义

FX_{2N}系列的 PLC 基本单元和扩展单元的型号由字母和数字组成，其格式为：

①系列名称：0、2、ON、2N 等。如 FX_2、FX_{ON}、FX_{2N}。

②I/O 总点数（14～368）。

③单元类型：M 表示该模块为基本单元，E 表示输入、输出混合扩展单元或扩展模块，EX 表示输入扩展模块，EY 表示输出扩展模块。

④输出形式：R 表示继电器输出，S 表示双向晶闸管输出，T 表示晶体管输出。

⑤特殊品种区别：D 表示直流电源，A 表示交流电源，S 表示独立端子(无公共端)扩展模块，H 表示大电流输出扩展模块，V 表示立式端子排的扩展模块，F 表示输入滤波器 1ms 的扩展模块，L 表示 TTL 输入型扩展模块，A 表示接插口输入输出方式。

FX_{2N}系列PLC的基本单元种类共有16种，见表4-6。

表4-6 FX_{2N}系列PLC基本单元种类

FX_{2N}系列基本单元			输入点数	输出点数	输入输出总点数
AD电源DC输入					
继电器输出	晶闸管输出	晶体管输出			
FX_{2N}-16MR-001		FX_{2N}-16MT-001	8	8	16
FX_{2N}-32MR-001	FX_{2N}-32MS-001	FX_{2N}-32MT-001	16	16	32
FX_{2N}-48MR-001	FX_{2N}-48MS-001	FX_{2N}-48MT-001	24	24	48
FX_{2N}-64MR-001	FX_{2N}-64MS-001	FX_{2N}-64MT-001	32	32	64
FX_{2N}-80MR-001	FX_{2N}-80MS-001	FX_{2N}-80MT-001	40	40	80
FX_{2N}-128MR-001		FX_{2N}-128MT-001	64	64	128

每个基本单元最多可以连接1个功能扩展板，8个特殊单元和特殊模块，连接方式如图4-32所示。由图4-32可知，基本单元或扩展单元可对连接的特殊模块提供DC5V电源，特殊单元因有内置电源，则不用供电。

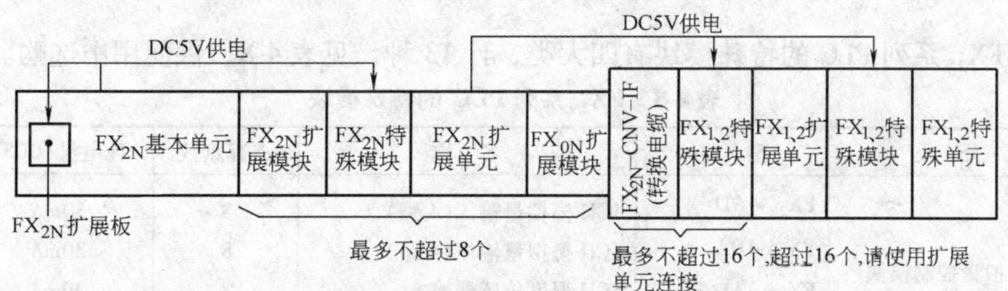

图4-32 PX_{2N}基本单元连接扩展模块、特殊模块、特殊功能单元个数及供电范围

FX_{2N}系列的基本单元可扩展连接的最大输入/输出点为：输入点数184点以内；输出点数184点以内；合计点数368点以内。FX_{2N}系列的扩展单元种类共有4种，见表4-7。

表4-7 FX_{2N}系列PLC扩展单元种类

FX_{2N}系列扩展单元			输入点数	输出点数	输入输出总点数
AD电源DC输入					
继电器输出	晶闸管输出	晶体管输出			
FX_{2N}-32ER	—	FX_{2N}-32ET	16	16	32
FX_{2N}-48ER	—	FX_{2N}-48ET	24	24	48

FX_{2N}系列 PLC 基本单元不仅可以直接连接 FX_{2N}系列的扩展单元和扩展模块，而且还可以直接连接 FX_{0N}系列的多种扩展模块（但不能直接连接 FX_{0N}用的扩展单元），它们必须接在 FX_{2N}系列扩展单元和扩展模块之后，如图 4-32a 所示。在图 4-33a 的连接之后，也可以通过 FX_{0N}-CNV-IF 转换电缆连接如图 4-33b 所示的 FX_1、FX_2 用的扩展单元和其他扩展特殊、特殊单元、特殊模块连接，可多达 16 个外设。基本单元也可以像图 4-33b 所示的连接，但这种连接之后，就不能再像图 4-32a 所示那样直接连接 FX_{2N}和 FX_{0N}设备了。

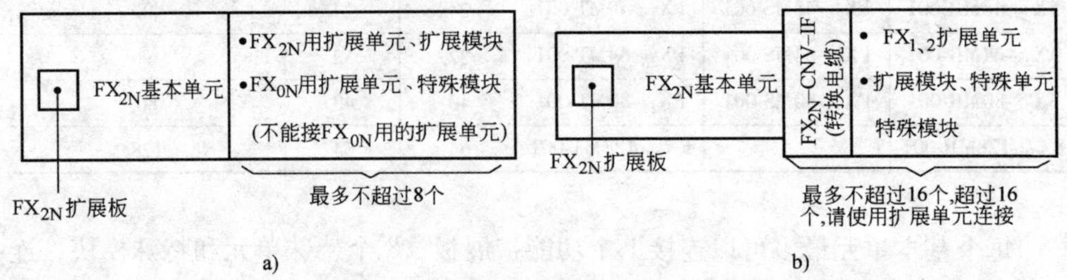

图 4-33　FX_{2N}基本单元连接外部设备的两种方法

a）FX_{2N}基本单元可直接连接的 8 个设备　b）FX_{2N}基本单元通过转换电缆可连接的 16 个设备

FX_{2N}系列 PLC 的特殊模块有四大类，计 13 种，见表 4-8，供使用中选购。

表 4-8　FX_{2N}系列 PLC 的特殊模块

分 类	型 号	名 称	占有点数	耗电量/DC5V
模拟量控制模块	FX_{2N}-4AD	4CH 模拟量输入(4 路)	8	30mA
	FX_{2N}-4DA	4CH 模拟量输出(4 路)	8	30mA
	FX_{2N}-4AD-PT	4CH 温度传感器输入	8	30mA
	FX_{2N}-4AD-TC	4CH 热电偶温度传感器输入	8	30mA
位置控制模块	FX_{2N}-1HC	50kHz2 相高速计数器	8	90mA
	FX_{2N}-1PG	100Kpps 高速脉冲输出	8	55mA
计算机通讯模块	FX_{2N}-232-IF	RS232 通信接口	8	40mA
	FX_{2N}-232-BD	RS232 通信接板	—	20mA
	FX_{2N}-422-BD	RS422 通信接板	—	60mA
	FX_{2N}-485-BD	RS485 通信接板	—	60mA
特殊功能板	FX_{2N}-CNV-BD	与 FX_{0N}用适配器接板	—	—
	FX_{2N}-8AV-BD	容量适配器接板	—	20mA
	FX_{2N}-CNV-IF	与 FX_{0N}用接口板	8	15mA

4.6.2　FX_{2N}系列 PLC 的主要硬、软件性能指标

1. 硬件性能指标

Fx 系列 PLC 的硬件性能指标包括一般技术指标、输入技术指标、输出技术指标、电源技术指标，见表 4-9 ~ 表 4-12。使用中必须符合这些性能指标。

表 4-9　一般技术指标

项目	指标	
环境温度	使用温度 0 ~ 55℃，储存温度 -20 ~ +70℃	
环境湿度	使用时 35% ~ 85% RH（无凝露）	
抗振性能	JIS C0911 标准，10 ~ 55Hz，0.55mm（最大 2G），3 轴方向各 2h（用 DIN 导轨安装时 0.5G）	
抗冲击性	JIS C0912 标准，10G，3 轴方向各 3 次	
抗干扰性	用噪声模拟器生产电压为 $1000V_{P-P}$，脉冲宽度为 1μs，频率为 30 ~ 100Hz 的噪声	
绝缘耐压	AC1500V，1min	所有端子与接地端之间
绝缘电阻	5MΩ 以上（DC500V 兆欧表）	
接地	第三种接地，不能接地时也可以浮空	
使用环境	无腐蚀性气体，无可燃性气体，无导电性尘埃	

表 4-10　输入技术指标

型号	FX_{2N}的 X0 ~ X7	FX_{2N}的 X10 ~
输入信号电压	DC24V	
输入信号电流	7mA/DC24V	5mA/DC24V
输入阻抗	3.3kΩ	4.3kΩ
输入接通电流	4.5mA 以上	3.5mA 以上
输入断开电流	1.5mA 以下	1.5mA 以下
输入响应时间	约 10ms，但 FX_{2N}的 X0 ~ X7 为 0 ~ 60ms 可变	
输入信号形式	无电压触点或 NPN 集电极开路输出晶体管	
电路隔离	光电耦合器隔离	
输入状态显示	输入接通时 LED 亮	

表 4-11　输出技术指标

项目		继电器输出	晶闸管输出	晶体管输出
外部电源		AC250V 或 DC30V 以下（需外部整流二极管）	AC85 ~ 240V	DC5 ~ 30V
最大负载	电阻负载	2A/1 点、8A/4 点、8A/8 点	0.3A/1 点、0.8A/4 点	0.5A/1 点、0.8A/4 点
	感性负载	80VA	15VA/AC100V	12W/DC24V
	灯负载	100W	30W	1.5W/DC24V
开路漏电流		—	1mA/AC100V，2mA/AC200V	0.1ms
响应时间		约 10ms	ON 时：1ms OFF 时：10ms	ON 时：<0.2ms OFF 时：<0.2ms 大电流时：<0.4ms
电路隔离		继电器隔离	光控晶闸管隔离	光电耦合器隔离
输出状态显示		继电器通电时 LED 亮	光控晶闸管驱动时 LED 亮	光电耦合器驱动时 LED 亮

表 4-12　电源技术指标

型号 \ 项目	电流电压	允许瞬时断电时间	电源熔断器	消耗功率	传感器电流
FX_{2N}-16M	AC100 ~ 240V +10% -15% 50/60Hz	瞬间断电时间在 10ms 继续工作	250V 3.15A(3A) 5 × 20mm	35VA	DC24V 250mA 以下
FX_{2N}-16E				30VA	
FX_{2N}-32M				40VA	
FX_{2N}-32E				35VA	
FX_{2N}-48M			250V 5A 5 × 20mm	50VA	C24V 460mA 以下
FX_{2N}-48E				45VA	
FX_{2N}-64M				60VA	
FX_{2N}-80M				70VA	
FX_{2N}-128M				100VA	

2. 软件性能指标

Fx 系列 PLC 的软件性能指标包括运行方式、运算速度、程序容量、编程语言、指令的类型和数量以及编程器件的种类和数量等。表 4-13 给出了 FX_{2N} 系列 PLC 的软件性能指标，供使用时参照。

表 4-13　FX_{2N} 系列 PLC 的主要编程软器件性能

项　目		规　格		
运算控制方式		通过储存的程序反复周期运算(专用 LSI)		
I/O 控制方式		批处理方式(在执行 END 指令时),但有 I/O 刷新指令,中断输入处理		
用户编程语言		梯形图、指令表、顺序功能图		
用户程序容量		内置 8k 步 RAM,使用存储器卡盒可扩展到 16k 步 RAM、EEPROM 或 EPROM		
运算速度	基本指令	0.08μs/条		
	功能指令	1.52 ~ 数百 μs/条		
指令数目	基本指令	27 条		
	步进指令	2 条		
	功能指令	128 种 298 条		
输入继电器(X 线圈)		X0 ~ X267	184 点	总共 368 点
输出继电器(Y 线圈)		Y0 ~ Y267	184 点	
辅助继电器(M 线圈)	一般	M0 ~ M499	500 点	
	保持	M500 ~ M3071	2572 点	
	特殊	M8000 ~ M8255	256 点	

（续）

项目			规格		
状态继电器（S 线圈）		初始	S0 ~ S9	10 点	
		一般	S10 ~ S499	490 点	
		保持	S500 ~ S899	400 点	
		报警	S900 ~ S999	100 点	
定时器（T）	通用	100ms	T0 ~ T199	200 点	范围:0 ~ 3276.7s
		10ms	T200 ~ T245	46 点	范围:0 ~ 327.67s
		1ms			
	积算	1ms	T246 ~ T249	4 点	范围:0 ~ 32.767s
		100ms	T250 ~ T255	6 点	范围:0 ~ 3276.7s
	模拟定时器				
计数器（C）	加计数	一般	C0 ~ C99	100 点	范围:1 ~ 32767 数 16 位
		保持	C100 ~ C199	100 点	范围:1 ~ 32767 数 16 位
	加减计数	一般	C200 ~ C219	20 点	范围: -2147483648 ~ +2147483647 数 32 位
		保持	C220 ~ C234	15 点	
	高速	单相无启动/复位	C235 ~ C240	6 点	32 位加/减计数器 双相 60kHz 2 点、10kHz 4 点 双相 30kHz 1 点、5kHz 1 点
		单相带启动/复位	C241 ~ C245	5 点	
		双相	C246 ~ C250	5 点	
		A-B 相	C251 ~ C255	5 点	
数据寄存器（D）		一般	D0 ~ D199	200 点	每个数据寄存器均为 16 位 两个数据寄存器合并为 32 位
		保持	D200 ~ D7999	7800 点	
		特殊	D8000 ~ D8255	256 点	
		文件	D1000 ~ D7999	7000 点	
		变址	V0 ~ V7、Z0 ~ Z7	16 点	
指针（P/I）		转移用	P0 ~ P127	128 点	
		中断用	I6□□ ~ I8□□	共 15 点：6 点输入、3 点定时器、6 点计数器	
嵌套层次			N0 ~ N7	8 点	
常数		十进制 K	16 位：-32768 ~ +32767	32 位：-2147483648 ~ +2147483647	
		十六进制 H	16 位:0000 ~ FFFF	32 位:00000000 ~ FFFFFFFF	
		浮点	32 位：$\pm 1.175 \times 10^{-38}$；$\pm 3.403 \times 10^{38}$（不能直接输入）		

4.6.3 FX_{2N}系列 PLC 的八大编程元（器）件

FX_{2N}软组件有输入继电器[X]、输出继电器[Y]、辅助继电器[M]、状态继电器[S]、定时器[T]、计数器[C]、数据寄存器[D]和指针[P、I、N]八大类，它们在电路中的功能各不相同。编程元（器）件的类型和元件号由字母和数字表示，其中只有输入/输出继电器的元件号为八进制数；其余软组件的元件号均为十进制数。

1. 输入继电器（X0 ~ X267，共 184 点）

PLC 的输入端子是接收外部输入信号的窗口。输入继电器(X 线圈)是 PLC 用来接收外部输入信号的编程元件，它的线圈与 PLC 的输入端连接，只能由外部信号驱动，即由外部开关控制，而不能由程序指令或其他编程元件驱动。它的常开(动合)和常闭(动断)"软"触点只能在用户程序中使用，但可以多次使用，如图 4-34 所示。

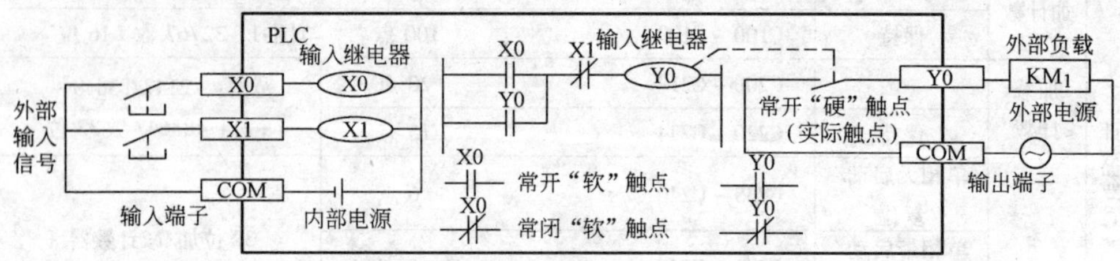

图 4-34 输入继电器与输出继电器示意图

2. 输出继电器（Y0 ~ X267，共 184 点）

PLC 的输出端子是向外部负载输出信号的窗口。输出继电器(Y 线圈)是 PLC 向外部负载输出信号的编程元件，它仅有一个向外部负载输出的常开"硬"触点(实际触点、物理触点)连接到 PLC 的输出端，除此之外，它还有常开和常闭"软"触点可以在用户程序中多次使用，其触点的接通和断开只能由用户程序执行的结果决定，不能由外部信号直接控制。如图 4-34 所示。

Fx 系列 PLC 输入继电器 X 和输出继电器 Y 的点数与地址编号见表 4-14。

表 4-14 Fx 系列 PLC 输入继电器 X 和输出继电器 Y 的点数与地址编号表

型 号	I/O 总点数	输入点数	输出点数	编 号
FX_{2N}-16M	16	8	8	输入：X0 ~ X7 输出：Y0 ~ Y7
FX_{2N}-32M	32	16	16	输入：X0 ~ X7、X10 ~ X17 输出：Y0 ~ Y7、Y10 ~ Y17
FX_{2N}-48M	48	24	24	输入：X0 ~ X7、X10 ~ X17、X20 ~ X27 输出：Y0 ~ Y7、Y10 ~ Y17、Y20 ~ Y27

（续）

型　号	I/O 总点数	输入点数	输出点数	编　号
FX_{2N}-64M	64	32	32	输入：X0 ~ X7、X10 ~ X17、X20 ~ X27、X30 ~ X37 输出：Y0 ~ Y7、Y10 ~ Y17、Y20 ~ Y27、Y30 ~ Y37
FX_{2N}-80M	80	40	40	输入：X0 ~ X7、X10 ~ X17、X20 ~ X27、X30 ~ X37、X40 ~ X47 输出：Y0 ~ Y7、Y10 ~ Y17、Y20 ~ Y27、Y30 ~ Y37、Y40 ~ Y47
FX_{2N}-128M	128	64	64	输入：X0 ~ X7、X10 ~ X17、X20 ~ X27、X30 ~ X37、X40 ~ X47、X50 ~ X57、X60 ~ X67、X70 ~ X77 输出：Y0 ~ Y7、Y10 ~ Y17、Y20 ~ Y27、Y30 ~ Y37、Y40 ~ Y47、Y50 ~ Y57、Y60 ~ Y67、Y70 ~ Y77

3. 辅助继电器（M0 ~ M3071；M8000 ~ M8255，共 3328 点）

辅助继电器（M 线圈）是 PLC 的内部编程元件。它的常开和常闭“软”触点只能在用户程序中使用，但可以多次使用，如图 4-35a 所示。辅助继电器是用软件编程实现的，它们不能接收外部的输入信号，也不能直接驱动外部负载，相当于继电器控制系统中的中间继电器。

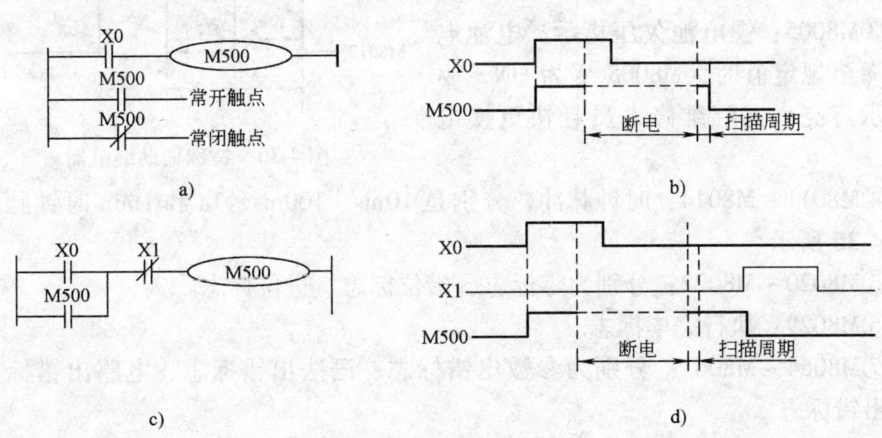

图 4-35　辅助继电器

辅助继电器分为一般（通用）辅助继电器、断电保持辅助继电器和特殊辅助继电器三类。

（1）通用型辅助继电器（M0 ~ M499，共 500 点）　通用型辅助继电器主要特点是没有断电保持功能，常用于逻辑运算的中间状态存储信号类型的变换，主要起数据传递作用。其线圈只能由程序驱动，只具有内部触点。

（2）断电保持辅助继电器（M500 ~ M3071，共 2，572 点）　所谓断电保持是指 PLC 外部电源停电后，由机内电池为某些特殊工作单元供电，可记忆它们在断电前的状态。断电保持的辅助继电器具有记忆力，可用于控制系统要求记忆电源中断瞬时的状态，重新通电后再现其状态的情况，控制关系如图 4-35 所示。其 M500 ~ M1023 可以用软件设定为一般辅助继电器。

（3）特殊辅助继电器（M8000 ~ M8255，共 256 点） 特殊功能辅助继电器是具有特定功能的辅助继电器，根据使用方式可分为两类：

1）触点利用型特殊辅助继电器的线圈是由 PLC 自动驱动的，而不能由用户程序来驱动，但在用户程序中可直接使用其触点. 例如：

①M8000：运行监控。PLC 在运行状态时 M8000 为 ON，在停止状态时 M8000 为 OFF，其控制关系如图 4-36 所示。

②M8002：初始脉冲。M8002 仅在 M8000 由 OFF 变为 ON 状态时产生一个单脉冲（脉宽为一个扫描周期），如图 4-36 所示。可以用 M8002 的常开触点使有断电保持功能的编程元件初始化复位和清零。

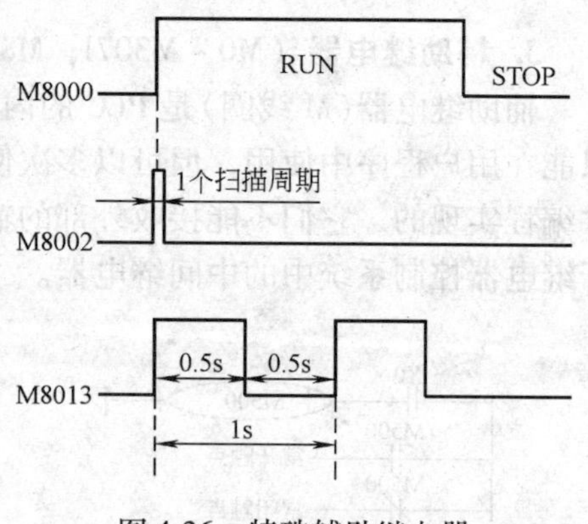

图 4-36 特殊辅助继电器

③M8005：锂电池欠压指示。电池电压下降至规定值时，M8005 变为 ON，驱动指示灯亮，提醒维修人员赶快更换电池。

④M8011 ~ M8014：时钟脉冲，分别是 10ms、100ms、1s 和 1min 时钟脉冲，如图 4-36 所示。

⑤M8020 ~ M8022：分别为零标志、借位标志、进位标志。

⑥M8029：执行完毕标志。

⑦M8064 ~ M8067：分别为参数出错标志、语法出错标志、电路出错标志、运算出错标志。

2）线圈驱动型特殊辅助继电器只能由用户程序来驱动其线圈，使 PLC 执行特定的操作，例如：

①M8033：停止时保持。当 M8033 线圈“通电”时，PLC 由 RUN 进入 STOP 状态后，映像寄存器与数据寄存器中的内容保持不变。

②M8034：禁止输出。当 M8034 线圈“通电”时，全部输出被切断。

③M8036：强制运行。当 M8036 线圈“通电”时，强制运行用户程序。

④M8037：强制停止。当 M8037 线圈“通电”时，强制停止运行用户程序。

⑤M8039：定时扫描。当 M8039 线圈“通电”时，PLC 以数据寄存器 D8039

中指定的扫描时间工作。

4. 定时器：（T0 ~ T255，共 256 点）

定时器（计时器）的作用相当于继电器控制系统中的时间继电器。每个定时器有 1 个设定值寄存器（1 个字节长）、1 个当前值寄存器（1 个字节长）和 1 个用来储存其输出触点状态的映像寄存器（占二进制的一位）。这 3 个存储单元共用同一个编号。在 PLC 运行中可以观察和修改定时器的设定值和当前值。

定时器可以由用户程序存储器内的常数 K 作为设定值，也可以用数据寄存器 D 中的内容来设定，这时设定值等于指定数据寄存器中的数。例如指定数据寄存器为 D0，而 D0 的内容为 123，则与设定 K123 等效。

定时常数可以采用十进制、二进制或十六进制数表示。例如 K18 表示十进制数的 18，H12 为十进制数 18 的十六进制表示结果。

用数据寄存器中的内容作为定时器的设定值，一般要使用有断电保持功能的数据寄存器。数据寄存器中的数可通过外部数字开关输入。

定时器是通过对时钟脉冲进行累加计时的，时钟脉冲有 1ms、10ms、100ms 三种，当所计时间达到设定值时，其输出触点动作。

定时器分为通用定时器和积算定时器两类。

（1）通用定时器（T0 ~ T245） 通用定时器（常规定时器）共 246 点。其中 T0 ~ T199（共 200 点）是时钟脉冲为 100ms 的定时器，设定值范围为 1 ~ 32767，定时范围为 0.1 ~ 3276.7s；T200 ~ T245（共 46 点）是时钟脉冲为 10ms 的定时器，设定值范围为 1 ~ 32767，定时范围为 0.01 ~ 327.67s；T192 ~ T199（共 8 点）为子程序和中断服务程序专用的定时器。

通用定时器只有一个输入端（驱动输入端），在它的输入电路断开或电源停电时，其当前值复值为零，并且没有断电保持功能。

图 4-37 为通用定时器的工作原理图。图中的 T8 为 100ms 通用定时器，它的计数脉冲为 100ms，它的驱动输入端与输入继电器 X0 的常开触点相连。当输入继电器 X0 的常开触点接通时，定时器 T8 的线圈得电，它的当前值计数器从零开始对 100ms 时钟脉冲进行累加计数。在该值与设定值 K20 相等（即计时时间为 100ms × 20 = 2s）时，定时器 T8 的常开触点接通，常闭触点断开，即定时器 T8 的输出触点在其线圈被驱动 2s 后动作。当输入继电器 X0 的常开触点断开时，定时器 T8 的线圈断电，它的当前值恢复为零，常开触点断开，常闭触点接通。

（2）积算定时器（T246 ~ T255） 积算定时器共 10 点。其中 T246 ~ T249（共 4 点）是时钟脉冲为 1ms 的定时器，设定值范围为 1 ~ 32767，定时范围为 0.001 ~ 32.7671ms；T250 ~ T255 （共 6 点）是时钟脉冲为 100ms 的定时器，设定值范围为 1 ~ 32767，定时范围为 0.1 ~ 3276.7s。

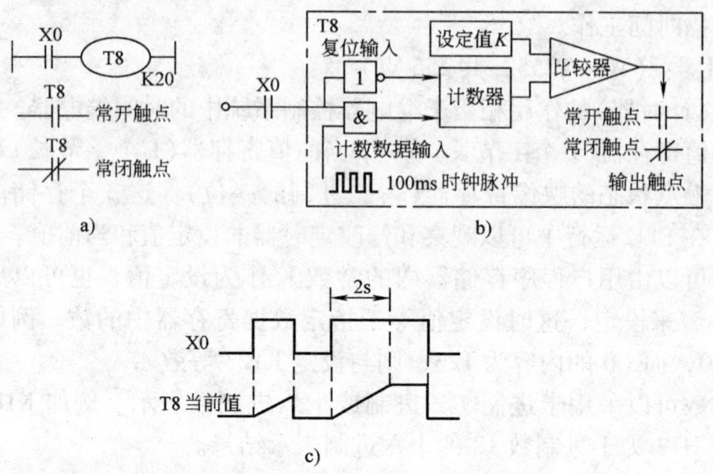

图 4-37　通用定时器的工作原理图

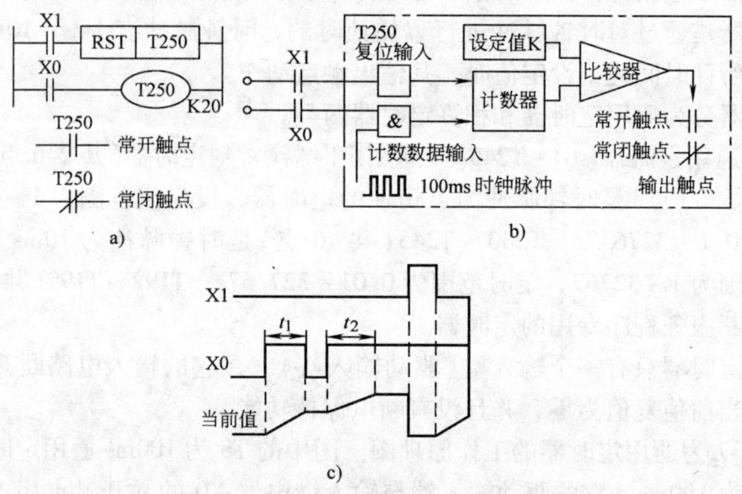

图 4-38　积算定时器的工作原理图

积算定时器与通用定时器不同，它不仅有 1 个输入端(驱动输入端)，还有 1 个复位输入端，并且具有断电保持功能。只有当积算定时器的复位输入端接通时，它才能复位。图 4-38 为积算定时器的工作原理图。图中的 T250 为 100ms 积算定时器，它的计数脉冲为 100ms，它的驱动输入端与输入继电器 X0 的常开触点相连，复位输入端与输入继电器 X1 的常开触点相连。当驱动输入信号 X0 接通时，定时器 T250 开始对 100M 时钟脉冲进行累加计数。在该值与设定值 K20 相等(时间为 100ms × 20 = 2s)时，定时器 T250 的输出触点动作。积算定时器在计数定时过程中，若驱动输入信号 X0 断开或失电时，积算定时器 T250 当前值寄存器中的值保持不变；当驱动输入信号X0接通或复电时，计数定时继续进行，直到累加的时间（t_1+t_2）为2s时，定时器才动作。当复位输入信号X1接通时，定时器复位。

图4-39为积算定时器的实际应用图。当X0的常开触点接通时，定时器开始计时，在所计时间达到设定值时，定时器动作，Y0线圈得电；当X1的常开触点接通时，定时器复位，Y0线圈断电。

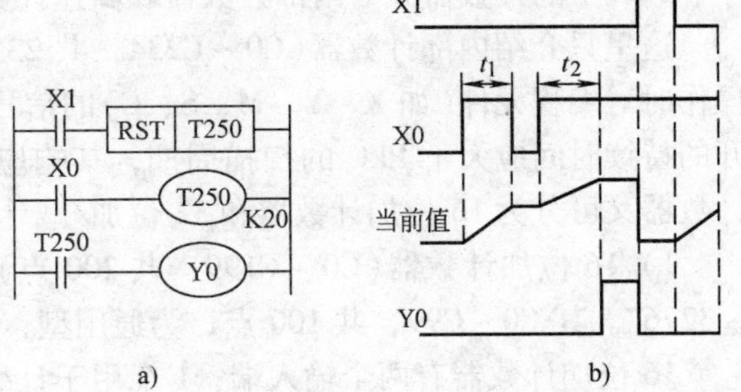

图4-39　积算定时器的实际应用图

（3）定时器触点的动作时序及定时精度　如图4-40所示，定时器在其线圈被驱动后开始计时，到达设定值后，在执行第n个线圈指令时输出触点动作。因此，从驱动定时器线圈到其触点动作，计时触点的动作精度大致可用下式表示：

$$T^{+T_0}_{-T_1}。$$

式中，T为定时器设定时间（s）；T_0为扫描周期（s）；T_1为1ms、10ms、100ms定时器分别对应的0.001s、0.01s、0.1s时间值。

如果编程时定时器触点应用指令是在线圈指令之前在最坏的情况，定时器线圈触点动作误差为$+2T_0$。当定时器的设定值为0时，在下一扫描周期执行线圈指令时输出触点动作。另外，1ms定时器在执行线圈驱动指令后，以中断方式对1ms时钟脉冲计数。

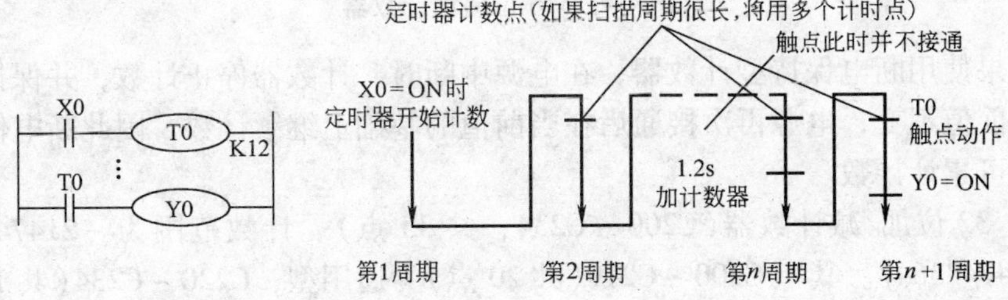

图4-40　定时器动作时序图

5. 计数器：（C0～C255，共256点）

计数器的作用是用来计数。每个计数器有1个设定值寄存器、1个当前值寄存器和1个用来储存其输出触点状态的映像寄存器，这3个存储单元共用同一个编号。在PLC运行中可以观察和修改计数器的设定值和当前值。

计数器的设定值除了可由常数K设定外，还可通过指定数据寄存器D来设定。32 位设定值存放在元件号相连的 2 个数据寄存器中。例如指定的数据寄存器为 D0，则设定值存放在 D1 和 D0 中。

PLC 中的计数器分为内部计数器和高速计数器两类。

这里只介绍内部计数器(C0 ~ C234，共 235 点)。内部计数器是在执行扫描操作时对编程元件(如 X、Y、M、S、C)的信号进行计数的计数器。其接通或断开的持续时间应大于 PLC 的扫描周期，其响应速度通常为数十赫兹以下。内部计数器又可分为 16 位加计数器和 32 位加/减计数器两类。

1）16 位加计数器(C0 ~ C199，共 200 点)　16 位加计数器的计数范围为 1 ~ 32767。其 C0 ~ C99，共 100 点，为通用型；C100 ~ C199 为断电保持型。

16 位加计数器有两个输入端；1 个用于计数，1 个用于复位。其工作过程如图 4-41 所示。图中 X10 为复位输入信号，X11 为计数输入信号。当复位输入信号 X10 的常开触点接通时，执行 RST 复位指令，计数器 C0 复位，它的常开触点断开，常闭触点接通，同时计数器的当前值被置为“0”。当计数器的复位输入电路断开后，每当计数输入信号 X11 接通一次，计数器当前值加 1。当计数器的当前值加到 10 时，计数器 C0 动作，其常开触点接通，常闭触点断开。当计数脉冲继续出现时，当前值不变，直到复位输入电路接通，计数器复位为止。

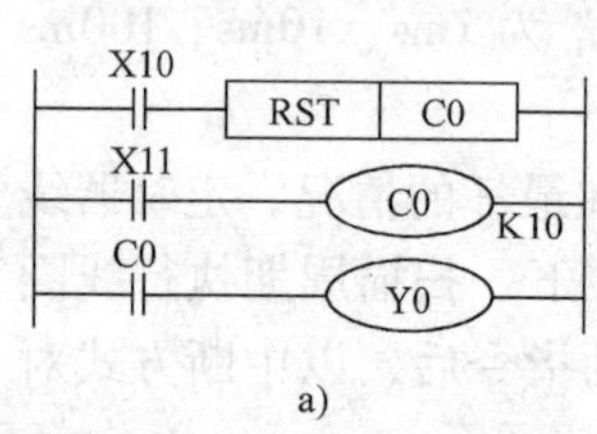

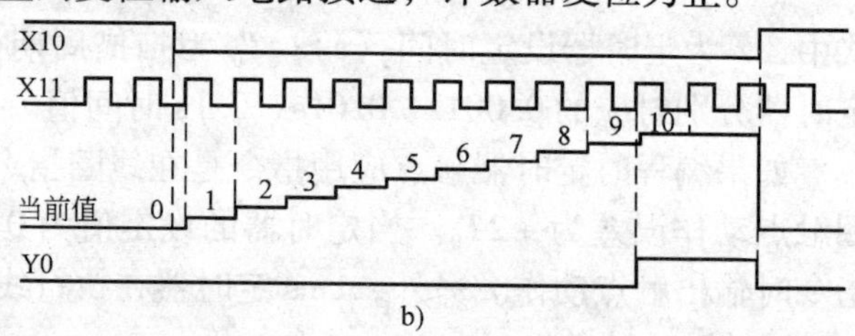

图 4-41　16 位递增计数器

如果使用断电保持型计数器，在电源中断时，计数器停止计数，并保持计数器的当前值不变；电源再次接通后在当前值的基础上继续计数，因此断电保持型计数器可累计计数。

2）32 位加/减计数器(C200 ~ C234，共 35 点)　计数范围为 -2147483648 ~ +2147483647。其中 C200 ~ C219(共 20 点)为通用型，C220 ~ C234(共 15 点)为断电保持型。

32 位加/减计数器 C200 ~ C234 有加计数和减计数两种计数方式，其计数方式分别由对应的特殊辅助继电器 M8200 ~ M8234 设定。设定方法为：对于 C200 来说，当 M8200 接通时为减计数，反之为加计数。

32 位加/减计数器作为加计数器时，当计数值达到设定值时，触点动作并保持；作为减计数时，达到计数值则复位。

32 位加/减计数器有 3 个输入端：1 个用于计数方式的设定，1 个用于计数，

1 个用复位。

通用型 32 位加/减计数器的工作过程如图 4-42 所示。图中 X12 为计数方式输入信号；X13 为复位输入信号；X14 为计数输入信号。在减计数时，当计数器的当前值由 -5 减 1 为 -6(减小)时，其输出触点断开；在加计数时，当计数器的当前值由 -6 加 1 为 -5(增大)时，其输出触点接通；当复位输入信号 X13 的常开触点接通时，计数器复位，其常开触点断开，常闭触点接通。

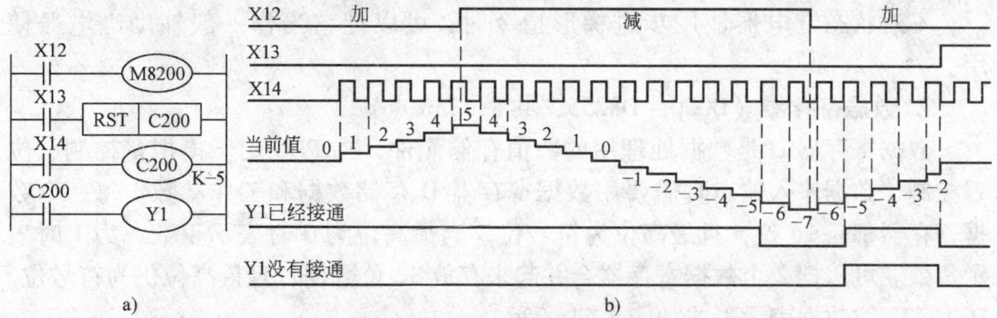

图 4-42　通用型 32 位加/减计数器的工作过程

使用断电保持型计数器，其当前值和输出触点均能保持断电时的状态。

如果 32 位加/减计数器的当前值从 +2147483647 起再进行加计数，就成为 -2147483648；同样从 -2147483648 起再进行减计数，就成为 +2147483647。这种动作称为循环计数。

32 位加/减计数器可当作 32 位数据寄存器使用，但不能用作 16 位指令的操作元件。

6. 状态寄存器（S0 ~ S999，共 1000 点）

状态继电器是用于编制顺序控制程序的一种编程元件，它与 SFC 图（顺序功能图）和 STL 指令（步进梯形指令）一起使用，如图 4-43 所示。

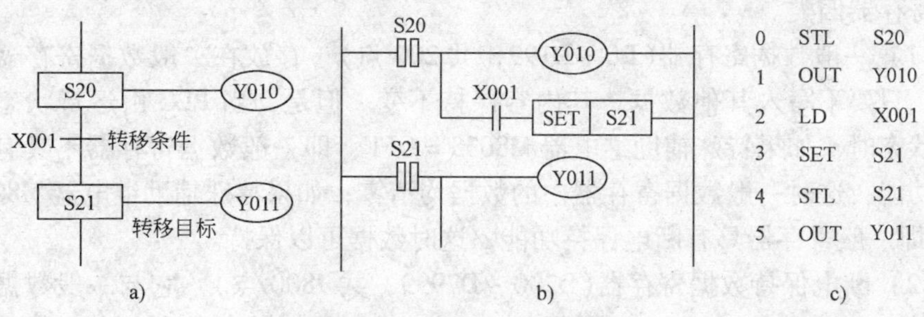

图 4-43　状态继电器的应用

a）状态转移图　b）状态梯形图　c）指令表

状态继电器分为初始状态继电器 S0 ~ S9(共 10 点)、一般状态继电器 S10 ~ S499(共 490 点)、断电保持状态继电器 S500 ~ S899(共 400 点)和信号报警状态继电器 S900 ~ S999(共 100 点)四类。

状态继电器 S0 ~ S499 没有断电保持功能，但是用程序可以将它们设定为有断电保持功能。

供报警用的状态继电器，可用于外部故障诊断的输出。

不对状态继电器使用步进梯形指令时，可以把它当作一般辅助继电器使用。

7. 数据寄存器（D000 ~ D8255，共 8，256 点）

数据寄存器 D 是数据处理用的数值存储元件，在 PLC 用于模拟量控制、位置控制、数据输入输出时需要用数据寄存器 D 存储数据和工作参数。每一个数据寄存器都是 16 位，且最高位为符号位，当最高位为 0 时表示正数，为 1 时表示负数。可以把 2 个数据寄存器合并起来存放 32 位数据，且最高位仍为符号位。16 位/32 位数据表示形式如图 4-44 所示。

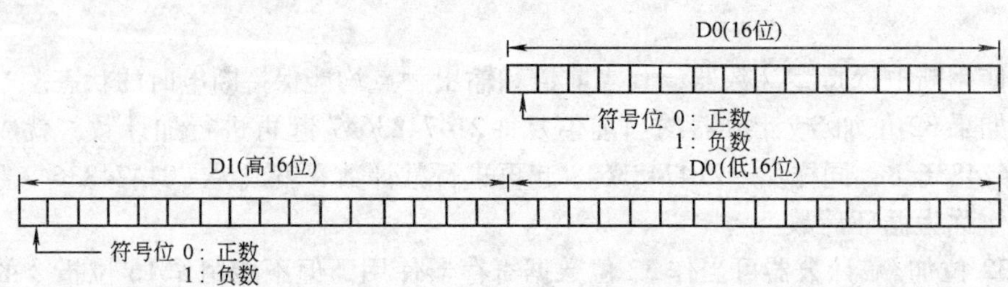

图 4-44　16 位/32 位数据表示形式

数据寄存器分为一般数据寄存器、断电保持数据寄存器、特殊数据寄存器和文件寄存器四类。

（1）一般数据寄存器(D0 ~ D199，共 200 点)　存放在一般数据寄存器中的数据，只要不写入其他数据，其内容保持不变。但是，当 PLC 由运行状态转为停止状态时，如果特殊辅助继电器 M8033 = OFF，即一般数据寄存器不具有断电保持功能，这时一般数据寄存器中的数据均清零；如果特殊辅助继电器 M8033 = ON，即一般寄存器具有断电保持功能，这时数据可以保持。

（2）断电保持数据寄存器(D200 ~ D7999，共 7800 点)　它与一般数据寄存器一样，除非改写，否则原有数据不会变化。但它具有断电保持功能，无论电源接通与否，PLC 运行与否，其内容不会变化。

（3）特殊数据寄存器(D8000 ~ D8255，共 256 点)　这些特殊数据寄存器供监控PLC中各种元件的运行方式之用。其内容在电源接通时，写入初始化值（先全部清零，然后由系统ROM安排写入初始化值）。例如，D8000所存放的监控定时器的定时时间是由系统ROM设定的，若要改变时，需用传送指令将目的时间送入D8000。该值在PLC由运行状态转为停止状态时保持不变。注意：不要使用没有定义的特殊数据寄存器。

（4）文件寄存器（D1000～D7999，共7000点）　文件寄存器实际上是一种专用数据寄存器，用于存储大量的数据，例如采集数据、统计计算数据、多组控制参数等。其数值由CPU的监视软件决定，但可通过扩充存储器的方法加以扩充。

文件寄存器占用用户程序存储器内的一个存储区，以500点为1个单位，最多可在参数设置时设置7000点，用编程器可进行写入操作。

在PLC运行中，用BMOV指令可以将文件寄存器中的数据读出到一般数据寄存器中，但不能用指令将数据写入文件寄存器。

8. 指针寄存器（P0～P127，共128点和I0口口～I8口口，共15点）

指针P/I包括分支指令用指针（P）和中断指令用指针（I）两类。

（1）分支指令用指针（P）　分支指令用的指针是用来指示跳转指令CJ的跳步目标或子程序调用指令CALL调用的子程序入口地址。在图4-45a中，当X20的常开触点接通时，执行条件跳步指令CJP0跳转到指定的标号P0处，执行标号后的程序。在图4-45b中，当X10的常开触点接通时，执行子程序调用指令CALL P1跳转到标号P1处，执行从P1开始的子程序，执行到SRET指令时，返回主程序中CALL P1下面一条指令。

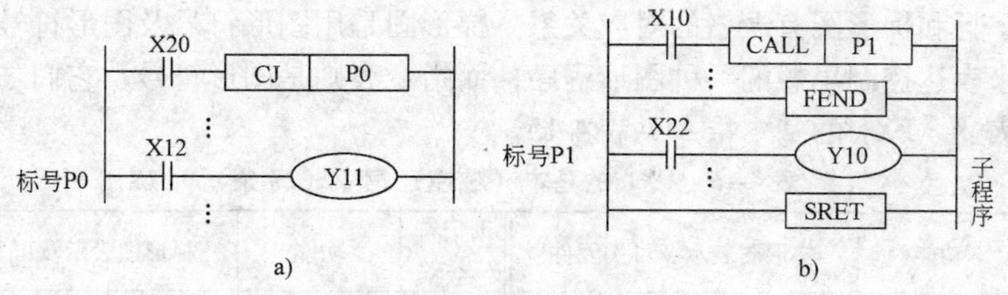

图4-45　分支指令用指针（P）

（2）中断指令用指针（I）　中断指令用的指针是用来指明某一中断源的中断服务程序入口地址，执行到中断返回指令IRET时返回主程序。图4-46给出了输入中断、定时器中断和计数器中断指针编号的含义。

输入中断用来接收特定的输入地址号的输入信号，立即执行相应的中断服务程序，这一过程不受PLC扫描工作方式的影响，因此PLC能迅速响应特定的外部输入信号。例如 I001 为输入 X0 从 OFF 变为 ON 时，执行标号 I001 后面的中断服务程序，并根据 IRET 指令返回。

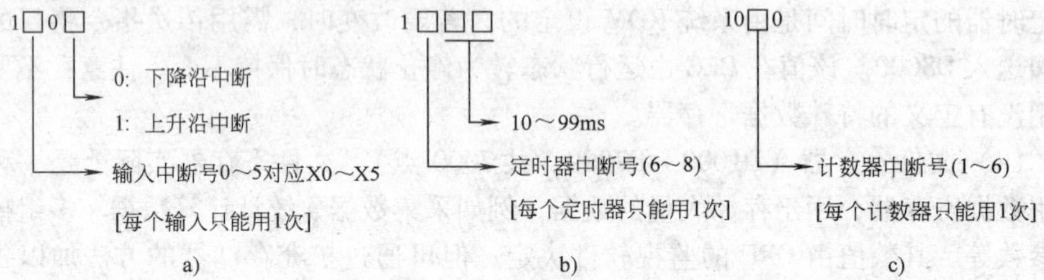

图 4-46　中断指令用指针

定时器中断使 PLC 以指定的周期定时执行中断服务程序，定时循环处理某些任务，处理的时间不受 PLC 扫描周期的限制。例如 I610 为每隔 10ms 就执行 I610 后面的中断服务程序，并根据 IRET 指令返回。

计数器中断用于 PLC 内置的高速计数器，根据高速计数器的计数当前值与计数设定值的关系来确定是否执行相应的中断服务程序。

PLC 的八大类编程元(器)件既是 PLC 的硬件资源，又是学懂和用好 PLC，进行软件编程的根基，必须下大气力学懂、掌握、熟记，并能灵活自如地应用。

4.6.4　FX_{2N}系列 PLC 的 27 条基本逻辑指令和 2 条步进梯形指令

FX_{2N}有基本(顺控)指令 27 种；步进指令 2 种；应用指令 128 种共 298 个。FX_{2N}系列 PLC 最常用的基本编程语言主要是梯形图和指令表。指令表由指令集合而成，且和梯形图有严格的对应关系。梯形图是用图形符号及图形符号间的相互关系来表达控制思想的一种图形程序，而指令表则是图形符号及它们之间关联的语句表述。FX_{2N}的基本指令见表 4-15。

表 4-15　FX_{2N}的基本（顺控）指令（27 条）

助记符名称	功能	梯形图表示及可用元件	助记符名称	功能	梯形图表示及可用元件
[LD]取	逻辑运算开始与左母线连接的常开触点	XYMSTC	[LDP]取脉冲	逻辑运算开始与左母线连接的上升沿检测	XYMSTC
[LDI]取反	逻辑运算开始与左母线连接的常闭触点	XYMSTC	[LDF]取脉冲	逻辑运算开始与左母线连接的下降沿检测	XYMSTC

（续）

助记符名称	功能	梯形图表示及可用元件	助记符名称	功能	梯形图表示及可用元件
[AND] 与	串联连接常开触点	 XYMSTC	[PLS] 上沿脉冲	上升沿微分输出指令	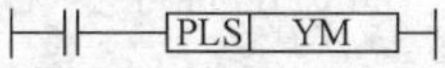 PLS YM
[ANI] 与非	串联连接常闭触点	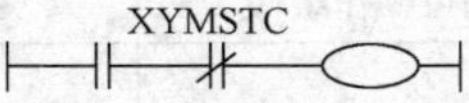 XYMSTC	[PLF] 下沿脉冲	下降沿微分输出指令	 PLF YM
[ANDP] 与脉冲	串联连接上升沿检测	 XYMSTC	[MC] 主控	公共串联点的连接线圈	 MC N YM
[ANDF] 与非脉冲	串联连接下降沿检测	 XYMSTC	[MCR] 主控复位	公共串联点的清除指令	 MCR N
[OR] 或	并联连接常开触点	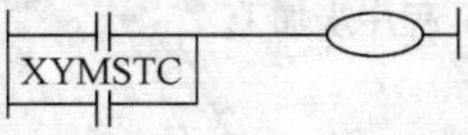 XYMSTC	[MPS] 进栈	连接点数据入栈	MPS MRD MPP
[OR1] 或非	并联连接常闭触点	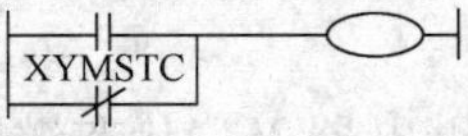 XYMSTC	[MRD] 读栈	从堆栈读出连接点数据	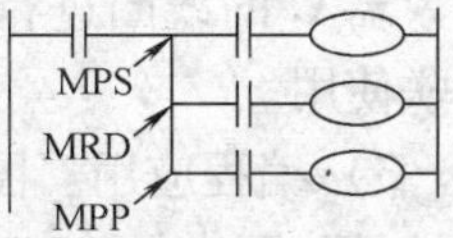
[ORP] 或脉冲	并联连接上升沿检测	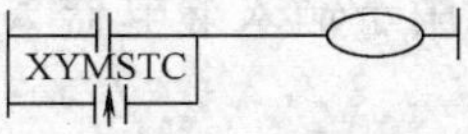 XYMSTC	[MPP] 出栈	从堆栈读出数据并复位	
[ORF] 或非脉冲	并联连接下降沿检测	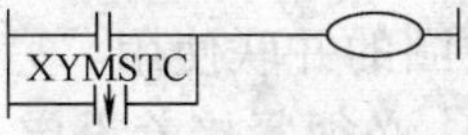 XYMSTC	[INV] 反转	运算结果取反	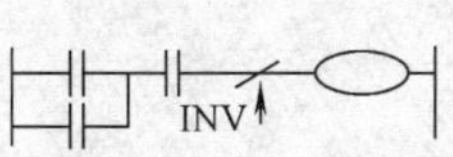 INV
[ANB] 电路块与	并联电路块的串联连接		[NOP] 空操作	无动作	变更程序中替代某些指令
[ORB] 电路块或	串联电路块的并联连接		[END] 结束	顺控程序结束	顺控程序结束返回到0步
[OUT] 输出	线圈驱动指令	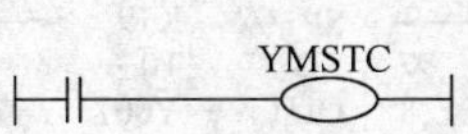 YMSTC			
[SET] 置位	线圈接通保持指令	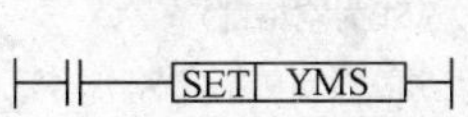 SET YMS			
[RST] 复位	线圈接通清除指令	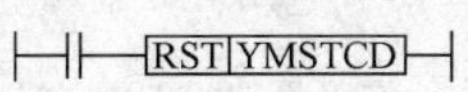 RST YMSTCD			

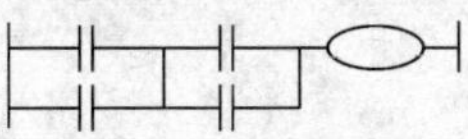

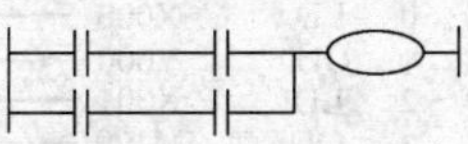

1. FX_{2N}系列 PLC27 条基本指令的编程方法

（1）逻辑取及线圈驱动（LD、LDI、OUT）指令

1）指令助记符及功能。LD、LDI、OUT 指令的功能、梯形图表示、操作组件、所占的程序步见表 4-16。

表 4-16　LD、LDI、OUT 指令助记符及功能

符号、名称	功　能	梯形图表示和可操作组件	程序步
LD 取	逻辑运算开始的常开触点	X、Y、M、S、T、C	1
LDI 取反	逻辑运算开始的常闭触点	X、Y、M、S、T、C	1
OUT 输出	线圈驱动指令	Y、M、S、T、C	Y、M:1;S,特 M:2;T:3;C:3 ~5

注：当使用停电保持辅助继电器 M1536 ~ M3071 时，程序步加 1。

2）指令说明

①LD、LDI 指令可用于将触点与左母线连接。也可以与后面将介绍的 ANB、0RB 指令配合使用于分支起点处。

②OUT 指令是对输出继电器 Y、辅助继电器 M、状态继电器 S、定时器 T、计数器 C 的线圈进行驱动的指令，但不能用于输入继电器 X。OUT 指令可多次并联使用。

3）编程应用。图 4-47 给出了本组指令的梯形图实例，并配有指令表。需指出的是：图中的 OUT M100 和 OUT T0 是线圈的并联使用。另外，定时器或计数器的线圈在梯形图中或在使用 OUT 指令后，必须紧接着设定十进制常数 K 或指定数据寄存器的地址号。

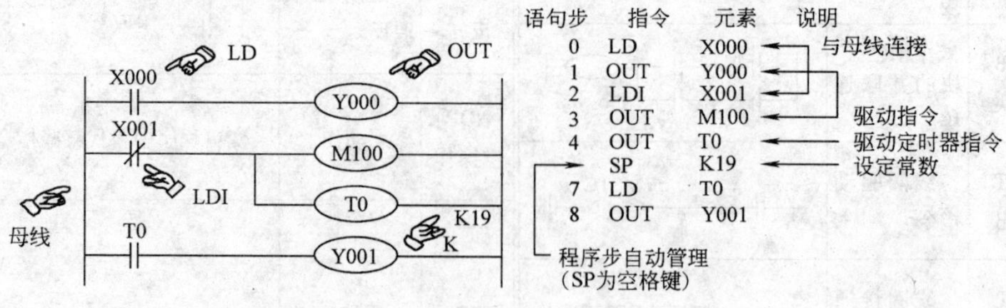

图 4-47　LD、LDI、OUT 指令的编程应用

（2）触点串联（AND、ANI）指令

1）指令助记符及功能。AND、ANI 指令的功能、梯形图表示、操作组件、所占的程序步见表4-17。

表4-17 AND、ANI 指令助记符及功能

符号、名称	功　能	梯形图表示和可操作组件	程序步
AND 与	常开触点串联连接	X、Y、M、S、T、C	1
ANI 与非(And Inverse)	常闭触点串联连接	X、Y、M、S、T、C	1

注：当使用停电保持辅助继电器 M1536～M3071 时，程序步加1。

2）指令说明

①AND、ANI 指令为单个触点的串联连接指令。AND 用于常开触点；ANI 用于常闭触点；串联触点的数量不受限制。

②OUT 指令后，可以通过触点对其他线圈使用 OUT 指令，称之为纵接输出或连续输出，例如，图4-48 中就是在 OUT M101 之后，通过触点 T1，对 Y004 线圈使用 OUT 指令，这种纵接输出，只要顺序正确可多次重复。但限于图形编程器的限制，应尽量做到一行不超过 10 个接点及一个线圈，总共不要超过 24 行。

3）编程应用。图4-48 给出了本组指令应用的梯形图和指令表程序实例。

语句步	指令	元素	说明
0	LD	X002	
1	AND	X000	串联触点
2	OUT	Y003	
3	LD	Y003	
4	ANI	X003	串联触点
5	OUT	M101	
6	AND	T1	串联触点
7	OUT	Y004	纵接输出

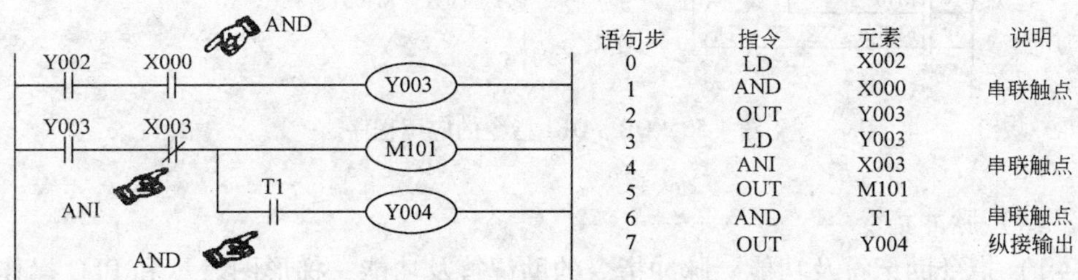

图4-48 AND、ANI 指令的应用

在图4-48 中是驱动 M10 之后再通过触点 T1 驱动 Y004 的。但是，若驱动顺序换成图4-49 的形式，则必须用后述的栈操作指令 MPS（进栈）与 MPP（出栈）进行处理了。

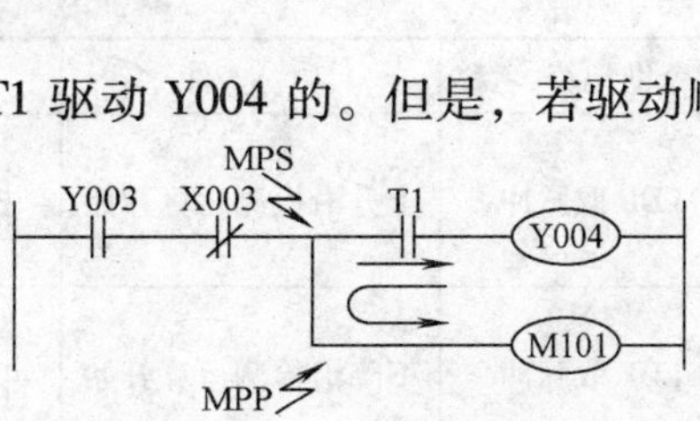

图4-49 MPS、MPP 指令的关系

（3）触点并联（OR、ORI）指令

1）指令助记符及功能。OR 和 ORI 指令的功能见表4-18。

表 4-18　OR、ORI 指令助记符及功能

符号、名称	功　能	梯形图表示和可操作组件	程序步
OR 或	常开触点并联连接	X、Y、M、S、T、C	1
ORI 或非(Or Inverse)	常闭触点并联连接	X、Y、M、S、T、C	1

注：当使用停电保持辅助继电器 M1536 ~ M3071 时，程序步加 1。

2）指令说明

①OR、ORI 指令是单个触点的并联连接指令；OR 为常开触点的并联，ORI 为常闭触点的并联。

②与 LD、LDI 指令触点并联的触点要使用 OR 或 ORI 指令，并联触点的个数没有限制，但限于编程器和打印机的幅面限制，尽量做到 24 行以下。

③若两个以上触点的串联支路与其他回路并联时，应采用后面介绍的电路块或(ORB)指令。

3）编程应用。触点并联指令应用程序如图 4-50 所示。

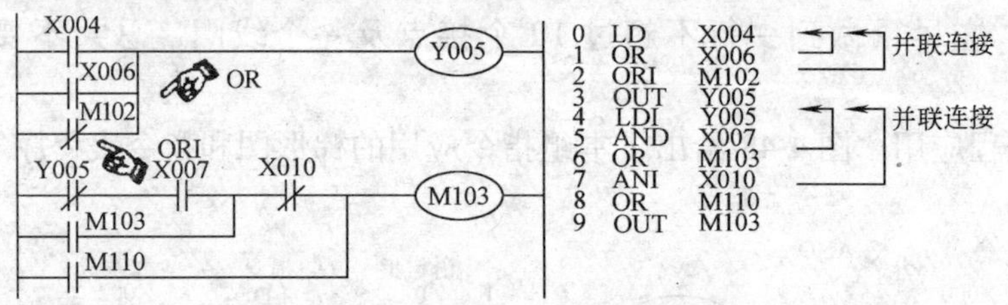

图 4-50　OR、ORI 指令的应用程序

(4) 脉冲指令

1）指令助记符及功能。脉冲指令的助记符及功能、梯形图表示和 PLC 操作组件等见表 4-19。

表 4-19　脉冲指令助记符及功能

指令助记符、名称	功　能	梯形图表示和可操作软组件	程序步
LDP 取脉冲	上升沿检测运算开始	X、Y、M、S、T、C	1
LDF 取脉冲	下降沿检测运算开始	X、Y、M、S、T、C	1
ANDP 与脉冲	上升沿检测串联连接	X、Y、M、S、T、C	1

（续）

指令助记符、名称	功 能	梯形图表示和可操作软组件	程序步
ANDF 与脉冲	下降沿检测串联连接	X、Y、M、S、T、C	1
ORP 或脉冲	上升沿检测并联连接	X、Y、M、S、T、C	1
ORF 或脉冲	下降沿检测并联连接	X、Y、M、S、T、C	1

注：当使用停电保持辅助继电器 M1536 ~ M3071 时，程序步加 1。

2）指令说明

①LDP、ANDP、ORP 指令是进行上升沿检测的触点指令，仅在指定位软组件由 OFF→ON 上升沿变化时，使驱动的线圈接通 1 个扫描周期。

②LDF、ANDF、ORF 指令是进行下降沿检测的触点指令，仅在指定位软组件由 ON→OFF 下降沿变化时，使驱动的线圈接通 1 个扫描周期。

③利用取脉冲指令驱动线圈和用脉冲指令驱动线圈（后面介绍），具有同样的动作效果。如图 4-51 所示，两种梯形图都在 X010 由 OFF→N 变化时，使 M6 接通一个扫描周期。

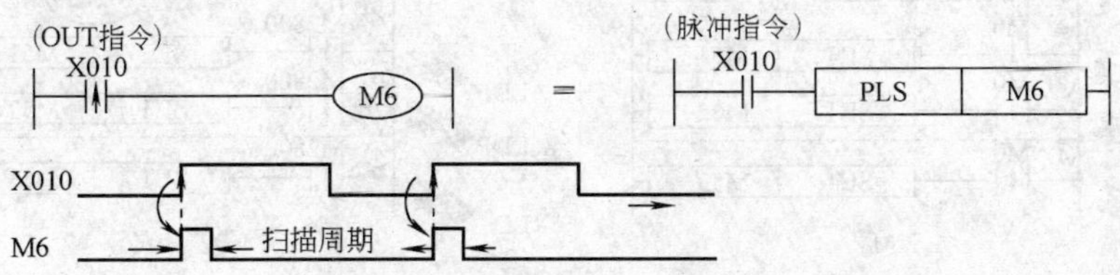

图 4-51 两种梯形图具有同样的动作效果

同样，图 4-52 两个梯形图也具有同样的动作效果。变化时，只执行一次传送指令 MOV。

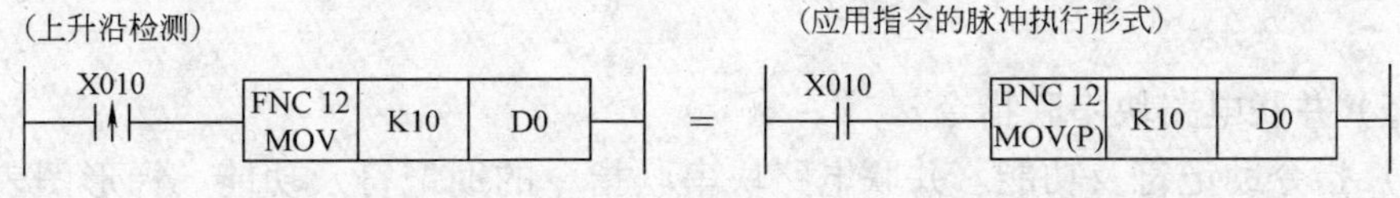

图 4-52 两种取指令均在 OFF→ON 变化时，执行一次 MOV 指令

3）编程应用。脉冲检测指令应用程序如图 4-53 所示。在图中当 X000 ~ X002 由 OFF→ON 或由 ON→OFF 变化时，M0 或 M1 接通 1 个扫描周期。

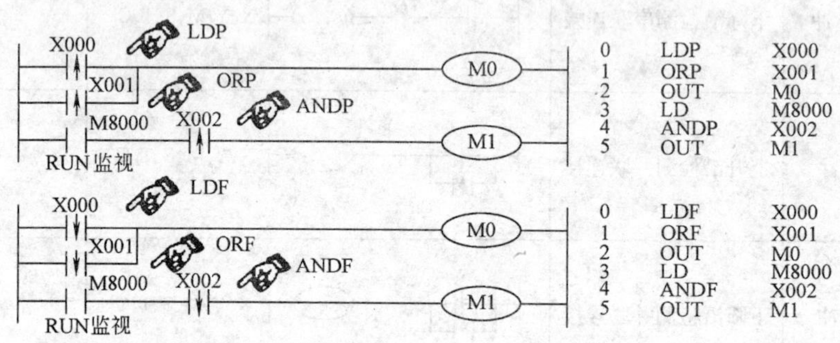

图 4-53　脉冲检测指令的编程应用

4）脉冲检测指令对辅助继电器地址号不同范围造成的动作差异。在将 LDP、LDF、ANDP、ANDF、ORP、ORF 指令的软组件指定为辅助继电器（M）时，该软组件的地址号范围不同造成图 4-54 所示的动作差异。

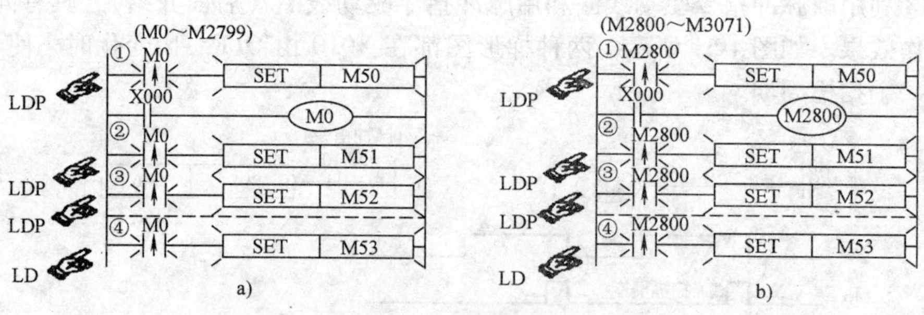

图 4-54　脉冲沿检测指令驱动辅助继电器不同地址号范围所造成的动作差异

在图 4-54a 中，由 X000 驱动 M0 后，与 M0 对应的① ~ ④的所有触点都动作。其中① ~ ③执行 M0 的上升沿检出；④为 LD 指令，因此，M0 在接通过程中导通。

（5）并联电路块串联指令

1）指令助记符及功能。并联电路块串联指令的助记符及功能、梯形图表示及操作组件等见表 4-20。

表4-20 ANB指令助记符及功能

符号、名称	功 能	梯形图表示及操作组件	程序步
ANB 电路块与	并联电路块的串联连接	操作组件：无	1

2）指令说明

①对单个接点并联用LD、LDI指令，并联电路块结束后使用ANB指令，表示与前面的电路串联。

②若多个并联电路块按顺序逐个和前面的电路串联连接时，则ANB指令的使用次数没有限制。

③对多个并联电路块串联时，ANB指令也可以集中成批地统一使用，但在这种场合，LD、LDI指令的使用次数只能限制在8次以内，即ANB指令成批集中使用次数应限制在8次以内。

3）编程应用。并联电路块串联指令应用程序如图4-55所示。

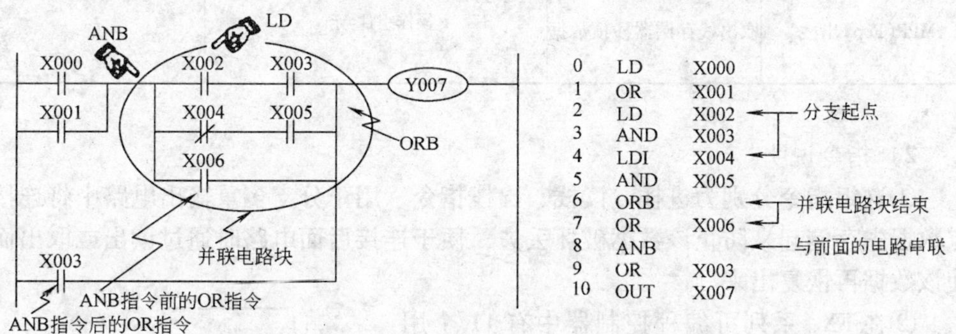

图4-55 并联电路块串联指令应用程序

（6）串联电路块并联指令

1）指令助记符及功能。串联电路块并联指令的助记符及功能、梯形图表示及操作组件等与（5）并串联电路块串联指令相类同。

2）指令说明

①对单个接点串联用LD、LDI指令，串联电路块结束后使用ORB指令，表示与上面的串联电路块并联。

②若多个单联电路块按顺序逐个和上面的串联电路块并联连接时，则ORB指令的使用次数没有限制。

③对多个串联电路块并联时，ORB 指令也可以集中成批地统一使用，但在这种场合，LD、LDI 指令的使用次数只能限制在 8 次以内，即 ORB 指令成批集中使用次数应限制在 8 次以内。

3）编程应用。并联电路块串联指令应用程序如图 4-55 所示。

（7）栈操作（MPS/MRD/MPP）指令

1）指令助记符及功能。MPS、MRD、MPP 指令的功能、梯形图表示、操作组件和程序步见表 4-21。

表 4-21　MPS、MRD、MPP 指令助记符及功能

指令助记符、名称	功　能	电路表示及操作组件	程序步
MPS(Push)进栈	将连接点数据入栈	MPS	1
MRD(Rcad)读栈	读栈存储器栈顶数据	MRD	1
MPP(Pop)出栈	取出栈存储器栈顶数据	MPP 操作组件:无	1

2）指令说明

①这组指令分别为进栈、读栈、出栈指令，用于分支多重输出电路中将连接点数据先存储起来防止该数据破坏丢失，便于连接后面电路时通过读出或取出而使该数据再恢复出来。

②在 FX_{2N}系列可编程控制器中有 11 个用来存储运算中间结果的存储区域，称为栈存储器。栈指令操作如图 4-56 所示，由图 4-43 可知，使用一次 MPS 指令，便将此刻的中间运算结果送入堆栈的第一层，而将原存在堆栈第一层的数据移往堆栈的下一层。

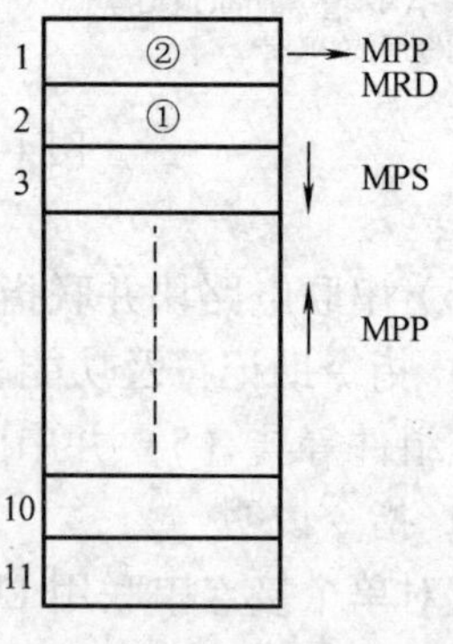

图 4-56　栈存储器

MRD 指令是读出栈存储器最上层的最新数据，此时堆栈内的数据不移动。可对分支多重输出电路多次使用，但分支多重输出电路不能超过 24 行。

使用 MPP 指令，栈存储器最上层的数据被读出、各数据顺次向上一层移动。

读出的数据从堆栈内消失。

③MPS、MRD、MPP 指令都是不带软组件的指令。

④MPS 和 MPP 必须成对使用，而且连续使用应少于 11 次。

3）编程应用。

【例 1】　一层堆栈的应用程序如图 4-57 所示。

【例 2】　一层堆栈，并用 AND、ORB 指令，如图 4-58 所示。

【例 3】　二层堆栈程序，如图 4-59 所示。

【例 4】　四层堆栈程序如图 4-60 所示，也可以将图 4-60 梯形图改变成图 4-61 所示，就可不必使用堆栈指令了。

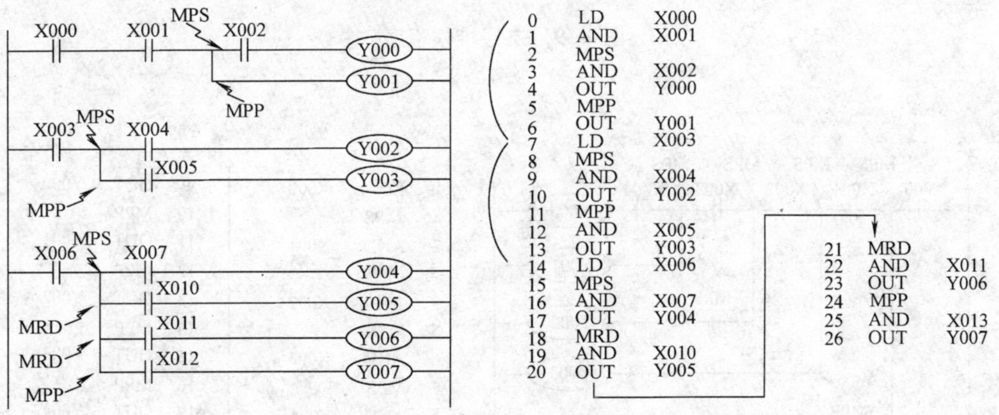

图 4-57　一层堆栈的应用程序

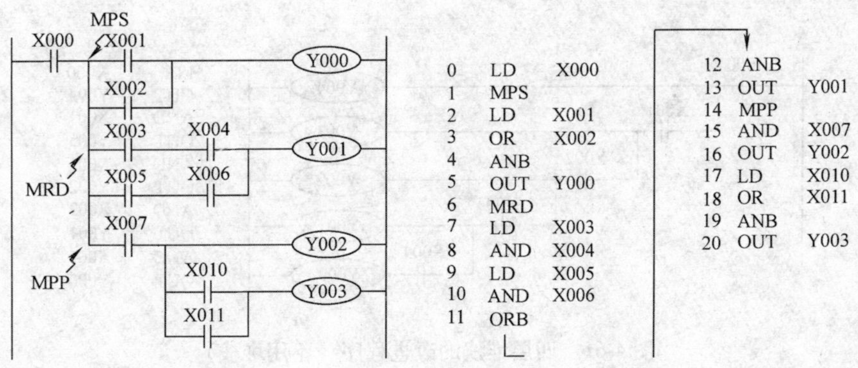

图 4-58　一层堆栈并用 ANB、ORB 指令程序

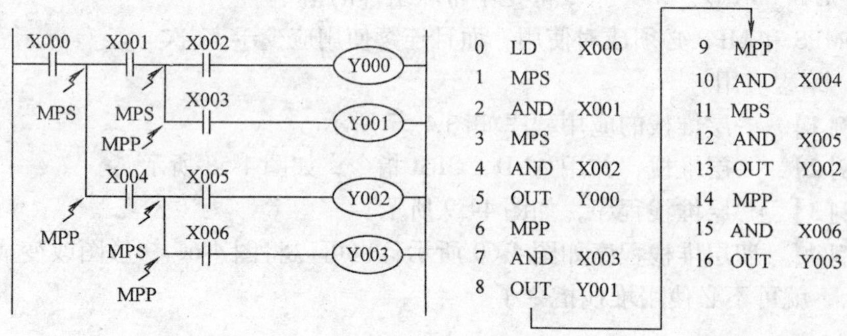

图 4-59　二层堆栈程序

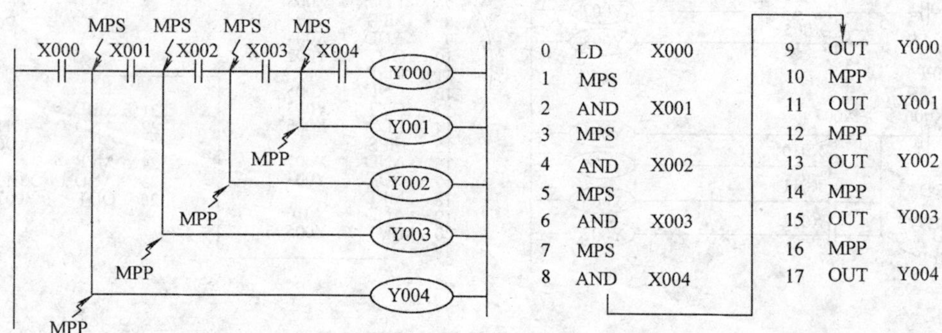

图 4-60　四层堆栈程序

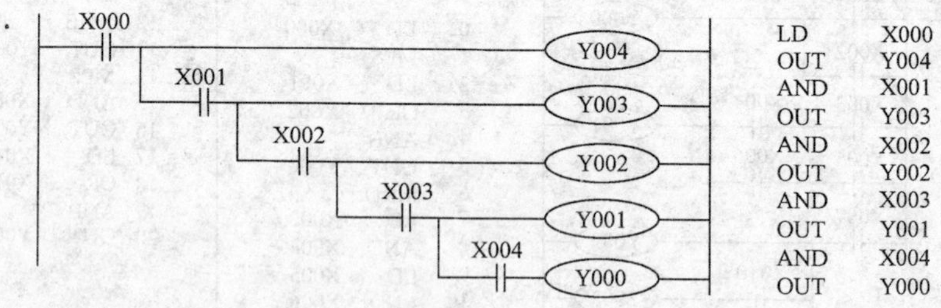

图 4-61　四层堆栈的改进程序（不用堆栈）

（8）主控触点（MC/MCR）指令

1）指令助记符及功能。MC、MCR指令的功能、梯形图表示、操作组件、程序步见表4-22。

表4-22 MC、MCR指令助记符及功能

符号、名称	功能	梯形图表示及操作组件	程序步
MC（主控）（Master Control）	主控电路块起点	MC Ni Y,M 除了特殊辅助继电器M	3
MCR（主控复位）	主控电路块终点	MCR Ni	2

注：当使用停电保持辅助继电器M1536～M3071时，程序步加1。与Ni为嵌套级，i=0～7。

2）指令说明

①MC为主控指令，用于公共串联触点的连接，MCR为主控复位指令，即MC的复位指令。编程时，经常遇到多个线圈同时受一个或一组控制。若在每个线圈的控制电路中都串入同样的触点，将多占存储单元；应用主控触点可以解决这一问题。主控指令控制的操作组件的常开触点要与主控指令后的母线垂直串联连接，是控制一组梯形图电路的总开关。当主控指令控制的操作组件的常开触点闭合时，激活所控制的一组梯形图电路，如图4-62所示。

②在图4-62中，若输入X000接通，则执行MC至MCR之间的梯形图电路的指令。

若输入X000断开，则跳过主控指令控制的梯形图电路，这时MC/MCR之间的梯形图电路根据软组件性质不同有以下两种状态。

积算定时器、计数器、置位/复位指令驱动的软组件保持断开前状态不变。

非积算定时器、OUT指令驱动的软组件均变为OFF状态。

③主控（MC）指令母线后接的所有起始触点均以LD/LDI指令开始，指令返回到主控（MC）指令后的母线，向下继续执行新的程序。

④在没有嵌套结构的多个主控指令程序中，可以都用嵌套级号N0来编程，N0的使用次数不受限制。

⑤通过更改MC的地址号，可以多次使用MC指令，形成多个嵌套级，嵌套级Ni的编号由小到大。返回时通过MCR指令，从大的嵌套级开始逐级返回（见编程应用中的例2）。

【例1】 无嵌套结构的主控指令MC/MCR编程应用，如图4-62所示。图中上、下两个主控指令程序中，均采用相同的嵌套级N0。

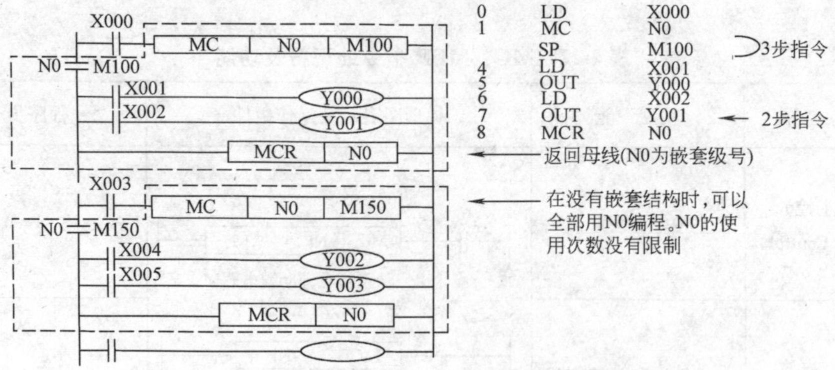

图4-62 无嵌套结构的主控指令MC/MCR编程应用举例

【例2】 有嵌套结构的主控指令MC/MCR编程应用如图4-63所示。程序中MC指令内嵌了MC指令，嵌套级N的地址号按顺序增大。返回时采用MCR指令，则从大的嵌套级N开始消除。

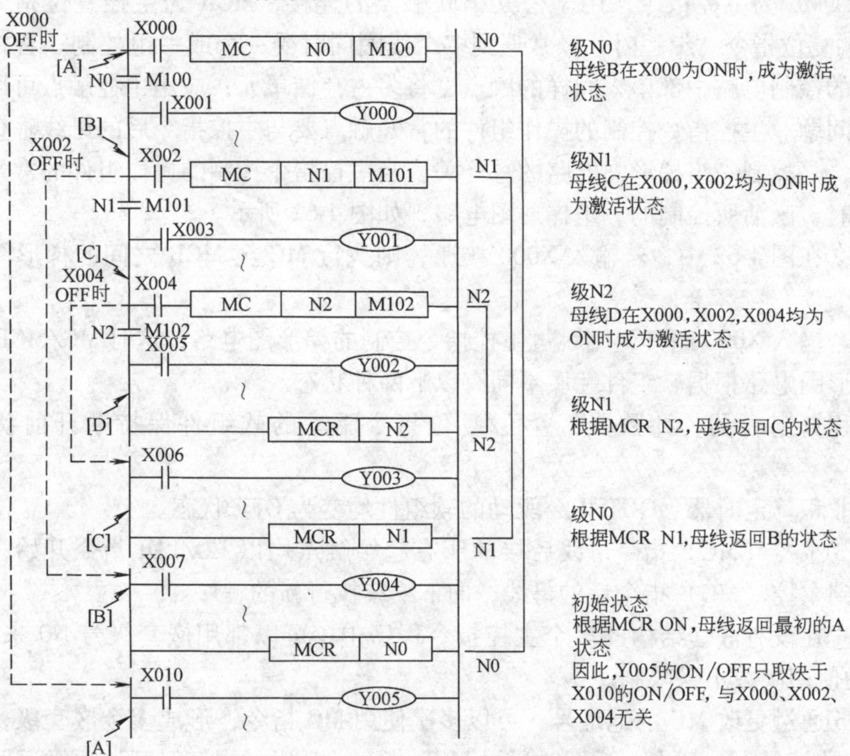

图4-63 有嵌套结构的主控指令MC/MCR编程应用

（9）置位/复位（SET/RST）指令

1）指令助记符及功能。SET 和 RST 指令的功能、梯形图表示、操作组件和程序步见表 4-23。

表 4-23 指令助记符及功能

符号、名称	功 能	梯形图表示及可操作的组件	程序步
SET（置位）	线圈接通保持指令	SET Y,M,S	Y、M:1 S、特 M:2
RST（复位）	线圈接通清除指令	RST Y,M,S,T,C,D,V,Z	T、C:2 D、V、Z、特 D:3

2）指令说明

①SET 为置位指令，使线圈保持接通（置“1”），直到遇到 RST 才能断开；RST 为复位指令，使线圈断开（复位置“0”），直到遇到 SET 才能保持接通。

②对同一软组件，SET、RST 可多次使用，不限制使用次数，但最后执行者有效。

③对数据寄存器 D、变址寄存器 V 和 Z 的内容清零，既可以用 RST 指令，也可以用常数 K0 经传送指令清零，效果相同。RST 指令也可以用于积算定时器 T246～T255 和计数器 C 的当前值的复位以及触点复位。

3）编程应用。在图 4-64 所示的程序中，置位指令执行条件 X000 一旦接通后再次变为 OFF，Y000 驱动为 ON 后并保持。复位指令执行条件 X001 一旦接通后再次变为 OFF 后，Y000 被复位为 OFF 后并保持。M、S 也是如此。

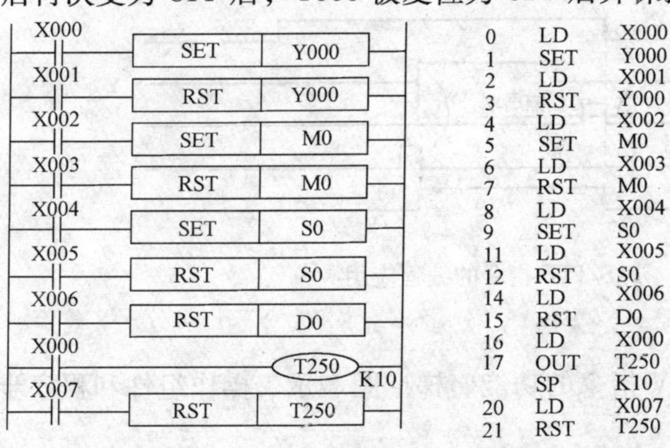

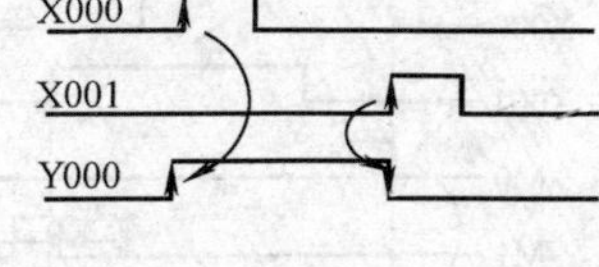

图 4-64 SET/RST 指令的编程应用

（10）微分脉冲输出（PLS/PLF）指令

1）指令助记符及功能。PLS、PLF 指令的功能、梯形图表示、操作组件程序步见表4-24。

表4-24　PLS、PLF指令助记符及功能

符号、名称	功　能	电路表示及可操作组件	程序步
PLS（上沿脉冲）	上升沿微分输出	PLS Y,M	2
PLF（下沿脉冲）	下降沿微分输出	PLF Y,M 特M除外	2

注：当使用停电保持辅助继电器M1536～M3071时，程序步加1；特殊继电器不能做为PLS、PLF的操作组件。

2）指令说明

①PLS、PLF为微分脉冲输出指令。PLS指令使操作组件在输入信号上升沿时产生一个扫描周期的脉冲输出。PLF指令则使操作组件在输入信号下降沿产生一个扫描周期的脉冲输出。

②在图4-65程序的时序图中可以看出，PLS、PLF指令可以将输入组件的脉宽较宽的输入信号变成脉宽等于PLC的扫描周期的触发脉冲信号，相当于对输入信号进行了微分。

3）编程应用如图4-65所示。

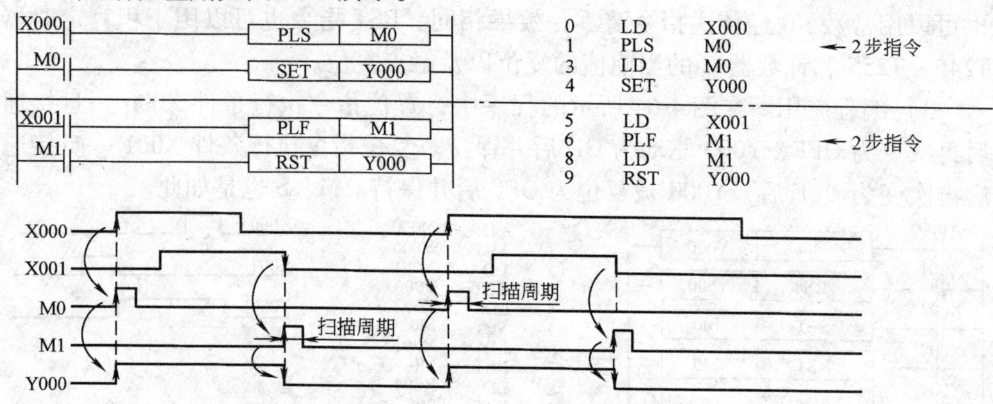

图4-65　PLS/PLF指令的编程应用

（11）取反（INV）指令

1）指令助记符及功能。INV指令的功能、梯形图表示、操作组件和程序步见表4-25。

表4-25　INV指令助记符及功能

符号、名称	功　能	梯形图表示及可操作组件	程序步
INV（取反）	运算结果取反操作	无操作软元件	1

2）指令说明

①INV 指令是将执行 INV 指令的运算结果取反，其后不需要指定软组件的地址号，如图 4-66 所示。

②使用 INV 指令编程时，可以在 AND 或 ANI，ANDP 或 ANDF 指令的位置后编程，也可以在 ORB、ANB 指令回路中编程，但不能像 OR、ON、ORP、ORF 指令那样单独并联使用，也不能像 LD、LDI、LDI、LDF 那样与母线单独连接。

3）编程应用

【例 1】 取反操作指令编程应用如图 4-66 所示。由图 4-66 可知，如果 X000 断开，则 Y000 接通；如果 X000 接通，则 Y000 断开。

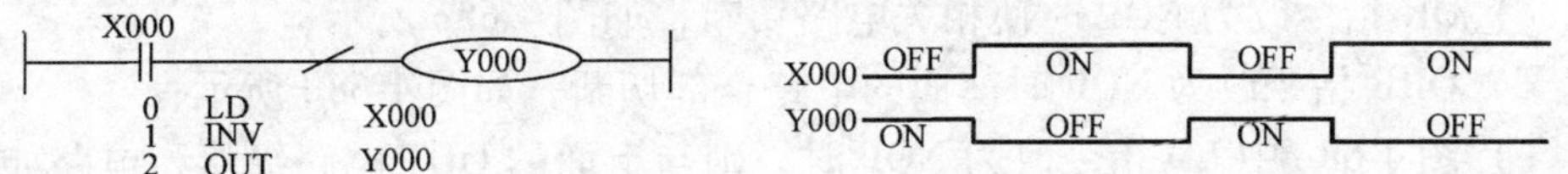

图 4-66 取反 INV 指令的编程应用

【例 2】 图 4-67 是 INV 指令在包含 ORB 指令、ANB 指令的复杂回路编程的例子。由图 4-67 可见，各个 INV 指令是将它前面的逻辑运算结果取反。图 4-67 程序输出的逻辑表达式为

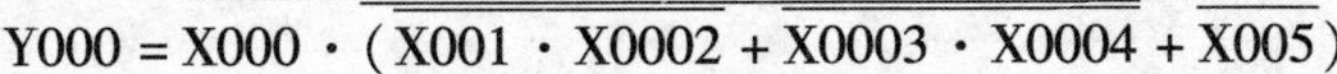

$$Y000 = X000 \cdot \overline{(\overline{\overline{X001 \cdot X0002} + \overline{X0003 \cdot X0004}} + \overline{X005})}$$

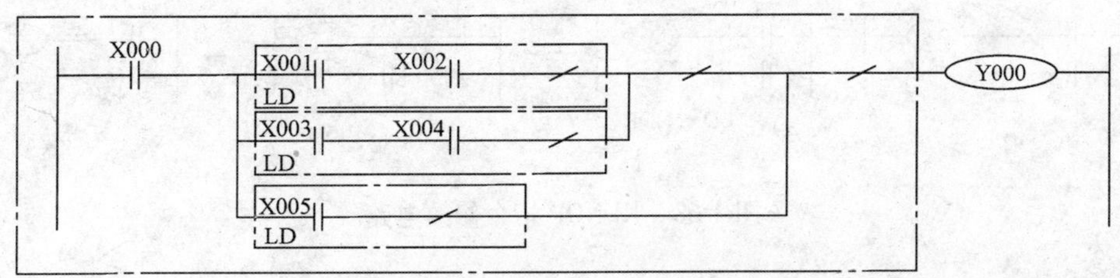

图 4-67 INV 指令在 ORE、ANB 指令的复杂回路中的编程

（12）空操作（NOP）指令和程序结束（END）指令

1）指令助记符及功能。NOP 和 END 指令的功能、梯形图表示、操作组件和程序步见表 4-26。

表 4-26 NOP 和 END 指令助记符及功能

符号、名称	功 能	电路表示和操作组件	程序步
NOP（空操作）	无动作	NOP 无操作元件	1
END（结束）	输入输出处理返回到 0 步	END 无操作元件	1

2）指令说明

①空操作指令就是使该步无操作。在程序中加入空操作指令，在变更程序或增加指令时可以使步序号不变化。用 NOP 指令也可以替换一些已写入的指令，修改梯形图或程序。但要注意，若将 LD、LDI、ANB、ORB 等指令换成 NOP 指令后，会引起梯形图电路的构成发生很大的变化，导致出错。例如：

a）AND、ANI 指令改为 NOP 指令时会使相关触点短路，如图 4-68a 所示；

b）ANB 指令改为 NOP 指令时，使前面的电路全部短路，如图 4-68b 所示；

c）OR 指令改为 NOP 时使相关电路切断，如图 4-68c 所示；

d）ORB 指令改为 NOP 时前面的电路全部切断，如图 4-68d 所示；

e）图 4-68e 中 LD 指令改为 NOP 时，则与上面的 OUT 电路纵接，电路如图 4-68f 所示；若图 4-68f 中 AND 指令改为 LD，电路就变成图 4-68g 所示了。

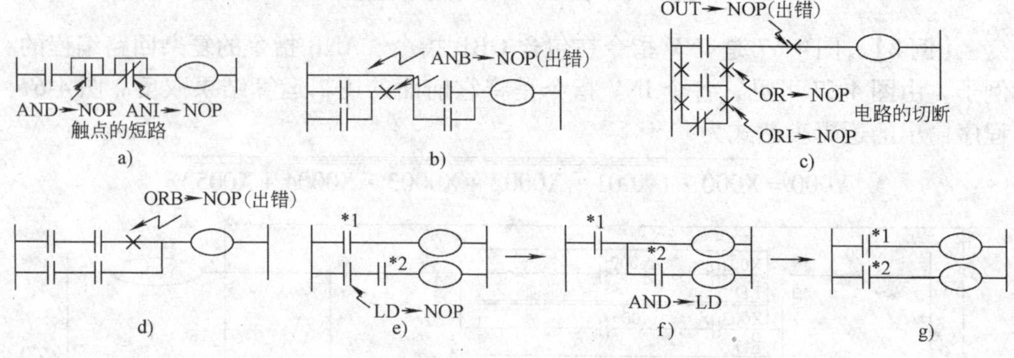

图 4-68 用 NOP 指令修改电路

②当执行程序全部清零操作时，所有指令均变成 NOP。

③END 为程序结束指令。PLC 总是按照指令进行输入处理、执行程序到 END 指令结束，进入输出处理工作。若在程序中不写入 END 指令，则 PLC 从用户程序的第 0 步扫描到程序存储器的最后一步（FX_{2N} 为 8000 步）。若在程序中写入 END 指令，则 END 以后的程序步不再扫描执行，而是直接进行输出处理。也就是说，使用 END 指令可以大大缩短扫描周期。

④END 指令还有一个用途是可以对较长的程序分段调试。调试时，可将程序分段后插入 END 指令，从而依次对各程序段的运算进行检查修改。然后在确认前面电路块动作正确无误之后再依次删除 END 指令。

以上就是 FX_{2N} 系列微型 PLC 的 27 条基本逻辑指令的功能。为了便于初学者查找记忆，经归纳总结，特把这些指令再详尽列于表 4-27 中。

表 4-27　FX_{2N}系列微型 PLC 的 27 条基本逻辑指令的功能

序号	指令	符　号	编程元件	功　　能
1	LD		X、Y、M、T、C、S	在左母线或在分支电路开始处使用的 1 个常开触点
2	LDI		X、Y、M、T、C、S	在左母线或在分支电路开始处使用的 1 个常闭触点
3	OUT		Y、M、T、C、S	驱动 Y、M、T、C、S 的线圈
4	AND		X、Y、M、T、C、S	1 个常开触点与前面电路串联连接
5	ANI		X、Y、M、T、C、S	1 个常闭触点与前面电路串联连接
6	OR		X、Y、M、T、C、S	1 个常开触点与上面电路并联连接
7	ORI		X、Y、M、T、C、S	1 个常闭触点与上面电路并联连接
8	ORB		无	串联电路块与上面电路并联连接
9	ANB		无	并联电路块与前面电路串联连接
10	MPS	MPS MRP MPP	无	将 MPS 指令前的逻辑运算结果压入栈内（进栈）
11	MRD			读 MPS 指令压入栈内的逻辑运算结果（读栈）
12	MPP			将 MPS 指令压入栈内的逻辑运算结果从栈内弹出（出栈）
13	MC	MC	（N）、Y、M0 ~ M3071	把多个并联支路与母线连接
14	MCR	MCR	（N0 ~ N7）	使 MC 指令复位（主控结束时返回）
15	INV	INV	无	将 INV 指令前的逻辑运算结果取反
16	SET	SET	Y、M、S	置位操作
17	RST	RST	Y、M、S、T、C、D、V、Z	复位操作
18	PLS	PLS	Y、M0 ~ M3071	上升沿使 Y 或 M 产生宽度为 1 个扫描周期的脉冲
19	PLF	PLF	Y、M0 ~ M3071	下降沿使 Y 或 M 产生宽度为 1 个扫描周期的脉冲

（续）

序号	指令	符　号	编程元件	功　　能
20	LDP		X、Y、M、T、C、S	在位元件的上升沿时产生宽度为 1 个扫描周期的脉冲
21	LDF		X、Y、M、T、C、S	在位元件的下降沿时产生宽度为 1 个扫描周期的脉冲
22	ANDP		X、Y、M、T、C、S	在位元件的上升沿时产生宽度为 1 个扫描周期的脉冲
23	ANDF		X、Y、M、T、C、S	在位元件的下降沿时产生宽度为 1 个扫描周期的脉冲
24	ORP		X、Y、M、T、C、S	在位元件的上升沿时产生宽度为 1 个扫描周期的脉冲
25	ORF		X、Y、M、T、C、S	在位元件的下降沿时产生宽度为 1 个扫描周期的脉冲
26	NOP		无	空操作
27	END	END	无	程序结束时使用，程序分段调试时使用

2. FX_{2N}系列 PLC 2 条步进梯形指令的编程方法

1）指令助记符及功能。SLT 和 SLT 指令的功能、梯形图表示、操作组件和程序步见表 4-28。

表 4-28　SLT 和 SLT 指令助记符及功能

指令助记符、名称	功　能	步进梯形图的表示	程序步
STL 步进接点指令	步进接点驱动	STL	1
RET 步进返回指令	步进程序结束返回	RET	1

2）指令说明

①STL：步进触点开始指令。

②RET：步进结束指令。

STL 指令只能和状态元件 S 配合使用，表示状态元件 S 的常开触点（只有常开触点，无常闭触点）与左母线相连。STL 触点可直接连接线圈或通过触点驱动线圈。与 STL 相连的起始触点要使用 LD 或 LDI 指令。使用 STL 指令使 LD 点移到 STL 触点的右侧，一直到出现下一条 STL 指令或者出现 SET 指令为止。RET

指令用于步进操作结束时，使LD点返回左母线。使用STL指令使新的状态置位，前一状态复位。

STL触点接通后，与此相连的电路开始执行；当STL触点断开时，与此相连的电路停止执行。但要注意，在STL触点由接通变为断开时，还要执行一个扫描周期。

STL指令和RET指令是一对步进指令。在一系列STL指令最的后，必须写入BET指令，表明步进指令的结束。

3）编程应用。例如机床电气控制中常采用电动机的Y/△起动控制电路，若采用步进梯形图控制，其状态转移图和步进梯形图如图4-69所示。

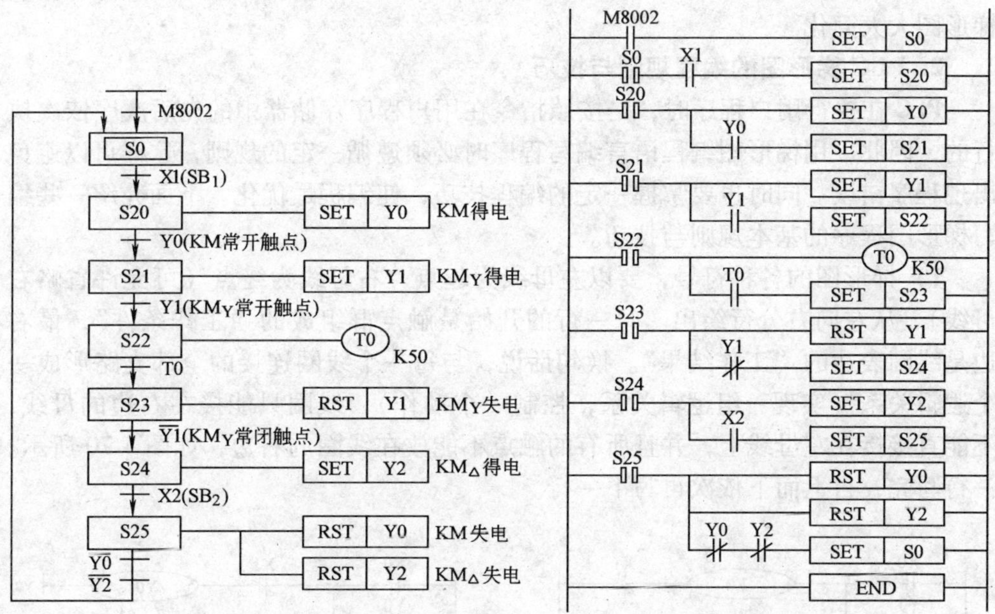

图4-69　电动机的Y/△起动PLC控制状态转移图和步进梯形图

4.6.5　基本逻辑指令的编程规则与技巧

1. 梯形图的特点

1）梯形图按自上而下、从左到右的顺序排列。

2）梯形图中的继电器不是物理继电器，每个继电器均为储存器中的一位，因此称为“软继电器”。当储存器相应位的状态为“1”，表示该继电器线圈得电，其动合触点闭合或动断触点断开。

3）梯形图是PLC形象化的编程手段，梯形图两端的母线并非实际电源的两端，因此，梯形图中流过的电流也不是实际的物理电流，而是“概念”电流，是用户程序执行过程中满足输出条件的形象表现形式。

4）一般情况下，在梯形图中某个编号继电器线圈只能出现一次，而继电器触点（动合或动断）可无限次使用。

5）梯形图中，前面所示逻辑行逻辑执行结果将立即被后面逻辑行的逻辑操作所利用。

6）梯形图中，除了输入继电器没有线圈，只有触点外，其他继电器既有线圈，又有触点。

7）PLC 总是按照梯形图排列的先后顺序（从上到下，从左到右）逐一处理。也就是说，PLC 是按循环扫描工作方式执行梯形图程序。因此，梯形图中不存在不同逻辑行同时开始执行的情况，使得设计时可减少许多连锁环节，从而使梯形图大大简化。

2. PLC 梯形图的编程规则与技巧

PLC 在执行用户程序时，是按照指令在用户程序存储器中的先后次序依次执行的，因此，用梯形图编程语言编写程序时必须遵循一定的规则，这样可以避免出现程序错误。同时也要掌握一定的编程技巧，使编程最优化。下面介绍一些编写梯形图程序的基本规则与技巧。

1）梯形图的各种符号，要以左母线为起点，右母线为终点（可允许省略右母线），从左向右分行绘出。每一行的开始是触点群组成的“工作条件”，最右边是线圈表达的“工作结果”。换句话说，与每一个线圈连接的全部支路形成一个逻辑关系（实现一组逻辑关系，控制一个动作），线圈只能接在右边的母线，不能直接接在左母线上，并且所有的触点不能放在线圈的右边，如图 4-70 所示。一行写完，自上而下依次再写下一行。

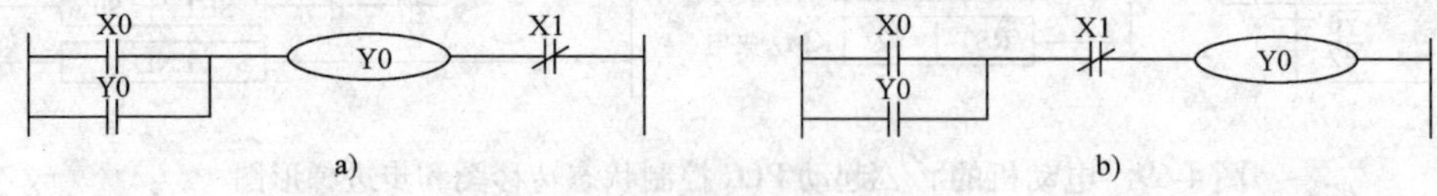

图 4-70　线圈的连接

a）错误　b）正确

2）编写 PLC 程序时，输入继电器 X、输出继电器 Y、辅助继电器 M、定时器 T、计数器 C 等编程元件的触点可以多次重复使用而不受限制。因此，在编程时应以回路清晰为主要目的，而无需用复杂的程序结构来减少触点的使用次数。

3）在梯形图中，每行串联的触点数或每组并联的触点数理论上不受限制。但使用图形编程器编程时，它们要受到屏幕尺寸的限制。建议串联触点一行不超过 10 个，每组并联触点不超过 24 行，如图 4-71 所示。

4）在梯形图中，每组并联输出的线圈数或每组连续输出的线圈数理论上不受限制。但使用图形编程器编程时，它们要受到屏幕尺寸的限制。建议每组不得超过 24 行，如图 4-72 所示。

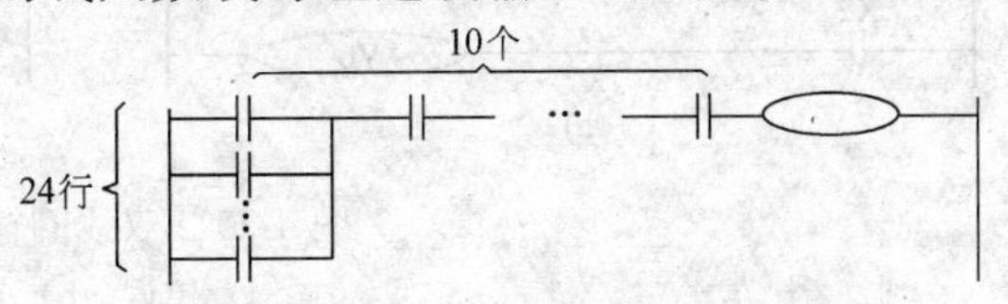

图 4-71　梯形图中的串/并联触点数

5）输入继电器的线圈只能由连接在 PLC 输入端子上的外部输入信号控制，所以梯形图中只有输入继电器的触点是用来表示对应输入端子上的输入信号，而没有线圈表示。

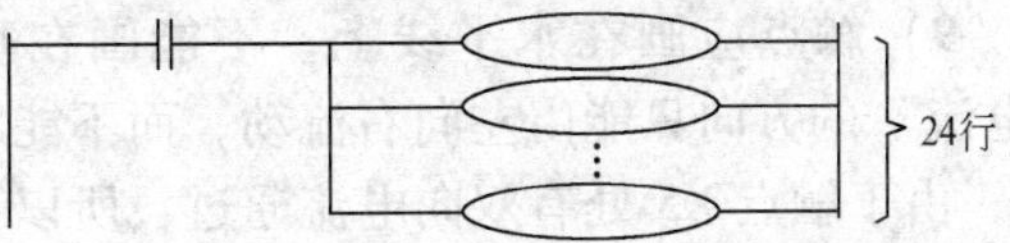

图 4-72　梯形图中的并联联线圈数

6）在梯形图中，所有编程元件的线圈不能与左母线直接连接，即它们之间必须连接有触点。如果需要 PLC 在开机时就有输出，可以通过一个没有使用的辅助继电器的常闭触点来连接，如图 4-73 所示。

图 4-73　没有触点的线圈连接方法

a）错误　b）正确

7）在梯形图中，所有编程元件的线圈不能串联连接，如图 4-74 所示。

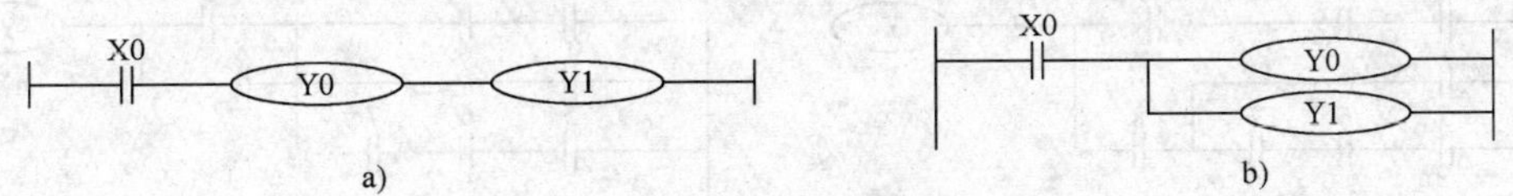

图 4-74　线圈位置的放置

a）错误　b）正确

8）某一线圈在同一程序中一般只能出现一次，否则容易引起误操作。如果在同一程序中同一元件的线圈使用两次或多次，称为双线圈输出。PLC 顺序扫描执行的规定，这种情况如果出现时，前面的输出无效，最后一次输出有效，所以无论线圈的输出条件多么复杂，也禁止双线圈输出，如图 4-75 所示。只有在同一程序中绝不会同时执行的不同程序段中可以有相同的输出线圈。对于设置有跳转指令的程序，在两个跳转条件相反的跳转区内，可以使用同一编号的线圈。

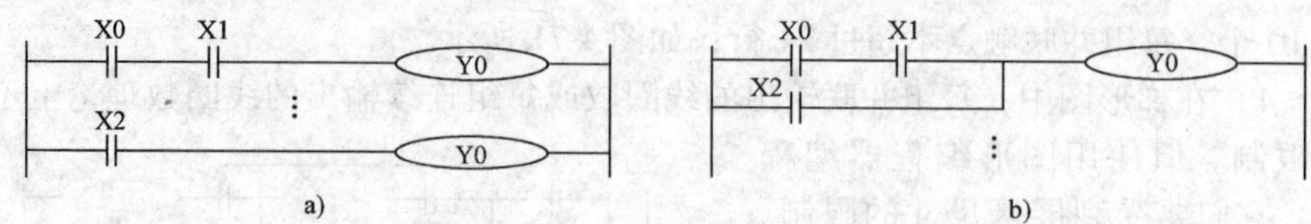

图 4-75　双线圈输出处理

a）错误　b）正确

9）触点应画在水平线上，不能画在垂直分支线上，也就是在梯形图中，“电流”的方向只能由左向右流动，而不能双向流动。在图 4-76 所示的桥式电路中，由于触点 X5 处有双向电流通过，所以该电路不符合编程规则，不能直接进行编程。对于这类电路，必须使用电路等效变换的方法进行变换处理后编程。

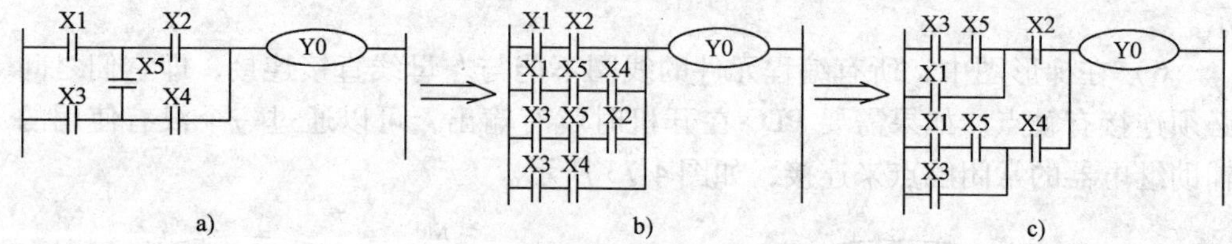

图 4-76　双电流电路的处理

a）错误　b）、c）正确

10）不包含触点的分支应放在垂直方向，不可放在水平位置，以便于识别触点的组合和对输出线圈的控制路径，如图 4-77 所示。

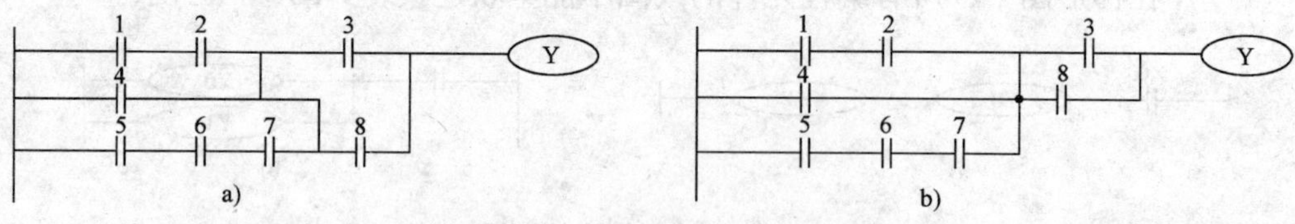

图 4-77　梯形图的编程规则说明示例

11）遇到不可编程电路必须作重新安排，如图 4-78 所示，以便于正确应用 PLC 基本指令来进行编程。图 4-78 中举了一个实例，在早期的 PLC 中要将这样不可编程电路重新安排成可编程的电路。

12）电路简化。电路简化可使编程优化，从而使程序结构简单、步数最少、节省内存、提高对用户程序的响应速度；使得较难处理的电路编程变得容易。

①多个串联回路并联时，应把串联触点最多的回路编排在最上方，减少程序步数，以节省存储器空间和缩短扫描周期，如图 4-79 所示。

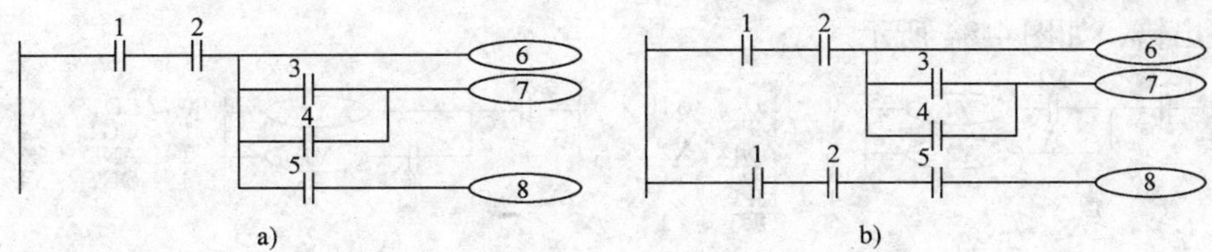

图4-78 梯形图的编程规则说明示例

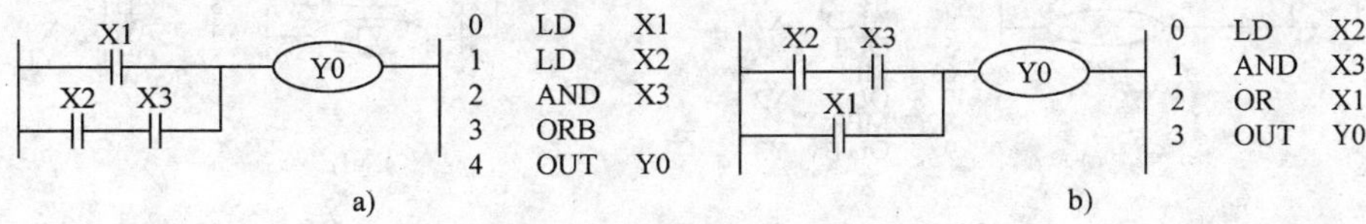

图4-79 串联电路块并联的编排

a）不好 b）好

②多个并联回路串联时，应把并联触点最多的回路编排在最左边，减少程序步数，以节省存储器空间和缩短扫描周期，如图4-80所示。

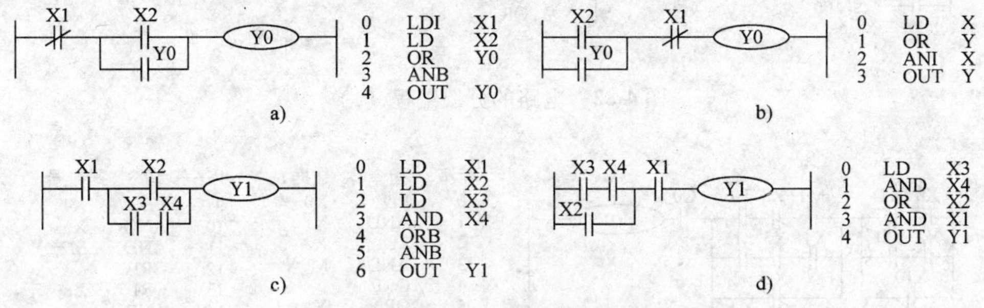

图4-80 并联电路块串联的编排

a)、c）不好 b)、d）好

③并联线圈电路从分支点到线圈之间，无触点的线圈应放在最上方，这样可以减少程序步数，以节省存储器空间和缩短扫描周期，如图4-81所示。

13）电路分块。这种方法主要有3个步骤：第一步，首先将梯形图按串联支路从左到右的顺序分为若干段，然后再将各段按并联支路从上到下的顺序分为若干行；第二步，分别对各段按从左到右、从上到下的顺序编程；第三步，将各段编好的程序按从左到右的顺序用连接指令逐次连接，即得整个程序，如图4-82和图4-83所示。

14）电路等效。如果电路的结构比较复杂，用ANB或ORB等指令难以解决，可重复使用一些触点画出它们的等效电路然后再进行编程就比较容易，并且不易出错，如图 4-84 所示。

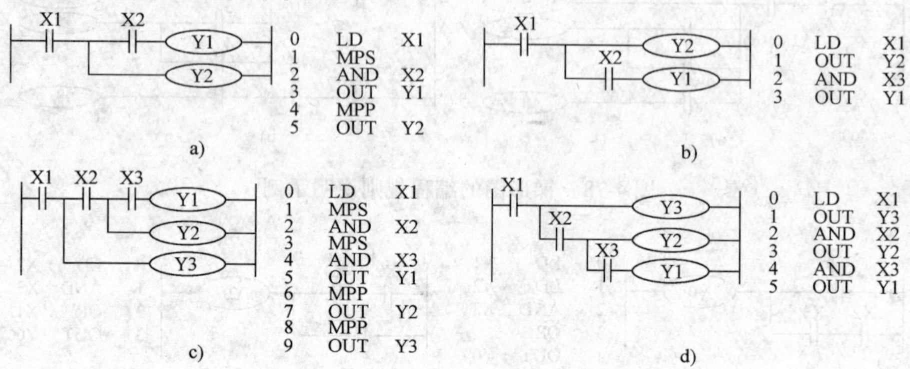

图 4-81 并联线圈电路的编排

a)、c) 不好 b)、d) 好

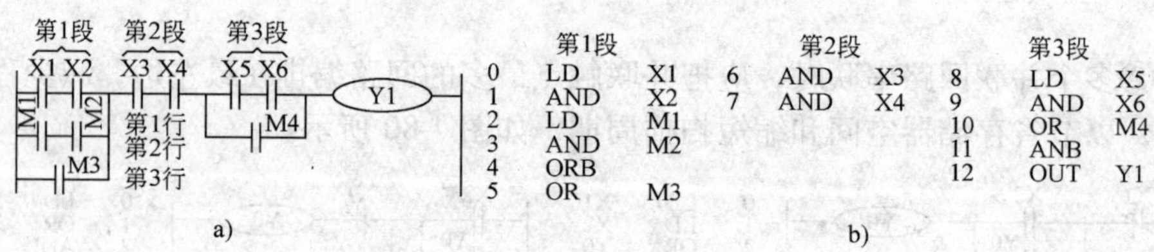

图 4-82 电路的分块编程（1）

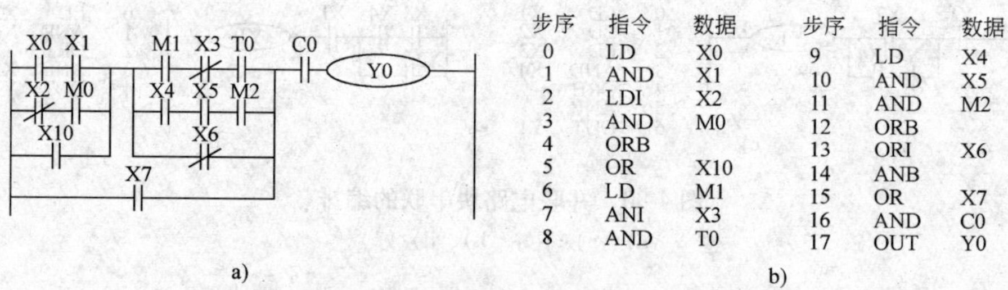

步序	指令	数据	步序	指令	数据
0	LD	X0	9	LD	X4
1	AND	X1	10	AND	X5
2	LDI	X2	11	AND	M2
3	AND	M0	12	ORB	
4	ORB		13	ORI	X6
5	OR	X10	14	ANB	
6	LD	M1	15	OR	X7
7	ANI	X3	16	AND	C0
8	AND	T0	17	OUT	Y0

b)

图 4-83 电路的分块编程（2）

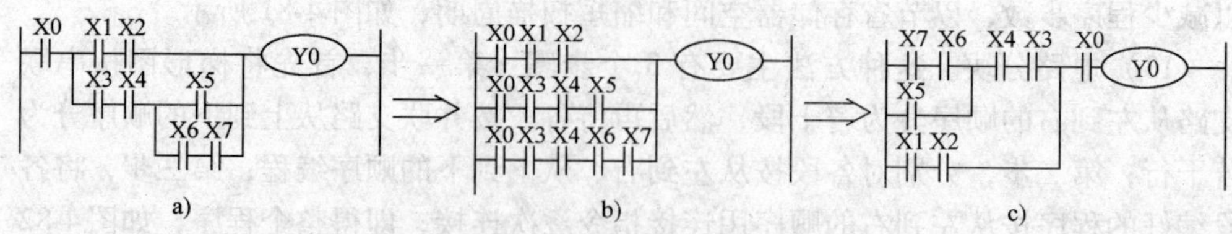

图 4-84 复杂电路的等效变换

15）对常闭触点输入的编程处理。对输入外部控制信号的常闭触点，在编制梯形图时要特别小心，否则可能导致编程错误。现以一个常用的电动机起动、停止控制电路为例，进行详细分析说明。

电动机起动和停止控制电路如图 4-85a 所示，使用 PLC 控制的输入输出接线图如图 4-85b 或图 4-85d 所示，对应的梯形图如图 4-85c 或图 4-85e 所示。从图 4-85b 中可见，由于停止按钮 SB_2（常闭触点）和 PLC 的公共端 COM 已接通，在 PLC 内部电源作用下输入继电器 X1 线圈接通，在图 4-85e 中的常闭触点 X1 断开，所以按下起动按钮 SB_1（常开触点）时，输出继电器 Y0 不动作，电动机不能起动。解决这类问题的方法有两种：一是把图 4-62e 中常闭触点 X1 改为常开触点 X1，如图 4-85c 所示；二是把停止按钮 SB_2 改为常开触点，如图 4-85d 所示。

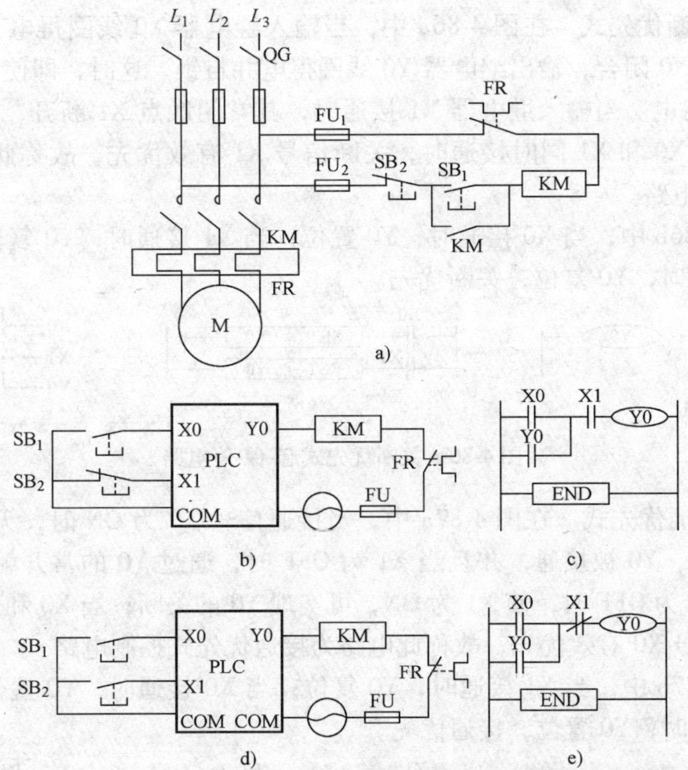

图 4-85　对电动机起动停止控制电路中常闭触点输入的编程处理

从上面分析可知，如果外部输入为常开触点，则编制的梯形图与继电器控制原理图一致；但是，如果外部输入为常闭触点，那么编制的梯形图与继电器控制原理图刚好相反。一般为了与继电器控制原理图相一致，减少对外部输入为常闭触点处理上的麻烦，在 PLC 的实际接线图中，尽可能不用常闭触点，而用常开触点作为输入，如图 4-85d 所示。

4.6.6 机床 PLC 控制的最常用编程环节

和机床电气控制的基本电路环节一样，机床的 PLC 控制也是由一些最基本的编程环节组成的。为了进一步提高认识和设计 PLC 程序的水平，也需要熟知一些常见的最基本电路环节的应用程序，并通过编程工作的不断积累，掌握各种复杂电路的编程方法。

1. 起-保-停电路

在 PLC 的程序设计中，接通（起动）、保持（自保、自锁）、关断（停止）电路是构成梯形图最基本的常用电路，其基本形式有以下两种。

（1）关断优先式　在图 4-86a 中，当输入继电器 X0 线圈得电（通电）时，其常开触点 X0 闭合，输出继电器 Y0 线圈得电并自锁。这时，即使 X0 断开，线圈 Y0 仍然得电。当输入继电器 X1 接通时，其常闭触点 X1 断开，Y0 线圈失电（断电）。当 X0 和 X1 同时接通时，关断信号 X1 有效优先，故称此电路为关断优先式控制电路。

在图 4-86b 中，当 X0 接通时，Y0 置位；当 X1 接通时，Y0 复位；当 X0 和 X1 同时接通时，Y0 复位，关断优先。

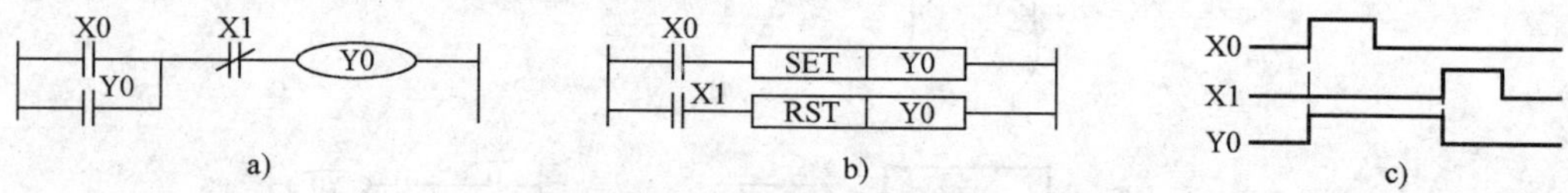

图 4-86　关断优先式起-保-停电路

（2）接通优先式　在图 4-87a 中，当接通信号 X0 为 ON 时，无论关断信号 X1 状态如何，Y0 被接通，并且当 X1 为 OFF 时，通过 Y0 的常开触点闭合实现自锁；当 X0 为 OFF 时，使 X1 为 ON，可实现 Y0 的关断；当 X0 和 X1 同时接通时，接通信号 X0 有效优先，故称此电路为接通优先式控制电路。

在图 4-87b 中，当 X1 接通时，Y0 复位；当 X0 接通时，Y0 置位；当 X0 和 X1 同时接通时，Y0 置位，接通优先。

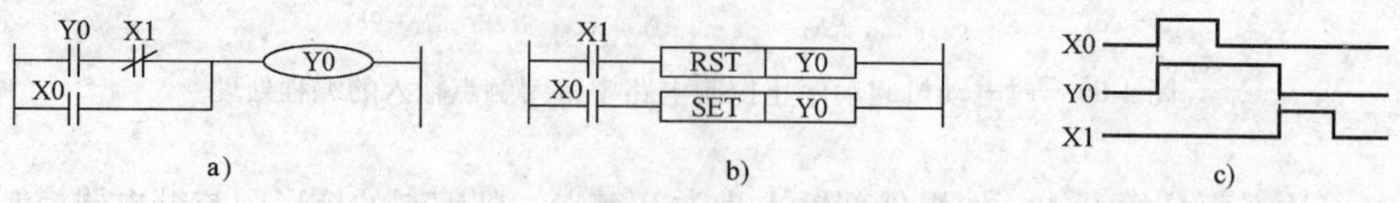

图 4-87　接通优先式起-保-停电路

2. 多地点控制电路

在有些机床设备上，为了操作方便，常要求能在多个地点对电动机进行控制。这时可将安装在不同位置的起动按钮并联连接，停止按钮串联连接，如图4-88a所示。

在有些大型设备上，需要几个操作者在不同位置同时工作。为了操作者的安全，要求所有操作者都发出起动信号后才能使电动机运转，这时可将安装在不同位置的起动按钮串联连接；若要求在多处可控制电动机的停转，则停止按钮也应做串联连接，如图4-88b所示。

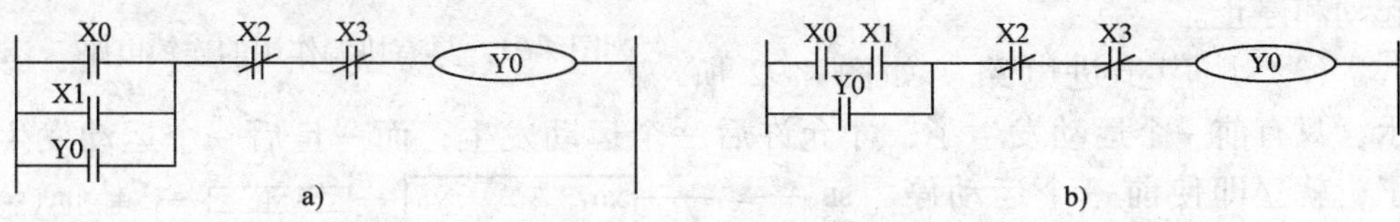

图4-88　多地点控制电路

3. 长动与点动电路

某些机床机械既需要连续运转，即所谓长动；又要求在试车调整及快速移动时能进行点动控制。点动是指手按下按钮时，电动机运转工作；手松开按钮时，电动机停止工作。如机床刀架、横梁、立柱的快速移动，机床的调整对刀等。长动可用自锁电路实现，取消自锁触点或是自锁触点不起作用就是点动。长动与点动电路如图4-89所示。

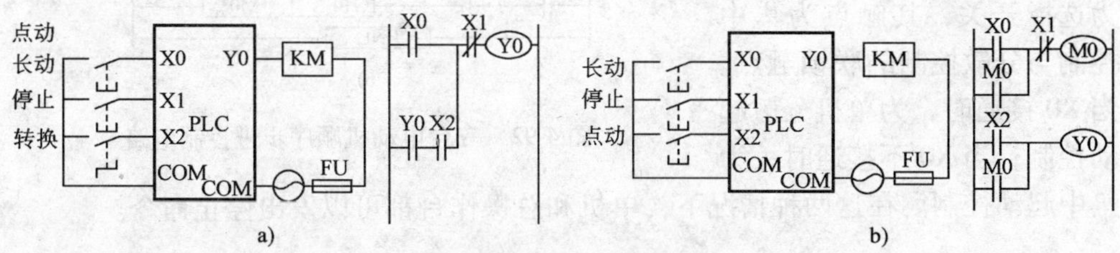

图4-89　两种长动与点动控制电路

4. 连锁和互锁电路

在机床机械的各种运动之间往往存在着某种相互协调（配合）和制约的关系，一般采用连锁和互锁控制来实现。下面是几种常见的连锁和互锁电路。

（1）相互禁止的互锁电路　如图4-90所示，为了使Y0和Y1相互禁止，选择相互制约的信号为Y0的常闭触点和Y1的常闭触

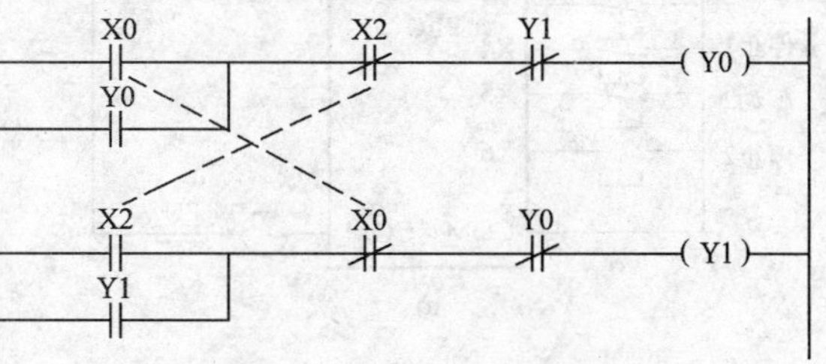

图4-90　相互禁止的互锁电路

点，分别串入对方 Y1 和 Y0 的控制回路中。

（2）具有协调的连锁电路　如图 4-91 所示，Y0 的常开触点串在 Y1 的控制回路中，Y1 的接通是以 Y0 的接通为协调条件的。这样，只有 Y0 的接通才允许 Y1 的接通。Y0 关断后，Y1 也被关断停止。在 Y0 接通的条件下，Y1 可以自行起动和停止。

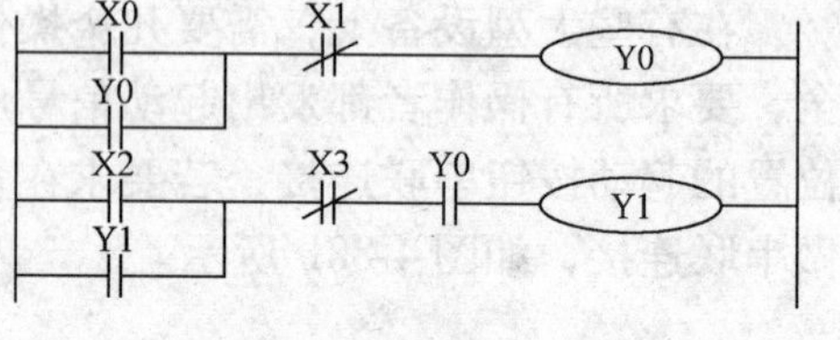

图 4-91　具有协调作用的连锁电路

（3）顺序步进电路　如图 4-92 所示，只有前一个运动发生了，才允许后一个运动发生；而一旦后一个运动发生了，就立即使前一个运动停止。

（4）集中控制与分散控制电路　在多台单机连成的自动线上，有在总操作台的集中控制和单机操作台上分散控制的联锁。集中控制与分散控制的电路如图 4-93 所示。在图 4-93 中，输入 X0 为选择开关，其触点为集中控制与分散控制的联锁触点。当 X0 接通时，为单机分散起动控制；当 X0 不接通时，为集中起动控制。在这两种情况下，单机和总操作台都可以发出停止命令。

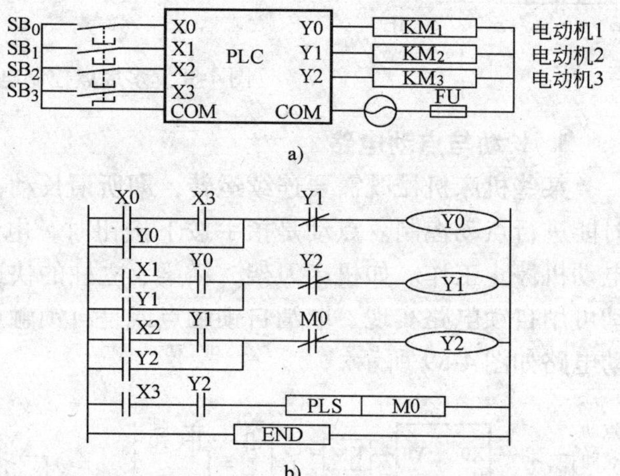

图 4-92　三台电动机顺序步进控制电路

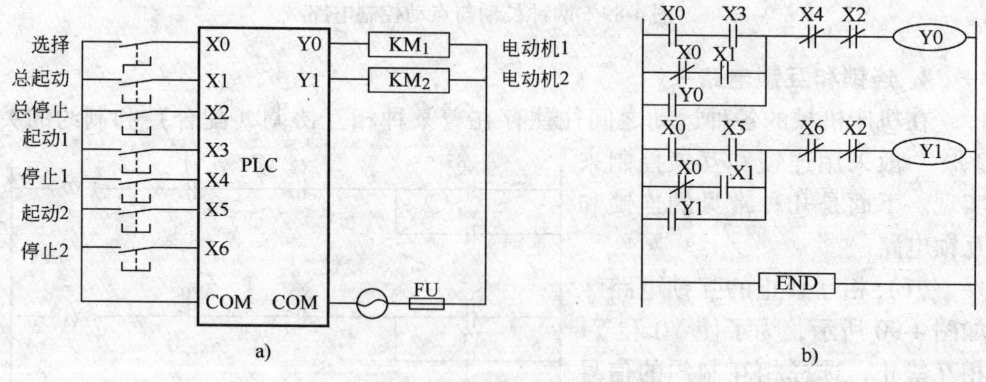

图 4-93　集中控制与分散控制电路

5. 按通按断电路

该电路是用一个按钮控制电路的通断，可用作分频电路和奇偶校验电路等，如图4-94所示。

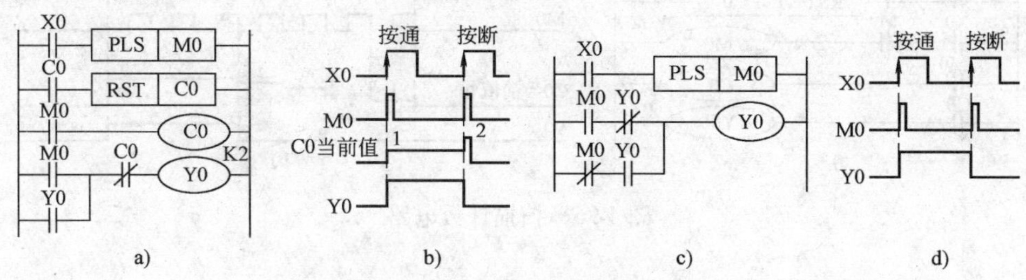

图4-94　按通按断电路

6. 消除输入信号抖动电路

许多机床控制系统的输入信号是由安装在现场的行程开关、压力继电器、微动开关等提供。当输入信号发生抖动时，对继电器控制系统，由于系统的电磁惯性一般不会导致误动作；在PLC控制中，CPU的扫描周期仅有几十毫秒，输入抖动的信号将进入PLC，极易造成出错，通常要加消除输入信号抖动的电路。图4-95为一个消除输入信号抖动的电路，只有当输入信号脉冲X0的宽度≥0.5s时才有效。

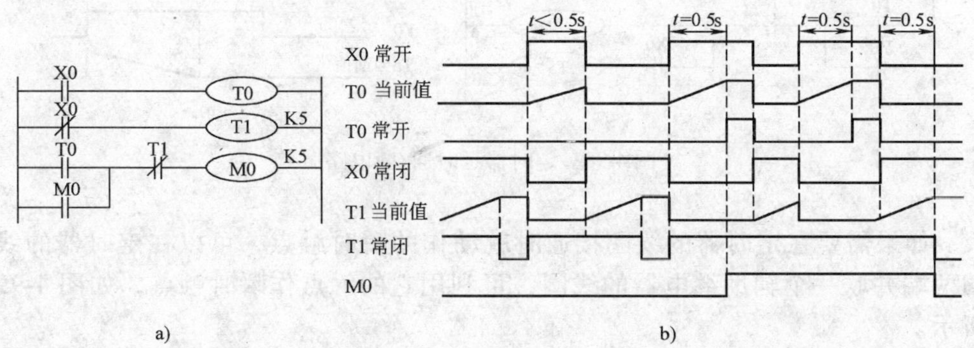

图4-95　消除开关抖动电路

7. 扫描计数电路

如果在某些场合需要计算扫描次数，可用图4-96所示的电路来实现。在图4-96中，当输入继电器X0接通时，辅助继电器M0每隔一个扫描周期接通一次，每次接通一个扫描周期。计数器C0对扫描次数进行计数，到达设定值时，C0的常开触点闭合，输出继电器Y0接通。

8. 定时器通电延时和延时通/断电路

PLC中的定时器均为通电延时定时器并且不带瞬时触点，如图4-97所示。

但通过编程可实现定时器的断电延时和延时通、延时断的功能，如图 4-98 和图 4-99 所示。

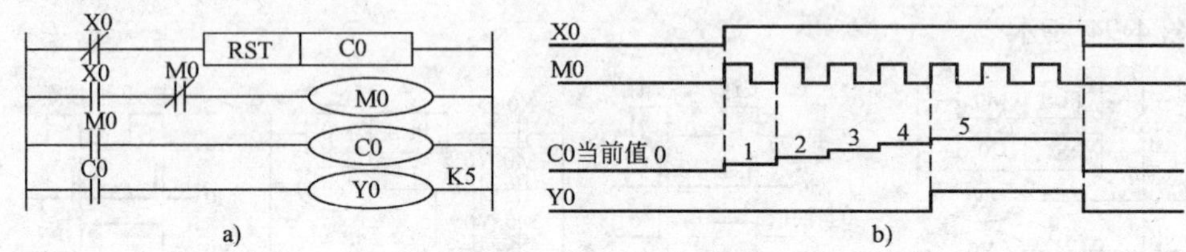

图 4-96　扫描计数电路

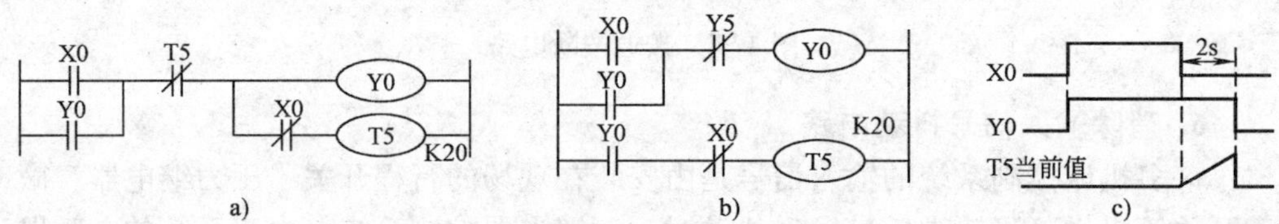

图 4-97　定时器断电延时电路

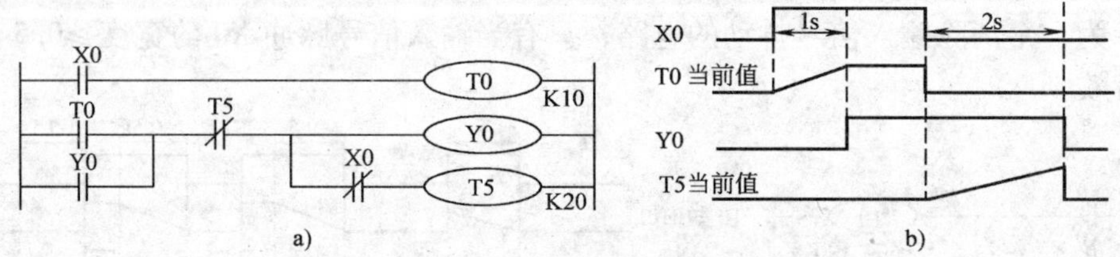

图 4-98　定时器延时通/断电路

如果需要在定时器的线圈接通时就动作的瞬时触点，可以在定时器的线圈两端并联一个辅助继电器的线圈，可利用它的触点作瞬时触点，如图 4-99 所示。

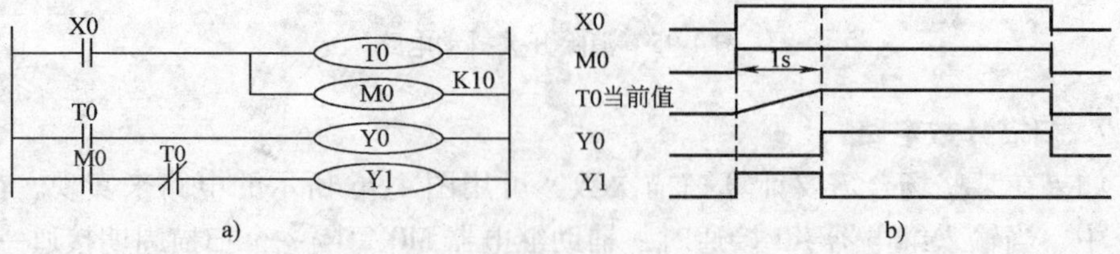

图 4-99　带瞬时触点的定时器电路

9. 最大限时控制程序

机床控制系统起动后，若工作时间未达到设定的最大时间，系统可继续工作；当系统的工作时间达到设定的最大工作时间时则自动停止工作。最大限时控制程序如图 4-100 所示。

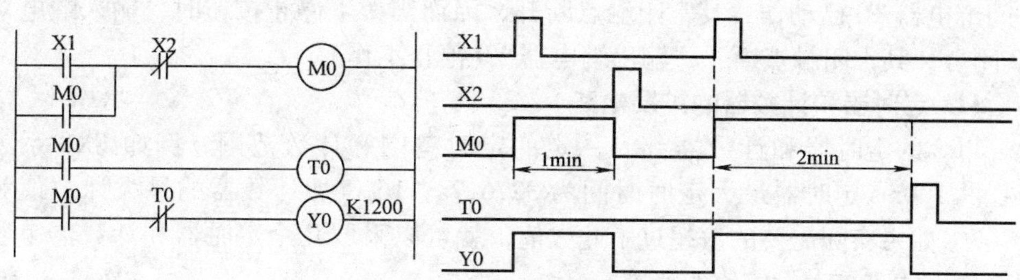

图 4-100　最大限时控制程序

在图 4-100 中，当输入继电器 X1 闭合时，辅助继电器 M0 线圈通电，其常开触点闭合，输出继电器 Y0、时间继电器 T0 线圈通电，时间继电器 T0 开始计时，输出继电器 Y0 工作。若 Y0 的工作时间未达到时间继电器 T0 的设定时间（图中为 2min）而按下停止按钮，输入继电器 X2 闭合，其常闭触点断开，则输出继电器 Y0 断开并停止工作。若 Y0 的工作时间达到时间继电器 T0 的设定时间，则输出继电器 Y0 自动停止工作。

10. 最小限时控制程序

机床控制系统起动后，若工作时间未达到设定的最小时间，系统不可停止工作；当系统的工作时间达到或大于设定的最小工作时间时，系统才可停止工作。最小时限控制程序如图 4-101 所示。

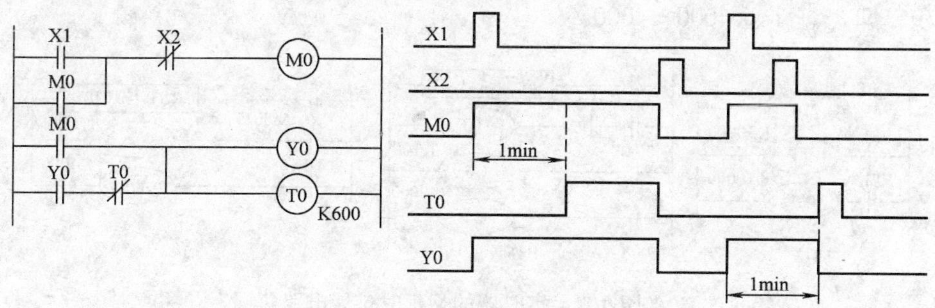

图 4-101　最小限时控制程序

在图 4-101 中，当输入继电器 X1 闭合时，辅助继电器 M0 线圈通电，其常开触点闭合，继而输出继电器 Y0、时间继电器 T0 线圈通电，T0 开始计时，Y0 开始工作。当 Y0 的工作时间未达到时间继电器 T0 所设定的时间（图中设定时间为 1min）时，若按下停止按钮，输入继电器 X2 常开触点断开，虽然辅助继电器M0失电，其常开触点复位断开，但Y0常开触点闭合自锁，因此Y0并不停止工作。但当Y0工作时间达到或大于时间继电器T0所设定的时间时，此时由于时间继电器T0已动作，其常闭触点断开，因而当按下停止按钮时，输入继电器X2闭合，其常闭触点断开，输出继电器Y0停止工作。

11. 定时器和计数器的扩展电路

PLC的定时器和计数器都有一定的定时范围和计数范围。例如FX_{2N}系列PLC的100ms定时器最大定时时间为3276.7s；16位加计数器的最大计数值为32767。如果实际需要的值超过了此数值，就可以采取几个定时器和计数器串联组合的方式来扩大设定值的范围。

（1）定时器的长延时扩展电路　定时器长延时扩展电路常用以下三种方法来实现：

1）将几个定时器串联起来组成一个扩展定时器。图4-102a所示的是用两个定时器串联组成的一个扩展定时器电路，此电路总的定时时间为两个定时器的延时时间之和，即$T_{总}=100\text{ms}\times30000+100\text{ms}\times10000=4000\text{s}$。

2）将几个定时器和计数器组合使用组成一个扩展定时器。图4-102b所示是用1个定时器和1个计数器组成的一个扩展定时器电路，此电路总的定时时间为定时器的延时时间与计数器设定值的乘积，即$T_{总}=100\text{ms}\times40000=4000\text{s}$。

3）利用PLC的内部时钟脉冲（M8011~M8014）和计数器组成一个扩展定时器。图4-102c所示是用PLC的内部1s时钟脉冲（M8013）和1个计数器组成的一个扩展定时器电路。此电路总的定时时间为时钟脉冲时间与计数器设定值的乘积，即$T_{总}=1\text{s}\times4000=4000\text{s}$。

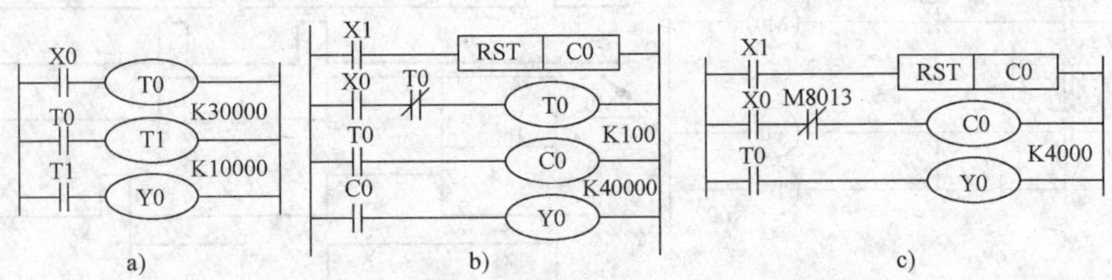

图4-102　定时器的长延时扩展电路

（2）计数器的大计数扩展电路　计数器的扩展方法与定时器的扩展相似，是将几个计数器串联起来组成一个扩展计数器。图4-103所示是用两个计数器串联组成的一个扩展计数器电路，此电路总的计数值为两个计数器设定值的乘积，即$C_{总}=500\times100=50000$。

12. 顺序延时电路

顺序延时电路有三种常见形式：顺序延时接通、断开、接通/断开。

（1）顺序延时接通电路　顺序延时接通电路如图 4-104 所示。

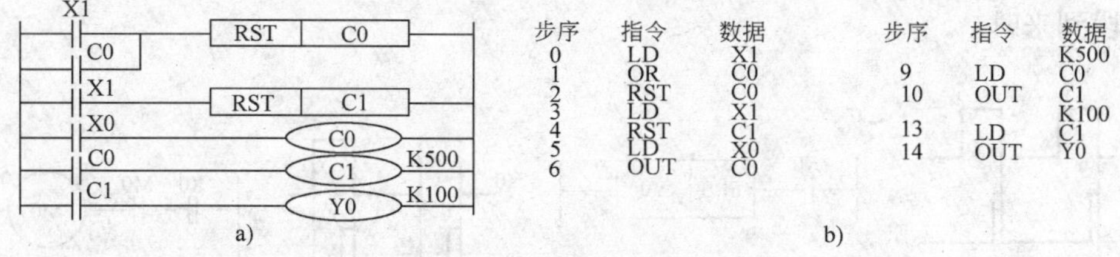

图 4-103　计数器的大计数扩展电路

（2）顺序延时断开电路　顺序延时断开电路如图 4-105 所示。

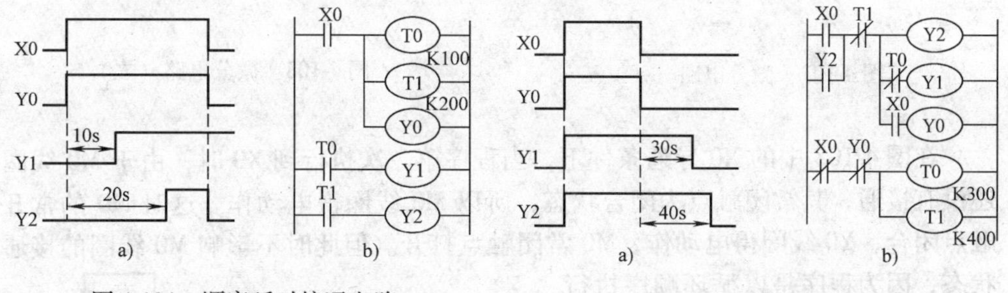

图 4-104　顺序延时接通电路　　　图 4-105　顺序延时断开电路

（3）顺序延时接通延时断开电路　顺序延时接通延时断开电路如图 4-106 所示。

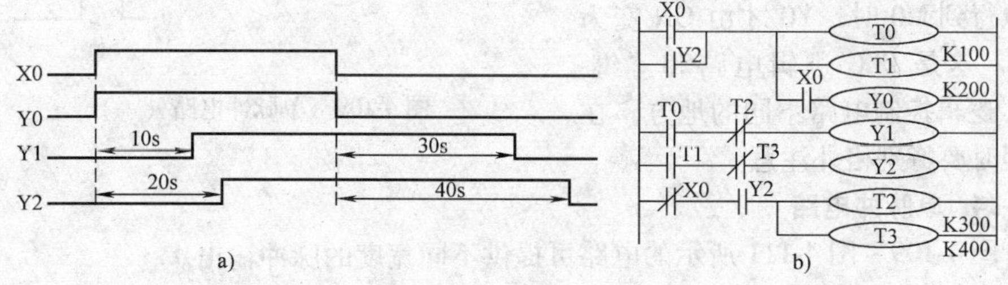

图 4-106　顺序延时接通/断开电路

13. 微分电路

在图 4-107 和图 4-108 中，输出继电器 Y0 在 X0 导通后接通一个扫描周期，可用做微分电路。

在“继-接”逻辑控制电路中只要继电器线圈得电，它所有的常开/常闭触点不论处在电路中的什么位置都同时动作。但由 PLC 编程构成的逻辑电路的控制逻辑是以循环顺序执行的方式实现的。在 PLC 一个扫描周期内的程序执行阶段，程序的执行是按从左到右、自上而下的顺序进行的，即程序只能按顺序执行，而不能回头去执行以前的程序；要想执行，只有等到下一个扫描周期内的程序执行阶段到来时。

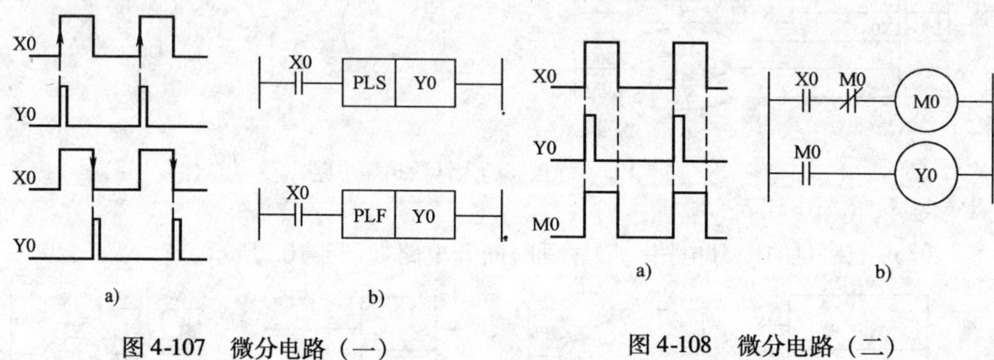

图 4-107　微分电路（一）　　图 4-108　微分电路（二）

在图 4-108 中的 X0 导通条件下，当程序第一次执行到 X0 时，由于 M0 线圈还没有接通，其常闭触点为闭合状态，所以 M0 线圈得电动作。这时 M0 的常开触点闭合，Y0 线圈得电动作，M0 常闭触点打开。但此时不影响 M0 线圈的接通状态，因为程序是以循环顺序执行的方式进行的，它不能回头去执行 M0 线圈打开的动作，而是顺序执行下面的程序，直到下一个扫描周期执行到 M0 时，Y0 才由 ON 变为 OFF。这是 PLC 逻辑电路和“继-接”逻辑控制电路不同的地方，在编程时要特别格外注意。

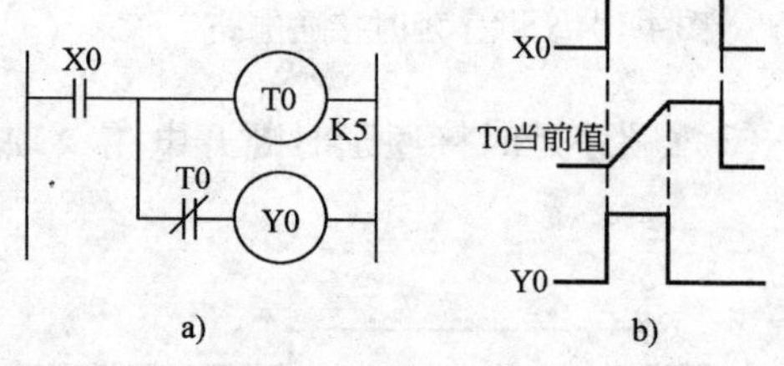

图 4-109　单脉冲电路（一）

14. 单脉冲电路

图 4-109 ~ 图 4-111 所示的电路可提供不同宽度的脉冲输出。

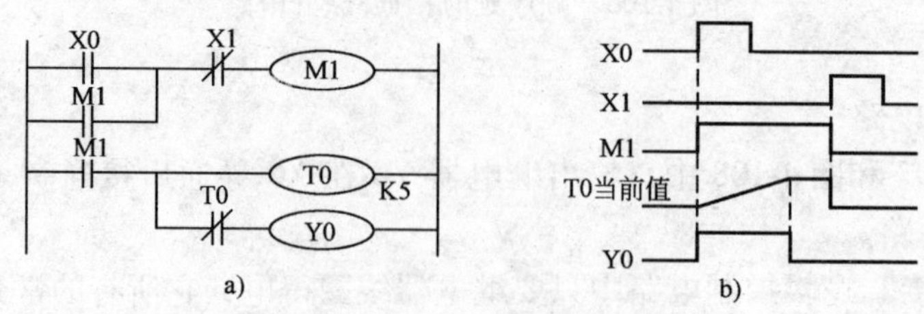

图 4-110　单脉冲电路（二）

15. 振荡电路

振荡电路如图 4-112 所示。该电路可提供不同占空比的振荡脉冲输出，可用作机床设备工作状态警示、彩灯闪烁电路等。在该电路中，当输入继电器 X0 线圈得电时，其常开触点 X0 闭合，定时器 T0 线圈得电；T0 延时 2s 后，其常开触点 T0 闭合，定时器 T1 线圈和输出继电器 Y0 线圈得电；T1 延时 1s 后，其常闭触点 T1 断开，T0 线圈失电，其闭合的常开触点 T0 断开，T1 线圈和 Y0 线圈失电。只要 X0 还接通，则重新开始产生脉冲，如此反复下去，直至 X0 断开为止。定时器 T0 和 T1 的延时时间由用户通过定时常数 K 值设定。

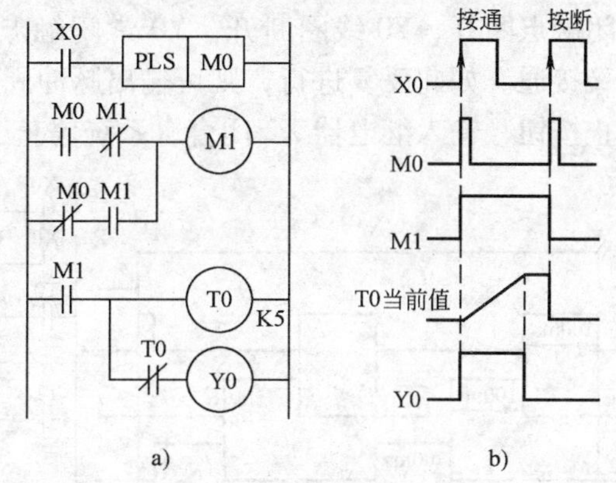

图 4-111　单脉冲电路（三）

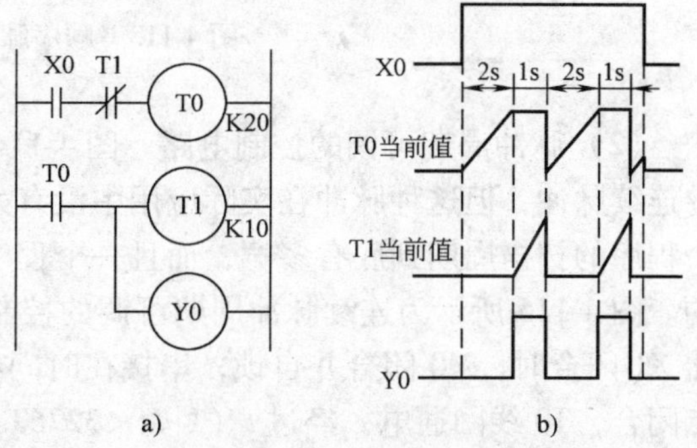

图 4-112　振荡电路

16. 顺序脉冲电路

顺序脉冲电路的时序图如图 4-113a 所示。当输入继电器 X0 接通时，输出继电器 Y0、Y1 和 Y2 按设定顺序产生脉冲信号；当 X0 断开时，所有输出都断开。用定时器 T0、T1 和 T2 产生这种顺序脉冲。工作过程如下：在图 4-113b 中，当 X0 接通时，T0 线圈接通并开始计时，同时 Y0 线圈接通产生脉冲；当 T0 定时时间到，其常闭触点 T0 断开 Y0 线圈，常开触点 T0 闭合接通 T1 线圈并开始计时，同时 Y1 线圈接通输出脉冲；当 T1 定时时间到，其常闭触点 T1 断开 Y1 线圈，常开触点 T1 接通 T2 线圈和 Y2 线圈，T2 开始计时，Y2 输出脉冲；T2 定时时间到，Y2 断开。只要 X0 还接通，则重新开始产生顺序脉冲，如此反复下去，直至 X0 断开为止。定时器 T0、T1 和 T2 的延时时间由用户通过定时常数 K 值设定。图 4-113c 所示的电路也可以实现图 4-113a 的要求。

17. 连续脉冲产生电路

有规律、不间断产生的脉冲叫做连续脉冲。

（1）脉冲周期为两个扫描周期的连续脉冲电路　脉冲周期为两个扫描周期的连续脉冲控制电路如图 4-114 所示。

在图 4-114 中，当输入继电器 X1 闭合时，M0 闭合并自锁，串接在输出继电器 Y0 线圈回路中的 M0 常开触点闭合，Y0 线圈通电。经过一个扫描周期后，Y0 常闭触点断开，Y0 线圈断开，Y0 常闭触点复位。又经过一个扫描周期，Y0 线圈又接通。如此反复进行，则可输出脉冲周期为两个扫描周期的连续脉冲。按下停止按钮，输入继电器 X2 闭合，系统停止工作。

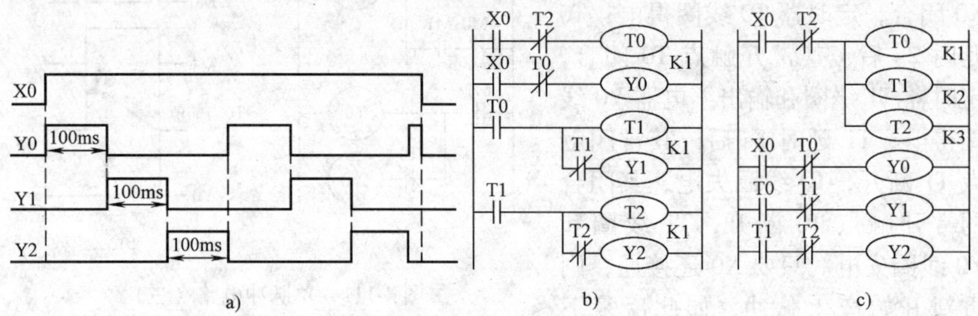

图 4-113　顺序脉冲电路

（2）脉冲周期可调的控制电路　图 4-114 可以产生脉冲周期为两个扫描周期的连续脉冲，但这种脉冲在实际应用中没有太大的意义，这主要是因为不知道一个程序的扫描周期到底有多宽，而且一个程序的扫描周期是随着程序的大小变化的。图 4-115 所示为连续脉冲周期可调的控制电路。在图 4-115 中，当输入继电器 X1 闭合时，M0 闭合并自锁，串接在时间继电器 T0 线圈回路中的 M0 常开触点闭合，T0 线圈通电，经过 t（$1<t<32767$s），时间继电器 T0 动作，T0 常闭触点断开，T0 线圈断开，T0 常闭触点复位。经过一个扫描周期，T0 线圈又接通。如此反复进行，T0 则可输出脉冲周期为一个扫描周期的连续脉冲。由于扫描周期远远小于 t，故可忽略不计地认为输出的脉冲周期为 t。按下停止按钮，输入继电器 X2 闭合，系统停止工作。

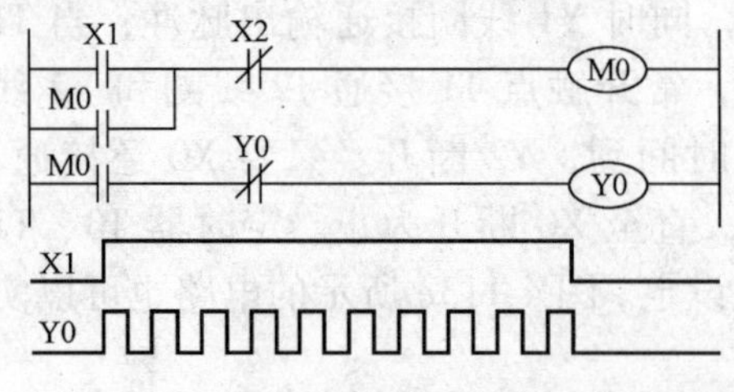

图 4-114　两个扫描周期的连续脉冲电路

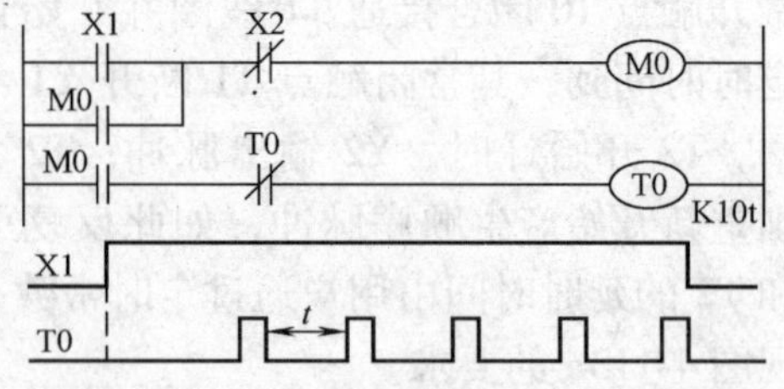

图 4-115　脉冲周期可调的控制电路

18. 分频电路

在机床控制的某些场合，需要对控制信号进行分频，即将某一频率 f 的信号分成$f/2$、$f/4$、$f/8$等频率的信号，分别称为二分频、四分频、八分频等。利用PLC可以实现任意分频。在图4-116中，由PLC输入端X0引入输入脉冲信号。从其输出端Y0引出输入脉冲信号的二分频脉冲信号。

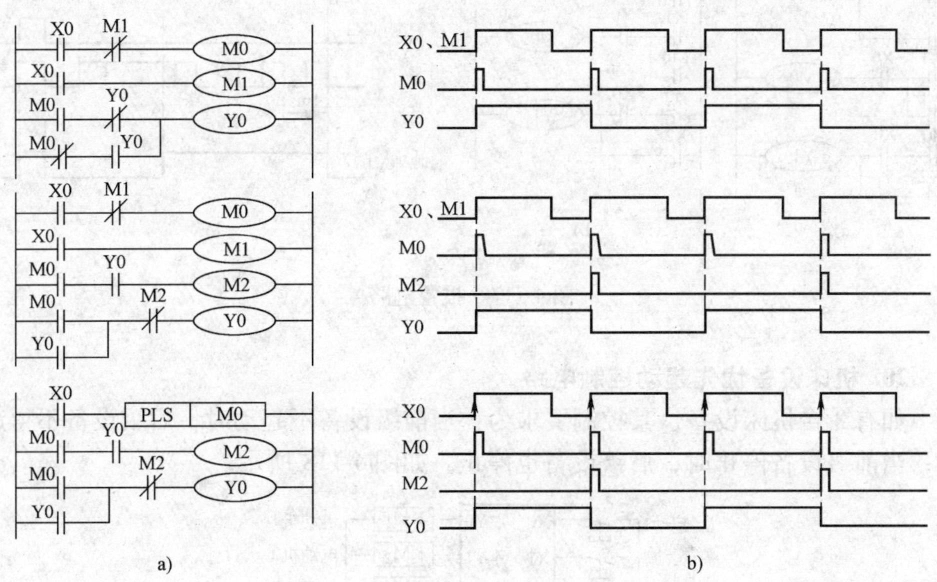

图4-116　二分频电路

19. 报警电路

在机床控制中常常要设置报警功能，当发生故障时，应能及时报警通知现场工作人员，采取紧急措施。对报警电路的要求：报警时蜂鸣器响、灯闪烁（闪烁频率为接通0.5s，断开0.5s）；报警响应后蜂鸣器声响可解除，灯光常亮；报警条件结束后灯灭；可测试蜂鸣器和灯是否正常工作。

在图4-117a中，当有报警信号输入时，即输入继电器X0的常开触点闭合时，由定时器T0和T1组成的振荡电路使输出继电器Y0产生间隔为0.5s的断续信号输出；在图4-117b中，特殊功能辅助继电器为1s（通0.5s，断开0.5s）时钟；接在Y0输出端的报警灯闪烁；同时输出继电器Y1线圈接通，接在Y1输出端的蜂鸣器发出声响。此后，按下报警响应按钮（蜂鸣器复位按钮），输入继电器X1的常开触点闭合，辅助继电器M0线圈接通并自锁，其常闭触点M0打开，Y1线圈断电，蜂鸣器停止响声，但报警灯仍然亮。当报警信号消失时，即X0的常开触点复位时，报警指示灯熄灭。按下报警测试按钮时，输入继电器X2的常开触点闭合，输出继电器Y0和Y1接通，报警指示灯亮、蜂鸣器响，从而确定报警电路正常工作。

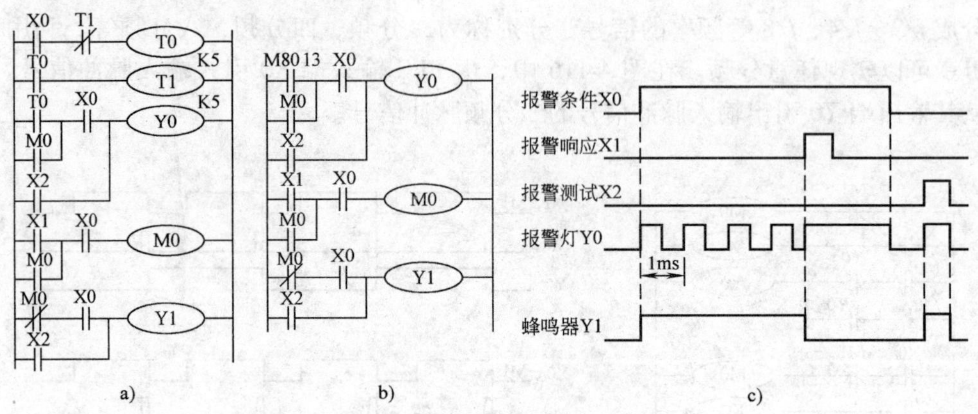

图 4-117　报警电路

20. 机床设备优先起动控制电路

如有 3 台机床设备，其控制要求为：当前级设备不起动时，后级设备不得起动；当前级设备停止时，后级设备也停止。如图 4-118 所示。

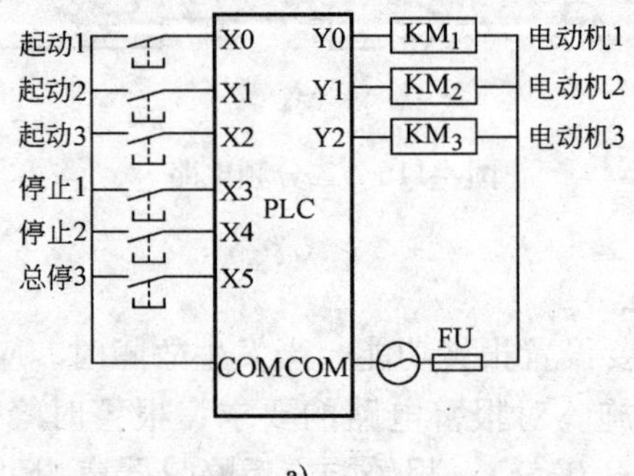

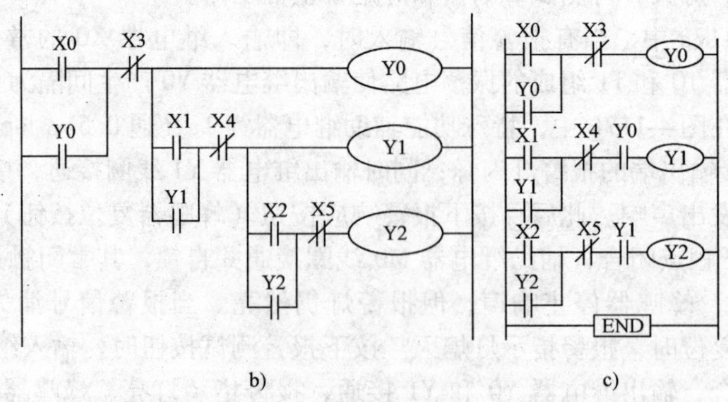

图 4-118　3 台机床设备的优先起动控制电路

21. 机床设备时序控制电路

如有3台机床设备，其控制要求为：每隔1min钟依次起动1台设备；每台设备运行10min后自动停止；运行中可随时将3台设备停止。图4-119所示的电路都能够满足上述要求。

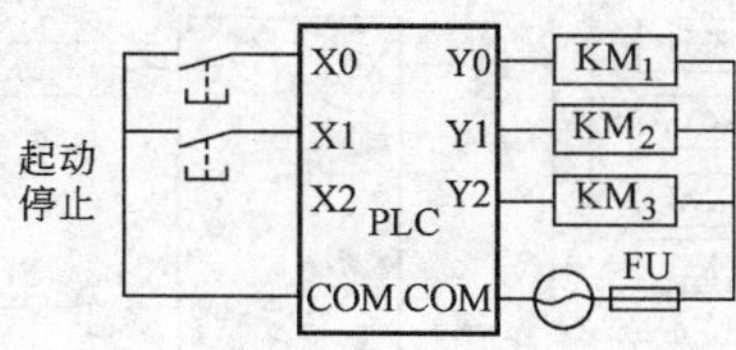

a)

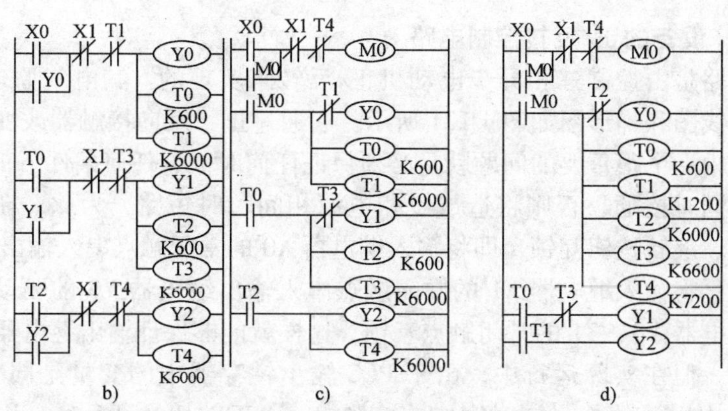

图4-119 3台机床设备的时序控制电路

22. 机床自动间歇润滑控制电路

机床自动间歇润滑控制的工作过程如图4-120所示。合上电源开关QS和控制开关SA后，X0的常开触点闭合，T0线圈接通，经过延时设定时间后，T0的常开触点闭合，Y0和T1线圈接通，KM得电吸合，润滑电动机起动运行；经过延时设定时间后，T1的常开触点闭合，M0线圈接通，其常闭触点断开T0线圈，进而使T1、Y0、M0线圈断开，润滑电动机停止运行。此时M0的常闭触点又接通T0线圈，润滑电动机停转一段T0设定的延时时间后，T0的常开触点又接通Y0和T1线圈，KM又得电吸合，润滑电动机又起动运行；延时一定时间后又停止运行，润滑电动机就这样周而复始地间歇运行下去。只有断开控制开关SA，X0触点断开KM线圈，润滑电动机才停止运行。润滑电动机运行时间的长短由定时器T1控制，停止时间的长短由定时器T0控制。延时时间根据实际要求确定。

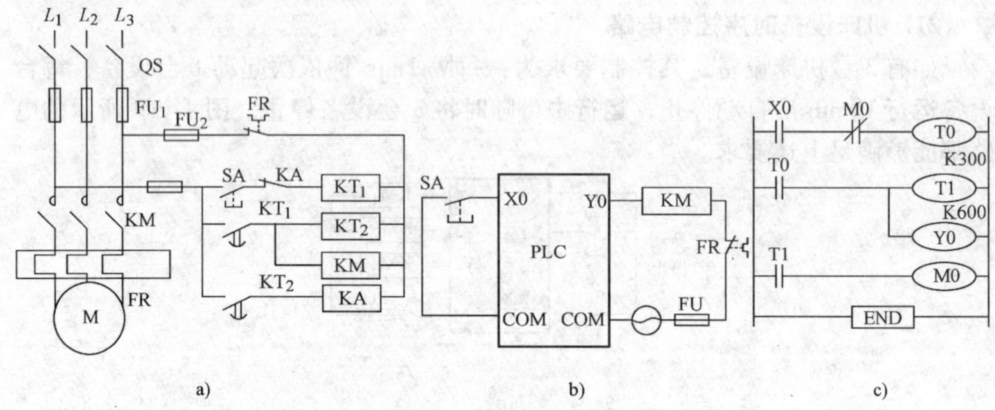

图 4-120　机床自动间歇润滑控制电路

23. 机床设备的正/反转控制电路

这种电路是由控制三相异步电动机正/反转来实现的。其电气原理图、PLC 输入输出接线图和梯形图如图 4-121 所示。它通过正、反向接触器改变定子绕组的相序，其中一个很重要的问题就是必须保证任何时候、任何条件下正、反向接触器都不能同时接通，否则将造成三相电源相间瞬时短路。为此，在图 4-121c 中采用了正、反转按钮互锁，即将输入继电器 X0 的常闭触点串入输出继电器 Y1 的驱动回路；将输入继电器 X1 的常闭触点串入输出继电器 Y0 的驱动回路；与两个输出继电器 Y0、Y1 的常闭触点互锁，这样就能够保证输出继电器 Y0 和 Y1 不同时接通。但在实际运行中，由于 PLC 输出锁存器中的变量是同时输出的，即 Y0 和 Y1 的状态变换是同时完成的，例如，由正转切换到反转，KM_1 的断电释放和 KM_2 的得电吸合即同时动作，有可能在 KM_1 断开其触点、电弧尚未熄灭时，KM_2 的触点已闭合，造成三相电源相间瞬时短路。为了避免这种情况，在图 4-121e 中增加了两个定时器 T0 和 T1，使正、反向切换过程中被切断的接触器瞬时动作，而被接通的接触器则要延时一段时间才动作，以保证系统工作可靠。

在图 4-121e 中的按钮互锁电路和输出继电器线圈互锁电路只能保证输出模块中与 Y0 和 Y1 对应的常开触点不会同时接通，正、反转延时电路只能保证电动机在换相时有足够的换相时间。如果主电路电流过大或接触器质量不好，可使接触器的主触点因断电时产生的电弧而被熔焊粘结，其线圈断电后主触点仍然是接通的，这时如果另一接触器的线圈通电，也将造成三相电源相间瞬时短路。为了防止出现这种情况，应在 PLC 外部设置内 KM_1 和 KM_2 的辅助常闭触点组成的硬件互锁电路，如图 4-121b 所示。假设 KM_1 的主触点被电弧熔焊，这时它与 KM_2 线圈串联的辅助常闭触点处于断开状态，因此 KM_2 的线圈不可能得电。

24. 机床电机的Y/△起动控制电路

机床电机的Y/△控制电路如图 4-122 所示。

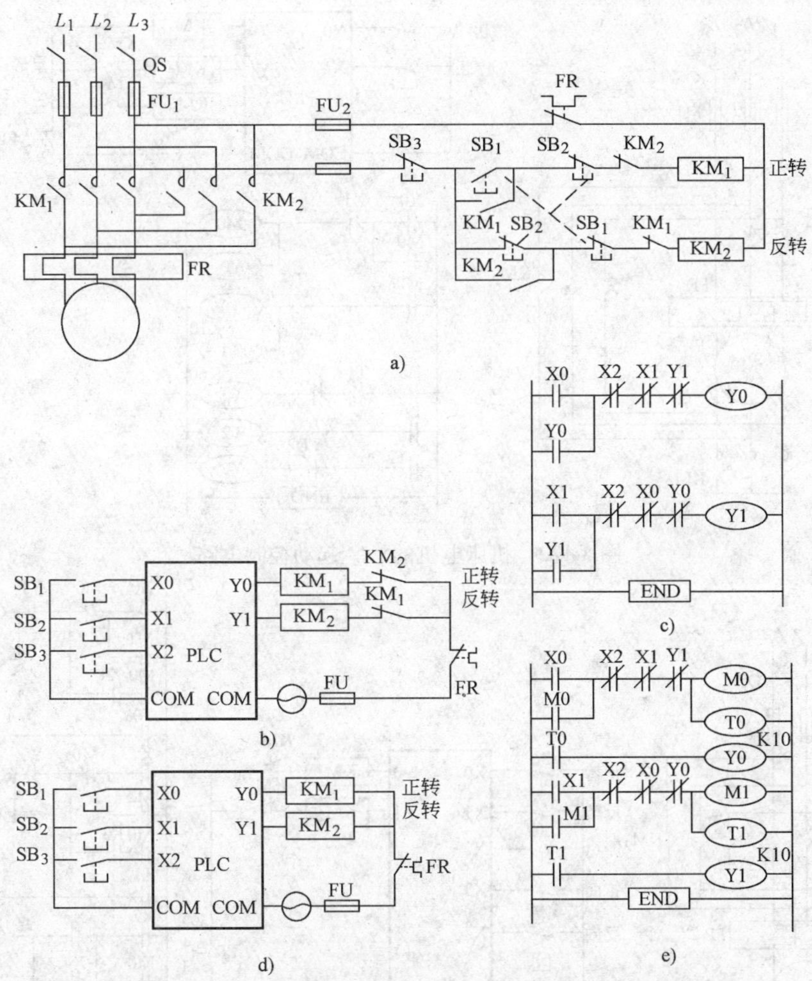

图4-121 机床设备的正/反转控制电路

25. 机床电动机的反接制动控制电路

如图4-123所示，机床电动机在正转或反转运行时，速度继电器KS的正向或反向常开触点闭合，使X3或X4接通，为反接制动做好准备。当按下停止按钮时，X2接通，M0得电并自锁。这时M1或M2断电，使Y0或Y1断电；M2或M1得电，延时0.5s后，Y1或Y0得电，反接制动开始。当电动机转速迅速下降到接近零速时（约100r/min）时，速度继电器的正向或反向常开触点断开，使X3或X4断开，这时Y1或Y0断电，正转或反转的反接制动结束。

26. 机床控制中的多流程顺序控制程序确

多流程顺序控制分为选择性分支与汇合顺序控制、并行分支与汇合顺序控制、跳步顺序控制及循环顺序控制。

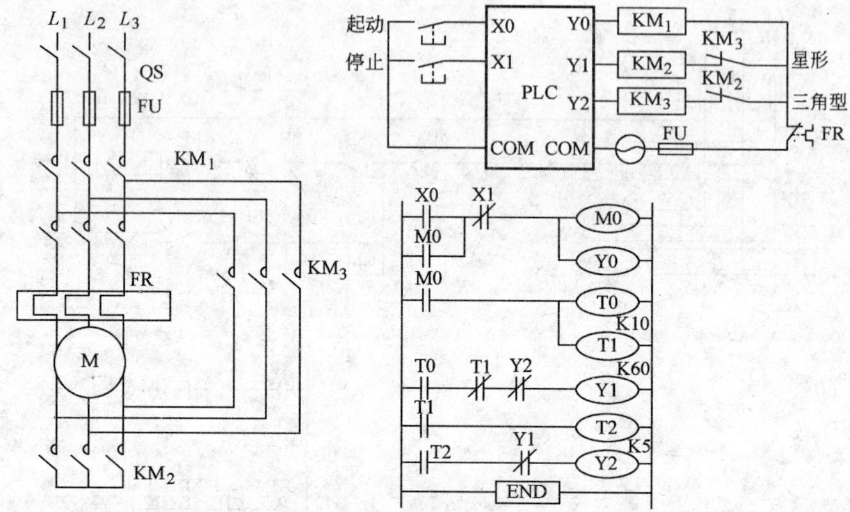

图 4-122 机床电机的Y/△起动控制电路

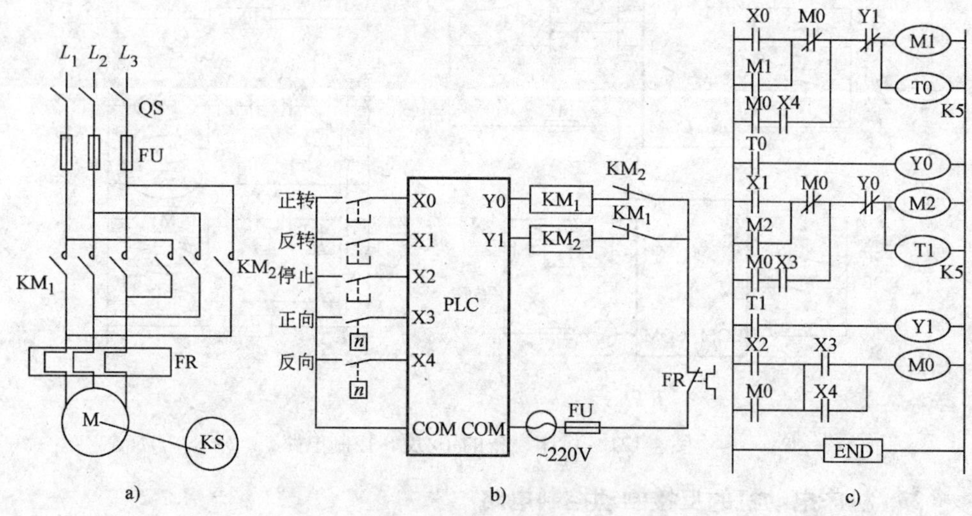

图 4-123 机床电机的反接制动控制电路

（1）选择性分支与汇合顺序控制程序　所谓选择性分支与汇合顺序控制，是指在多个流程顺序控制中，如果 A 条件符合，则控制程序按 A 流程进行；如果 B 条件符合，则控制程序按 B 流程进行；…任何时刻只能有一个条件符合，但不管按哪个流程进行，最后的流程应汇合在一起。选择性分支与汇合顺序控制状态流程示意图如图 4-124 所示。

图中，任何时刻，X0、X4、X7 只能有一个符合转移条件，即初始状态后只能从三个分支中选择一个流程分支。当 X0 闭合时，程序从 S0 至 S20 这条分支执行；当 X4 闭合时，程序从 S0 至 S23 这条分支执行；当 X7 闭合时，程序从 S0

至 S25 这条分支执行。但不管按哪条分支执行，最后都会汇总到 S28 状态，而当 X13 闭合时，程序又回到 S0 状态。

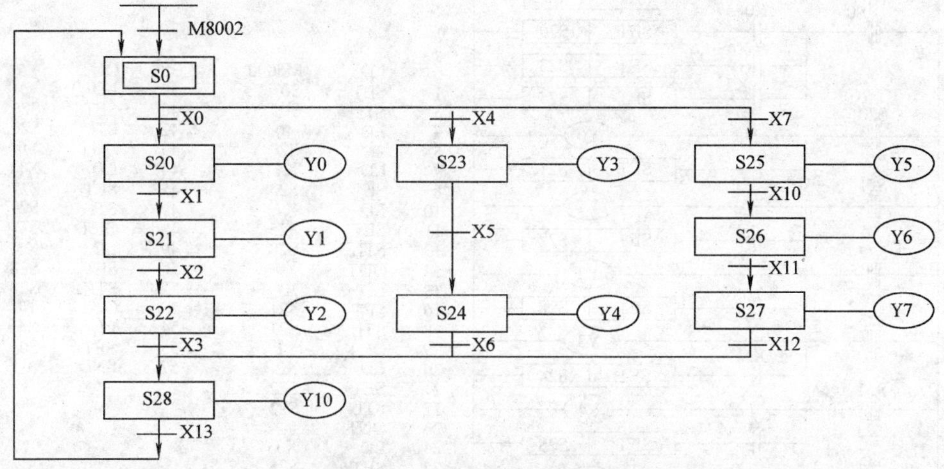

图 4-124　选择性分支与汇合顺序控制状态流程示意图

根据状态流程图很容易画出其梯形图并写出指令语句表，如图 4-125 所示。

需要说明的是，选择性分支与汇合顺序控制程序中的分支可以是两条，也可以是三条或更多条，没有数量的限制，编程者可根据实际情况灵活应用。

（2）并行分支与汇合顺序控制程序　所谓并行分支与汇合顺序控制，是指在多个流程顺序控制中，多个流程同时进行，每个流程运行后最后汇合在一起。并行分支与汇合顺序控制状态流程示意图如图 4-126 所示。

图 4-126 中，当 X0 闭合时，状态同时转移到 S20、S23 和 S25，这三条支路执行完毕，最后汇合到 S27。同样，根据图 4-126 所示的状态流程图很容易画出梯形图并写出指令语句表，如图 4-127 所示。

（3）跳步顺序控制程序　跳步顺序控制也称为跳转顺序控制，其功能为当条件满足时跳过某些步骤执行程序。跳步顺序控制状态流程示意图如图 4-128 所示，其梯形图及指令语句表如图 4-129 所示。

在图 4-129 中，当 X4 未闭合而 X0 闭合时，程序按照 S0→S20→S21→S22→S23→S0 的顺序执行；当 X4 闭合而 X0 未闭合时，程序按照 S0→S23→S0 的顺序执行。显然，在跳步顺序控制中，条件 X0、X1、X2、X3 与 X4 不能同时闭合，否则程序会出错。

（4）循环顺序控制程序　循环顺序控制是指当条件满足时循环执行某段程序，其状态流程示意图如图 4-130 所示，梯形图如图 4-131 所示。

在图 4-131 中，当程序从 S4 执行到 S22 时，如果 X4 闭合而 X3 未闭合，则程序又返回到 S20，然后从 S20 往下执行；当 X4 未闭合而 X3 闭合时，则程序按正常的顺序一直执行到 S23，然后回到 S0。

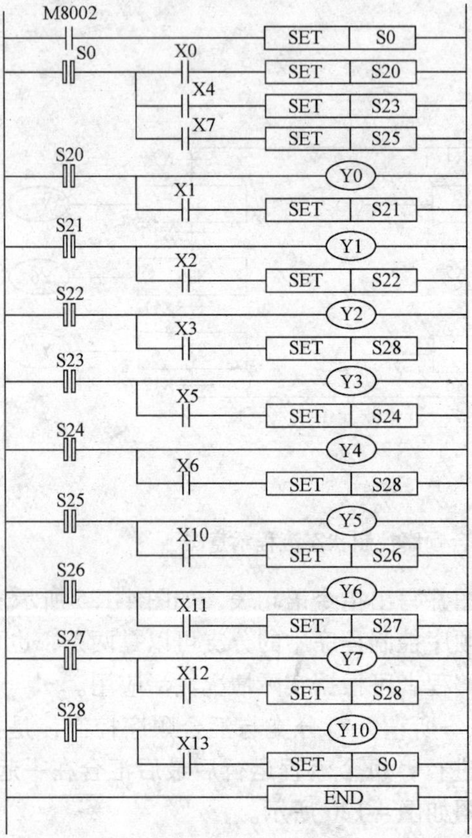

步序	指令	元件	步序	指令	元件
0	LD	M8002	38	OUT	Y5
1	SET	S0	39	LD	X10
3	STL	S0	40	SET	S26
4	LD	X0	42	STL	S26
5	SET	S20	43	OUT	Y6
7	LD	X4	44	LD	X11
8	SET	S23	45	SET	S27
10	LD	X7	47	STL	S27
11	SET	S25	48	OUT	Y7
13	STL	S20	49	LD	X12
14	OUT	Y0	50	SET	S28
15	LD	X1	52	STL	S28
16	SET	S21	53	OUT	Y10
18	STL	S21	54	LD	X13
19	OUT	Y1	55	SET	S0
20	LD	X2	57	SND	
21	SET	S22			
22	STL	S22			
23	OUT	Y2			
24	LD	X3			
25	SET	S28			
27	STL	S23			
28	OUT	Y3			
29	LD	X5			
30	SET	S24			
32	STL	S24			
33	OUT	Y4			
34	LD	X6			
35	SET	S28			
37	STL	S25			

图 4-125　选择性分支与汇合顺序控制梯形图及指令语句表

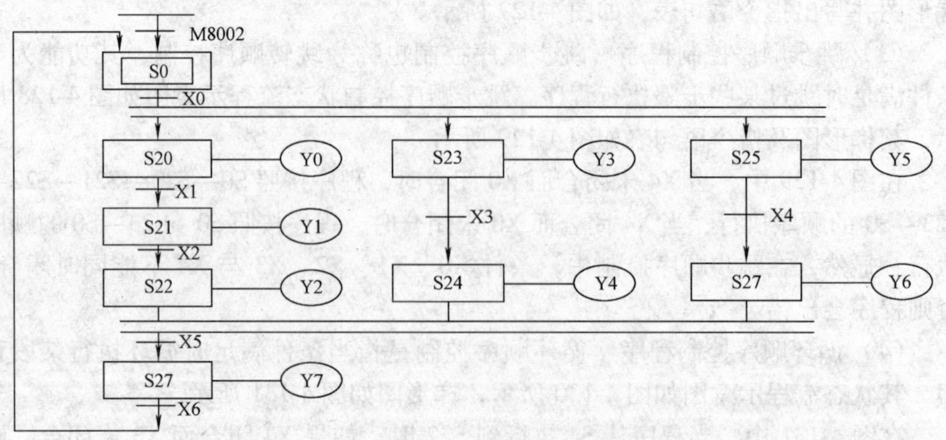

图 4-126　并行分支与汇合顺序控制状态流程示意图

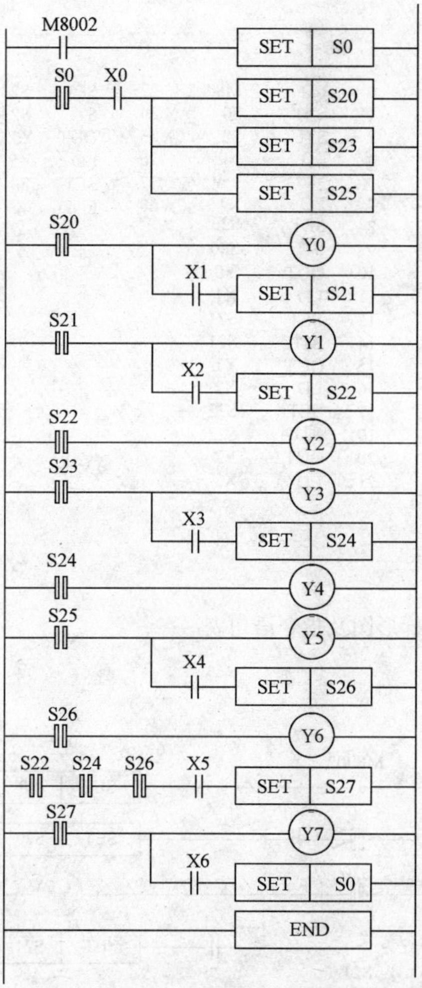

0	LD	M8002	38	STL	S24
1	SET	S0	39	STL	S26
3	STL	S0	40	LD	X5
4	LD	X0	41	SET	S27
5	SET	S20	43	STL	S27
7	SET	S23	44	OUT	Y7
9	SET	S25	45	LD	X6
11	STL	S20	46	SET	S0
12	OUT	Y0	48	END	
13	LD	X1			
14	SET	S21			
16	STL	S21			
17	OUT	Y1			
18	LD	X2			
19	SET	S22			
21	STL	S22			
22	OUT	Y2			
23	STL	S23			
24	OUT	Y3			
25	LD	X3			
26	SET	S24			
28	STL	S24			
29	OUT	Y4			
30	STL	S25			
31	OUT	Y5			
32	LD	X4			
33	SET	S26			
35	STL	S26			
36	OUT	Y6			
37	STL	S25			

图 4-127　并行分支与汇合顺序控制梯形图及指令语句表

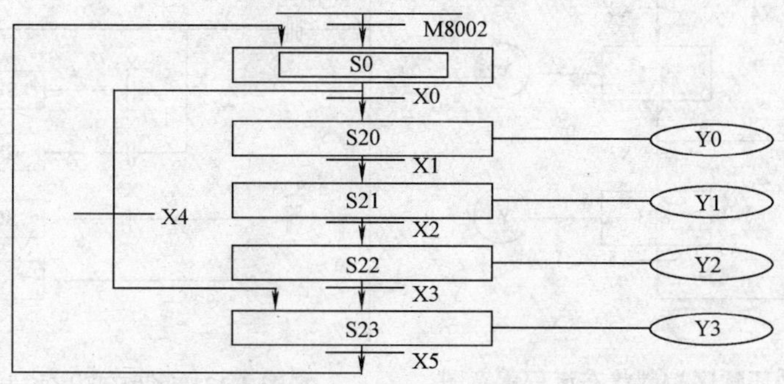

图 4-128　跳步顺序控制状态流程示意图

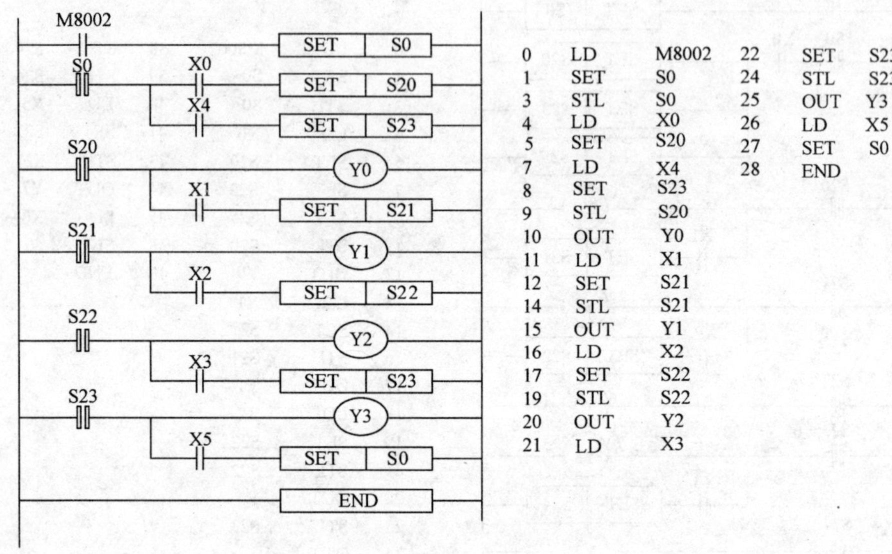

图 4-129　跳步顺序控制梯形图及指令语句表

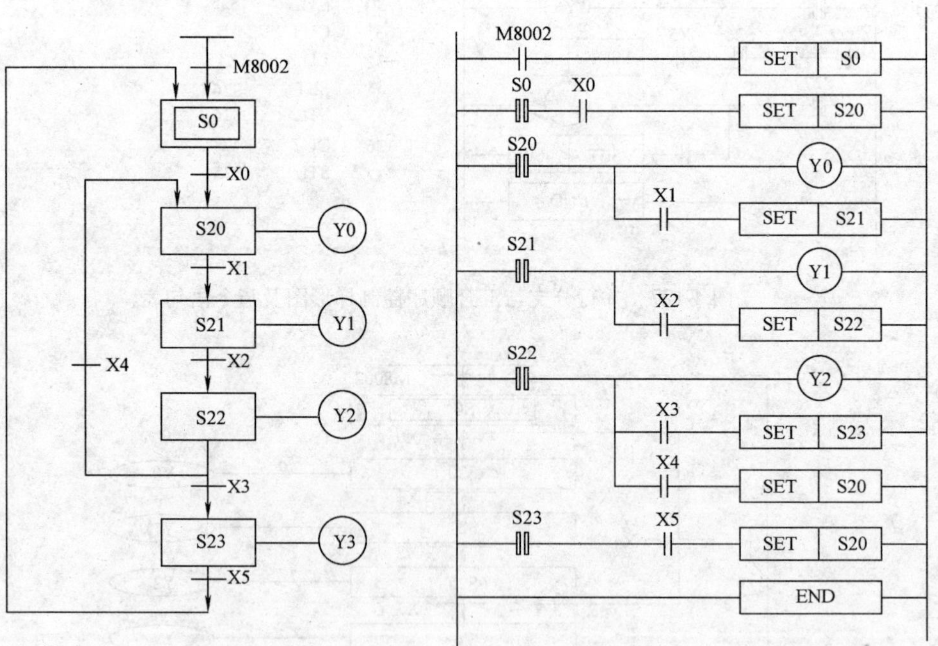

图 4-130　循环顺序控制状态流程示意图

图 4-131　循环顺序控制梯形图

4.6.7 常用编程器及其使用

编程器是PLC最重要的外部设备，它能将用户程序写到PLC的用户程序存储器中。编程器不仅能对程序进行写入、读出、修改，还能对PLC的工作状元进行监控（监视和测试）。随着PLC技术的发展，编程器的功能还将不断增强。

日本三菱公司最常用的PLC编程设备有F1-20P-E、FX-20P-E型便携式编程器以及GP-80F2A-E、GP-80FX-E型等手提式多功能图形编程器，还可以用编程软件在微机上进行编程，本节仅从用户经济与实用的角度出发，主要介绍这两种最常用的便携式编程器及其使用。

1. 概述

前面已介绍了PLC的编程元件、梯形图和指令字指令系统等，凭借经验，参照“继-接”控制系统的分析和设计方法，便可以设计出具有一定功能的PLC控制系统。有了编写好的PLC控制程序（梯形图、指令表、SFC等），还必须通过编程器将其输入到PLC中，才能被PLC执行完成预定的控制功能。因此，程序的编辑、修改、检查和监控是PLC开发应用中不可缺少的重要内容，是程序正确运行的重要环节。图4-132表示了从程序输入到程序运行的基本流程。

用户程序的输入由编程器完成，所以学会了编程器的使用也就学会了程序的输入方法。编程器按结构、大小分为便携式编程器和图形编程器两大类。

便携式编程器又称简易编程器，具有体积小、重量轻、价格低廉、使用灵活方便等优点，但只能有指令字形式编程，通过显示器上的指令输入，并由液晶显示器加以显示。这种编程器的监控功能少，仅适用小型、微型PLC的编程要求。

图形编程器体积比较大，但功能比较强，其显示屏分为两种：一种是液晶显示（LED）作屏幕；另一种是阴极射线管（CRT）作屏幕。图形编程器用来显示编程内容，还可提供各种其他必须的信息，如输入继电器、输出继电器、辅助继电器的占用情况、程序容量等；在调试程序、检查程序执行时，它也能显示各种信号状态、出错提示等。图形编程器的操作键盘上有各种编程方式所需的功能键、数字键、字符键及屏幕控制键，可在显示屏上提供各种操作提示，编程操作十分方便。图形编程器可用多种编程语言编程，直接编写的梯形图显示在屏幕上，十分直观。它还可与打印机、合式磁带录音机、绘图仪等设备相连，坚控功能强，但价格昂贵，适用于大、中档PLC的编程要求。

微机加上适当的硬件接口和软件包，也可用来作为编程器。该方式也可直接编制梯形图，监控和测试功能也很强。对普遍拥有微机的用户，可省去1台编程器，并可充分利用原有微机的资源。不过目前这种硬件接口和软件包的价格还较昂贵。

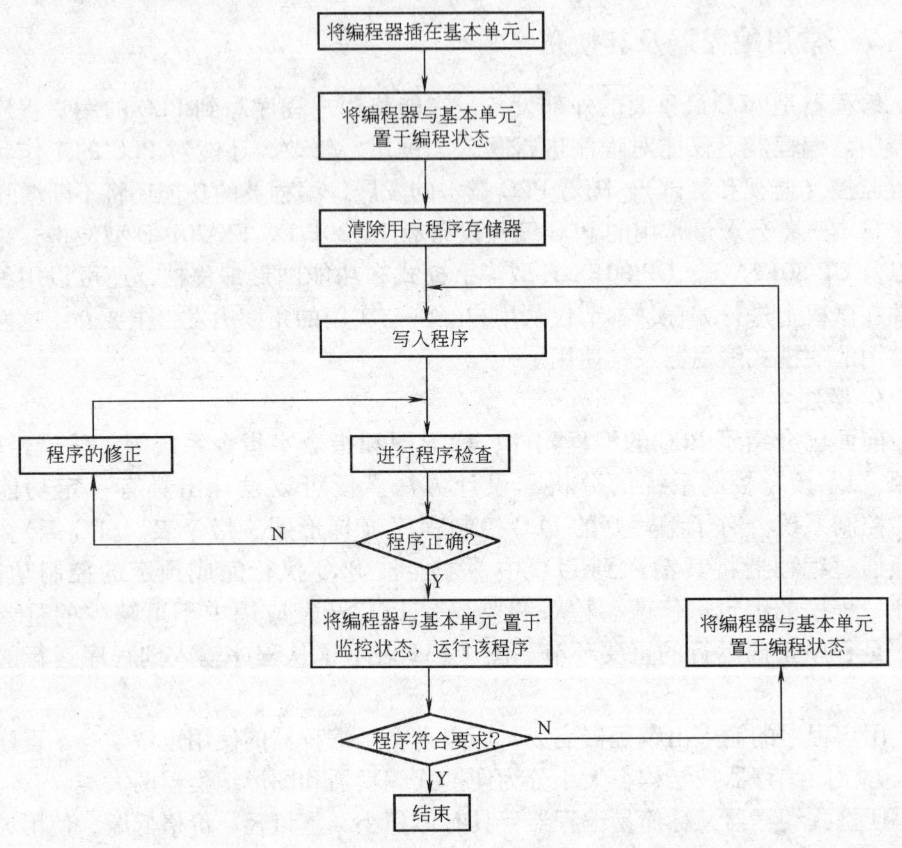

图 4-132　从程序输入到程序运行的基本流程

2. F1 系列 PLC 编程器的主要功能及使用简介

（1）F1-20P-E 编程器示意图　图 4-133 所示为日本三菱公司的 F1-20P-E 编程器示意图。

图 4-133 中，右上角的开关是 PLC 机型号选择开关，可选择 F1/F2、F-40、F-12/20 三种类型的 PLC，在左上角有指示灯指示 PLC 的类型。位于编程器中间靠下的开关是 PLC 状态选择开关，编程时应置编程位置（PROGRAM），PLC 运行时应置监控位置（MONITOR）。编程器左下角的 ON/OFF 指示灯，用于在元件监视时显示元件的开/关状态（对于定时器和计数器，只有当现时值等于设定值时，发光管才显示）；ATC 指示灯用于在指令监视时显示触点的通/断状态。STEP、INSTR、DATA 分别用于显示步序号、指令及文件号或常数值。编程器具有 22 个指令和数据键，其中一部分是双功能键（既是指令键，又是数字键），其功能由先后操作顺序自动决定。在编程器的右边，有 9 个操作键，其作用见表 4-29。

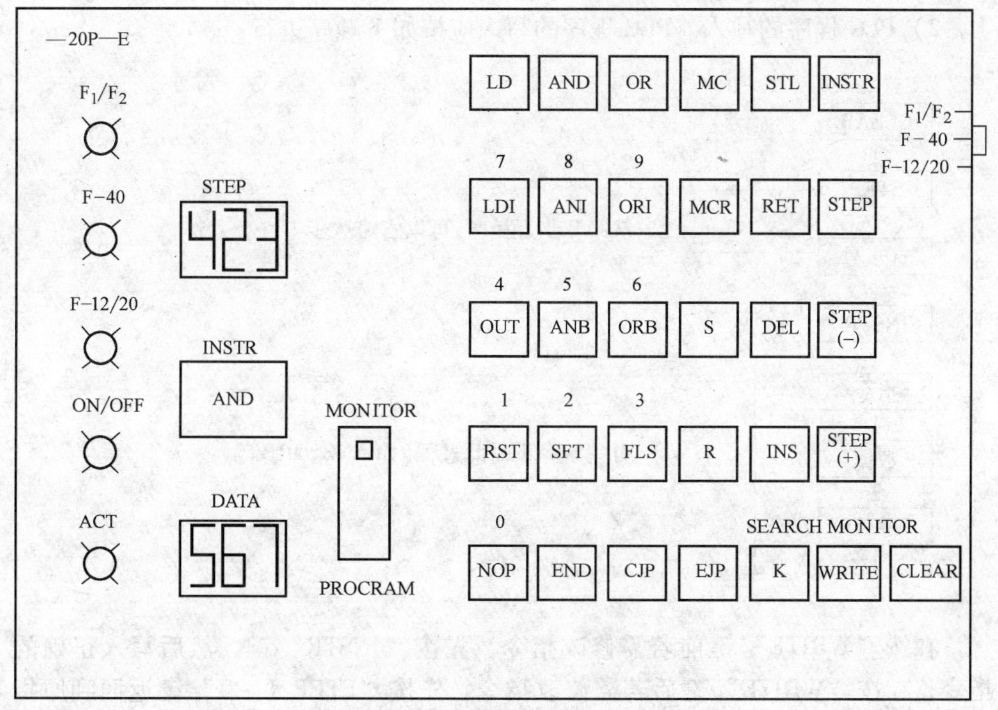

图 4-133 F1-20P-E 编程器示意图

表 4-29 编程器操作键

键 名	功 能	键 名	功 能
INSTR	指令显示	INS	插入
STEP	步序	K（SEARCH）	常数（寻找）
STEP（–）	步序减 1	WRITE（MONITOR）	写入（监视）
STEP（+）	步序加 1	CLEAR	清屏，置初始状态
DEL	删除		

（2）F1-20P-E 编程器的使用

1）RAM 的清零。在写入新程序之前，应对 PLC 的 RAM 清零。其操作步骤如下：

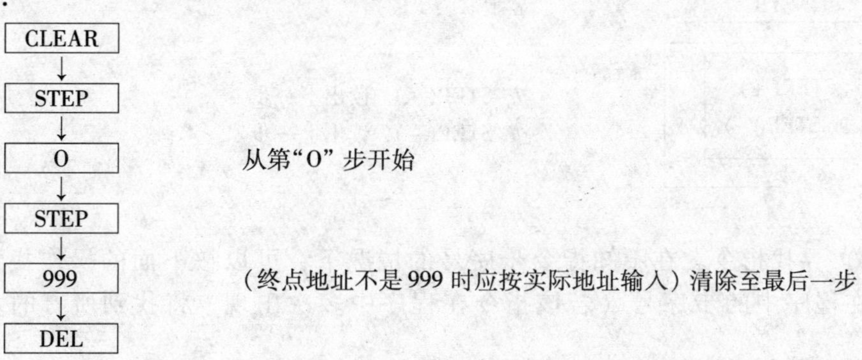

2）PLC程序的写入。PLC程序的写入应按如下顺序进行：

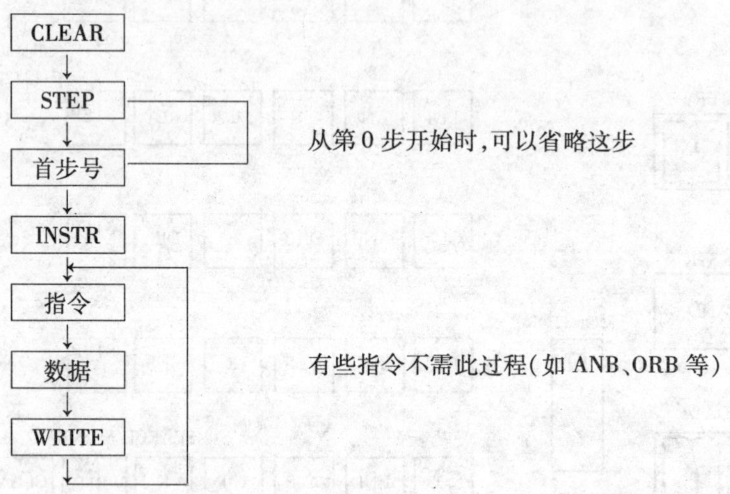

在按“WRITE”键前若需修改指令，先按“INSTR”键，然后写入正确的指令；在按“WRITE”键后若需修改指令，先按“STEP（－）”键返回到原指令处，然后再写入新的指令。

3）用步序读出程序。在已知指令步序的情况下，若想读出该指令，可按下面的操作直接读出，无需从程序的第一步读起。

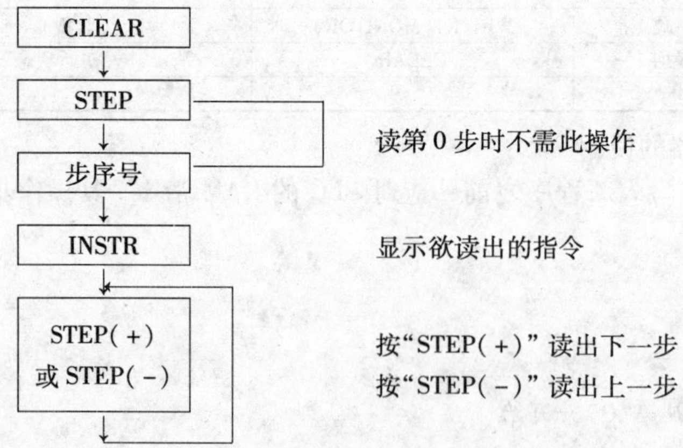

4）寻找指令。在不知指令步序号的情况下，可以按下面的操作找到该指令在程序中的步序号（若该指令在程序中多次出现，将找到所有的步序号）。

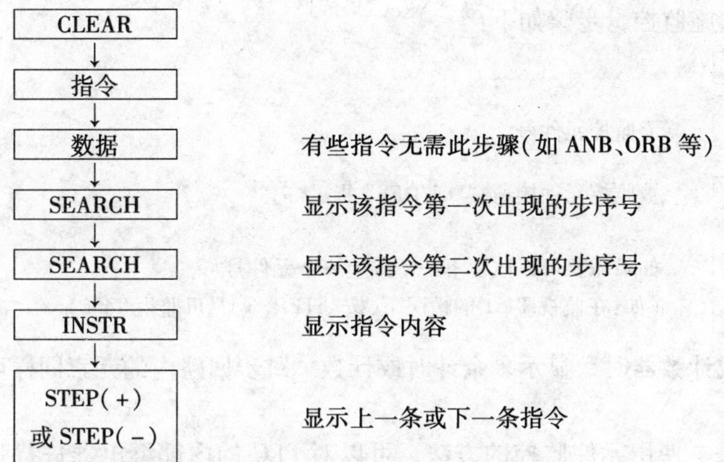

本操作不能用来寻找常数，在需要寻找常数时，要先寻找常数前的一条指令，然后用“步序号”加“1”寻找常数。

5）程序修改。在需要修改指令时，可按下述步骤进行：

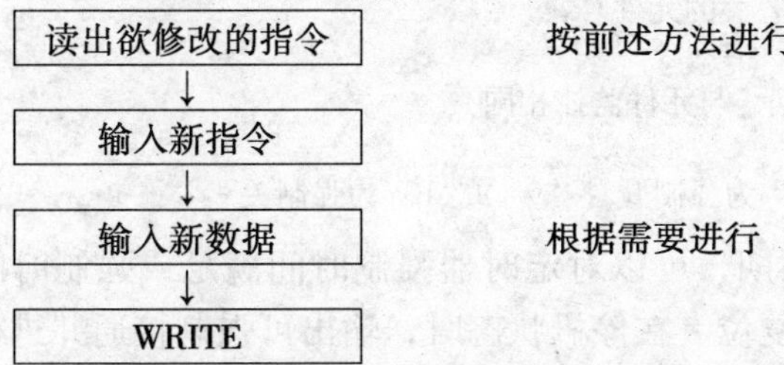

在需要修改常数时，应该利用前述的方法先找到欲修改的常数，然后输入新的常数并写入。

6）指令的删除。在需要删除某条指令时，只需按下述方法操作：

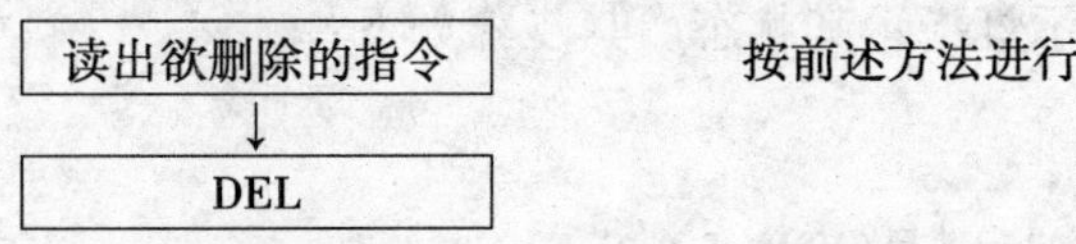

在某指令被删除后，其后面的所有指令步序号会自动减 1。

7）指令的插入。若需要在某指令前插入指令，可按下述步骤进行：

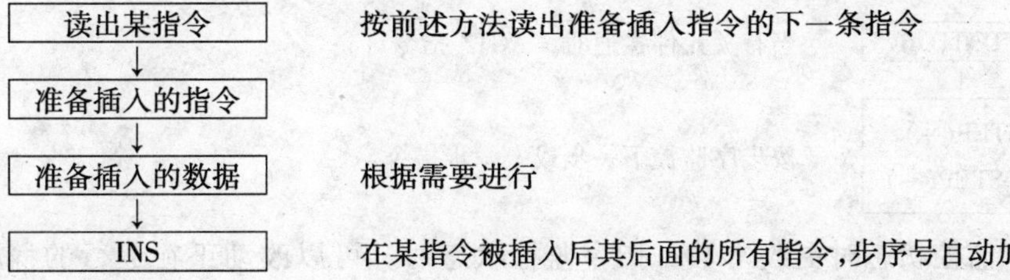

8）元件监控。当 PLC 处于 RUN 状态，编程器处于 MONITOR 状态时，可对

PLC 的内部元件实施监控，步骤如下：

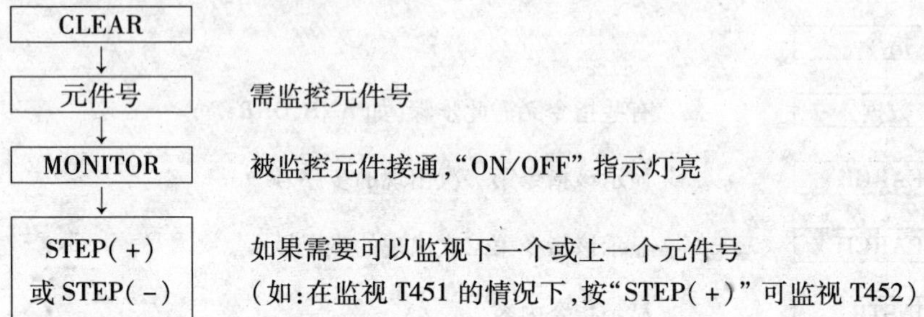

监视定时器或计数器时，显示剩余计时或计数。跳步回路内的元素同样可以被监视。

9）强制开/关。使用元件监控的方法，可以对 PLC 的内部继电器进行强制开/关，步骤如下：

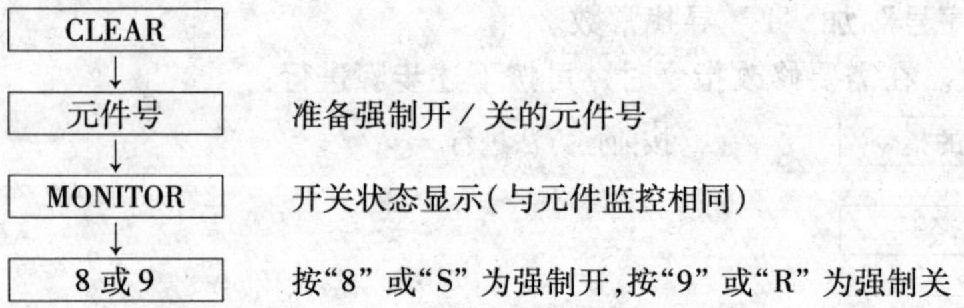

强制开/关持续仅一个扫描周期，可以对定时器强制时间满足或强制时间复位，计数器强制计数符合或强制复位。在停机状态时，输出可强制接通并进行保持；但在停机状态时，计数器不能强制开。如果有关线圈正在执行跳步，就不能强制开/关。

10）指令监控。PLC 处于 RUN 状态，编程器处于 MONITOR 状态时，可以对指令进行监控，用"ACT"指示灯指示其状态。其步骤如下：

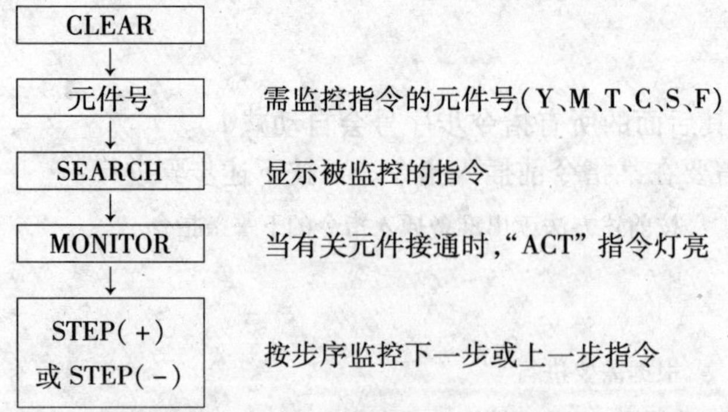

11）监控状态时更改常数。指令监控状态时，可以改动正在运行的程序中的常数，其操作步骤如下：

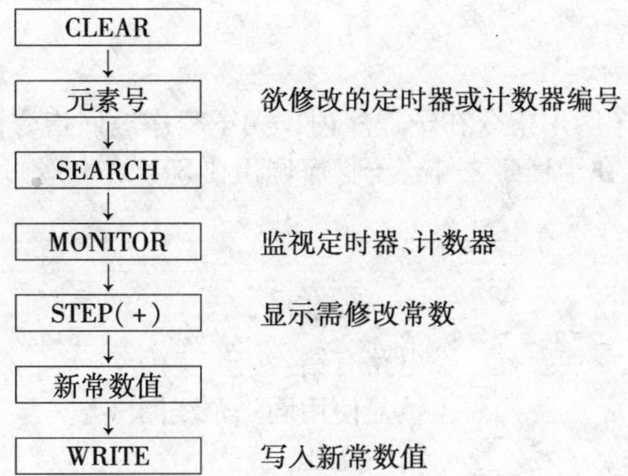

如果修改正在使用的常数，其值将在计时或计数符合后才修改，跳步回路中程序部分的元素无法用寻找功能发现。

12）错误检查。在编程状态下，利用编程器可以对所输入的程序是否存在语法错误、电路错误等进行检查。

①语法错误的检查。若程序在 OUT T 或 C 后无常数类的语法错误，可按下述步骤进行检查：

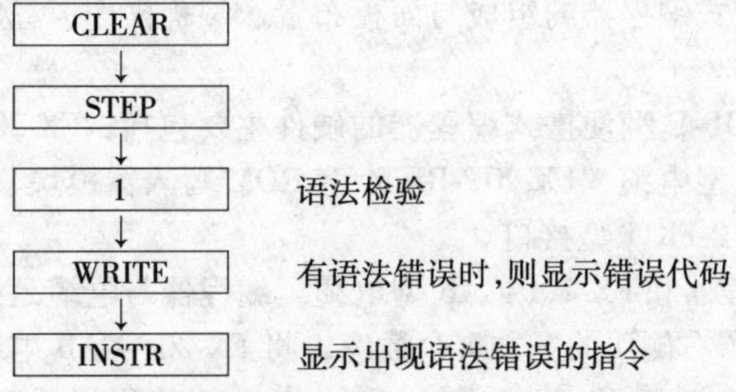

错误代码说明：

1-1　表示不正确的元素号（如：X800）或不相配的元件号（如：OUT X400）；

1-2　表示 T 或 C 后无常数；

1-3　表示不正确的常数范围。

②电路（梯形图）错误的检查。梯形图错误的检查，按下述步骤进行错误代码说明：

2-1　表示 LD 或 LDI 在一个线圈中使用超过 8 次；

2-2　表示不正确的 LD、LDI 或 ANB、ORB；

2-3　表示不相配的步进梯形指令（STL 没有从母线上开始；MC 和 MCR 在 STL 之中；RET 在 STL 之外；STL 在子程序之中；RET 遗漏；STL 连续使用超过

8 次)；

2-4 表示子程序启动超过两次；

2-5 表示不相配的子程序（调用指令在子程序内；无子程序返回指令；子程序返回指令；子程序返回指令在子程序之外；子程序调用在 STL 之中)。

③其他错误

1） * * * *

? ? ? ? 程序有破坏

2） * * * * CIRCUIT ERR 电路有错

3） * * * * COIL DUPL 重复使用同一个线圈

4） * * * * DIF OVER DIF 溢出

5） * * * * IL-ILC IL 和 ILC 没有成对出现

6） * * * * JMP-JME ERR JMP 和 JME 没有成对出现

7） * * * * JMP OVER JMP 使用超过 8 次

3. FX-20P-E 型便携式编程器的主要功能与使用简介

FX-20P-E 型便携式编程器（简称 HPP）可以直接用于 FX 系列 PLC，也可以通过 FX-20P-FKIT 转换器用于 F1 和 F2 系列 PLC。

下面介绍 FX-20F-E 型便携式编程器的组成与面板布置、编程操作、程序运行、监视操作和测试操作。

(1) 编程器的组成 FX-20P-E 型便携式编程器的硬件主要包括：FX-20P-E 型便携式编程器、FX-20P-CAB 型电缆、FX-20P-RWM 型 ROM 写入器模块、PX-20P-ADP 型电源适配器、FX-20P-FKIT 型接口。

1）FX-20P-E 型便携式编程器和 FX-20P-CAB 型电缆。编程器与电缆是必须的，其他部分是选配件。编程器右侧面的上方有个插座，将 FX-20P-CAB 电缆的一端插入该插座内，电缆的另一端插到 FX 系列 PLC 的 RS-422 编程器插座内，如图 4-134 所示。

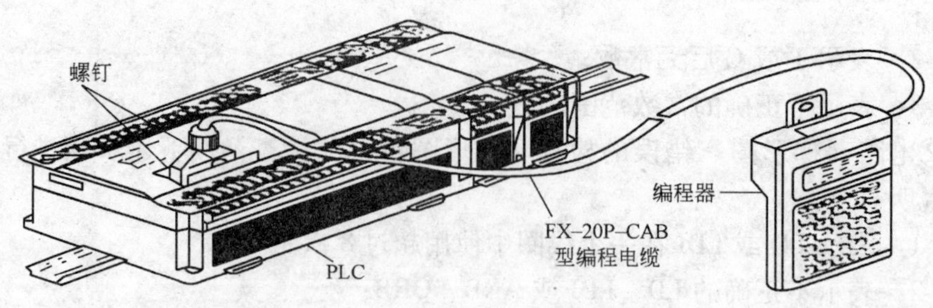

图 4-134 FX-20P-E 型便携式编程器接线图

2）FX-20P-RWM型ROM写入器模块　FX-20P-E型便携式编程器的顶部有一个插座，可以连接FX-20P-RWM型ROM写入器。编程器底部插有系统程序存储器卡盒，需要将编程器的系统程序更新时，只要更换系统程序存储器即可，如图4-135所示。

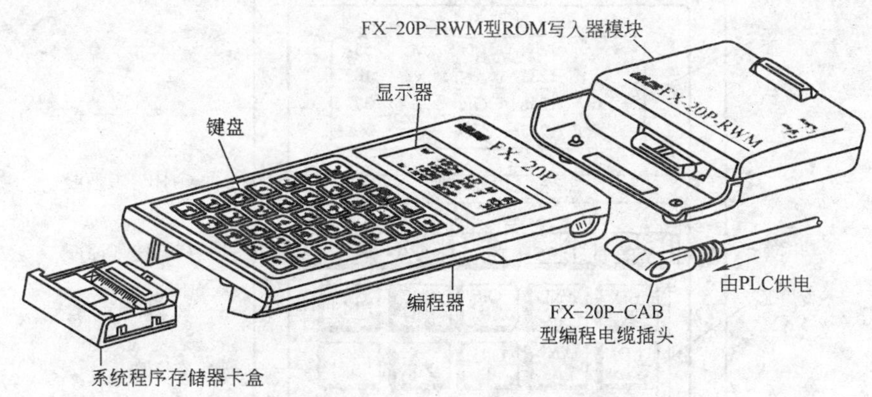

图4-135　FX-20P-E型便携式编程器的组成

3）FX-20P-ADP型电源适配器。在FX-20P-E型便携式编程器与PLC不相连的情况下（脱机方式），用该编程器编制用户程序时，可以用FX-20P-ADP型电源适配器对编程器供电。

FX-20P-E型便携式编程器内附有8K步RAM，脱机方式时用来保存用户程序。编程器内附有高性能的电容器，通电1h后，在该电容器的支持下，RAM内的信息可以保留3天。

4）FX-20P-FKIT型接口。FX-20P-E型便携式编程器可以直接用于FX系列PLC编程，也可以通过FX-20P-FKIT型转换器用于F1和F2系列PLC。

（2）编程器的面板布置　FX-20P-E便携式编程器的面板布置如图4-136所示。面板的上方是一个16×4个字符的液晶显示器。它的下面共有35个键，最上面一行和最右边一列为11个功能键，其余的24个键为指令键和数字键。

1）功能键

① RD/WR 键（读出/写入键）、INS/DEL 键（插入/删除键）、MNT/TEST 键（监视/测试键）：这3个键都是双功能键（复用键），交替起作用。以 RD/WR 键为例，按第一下选择读出方式，按第二下选择写入方式，按第三下又回到读出方式。编程器当时的工作状态显示在液晶显示屏的左上角。

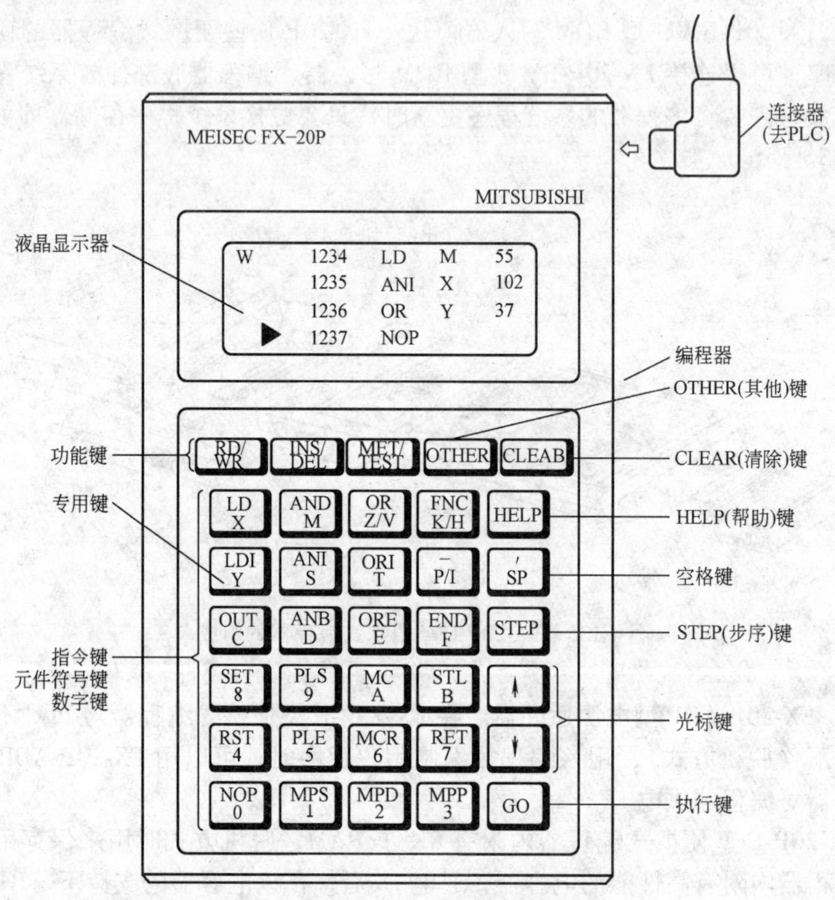

图 4-136 FX-20P-E 便携式编程器的面板布置图

②GO键（执行键）：用于对指令的确认和执行命令。在键入某指令后，再按GO键，编程器就将该指令写入 PLC 的用户程序存储器中。另外，该键还用来选择工作方式。

③CLEAR键（清除键）：在末按GO键之前，按下CLEAR键，刚刚键入的操作码或操作数被清除。另外，该键还用来清除屏幕上的错误内容或恢复原来的画面。

④SP（空格键）：输入多参数的指令时，用来指定操作数或常数。在监视工作方式下，若要监视位编程元件，先按SP键，再送该编程元件的编号。

⑤STEP键（步序键）：设定步序号时，按此键。

⑥↑ ↓键（光标键）：用该键上下移动光标“▶”或提示符“■”，指定元件前一个或后一个地址号的元件，作行滚动。

⑦HELP键（帮助键）：在编制用户程序时，如果对某条功能指令的编号不清楚，按下FNC键后按HELP键，屏幕上会显示功能指令的分类菜单；再按下相应的数字键，就会显示出该功能指令的全部编号。在监视方式下按HELP键，可以使字编程元件内的数据在十进制和十六进制数之间进行切换。

⑧OTHER键［其他键）；在任何状态下按此键，将显示工作方式项目菜单。安装ROM写入模块时，在脱机方式项目菜单上进行项目选择。

2）指令键、元件符号键和数字键。它们都是双功能键，每个键的上面是指令助记符，下面是元件符号或数字，上、下档功能是根据当前所执行的操作自动进行切换，其中下面的元件符号Z/V、K/H和P/I交替起作用，反复按键时，可以相互切换。

3）液晶显示器。FX-20P-E型便携式编程器的液晶显示器可显示4行，每行16个字符。在编程时，液晶显示器显示屏的画面示意图如图4-137所示。

	1	2	3	4	5	6	7	8	9	10	11	12	13	14	15	16
1	R	▶		1	0	0		L	D			M			1	0
2				1	0	1		O	U	T		T				5
3												K		1	3	0
4				1	0	4		L	D	I		X		0	0	3

图4-137　液晶显示屏

第一行第1列的字符代表编程器工作方式。其中：R（Read）-读出用户程序；W（Write）-写入用户程序；I（［Insert）-将编制的程序插入光标“▶”所指的指令之前；D（DeLete）-删除光标“▶”所指的指令；M（Moitor）-编程器处于监视工作状态，可以监视位编程元件的通/断状态、编程元件内的数据，以及对基本逻辑指令的通/断状态进行监视；T（Test）-编程器处于测试工作状态，可以对位编程元件的状态以及定时器和计数器的线圈状态强制接通或关断，也可以对字编程元件中的数据进行修改。

第2列为行光标，第3到6列为指令步序号，第7列为空格，第8列到11列为指令助记符，第12列为操作数或元件的类型，第13到16列为操作数或元件号。

（3）编程器工作方式选择　FX-20P-E型便携式编程器有联机〔ONLINE）编程方式和脱机（OFFLINE）编程方式两种，如图4-138所示。

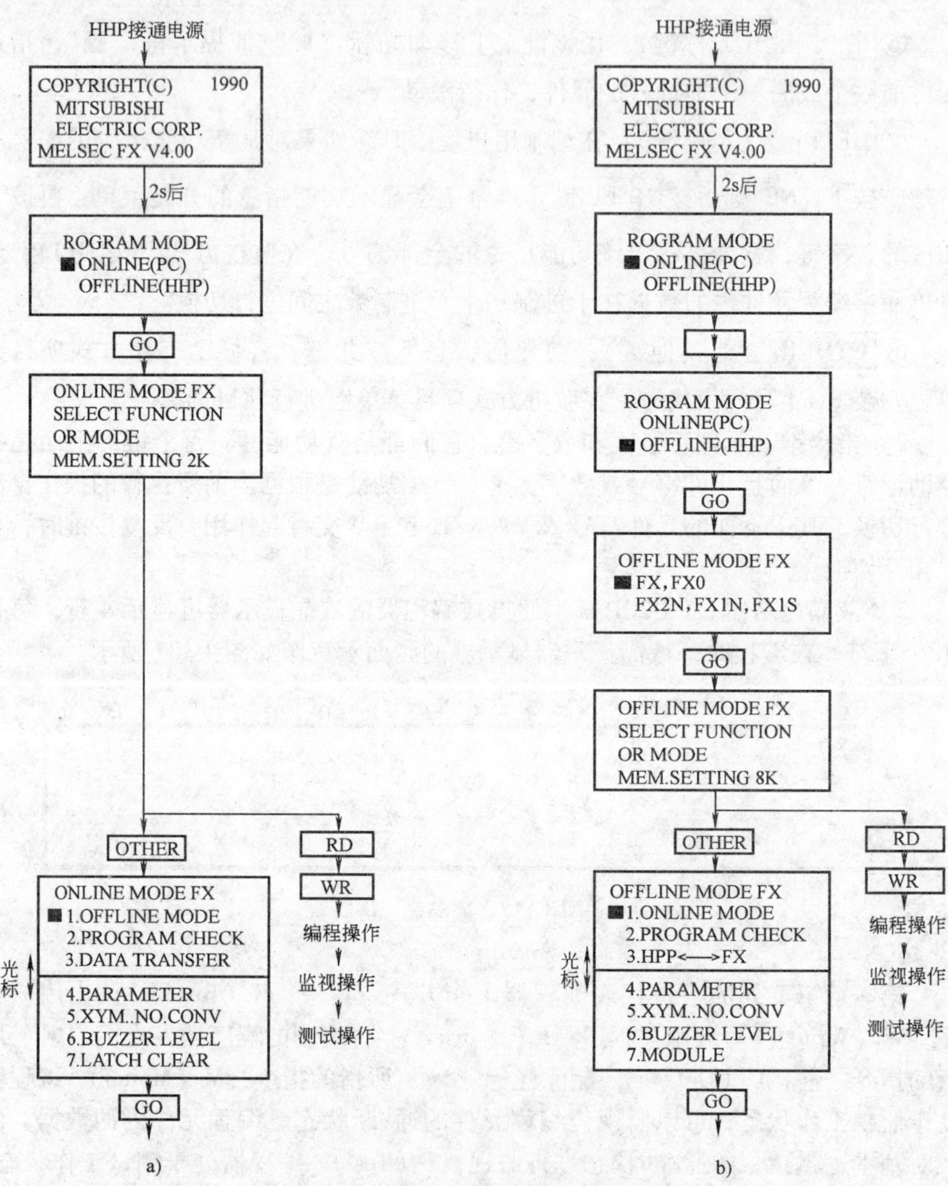

图 4-138　FX-20P 型便携式编程器工作方式

a）联机工作方式　b）脱机工作方式

联机编程也叫在线编程。编程时是将编程器与 PLC 直接相连，程序可直接写到 PLC 的用户程序存储器中。这种编程方式，可对程序进行调试，可随时插入、删除程序，并且可监视 PLC 编程元件的工作状态，还可强制某些编程元件置位或复位。这种方式具有编程、检查、监视、测试功能。

脱机编程也叫离线编程。编程时，编程器与PLC不相连，编制的程序先存放在编程器的存储器中；程序编写完毕后，再与PLC相连，将程序送入PLC的用户程序存储器中。脱机编程不影响PLC的工作。

FX-20P-E型便携式编程器接通电源后，其液晶屏幕上显示如图4-138上部所示的画面。显示2s后转入下一个画面，其中，闪烁的光标符号"■"指明编程器目前所处的工作方式。用[↑]或[↓]键将光标移动到选中的方式上，然后再按[GO]键就进入所选定的编程方式。这时，如果将光标"■"移动到ONLINE（PC）位置上，然后到[GO]键，就进入联机编程方式；如果将光标"■"移动到OFFLINE（HHP）位置上，然后按[GO]键，就进入脱机编程方式。

在联机编程方式下，若按[RD]键或[WR]键，进入编程操作；若按[OTHER]键，进入工作方式选择的操作。此时液晶屏幕上显示如图4-101a下部所示的画面，按[↑]或[↓]键，移动光标到所需位置上，再接[GO]键，就进入选定的工作方式。由画面可知，可供选择的工作方式共有7种，它们依次是；

1）OFFLINE MODE（脱机方式）：进入脱机编程方式。

2）PROGRAM CHECK（程序检查）：对程序进行检查，若没有错误，显示"NO ERROR"（没有错误）；若有错，显示出错指令的步序号及出错代码。

3）DATA TRANSFER（数据传送）：若PLC内安装有存储器卡盒，在PLC的RAM和外装的存储器之间进行程序和参数的传送；反之，则显示"NO MEM-CASSETTE"（没有存储器卡盒），不进行传送。

4）PARAMETER（参数）：对PLC的用户程序存储器容量进行设置，还可以对各种具有断电保持功能的编程元件的范围以及文件寄存器的数量进行设置。

5）XYM..NO. CONV；修改X、Y、M的元件号。

6）BUZZER LEVEL（蜂鸣器音量）：对蜂鸣器的音量进行调节。

7）LATCH CLEAR：复位有断电保持功能的编程元件。对文件寄存器的复位与它使用的存储器类别有关，只能对RAM和写保护开关OFF位置的EEPROM中的文件寄存器复位。

在脱机编程方式下，用[↑]或[↓]键将光标移动到选中的PLC机型上，然后按[GO]键，若按着[RD]键或[WR]键，进入编程操作；若接着按[OTHER]键，进入工作方式选择的操作。此时，液晶屏幕上显示如图4-138下部所示的画面。按[↑]或[↓]键，移动光标到所需位置上，再接[GO]键，就进入选定的工作方式。由画面可知，可供选择的工作方式也有7种，它们依次是：

1）ONLINE MODE（联机方式）。

2）PROGRAM CHECK（程序检查）。

3）HPP < — > FX（程序传送）。

4）PARAMETER（参数）。

5）XYM. . NO. CONV.（修改 X、Y、M 的元件号）。

6）BUZZR LEVEL（蜂鸣器音量）。

7）MODUL（EPROM 和 EEPROM 的写入）。

（4）编程操作

在联机编程方式下进行编程操作时，应将 PLC 主机上的 RUN/STOP 开关置于 STOP 的位置。

1）写入程序。在写入一个新的用户程序之前，要先将 PLC 用户程序存储器中原有的程序全部清除（用户程序存储器的初始化），然后用键盘输入新程序。用户程序存储器初始化的方法是先按 RD/WR 键，使编程器处于 W（写入）工作方式，接着按以下顺序按键：

RD/WR —W→ NOP → A → GO → GO

①写入指令。基本操作图 4-139 所示。先按 RD/WR 键，使编程器处于 W（写入）工作方式；接着根据指令（基本逻辑指令或步进指令）依次按相应的键，最后按 GO 键，该指令就从编程器中写入到 PLC 的用户程序存储器里。如写入指令 LD X10，其操作如图 4-140 所示。

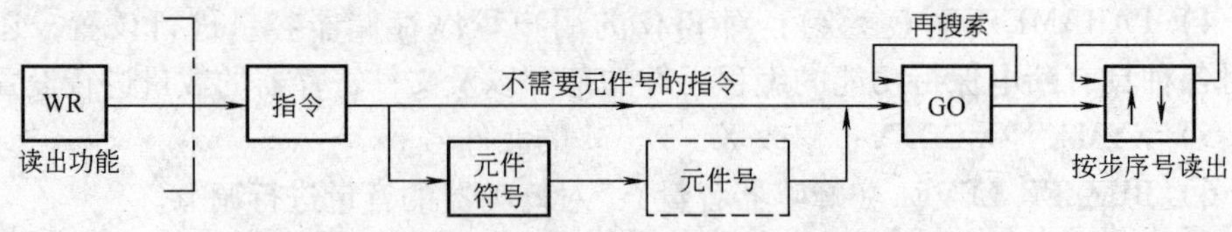

图 4-139 根据指令写入的基本操作

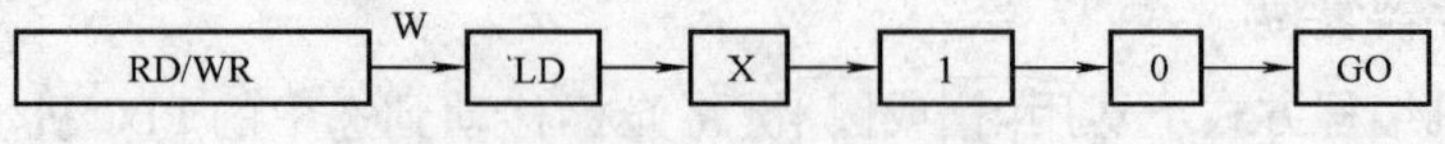

图 4-140 写入指令 LD X10 的操作

如果需要修改刚写入的指令，在未按 GO 键之前，按下 CLEAR 键，刚键入的操作码或操作数被清除。按了 GO 键之后，可按 ↑ 键，回到刚写入的指令，再作修改。

②写入功能指令。基本操作如图4-141所示。先按 RD/WR 键，使编程器处于W（写入）工作方式；接着按 FNC 键，按功能指令编号对应的数字键，按 SP 键，然后按相应的操作数键。如果操作数不止一个，每次键入操作数之前，先按一下 SP 键，键入所有操作数后，要按 GO 键，该功能指令就从编程器中写入到PLC的用户程序存储器里。如果操作数为双字节，按 FNC 键后，再按 D 键；如果仅当控制电路由“断开”到“闭合”时才执行该功能指令的操作（脉冲执行），在键入其编号对应的数字键后，接着再按 P 键。如写入数据传送指令MOV D0 D4（MOV指令的编号为12），其操作如图4-142所示；如写入数据传送指令（D）MOV D0 D4，其操作如图4-143所示；如写入数据传送指令MOV（P）D0 D4，其操作如图4-144所示；如写入数据传送指令（D）MOV（P）D0 D4，其操作如图4-145所示。

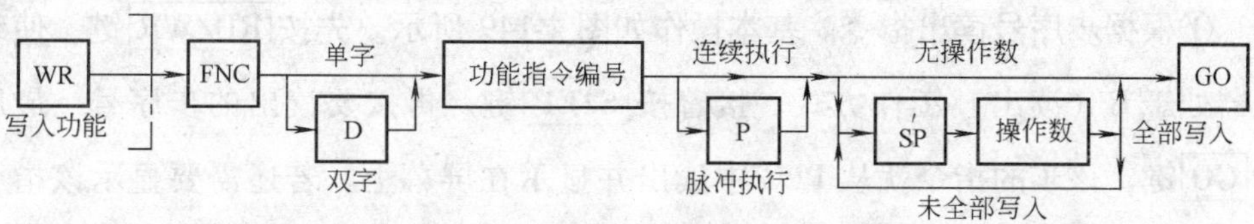

图4-141 根据功能指令写入的基本操作

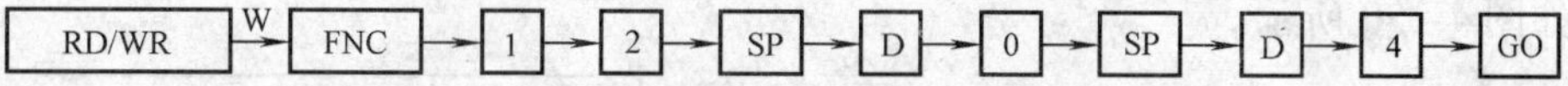

RD/WR →(W) FNC → 1 → 2 → SP → D → 0 → SP → D → 4 → GO

图4-142 写入指令MOV D0 D4的操作

RD/WR →(W) FNC → D → 1 → 2 → SP → D → 0 → SP → D → 4 → GO

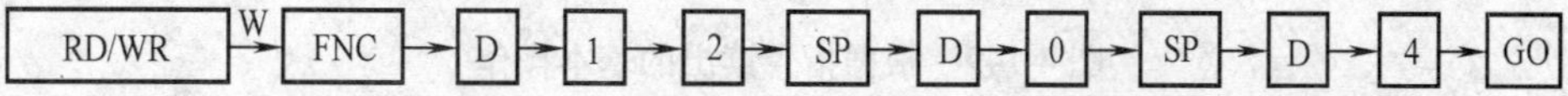

图4-143 写入指令（D）MOV D0 D4的操作

RD/WR →(W) FNC → 1 → 2 → P → SP → D → 0 → SP → D → 4 → GO

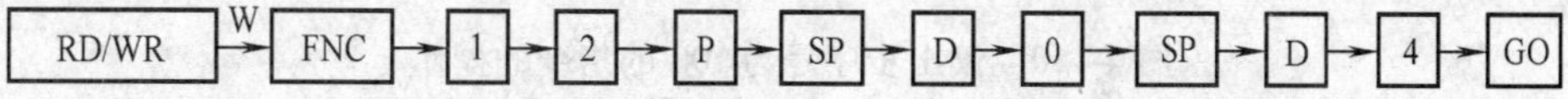

图4-144 写入指令MOV（P）D0 D4的操作

RD/WR →(W) FNC → D → 1 → 2 → P → SP → D → 0 → SP → D → 4 → GO

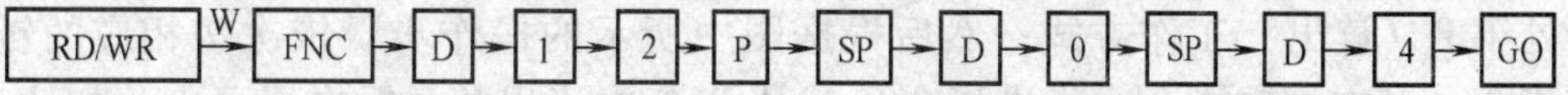

图4-145 写入指令（D）MOV（P）D0 D4的操作

③写入指针。基本操作如图 4-146 所示。如写入中断用的指针，按 P 键后按 I 键。如写入跳转标号 P25，其操作如图 4-147 所示；如写入中断指针号 I001，其操作如图 4-148 所示。

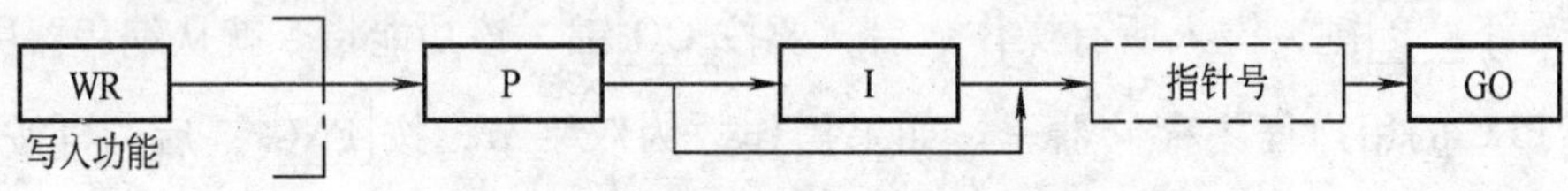

图 4-146　根据指针写入的基本操作

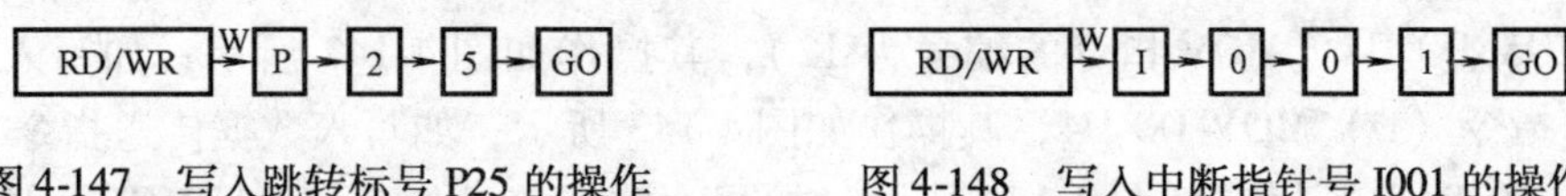

图 4-147　写入跳转标号 P25 的操作　　图 4-148　写入中断指针号 I001 的操作

2）读出程序

①根据步序号读出指令。基本操作如图 4-149 所示。先按 RD/WR 键，使编程器处于 R（读出）工作方式；接着按 STEP 键，再按要读出的步序号，最后按 GO 键，该步的指令就从 PLC 中读出并显示在屏幕上。若还需要显示该指令之前或之后的其他指令，可以按 ↑、↓ 或 GO 键。按 ↑ 或 ↓ 键可显示上一条或下一条指令，按 GO 键可显示下四条指令。如读出步序号为 100 的指令，其操作如图 4-150 所示。

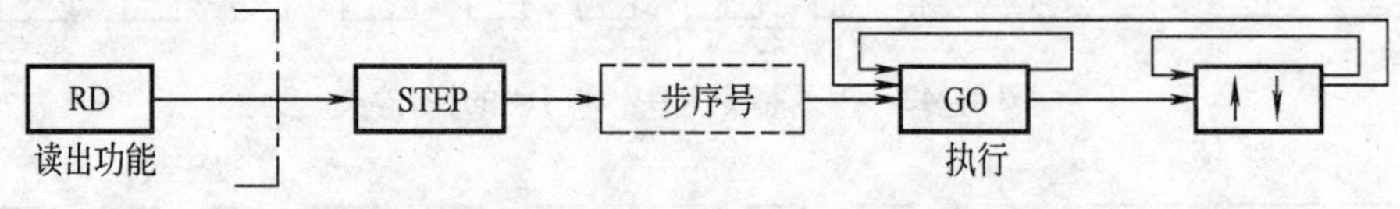

图 4-149　根据指令读出的基本操作

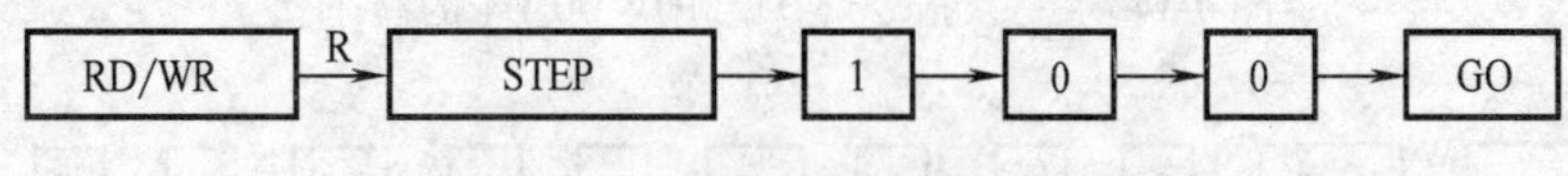

图 4-150　读出步序号为 100 的指令的操作

②根据指令读出指令。基本操作如图 4-151 所示。先按 RD/WR 键，使编程器处于 R（读出）工作方式；然后根据图中所示的操作步骤依次按相应的键，该指令（基本逻辑指令或步进指令）就从 PLC 中读出并显示在屏幕上。如读出指令 LD X11，其操作如图 4-152 所示。

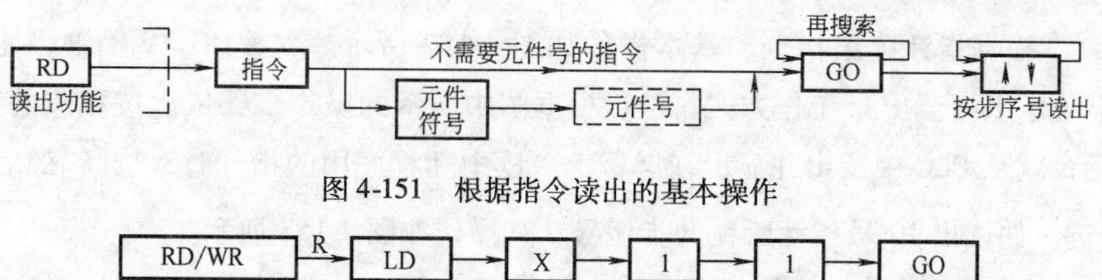

图4-151 根据指令读出的基本操作

图4-152 读出指令 LD X11 的操作

按 GO 键后屏幕上显示出指定的指令和步序号。接着再按 GO 键，屏幕上显示出下一条相同的指令及其步序号。如果用户程序中没有该指令，在屏幕的最后一行显示“NOT FOUND”（未找到）。按 ↑ 或 ↓ 键可读出上一条或一条指令，按 CLEAR 键屏幕显示原先的内容。

③根据功能指令读出指令。基本操作如图4-153所示。先按 RD/WR 键，使编程器处于R（读出）工作方式；然后根据图中所示的操作步骤依次按相应的键，该指令就从PLC中读出并显示在屏幕上。如读出指令（D）MOV（P）D0 D4，其操作如图4-154所示。

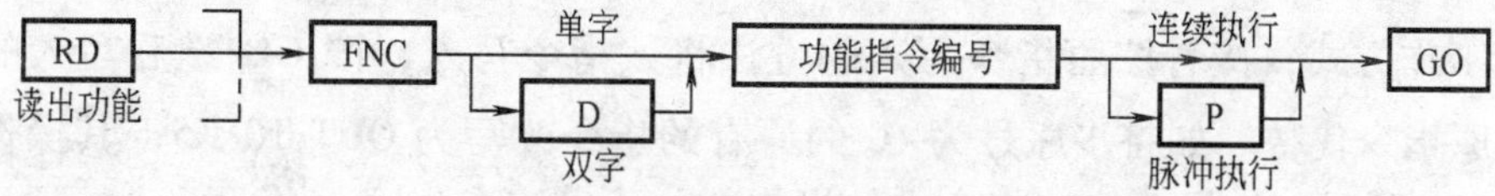

图4-153 根据功能指令读出的基本操作

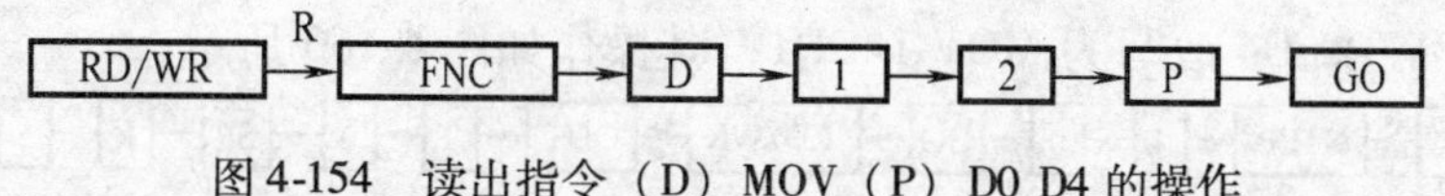

图4-154 读出指令（D）MOV（P）D0 D4 的操作

④根据编程元件读出指令。基本操作如图4-155所示。先按 RD/WR 键，使编程器处于R（读出）工作方式；然后根据图中所示的操作步骤依次按相应的键，该指令就从PLC中读出并显示在屏幕上。这种方法只限于基本逻辑指令，不能用于功能指令。如读出含有X0的指令，其操作如图4-156所示。

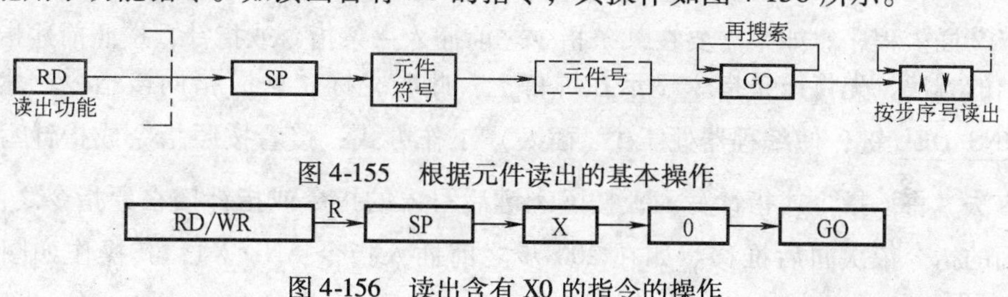

图4-155 根据元件读出的基本操作

图4-156 读出含有X0的指令的操作

⑤根据指针读出指令。基本操作如图 4-157 所示。先按 RD/WR 键，使编程器处于 R（读出）工作方式；然后根据图中所示的操作步骤依次按相应的键，该指令就从 PLC 中读出并显示在屏幕上。读中断程序用的指针时，按 P 键后按 I 键。如读出 10 号指针所在的步序号，其操作如图 4-158 所示。

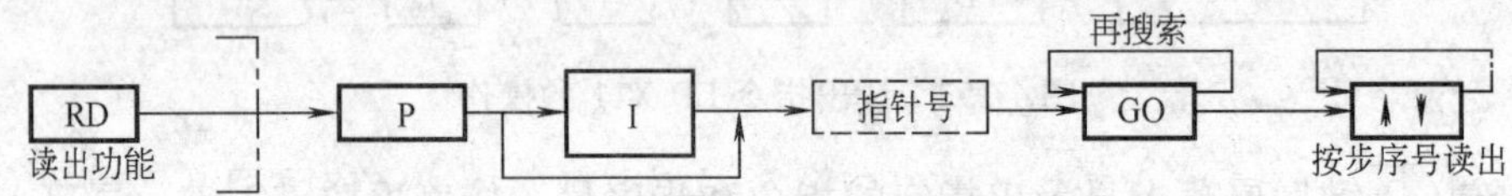

图 4-157　根据指针读出的基本操作

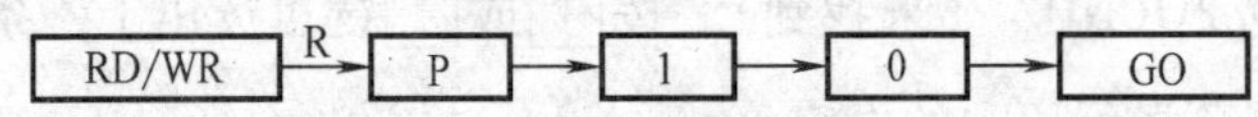

图 4-158　读出 10 号指针所在的步序号的操作

3）修改程序

①修改指定步序号的指令。按照前述指令读出的方法，先将该指令显示在屏幕上，此时光标“▶”指向该指令；然后按 RD/WR 键，使编程器处于 W（写入）工作方式；接着按照指令写入的方法将该指令写入，按 GO 键后写入的指令将原指令代替。如将步序号为 10 的原有的指令改写为 OUT T0 K5，其操作如图 4-159 所示；如果要修改指令中的操作数，读出该指令后，将光标“▶”移到欲修改的操作数所在的行，然后修改该行的参数，如将步序号为 100 的原有的功能指令 MOV D0 D4 改写为 MOV D0 D1，其操作如图 4-160 所示。

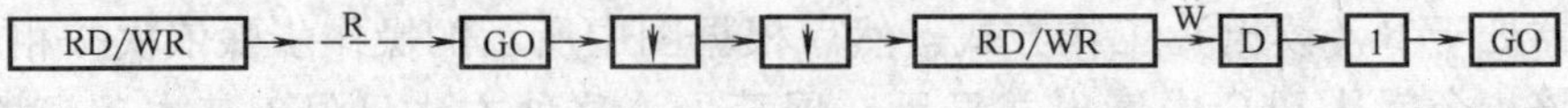

图 4-159　将步序号为 10 的原有的指令改写为 OUT T0 K5 的操作

RD/WR —R— GO → ↓ → ↓ → RD/WR —W→ D → 1 → GO

4-160　将步序号为 100 的原有的功能指令 MOV D0 D4 改写为 MOV D0 D1 的操作

②插入程序。如果需要在某条指令之前插入一条指令或指针，按照前述指令读出的方法，先将该条指令显示在屏幕上，此时光标“▶”指向该指令；然后按 INS/DEL 键，使编程器处于 I（插入）工作方式；接着按照指令或指针写入的方法，将该指令或指针写入；按 GO 键后写入的指令或指针插在原指令之前，后面的指令依次向后推移。如在 200 步之前插入指令 AND X4，其操作如图 4-161 所示。

图 4-161　在 200 步之前插入指令 AND X4 的操作

③删除程序。

i）单条指令或单个指针的删除。按照前述指令读出的方法，先将该指令或指针显示在屏幕上，此时光标“▶”指向该指令；然后按 INS/DEL 键，使编程器处于 D（删除）工作方式；接着按 GO 键，该指令或指针就被删除。如删除第 200 步的指令，其操作如图 4-162 所示。

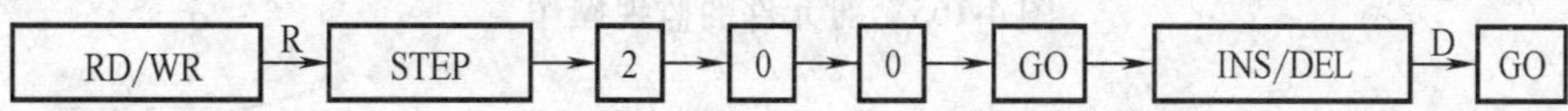

图 4-162　删除第 200 步的指令的操作

ii）删除指定范围内的程序。先按 INS/DEL 键，使编程器处于 D（删除）工作方式；接着按下列操作步骤依次按相应的键，该范围内的程序就被删除，其操作如图 4-163 所示。

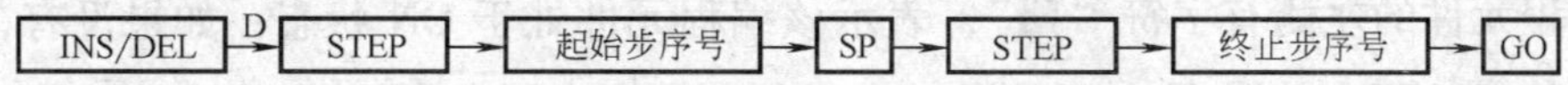

图 4-163　删除指定范围内的程序的操作

iii）将用户程序中间的 NOP 指令全部删除。先按 INS/DE 键，使编程器处于 D（删除）工作方式；接着按 NOP 和 GO 键，用户程序中间的 NOP 指令就被全部删除，其操作如图 4-164 所示。

INS/DEL —D→ NOP → GO

图 4-164　将用户程序中间的 NOP 指令全部删除的操作

（5）监视操作　监视操作是指在联机方式下用编程器对 PLC 的各个位元件（如 X、Y、M）的状态、各个字元件（如 D、T、C、Z、V）中的数据、基本逻辑指令的通/断状态进行监视。

在 PLC 主机上的 RUN/STOP 开关置于 RUN 的位置时，可对上述情况进行监视；在置于 STOP 的位置时，只能对带后备电池的计数器或辅助继电器的状态进行监视。

用户程序输入 PLC 后，按要求接好硬件，将 PLC 主机上的 RUN/STOP 开关置于 RUN 位置，编程器置于监视状态，输入外部开关信号，便可以运行用户程序。如果程序运行不正确，在 PLC 主机面板上就会有相关的故障提示；重新修改后再次运行，直到正常运行为止。

1）对元件的监视。所谓元件监视是指监视指定元件的 RUN/STOP 状态、设定值及当前值。其基本操作如图 4-165 所示。如监视输入继电器 X0 的状态，其操作如图 4-166 所示。

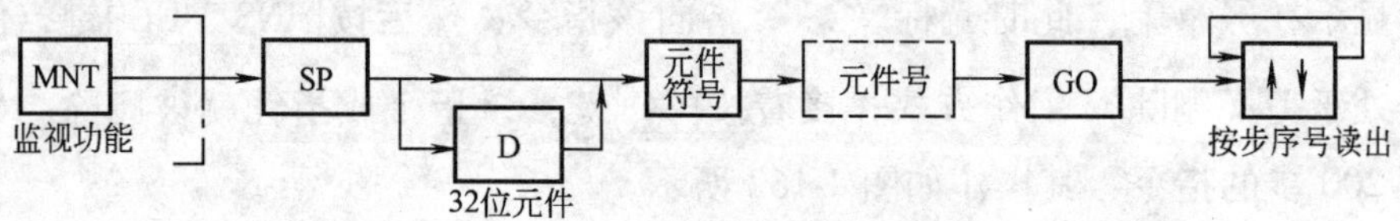

图 4-165　对元件的监视操作

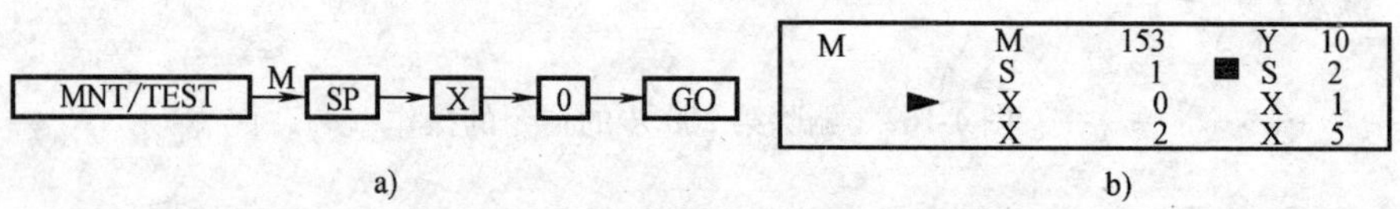

图 4-166　监视输入继电器 X0 的状态的操作
a）键操作　b）显示

按图 4-166a 顺序操作后，屏幕上就会显示出现的状态（见图 4-166b）。如果在编程元件的左侧有字符“■”，表示该编程元件处于 ON 状态；如果没有，表示它处于 OFF 状态；最多可监视 8 个元件。按 ↑ 或 ↓ 键可以监视前面或后面元件的状态。如监视 16 位数据寄存器 D0 中的数据，其操作如图 4-167 所示。

图 4-167　监视 16 位数据寄存器 D0 中的数据的操作

按上面的顺序操作后，屏幕上就会显示出数据寄存器 D0 中的数据。此时显示的数据均以十进制数表示。若要以十六进制数表示，按 HELP 键；重复按此键，显示的数据在十进制数和十六进制数之间切换。按 ↓ 键依次显示 D1、D2、D3 内的数据。如监视由数据寄存器 D0 和 D1 组成的 32 位数据寄存器中的数据，其操作如图 4-168 所示。

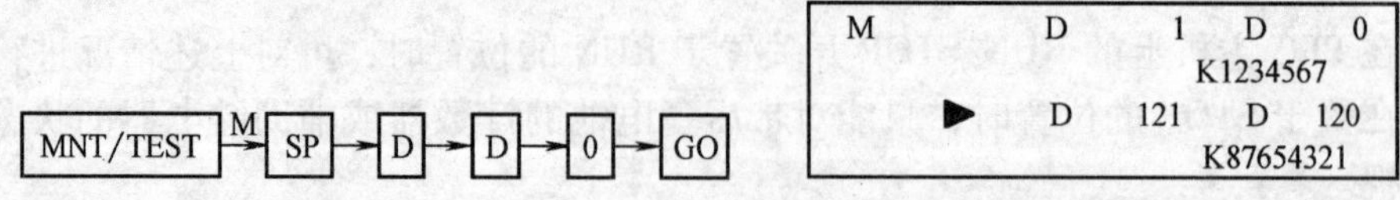

图 4-168　监视由数据寄存器 D0 和 D1 组成的 32 位数据寄存器中的数据的基本操作

按上面的顺序操作后，屏幕上就会显示出由寄存器D0和D1组成的32位数据寄存器中的数据。

如监视16位计数器C99的运行情况，其操作如图4-169所示。

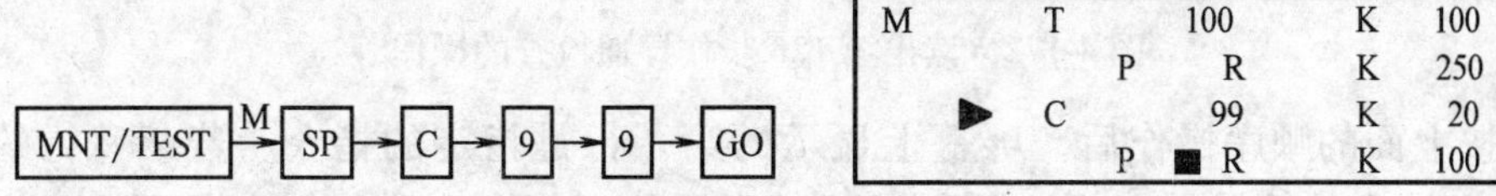

图4-169 监视16位计数器C99的运行情况的操作

按上面的顺序操作后，屏幕第三行末尾显示的数据K20是C99的当前计数值；第四行末尾显示的数据K100是C99的设定值；第四行中的字母P表示C99输出触点的状态；当其右侧显示“■”时，表示其常开触点闭合；反之则表示其常开触点断开。第四行中的字母“R”表示C99复位电路的状态，当其右侧显示“■”时，表示其复位电路闭合，其复位位为ON状态；反之则表示其复位电路断开，复位位为OFF状态。注意，非积算定时器没有复位输入，图中T100的“R”末用。

如监视32位计数器C200的运行情况，其操作如图4-170所示。

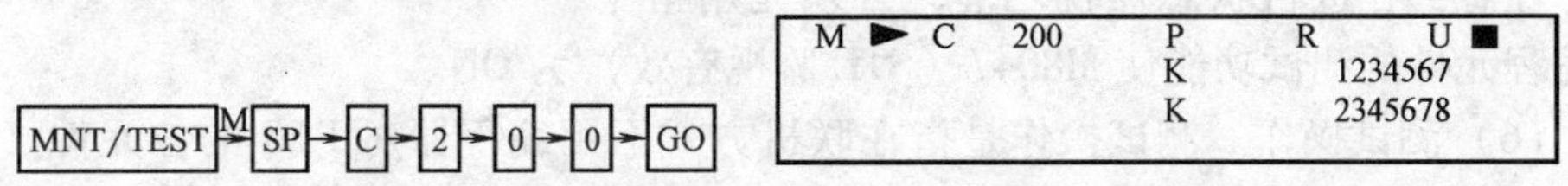

图4-170 监视32位计数器C200的运行情况的操作

按上面的顺序操作后，屏幕第一行显示的P和R的意义与上相同；U表示该计数器是递增还是递减计数方式，当其右侧显示“■”时，表示其计数方式为递增，反之为减计数方式；第二行显示的数据为当前计数值；第三行和第四行显示设定值，如果设定值为常数，直接显示在屏幕的第三行上；如果设定值存放在某数据寄存器内，第三行显示该数据寄存器的元件号，第四行才显示其设定值。按HELP键，显示的数据在十进制数和十六进制数之间切换。

2）通/断检查。在监视状态下，根据步序号或指令读出指令，可监视指令中元件触点的通/断和线圈的状态，基本操作如图4-171所示。如读出第126步作导通检查，其操作如图4-172所示。

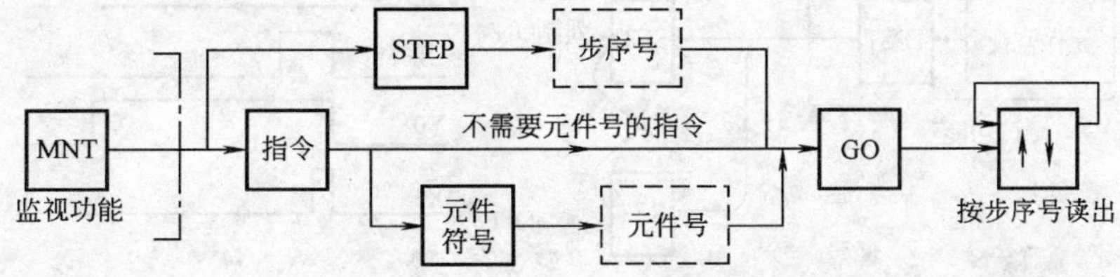

图4-171 通/断检查的基本操作

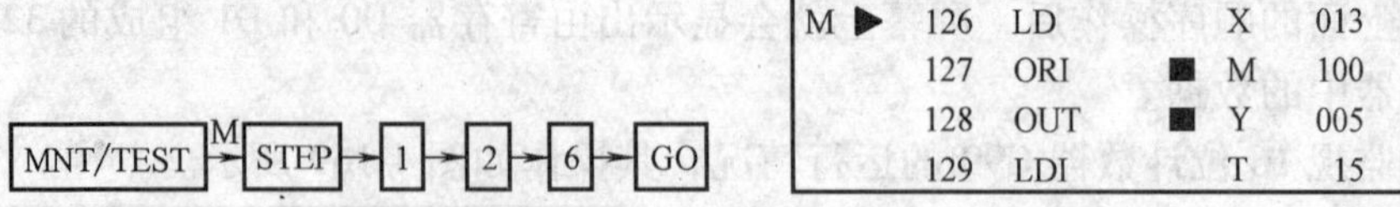

图 4-172　读出第 126 步作导通检查的操作

按上面的顺序操作后，屏幕上显示的第一行是指定的指令。若某一行的第 11 列（即元件符号的左侧）显示空格，表示该行指令对应的触点断开，对应的线圈“断电”；若第 11 列显示“■”，表示该行指令对应的触点接通，对应的线圈“通电”。根据各行是否显示“■”，就可以知道触点和线圈的状态。但是对定时器和计数器来说，若 OUT T 或 OUT C 指令所在行显示“■”，仅表示定时器或计数器分别处于定时或计数工作状态（其线圈“通电”），并不表示其输出常开触点接通。

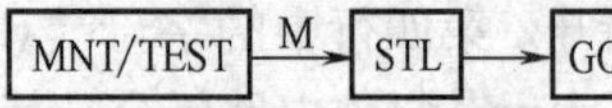

MNT/TEST →M→ STL → GO

图 4-173　利用步进指令 STL，监视状态继电器 S 的动作状态的基本操作

3）动作状态的监视。利用步进指令 STL，监视状态继电器 S 的动作状态（状态号从小到大顺序排列，最多可监视 8 点），其操作如图 4-173 所示。

注意：在进行状态监视之前，必须先用指令或编程元件的测试功能使 M8047（STL 监视有效）为 ON。

（6）测试操作　测试操作是指在联机方式下用编程器对 PLC 的位元件（如 X、Y、M）进行强制置位与复位、对字元件中的数据进行修改（如对 T、C、D、Z、V 当前值的修改和对 T、C 设定值的修改）和文件寄存器的写入等。

1）位元件的强制 ON/OFF。先进行元件的监视操作，使编程器处于 M 工作方式；然后按照监视位元件的操作步骤，显示出需要强制 ON/OFF 的那个位元件；接着再按 MNT/TEST 键，使编程器处于 T（测试）工作方式。确认光标“▶”指向需要强制接通或断开的位元件以后，按一下 SET 键强制该位元件 ON；按一下 RST 键，强制该位元件 OFF；其基本操作如图 4-174 所示。如对 Y5 进行强制 ON/OFF，其操作如图 4-175 所示。

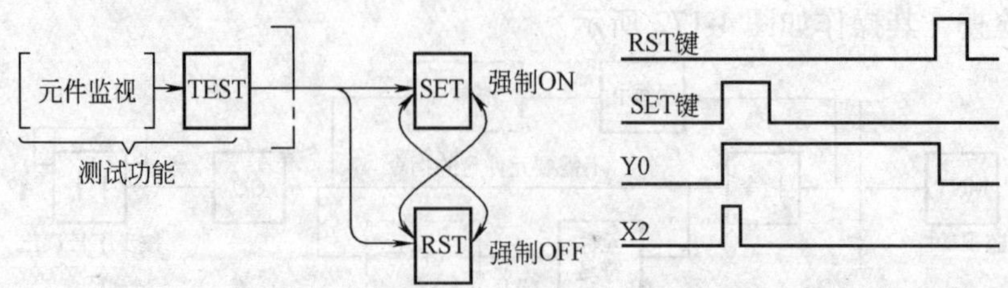

图 4-174　位元件强制 ON/OFF 的基本操作和时序图

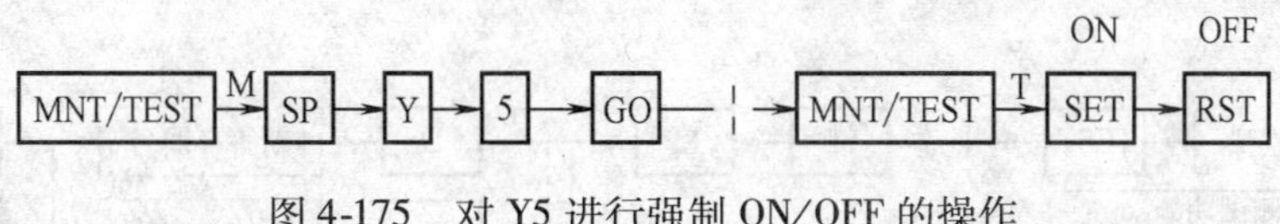

图 4-175　对 Y5 进行强制 ON/OFF 的操作

强制 ON/OFF 的时间与 PLC 的运行方式有关，也与位元件的类型有关。一般来说，当 PLC 处于 STOP 状态时，按一下 SET 键，除了输入继电器 X 接通的时间仅一个扫描周期以外，其他位元件的 ON 状态一直持续到按下 RST 键为止，其时序图如图 4-174 所示（注意，每次只能对光标“▶”所指的那一个位元件执行强制 ON/OFF）。但是，当 PLC 上处于 RUN 状态时，除了输入继电器 X 的执行情况与在 STOP 状态时的一样以外，其他位元件的执行情况还与梯形图的逻辑运算结果有关。

例如，设扫描用户程序的结果使输出继电器 Y5 为 ON，按 RST 键只能使 Y5 为 OFF 的时间维持一个扫描周期；反之，设扫描用户程序的结果使输出继电器 Y5 为 OFF，按 SET 键只能使 Y5 为 ON 的时间维持一个扫描周期。

2）修改 T、C、D、Z、V 的当前值。先进行元件的监视操作，而后转到测试功能，这时才能对 T、C、D、Z、V 的当前值进行修改操作，其基本操作如图 4-176 所示。如将定时器 T5 的当前值修改为 K20，其操作如图 4-177 所示。常数 K 为十进制数设定，H 为十六进制数设定。若要输入十六进制数，按 K 键后还应按 H 键。

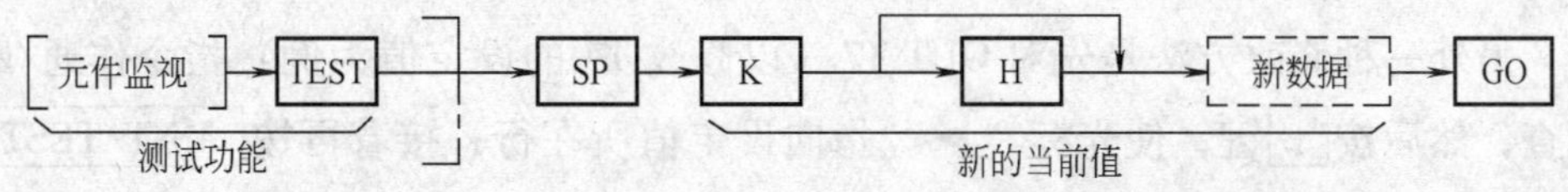

图 4-176　修改 T、C、D、Z、V 的当前值的基本操作

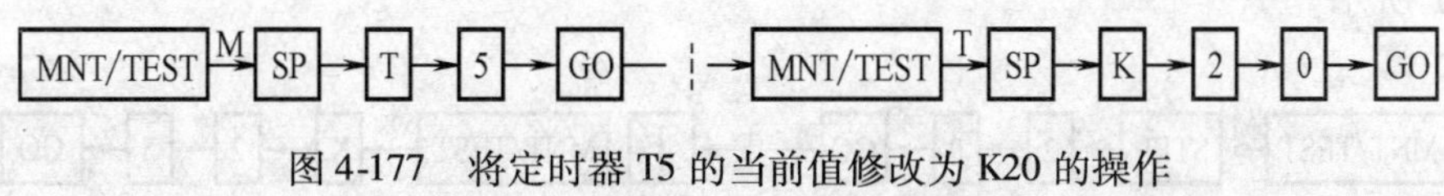

图 4-177　将定时器 T5 的当前值修改为 K20 的操作

3）修改 T、C 的设定值。先进行元件的监视操作或导通检查操作，而后转到测试功能，这时才能对 T、C 设定值进行修改操作。其基本操作如图 4-178 所示。如将定时器 T2 的设定值修改为 K14，其操作如图 4-179 所示；如将 T7 存放设定值的数据寄存器的元件号修改为 D15，其操作如图 4-180 所示。

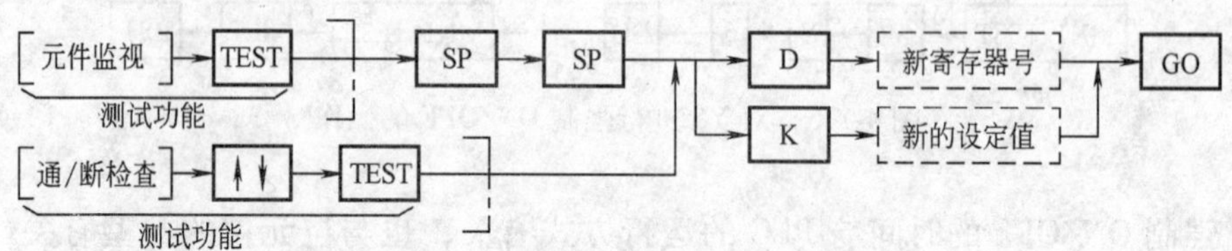

图 4-178　修改 T、C 的设定值的基本操作

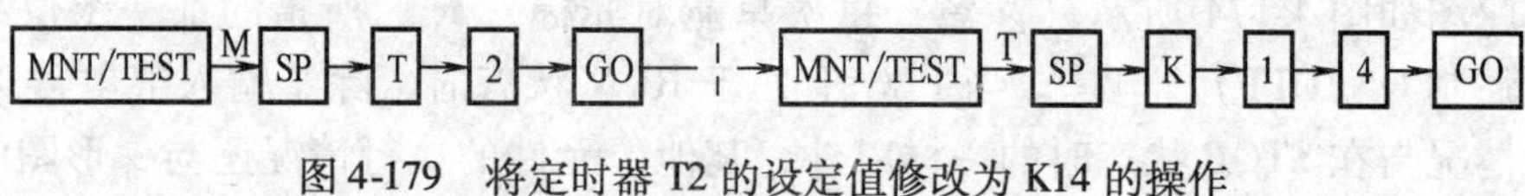

图 4-179　将定时器 T2 的设定值修改为 K14 的操作

在编程器处于 T 工作方式时，第一次按 SP 键后，光标“▶”出现在当前值前面，这时可以修改其当前值；第二次按 SP 键后，光标“▶”出现在设定值前面，这时可以修改其设定值；键入新的设定能按 GO 键，设定值修改完毕。

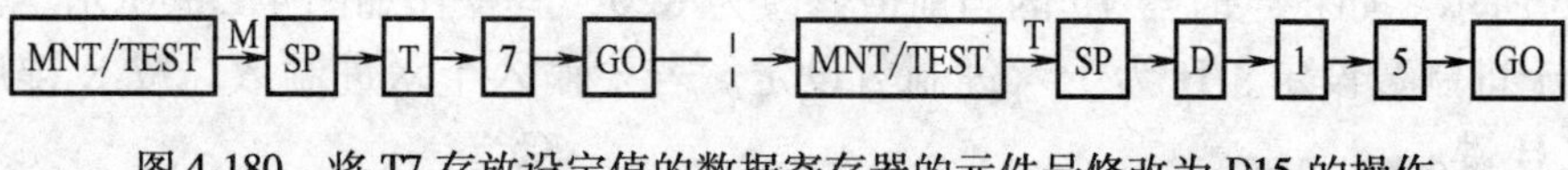

图 4-180　将 T7 存放设定值的数据寄存器的元件号修改为 D15 的操作

另外一种修改方法是先对 OUT T7（以修改 T7 的设定值为例）指令作通/断检查，然后按 ↓ 键，使光标“▶”指向设定值所在行；接着再按 MNT/TEST 键使编程器处于 T（测试）工作方式，键入新的设定值；最后按 GO 键，便完成了设定值的修改。如将第 20 步的 OUT T7 指令的设定值修改为 K25，其操作如图 4-181 所示。

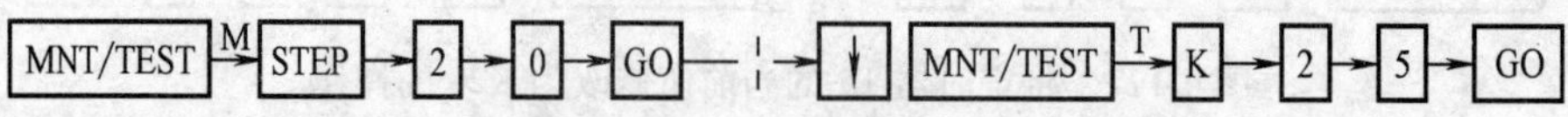

图 4-181　将第 20 步的 OUT T7 指令的设定值修改为 K25 的操作

FX-20P-E 型便携式编程器总的功能如图 4-182 所示。从图 4-182 中可以知道哪些操作是在联机方式下进行，哪些操作是在脱机方式下进行，PLC 的状态（RUN/STOP）以及各种操作所对应的存储器的种类等。

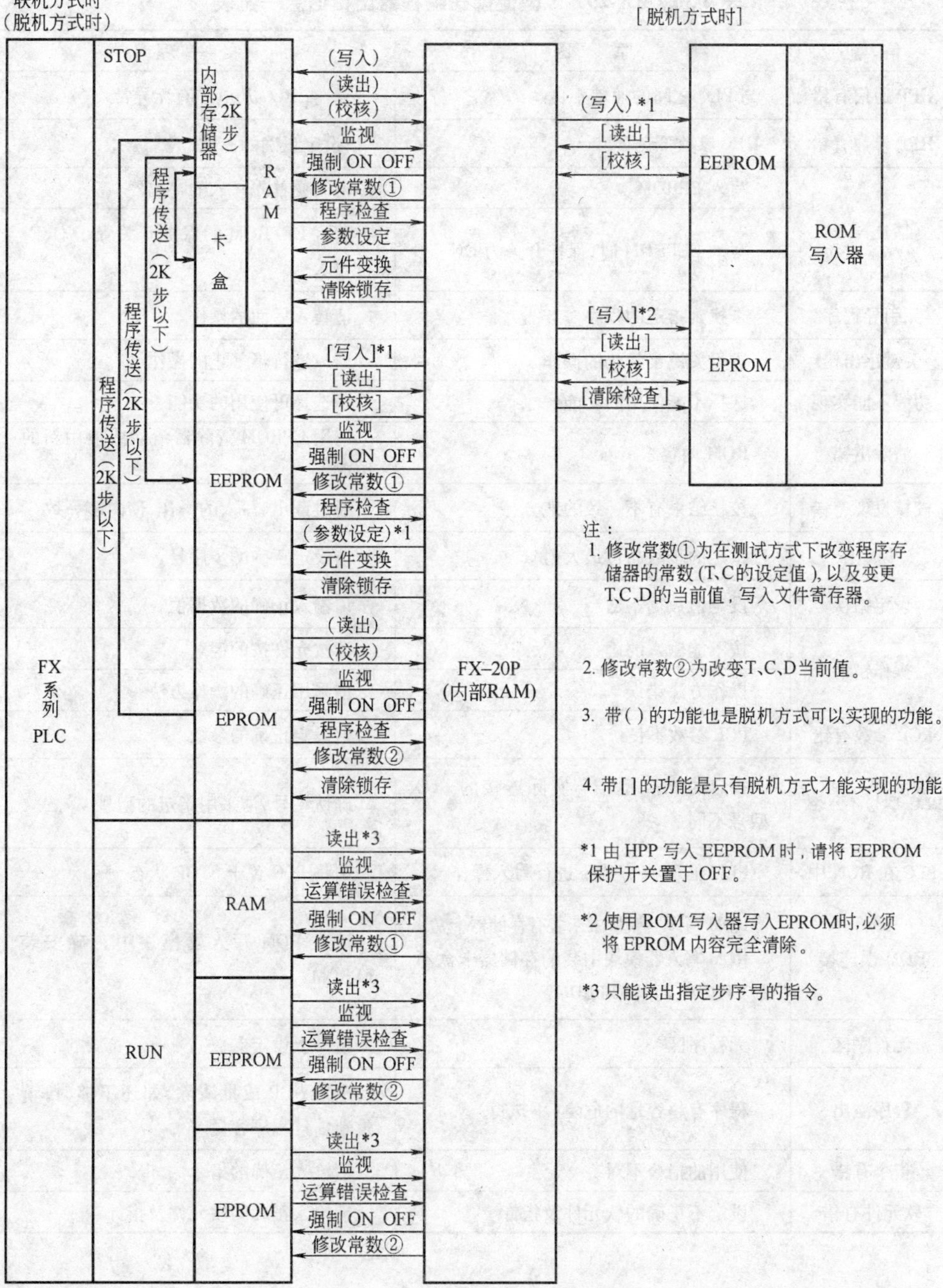

图 4-182　FX-20P-E 型便携式编程器总功能图

在FX-20P-E型便携式编程器的操作中，若显示出错信息，请按表4-30处理。

表4-30　FX-20P-E型便携式编程器出错信息一览表

信　息	原　　因	处　　理
HPP通信有错	与PLC之间的通信不良	请检查PLC及电缆有无异常
HPP参数有错	HPP参数不良	请设定正确的参数
禁止写入	写入EPROM	请改变首先写入的存储器
	写入EEPROM时,保护开关为ON	请将EEPROM的保护开关置于OFF,再写入
无引导程序	未找到指定的程序	请转入后面的操作
关键字出错	进行关键字禁止的操作	请只进行不禁止的操作
功能不能实现	选择不能使用的功能	请选择可使用的功能
清除出错	ROM内容未清除	请用EPROM清除器清除或换用新的ROM
校核发现有错	校核结果有不一致的地方	通过读出、写入的操作,使内容一致
步溢出	指定的步数超过最大值	请设定正确的步序号
设定错误	设定值数据不适当	请输入正确的数据值
操作错误	按不能输入的键	请按允许按的键
	操作方法错误	请采用正确的操作方法
PCL参数有错	PCL参数不良	请设定正确的参数
PLC型号不一致	指定的PLC型号与实际连接的PLC型号不同	确认型号,请采用指定的型号
PLC在RUN中	PLC在RUN方式下进行写入操作	请将PLC置于STOP状态
ROM误连接	ROM写入器模块中未装有存储器卡盒 ROM写入器模块中装的存储器卡盒不是EPROM,而是EEPROM	请在ROM写入器模块中正确安装EPROM
无程序区	无程序区	请马上设定参数
程序溢出	程序有超容量的危险(不执行)	进行NOP成批清除,如还不够时,请重新估计程序容量
指令有错	使用的指令不对	请输入正确的指令
软元件有错	设定不正确的软元件及指针	请输入正确的软元件及指针

在联机/脱机方式下，用FX-20P-E型便携式编程器进行程序检查操作时，程序出错信息码见表4-31。根据出错码修改程序。

表 4-31 程序出错信息码

错误信息	出错码	错误的内容
PLC 硬件有错*	6101	RAM 有错
	6102	运算电路有错
	6103	I/O 总线有错(M8069 驱动时)
PLC 通信有误*	6201	奇偶校验出错、超越误差、成帧错误
	6202	通信字符不良
	6203	通信数据求和不一致
	6204	数据格式不良
	6205	命令不良
通信错误*	6301	奇偶校验出错、超越误差、成帧错误
	6302	通信字符不良
	6303	通信数据求和不一致
	6304	数据格式不良
	6305	命令不良
	6306	警戒时钟超时
参数有错	6401	程序求和不一致
	6402	存储器容量设定不良
	6403	保护区设定不良
	6404	注释区设定不良
	6405	文件寄存器区设定不良
	6409	其它设定不良
语法有错	6501	指令、软元件符号、软元件号组合不良
	6502	设定值前无 OUT T、C
	6503	有 OUT T、C，而无设定值，应用指令操作数不足
	6504	标号重复，中断输入及高速计数器输入重复
	6505	软元件号超范围
	6509	其他
回路有错	6601	LD，LDI 的连续使用次数超过 9 次
	6602	①元 LD，LDI 指令无线圈。LD、LDI 和 ANB、ORB 的关系不正常 ②STL，RET，MCR，P（指针）、I（中断）、EI、DI、SRET、IRET、FOR、NEXT、FEND、END 没连到母线上
	6603	MPS 的连续使用次数超过 12 次
	6604	MPS 和 MRD、MPP 的关系不正常
	6605	①STL 的连续作用次数超过 9 次 ②STL 内有 MC、MCR、I（中断）、SRET 等 ③STL 外有 RET，无 STL
	6606	①无 P（指针）、I（中断） ②无 SRET、IRET ③I（中断）、SRET、IRET 在主程序中 ④STL、RET、MC、MCR 在子程序和中断程序中
	6607	①FOR 和 NEXT 的关系不正常，嵌套超过 6 次 ②在 FOR 和 NEXT 间有 STL、RET、MC、MCR、IRET、SRET、FEND、END
	6608	①MC 和 MCR 关系不正常 ②MCR 无编号 ③在 MC ~ MCR 间有 SRET、IRET、I（中断）
	6609	其他
运算有错*	6701	无 CJ，CALL 的跳转，END 指令以后有标号 FOR ~ NEXT 之间以及例行程序之间有标号
	6702	CAI-L 的嵌套级大于 6
	6703	中断嵌套大于 3
	6704	FOR ~ NEXT 的嵌套大于 6
	6705	功能指令的操作数错用软元件
	6706	作为功能指令操作数的软元件号范围及数据值溢出
	6707	未设定文件寄存器，而对文件寄存器进行存取
	6708	FORM/TO 程序错误
	6709	其它（忘掉 IRET，SRET；FOR ~ NEXT 之间）关系不正常等
I/O 构成有误*	（例）1020	使用未安装的 I/O 地址号 未安装的 I/O 地址号的起始地址号 [1 0 2 0] X20 的场合 （后三位 020）→ 软元件号 （首位 1）→ I：输入 X；0：输出 Y

*表示只有联机方式才能检出的错误信息。

4.6.8 编程软件 SWOPC-FXGP/WIN-C 的使用说明

PLC 的编程方法分为手动编程和电脑编程。电脑编程直观简单，灵活多变，且设计和改动程序方便，是 PLC 首选的编程工具；而手动编程的特点是编程器携带方便，但输入程序时对操作人员要求较高。随着手提电脑和笔记本电脑的应用越来越广泛，手动编程的特点已经显示不出其优越性。因此，目前 PLC 一般都采用电脑编程。本节主要介绍日本三菱公司 FX_{2N} 系列 PLC 器编程软件 SWOPC-FXGP/WIN-C 的操作使用说明。

SWOPC-FXGP/WIN-C V2.11 为一个可应用于 FX 系列 PLC 的编程软件，可在 Windows 95/98/2000 下运行。在 SWOPC-FXGP/WIN-C 中，可通过梯形图符号、指令字语言及 SFC 符号来创建程序，还可以在程序中加入中文、英文注释，它还能够监控 PLC 运行时的动作状态和数据变化情况，而且还具有程序和监控结果的打印功能。总之，SWOPC-FXGP/WIN-C 软件为用户提供了程序录入、编辑和监控手段，是功能较强的 PLC 上位编程软件。

1. 系统的启动、元件输入与退出

1）要想起动 SWOPC-FXGP/WIN-C，用鼠标双击桌面上的快捷方式图标，将出现图 4-183 所示的起动临时界面；点击工具栏中的“新文件”图标，将出现图 4-184 所示的 PLC 类型设置界面，选择 PLC 类型后（默认状态是 FX_{2N}），按确认键，即出现图 4-185（梯形图编程）或图 4-186（指令字编程）所示的初始界面。从界面可看到最上面是菜单栏；接着是工具栏；编辑区下面分别是状态栏和功能栏；界面右边有功能图栏。

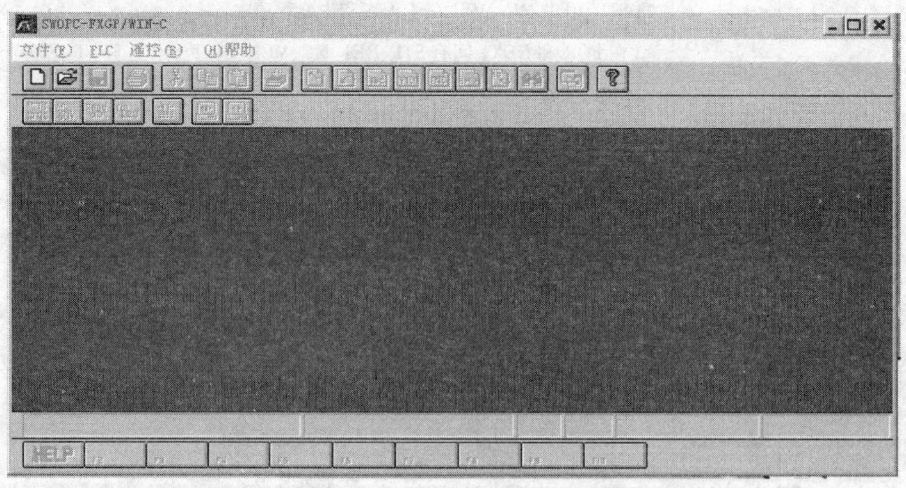

图 4-183　SWOPC-FXGP/WIN-C 的启动临时界面

图 4-184　PLC 类型设置界面

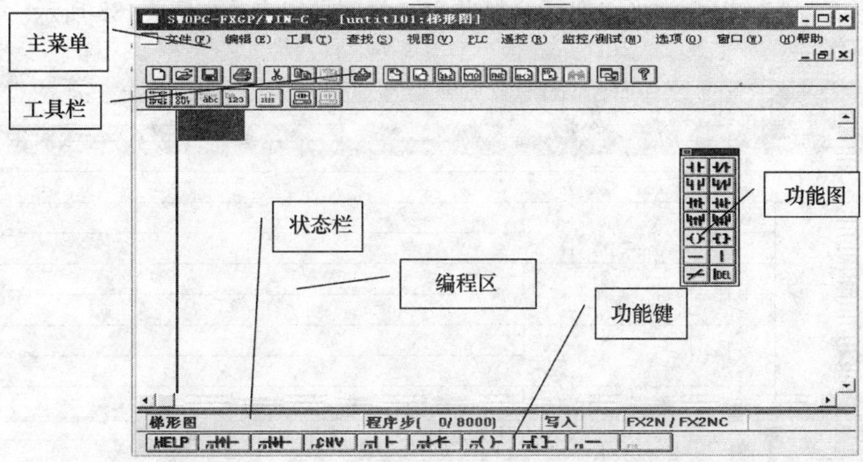

图 4-185　SWOPC-FXGP/WIN-C 的操作界面（梯形图编程器）

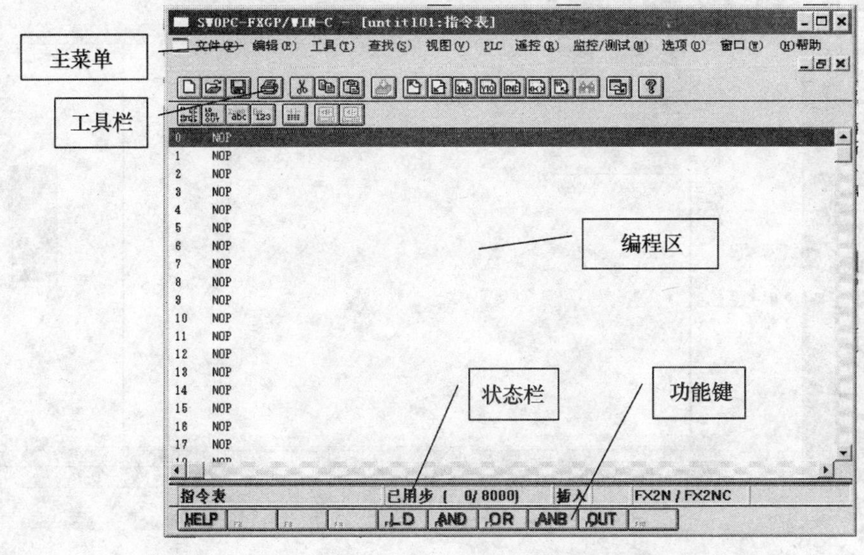

图 4-186　SWOPC-FXGP/WIN-C 的操作界面（指令字编程器）

2）功能图栏中的“触点”、“线圈”、“功能”、“连线等功能符号是用于绘制梯形图和梯形图编辑的。如选中某梯形图符号选项，则弹出如图 4-187 所示的元件编号对话框，输入元件编号，如输入 X000、Y000、T0 等后按确认键，即可自动生成梯形图程序；以此类推，即可编制出 PLC 的用户程序，如图 4-188 所示。

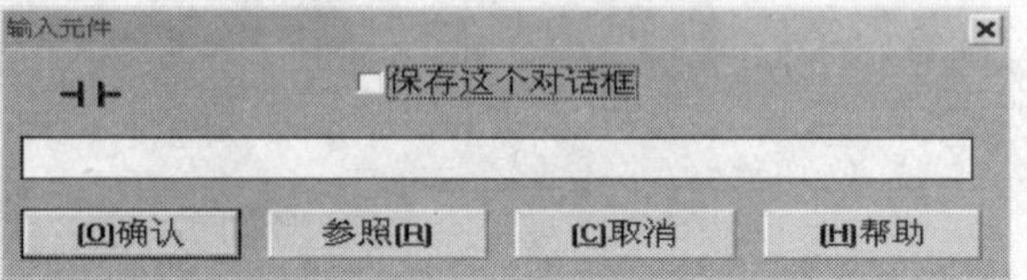

图 4-187 输入元件名

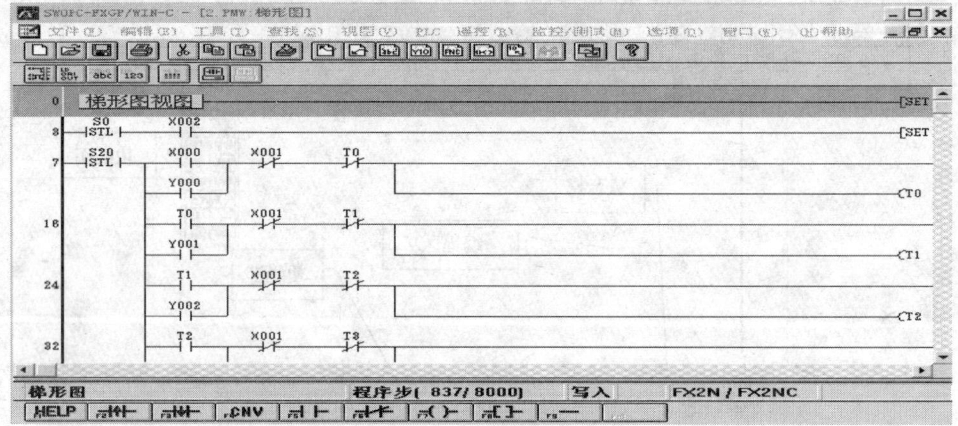

图 4-188 自动生成梯形图程序

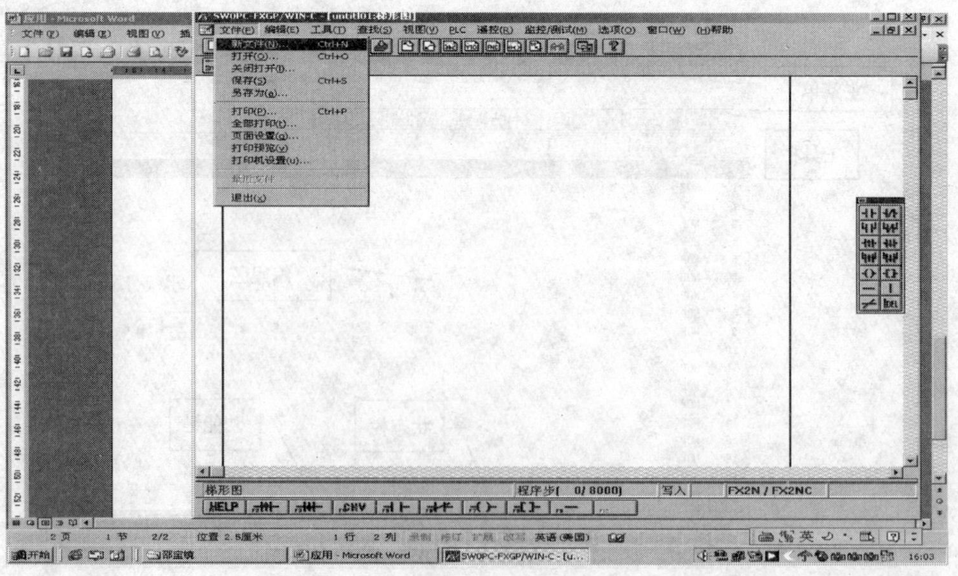

图 4-189 退出 SWOPC-FXGP/WIN-C 的操作

3）要想退出 SWOPC-FXGP/WIN-C，用鼠标选取［文件］菜单下的［退出］命令，即可退出 SWOPC-FXGP/WIN-C，如图 4-189 所示。

2. 编程软件的基本操作

在各项菜单中包含了工具栏、功能栏、功能图中的所有功能。基本操作：

1）运行 SWOPC-FXGP/WIN-C，进入主菜单。

2）如果要运行已经编好的程序，则选择“文件、打开”菜单，屏幕显示已编辑好的文件列表供编程者选择。编程者只要选择所需要的程序文件即可。如果要编写一个新的 PLC 程序，则选择“文件→新文件”菜单，屏幕显示选择 PLC 种类的对话框，选择 FX_{2N} 即建立一个新的程序文件。图 4-185 所示为梯形图编辑器界面，图 4-186 所示为指令语句表编辑器界面。

3）进入编程状态后，编程者可选择梯形图编辑器或指令语句表编辑器进行编程操作，如图 4-190 所示。

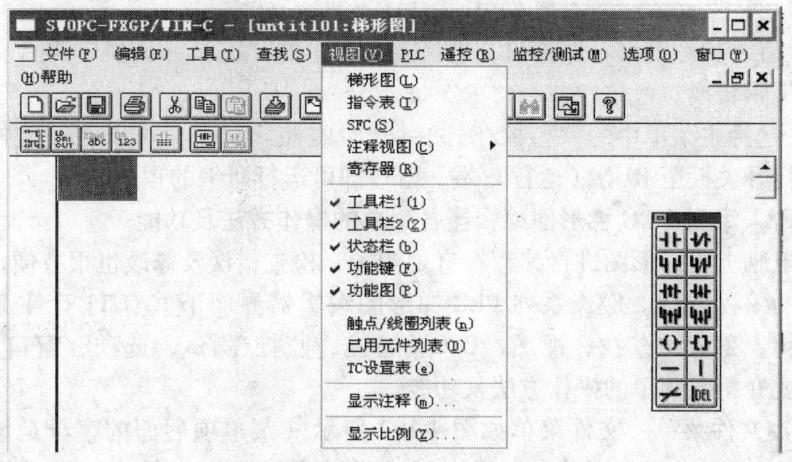

图 4-190 选择编辑器

选择“视图→梯形图”菜单，即选择了梯形图编辑器，系统进入梯形图编程方式。此时编程者可用键盘直接输入指令，也可以选择屏幕右边的功能图或屏幕下方的功能键所供的软元件图标，系统会自动将图标置于屏幕的编程区，按顺序完成程序的编写。

选择“视图→指令表”菜单，即选择了指令语句表编辑器，系统进入指令语句表编程方式。编程者可用键盘直接输入指令，也可用鼠标直接选择屏幕下方列出的 LD、AND、OR、ANB、OUT 等助记符。

4）如果要把所编写的程序输入到 PLC 主机中去，首先应用与 PLC 配套的电缆进行硬件连接，并把运行开关扳至 STOP（停止）端，然后在 PLC 的主菜单中选择“PLC→传送→写出”菜单，如图 4-191 所示。此时系统要求输入起始步及终止步，操作人员输入起始步和终止步即可。注意一般起始步从 0 步开始。终止步不要太长，否则编辑和检查的时间过长。

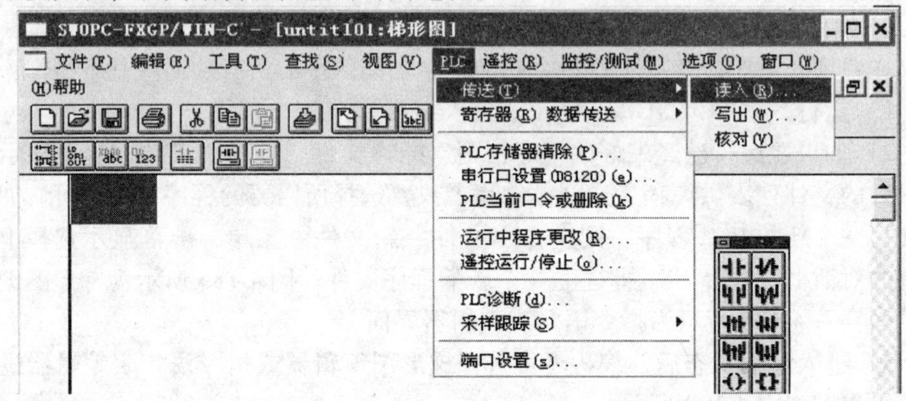

图 4-191　向 PLC 主机输入程序

5）查看梯形图编辑器窗口，选择主菜单中的“工具→转换”菜单，可进行程序的编辑转换。

6）选择主菜单中的“监控/测试→开始监控”菜单，可以在线监控。将主机的运行开关扳至 RUN（运行）端，PLC 即可运行所编的程序。

3. FX_{2N} 系列 PLC 梯形图编辑器各菜单的操作方法及功能

在电脑上用梯形图进行编程，直观明了，检查错误及修改也很方便，是编程者首选的编程方法。FX_{2N} 系列 PLC 梯形图编辑器界面下共有 11 个主菜单：文件、编辑、工具、查找、视图、PLC、遥控、监控/测试、选项、窗口及帮助。下面简要介绍各菜单的操作方法及功能。

（1）文件菜单　文件菜单如图 4-192 所示（菜单项后面的字母是该菜单项的热键）。下面主要介绍其中常用的 10 个菜单项。

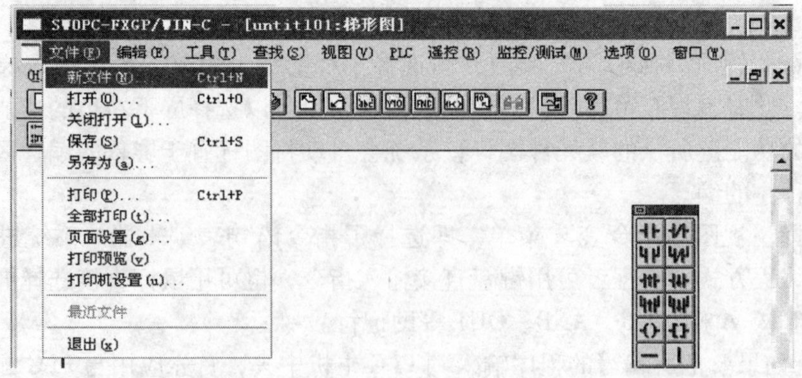

图 4-192　文件菜单

1）新文件：创建一个新的PLC程序。

2）打开：从文件列表中打开用户所需要的程序文件。

3）关闭打开：将已处于打开状态的程序文件关闭，再打开另一个程序文件。当执行“文件→关闭打开”菜单命令时，如果现有的程序文件被改变过或未被保存，则会出现保存确认对话框。

4）保存：保存编制的程序文件、注释数据及其他在同一文件名下的数据。如果是第一次保存，则会出现“赋名及保存”对话框。

5）另存为：指定保存文件的文件名及路径后保存程序文件以及诸如注释文件之类的数据。

注意：在输入文件名时可不必输入文件扩展名，所有文件被自动加上扩展名。

6）打印：依据已有格式打印程序文件及其注释。在“打印条件”对话框中可设定诸如连带注释打印等打印条件，单击“确认”按钮或按“Enter”键开始打印。如果要终止打印，可单击“正在打印”对话框中的“取消”键或按“ESC”键。当需要连续打印梯形图、指令语句表或寄存器数据等特殊数据时，可在“批量打印”对话框中进行设置。

7）全部打印：可以以一种已存在的格式，根据指定的打印项目及按照顺序批量打印梯形图、指令语句表、SFC、寄存器数据及其他特殊数据。

8）页面设置：设置打印纸张、页眉、页脚及页数。

9）打印预览：显示待打印文档的打印效果。

10）打印机设置：设置打印机及打印方向、纸张大小等。

（2）编辑菜单　编辑菜单如图4-193所示。各菜单项功能如下所述：

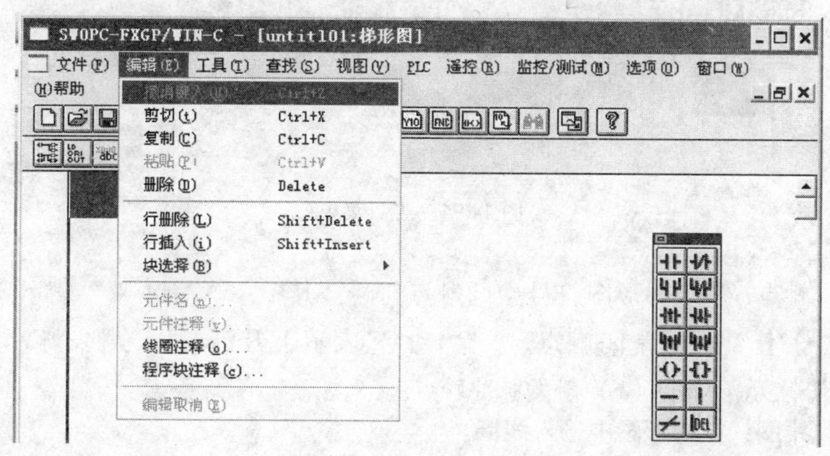

图4-193　编辑菜单

1）撤消键入：取消刚刚执行的命令或输入的数据。

2）剪切：将梯形块单元剪切掉，被剪切的数据保存在剪贴板中。

注意：如果被剪切的数据超过了剪贴板的容量，则剪切操作被取消。

3）复制：复制梯形块单元，被复制的梯形块数据也保存在剪贴板中。

4）粘贴：将剪贴板中的梯形块单元粘贴在当前文件中。

注意：如果剪贴板中的数据未被确认为梯形块，则剪切操作被禁止。

5）删除：在行单元中删除线路块，被删除的数据并未存储在剪贴板中。

6）行删除：删除梯形符号或梯形块单元。也可用“Delete”键删除光标所在处的梯形符号。

7）行插入：插入一行程序。

8）块选择：在块单元中选择梯形。

9）元件名：在进行线路编辑时输入一个元件名。

注意：元件名可为字母、数字及符号，长度不得超过 8 位。

10）元件注释：在进行梯形图编辑时输入元件注释。

注意：元件注释不得超过 50 个字符。

11）线圈注释：在进行梯形编辑时输入线圈注释。

注意：线圈注释不受字数限制。

12）程序块注释：在进行梯形编辑时输入程序块注释。

注意：程序块注释不受字数限制。

（3）工具菜单　工具菜单如图 4-194 所示。各菜单项功能如下所述：

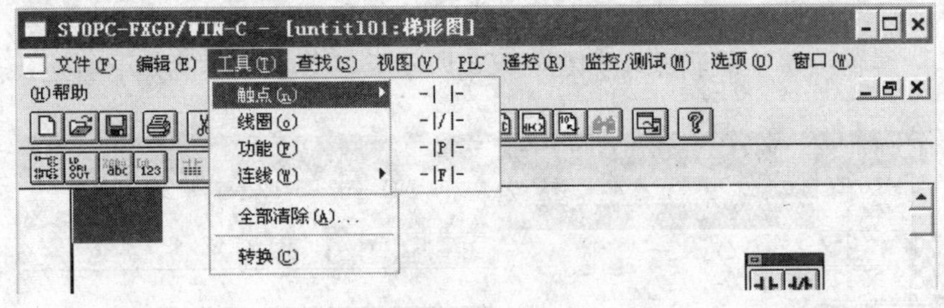

图 4-194　工具菜单

1）触点：输入梯形图符号中的触点符号。其中：“—| |—”表示常开触点，“—|/|—”表示常闭触点，“—|P|—”表示上升沿（P）触发脉冲触点，“—|F|—”表示下降沿（F）触发脉冲触点。

2）线圈：在梯形图中输入线圈。

3）功能：输入功能、线圈命令等。

4）连线：输入垂直线及水平线，或删除垂直线。其中：“|”表示画垂直

线，“—”表示画水平线，“—/—”表示画翻转线，“|删除”选项用于删除垂直线。

5）全部清除：清除编程区命令。

注意：所清除的仅仅是编程区中的命令，而参数的设置值并未改变。

6）转换：将创建的梯形图转换格式存入计算机中。

注意：如果在不完成转换的情况下关闭梯形图窗口，则被创建的梯形图会被抹去。

（4）查找菜单　查找菜单如图 4-195 所示。各菜单项功能如下所述：

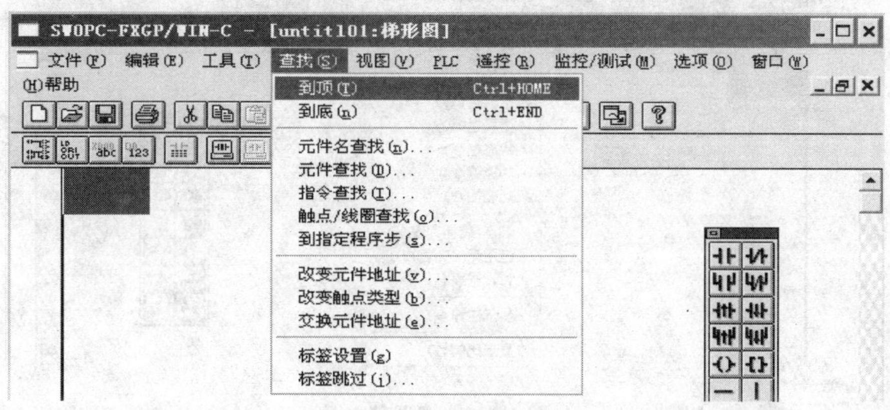

图 4-195　查找菜单

1）到顶：在开始步的位置显示程序。

2）到底：到程序的最后一步显示程序。

3）元件名查找：在字符串单元中查找元件名。

4）元件查找：查找元件。

5）指令查找：查找指令。

6）触点/线圈查找：查找任意一个触点或线圈。

7）到指定程序步：查找任意一个程序步。

8）改变元件地址：改变特定的元件地址。

例如，用 X20 ~ X25 替换 X10 ~ X5，可在“被代换元件”输入栏中输入“X10 ~ X15”并在“代换起始点”处输入“X20”。用户可设定顺序替换或成批替换，还可设定是否同时移动注释以及应用指令元件。

注意：被指定的元件仅限于同类元件。

9）改变触点类型：将 A 触点与 B 触点互换。

注意：被指定的元件仅限于同类元件。

10）交换元件地址：互换两个指定元件。

注意：只能指定同类元件进行互换。

11）标签设置：设置运行程序到指定步数。

注意：至多可设定 5 步。

12）标签跳过：跳至标签设置处。

（5）视图菜单　视图菜单如图 4-196 所示。各菜单项功能如下所述：

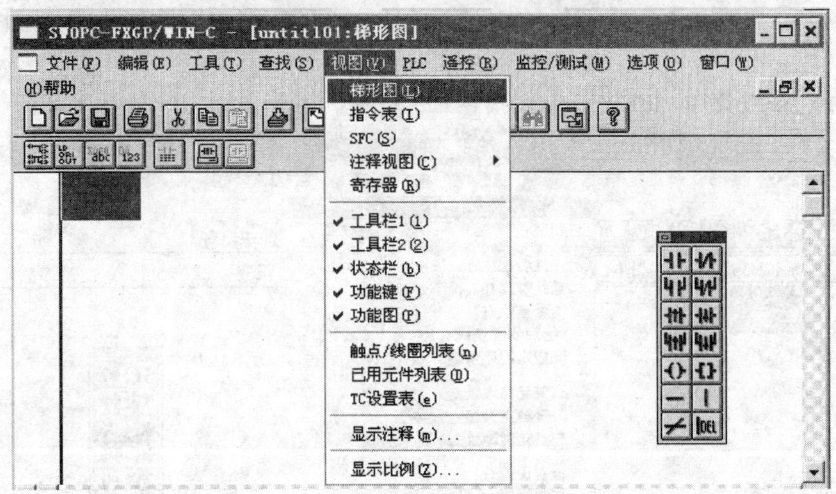

图 4-196　视图菜单

1）梯形图：打开梯形图视图或激活已打开的梯形图视图。

2）指令表：打开指令表视图或激活已打开的指令表视图。

3）SFC：打开 SFC 视图或激活已打开的 SFC 视图。

4）注释视图：打开注释窗口或激活已打开的注释窗口视图。

5）寄存器：打开寄存器视窗或激活已打开的寄存器视图。

6）工具栏：显示与菜单操作相应的快捷按钮。

7）状态栏：显示当前视图类型、PLC 用户程序最大程序步及当前已使用步数、PLC 的型号等信息。

8）功能键：包括与窗口功能相应的各按钮。

9）触点/线圈列表：显示触点及线圈的使用状态。

10）已用元件列表：显示程序中元件的使用状态。

显示内容为—| |—（常开触点）及--（）--（线圈），表明正在被使用的触点和线圈。触点右边的数字表示被使用的次数。显示 E 表示元件只能被用作触点或线圈。

11）TC 设置表：显示程序中计数器及定时器的设置表。

12）显示注释：可设置显示或不显示各种注释及元件。

13）显示比例：以缩小或放大的比例显示内容。可选的缩放比例有 50%、75%、100%、125%和 150%。

（6）PLC 菜单 PLC 菜单如图 4-197 所示。各菜单项功能如下所述：

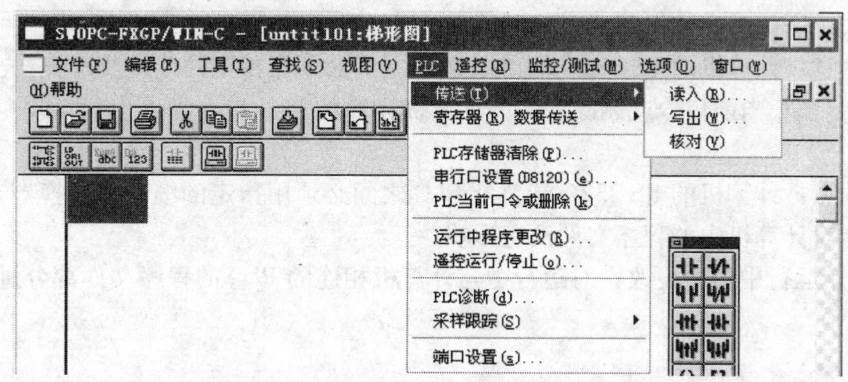

图 4-197 PLC 菜单

1）传送：将已创建的程序文件成批传送到 PLC 中。传送功能包括“读入”、“写出”及“校验”。

读入：将 PLC 中的程序文件传送到计算机中。

写出：将计算机中的程序文件发送到 PLC 中。

核对：将在计算机及 PLC 中的程序文件加以比较校验。

注意：

①计算机的 RS-232C 端口及 PLC 之间必须用指定的缆线及转换器连接。

②执行完“读入”操作后，计算机中的程序文件将丢失，PLC 模式被改成设定的模式，现有的程序文件被读入的程序所替代。

③在“写出”时，PLC 应停止运行，程序必须在 RAM 或 EEPROM 内存保护关断的情况下写出。

2）寄存器（R）数据传送：将已创建的寄存器数据成批传送到 PLC 中。其功能也包括“读入”、“写出”及“核对”三部分。

注意：计算机的 RS-232C 端口及 PLC 之间必须用指定的缆线及转换器连接。PLC 的模式必须与计算机中设置的 PLC 模式一致。

3）PLC 存储器清除：初始化 PLC 中的程序及数据。以下三个存储器中的内容将被清除：

PLC 储存器：程序文件为 NOP，参数设置为默认值。

数据元件存储器：数据文件缓冲器中数据置零。

位元件存储器：X、Y、M、S、T、C 的值被置零。

注意：计算机的 RS-232C 端口及 PLC 之间必须用指定的缆线及转换器连接。特殊数据寄存器数据不被清除。

4）串行口设置（D8120）：使用 RS-232C 适配器及 RS 命令来设置及显示通信格式，所显示的数据基于 PLC 特殊数据寄存器 D8120 的内容而定。

注意：计算机的 RS-232C 端口及 PLC 之间必须用指定的缆线及转换器连接。

5）PLC 当前口令或删除：将与计算机相连的 PLC 口令加以设置、改变或删除。

注意：计算机的 RS-232C 端口及 PLC 之间必须用指定的缆线及转换器连接。该功能对计算机中的程序文件没有影响。

6）运行中程序更改：对运行中与计算机相连的 PLC 的程序文件部分进行更改。

注意：

①该功能改变了 PLC 操作，应对其改变内容充分加以确认。

②计算机的 RS-232C 端口及 PLC 之间必须用指定的缆线及转换器连接。

③PLC 程序内存必为 RAM。

④可被改变的程序文件仅为一个梯形图块，限于 127 步。依据要求，被改变的梯形图块中应无高速计数器的应用指令或标签被改变。

7）遥控运行/停止：在可编程控制器中以遥控的方式进行运行/停止操作。

注意：该功能改变程序文件的操作状态，在操作中需要有相应的警告信号。

8）PLC 诊断：显示与计算机相连的 PLC 的状况、与出错信息相关的特殊数据寄存器以及内存的内容。

注意：计算机的 RS-232C 端口及 PLC 之间必须用指定的缆线及转换器连接。

9）采样跟踪：采样跟踪的目的在于存储与时间相关的元件数值变化并将其在时间表中加以显示，或在 PLC 中设置采样条件，显示基于 PLC 中采样数据的时间表。

10）端口设置：设置采样的次数、时间、元件及触发条件。采样次数可设为 1 ~ 512，采样时间为 0 ~ 200（×10ms）之间。

运行：设置条件被写入 PLC 中，以此来规范采样的开始。

显示：PLC 完成采样，采样数据被读出并被显示。

记录文件：采样的数据可从记录文件中读取。

写入记录文件：采样结果被写入记录文件。

注意：采样由 PLC 执行，其结果也被存入 PLC 中，这些数据可被计算机读入并显示。

当在 PLC 中进行条件设置时，计算机的 RS-232 端口及 PLC 间应正确连接。

（7）遥控菜单　遥控菜单如图 4-198 所示。各菜单项功能如下所述：

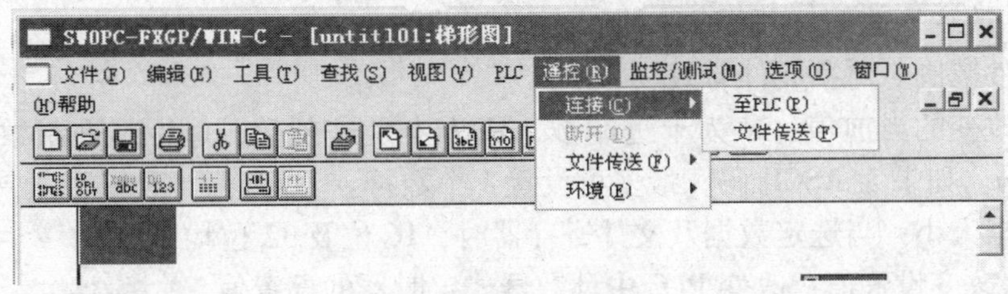

图 4-198　遥控菜单

1）连接：连接电话线使得程序数据可在 PLC 及计算机间互相传送。

注意：在连线之前应先设置好调制解调器。

2）断开：将已连接好的电话线断开。

3）文件传送：发送或接收文件。

4）环境：设置待用的调制解调器及通信记录文件。

（8）监控/检测菜单　监控/检测菜单如图 4-199 所示，各菜单项功能如下所述：

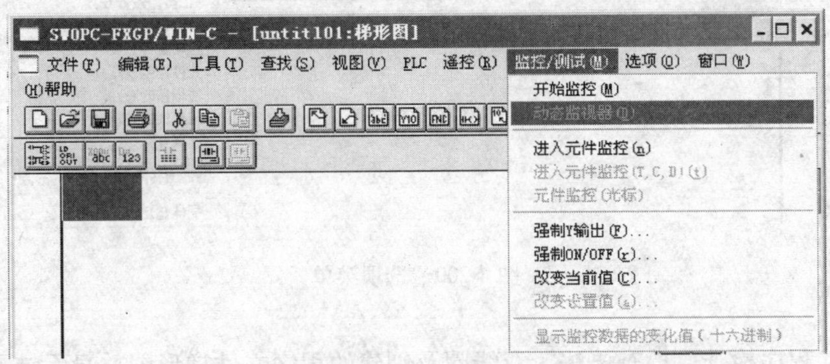

图 4-199　监控/检测菜单

1）开始监控：在梯形图视图下监视可编程控制器的操作状态。从梯形图编辑状态转换到监视状态，同时在显示的梯形图中显示可编程控制器各元器件的状态（ON/OFF）。

注意：在梯形图监控中，梯形图中只有 ON/OFF 状态被监控。当监控当前值以及设置寄存器、计时器、计数器数据时，应使用元件登录监控功能。

2）动态监视器：动态监控元件单元。

3）进入元件监控：设置在元件登录监控中被显示的元件。

4）强制 Y 输出：强制 PLC 输出端口（Y）输出 ON/OFF。

5）强制 ON/OFF：强行设置或重新设置 PLC 的位元件。

6）改变当前值：改变 PLC 字元件的当前值。

元件范围：对字元件有效。

被改变的当前值：K 为十进制数，H 为十六进制数，B 为二进制数，A 为 ASCII 码。如果为 ASCII 码，最多可设置 8 个数符。

数据大小：当选定数据及文件寄存器时，16 位及 32 位均可。

7）改变设置值：改变 PLC 中计数器或定时器的设置值。

本功能在以下条件满足时即可执行：在计算机中的程序与在 PLC 中的程序一致；PLC 的内存为 RAM 或 EEPROM（可被保护开关关断）。

注意：该功能仅在监控线路图时有效。

（9）选项菜单　选项菜单如图 4-200 所示，各菜单项功能如下所述：

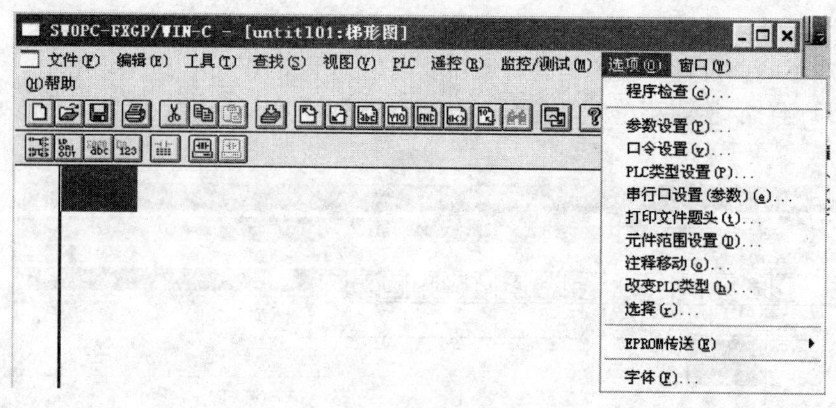

图 4-200　选项菜单

1）程序检查：检查语法、双线圈及创建的程序文件梯形图并显示结果。

语法检查：检验命令码及其格式。

双线圈检查：检查同一元件或显示顺序输出命令的重复使用状况。

电路（梯形）图检查：检查梯形图中的缺陷。

注意：如果在双线圈检查或线路检查中检出错误，它并不一定导致 PLC 或操作方面的错误。特别在 PLC 方面，双线圈并不被认为是错误的，在步进梯形图中它是被允许的或有特殊用途。

2）参数设置：设置诸如创建程序文件、程序大小或决定元件锁存范围的大小。

注意：

①刚刚创建的程序文件的参数为默认值。

②参数设置数据被当作程序文件的一部分来处理并被存储在 PLC、文件及

ROM中。

③注释区域不在此系统中。注释是被存在文件中的。

3）口令设置：重新设置口令，改变或取消在计算机一方的口令。

注意：该口令对PLC无用。

4）PLC类型设置：在参数区域里设置PLC模式。设置内容包括无电池模式的ON/OFF、调制解调器的初始化、是否运行终端输入以及运行终端输入号。

注意：内容的设置应在参数设置区域内进行。

5）串行口设置（参数）：在参数区域设置通用通信选项。设置内容为数据长度、奇偶校验、停止位、波特率、协议、数目校验、传送控制过程、站点号、剩余时间等。

注意：此设置内容被设置在参数表中。设置好通用通信数据后，运行PLC时，数据被拷贝到特殊数据寄存器D8120、D1821、D8129中。

6）打印文件题头：将打印数据加以标志。各项标志被设置为默认，但可被改变。

注意："打印文件题头"内的数据被存入程序文件的参数项中。

7）元件范围设置：一般来说，由PLC允许范围决定元件的最大设置范围，但每个元件仍然可有设置范围。

注意：当创建程序文件或检查程序时，在此设置的元件范围是有效的。

8）注释移动：将其他编程工具创建的注释拷贝到元件注释区。

注意：如果已将注释输入到元件注释区，新注释将覆盖旧注释。

9）改变PLC类型：改变PLC类型。

注意：

①作为条件，仅允许从低级类型改动到高级类型，不允许改变为指定目录外的类型。

②在该变化下，仅改变类型而不改变参数设置。如果需要在改变模式后改变参数，应在"参数设置"对话框中设置参数。

10）选择：设置各种环境。

11）EPROM传送：传送程序文件至与计算机RS-232C端口相连的ROM写入器。传送功能包括配置、读入、写出及核对。

注意ROM写入器必须能提供RS-232C传送功能，"并支持相应格式。ROM写入器的传送格式为十六进制。若使用EPROM-8型ROM磁带盒，需要ROM适配器。

12）字体：设置在各个窗口中显示文字的字体及其大小。

（10）窗口菜单　窗口菜单如图4-201所示，各菜单项功能如下所述：

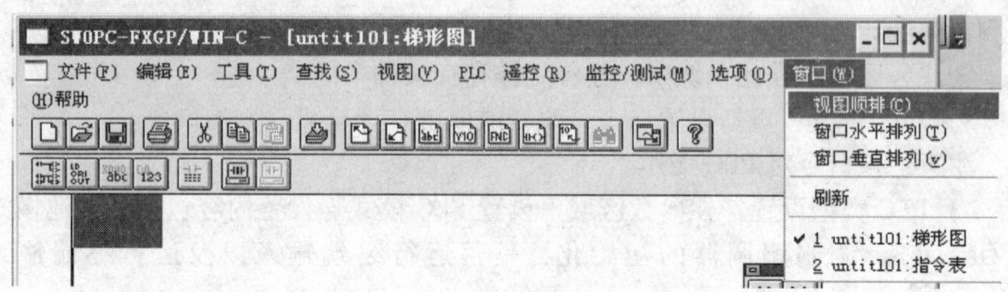

图 4-201　窗口菜单

1）视图顺排：窗口重叠排列，所有的标题栏都可以被看见。

2）窗口水平排列：被打开的窗口由左到右依次排列。

3）窗口竖直排列：被打开的窗口由上到下依次排列。

（11）帮助菜单　帮助菜单如图 4-202 所示，各菜单项功能如下所述：

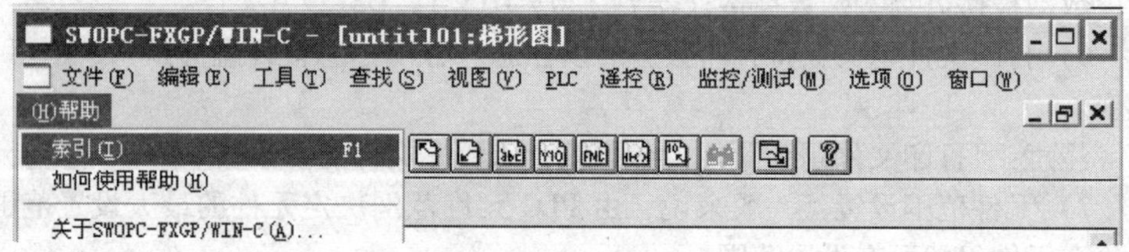

图 4-202　帮助菜单

1）索引：在窗口中显示帮助文件。

2）如何使用帮助：显示使用帮助的方法。

3）关于 SWOPC-FXGP/WIN-C：显示关于 SWOPC-FXGP/WIN-C 的版本信息。

4. 指令语句表编程

指令语句表编辑器界面如图 4-203 所示。指令语句表编辑器的很多指令与梯形图编程操作相同，本节仅叙述与梯形图编程操作不同的指令。

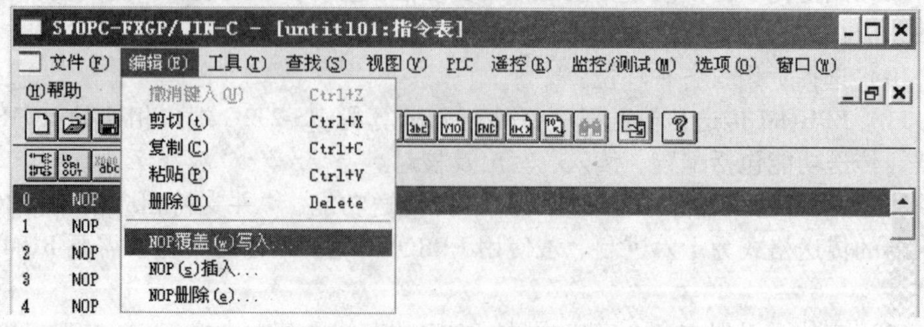

图 4-203　编辑菜单

（1）编辑菜单　编辑菜单如图 4-203 所示。

各菜单项功能如下所述：

1）NOP 覆盖写入：在所有设定范围内写入 NOP。

注意：执行了 NOP 成批覆盖，梯形图将受影响，不能正常显示，因此在执行该功能之前应设定好写入范围的起始步。

2）NOP 插入：在所设定范围内插入 NOP 指令。

注意：所插入的 NOP 数不允许超过程序的最大步数。

3）NOP 删除：在设定的范围内删除 NOP 指令，调整后面的指令向前移动。

（2）工具菜单　工具菜单如图 4-204 所示，各菜单项功能如下所述：

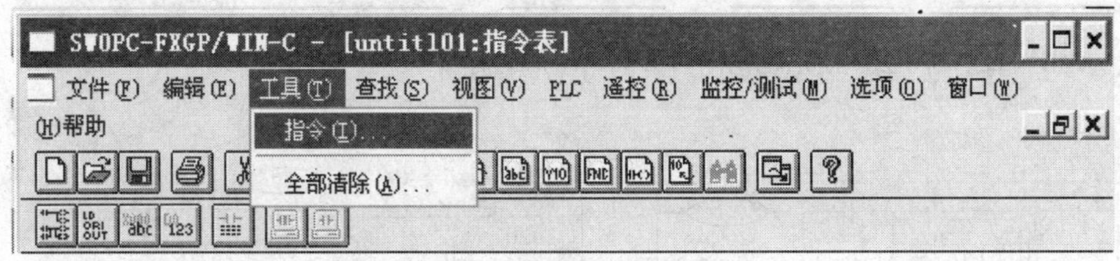

图 4-204　工具菜单

1）指令：输入基本的指令或功能至对话框中。

2）全部清除：清除编程区的 NOP 命令。

注意：所清除的仅仅是编程区中的命令，参数的设置值未被改变。

本 章 小 结

本章概括介绍了（PLC）的基本概况、特点、应用和新发展；详尽介绍了 PLC 的硬软件组成和基本工作原理；重点剖析了日本三菱公司的 FX_{2N} 系列 PLC 的八大编程器件及编程应用，它既是 PLC 的硬件资源，也是 PLC 编程的根基；逐条分析了日本三菱公司的 FX_{2N} 系列 PLC 27 条基本逻辑控制指令和 2 条步进接点指令的助记符名称、功能、梯形图表示及可用器件、编程方法与应用举例；还着重介绍了日本三菱公司的 FX_{2N} 系列 PLC 的开发应用方法、编程工具的应用。

本章是该新编教材的一个知识和技术的亮点，只有熟练掌握了 PLC 的硬软件资源和它的开发应用技术，才能进行机床的 PLC 控制技术改造和开发研制。

习题与思考题

4-1　PLC 的定义、特点、功能、应用有哪些？

4-2　试比较 PLC 控制系统、继 - 接控制系统、微机控制系统有哪些优缺点？

4-3 试述 PLC 的新发展?

4-4 试述 PLC 的结构组成，画出 PLC 的结构组成，分析各部分的作用。

4-5 试述 PLC 的编程器有哪几种? 各有何特点?

4-6 试述 PLC 的工作原理如何?

4-7 什么是扫描和扫描周期? PLC 的扫描周期取决于什么?

4-8 试述 FX_{2N} 系列 PLC 有哪些特点?

4-9 简述 FX_{2N} PLC 的基本单元、扩展单元和扩展模块的用途。

4-10 简述 FX_{2N} PLC 的八大编程器件是什么? 它们的地址编号和作用是什么?

4-11 PLC 梯形图的编程规则主要的有哪些?

4-12 若用 PLC 改造机床电气控制，它能替代原系统中的哪些器件? 而哪些器件不能替代?

4-13 写出图 4-205 所示梯形图对应的指令字程序。

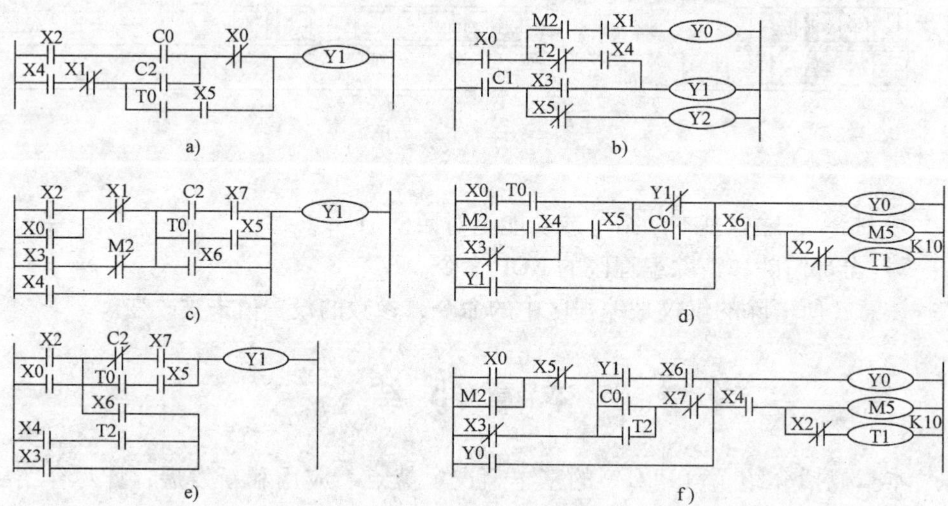

图 4-205 题 4-13 的梯形图

4-14 根据下列指令字程序画出其对应的梯形图。

(1)

0	LD	X0	4	AND	M4	8	OR	X5	12	ANI	M102
1	ORI	X1	5	ORB		9	ANB		13	OUT	M10
2	ANI	X3	6	LDI	X2	10	ORI	M7	14	ANI	X5
3	LD	T1	7	AND	X4	11	OUT	Y0	15	OUT	M105

(2)

0	LD	M12	4	LD	X2	8	OR	M110	12	OUT	T6
1	ORI	X1	5	AND	X3	9	OUT	Y5	13		K40
2	LD	T1	6	ORB		10	ANI	X5			
3	ANI	Y1	7	ANB		11	AND	X6			

(3)

0	LD	X12	4	INV		8	ANI	Y30	12	AND	X13
1	OR	Y6	5	OUT	X3	9	OUT	C2	13	RST	C2
2	MPS		6	MRD		10		K6			
3	ANDP	X33	7	AND	X7	11	MPP				

4-15　STL 指令与 LD 指令有何区别？FX_{2N}系列 PLC 有多少个状态元件？是否可以随便应用？

4-16　SFC 图由哪几部分组成？有哪几种类型？状态梯形图的三要素是什么？

4-17　试画出图 4-206 所示 SFC 图的状态梯形图，并写出其指令字程序。

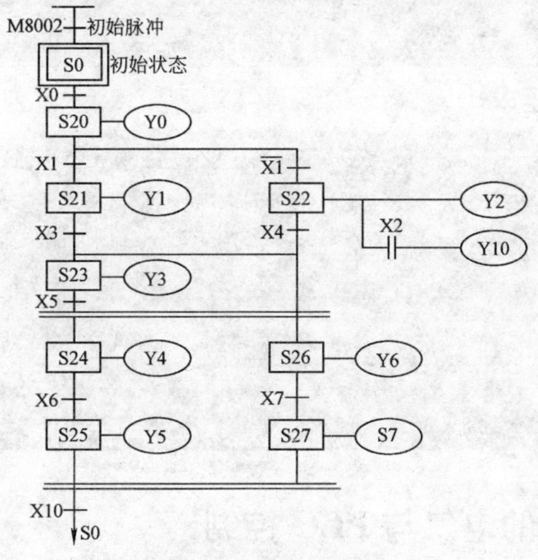

图 4-206　题 4-17 的 SFC 图

4-18　试设计一个两地控制的、有断电保护的、起动优先的、单输出自锁控制程序。

4-19　试用 PLC 完成三相笼型异步电动机定子 Y/Δ 起动控制。

4-20　试用 PLC 完成三相笼型异步电动机双向反接制动控制。

4-21　试设计一个三台电动机顺序起停控制程序。要求：按下起动按钮 SB_1，M1 起动；3s 后 M2 起动；再 3s 后 M3 起动。按下停止按钮 SB_2，M3 立即停机；5s 后 M2 停机；再 5s 后 M3 停机。试画出实际接线图、梯形图、指令字程序。

第5章　典型机床的电气与PLC控制

主要内容

1）典型机床的结构、基本运动。

2）典型机床的电气和PLC控制电路。

学习重点及教学要求

1）掌握卧式车床的结构、基本运动、电气控制与PLC控制电路。

2）掌握摇臂钻床的结构、基本运动、电气控制与PLC控制电路。

3）掌握卧式镗床的结构、基本运动、电气控制与PLC控制电路。

4）掌握平面磨床的结构、基本运动、电气控制与PLC控制电路。

5）掌握龙门刨床的结构、基本运动、电气控制与PLC控制电路。

6）掌握组合机床的结构、基本运动、电气控制与PLC控制电路。

7）了解常用典型机床的常见故障及其维修。

5.1　卧式车床的电气与PLC控制

车床是机械加工业中应用最广泛的一种机床，约占机床总数的25%～50%左右。在各种车床中，使用最多的就是普通车床。

卧式车床主要用来车削外圆、内圆、端面和螺纹等，还可以安装钻头或铰刀等进行钻孔和铰孔等加工。本节对应用较多的C650型卧式车床进行分析。

5.1.1　卧式车床的结构

卧式车床的结构如图5-1所示，主要由床身、主轴变速箱、进给箱、交换齿轮箱、溜板箱、溜板与刀架、尾座、丝杠、光杠等组成。

5.1.2　车床的运动形式

车床在加工各种旋转表面时必须具有切削运动和辅助运动。切削运动包括主运动和进给运动；而切削运动以外的其他运动皆称为辅助运动。

车床的主运动为工件的旋转运功，由主轴通过卡盘或顶尖去带动工件旋转，它承受车削加工时的主要切削功率。车削加工时，应根据被加工零件的材料性质、工件尺寸、加工方式、冷却条件及车刀等来选择切削速度，这就要求主轴能在较大的范围内调速。对于普通车床，调速范围 $D\left(=\frac{n_{\max}}{n_{\min}}\right)$ 一般大于 70。调速的方法可通过控制主轴变速器外的变速手柄来实现。车削加工时一般不要求反转，但在加工螺纹时，为避免乱扣，要求反转退刀，再纵向进刀继续加工，这就要求主轴能够正、反转。主轴旋转是由主轴电动机经传动机构拖动的，因此主轴的正、反转可通过操作手柄采用机械方法来实现。

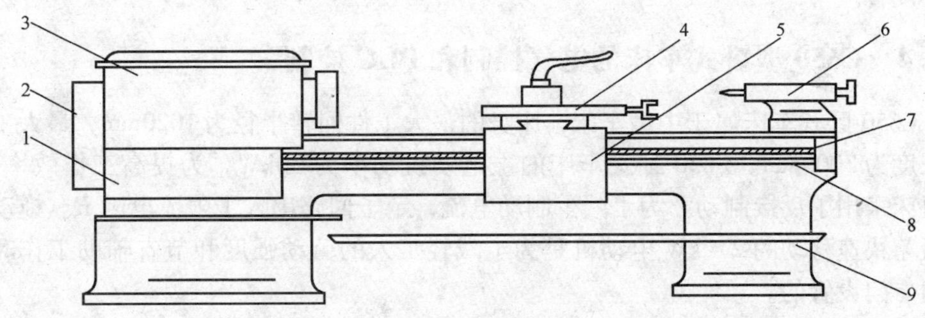

图 5-1　卧式车床的结构示意图

1—进给箱　2—交换齿轮箱　3—主轴变速箱

4—溜板与刀架　5—溜板箱　6—尾座　7—丝杠　8—光杠　9—床身

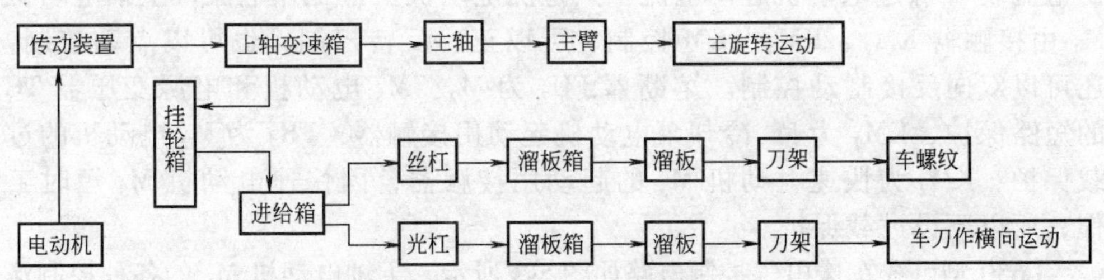

图 5-2　卧式车床传动系统的框图

车床的进给运动是指刀架的纵向或横向直线运动，其运动形式有手动和机动两种。加工螺纹时，工件的旋转速度与刀具的进给速度应有严格的比例关系，所以车床主轴箱输出轴经交换齿轮箱传给进给箱，再经光杆传入溜板箱，以获得纵、横两个方向的进给运动。

车床的辅助运动有刀架的快速移动和工件的夹紧与松开。

图 5-2 为卧式车床传动系统的框图。

5.1.3 车床的控制特点

1）主轴能在较大的范围内调速。

2）调速的方法可通过控制主轴变速器外的变速手柄来实现。

3）加工螺纹时，要求反转退刀，这就要求主轴能够正、反转。主轴的正、反转可通过采用机械方法如操作手柄获得；也可通过按钮直接控制主轴电动机的正、反转。

5.1.4 C650 型卧式车床的电气控制和 PLC 控制

C650 卧式车床属于中型车床，床身的最大工件回转半径为 1020mm，最大工件长度为 3000mm。C650 卧式车床的主电动机功率为 30kW，为提高工作效率，该机床采用了反接制动。为了减少制动电流，定子回路串入了限流电阻 R。拖动溜板箱快速移动的 2.2kW 电动机是为了减轻工人的劳动强度和节省辅助工作时间而专门设置的。

1. C650 型卧式车床电气控制电路

C650 型卧式车床共有三台电动机。组合开关 QS 将三相电源引入，FU_1 为主电动机 M_1 的短路保护用熔断器，FR_1 为 M_1 电动机过载保护用热继电器。R 为限流电阻，防止在点动时连续的起动电流造成电动机的过载。通过互感器 TA 接入电流表 A 以监视主电动机绕组的电流，用时间继电器 KT 控制电流表 A 躲过电动机起动电流，只检测电动机正常工作电流；主轴电动机 M_1 由接触器 KM_3、KM_4、KM 控制，可以正、反转控制，也可以点动控制，还可以双向反接制动控制。熔断器 FU_2 为 M_2、M_3 电动机和电源变压器 TC 的短路保护，KM_1 为 M_2 冷却泵电动机起动用接触器；FR_2 为 M_2 电动机的过载保护；KM_2 为快速电动机 M_3 的起动用接触器，因快速电动机 M_3 短时工作，所以不设过载保护。

C650 型卧式车床电气控制电路如图 5-3 所示，主轴电动机 M_1 的各种控制流程图如图 5-4 所示。

冷却泵电动机 M_2 由接触器 KM_1 控制。当按下冷却泵电动机 M_2 的启动按钮 SB_3 时，接触器 KM_1 闭合，冷却泵电动机 M_2 起动运转；当按下冷却泵电动机 M_2 的停止按钮 SB_5 时，冷却泵电动机 M_2 停转。快速移动电动机 M_3 由行程开关 ST 点动控制。

2. C650 型卧式车床 PLC 控制

1）C650 型卧式车床 PLC 控制输入输出点分配表见表 5-1。

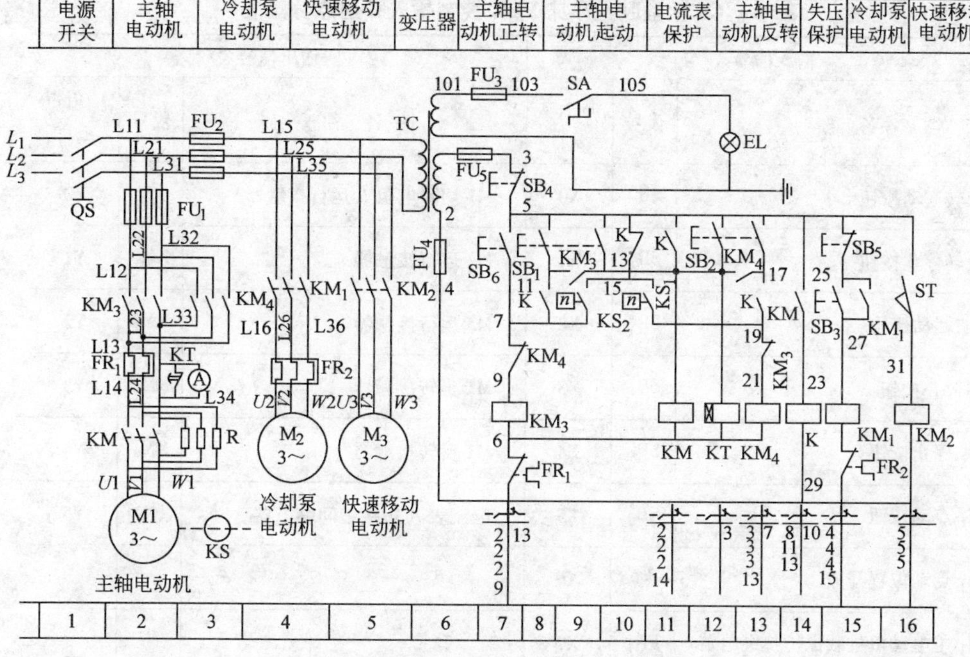

图 5-3　C650 型卧式车床电气控制电路

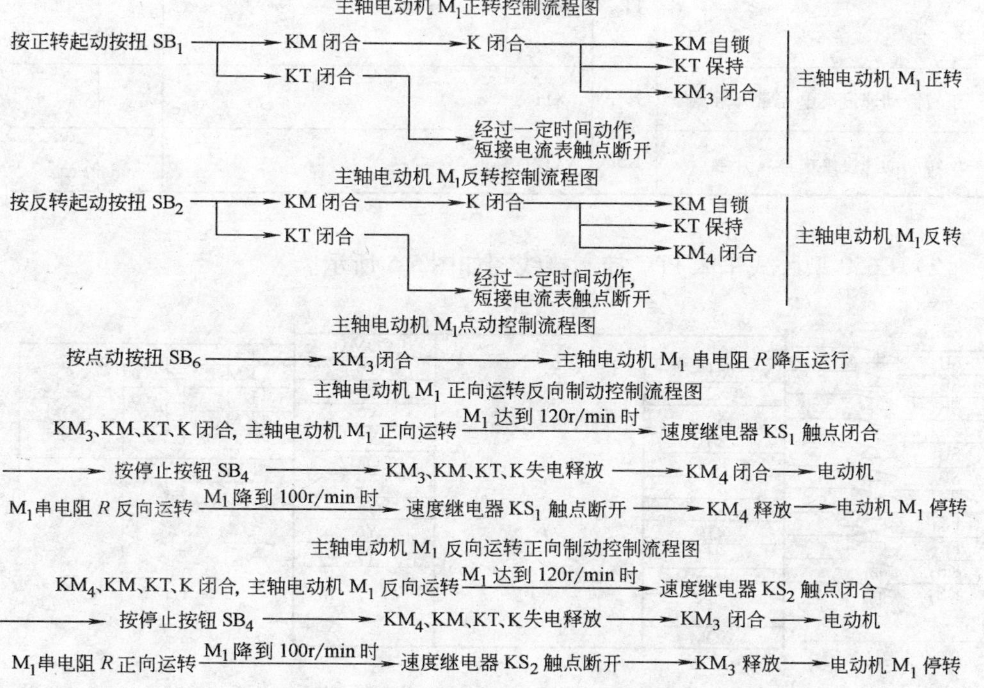

图 5-4　主轴电动机 M_1 的各种控制流程图

表 5-1　C650 型卧式车床 PLC 控制输入输出点分配表

输入信号			输出信号		
名　称	代号	输入点编号	名　称	代号	输出点编号
正转起动按钮	SB_1	X0	M1 切除电阻 *R* 运行接触器	KM	Y0
反转停止按钮	SB_2	X1	M2 运行接触器	KM_1	Y1
M_2 起动按钮	SB_3	X2	M3 运行接触器	KM_2	Y2
总停止按钮	SB_4	X3	M1 正转接触器	KM_3	Y3
M_2 停止按钮	SB_5	X4	M1 反转接触器	KM_4	Y4
M_1 点动按钮	SB_6	X5	电流表 A 短接中间继电器	K	Y5
M_3 点动位置开关	ST	X6			
M_1 主电动机过载保护热继电器	FR_1	X7			
M_2 冷却泵电动机过载保护热继电器	FR_2	X10			
正转制动速度继电器常开触点	KS_1	X11			
反转制动速度继电器常开触点	KS_2	X12			

2）C650 型卧式车床 PLC 控制接线图如图 5-5 所示。

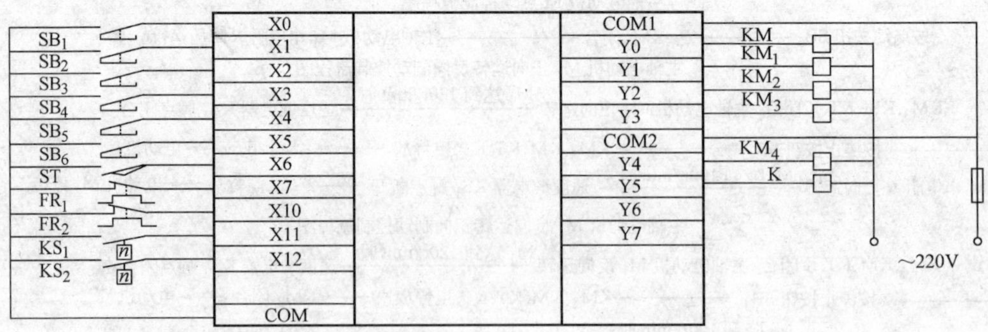

图 5-5　C650 型卧式车床 PLC 控制接线图

3）C650 型卧式车床 PLC 控制程序。根据主轴电动机 M_1 的各种控制流程图以及冷却泵电动机 M_2、快速移动电动机 M_3 的控制要求，C650 型卧式车床 PLC 控制梯形图及指令语句表如图 5-6 所示。

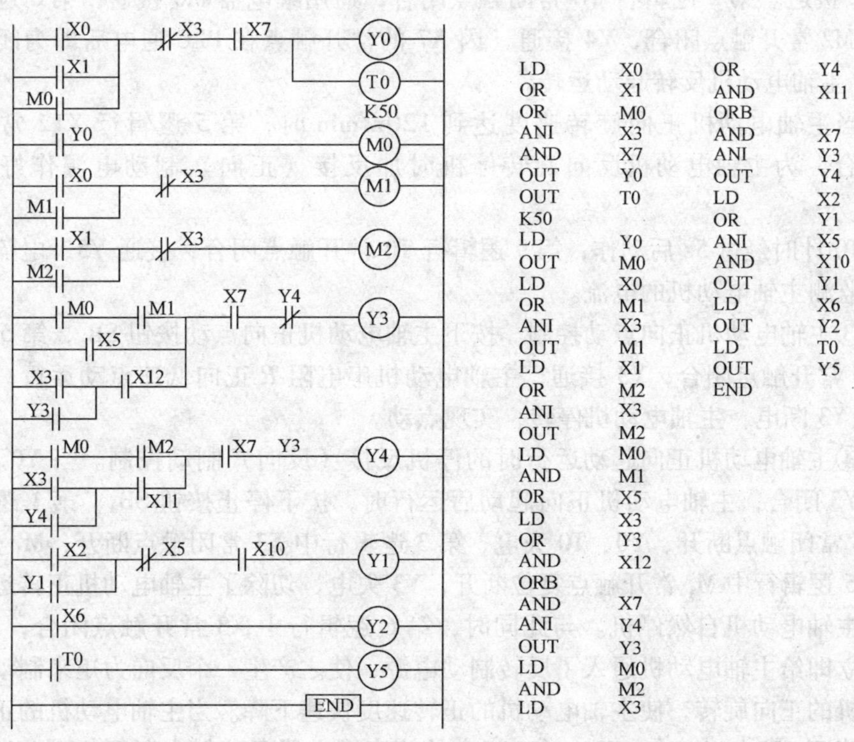

图 5-6　C650 型卧式车床 PLC 控制梯形图及指令语句表

4）程序设计说明：

①主轴电动机正转控制。按下主轴电动机正转起动按钮 SB_1，第 1 逻辑行中 X0 闭合，Y0 接通并自锁，T0 接通并开始计时，第 3 逻辑行 X0 闭合，通用继电器 M1 接通。第 2 逻辑行 Y0 常闭触点闭合，通用继电器 M0 接通；第 5 逻辑行 M0、M1 常开触点闭合，Y3 接通（因 X7 的常开触点在 PLC 通电后即为闭合状态），主轴电动机正转起动运转。

当主轴电动机正向旋转速度达到 120r/min 时，第 6 逻辑行 X11 常闭触点闭合，为主轴电动机正向旋转停机时加反接（反向）制动电源作好了准备。

T0计时经过5s后动作，第9逻辑行T0常开触点闭合，接通Y5，电流表A开始监测主轴电动机的电流。

②主轴电动机反转控制。按下主轴电动机反转起动按钮SB_2，第1逻辑行中X1闭合，Y0接通并自锁，T0接通并开始计时，第4逻辑行X1闭合，通用继电器M2接通。第2逻辑行Y0常闭触点闭合，通用继电器M0接通；第6逻辑行M0、M2常开触点闭合，Y4接通（因X7的常开触点在PLC通电后即为闭合状态），主轴电动机反转起动运转。

当主轴电动机正向旋转速度达到120r/min时，第5逻辑行X12常开触点闭合，为主轴电动机反向旋转停机时加反接（正向）制动电源作好了准备。

T0计时经过5s后动作，第9逻辑行T0常开触点闭合，接通Y5，电流表A开始监测主轴电动机的电流。

③主轴电动机正向点动控制。按下主轴电动机正向点动按钮SB_6，第5逻辑行X5常开触点闭合，Y3接通，主轴电动机串电阻*R*正向低速点动运行；松开SB_6，Y3断电，主轴电动机停转，实现点动。

④主轴电动机正向起动运行时的停机反接（反向）制动控制。当Y0、Y3、T0、Y5闭合，主轴电动机正向起动后运行时，按下停止按钮SB_4，第1逻辑行中X3常闭触点断开，Y0、T0失电；第3逻辑行中X3常闭触点断开，M_1失电；而第5逻辑行中M_1常开触点复位断开，Y3失电，切除了主轴电动机正转运行电源，主轴电动机自然停机。与此同时，第6逻辑行中X3常开触点闭合，Y4接通，立即给主轴电动机通入了反转制动电源，使之产生一个反向力矩来制动主轴电动机的正向旋转，使主轴电动机的正转速度快速下降。当主轴电动机的正转速度下降至100r/min时，正转时已闭合的速度继电器KS_1触点断开，X11常开触点复位断开，Y4失电，及时切断了反接制动电源，主轴电动机正转停机而又防止了主轴电动机的反向起动，完成了主轴电动机正向起动运行时的停机反接制动控制过程。

⑤主轴电动机反向起动运行时的停机反接（正向）制动控制。当Y0、Y4、T0、Y5闭合，主轴电动机反向起动后运行时，按下停止按钮SB_4，第1逻辑行中X3常闭触点断开，Y0、T0失电；第4逻辑行中X3常闭触点断开，M_2失电；而第6逻辑行中M_2常开触点复位断开，Y4失电，切除了主轴电动机反转运行电源，主轴电动机自然停机。与此同时，第5逻辑行中X3常开触点闭合，Y3接通，给主轴电动机通入了正转制动电源，使之产生一个反接（正向）力矩来制动主轴电动机的反向旋转，使主轴电动机的反转速度快速下降。当主轴电动机的反转速度下降至100r/min时，反转时已闭合的速度继电器KS_2触点断开，X12

常开触点复位断开，Y3 失电，及时切断了反接（正转）制动电源，主轴电动机反转停机而又防止了主轴电动机的正向起动，完成了主轴电动机反向起动运行时的停机反接制动控制过程。

⑥冷却泵电动机控制。按下冷却泵电动机的起动按钮 SB_3，第 7 逻辑行 X2 常开触点闭合，Y1 接通，冷却泵电动机起动后运行。

⑦快速移动电动机控制。按下位置开关 ST，第 8 逻辑行 X6 常开触点闭合，Y2 接通，快速移动电动机起动后运行。

⑧当主轴电动机过载，热继电器 FR_1 动作时，第 1 逻辑行、第 5 逻辑行、第 6 逻辑行 X7 的常开触点复位断开，Y0、Y3、Y4 失电，主轴电动机停止运行。

5.1.5　C650 型卧式车床常见的电控故障分析

根据 C650 型车床自身的特点，在使用中常常会出现如下的一些故障：

1）主轴不能点动控制。主要检查点动按钮 SB_2。检查其动合触点是否损坏或接线是否脱落。

2）刀架不能快速移动。故障的原因可能是行程开关损坏或接触器主触点被杂物卡住、接线脱落，或者快速移动电动机损坏。出现这些故障，应及时检查，逐项排除，直至正常运行。

3）主轴电动机不能进行反接制动控制。主要原因是速度继电器损坏或者接线脱落、接线错误；或者是电阻 R 损坏、接线脱落等。

4）不能检测主轴电动机负载。首先检查电流表是否损坏；如损坏，应先检查电流表损坏的原因；其次可能是时间继电器设定的时间较短或损坏、接线脱落，或者是电流互感器损坏。

5.2　Z3040 摇臂钻床的电气控制

钻床是一种孔加工的机床。可用来钻孔、扩孔、铰孔、镗孔、攻螺纹及修刮端面等多种形式的加工，因此要求钻床的主轴运动和进给运动有较宽的调速范围。钻床的种类很多，按用途和结构可分为立式钻床、台式钻床、多轴钻床、摇臂钻床及其他专用钻床等。在各类钻床中，摇臂钻床操作方便、灵活，应用范围广，具有典型性，适合于在大、中型零件上进行钻孔、扩孔、铰孔及攻螺纹等工作，在具有工艺装备的条件下还可以进行镗孔；特别适用于单件或批量生产中带有多孔的大、中型零件的加工；是一般机械加工车间最常见的机床。台钻和立钻的应用也较为广泛，但其电气线路比较简单，其他形式的钻床在控制系统上也大同小异。本节就以最典型的 Z3040 摇臂钻床为例介绍它的电气控制线路。

5.2.1 摇臂钻床的结构

摇臂钻床主要由底座 1、内立柱、外立柱 7、摇臂 11、主轴箱 13 及工作台 2 等部分组成，Z3040 摇臂钻床的结构组成如图 5-7 所示。

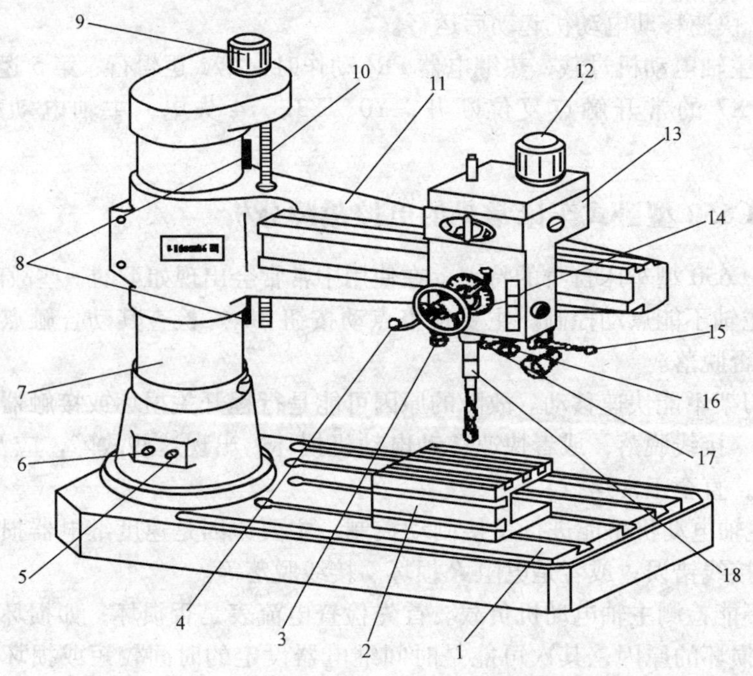

图 5-7 Z3040 摇臂钻床的结构示意图

1—底座 2—工作台 3—进给量预置手轮 4—离合器操纵杆 5—电源自动开关 6—冷却泵自动开关 7—外立柱 8—摇臂上下运动极限保护行程开关触杆 9—摇臂升降电动机 10—升降传动丝杠 11—摇臂 12—主轴驱动电动机 13—主轴箱 14—电气设备操作按钮盒 15—组合阀手柄 16—手动进给小手轮 17—内齿离合器操作手柄 18—主轴

5.2.2 摇臂钻床的运动

摇臂钻床的内立柱固定在底座的一端，在它的外面套有外立柱，外立柱可绕内立柱回转 360°。摇臂的一端为套筒，它套装在外立柱上，并借助丝杠的正反转可沿外立柱做上下移动；由于该丝杠与外立柱连成一体，且升降螺母固定在摇臂上，所以摇臂不能绕外立柱转动，只能与外立柱一起绕内立柱回转。主轴箱是一个复合部件，它由主传动电动机、主轴和主轴传动机构、进给和变速机构以及机床的操作机构等部分组成，主轴箱安装在摇臂的水平导轨上，可通过手轮操作使其在水平导轨上沿摇臂移动。当进行加工时，由特殊的夹紧装置将主轴箱紧固在摇臂导轨上，外立柱紧固在内立柱上，摇臂紧固在外立柱上，然后进行钻削加工。钻削加工时，钻头一面进行旋转切削，一面进行纵向进给。

Z3040 摇臂钻床的主运动为主轴旋转（产生切削）运动。进给运动为主轴的纵向进给。辅助运动包括摇臂在外立柱上的垂直运动（摇臂的升降），摇臂与外立柱一起绕内立柱的旋转运动及主轴箱没摇臂长度方向的运动。对于摇臂在立柱上的升降时的松开与夹紧，Z3040 摇臂钻床则是依靠液压推动松紧机构自动进行的。Z3040 摇臂钻床的结构与运动情况示意图如图 5-8 所示。

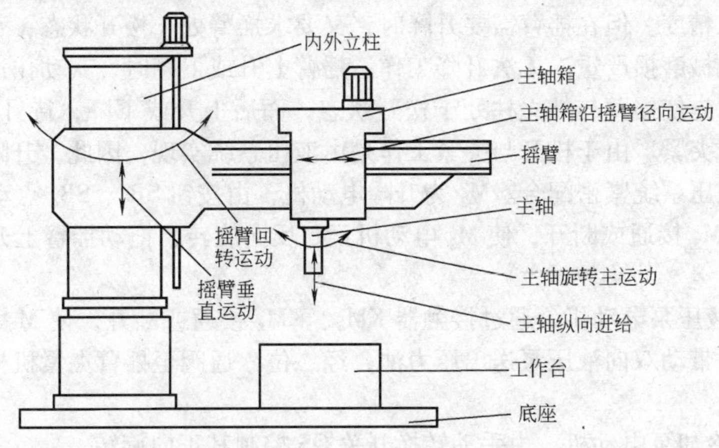

图 5-8　Z3040 摇臂钻床的结构与运动情况示意图

5.2.3　Z3040 摇臂钻床的电气控制和 PLC 控制

1. Z3040 摇臂钻床的电气控制

（1）主电路　摇臂钻床的主轴旋转运动和进给运动由一台交流异步电动机 M_1 拖动，主轴的正反向旋转运动是通过机械转换实现的。故主电动机只有一个旋转方向。Z3040 型摇臂钻床的主轴的调速范围为 50∶1，正转最低转速为 40r/min，最高为 2000r/min，进给范围为（0.05～1.60）r/min。它的调速是通过三相交流异步电动机和变速箱来实现的。也有的是采用多速异步电动机拖动，这样可以简化变速机构。

摇臂钻床除了主轴的旋转和进给运动外，还有摇臂的上升、下降及立柱的夹紧和放松。摇臂的上升、下降由一台交流异步电动机 M_2 拖动，立柱的夹紧放松由另一台交流电动机 M_4 拖动。Z3040 摇臂钻床是通过电动机拖动一台齿轮泵，供给夹紧装置所需要的压力油。而摇臂的回转和主轴箱的左右移动通常采用手动。此外还有一台冷却泵电动机 M_4 对加工的刀具进行冷却。

（2）控制电路　Z3040 摇臂钻床电气控制电路如图 5-9 所示。图中 M_1 为主轴电动机，M_2 为摇臂升降电动机。M_3 为液压泵电动机，M_4 为冷却泵电动机，QF_1 为总电源控制开关。

1）主轴电动机控制。主轴电动机 M_1 为单向旋转，由按钮 SB_8、SB_2 和接触器 KM_1 实现起动停止控制。主轴的正、反转则由 M_1 电动机拖动齿轮泵送出压力油，通过液压系统操纵机构，配合正、反转摩擦离合器驱动主轴正转或反转。

2）摇臂上升、下降控制。摇臂钻床在加工时，要求摇臂处于夹紧状态，才能保证加工精度。但在摇臂需要升降时，又要求摇臂处于松开状态，否则电动机负载大，机械磨损严重，无法升降工作。摇臂上升或下降时，其动作过程是升降指令发出，先使摇臂与外立柱处于松开状态，而后上升或下降，待升降到位时，要自行重新夹紧。由于松开与夹紧工作是由液压系统实现，因此，升降控制须与松紧机构液压系统紧密配合。M_2 为升降电动机，由按钮 SB_3、SB_4 点动控制接触器 KM_2、KM_3 接通或断开，使 M_2 电动机正、反向旋转，拖动摇臂上升或下降移动。

M_3 为液压泵电动机，通过接触器 KM_4、KM_5 接通或断开，使 M_3 电动机正、反向旋转，带动双向液压泵送出压力油，经二位六通阀至摇臂夹紧机构实现夹紧与松开。

M_4 为冷却泵电动机，由手动转换开关 QS 控制其正向旋转。

下面分析摇臂上升和下降的动作过程：

1）合上自动空气开关 QF_1、QF_2、QF_3，按下总起动按钮 SB_1，电压继电器 KV 闭合并自锁，接通了控制电路的电源。

2）当需要主轴电动机 M_1 运行时，按下按钮 SB_2，接触器 KM_1 得电闭合自保，主轴电动机 M_1 起动运转；按下按钮 SB_8，接触器 KM_1 失电释放，主轴电动机 M_1 停止旋转。

3）当需要摇臂上升时，按下按钮 SB_3，时间继电器 KT_1 通电闭合，继而接触器 KM_4 通电闭合，液压泵电动机 M_3 正转，供给机床正向液压油松开摇臂。摇臂松开后，行程开关 ST_2 被压下，行程开关 ST_3 被复位闭合，继而接触器 KM_4 断开，液压泵电动机 M_3 停转，接触器 KM_2 通电闭合，摇臂升降电动机 M_2 正转，带动摇臂上升。当摇臂上升到一定高度时，松开按钮 SB_3，接触器 KM_2、时间继电器 KT_1 失电释放，摇臂升降电动机 M_2 停转，接触器 KM_5 通电闭合，液压泵电动机 M_3 反转，供给机床反向压力油夹紧摇臂。摇臂夹紧后，行程开关 ST_2 复位，ST_3 断开，液压泵电动机 M_3 停止反转，完成摇臂上升的控制过程。

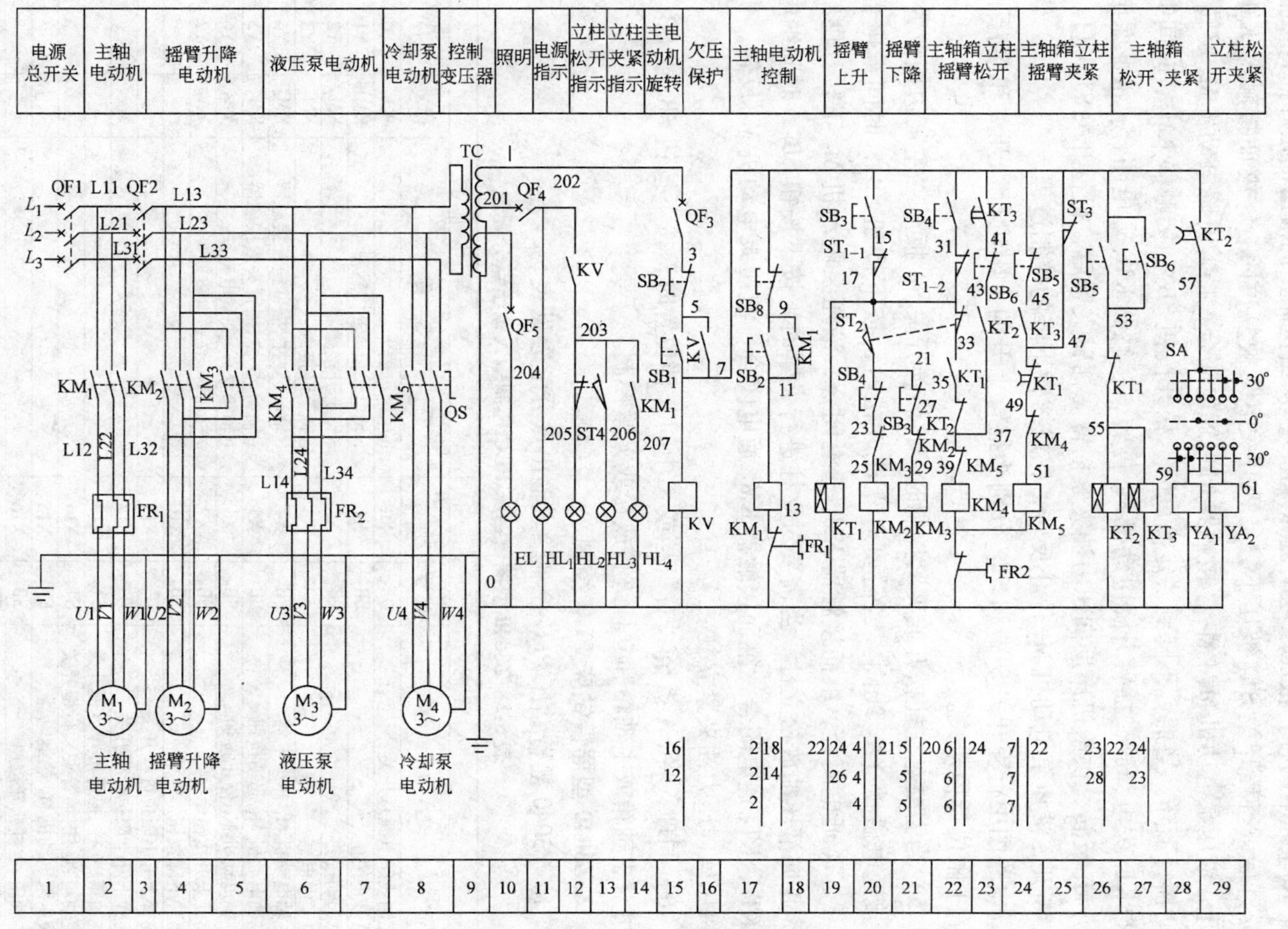

图5-9 Z3040型摇臂钻床电气控制电路

4）当需要摇臂下降时，按下按钮 SB_4，时间继电器 KT_1 通电闭合，继而接触器 KM_4 通电闭合，液压泵电动机 M_3 正转，供给机床正向液压油松开摇臂。摇臂松开后，行程开关 ST_2 被压下，行程开关 ST_3 被复位闭合，继而接触器 KM_4 断开，液压泵电动机 M_3 停转，接触器 KM_3 通电闭合，摇臂升降电动机 M_2 反转，带动摇臂下降。当摇臂下降到一定高度时，松开按钮 SB_4，接触器 KM_3、时间继电器 KT_1 失电释放，摇臂升降电动机 M_2 停转，接触器 KM_5 通电闭合，液压泵电动机 M_3 反转，供给机床反向压力油夹紧摇臂。摇臂夹紧后，行程开关 ST_2 复位，ST_3 断开，液压泵电动机 M_3 停止反转，完成摇臂下降的控制过程。

电路图中行程开关 ST_{1-1} 和 ST_{1-2} 分别为摇臂上升的上限位行程开关和摇臂下降的下限位行程开关。

5）当需要对立柱松开或夹紧控制时，将转换开关 SA 扳至“左”边档位置，SA 接通电磁铁 YA_2 线圈。当需要对立柱放松时，按下按钮 SB_5，时间继电器 KT_2、KT_3 通电闭合，继而接触器 KM_4 通电闭合，液压泵电动机 M_3 正转，供给机床正向液压油放松立柱。当需要对立柱进行夹紧时，按下按钮 SB_6，时间继电器 KT_2、KT_3 通电闭合，继而接触器 KM_5 通电闭合，液压泵电动机 M_3 反转，供给机床反向压力油夹紧立柱。

6）同理，将 SA 扳至“右”档或“中间”档位置时，按下按钮 SB_5 或 SB_6，即可对主轴箱或主轴箱和立柱进行放松或夹紧控制。

2. Z3040 型摇臂钻床 PLC 控制

1）Z3040 摇臂钻床 PLC 控制输入输出点分配表见表 5-2。

表 5-2　Z3040 型摇臂钻床 PLC 控制输入输出点分配表

输入信号			输出信号		
名　称	代号	输入点编号	名　称	代号	输出点编号
控制线路电源总开关	QF_3	X0	电压继电器	KV	Y0
总停止按扭	SB_7	X1	主轴电动机 M1 接触器	KM1	Y1
总起动按钮	SB_1	X2	摇臂上升接触器	KM_2	Y2
电压继电器	KV	X3	摇臂下降接触器	KM_3	Y3
主轴电动机 M_1 热继电器	FR_1	X4	主轴箱、立柱、摇臂松开接触器	KM_4	Y4
主轴电动机 M_1 起动按钮	SB_2	X5	主轴箱、立柱、摇臂夹紧接触器	KM_5	Y5
主轴电动机 M_1 停止按钮	SB_8	X6	主轴箱松开、夹紧电磁铁	YA_1	Y6
摇臂上升按钮	SB_3	X7	立柱松开、夹紧电磁铁	YA_2	Y7
摇臂下降按钮	SB_4	X10			
摇臂上升上限位行程开关	ST_{1-1}	X11			
摇臂下降下限位行程开关	ST_{1-2}	X12			
主轴箱、立柱、摇臂松开行程开关	ST_2	X13			
主轴箱、立柱、摇臂夹紧行程开关	ST_3	X14			
液压泵电动机 M_3 热继电器	FR_2	X15			
主轴箱、立柱松开按钮	SB_5	X16			
主轴箱、立柱夹紧按钮	SB_6	X17			
主轴箱松开、夹紧	SA-1	X20			
主柱松开、夹紧	SA-2	X21			
主轴箱、立柱松开、夹紧	SA-3	X22			

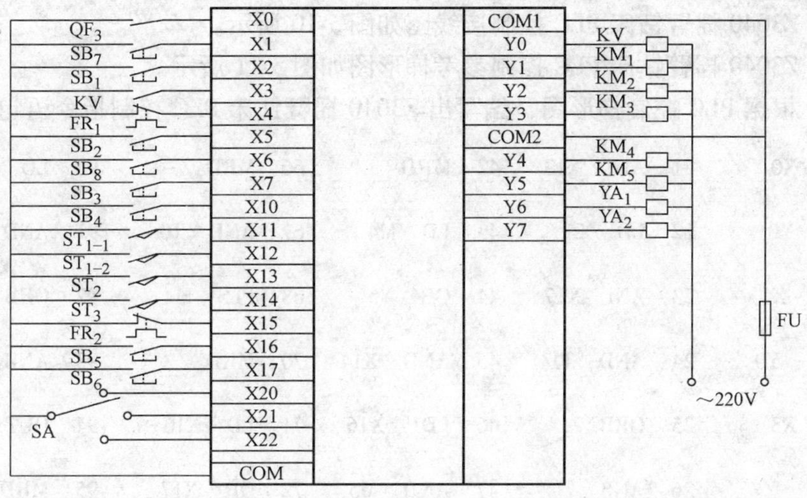

图 5-10 Z3040 型摇臂钻床 PLC 控制接线图

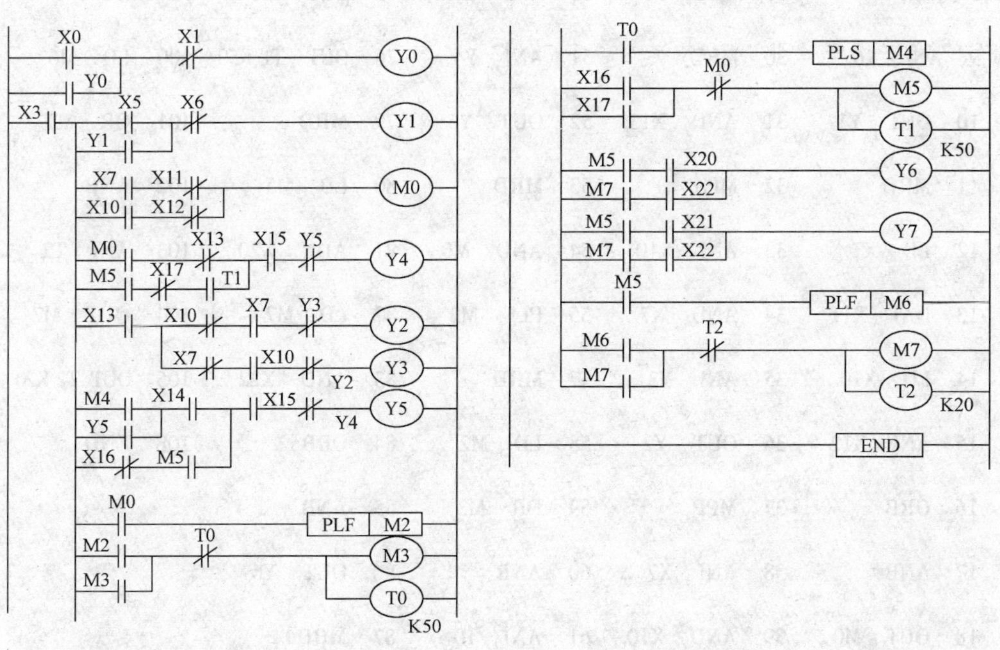

图 5-11 Z3040 摇臂钻床 PLC 控制参考梯形图

2）Z3040 摇臂钻床 PLC 控制接线图如图 5-10 所示。

3）Z3040 摇臂钻床 PLC 控制参考梯形图如图 5-11 所示。

4）根据 PLC 控制梯形图，编写出 Z3040 摇臂钻床 PLC 控制指令语句如下：

```
0   LD   X0
1   OR   Y0
2   ANI  X1
3   OUT  Y0
4   LD   X3
5   MPS
6   LD   X5
7   OR   Y1
8   ANB
9   ANI  X6
10  OUT  Y1
11  MRD
12  LD   X7
13  NAI  X11
14  LD   X10
15  ANI  X12
16  ORB
17  ANB
18  OUT  M0
19  MRD
20  LD   M0
21  ANI  X13
22  LD   X5
23  ANI  X17
24  AND  T1
25  ORB
26  ANB
27  AND  X15
28  ANI  Y5
29  OUT  Y4
30  MRD
31  AND  X13
32  MPS
33  ANI  X10
34  AND  X7
35  ANI  Y3
36  OUT  Y2
37  MPP
38  ANI  X7
39  AND  X10
40  ANI  Y2
41  OUT  Y3
42  MRD
43  LD   M4
44  OR   Y5
45  AND  X14
46  LD1  X16
47  AND  M5
48  ORB
49  ANB
50  AND  X15
51  ANI  Y4
52  OUT  Y5
53  MRD
54  AND  M0
55  PLF  M2
57  MRD
58  LD   M2
59  OR   M3
60  ANB
61  ANI  T0
62  OUT  M3
63  OUT  T0 K50
66  MRD
67  AND  T0
68  PLS  M4
70  MRD
71  LD   X16
72  OR   X17
73  ANB
74  ANI  M0
75  OUT  M5
76  OUT  T1 K50
79  MRD
80  LD   M5
81  ADN  X20
82  LD   M7
83  AND  X22
84  ORB
85  ANB
86  OUT  Y6
87  MRD
88  LD   M5
89  AND  X21
90  LD   M7
91  AND  X22
92  ORB
93  ANB
94  OUT  Y7
95  MRD
96  AND  M5
97  PLF  M6
99  MPP
100 LD   M6
101 OR   M7
102 ANB
103 ANI  T2
104 OUT  M7
105 OUT  T2 K20
108 END
```

5.2.4 Z3040 摇臂钻床常见的电控故障分析

1）主轴电动机不能起动。故障的主要原因是：起动按钮 SB_2 或停止按钮 SB_8 损坏或接触不良；接触器 KM_1 线图断线、接线脱落及主触点接触不良或接线脱落；热继电器 FR_1 动作过；熔断器 FU_{11} 的熔丝烧断；这些情况都可能引起主轴电动机不能起动，应逐项检查排除。

2）主轴电动机不能停止。主要是由于接触器 KM_1 的主触点熔焊在一起造成的，断开电源后更换接触器 KM_1 的主触点即可。

3）摇臂不能上升或下降。由摇臂上升或下降的动作过程可知，摇臂移动的前提是摇臂完全松开，此时活塞杆通过弹簧片压下行程开关 ST_2，电动机 M_3 停止运转，电动机 M_2 起动运转，带动摇臂上升或下降。若 ST_2 的安装位置不当或发生偏移，这样摇臂虽然完全松开，但活塞杆仍压不上行程开关 ST_2，致使摇臂不能移动；有时电动机 M_1 的电源相序接反，此时按下摇臂上升或摇臂下降按钮 SB_1、SB_4，电动机 M_3 反转，使摇臂夹紧，更压不上行程开关 ST_2 了，摇臂也不能上升或下降。有时也会出现因液压系统发生故障，使摇臂没有完全松开，活塞杆压不上行程开关 ST_2。如果 ST_2 在摇臂松开后已动作，而不能上升或下降，则有可能是以下原因引起的：按钮 SB_3、SB_4 的常闭触点损坏或接线脱落；接触器 KM_2、KM_3 线圈损坏或接线脱落；KM_2、KM_3 的触点损坏或接线脱落；应根据具体情况逐项检查，直到故障排除。

4）摇臂移动后夹不紧。主要原因是行程开关 ST_3 安装位置不当或松动移动，过早地被活塞杆压下动作，使液压泵电动机 M_3 在摇臂尚未充分夹紧时就停止运转。

5）液压泵电动机不能起动。主要原因可能是：熔断器 FU_2 的熔丝已烧断；热继电器 FR_2 动作过；接触器 KM_4、KM_5 线圈损坏或接线脱落及主触点接触不良或接线脱落；时间继电器 KT 的线圈及其相关的接点损坏或接线脱落；应根据具体情况逐项检查，直到故障排除。

6）液压系统不能正常工作。有时电气系统正常，而液压系统中的电磁阀芯卡住或油路堵塞，导致液压系统不能正常工作，也可能造成摇臂无法移动、主轴箱和立柱不能松开和夹紧。

5.3 卧式镗床的电气与 PLC 控制

镗床是一种精密加工机床，主要用于加工工件上的精密圆柱孔。这些孔的轴心线往往要求严格地平行或垂直，相互间的距离也要求很准确。这些要求都是钻床难以达到的。而镗床本身刚性好，其可动部分在导轨上的活动间隙很小，且有附加支撑，所以，能满足上述加工要求。

镗床除能完成镗孔工序外，在万能镗床上还可以进行镗、钻、扩、铰、车及铣等工序，因此，镗床的加工范围很广。

按用途的不同，镗床可分为卧式镗床、坐标镗床、金刚镗床及专门化镗床等。本节仅对常用的卧式镗床电气控制进行分析。

卧式镗床用于加工各种复杂的大型工件，如箱体零件、机体等，是一种功能很全的机床。除了镗孔外，还可以进行钻、扩、铰孔以及车削内外螺纹、用丝锥攻螺纹、车外圆柱面和端面。安装了端面铣刀与圆柱铣刀后，还可以完成铣削平面等多种工作。因此，在卧式镗床上，工件一次安装后，即能完成大部分表面的加工，有时甚至可以完成全部加工，这在加工大型及笨重的工件时，具有特别重要的意义。

5.3.1 卧式镗床的主要结构

卧式镗床的外形结构如图 5-12 所示。主要由床身、尾架、导轨、后立柱、工作台、镗床、前柱、镗头架、下溜板、上溜板等组成。

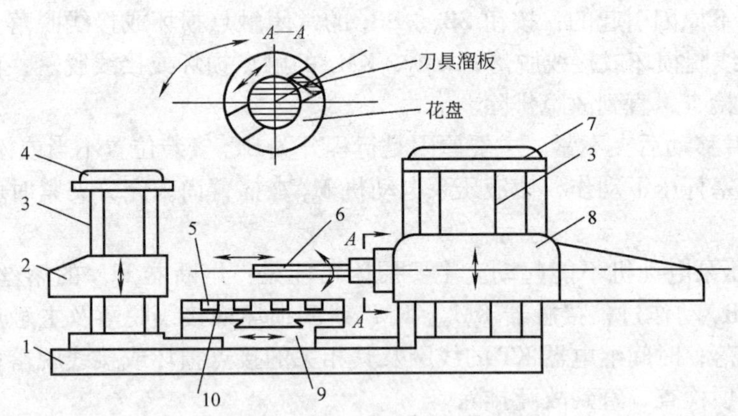

图 5-12 卧式镗床结构示意图

1—床身 2—尾架 3—导轨 4—后立柱 5—工作台 6—镗床 7—前立柱 8—镗头架 9—下溜板 10—上溜板

5.3.2 卧式镗床的主要运动

卧式镗床的床身 1 是由整体的铸件制成，床身的一端装有固定不动的前立柱 7，在前立柱的垂直导轨上装有镗头架 8，可以上下移动。镗头架上集中了主轴部件、变速器、进给箱与操纵机构等部件。切削刀具安装在镗轴前端的锥孔里，或装在平旋盘的刀具溜板上。在工作过程中，镗轴一面旋转，一面沿轴向做进给运动。平旋盘只能旋转，装在上面的刀具溜板可在垂直于主轴轴线方向的径向做进给运动。平旋盘主轴是空心轴，镗轴穿过其中空部分，通过各自的传动链传动，因此可独立转动。在大部分工作情况下，使用镗轴加工，只有在用车刀切削端面时才使用平旋盘。

卧式镗床后立柱 4 上安装有尾架 2，用来夹持装在镗轴上的镗杆的末端。尾架 2 可随镗头架 8 同时升降，并且其轴心线与镗头架轴心线保持在同一直线上。后立柱 4 可在床身导轨上沿镗轴轴线方向上做调整移动。

加工时，工件安放在床身 1 中部的工作台 5 上，工作台在溜板上面，上溜板 10 下面是下溜板 9，下溜板安装在床身导轨上，并可沿床身导轨运动。上溜板又可沿下溜板上的导轨运动，工作台相对于上溜板可做回转运动。这样，工作台就可在床身上作前、后、左、右任一个方向的直线运动，并可做回旋运动。再配合镗头架的垂直移动，就可以加工工件上一系列与轴线相平行或垂直的孔。

由以上分析，可将卧式镗床的运动归纳如下：

主运动：镗轴的旋转运动与平旋盘的旋转运动。

进给运动：镗轴的轴向进给、平旋盘刀具溜板的径向进给、镗头架的垂直进给、工作台的横向进给与纵向进给。

辅助运动：工作台的回旋、后立柱的轴向移动及垂直移动。

5.3.3　卧式镗床的拖动特点及控制要求

镗床加工范围广，运动部件多，调速范围广，对电力拖动及控制提出的要求如下：

1）主轴应有较大的调速范围，且要求恒功率调速，往往采用机电联合调速。

2）变速时，为使滑移齿轮能顺利进入正常啮合位置，应有低速或断续变速冲动。

3）主轴能作正反转低速点动调整，要求对主轴电动机实现正反转及点动控制。

4）为使主轴迅速、准确停车，主轴电动机应具有电气制动。

5）由于进给运动直接影响切削量，而切削量又与主轴转速、刀具、工件材料、加工精度等因素有关，所以一般卧式镗床主运动与进给运动由一台主轴电动机拖动，由各自传动链传动。主轴和工作台除工作进给外，为缩短辅助时间，还应有快速移功，由另一台快速移动电动机拖动

6）由于镗床运动部件较多，应设置必要的连锁保护，并使操作尽量集中。

5.3.4 T610 型卧式镗床的电气与 PLC 控制

T610 型卧式镗床的电气控制电路图和液压系统均较为复杂。它主要包括机床中的主轴旋转、平旋盘旋转、工作台转动、尾架升降用电动机拖动；主轴和平旋盘刀架进给、主轴箱进给、工作台的纵向及横向进给、各部件的夹紧采用液压传动控制等。本节将作重点详解。

1. T610 型卧式镗床电气控制

T610 型卧式镗床电气控制线路原理图如图 5-13 所示。

从图 5-13a 可知，T610 型卧式镗床由主轴电动机 M_1、液压泵电动机 M_2、润滑泵电动机 M_3、工作台电动机 M_4、尾架电动机 M_5、钢球无级变速电动机 M_6、冷却泵电动机 M_7 拖动。

图 5-13b 为机床各种工作状态的指示灯及机床照明灯电路控制原理图。

（1）液压泵电动机 M_2、润滑泵电动机 M_3 的控制　T610 型卧式镗床在对工件进行加工前必须先起动液压泵电动机 M_2 和润滑泵电动机 M_3。在图 5-13c 第 28 区中，按下按钮 SB_1　接触器 KM_5、KM_6 线圈通电吸合并自锁，液压泵电动机 M_2、润滑泵电动机 M_3 起动运转；按下按钮 SB_2，接触器 KM_5、KM_6 失电释放，液压泵电动机 M_2、润滑泵电动机 M_3 停止运转。

（2）机床起动准备控制电路　液压泵电动机 M_2、润滑泵电动机 M_3 起动运转后，当机床中的液压油具有一定压力时，压力继电器 KP_2 动作，第 52 区中 KP_2 常开触点闭合，KP_2 的常闭触点断开，为主轴电动机 M_1 的正转点动和反转点动作好了准备。当压力继电器 KP_3 动作时，接通中间继电器 K_{17} 和 K_{18} 线圈的电源，为主轴平旋盘进给、主轴箱进给及工作台进给作准备。

（3）主轴电动机 M_1 的控制　主轴电动机 M_1 可进行正、反转Y-△降压起动控制，也可进行正、反转点动控制和停止制动控制。

1）主轴电动机 M_1 正、反转Y-△降压起动控制。按下 30 区中的按钮 SB_4，中间继电器 K_1 线圈通电吸合并自锁，中间继电器 K_1 线圈通电吸合，中间继电器 K_1 在 17 区中 204 号线与 207 号线间的常开触点、31 区中 9 号线与 10 号线间的常开触点、35 区中 9 号线与 15 号线间的常开触点、38 区中 21 号线与 22 号线间的常开触点闭合。继而接通信号指示灯 HL_4 的电源，HL_4 发亮，表示主轴电动机 M_1 正在正向旋转，并为接通时间继电器 KT_1 线圈电源作好了准备。

中间继电器 K_1 的闭合，也接通了接触器 KM_1 线圈的电源，接触器 KM_1 通电吸合。

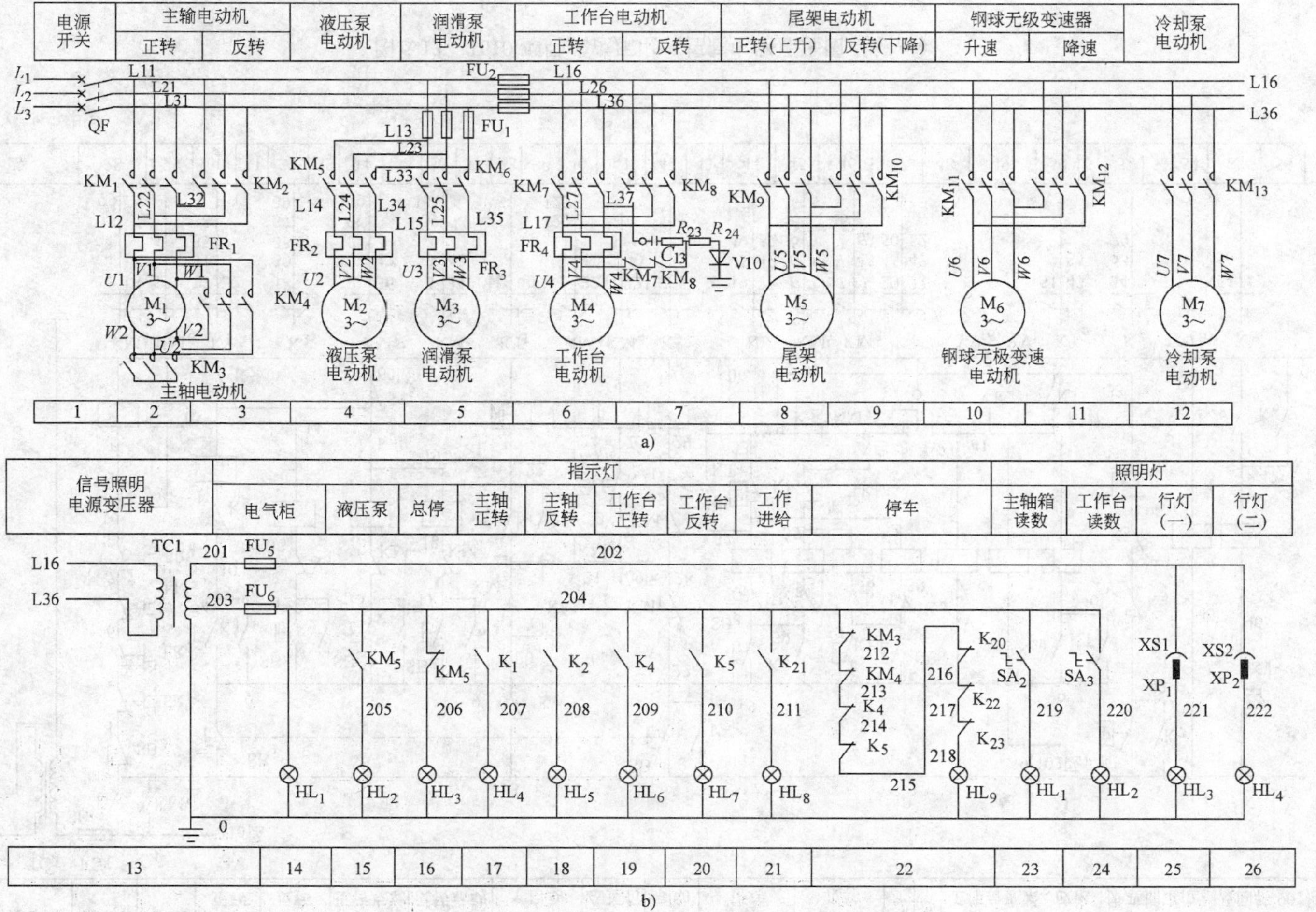

图5-13 T610 型卧式镗床电气控制电路原理图

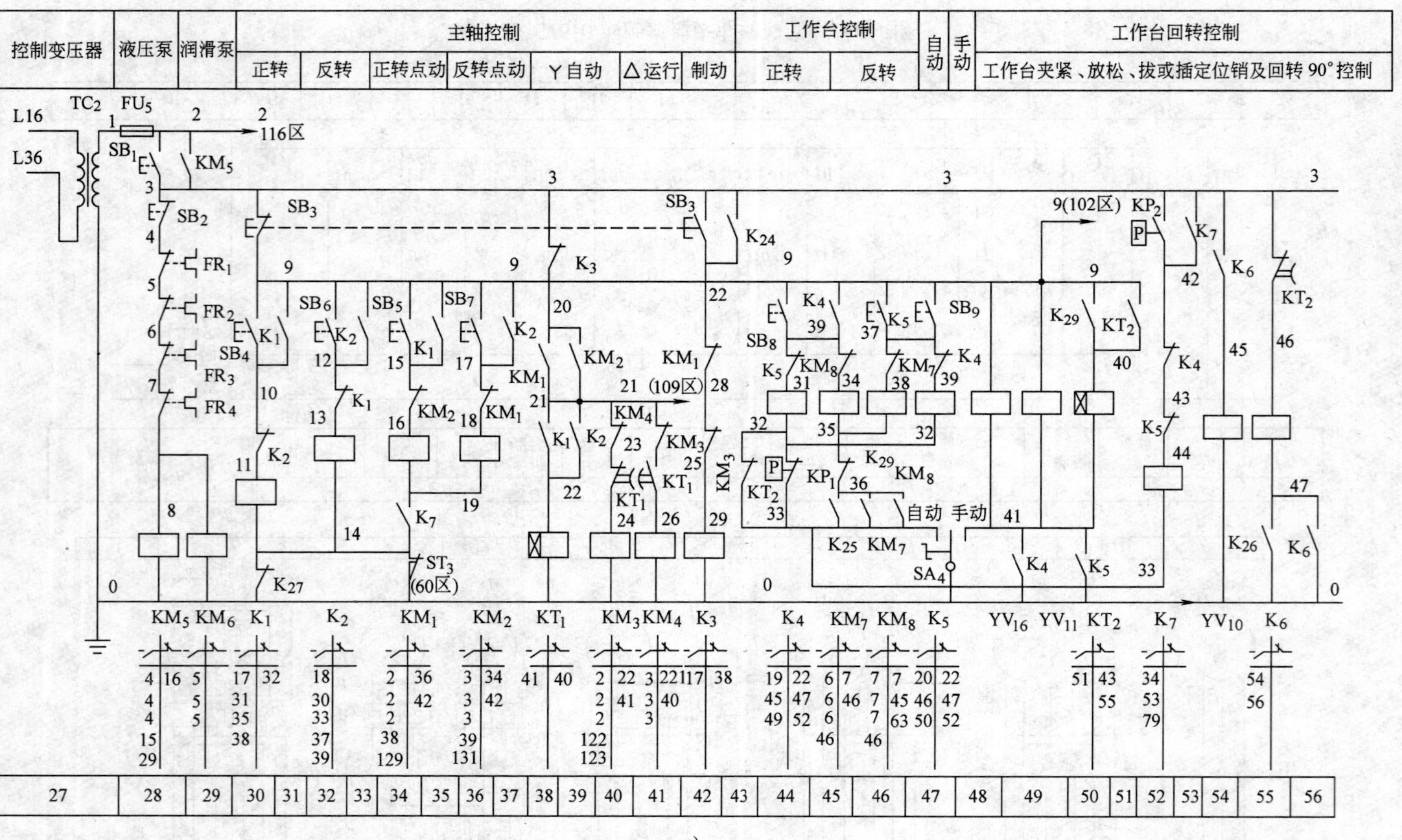

图 5-13 T610 型卧式镗床电气控制电路原理图（续一）

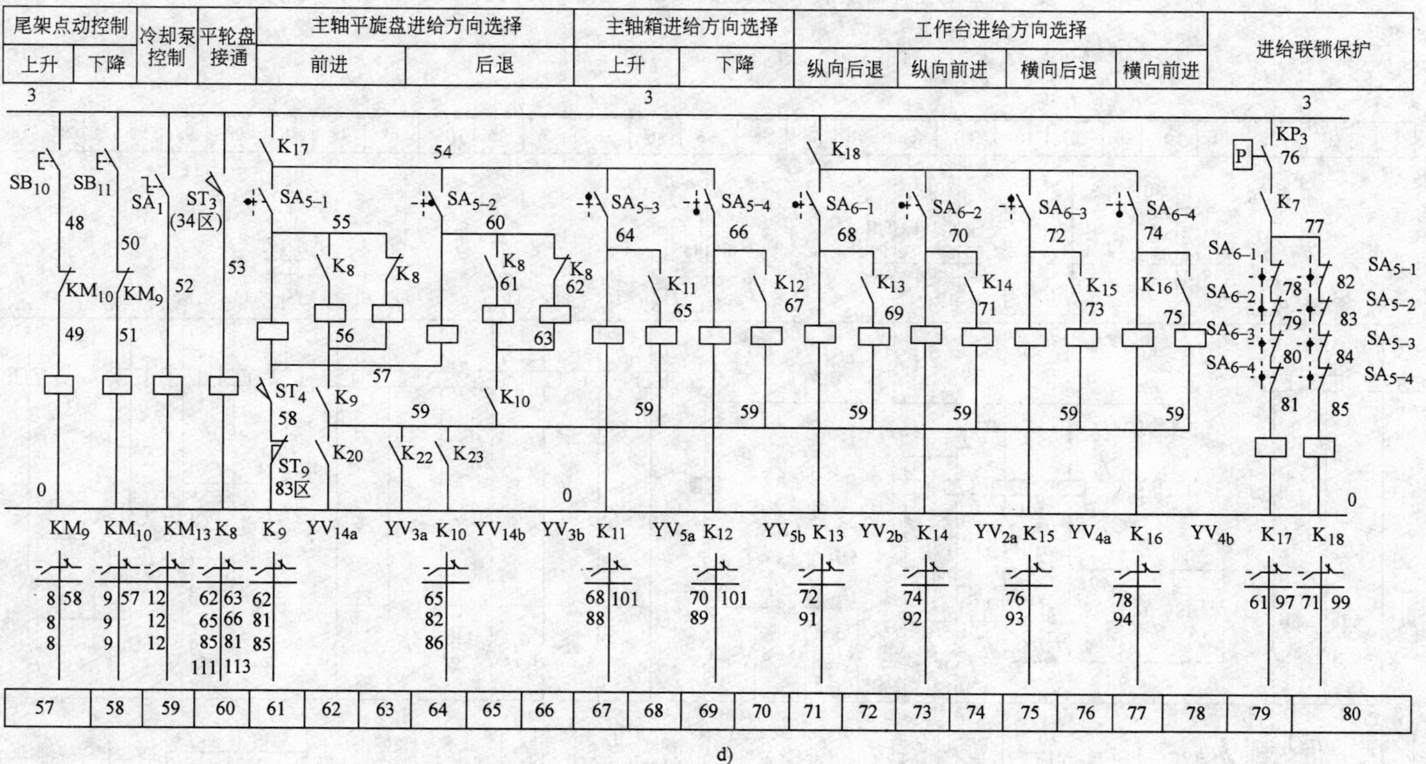

图 5-13　T610 型卧式镗床电气控制电路原理图（续二）

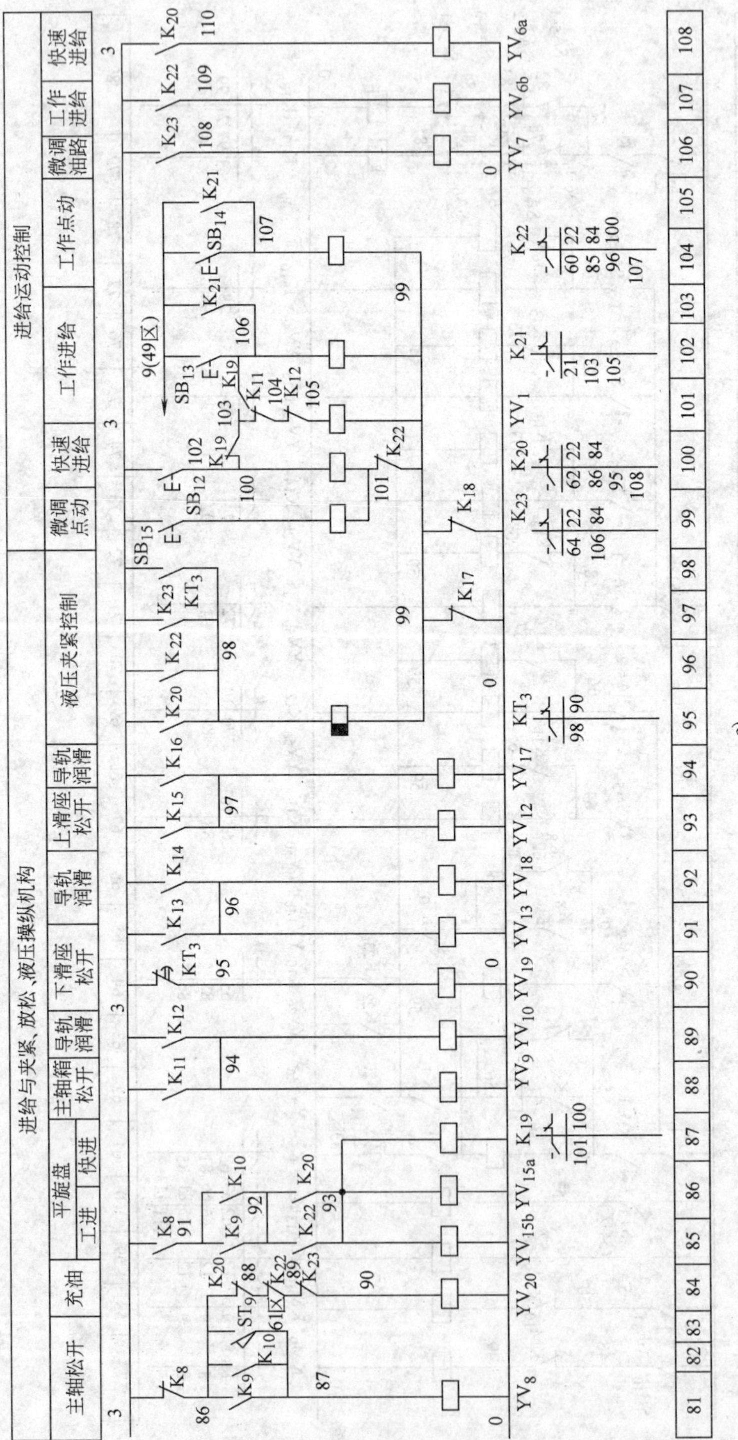

图 5-13 T610 型卧式镗床电气控制电路原理图（续三）

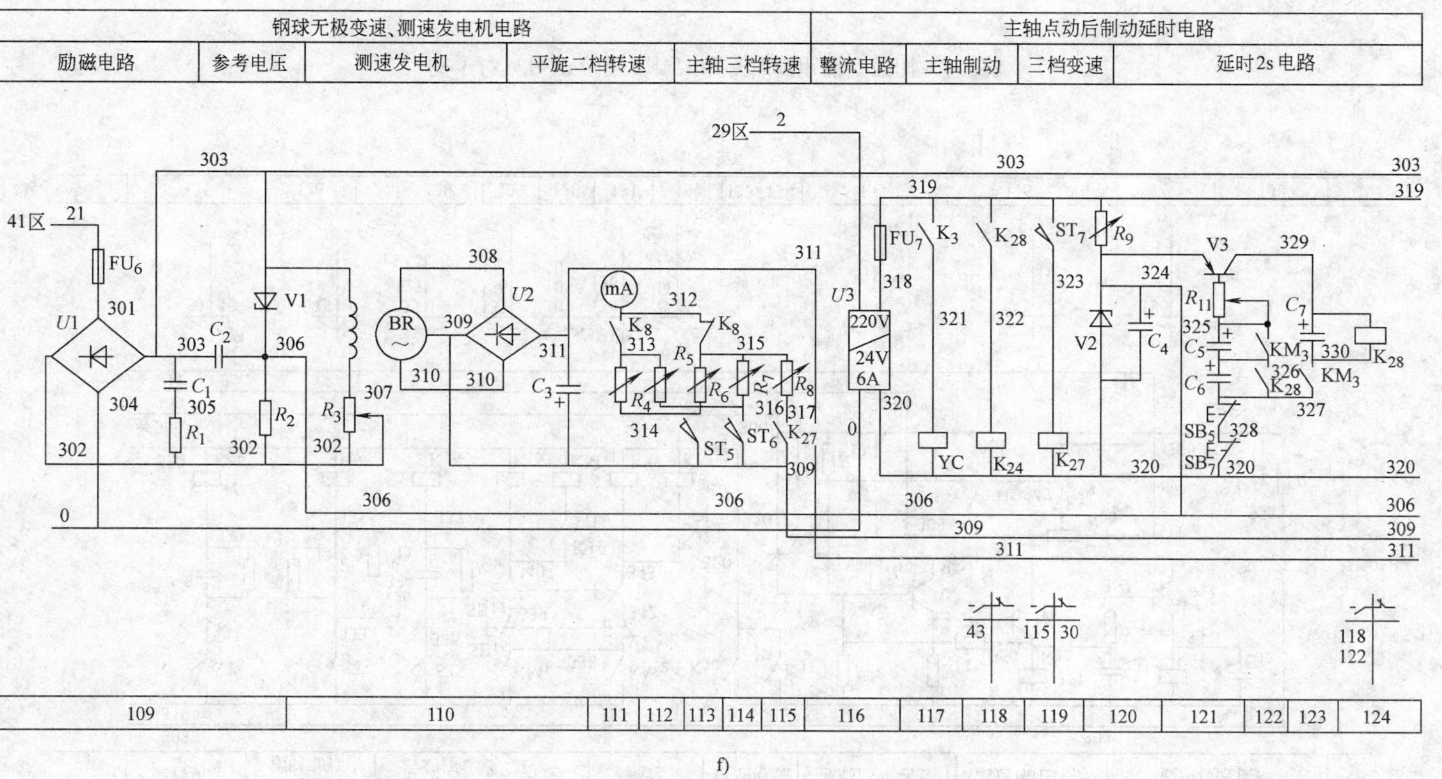

图 5-13 T610 型卧式镗床电气控制电路原理图（续四）

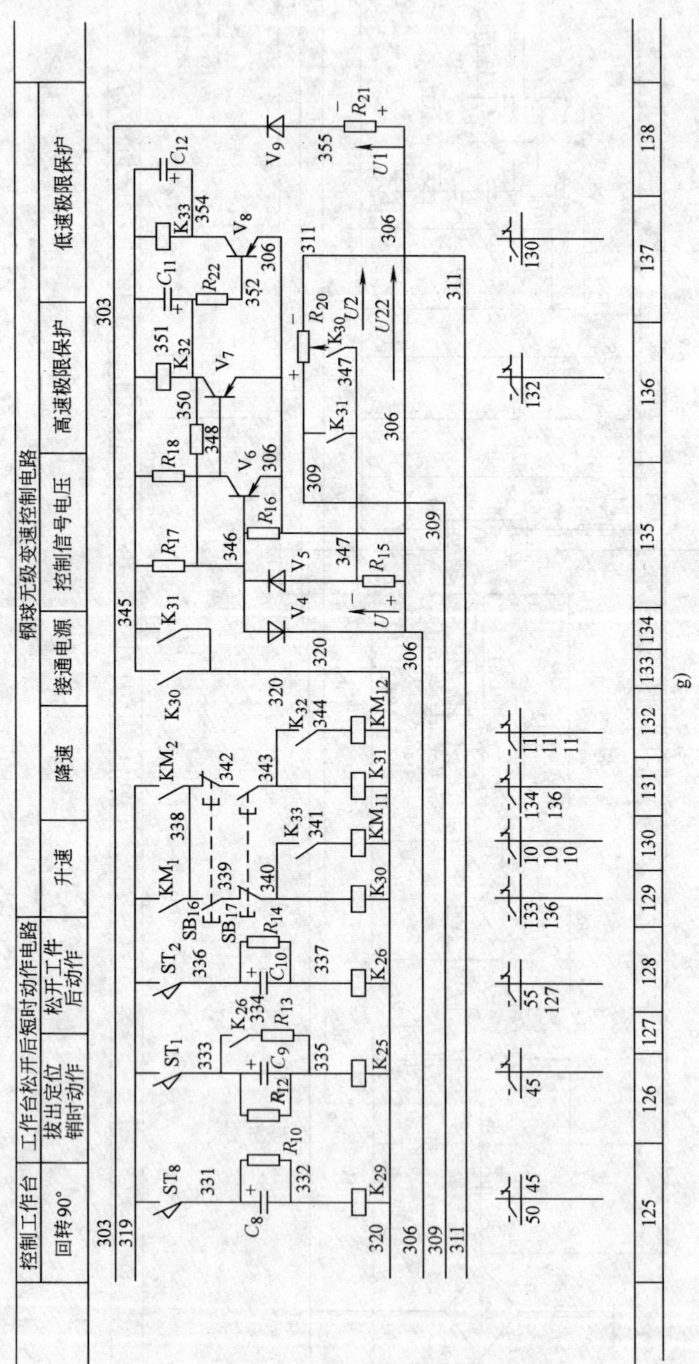

图 5-13 T610 型卧式镗床电气控制电路原理图（续五）

接触器 KM_1 闭合，切断接触器 KM_2 线圈的电源通路及中间继电器 K_3 线圈的电源通路，接通主轴电动机 M_1 的正转电源，为主轴钢球无级变速作好准备；继而38区中的时间继电器 KT_1 线圈和40区中的接触器 KM_3 线圈通电吸合，主轴电动机 M_1 绕组接成Y接法正向降压起动。

经过一定的时间，时间继电器 KT_1 动作，切断接触器 KM_3 线圈的电源，接触器 KM_3 失电释放；继而接通接触器 KM_4 线圈的电源，接触器 KM_4 通电闭合，主轴电动机 M_1 的绕组接成△接法正向全压运行。

当需要主轴电动机 M_1 制动停止时，按下主轴电动机 M_1 的制动停止按钮 SB_3，中间继电器 K_1 线圈、接触器 KM_1 线圈失电释放，继而接触器 KM_4 失电释放。中间继电器 K_1、接触器 KM_1、接触器 KM_4 的所有常开、常闭触点复位，主轴电动机 M_1 断电。但由于惯性的作用，主轴继续旋转。然后按钮 SB_3 在42区中3号线与27号线间的常开触点闭合，中间继电器 K_3 通电吸合，接通主轴制动电磁铁YC的电源，对主轴进行抱闸制动。松开按钮 SB_3、中间继电器 K_3，主轴制动电磁铁YC失电，完成主轴的停车制动过程。

主轴电动机 M_1 的反向Y-△降压起动过程与正向Y-△降压起动过程完全相同，请读者自行完成其降压起动过程的分析。

2）主轴电动机 M_1 点动起动、制动停止控制。当需要主轴电动机 M_1 正转点动时，按下主轴电动机 M_1 的正转点动按扭 SB_5，接触器 KM_1 线圈通电闭合（此时液压泵电动机 M_2 和润滑泵电动机 M_3 起动后中间继电器 K_7 已闭合），继而接触器 KM_3 线圈通电闭合，接触器 KM_3 闭合。主轴电动机 M_1 的绕组接成Y接法降压起动运转。

接触器 KM_3 闭合的同时，接触器 KM_3 在122区及123区中325号线与326号线间的常开触点及326号与327号线间的常开触点闭合短接电容 C_5 和 C_6，消除电容 C_5、C_6 上的残余电量，为主轴电动机 M_1 点动停止制动作准备。

松开主轴电动机 M_1 的正转点动按钮 SB_5，接触器 KM_1 和接触器 KM_3 断电释放，其常开常闭触点复位，主轴电动机 M_1 断电，但在惯性的作用下主轴继续旋转。此时按钮 SB_5 的常闭触点也复位闭合，通过晶体管电路控制，使中间继电器 $K_2$8通电闭合，继而中间继电器 K_{24} 线圈通电闭合，中间继电器 K_3 线圈通电闭合，并切断时间继电器 KT_1 线圈、接触器 KM_3 线圈、接触器 KM_4 线圈的电源通路。

中间继电器 K_3 闭合，接通主轴电动机 M_1 的制动电磁铁YC的电源，制动电磁铁YC动作，对主轴进行制动，使主轴电动机 M_1 迅速停车。

主轴电动机 M_1 点动反转起动、停止制动控制过程与主轴电动机 M_1 点动正转起动、停止制动控制过程相同。

（4）平旋盘的控制　平旋盘也是由主轴电动机 M_1 拖动工作的。30区中中

间继电器 K_{27} 在14号线与0号线间的常闭触点为平旋盘误入三档速度时的保护触点：34区中行程开关 ST_3 的常闭触点及60区中行程开关 ST_3 的常开触点担负着接通和断开主轴或平旋盘进给的转换作用：111区和112区中电阻 R_4 和 R_5 分别调整平旋盘的两档转速。

主轴的速度调节和平旋盘的速度调节是用一个速度操作手柄进行的，主轴有三档速度（即当113区、114区、119区中行程开关 ST_5、ST_6、ST_7 闭合时有三档不同的主轴速度）。平旋盘则只有两档速度（即当113区、114区中行程开关ST5、ST6闭合时平旋盘有两档不同的速度）。在119区电路中，当速度操作手柄误操作将速度扳到三档位置时，中间继电器 K_{27} 闭合，其在30区中14号线与0号线间的常闭触点断开，切断接触器 KM_1、KM_2 及中间继电器 K_1、K_2 线圈的电源，主轴电动机 M_1 反而不能起动运转，已起动运行的则停止运行。

（5）主轴及平旋盘的调速控制　主轴及平旋盘的调速是通过电动机 M_6 拖动钢球无级变速器实现的。当钢球变速拖动电动机 M_6 拖动钢球无级变速器正转时，变速器的转速就上升；当钢球变速拖动电动机 M_6 拖动钢球无级变速器反转时，变速器的转速就下降。当变速器的转速为3000r/min时，测速发电机BR发出的电压约为50V，此时有关元件应立即动作，切断钢球拖动电动机 M_6 的正转电源，使变速器的转速不再上升。当变速器的转速为500r/min时，测速发电机BR发出的电压约为8.3V，有关元件也应立即动作，切断钢球拖动电动机 M_6 的反转电源，使变速器的转速不再下降。

1）主轴升速控制。当需要主轴升速时，按下129区中钢球无级变速升速起动按钮 SB_{16}，按钮 SB_{16} 在130区中338号线与339号线间的常开触点闭合，接通中间继电器 K_{30} 线圈的电源，中间继电器 K_{30} 通电吸合，其在133区320号线与345号线间的常开触点和136区中347号线与电阻 R_{20} 的中间抽头线相连接的常开触点闭合。

中间继电器 K_{30} 在133区中320号线与345号线间的常开触点闭合，接通了钢球无级变速电子控制电路的电源：中间继电器 K_{30} 在136区中347号线与电阻 R_{20} 的中间抽头线相连接的常开触点闭合，接通了从110区中交流测速发电机BR发出的电压经整流滤波后由309号线和311号线输出加在电阻 R_{20} 上经中间抽头分压后的部分电压 U_2。这个电压 U_2 与由303号线与306号线从109区中引来加在138区中电阻 R_{21} 上的参考电压 U_1 经过电阻 R_{15} 后反极性串联进行比较，并在电阻 R_{15} 上产生一个控制电压 U，$U=|U_2-U_1|$。当参考电压 U_1 高于测速发电机BR输出电压中的部分电压 U_2 时，在电阻 R_{15} 中有电流流过，亦即在135区中306号线与347号线之间有电流流过，且电流方向是从306号线流向347号线，此时306号线的电位高于347号线。由于306号线与135区中晶体管 V_6 的发射极相连接，而347号线与135区中的二极管的阳极相连接，故晶体管 V_6 处于截

止状态，此时控制电压U对钢球无级变速电子控制电路不起作用。晶体管V_6在由306号线和320号线在120区中稳压二极管V_2两端取出的给定电压作用下饱和导通。其通路为：120区中306号线→135区306号线→晶体管V_6发射极→三极管V_6基极→346号线→电阻R_{17}→345号线→中间继电器K_{30}常开触点→133区320号线→120区320号线。由于晶体管V_6饱和导通，故晶体管V_7截止，而晶体管V_8饱和导通，此时中间继电器K_{32}串联在晶体管V_8的基极回路中，流过中间继电器K_{32}的电流较小，因此中间继电器K_{32}不闭合，但中间继电器K_{33}通电闭合。中间继电器K_{33}在130区中340号线与341号线间的常开触点闭合，接通接触器KM_{11}线圈的电源，接触器KM_{11}通电吸合，其在10区的主触点接通钢球变速拖动电动机M_6的正转电源，钢球拖动电动机M_6正向起动运转，拖动钢球无级变速器升速。当升到所需的转速时，松开钢球无级变速升速起动按钮SB_{16}，中间继电器K_{30}失电释放，其133区、136区中的常开触点复位断开，使得中间继电器K_{33}和接触器KM_{11}相继失电释放，钢球变速拖动电动机M_6停止正转，完成升速控制过程。

若按下主轴升速起动按钮SB_{16}一直不松开，则主轴的转速一直上升，而与主轴同轴相连的测速发电机BR的转速也随之上升。当变速器的转速达到3000r/min，从测速发电机BR发出的电压经整流滤波后取出的取样电压U_2略高于参考电压U_1；在135区电阻R_{15}两端的电压中，347号线的电位高于306号线的电位，故流过电阻R_{15}上的电流方向为从347号线流入306号线。此时控制电压U使二极管V_4和V_5立即导通，晶体管V_6的发射极加上反偏电压；晶体管V_6立即截止；晶体管V_7基极电压降低，立即进入饱和状态，其集电极电位急剧下降，使晶体管V_8基极电位上升而截止；中间继电器K_{33}失电释放，继而接触器KM_{11}失电释放，钢球变速拖动电动机M_6停止正转。而晶体管V_7饱和导通，中间继电器K_{32}通电吸合动作，132区中的常开触点虽然闭合，但此时按钮SB_{16}并未松开，按钮SB_{16}在131区中338号线与342号线间的触点没有复位闭合，且按钮SB_{17}也没有按下去，按钮SB_{17}在131区中342号线与343号线间的常开触点也没有闭合，因此中间继电器K_{31}和接触器KM_{12}不会通电吸合，钢球拖动电动机M_6不会反转。

2）主轴降速控制。当需要主轴降速时，按下131区中钢球无级变速降速起动按钮SB_{17}，按钮SB_{17}在342号线与343号线间的常开触点闭合，接通中间继电器K_{31}线圈的电源，中间继电器K_{31}通电吸合，其在134区320号线与345号线间的常开触点和136区中309号线与347号线间的常开触点闭合。中间继电器K_{31}在134区中320号线与345号线间的常开触点闭合，接通了钢球无级变速电子控制电路的电源；中间继电器K_{31}在136区中309号线与347号线间的常开触点闭合，接通了从110区中交流测速发电机BR发出的电压经整流滤波后由309号线和 311 号线输出加在电阻 R_{20} 上的电压 U_{22}。电压 U_{22} 与由 303 号线和 306 号线从 109 区中引来加在 138 区中电阻 R_{21} 上的参考电压 U_1 经过电阻 R_{15} 后反极性串联进行比较，并在电阻 R_{15} 上产生一个控制电压 U，$U = U_{22} - U_1$。由于 U_{22} 大于 U_1，因而在电阻 R_{15} 上产生的控制电压为上正下负，即 347 号线端为正，306 号线端为负。此时二极管 V_4、V_5 导通，三极管 V_6 截止，晶体管 V_7 饱和导通，晶体管 V_8 截止。晶体管 V_7 饱和导通，使得中间继电器 K_{32} 通电动作，中间继电器 K_{32} 在 132 区中的常开触点闭合，接通接触器 KM_{12} 线圈的电源，接触器 KM_{12} 通电闭合，其 11 区中的主触点接通钢球变速拖动电动机 M_6 的反转电源，钢球变速拖动电动机 M_6 反向起动运转，拖动变速器减速。当转速降到所需速度时，松开钢球无级变速降速起动按钮 SB_{17}，中间继电器 K_{31} 失电释放，其 134 区、136 区中的常开触点复位断开，使得中间继电器 K_{32} 和接触器 KM_{12} 相继失电释放，钢球变速拖动电动机 M_6 停止反转，完成降速控制过程。

若按下主轴降速起动按钮 SB_{17} 一直不松开，则主轴的转速一直下降，而与主轴同轴相连的测速发电机 BR 的转速也随之下降。当变速器的转速下降至 500r/min，从测速发电机 BR 发出的电压经整流滤波后取出的取样电压 U_{22} 低于参考电压 U_1；在 135 区电阻 R_{15} 两端的电压中，347 号线的电位低于 306 号线的电位，故流过电阻 R_{15} 上的电流方向为从 306 号线流入 347 号线。此时控制电压 U 使二极管 V_4 和 V_5 立即截止，晶体管 V_6 在由 306 号线和 320 号线在 120 区中稳压二极管 V_2 两端取出的给定电压作用下饱和导通，晶体管 V_7 立即截止，使得中间继电器 K_{32} 断电释放，继而接触器 KM_{12} 失电释放，钢球变速拖动电动机 M_6 停止反转，晶体管 V_8 饱和导通，中间继电器 K_{33} 通电吸合动作，130 区中的常开触点虽然闭合，但此时按钮 SB_{17} 并未松开，按钮 SB_{17} 在 129 区中 339 号线与 340 号线间的触点没有复位闭合，且按钮 SB_{16} 也没有按下去，按钮 SB_{16} 在 129 区中 338 号线与 339 号线间的常开触点也没有闭合，因此中间继电器 K_{30} 和接触器 KM_{11} 不会通电吸合，钢球拖动电动机 M_6 不会正转。

3）平旋盘的调速控制。平旋盘的调速控制原理与主轴的调速控制原理相同，不同之处在于平旋盘调速时，应将平旋盘操作手柄扳至接通位置。

（6）进给控制　机床的进给控制分为主轴进给、平旋盘刀架进给、工作台进给及主轴箱的进给控制等。机床的各种进给运动都是由控制电路控制电磁阀的动作，从而控制液压系统对各种进给运动进行驱动的。

1）主轴向前进给控制。

①初始条件：平旋盘通断操作手柄扳至“断开”位置，液压泵电动机 M_2 和润滑泵电动机 M_3 已起动且运转正常；压力继电器 KP_2（52 区）、KP_3（79 区）的常开触点已闭合；中间继电器 K_7（52 区）、K_{17}（79 区）、K_{18}（80 区）通电闭合。

②操作：将十字开关SA_5扳至左边位置档，中间继电器K_{18}失电释放，而中间继电器K_{17}仍然通电吸合。

③松开主轴夹紧装置：当机床使用自动进给时，行程开关ST_4在61区中的常开触点闭合，中间继电器K_9通电闭合，为电磁阀YV_{3a}线圈的通电作好了准备。且K_9接通了电磁阀YV_8线圈的电源，YV_8动作，接通主轴松开油路，使主轴夹紧装置松开。

④主轴快速进给控制：当需要主轴快速进给时，按下100区中的点动快速进给按钮SB_{12}，中间继电器K_{20}线圈和电磁阀YV_1线圈通电。电磁阀YV_1动作，关闭低压油泄放阀，使液压系统能推动进给机构快速进给。中间继电器K_{20}动作，使电磁阀YV_{3a}通电动作，主轴选择前进进给方向，且K_{20}接通快速进给电磁阀YV_{6a}线圈的电源，电磁阀YV_{6a}动作。电磁阀YV_{3a}和电磁阀YV_{6a}动作的组合使机床压力油按预定的方向进入主轴液压缸，驱动主轴快速前进。

松开点动快速进给按钮SB_{12}，中间继电器K_{20}失电释放，电磁阀YV_1、YV_{3a}、YV_{6a}先后失电释放，完成主轴快速进给控制过程。

⑤主轴工作进给控制：当需要主轴工作进给时，按下102区中的工作进给按钮SB_{13}，中间继电器K_{21}线圈通电吸合并自锁，接通工作进给指示信号灯电源，工作进给指示灯亮，显示主轴正在工作进给，同时接通中间继电器K_{22}线圈的电源，继而接通了电磁阀YV_{3a}和YV_{6b}的电源，电磁阀YV_{3a}和YV_{6b}动作，主轴以工作进给速度移动。

当需要停止主轴工作进给时，按下30区中的主轴停止按钮，或将十字开关SA_5扳至中间位置档，主轴停止工作进给。

⑥主轴点动工作进给控制：当需要主轴点动工作进给时，按下104区中的主轴点动工作进给按钮SB_{14}，中间继电器K_{22}通电闭合，继而接通了电磁阀YV_{3a}和YV_{6b}的电源，电磁阀YV_{3a}和YV_{6b}动作，使高压油按选择好的方向进入主轴油箱，主轴以工作进给速度移动。

松开主轴点动工作进给按钮SB_{14}，中间继电器K_{22}失电释放，继而电磁阀YV_{3a}和YV_{6b}失电，主轴停止进给。

⑦主轴进给量微调控制：当主轴需要对进给量进行微调控制时，按下99区中主轴微调点动按钮SB_{15}，中间继电器K_{23}通电闭合，继而接通电磁阀YV_{3a}和YV_7的电源，电磁阀YV_{3a}和YV_7通电动作，使主轴以很微小的移动量进给。

松开主轴微调点动按钮SB_{15}，主轴停止微调量进给。

2）平旋盘进给控制。平旋盘的进给控制与主轴的进给控制相同，它也有点动快速进给、工作进给、点动工作进给、点动微调进给控制，同样由按钮SB_{12}、

SB_{13}、SB_{14}、SB_{15}分别控制。当需要对平旋盘进行控制时，只需将平旋盘通断操作手柄扳至接通位置，其他操作与主轴进给控制相同。

3）主轴后退运动控制。主轴后退运动控制与主轴进给控制相同，也有点动快速进给、工作进给、点动工作进给、点动微调进给控制，同样由按钮SB_{12}、SB_{13}、SB_{14}、SB_{15}分别控制。当需要对主轴进行后退运动控制时，应将平旋盘通断操作手柄扳至断开位置，并将十字开关SA_5扳至右边位置档，其他操作与主轴的进给控制相同。

4）主轴箱的进给控制。主轴箱可上升或下降进给。将十字开关SA_5扳至上边位置档，主轴箱上升进给；将十字开关SA_5扳至下边位置档，主轴箱下降进给。

①主轴箱上升进给控制：将十字开关SA_5扳至上边位置档，67区中的SA_{5-3}常开触点闭合，SA_5其他常开触点断开；80区中的SA_{5-3}常闭触点断开，SA_5其他常闭触点闭合。中间继电器K_{17}闭合，同时中间继电器K_{11}通电闭合，继而接通电磁阀YV_9、YV_{10}的电源。电磁阀YV_9动作，驱动主轴箱夹紧机构松开；电磁阀YV_{10}动作，供给润滑油对导轨进行润滑。中间继电器K_{11}接通主轴箱向上进给电磁阀YV_{5a}的电源，主轴箱被选择为向上进给。分别按下按钮SB_{12}、SB_{13}、SB_{14}、SB_{15}，可分别进行主轴箱上升的点动快速进给、工作进给、点动工作进给及点动微调进给控制。

②主轴箱下降进给控制：将十字开关SA_5扳至下边位置档，69区中的SA_{5-4}常开触点闭合，SA_5其他常开触点断开；80区中的SA_{5-4}常闭触点断开，SA_5其他常闭触点闭合。中间继电器K_{17}闭合，同时69区中间继电器K_{12}通电闭合。中间继电器K_{12}接通电磁阀YV_9、YV_{10}的电源，电磁阀YV_9、YV_{10}动作，驱动主轴箱夹紧机构松开及对导轨进行润滑。中间继电器K_{12}接通主轴箱向下进给电磁阀YV_{5b}的电源，主轴箱被选择为下降进给。分别按下按钮SB_{12}、SB_{13}、SB_{14}、SB_{15}，可分别进行主轴箱下降的点动快速进给、工作进给、点动工作进给及点动微调进给控制。

5）工作台的进给控制。工作台的进给控制分为纵向后退、纵向前进、横向后退和横向前进方向进给。

①工作台纵向后退进给控制：将十字开关SA_6扳至左边位置档，71区中的SA_{6-1}常开触点闭合，SA_6其他常开触点断开；79区中的SA_{6-1}常闭触点断开，SA_6其他常闭触点闭合。这使得中间继电器K_{17}断开，中间继电器K_{18}闭合。中间继电器K_{18}接通中间继电器K_{13}的电源，中间继电器K_{13}通电闭合，接通电磁阀YV_{13}、YV_{18}的电源。电磁阀YV_{13}、YV_{18}动作，驱动下滑座夹紧机构松开及供给导轨润滑油。中间继电器K_{13}接通工作台纵向后退进给电磁阀YV_{2b}的电源，工作台被选择为纵向后退进给。分别按下按钮SB_{12}、SB_{13}、SB_{14}、SB_{15}，可分别进行

工作台纵向后退运动的点动快速进给、工作进给、点动工作进给及点动微调进给控制。

②工作台纵向前进进给控制：工作台纵向前进进给控制的原理与工作台纵向后退进给控制原理相同。在对工作台进行纵向前进进给控制时，须将十字开关 SA_6 扳至右边位置档。

③工作台横向后退进给控制：当需要工作台横向后退进给时，将十字开关 SA_6 扳至上边位置档，75 区中的 SA_{6-3} 常开触点闭合，SA_6 其他常开触点断开；79 区中的 SA_{6-3} 常闭触点断开，SA_6 其他常闭触点闭合。中间继电器 K_{17} 继开，中间继电器 K_{18} 闭合。中间继电器 K_{18} 接通中间继电器 K_{15} 的电源，中间继电器 K_{15} 接通电磁阀 YV_{12}、YV_{17} 的电源，电磁阀 YV_{12}、YV_{17} 动作，驱动上滑座夹紧机构松开及供给导轨润滑油。中间继电器 K_{15} 接通工作台横向后退进给电磁阀 YV_{4a} 的电源，工作台被选择为横向后退进给。分别按下按钮 SB_{12}、SB_{13}、SB_{14}、SB_{15}，可分别进行工作台纵向后退运动的点动快速进给、工作进给、点动工作进给及点动微调进给控制。

④工作台横向前进进给控制：工作台横向前进进给控制的原理与工作台横向后退进给控制原理相同。在对工作台进行横向前进进给控制时，须将十字开关 SA_6 扳至下边位置档。

（7）工作台回转控制　工作台回转运动由回转工作台电动机 M_4 拖动，工作台的夹紧及放松和回转 90°的定位由液压系统控制。可以手动控制机床工作台的回转运动，也可以自动进行控制。

1）工作台自动回转控制。将 47 区中工作台回转自动及手动转换开关 SA_4 扳至“自动”档，按下 44 区中工作台正向回转起动按钮 SB_8，中间继电器 K_4 通电闭合，继而接通电磁阀 YV_{16} 和 YV_{11} 的电源，电磁阀 YV_{16} 和 YV_{11} 通电动作。同时中间继电器 K_4 切断中间继电器 K_7 线圈的电源，中间继电器 K_7 失电释放，继而切断中间继电器 K_{17}、K_{18} 线圈的电源通路，使工作台在回转时其他进给不能进行。

电磁阀 YV_{16} 动作，接通工作台压力导轨油路，给工作台压力导轨充压力油。电磁阀 YV_{11} 动作，接通工作台夹紧机构的放松油路，使夹紧机构松开。工作台夹紧机构松开后，机械装置压下行程开关 ST_2，ST_2 在 128 区中的常开触点被压下闭合，中间继电器 K_{26} 在电子装置的控制下短时闭合，接通中间继电器 K_6 线圈的电源，中间继电器 K_6 通电闭合并自锁，并接通电磁阀 YV_{10} 的电源，YV_{10} 通电动作，将定位销拔出并使传动机构的蜗轮与蜗杆啮合。

在拔出定位销的过程中，机械装置压下行程开关 ST_1，ST_1 在 126 区中的常开触点被压下闭合，短时接通中间继电器 K_{25} 线圈的电源，中间继电器 K_{25} 短时闭合，接通接触器 KM_7 线圈电源，接触器 KM_7 通电闭合并自锁，使工作台回转

拖动电动机 M_4 拖动工作台正向回转。

当工作台回转过 90°时，压合行程开关 ST_8，ST_8 在 125 区中的常开触点闭合，短时接通中间继电器 K_{29}线圈的电源，中间继电器 K_{29}通电闭合，切断接触器 KM_7 线圈电源通路，接触器 KM_7 失电释放，工作台回转电动机 M_4 断电停止正转，完成正向回转。同时，中间继电器 K_{29}在 50 区中的常开触点闭合，接通通电延时时间继电器 KT_2 线圈的电源。时间继电器 KT_2 通电闭合并自锁，为中间继电器 K_4断电作好了准备。

KT_2 在 55 区中的延时断开常闭触点经过通电延时一定时间后断开，切断中间继电器 K_6线圈的电源，使电磁阀 YV_{10}断电，传动机构的蜗轮与蜗杆分离，定位销插入销座，压力继电器 KP_1 动作，中间继电器 K_4断电释放，时间继电器 KT_2、电磁阀 YV_{11}及 YV_{16}失电，工作台夹紧，完成工作台自动回转的控制。

2）工作台回转电动机 M_4 的停车制动控制。工作台回转电动机 M_4 的停车制动控制电路结构比较简单，它采用了电容式能耗制动线路。当工作台回转电动机 M_4 停车时，接触器 KM_7 或 KM_8 失电释放，在 7 区中接触器 KM_7 或 KM_8 的常闭触点复位闭合，电容 C_{13}通过电阻 R_{23}对工作台回转电动机 M_4 绕组放电产生直流电流，从而产生制动力矩对工作台回转电动机 M_4 进行能耗制动，工作台回转电动机 M_4 迅速停止转动。

3）工作台手动回转控制。将 48 区中的工作台回转自动及手动转换开关 SA4 扳至“手动”档，则可对工作台进行手动回转控制。此时电磁阀 YV_{16}、YV_{11}通电动作，电磁阀 YV_{11}使工作台松开，电磁阀 YV_{16}使压力导轨充油。工作台松开后，压下 128 区中的行程开关 ST_2，ST_2 的常开触点被压下闭合，继而中间继电器 K_{26}、K_6及电磁阀 YV_{10}先后通电动作并将定位销拔出，此时即可用手轮操作工作台微量回转，实现工作台手动回转控制。

（8）尾架电动机 M_5 和冷却泵电动机 M_7 的控制

1）尾架电动机 M_5 的控制。尾架电动机 M_5 的控制电路为点动控制电路。当按下尾架电动机 M_5 的正转点动按钮 SB_{10}时，尾架电动机 M_5 正向起动运转，尾架上升；当按下尾架电动机 M_5 的反转点动按钮 SB_{11}时，尾架电动机 M_5 反向起动运转，尾架下降。

2）冷却泵电动机 M_7 的控制。冷却泵电动机 M_7 由单极开关 SA_1 控制接触器 KM_{13}线圈电源的通断来进行控制。当单极开关 SA_1 闭合时，冷却泵电动机 M_7 通电运转；当单极开关 SA_1 断开时，冷却泵电动机 M_7 停转。

2. T610 型卧式膛床 PLC 控制

1）T610 型卧式镗床 PLC 控制输入输出点分配表见表 5-3。

表 5-3 T610 型卧式膛床 PLC 控制输入输出点分配表

输入信号			输出信号		
名称	代号	输入点编号	名称	代号	输入点编号
电动机 M_2、M_3 起动按钮	SB_1	X0	电动机 M_1 正转接触器	KM_1	Y0
电动机 M_2、M_3 停止按钮，热继电器	SB_2,FR_1 ~FR_4	X1	电动机 M_1 反转接触器	KM_2	Y1
主轴电动机 M_1 制动停止按钮	SB_3	X2	电动机 M_1 Y起动接触器	KM_3	Y2
电动机 M_1 正转Y-△降压起动按钮	SB_4	X3	电动机 M_1 △运行接触器	KM_4	Y3
电动机 M_1 反转Y-△降压起动按钮	SB_5	X4	液压泵电动机 M_2 接触器	KM_5	Y4
主轴电动机 M_1 正转点动按钮	SB_6	X5	润滑泵电动机 M_3 接触器	KM_6	Y5
主轴电动机 M_1 反转点动按钮	SB_7	X6	工作台电动机 M_4 正转接触器	KM_7	Y6
工作台电动机 M_4 正转点动按钮	SB_8	X7	工作台电动机 M_4 反转接触器	KM_8	Y7
工作台电动机 M_4 反转点动按钮	SB_9	X10	尾架电动机 M_5 正转接触器	KM_9	Y10
尾架电动机 M_5 正转点动按钮	SB_{10}	X11	尾架电动机 M_5 反转接触器	KM_{10}	Y11
尾架电动机 M_5 反转点动按钮	SB_{11}	X12	钢球变速电动机 M_6 升速接触器	KM_{11}	Y12
机床快速点动进给按钮	SB_{12}	X13	钢球变速电动机 M_6 降速接触器	KM_{12}	Y13
机床工作进给按钮	SB_{13}	X14	冷却泵电动机 M_7 接触器	KM_{13}	Y14
机床工作点动进给按钮	SB_{14}	X15	平旋盘接通继电器	K_8	Y15
机床微动进给点动按钮	SB_{15}	X16	电磁阀	YV_0	Y16
钢球无极变速电动机 M_6 升速按钮	SB_{16}	X17	电磁阀	YV_1	Y17
钢球无级变速电动机 M_6 降速按钮	SB_{17}	X20	电磁阀	YV_{2a}	Y20
压力继电器	KP_1	X21	电磁阀	YV_{2b}	Y21
压力继电器	KP_2	X22	电磁阀	YV_{3a}	Y22
压力继电器	KP_3	X23	电磁阀	YV_{3b}	Y23
冷却泵电动机 M_7 手动控制开关	SA_1	X24	电磁阀	YV_{4a}	Y24
工作台回转自动控制开关	$SA_{4\text{-}1}$	X25	电磁阀	YV_{4b}	Y25
工作台回转手动控制开关	$SA_{4\text{-}2}$	X26	电磁阀	YV_{5a}	Y26
主轴、平旋盘“前进”方向进给	$SA_{5\text{-}1}$	X27	电磁阀	YV_{5b}	Y27
主轴、平旋盘“后退”方向进给	$SA_{5\text{-}2}$	X30	电磁阀	YV_{6a}	Y30
主轴箱“上升”	$SA_{5\text{-}3}$	X31	电磁阀	YV_{6b}	Y31
主轴箱“下降”	$SA_{5\text{-}4}$	X32	电磁阀	YV_7	Y32
工作台“纵向后退”	$SA_{6\text{-}1}$	X33	电磁阀	YV_8	Y33
工作台“纵向前进”	$SA_{6\text{-}2}$	X34	电磁阀	YV_9	Y34
工作台“横向后退”	$SA_{6\text{-}3}$	X35	电磁阀	YV_{10}	Y35
工作台“横向前进”	$SA_{6\text{-}4}$	X36	电磁阀	YV_{11}	Y36
行程开关	ST_1	X37	电磁阀	YV_{12}	Y37
行程开关	ST_2	X40	电磁阀	YV_{13}	Y40
行程开关	ST_3	X41	电磁阀	YV_{14a}	Y41
行程开关	ST_4	X42	电磁阀	YV_{14b}	Y42
行程开关	ST_5	X43	电磁阀	YV_{15a}	Y43
行程开关	ST_6	X44	电磁阀	YV_{15b}	Y44
行程开关	ST_7	X45	电磁阀	YV_{16}	Y45
行程开关	ST_8	X46	电磁阀	YV_{17}	Y46
行程开关	ST_9	X47	电磁阀	YV_{18}	Y47
继电器	K_{32}	X50	电磁阀	YV_{19}	Y50
继电器	K_{33}	X51	电磁阀	YV_{20}	Y51
			停车制动电磁铁	YC	Y52
			停车指示灯	HL_9	Y53
			三档变速控制继电器	K_{27}	Y54
			主轴（平旋盘）一档	K_{34}	Y55
			主轴（平旋盘）二档	K_{35}	Y56

2）T610 型卧式镗床 PLC 控制接线图如图 5-14 所示。

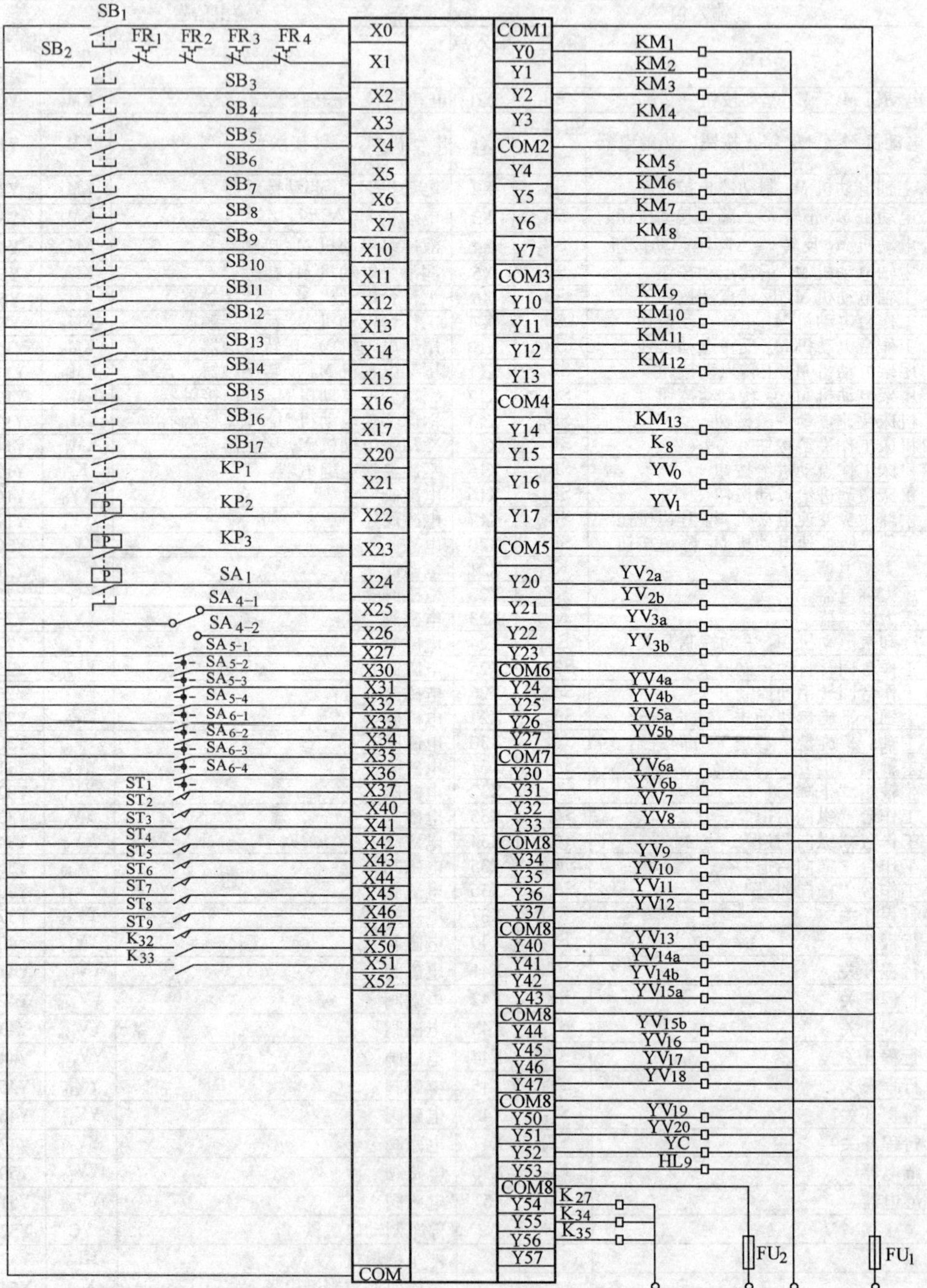

图 5-14　T610 型卧式镗床 PLC 控制接线图

3）根据实际接线图和 T610 型卧式镗床的控制要求，设计出 T610 型卧式镗床 PLC 控制参考梯形图如图 5-15 所示。

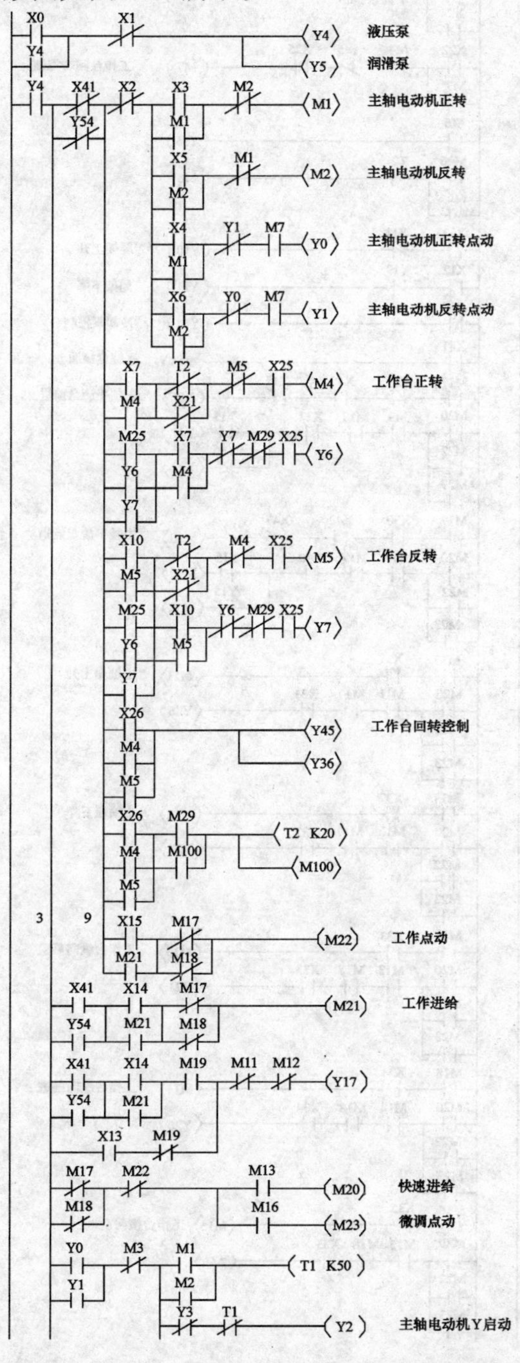

图 5-15　T610 型卧式镗床 PLC 控制参考梯形图

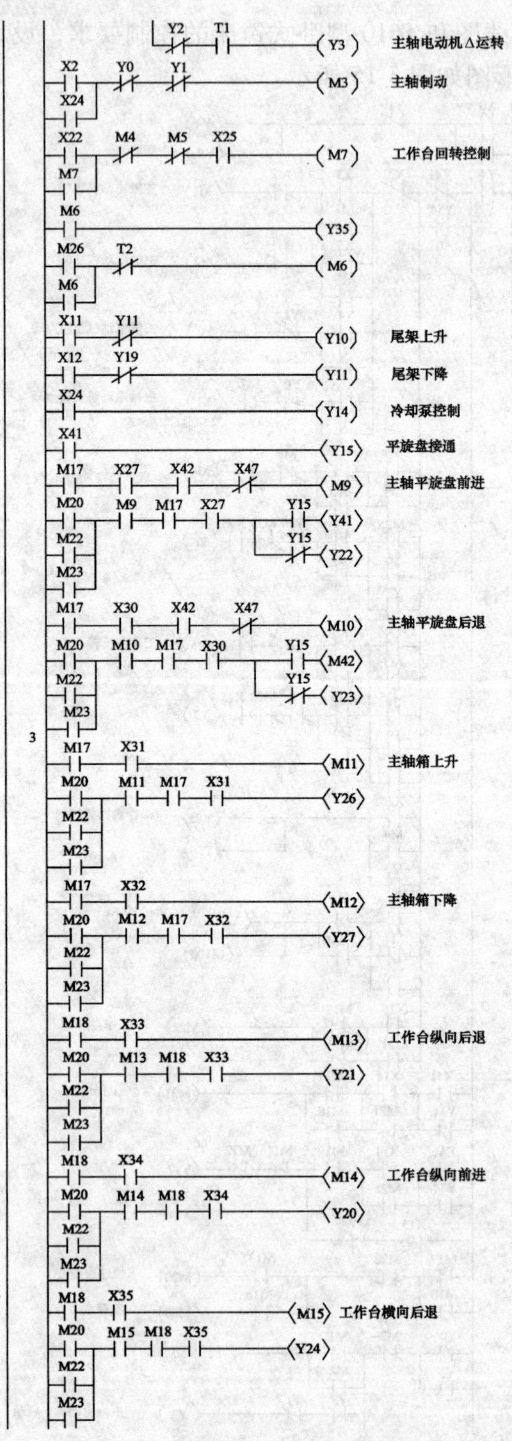

图 5-15　T610 型卧式镗床 PLC 控制参考梯形图（续一）

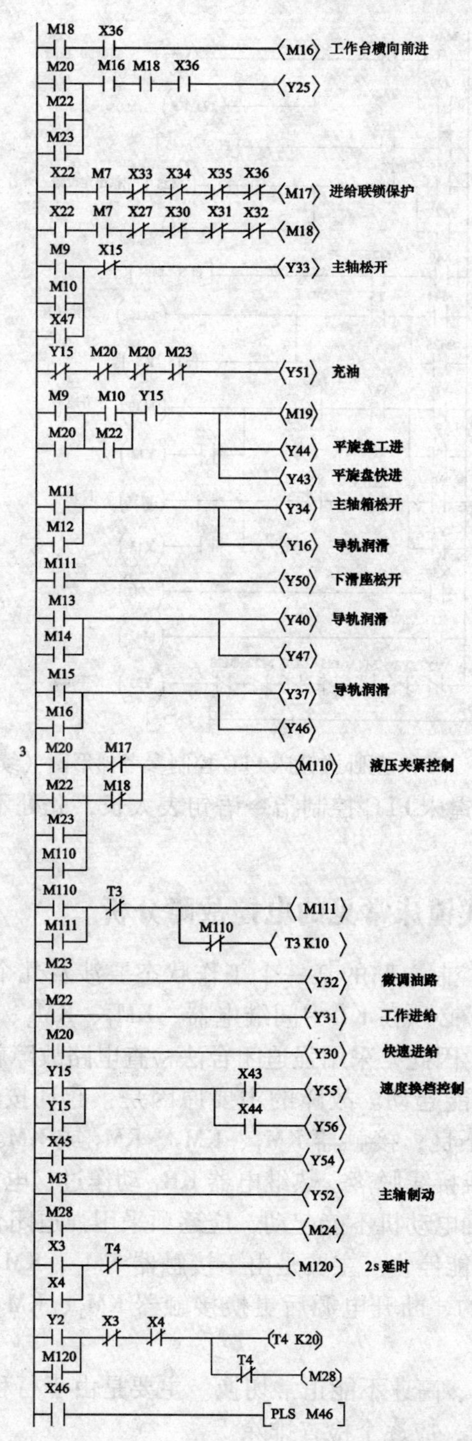

图5-15　T610型卧式镗床PLC控制参考梯形图（续二）

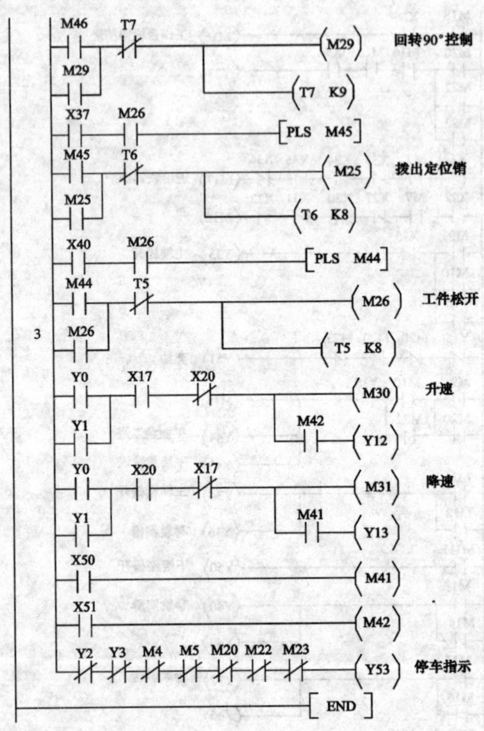

图 5-15　T610 型卧式镗床 PLC 控制参考梯形图（续三）

由于 T610 型卧式镗床 PLC 控制指令语句表太长，此处不再列出，有兴趣的读者可以自己写出。

5.3.5　T610 型卧式镗床常见的电控故障分析

T610 型卧式镗床控制电路的某一个工作状态要涉及几个电器同时动作。例如，主轴电动机正转，必须在 K1 中间继电器、KM_1、KM_3、KM_4 或 KM_5 等接触器动作后，才能完成。因此，采用强迫闭合法检查电路故障就比较方便。

1）主轴电动机不能起动。故障的主要原因是：起动按钮 SB_4、SB_5 或停止按钮 SB_3 损坏或接触不良；接触器 KM_1、KM_2、KM_3 或 KM_5 线圈断线、接线脱落及主触点接触不良或接线脱落；热继电器 KR_1 动作过；电源开关 QF 跳闸；这些情况都可能引起主轴电动机不能起动，应逐项采用强迫闭合法检查排除。

2）主轴电动机不能停止。主要是由于接触器 KM_1、KM_2、KM_4 或 KM_5 的主触点熔焊在一起造成的，断开电源后更换接触器 KM_1、KM_2、KM_4 或 KM_5 的主触点即可。

3）主轴电动机低、高速不能正常切换。主要是由于行程开关 ST_3、ST_9、时间继电器 KT 故障所致，应逐个检查排除。

4）主轴电动机不能点动控制。主要检查点动按钮 SB_5 和 SB_7，检查其动合触点是否损坏或接线是否脱落。

5）工作台不能控制　故障的主要原因是：起动按钮 SB_8 和 SB_9 损坏、接触不良或接线脱落；接触器 KM_7 或 KM_8 线圈及主触点损坏或接线脱落；M_4 电动机故障等。

其他部分常见电控故障的检查方法与主轴电动机类同，限于篇幅，本书从略。

5.4　平面磨床的电气与 PLC 控制

所有用砂轮、砂带、油石、研磨剂等为工具对金属表面进行加工的机床，称为磨床。

磨床的加工特点是可以获得高的加工精度和很低的表面粗糙度，因此，磨床主要用于零件的精加工工序，特别是淬硬钢件和高硬度特殊材料的零件表面。随着科学技术的不断发展，对仪器、设备零部件的精度和表面粗糙度要求越来越高，各种高硬度材料的应用日益增多，以及由于精密铸造和精密锻造技术的不断发展，有可能将毛坯不经其他切削加工而直接由磨床加工后形成成品。因此，现代机械制造业中磨床的使用越来越广泛，磨床在机床总量中的比重也在不断上升。

由于被加工零件的加工表面、结构形状、尺寸大小和生产批量的不同，磨床也有不同的种类。主要类型有：

1）外圆磨床：主要用于磨削外回转表面。

2）内圆磨床：主要用于磨削内回转表面。

3）平面磨床：用于磨削各种平面。

4）导轨磨床：用于磨削各种形状的导轨。

5）工具磨床：用于磨削各种工具，如样板、卡板等。

6）刀具刃具磨床：主要用于刃磨各种刀具。

7）各种专门化磨床：用于专门磨削某一类零件的磨床。如曲轴磨床、花键轴磨床、球轴承套圈沟磨床等。

图 5-16　74 系列立轴圆台平面磨床结构图

8）精磨机床：用于对工件进行光整加工，获得很高的加工精度和很低的表面粗糙度。

本节仅以立轴圆台平面磨床为例进行介绍。

5.4.1 立轴圆台平面磨床的结构

74 系列立轴圆台平面磨床机床的结构图如图 5-16 所示，它采用立柱布局工作台拖板移动形式。磨头垂直进给、工作台拖板纵向移动和工作台旋转运动均为滑动导轨结构机械传动，磨头垂直升降由滚珠丝杠交流电动机驱动并有机动进给和零位停止装置，其特点是磨头功率大，生产效率高。

5.4.2 外圆磨床的运动形式

外圆磨床主要用于磨削外圆柱面和外圆锥面，它包括下列几种类型：普通外圆磨床、万能外圆磨床、无心外圆磨床等。

在外圆磨床上一般有两种基本的磨削方法：纵磨法和切入磨法。它们的主运动都是砂轮的旋转运动，只是进给运动方式有所不同。纵磨法如图 5-17a 所示，砂轮在旋转的同时，作间歇横向进给运动（s_1），工件旋转并作纵向往复进给运行（s_2）。切入磨法如图 5-17b 所示，砂轮旋转并连续横向进给，而工件只有回转运动，没有纵向往复运动。

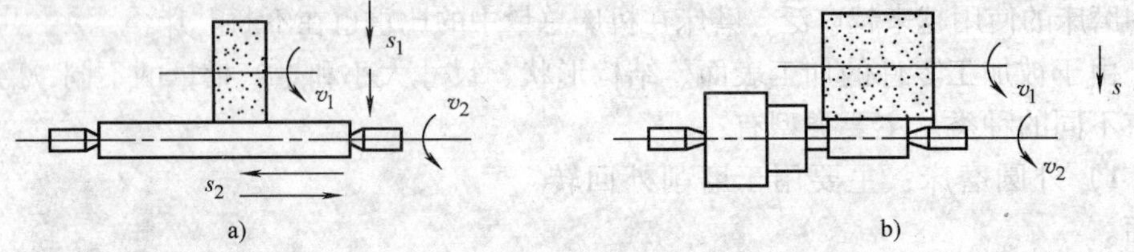

图 5-17　外圆磨削的两种基本方法

外圆磨床作为机床加工的重要磨削工具，其主要的运动形式可归纳为

（1）主运动　砂轮的旋转运动。

（2）进给运动　进给运动包括有：①砂轮的升降运动；②工作台的转动；③工作台的移动。

（3）辅助运动　工作台的自动工进等。

5.4.3 M7475 型立轴圆台平面磨床的电气控制和 PLC 控制

M7475 型立轴圆台平面磨床主要使用立式砂轮头及砂轮端面对工件进行削磨加工。

1. M7475 型立轴圆台平面磨床的电气控制

M7475 型立轴圆台平面磨床各电动机的电气控制电路原理图如图 5-18 所示。从图 5-18 中可以看出，M7475 型立轴圆台平面磨床由六台电动机拖动；砂轮电动机 M_1、工作台转动电动机 M_2、工作台移动电动机 M_3、砂轮升降电动机 M_4、冷却泵电动机 M_5、自动进给电动机 M_6。

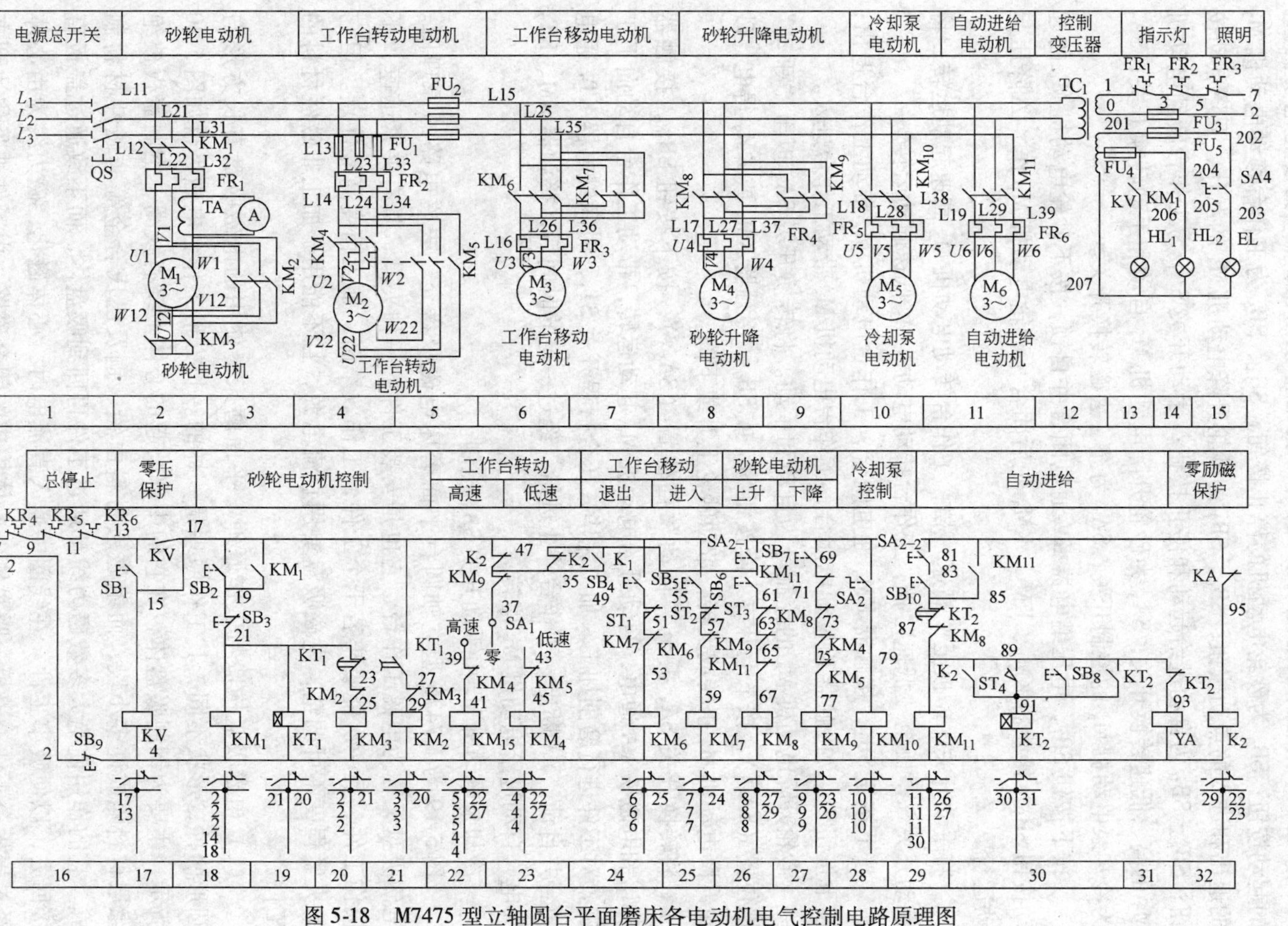

图5-18 M7475型立轴圆台平面磨床各电动机电气控制电路原理图

按钮 SB_1 为机床的总起动按钮；SB_9 为总停止按钮；SB_2 为砂轮电动机 M_1 的起动按钮；SB_3 为砂轮电动机的停止按钮；SB_4、SB_5 为工作台移动电动机 M_3 的退出和进入的点动按钮；SB_6、SB_7 为砂轮升降电动机 M_4 的上升、下降点动按钮；SB_8、SB_{10} 为自动进给起动和停止按钮；手动开关 SA_1 为工作台转动电动机 M_2 的高、低速转换开关；SA_5 为砂轮升降电动机 M_4 自动和手动转换开关；SA_3 为冷却泵电动机 M_5 的控制开关；SA_2 为充、去磁转换开关。

按下按钮 SB_1，电压继电器 KV 通电闭合并自锁，按下砂轮电动机 M_1 的起动按钮 SB_2，接触器 KM_1、KM_2、KM_3 先后闭合，砂轮电动机 M_1 作Y-△降压起动运行。

将手动开关 SA_1 扳至“高速”档，工作台转动电动机 M_2 高速起动运转；将手动开关 SA_1 扳至“低速”档，工作台转动电动机 M_2 低速起动运转。

按下按钮 SB_4，接触器 KM_6 通电闭合，工作台电动机 M_3 带动工作台退出；按下按钮 SB_5，接触器 KM_7 通电闭合，工作台电动机 M_3 带动工作台进入。

砂轮升降电动机 M_4 的控制分为自动和手动。将转换开关 SA_5 扳至“手动”档位置（$SA_{5\text{-}1}$），按下上升或下降按钮 SB_6 或 SB_7，接触器 KM_8 或 KM_9 得电，砂轮升降电动机 M_4 正转或反转，带动砂轮上升或下降。

将转换开关 SA_5 扳至“自动”档位置（$SA_{5\text{-}2}$），按下按钮 SB_{10}，接触器 KM_{11} 和电磁铁 YA 通电，自动进给电动机 M_6 起动运转，带动工作台自动向下工进，对工件进行磨削加工。加工完毕，压合行程开关 ST_4，时间继电器 KT_2 通电闭合并自锁，YA 断电，工作台停止进给，经过一定的时间后，接触器 KM、KT_2 失电，自动进给电动机 M_6 停转。

冷却泵电动机 M_5 由手动开关 SA_3 控制。

图 5-19 为 M7475 型立轴圆台平面磨床电磁吸盘充、去磁电路的原理图。电磁吸盘又称为电磁工作台，它也是安装工件的一种夹具，具有夹紧迅速、不损伤工件、且一次能吸牢若干个工件，工作效率高，加工精度高等优点。但它的夹紧程度不可调整，电磁吸盘要用直流电源，且不能用于加工非磁性材料的工件。

（1）电磁吸盘构造与工作原理　平面磨床上使用的电磁吸盘有长方形与圆形两种，形状不同，其工作原理是一样的。长方形工作台电磁吸盘如图 5-20 所示，主要为钢制吸盘体，在它的中部凸起的心体上绕有线圈，钢制盖板被绝缘层材料隔成许多小块，而绝磁层材料由铅、铜及巴氏合金等非磁性材料制成。它的作用使绝大多数磁力线都通过工件再回到吸盘体，而不致通过盖板直接回去，以便吸牢工件。在线圈中通入直流电时，心体磁化，磁力线为由心体经过盖板→工件→盖板→吸盘体→心体构成的闭合磁路。由工件被吸住达到夹持工件的目的。

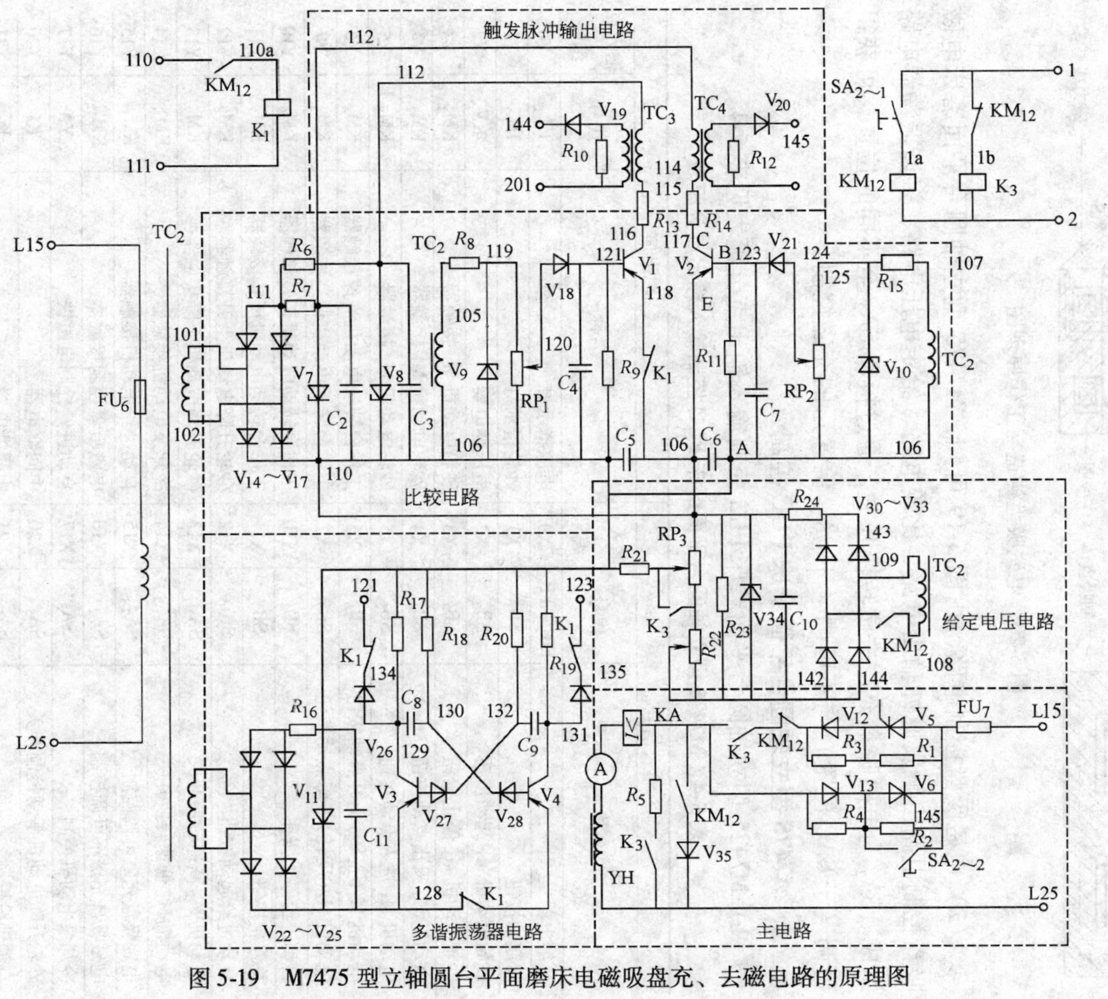

图 5-19 M7475 型立轴圆台平面磨床电磁吸盘充、去磁电路的原理图

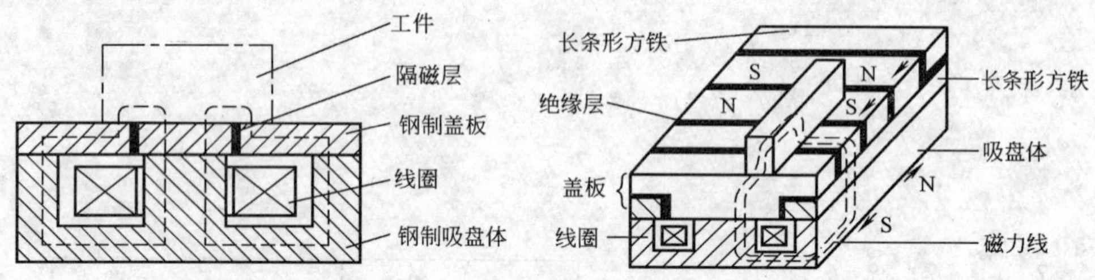

图 5-20　电磁吸盘构造与工作原理图

（2）电磁吸盘控制电路　由图 5-19 可知，M7475 型立轴圆台平面磨床电磁吸盘控制电路由触发脉冲输出电路、比较电路、给定电压电路、多谐振荡器电路组成。SA_2 为电磁吸盘充、去磁转换开关，通过扳动 SA_2 至不同的位置，可获得可调（于 $SA_{2\text{-}1}$ 位置）与不可调（于 $SA_{2\text{-}2}$ 位置）的充磁控制。

2. M7475 型立轴圆台平面磨床 PLC 控制

1）M7475 型立轴圆台平面磨床 PLC 控制输入输出点分配表见表 5-4。

表 5-4　M7475 型立轴圆台平面磨床 PLC 控制输入输出点分配表

输入信号			输出信号		
名称	代号	输入点编号	名称	代号	输入点编号
热继电器	$FR_1 \sim FR_6$	X0	电源指示灯	HL_1	Y0
总起动按钮	SB_1	X1	砂轮指示灯	HL_2	Y1
砂轮电动机 M_1 起动按钮	SB_2	X2	电压继电器	KV	Y2
砂轮电动机 M_1 停止按钮	SB_3	X3	砂轮电动机 M_1 接触器	KM_1	Y3
电动机 M_3 退出点动按钮	SB_4	X4	砂轮电动机 M_1 接触器	KM_2	Y4
电动机 M_3 进入点动按钮	SB_5	X5	砂轮电动机 M_1 接触器	KM_3	Y5
电动机 M_4（正转）上升点动按钮	SB_6	X6	工作台转动电动机高速接触器	KM_4	Y6
电动机 M_4（反转）下降点动按钮	SB_7	X7	工作台转动电动机低速接触器	KM_5	Y7
自动进给停止按钮	SB_8	X10	工作台转动电动机正转接触器	KM_6	Y10
总停止按钮	SB_9	X11	工作台转动电动机反转接触器	KM_7	Y11
自动进给起动按钮	SB_{10}	X12	砂轮升降电动机上升接触器	KM_8	Y12
电动机 M_2 高速转换开关	$SA_{1\text{-}1}$	X13	砂轮升降电动机下降接触器	KM_9	Y13
电动机 M_2 低速转换开关	$SA_{1\text{-}2}$	X14	冷却泵电动机接触器	KM_{10}	Y14
电磁吸盘充磁可调控制	$SA_{2\text{-}1}$	X15	自动进给电动机接触器	KM_{11}	Y15
电磁吸盘充磁不可调控制	$SA_{2\text{-}2}$	X16	电磁吸盘控制接触器	KM_{12}	Y16
冷却泵电动机控制	SA_3	X17	自动进给控制电磁铁	YA	Y17
砂轮升降电动机手动控制开关	$SA_{5\text{-}1}$	X20	中间继电器	K1	Y20
自动进给控制	$SA_{5\text{-}2}$	X21	中间继电器	K_2	Y21
工作台退出限位行程开关	ST_1	X22	中间继电器	K_3	Y22
工作台进入限位行程开关	ST_2	X23			
砂轮升降上限位行程开关	ST_3	X24			
自动进给限位行程开关	ST_4	X25			
电磁吸盘欠电流控制	KA	X26			

2）根据 PLC 的 I/O 口的地址分配表，画出 M7475 型立轴圆台平面磨床 PLC 控制的实际接线图，如图 5-21 所示。

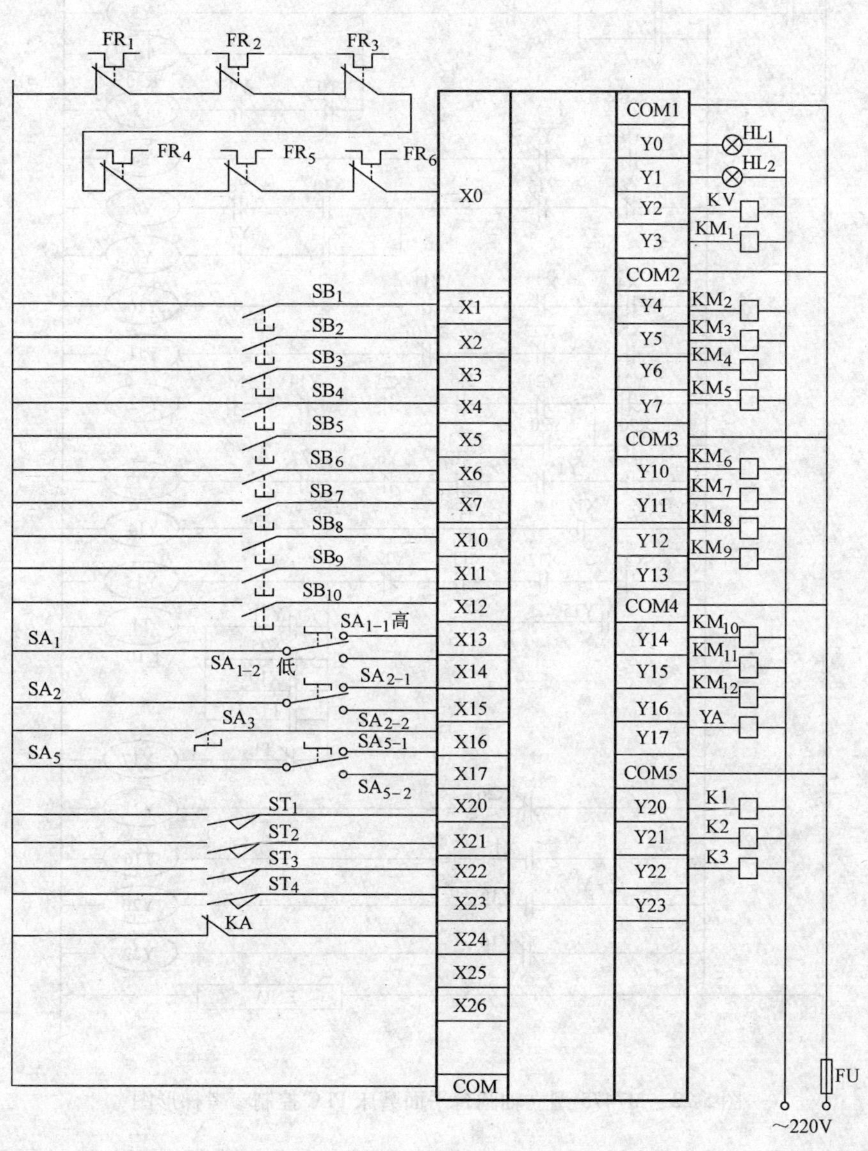

图 5-21　M7475 型立轴圆台平面磨床 PLC 控制接线图

3）根据接线图和 M7475 型立轴圆台平面磨床控制要求，设计出 M7475 型立轴圆台平面磨床 PLC 控制参考梯形图，如图 5-22 所示。

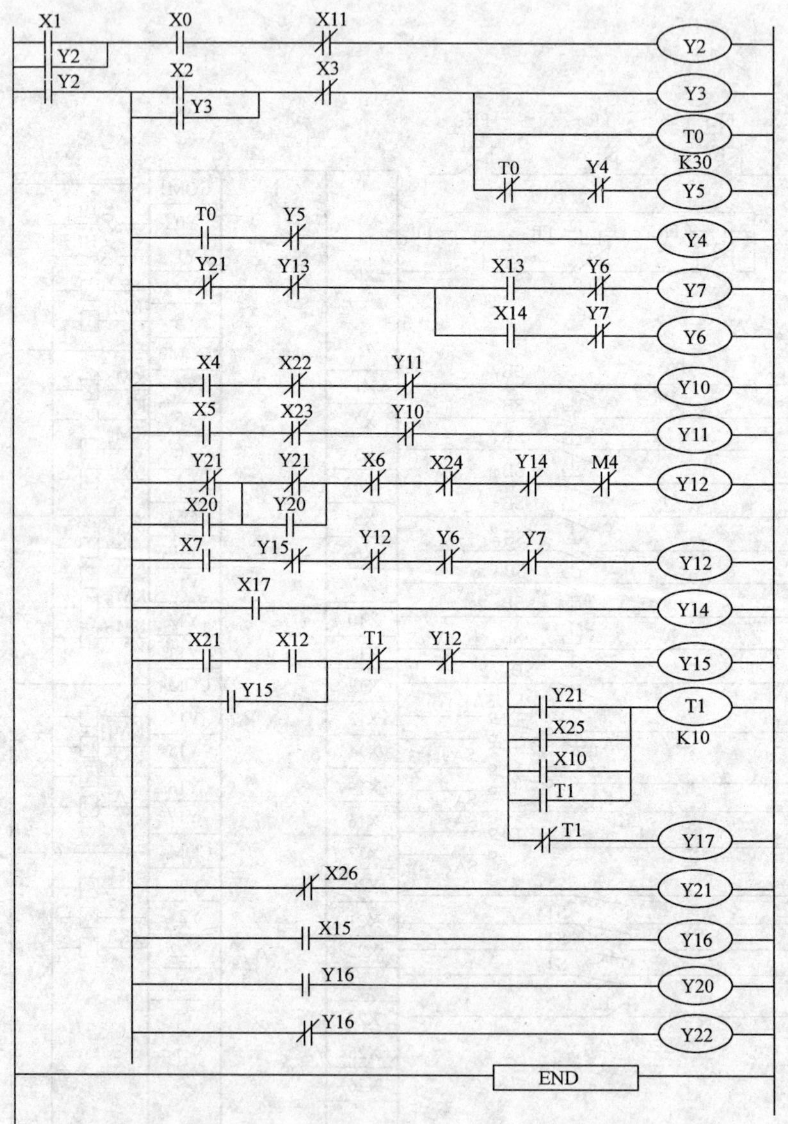

图 5-22　M7475 型立轴圆台平面磨床 PLC 控制参考梯形图

4）对照梯形图，编写出 M7475 型立轴圆台平面磨床 PLC 控制指令语句表如下：

```
0   LD   X001
1   OR   Y002
2   AND  X000
3   ANI  X011
4   OUT  Y002
5   LD   Y002
6   MPS
7   LD   X002
8   OR   Y003
9   ANB
10  ANI  X003
11  OUT  Y003
12  OUT  T0 K30
15  ANI  T0
16  ANI  Y004
17  OUT  Y005
18  MRD
19  AND  T0
20  ANI  Y005
21  OUT  Y004
22  MRD
23  ANI  Y021
24  ANI  Y013
25  MPS
26  AND  X013
27  ANI  Y006
28  OUT  Y007
29  MPP
30  AND  X014
31  ANI  Y007
32  OUT  Y006
33  MRD
34  AND  X004
35  ANI  X022
36  ANI  Y011
37  OUT  Y010
38  MRD
39  AND  X005
40  ANI  X023
41  ANI  Y010
42  OUT  Y011
43  MRD
44  LDI  Y021
45  OR   X020
46  ANB
47  LDI  Y021
48  OR   Y020
49  ANB
50  ANI  X006
51  AN1  X024
52  ANI  Y014
53  ANI  M4
54  OUT  Y012
55  MRD
56  AND  X007
57  ANI  Y015
58  ANI  Y012
59  ANI  Y006
60  ANI  Y007
61  OUT  Y012
62  MRD
63  AND  X017
64  OUT  Y014
65  MRD
66  LD   X021
67  AND  X012
68  OR   Y015
69  ANB
70  ANI  T1
71  ANI  Y012
72  OUT  Y015
73  MPS
74  LD   Y021
75  OR   X025
76  OR   X010
77  OR   T1
78  ANB
79  OUT  T1 K10
82  MPP
83  ANI  T1
84  OUT  Y017
85  MRD
86  ANI  X026
87  OUT  Y021
88  MRD
89  AND  X015
90  OUT  Y016
91  MRD
92  AND  Y016
93  OUT  Y020
94  MPP
95  ANI  Y016
96  OUT  Y022
97  END
```

5.4.4　M7475 型立轴圆台平面磨床的故障

1）砂轮只能下降不能上升。观察接触器 KM_8 是否吸合，如电压正常且接触器无声音，可测量线圈电阻。如电路不通，可确定为断路。如有一定阻值又无法确定电阻是否正常；可对比同型号的完好的接触器线圈。如电阻高很多，说明线圈断路；小很多，说明线圈短路。如接触器有“嗡嗡”声但不吸合，可能是机械部分的故障。这种故障可用置换法来试验，用同一型号的接触器重新换上，如故障消失，即判断为接触器本身的故障。

2）电磁吸盘吸力不够。这种故障可用对比法来检查，首先检查各操作控制器件是否工作正常；然后根据控制原理图检查整流电源部分各元器件是否工作正常；逐步测量各部分的电压来进行逐点排查。在检查时，要注意先用简单的方法，后用复杂的方法。

3）电磁吸盘控制电路短路：如果 FU_{64} 熔断后，更换新的熔体后继续熔断，可判断为短路。检查的重点是电磁吸盘的接插器口和电磁吸盘进线口，原因是电磁吸盘随机床工作台活动，运动频繁，而且冷却液直接喷洒在上面，很容易造成短路。电磁工作台线圈损坏需重绕时，应持慎重态度，因拆卸很费力，线圈绕好后要用沥青灌注在台座内，所以修理应一次成功。绕制线圈的匝数及导线规格应与原来的一致。若选的导线截面偏小，则电阻大，线圈通过的电流小，电磁工作台吸力比原来的减小，影响使用。修理完毕，应进行吸力实验，用电工纯铁或 10 号钢制成试块，跨放在两极之间，用弹簧在垂直方向测试，应达到 $70N/cm^2$。线圈对地绝缘应不小于 $5M\Omega$。因为加工时经常用冷却液且工作台往复运动很频繁，应注意两出线端的密封和加牢，否则容易出现接地、短路和断路等故障。

5.5 B2012A 型龙门刨床的电气与 PLC 控制

龙门刨床是机械加工工业中重要的工作母机。龙门刨床主要用于加工各种平面、槽及斜面，特别是大型及狭长的机械零件和各种机床床身、工作导轨等。龙门刨床的电气控制电路比较复杂，它的主拖动动作完全依靠电气自动控制来执行。本节以 B2012A 型龙门刨床为例进行解析。

5.5.1 龙门刨床机床的组成结构

龙门刨床主要用于加工大型零件上长而窄的平面或同时加工几个中、小型零件的平面。

龙门刨床主要由床身、工作台、横梁、顶梁、主柱、立刀架、侧刀架、进给箱等部分组成，如图 5-23 所示。它因有一个龙门式的框架而得名。

5.5.2 龙门刨床机床的运动

龙门刨床在加工时，床身水平导轨上的工作台带动工件作直线运动，实现主运动。

装在横梁上的立刀架 5、6 可沿横梁导轨作间歇的横向进给运动，以刨削工作的水平平面。刀架上的滑板（溜板）可使刨刀上、下移动，作切入运动或刨削竖直平面。滑板还能绕水平轴调整至一定的角度位置，以加工倾斜平面。装在立柱上的侧刀架 1 和 8 可沿立柱导轨在上下方向间歇进给，以刨削工件的竖直平面。横梁还可沿立柱导轨升降至一定位置，以根据工件高度调整刀具的位置。

5.5.3 龙门刨床生产工艺对电控的要求

龙门刨床加工的工件质量不同，用的刀具不同，所需要的速度就不同，加上 B2012A 型龙门刨床是刨磨联合机床，所以要求调速范围一定要宽。该机床采用以电动机扩大机作励磁调节器的直流发电机-电动机系统，并加两级机械变速（变速比2:1），从而保证了工作台调速范围达到20:1（最高速90r/min，最低速4.5r/min）。在低速档和高速档的范围内，能实现工作台的无级调速。B2012A型龙门刨床能完成如图5-24所示三种速度图中的要求。

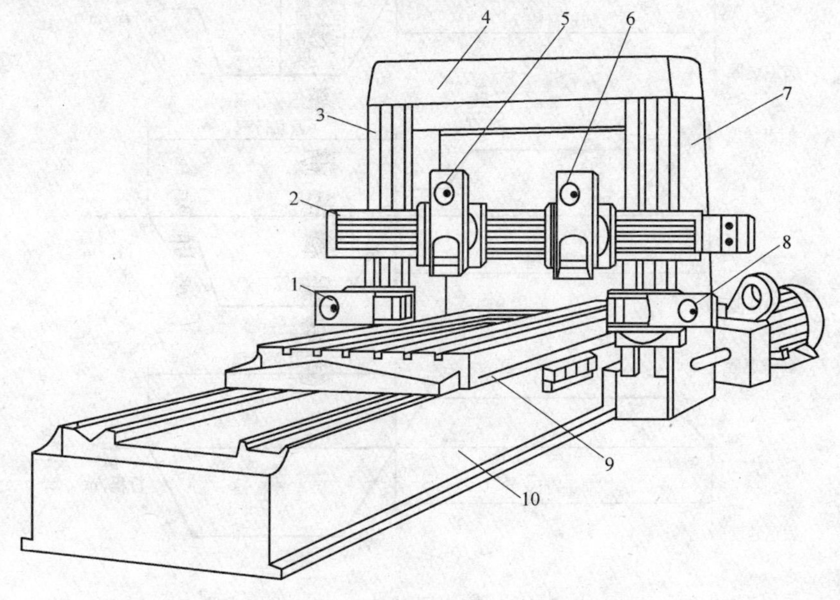

图5-23 龙门刨床机床的组成结构图

1、8—侧刀架 2—横梁 3、7—主柱 4—顶梁 5、6—立刀架 9—工作台 10—床身

在高速加工时，为了减少刀具承受的冲击和防止工件边缘的剥型。切削工作的开始，要求刀具慢速切入；切削工作的末尾，工作台应自动减速，以保证刀具慢速离开工件。为了提高生产效率，要求工作台返回速度要高于切削速度，如图5-24a所示。图中，$0\sim t_1$为工作台前进起动阶段：$t_1\sim t_2$为刀具慢速切入工件阶段；$t_2\sim t_3$为加速至稳定工作速度阶段：$t_3\sim t_4$为切削工件阶段；$t_4\sim t_5$为刀具减速退出工件阶段；$t_5\sim t_6$为反向制动到后退起动阶段：$t_6\sim t_7$为高速返回阶段：$t_7\sim t_8$为后退减速阶段：$t_8\sim t_9$为后退反向制动阶段。

若切削速度与冲击为刀具所能承受，利用转换开关，可取消慢速切入环节，如图5-24b所示。

当机床作磨削加工时，利用转换开关，可把慢速切入和后退减速都取消，如图5-24c所示。

为了提高加工精度，要求工作台的速度不因切削负荷的变化而波动过大，即系统的机械特性应具有一定硬度（静差度为10%）。同时，系统的机械特性应具有陡峭的挖土机特性（下垂特性），即当电动机短路或超过额定转矩时，工作台拖动电动机的转速应快速下降，以致停止，使发电机、电动机、机械部分免于损坏。

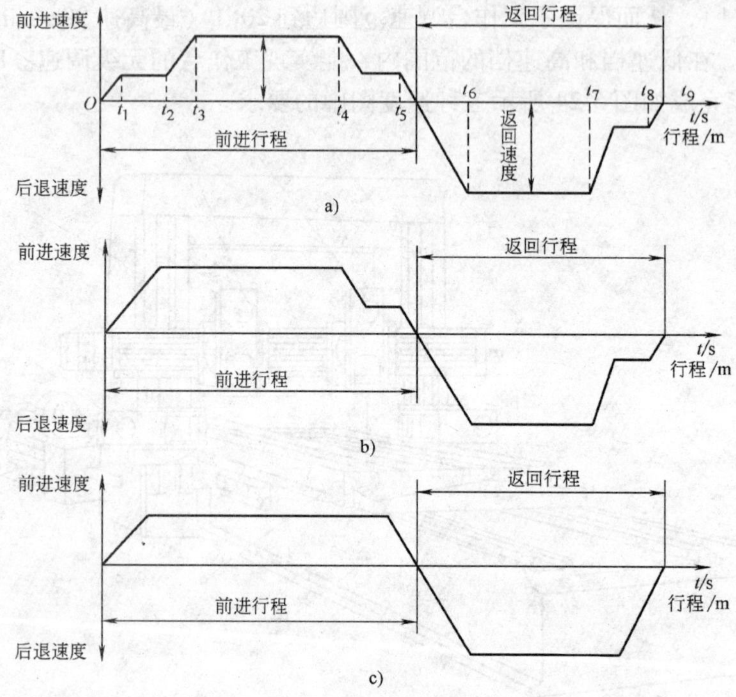

图 5-24　B2012A 龙门刨床工作台的三种速度图特性

机床应能单独调整工作行程与返回行程的速度；能作无级变速，且调速时不必停车。要求工作台运动方向能迅速平滑地改变，冲击小。刀架进给和抬刀能自动进行，并有快速回程。有必要的联锁保护，通用化程度高，成本低，系统简单，易于维修等。

5.5.4　龙门刨床的电气控制和 PLC 控制

1. B2012A 型龙门刨床电气控制

B2012A 型龙门刨床电气控制电路原理图如图 5-25～图 5-28 所示。

（1）直流发电-拖动系统组成　直流发电-拖动系统电路原理图如图 5-25 所示，它包括电机放大机 AG，直流发电机 G，直流电动机 M 和励磁发电机 GE。

电机放大机 AG 由交流电动机 M_2 拖动。电机放大机 AG 的主要作用是根据机床刨床各种运动的需要，通过控制绕组 WC 的各个控制量调节其向直流发电机 G 励磁绕组供电的输出电压，从而调节直流发电机发出的电压。

直流发电机 G 和励磁发电机 GE 由交流电动机 M_1 拖动。直流发电机 G 的主要作用是发出直流电动机 M 所需要的直流电压，满足直流电动机 M 拖动刨床运动的需要。

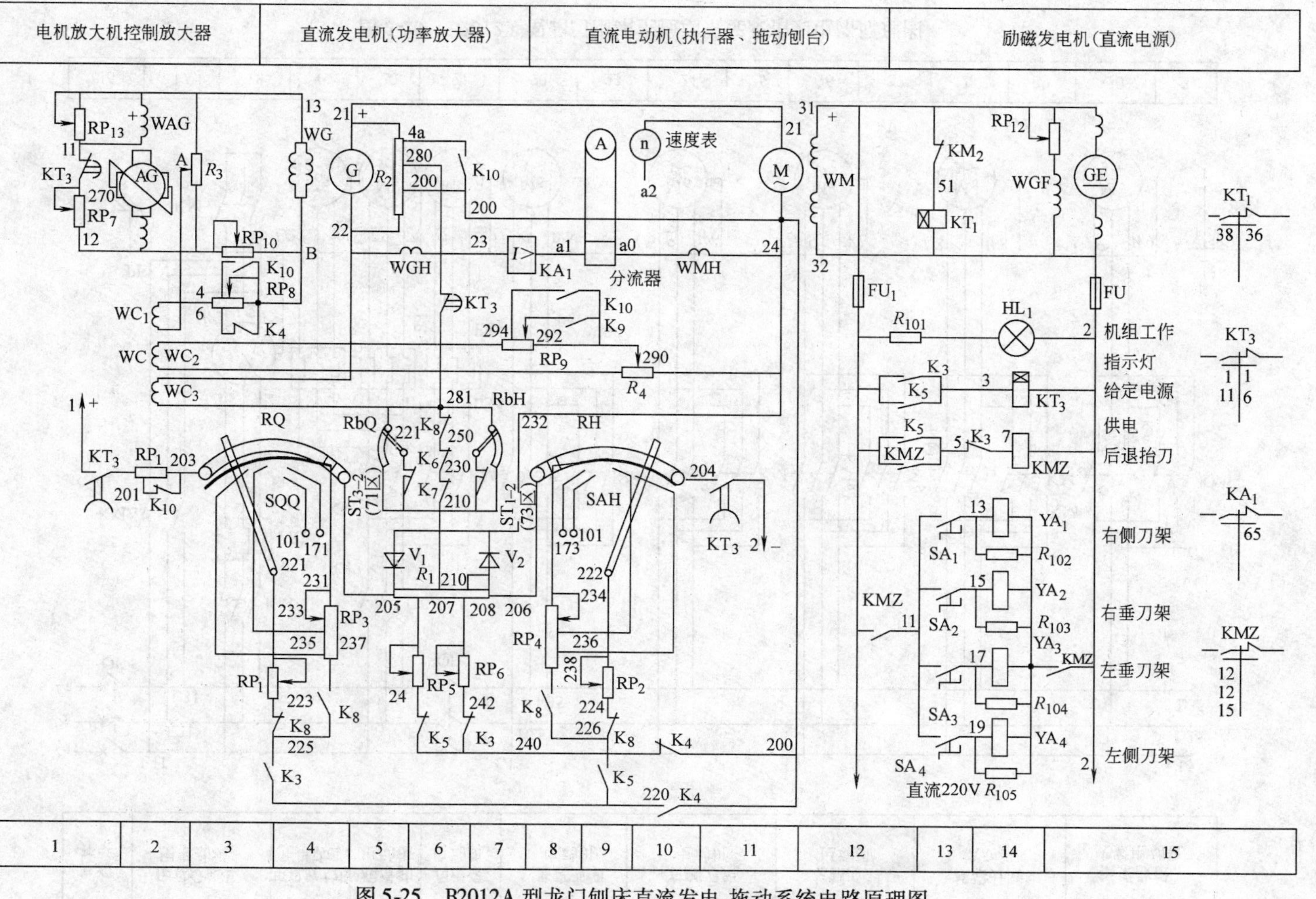

图5-25　B2012A型龙门刨床直流发电-拖动系统电路原理图

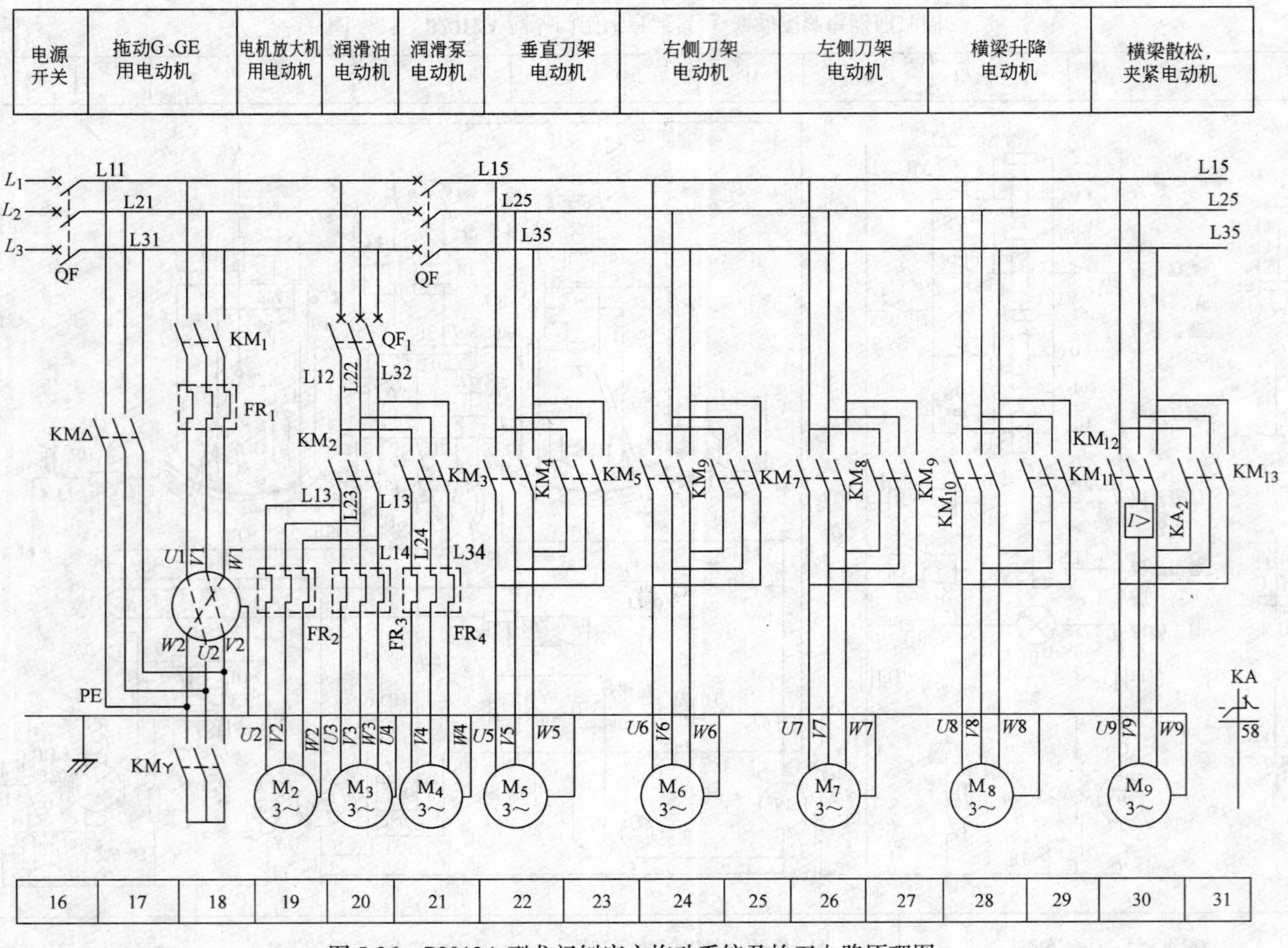

图 5-26 B2012A 型龙门刨床主拖动系统及抬刀电路原理图

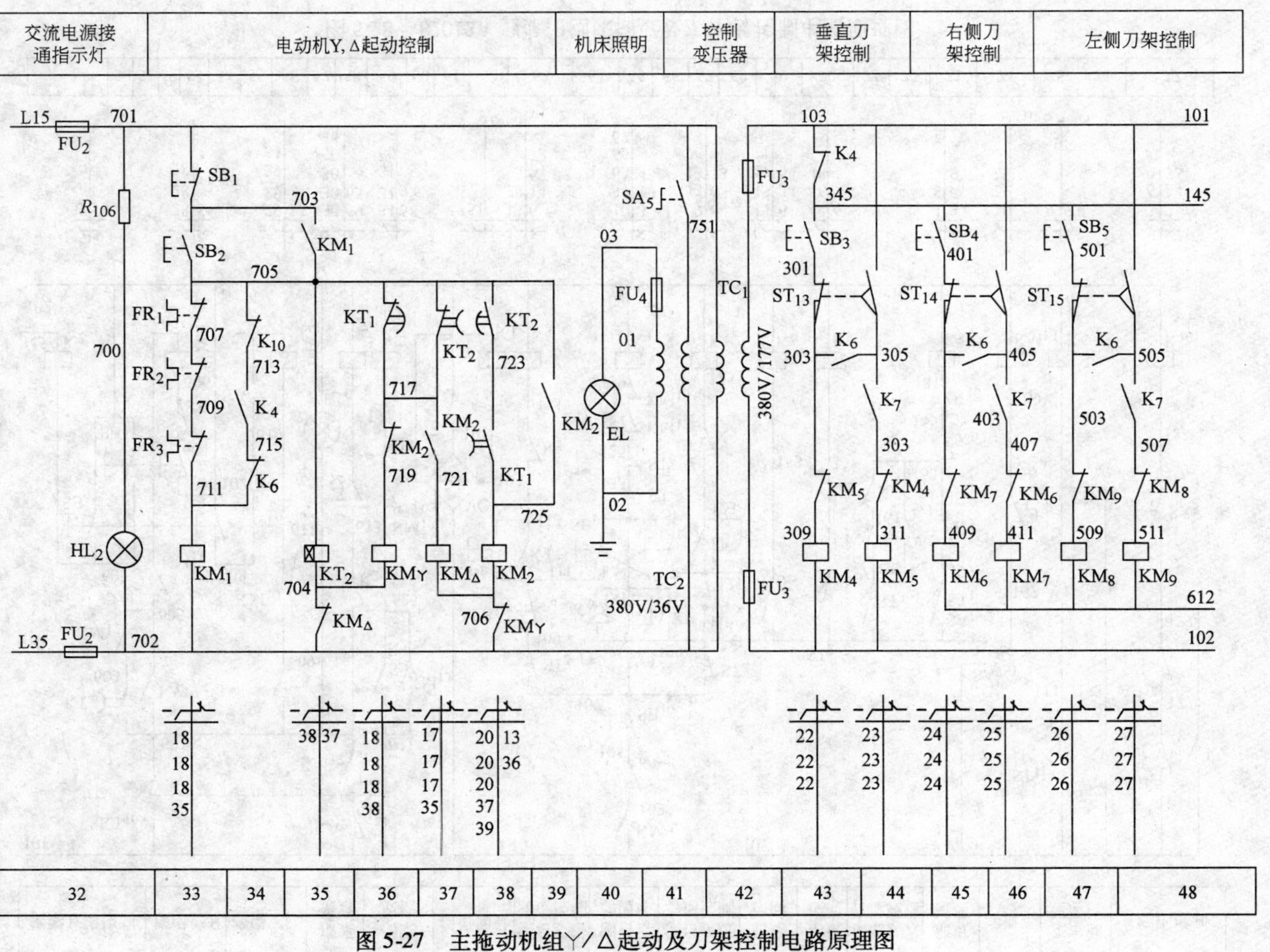

图 5-27 主拖动机组Y/Δ起动及刀架控制电路原理图

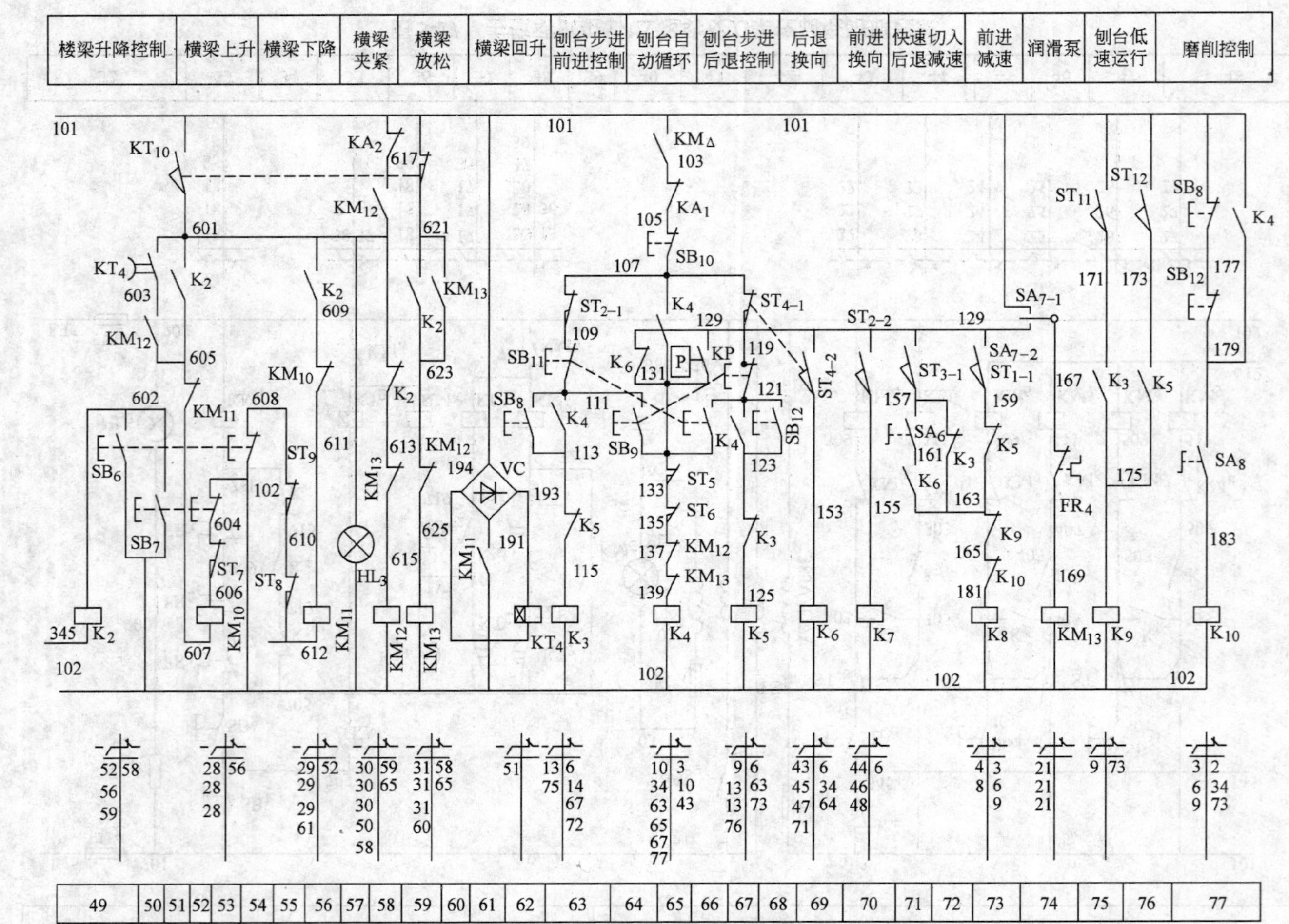

图 5-28　B2012A 型龙门刨床横梁及工作台控制电路原理图

励磁发电机的主要作用是由交流电动机 M_1 拖动，发出直流电压，向直流电动机 M 的励磁绕组供给励磁电源。直流电动机 M 的主要作用是拖动刨床往返交替做直线运动，对工件进行切削加工。

（2）交流机组拖动系统组成　B2012A 型龙门刨床主拖动系统及抬刀电路原理图如图 5-26 所示。交流机组共由 9 台电动机拖动：拖动直流发电机 G、励磁发电机 GE 用交流电动机 M_1，拖动电机放大机用电动机 M_2，拖动通风用电动机 M_3，润滑泵电动机 M_4，垂直刀架电动机 M_5，右侧刀架电动机 M_6，左侧刀架电动机 M_7，横梁升降电动机 M_8 和横梁放松、夹紧电动机 M_9。

（3）各控制电路分析

1）主拖动机组电动机 M_1 控制电路。由交流电动机 M_1 拖动直流发电机 G 和励磁发电机 GE 组成主拖动机组，其控制电路如图 5-27 所示。其中 33 区中的按钮 SB_2 为交流电动机 M_1 的起动按钮，按钮 SB_1 为交流电动机 M_1 的停止按钮。

当需要主拖动电动机 M_1 拖动直流发电机 G 和励磁发电机 GE 工作时，按下 33 区中主拖动交流电动机 M_1 的起动按钮 SB_2，33 区中的接触器 KM_1 线圈、35 区中的时间继电器 KT_2 线圈、36 区中的接触器 KM_Y 线圈通电吸合，主拖动交流电动机 M_1 的定子绕组接成 Y 接法降压起动，被拖动的直流励磁发电机 GE 利用剩磁开始发电。

接触器 KM_2 通电闭合自锁，其在 20 区中的主触点闭合，接通交流电动机 M_2、M_3 的电源，交流电动机 M_2、M_3 分别拖动电机放大机 AG 和通风机工作。同时，接触器 $KM_\triangle$ 通电闭合。此时接触器 KM_1 和接触器 $KM_\triangle$ 的主触点将交流电动机 M_1 的定子绕组接成△接法全压运行，交流电动机 M_1 拖动直流发电机 G 和励磁发电机 G 全速运行，完成主拖动机组的起动控制过程。

2）横梁控制电路。在图 5-28 所示的电路中，50 区中的按钮 SB_6 为横梁上升起动按钮，51 区中的按钮 SB_7 为横梁下降起动按钮，53 区中的行程开关 ST_7 为横梁上升的上限位行程保护行程开关，55 区中的行程开关 ST_8 和 ST_9 为横梁下降的下限位保护行程开关，52 区和 59 区中的行程开关 ST_{10} 为横梁放松及上升和下降动作行程开关。

①横梁的上升控制。当需要横梁上升时，按下 50 区中的横梁上升起动按钮 SB_6，中间继电器 K2 线圈通电闭合，接触器 KM_{13} 通电闭合并自锁。横梁放松、夹紧电动机 M_9 通电反转，使横梁放松。

此时，行程开关 ST_{10} 在 59 区中的常闭触点断开，接触器 KM_{13} 失电释放，横梁放松、夹紧电动机 M_9 停止反转。行程开关 ST_{10} 在 52 区的常开触点闭合，接触器 KM_{10} 通电闭合，交流电动机 M_8 正向运转，带动横梁上升。当横梁上升到要求高度时，松开横梁上升起动按钮 SB_6，接触器 KM_{10} 线圈失电释放，横梁停止上升。继而接触器 KM_{12} 闭合，交流电动机 M_9 正向起动运转，使横梁夹紧。然后行

程开关 ST_{10} 常开触点复位断开，59 区中行程开关 ST_{10} 的常闭触点复位闭合，为下一次横梁升降控制作准备。

但由于 58 区接触器 KM_{12} 继续通电闭合，因而电动机 M_9 继续正转。随着横梁的进一步夹紧，电动机 M_9 的电流增大。电流继电器 KA_2 吸合动作，接触器 KM_{12} 失电释放，横梁放松、夹紧电动机 M_9 停止正转，完成横梁上升控制过程。

②横梁下降控制。当需要横梁下降时，按下 51 区中的横梁下降起动按钮 SB_7，中间继电器 K2 线圈通电闭合，接触器 KM_{13} 通电闭合并自锁。横梁放松、夹紧电动机 M_9 通电反转，使横梁放松。横梁放松后，行程开关 ST_{10} 在 59 区中的常闭触点断开，接触器 KM_{13} 失电释放，横梁放松、夹紧电动机 M_9 停止反转。行程开关 ST_{10} 在 52 区中的常开触点闭合，接触器 KM_{11} 通电闭合，横梁升降电动机 M_8 反向运转，带动横梁下降。当横梁下降到要求高度时，松开横梁下降起动按钮 SB_7，横梁停止下降。接触器 KM_{12} 接通横梁放松、夹紧电动机 M_9 的正转电源，交流电动机 M_9 正向起动运转，使横梁夹紧。继而接触器 KM_{10} 通电闭合，电动机 M_8 起动正向旋转，带动横梁作短暂的回升后停止上升，然后横梁进一步夹紧。

3）工作台自动循环控制电路。工作台自动循环控制电路分为慢速切入控制、工作台工进速度前进控制、工作台前进减速运动控制、工作台后退返回控制、工作台返回减速控制、工作台返回结束并转入慢速控制等。

工作台自动循环控制主要通过安装在龙门刨床工作台侧面上的四个撞块 A、B、C、D 按一定的规律撞击安装在机床床身上的四个行程开关 ST_1、ST_2、ST_3、ST_4，使行程开关 ST_1、ST_2、ST_3、ST_4 的触点按照一定的规律闭合或断开，从而控制工作台按预定的要求进行运动。

4）工作台步进、步退控制。工作台的步进、步退控制主要用于在加工工件时调整机床工作台的位置。

当需要工作台步进时，按下 62 区中的工作台步进起动按钮 SB_8，工作台步进；松开按钮 SB_8，工作台可迅速制动停止。

当需要工作台步退时，按下 68 区中的工作台步退起动按钮 SB_{12}，工作台步退；松开按钮 SB_{12}，工作台也可迅速制动停止。

5）刀架控制电路。在龙门刨床上装有左侧刀架、右侧刀架和垂直刀架，分别由交流电动机 M_7、M_6、M_5 拖动。各刀架可实现自动进给运动和快速移动运动，由装在刀架进刀箱上的机械手柄来进行控制。刀架的自动进给采用拨叉盘装置来实现，拨叉盘由交流电动机拖动，依靠改变旋转拨叉盘角度的大小来控制每次的进刀量。在每次进刀完成后，让拖动刀架的电动机反向旋转，使拨叉盘复位，以便为第二次自动进刀作准备。

刀架控制电路由自动进刀控制、刀架快速移动控制电路组成。

2. B2012A 型龙门刨床 PLC 控制

1）B2012A 型龙门刨床 PLC 控制输入输出点分配表见表 5-5。

表 5-5 B2012A 型龙门刨床 PLC 控制输入输出点分配表

输入信号			输出信号		
名称	代号	输入点编号	名称	代号	输出点编号
热继电器	FR_1 ~ FR_4	X0	交流电动机 M_1 起动接触器	KM_1	Y0
电动机 M_1 停止按钮	SB_1	X1	交流电动机 M_2、M_3 接触器	KM_2	Y1
电动机 M_1 起动按钮	SB_2	X2	交流电动机 M_1 Y 起动接触器	KM_Y	Y2
垂直刀架控制按钮	SB_3	X3	交流电动机 M_1 △运行接触器	$KM_{\triangle}$	Y3
右侧刀架控制按钮	SB_4	X4	交流电动机 M_4 接触器	KM_3	Y4
左侧刀架控制按钮	SB_5	X5	交流电动机 M_5 正转接触器	KM_4	Y5
横梁上升起动按钮	SB_6	X6	交流电动机 M_5 反转接触器	KM_5	Y6
横梁下降起动按钮	SB_7	X7	交流电动机 M_6 正转接触器	KM_6	Y7
工作台步进起动按钮	SB_8	X10	交流电动机 M_6 反转接触器	KM_7	Y10
工作台自动循环起动按钮	SB_9	X11	交流电动机 M_7 正转接触器	KM_8	Y11
工作台自动循环停止按钮	SB_{10}	X12	交流电动机 M_7 反转接触器	KM_9	Y12
工作台自动循环后退按钮	SB_{11}	X13	交流电动机 M_8 正转接触器	KM_{10}	Y13
工作台步进起动按钮	SB_{12}	X14	交流电动机 M_8 反转接触器	KM_{11}	Y14
工作台循环前进减速行程开关	ST_1	X15	交流电动机 M_9 正转接触器	KM_{12}	Y15
工作台循环前进换向行程开关	ST_2	X16	交流电动机 M_9 反转接触器	KM_{13}	Y16
工作台循环后退减速行程开关	ST_3	X17	工作台步进控制继电器	K_3	Y17
工作台循环后退换向行程开关	ST_4	X20	工作台自动循环控制继电器	K_4	Y20
工作台前进终端限位行程开关	ST_5	X21	工作台步退控制继电器	K_5	Y21
工作台后退终端限位行程开关	ST_6	X22	工作台后退换向继电器	K_6	Y22
横梁上升限位行程开关	ST_7	X23	工作台前进换向继电器	K_7	Y23
横梁下降限位行程开关	ST_8	X24	工作台前进减速继电器	K_8	Y24
横梁下降限位行程开关	ST_9	X25	工作台低速运行继电器	K_9	Y25
横梁放松动作行程开关	ST_{10}	X26	磨削控制继电器	K_{10}	Y26
工作台低速运行行程开关	ST_{11}	X27			
工作台低速运行行程开关	ST_{12}	X30			
自动进刀控制行程开关	ST_{13}	X31			
自动进刀控制行程开关	ST_{14}	X32			
自动进刀控制行程开关	ST_{15}	X33			
润滑泵电动机 M_4 手动控制	$SA_{7\text{-}1}$	X34			
润滑泵电动机 M_4 自动控制	$SA_{7\text{-}2}$	X35			
磨削控制开关	SA_8	X36			
压力继电器	KP	X37			
过电流继电器	KA_1	X40			
过电流继电器	KA_2	X41			
时间继电器	KT_1	X42			
手动控制开关	SA_6	X43			

2）B2012A 型龙门刨床 PLC 控制接线图，如图 5-29 所示。

3）根据 B2012 型龙门刨床的控制要求，设计出 B2012A 型龙门刨床 PLC 控制参考梯形图，如图 5-30 所示。

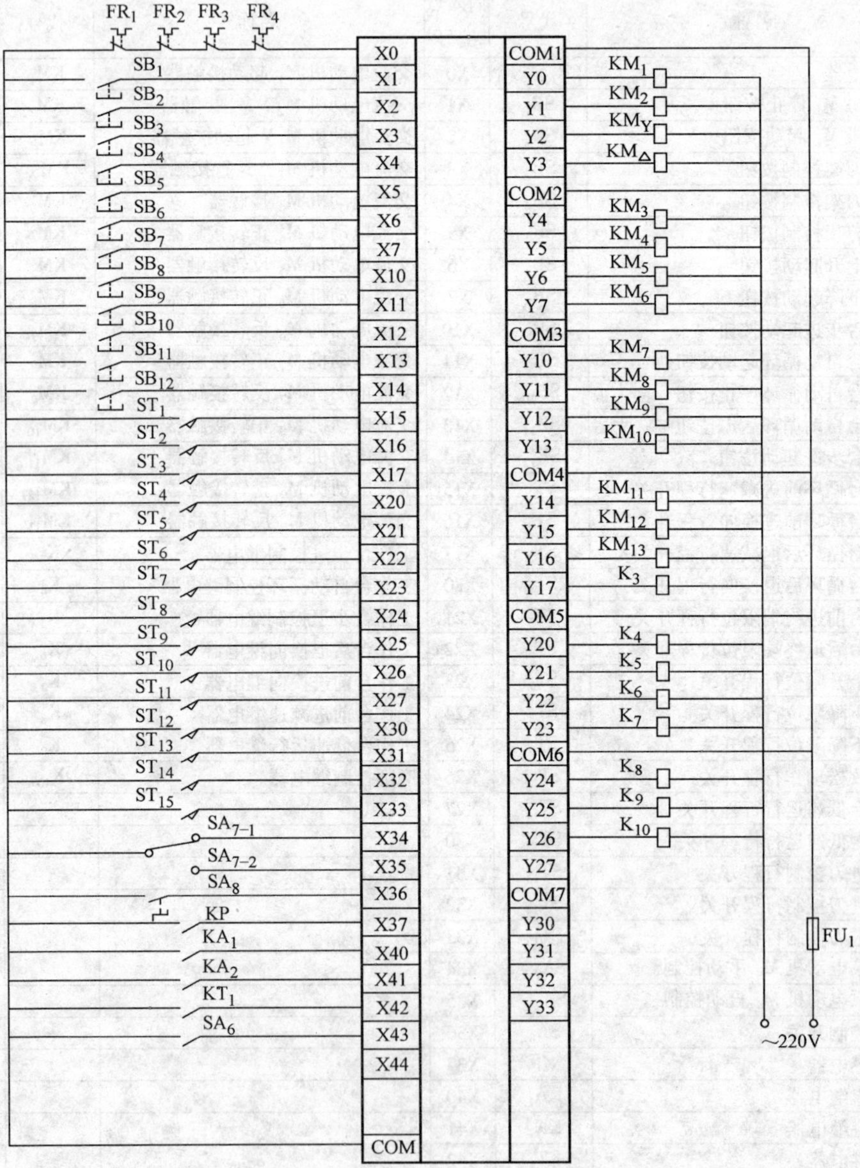

图 5-29　B2012A 型龙门刨床 PLC 控制接线图

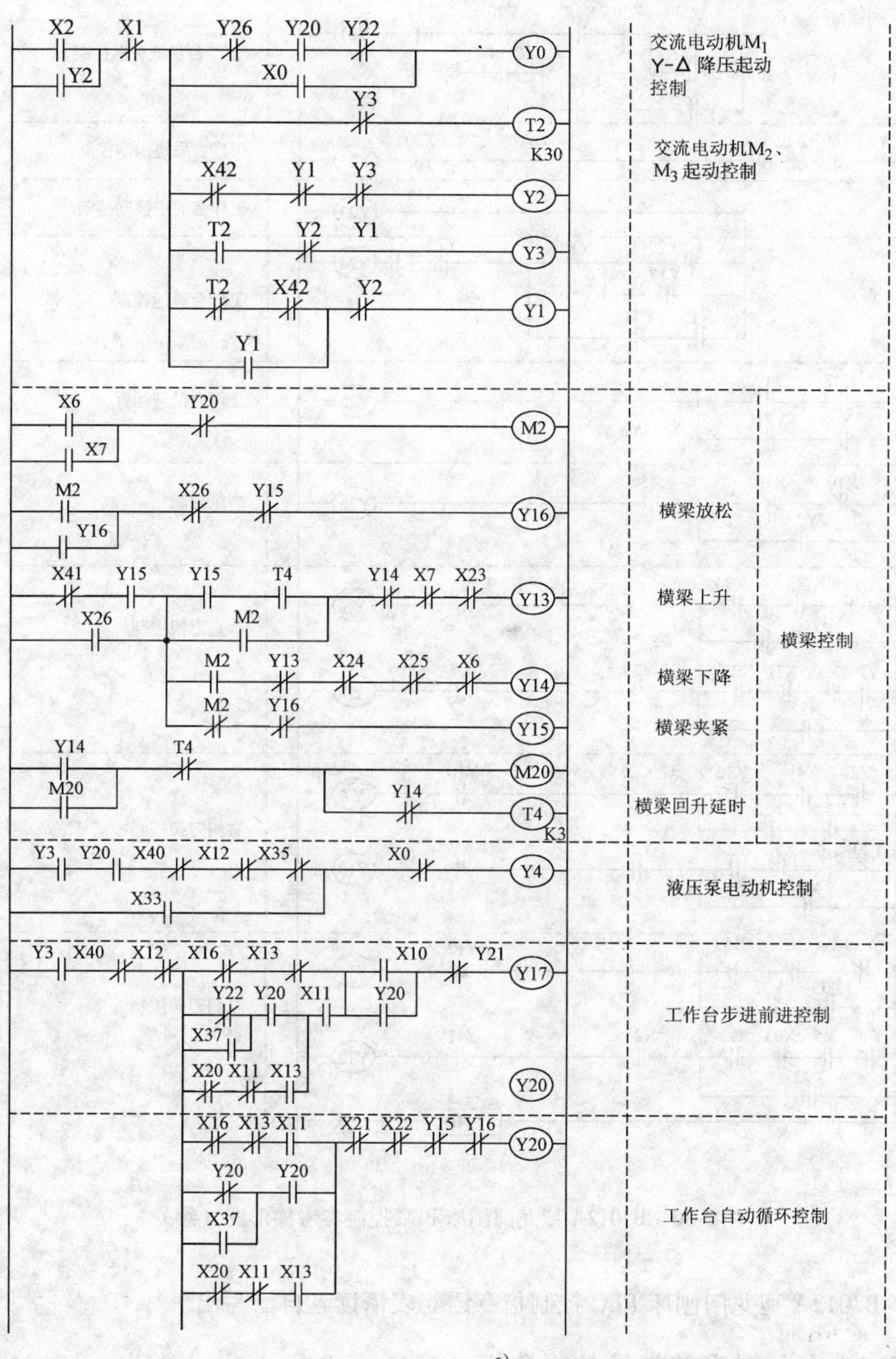

a)

图5-30 B2012A型龙门刨床PLC控制参考梯形图

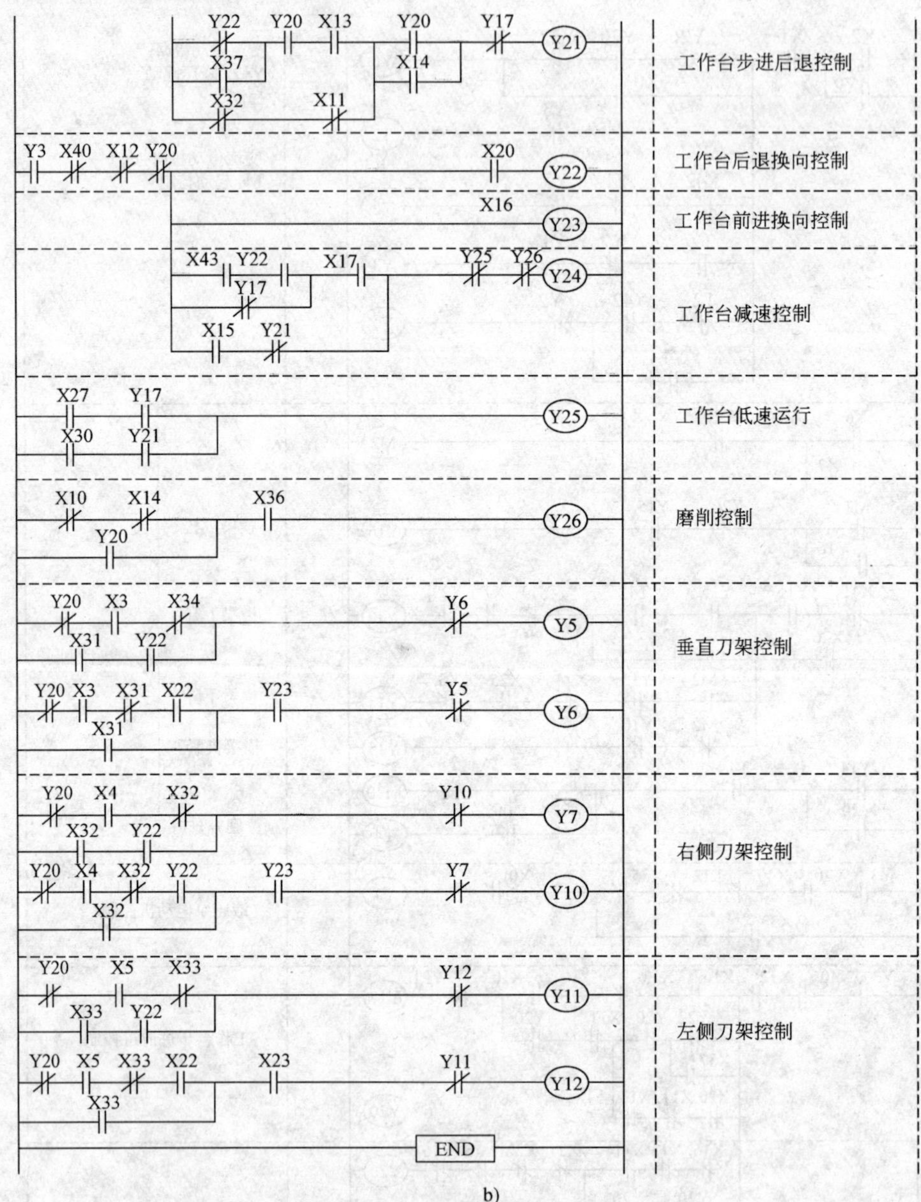

图 5-30　B2012A 型龙门刨床 PLC 控制参考梯形图（续）

B2012A 型龙门刨床 PLC 控制指令语句表请读者自己写出。

5.5.5　龙门刨床的常见故障分析

B2012A 型龙门刨床控制电路由交流电路和直流电路互相配合，得以完成各种切削控制。出现故障时，首先应确定故障在交流电路还是在直流电路。如估计故障可能涉及两种电路时，因交流电路中多为有触点电器，故障较多，且较易分析检查，所以一般应先检查交流电路，后检查直流电路。B201A常见故障及检修内容很多，这里仅抛砖引玉介绍其主要的几条：

（1）夹紧电动机烧毁　在龙门刨床诸电动机中，横梁夹紧电动机 M_8 损坏率最高，其原因可能是：电流继电器 KM_2 失灵，按规定，电动机 M_8 的电流达到2.2～2.5A时，串联在其主电路中的电流继电器 KA_2 应动作，自动切断接触器 KM_{12} 线圈电路。由于电流电器 KA_2 调整不当或修理时不用仪表测量而凭经验随便调整，使电流继电器动作电流太大，电动机 M_8 长时间过电流而烧毁。检修时应严格调整好电流继电器动作电流。

（2）放松时电动机烧毁　由于电流继电器整定得过大，使横梁夹得过紧，机械部分卡住。到放松时，接触器 KM_{13} 吸合，电动机不转，长时间通过堵转电流而烧毁。

（3）起动电机组工作台自行“飞车”　发电机的励磁绕组接反，励磁绕组接反后，发电机的剩磁电压通过自消磁电路，把产生抵消剩磁电压的作用变成加强剩磁电压的作用，使发电机自励，发电机与电机扩大机过电压，工作台产生高速而失控。

（4）工作台低速时蠕动　工作台在低速切削时（特别是磨削时），产生停止与滑动相交替的运动，在电气上称为蠕动。产生蠕动的原因一般是油的粘度太低，提高润滑油的粘度可使蠕动消失。如果蠕动速度在2～3m/min以上，可通过适当加强电压负反馈和电流正反馈及其他稳定措施来解决。

（5）工作台换向越位过大或工作台跑出　刨床说明书上规定，换向越位，最高速时不超过250～280mm。如过大，工作台将脱出蜗杆，严重时会造成人身和设备事故，越位过大故障现象有两种。

1）双向越位均过大。有四种原因：其一，加速度调节器放在了“反向平稳”一边（工作台高速时应放在“越位减小”一边）；其二，反向前工作台不减速。看继电器 K_8 是否吸合，不吸合可短 K_9（163～165）、K_{10}（165～181），或检查 K_8 本身故障；其三，工作台侧面上的4个撞块位置调整不当。工作台高速时，应把减速与换向撞块A与B、C与D的距离调大。在最长行程时，应降低工作台的速度。其四，电位器 RP_3、RP_4 调整不当或接触不良。测量 RP_3、RP_4（235-237或者238-236）阻值，不应大于55Ω；233-237或者238-234的阻值不应大于100Ω。当测量的数值与标准差别不大时，可检查导线接点的接触情况。

另外，电压负反馈较弱，减速制动不强或失灵，稳定环节调得过强，截止电压调整不当等，均能引起越位过大。调整时，不要片面追求减小越位，一般在不碰到限位开关ST_5、ST_6的情况下，可适当放宽越位距离。

2）某一方向越位过大（以前进为例）。有三种原因：其一，减速器开关失灵，可能是开关损坏或位置太低，触点不能切换，触点$ST_{1\text{-}1}$（129-159）接触不良，继电器K_8不吸合；其二，继电器触点接触不良。继电器K_3（157-163和220-225）、K_8（237-225）接触不良会造成减速失灵；其三，换向开关或继电器失灵。把电压表接于触点107-109，当$ST_{2\text{-}1}$闭合时，看有无电压，有电压，说明换向开关触点不良；否则继电器K_3本身或电路有故障。

（6）工作台换向越位过小　电动机制动越快，工作台反向时越位就越小，这样势必引起主电路制动电流过大，会使电动机电刷下的火花严重，并会给机械部分带来过大的打击，影响电机和机床的寿命。另外，在进刀量较大时，还会产生进刀不能走完就反向的缺点。因为进刀的时间主要取决于换向时越位的时间，即后退末了从碰撞行程开关ST4开始，经过一段越位，到变为前进时使转向开关复位为止的一段时间。换向越位的最小距离规定为在最高速时不小于30～50mm。造成换向越位过小的原因和处理方法正好与越位过大相反，首先应把加速度调节器放在“反向平衡”一边。一般在电压负反馈调好的情况下，可适当加强稳定环节或减弱减速制动强度，使换向越位不致过小。还可以将电机扩大机补偿绕组的并联电阻减小一些，以减小电机扩大机的补偿强度，增大换向越位。

（7）工作台反向冲击　由传动机构间隙过大、缺乏润滑及电气参数调整不当等原因造成，如电压负反馈、电流正反馈过强等。以上各环节可参照机床说明书进行调整。

（8）工作台停车爬行　爬行是指发电机-电动机系统无输入条件下，工作台仍在以较低的速度运动。爬行发生的时间，或在开车前，或在停车后。造成爬行的原因是剩磁电压的影响。停车爬行有两种情况，一是削磁作用太弱，电压负反馈、自消磁环节及欠补偿能耗制动环节调整不当，电路接触不良或断路。另一种情况是消磁作用太强，造成反向磁化，形成停车后反向爬行。对于上述第一种情况，主要应检查有关触点、接头、电路是否断路接触不良等，而系统在出厂时已经调整好，不宜随便调整。对于第二种情况，主要是因某些环节调整不当而造成，必须对自消磁和欠能耗制动环节进行适当调整。

（9）工作台停车震荡　在停车时，工作台来回摆动若干次，叫做停车震荡。其震荡幅度一般逐渐减小，但有时震荡幅度不变，更甚者震荡幅度会越来越大。发生震荡的原因在于稳定环节不起作用，如WC1绕组断线或电路断路。如WC1绕组接反，不但不能抑制电机扩大机输出电压的突变，反而起到增强的作用，致使振荡幅度越来越大。电机扩大机电刷位置调整不当，也会造成停车振荡。

（10）工作台反向不正常 前进调速手柄放在低速位置时，工作台碰减速开关即反向运动，减速开关复位后又恢复原来方向，这样来回不断运动。其原因是前进调速电位器上 101 与 231 短路，或后退调速电位器上 101 与 234、236 间短路。另外，RP_3 上的 231、233、235、237 接点与 RP_4 上 232、234、236、238 接点中任一对接点互换后，也会发生碰减速开关反向的现象。

（11）加速调节器不起作用 加速调节器系两个阻值为 300Ω 的电位器，放在“反向平稳”一边（即加大电阻值），减速时有减弱制动强度的作用；换向时起减小强励磁倍数的作用。所以，过渡过程平稳，但电位器的调节必须在行程开关 $ST_{3\text{-}2}$ 和 $ST_{1\text{-}2}$ 闭合后才能起作用，如某触点接触不良，某方向的加速调节器就不起作用。另外，若把 211 与 212 互换了位置，加速调节器也不起作用。

（12）液压泵压力继电器的故障

1）如油压符合要求，但微动开关触点 KP 不闭合。如油压开关调整不当，位置太高，则压力油不能使顶杆推动开关 KP（131-129）闭合，工作台开不动。

2）油压太小（或无压力），但是触点 KP 不跳开：如把压力开关调得太低，会造成油压不足或液压泵尚未工作时触点 KP 不断开的故障。工作台若继续运行，会造成严重事故。

（13）直流系统接地 这种故障会引起机床无规则运动，甚至是异常运动，而且还会造成一定的危险。

（14）接触器、继电器铁心粘住造成的故障 其故障现象多数表现为机床无规则的异常运动，有时也能造成危险。例如，继电器 K_3 的铁心粘住，就会使工作台控制电路失灵而造成工作台在前进方向跑出。横梁上下接触（KM_{10}、KM_{11}）铁心粘住，就会使限位开关不起作用而发生碰撞事故。

5.6 组合机床的电气与 PLC 控制

前面主要介绍了通用机床的控制，在机床加工中工序只能一道一道地进行，不能实现多道、多面同时加工。其生产效率低，加工质量不稳定，操作频繁。为了改善生产条件，满足生产发展的专业化、自动化要求，人们经过长期生产实践的不断探索、不断改进、不断创造，逐步形成了各类专用机床，专用机床是为完成工件某一道工序的加工而设计制造的，可采用多刀加工，具有自动化程度高、生产效率高、加工精度稳定、机床结构简单、操作方便等优点。但当零件结构与尺寸改变时，须重新调整机床或重新设计、制造，因而专用机床又不利于产品的更新换代。

为了克服专用机床的不足，在生产中又发展了一种新型的加工机床。它以通用部件为基础，配合少量的专用部件组合而成，具有结构简单、生产效率和自动化程度高等特点。一旦被加工零件的结构与尺寸改变时，能较快地进行重新调整，组合成新的机床。这一特点有利于产品的不断更新换代，目前在许多行业得到广泛的应用。这就是本节要介绍的组合机床。

5.6.1 组合机床的组成结构

组合机床是由一些通用部件及少量专用部件组成的高效自动化或半自动化专用机床。可以完成钻孔、扩孔、铰孔、镗孔、攻丝、车削、铣削及精加工等多道工序，一般采用多轴、多刀、多工序、多面、多工位同时加工，适用于大批量生产，能稳定地保证产品的质量。图 5-31 为单工位三面复合式组合机床结构示意图。它由底座、立柱、滑台、切削头、动力箱等通用部件，多轴箱、夹具等专用部件以及控制、冷却、排屑、润滑等辅助部件组成。

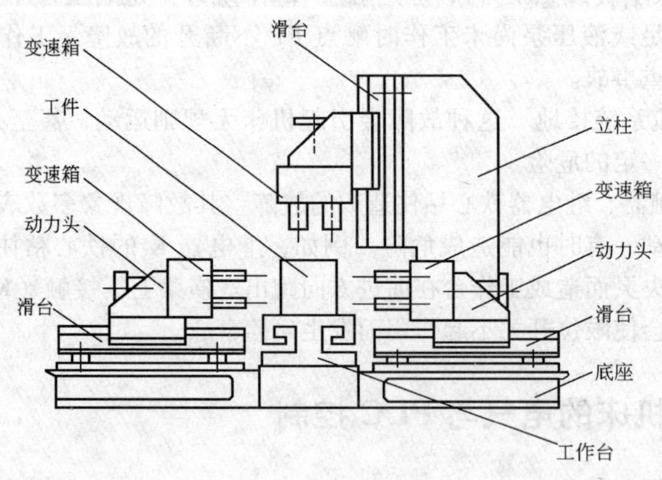

图 5-31 单工位三面复合式组合机床结构示意图

通用部件是经过系列设计、试验和长期生产实践考验的，其结构稳定、工作可靠，由专业生产厂成批制造，经济效果好，使用维修方便。一旦被加工零件的结构与尺寸改变时，这些通用部件可根据需要组合成新的机床。在组合机床中，通用部件一般占机床零部件总量的70% ~80%；其他20% ~30%的专用部件由被加工件的形状、轮廓尺寸、工艺和工序决定。

组合机床的通用部件主要包括以下几种：

1）动力部件。动力部件用来实现主运动或进给运动，有动力头、动力箱、各种切削头。

2）支承部件。支承部件主要为各种底座，用于支承、安装组合机床的其他零部件，它是组合机床的基础部件。

3）输送部件。输送部件用于多工位组合机床，用来完成工件的工位转换，有直线移动工作台、回转工作台、回转鼓轮工作台等。

4）控制部件。用于组合机床完成预定的工作循环程序。它包括液压元件、控制挡铁、操纵板、按钮盒及电气控制部分。

5）辅助部件。辅助部件包括冷却、排屑、润滑等装置以及机械手、定位、夹紧、导向等部件。

5.6.2 组合机床的工作特点

组合机床主要由通用部件装配组成，各种通用部件的结构虽有差异，但它们在组合机床中的工作却是协调的，能发挥较好的效果。

组合机床通常是从几个方向对工件进行加工，它的加工工序集中，要求各个部件的动作顺序、速度、起动、停止、正向、反向、前进、后退等均应协调配合，并按一定的程序自动或半自动地进行。加工时应注意各部件之间的相互位置，精心调整每个环节，避免大批量加工生产中造成严重的经济损失。

5.6.3 双面单工液压传动组合机床的电气控制与PLC控制

1. 双面单工液压传动组合机床的电气控制

双面单工液压传动组合机床电气控制电路原理图如图5-32所示。双面单工液压传动组合机床由左、右动力头电动机 M_1、M_2 及冷却泵电动机 M_3 三台电动机拖动。在双面单工液压传动组合机床控制电路中，手动开关 SA_1 为左动力头单独调整开关，SA_2 为右动力头单独调整开关，SA_3 为冷却泵电动机的工作选择开关。

各电磁阀及液压继电器的工作动作表见表5-6；左、右动力头的工作循环图如图5-33所示。当左、右动力头在原位时，行程开关 ST_1、ST_2、ST_3、ST_4、ST_5、ST_6 被压下。

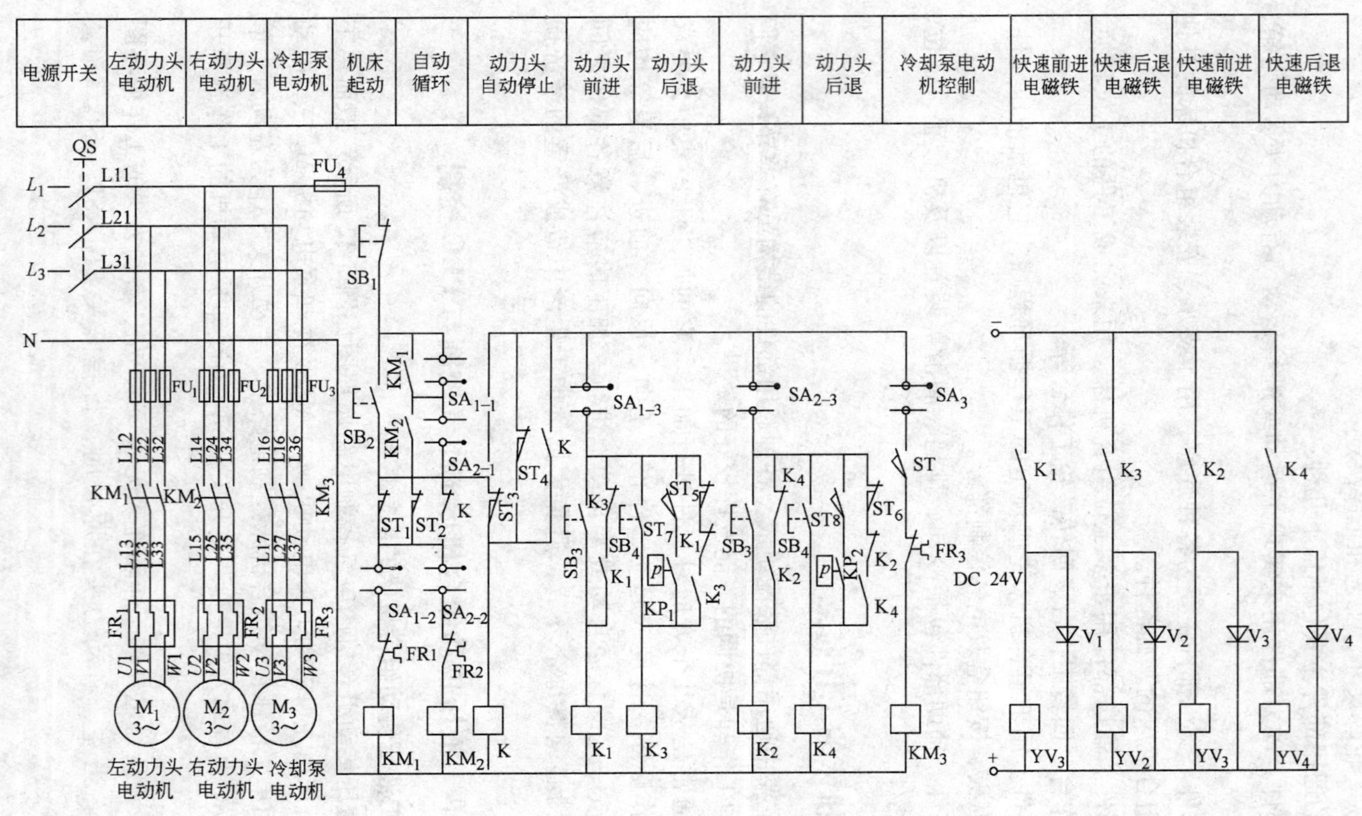

图 5-32　双面单工液压传动组合机床电气控制电路原理图

表 5-6 各电磁阀及液压继电器动作表

工步	YV_1	YV_2	YV_3	YV_4	KP_1	KP_2
快进	+	–	+	–	–	–
工进	+	–	+	–	–	–
挡铁停留	+	–	+	–	+	+
快退	–	+	–	+	–	–
原位停止	–	–	–	–	–	–

说明：表格中“+”代表相应的元件接通，“–”代表相应的元件断电。

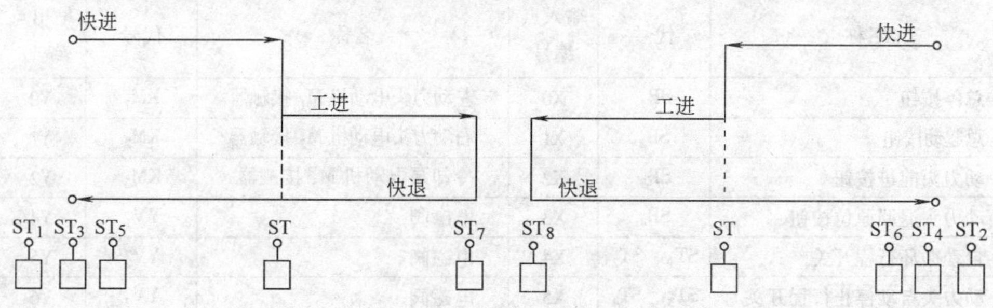

图 5-33 左、右动力头的工作循环图

当需要机床工作时，将手动开关 SA_1、SA_2 扳至自动循环位置，按下机床起动按钮 SB_2，接触器 KM_1、KM_2 通电闭合并自锁，其主触点闭合，左、右动力头电动机 M_1、M_2 起动运转。然后按下“前进”按钮 SB_3，中间继电器 K_1、K_2 通电闭合并自锁，电磁阀 YV_1、YV_3 线圈通电动作，左、右动力头离开原位快速前进。此时行程开关 ST_1、ST_2、ST_5、ST_6 首先复位，接着行程开关 ST_3、ST_4 也复位。由于行程开关 ST_3、ST_4 复位，因而中间继电器 K 通电闭合并自锁，为左、右动力头自动停止作好准备。动力头在快速前进的过程中，由各自的行程阀自动转换为工进，并压下行程开关 ST，使得接触器 KM_3 通电闭合，冷却泵电动机 M_3 起动运转，供给机床切削冷却液。左动力头加工完毕后，压下行程开关 ST_7，并通过挡铁机械装置动作使油压系统油压升高，压力继电器 KP_1 动作，使图 5-32 电路中 14 区压力继电器 KP_1 的常开触点闭合，中间继电器 K_3 闭合并自锁，K_1 失电释放。同理，右动力头加工完毕后，压下行程开关 ST_8，使得压力继电器 KP_2 动作，19 区中压力继电器 KP_2 的常开触点闭合，中间继电器 K_4 闭合并自锁，K_2 失电释放。由于中间继电器 K_1、K_2 失电释放，YV_1、YV_3 失电且 YV_2、YV_4 通电，根据表 5-6 中各电磁阀及液压继电器的工作动作表可知，此时左、右动力头快速后退。当左、右动力头退回至行程开关 ST 处时，ST 复位，接触器

KM_3 失电释放，冷却泵电动机 M_3 停转。而当左、右动力头退回至原位时，首先压下行程开关 ST_3、ST_4，然后压下行程开关 ST_1、ST_2、ST_5、ST_6，接触器 KM_1、KM_2 失电释放，左、右动力头电动机 M_1、M_2 停转，完成一次循环加工过程。

图中按钮 SB_4 为左、右快退手动操作按钮，按下 SB_4，能使左、右动力头退至原位停止。

2. 双面单工液压传动组合机床 PLC 控制

1）双面单工液压传动组合机床 PLC 控制输入输出点分配表见表 5-7。

表 5-7 双面单工液压传动组合机床 PLC 控制输入输出点分配表

输入信号			输出信号		
名称	代号	输入点编号	名称	代号	输出点编号
总停按钮	SB_1	X0	左动力头电动机 M_1 接触器	KM_1	Y0
总起动按钮	SB_2	X1	右动力头电动机 M_2 接触器	KM_2	Y1
动力头前进按钮	SB_3	X2	冷却泵电动机 M_3 接触器	KM_3	Y2
动力头退回原位按钮	SB_4	X3	电磁阀	YV_1	Y4
自动循环行程开关	ST_1、ST_2	X4	电磁阀	YV_2	Y5
动力头自动停止行程开关	ST_3、ST_4	X5	电磁阀	YV_3	Y6
自动循环行程开关	ST_5	X6	电磁阀	YV_4	Y7
自动循环行程开关	ST_6	X7	输入信号		
左动力头后退行程开关、压力继电器	ST_7、KP_1	X 10	热继电器	FR_1	X 13
			热继电器	FR_2	X 14
右动力头后退行程开关、压力继电器	ST_8、KP_2	X 11	冷却液泵电动机起停行程开关及控制元件	ST SA_3 FR_3	X 12
手动开关	SA_1	X 15	手动开关	SA_2	X 16

2）双面单工液压传动组合机床 PLC 控制接线图如图 5-34 所示。

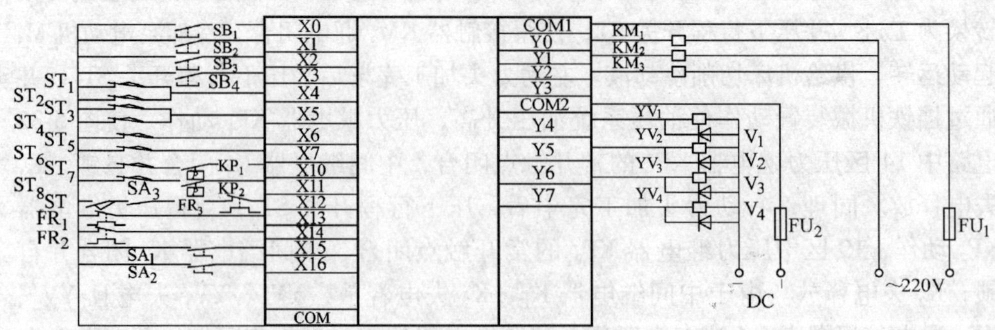

图 5-34 双向单工液压传动组合机床 PLC 控制接线图

3）双面单工液压传动组合机床 PLC 控制参考梯形图如图 5-35 所示。

4）双面单工液压传动组合机床 PLC 控制指令语句表如图 5-36 所示。

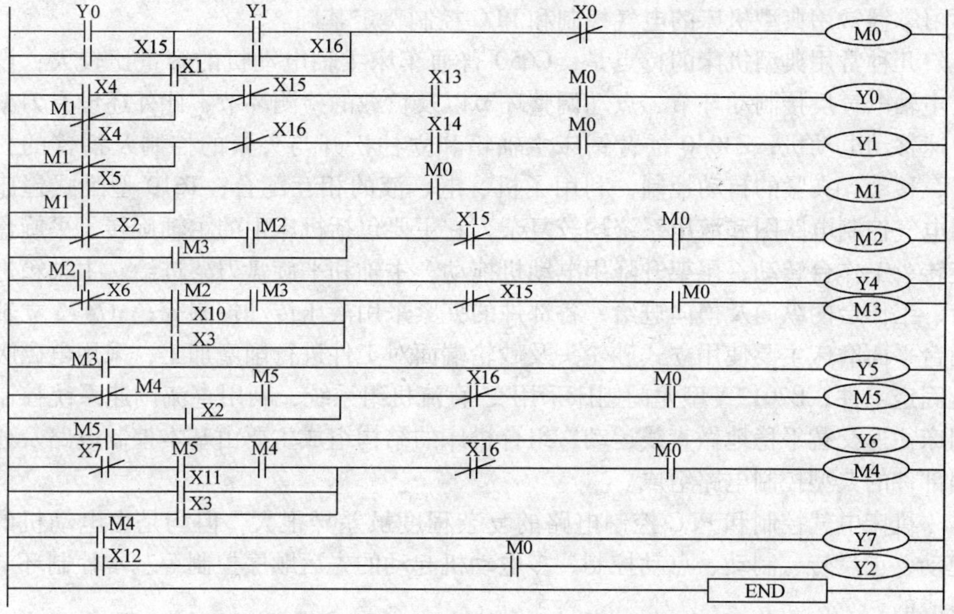

图 5-35　双面单工液压传动组合机床 PLC 控制参考梯形图

0	LD	Y0	13	OUT	Y0	26	OR	M3	39	OUT	M3	52	AND	M4
1	OR	X15	14	LD	X4	27	ANI	X15	40	LD	M3	53	OR	X11
2	LD	Y1	15	ORI	M1	28	AND	M0	41	OUT	Y5	54	OR	X3
3	OR	X16	16	ANI	X16	29	OUT	M2	42	LDI	M4	55	ANI	X16
4	ANB		17	AND	X14	30	LD	M2	43	AND	M5	56	AND	M0
5	OR	X1	18	AND	M0	31	OUT	Y4	44	OR	X2	57	OUT	M4
6	ANI	X0	19	OUT	Y1	32	LDI	X6	45	ANI	X16	58	LD	M4
7	OUT	M0	20	LD	X5	33	AND	M2	46	AND	M0	59	OUT	Y7
8	LD	X4	21	OR	M1	34	AND	M3	47	OUT	M5	60	LD	X12
9	ORI	M1	22	AND	M0	35	OR	X10	48	LD	M5	61	AND	M0
10	ANI	X15	23	OUT	M1	36	OR	X3	49	OUT	Y6	62	OUT	Y2
11	AND	X13	24	LDI	X2	37	ANI	X15	50	LDI	X7	63	END	
12	AND	M0	25	AND	M2	38	AND	M0	51	AND	M5			

图 5-36　双面单工液压传动组合机床 PLC 控制指令语句表

本 章 小 结

本章介绍了几种常用典型机床的结构组成、运动情况及机床电气控制和 PLC

控制原理图的组成及分析方法。从中可知，机床电气控制和 PLC 控制系统都是按照生产工艺提出的要求，来控制机床的各种运动，以达到合理的目的，为我们学习掌握常用典型机床的电气控制和 PLC 控制奠定基础。

几种常用典型机床的特点是：C650 普通车床主轴电动机的容量比较大，设有主轴电气反接制动环节、点动调整环节以及负载的检测环节，此外还设有刀架快速移动电动机；Z3040 摇臂钻床主轴箱和立柱松开与夹紧的控制及摇臂的松开、移动、夹紧的自动控制，利用了机、电、液的相互配合；T610 型卧式镗床的电气控制电路图和液压系统均较复杂，它主要包括机床中的主轴旋转、平旋盘旋转、工作台转动、尾架升降用电动机拖动，主轴和平旋盘刀架进给、主轴箱进给、工作台的纵向及横向进给，各部件的夹紧采用液压传动控制等；M7475 立轴圆台平面磨床主要使用立式砂轮头及砂轮端面对工件进行削磨加工，采用电磁吸盘固定工件；B2012A 型龙门刨床采用交-直流机组系统，利用直流调速系统控制刨床往返交替平稳地做直线运动，组合机床的结构组成主要由基本控制电路及通用部件的典型控制电路组成。

机床电气控制和 PLC 控制电路的复杂程度虽差异很大，但均是由电动机的起动、正反转、制动、点动控制、多电动机起动的先后顺序控制等基本控制环节组成的。

机床设备的电气控制和 PLC 控制电路主要由主电动机、电气或 PLC 控制电路、辅助电路和联锁、液、气压控制、保护环节等组成，在对机床电气和 PLC 控制线路分析时，首先要对机床设备结构组成、运动工艺要求、工作原理及控制电路进行分析；其次，对复杂的控制线路要“化整为零”，按照主电路、控制电路、照明与信号电路、其他辅助电路等逐一分解，各个击破。对于特别复杂的控制线路要借助于原理框图、状态流程图、状态转移图（SFC）、状态梯形图等，先弄清系统的工作原理，再对照原理框图，分析具体控制线路。

本章重点掌握控制电路的控制思想和分析方法，所有电路需经过实践调试验证才能实用于生产。

习题与思考题

5-1　对照 C650 型卧式车床的电气控制和 PLC 控制原理图，试分析和写出以下问题：

1）分析 C650 型卧式车床的工作过程。

2）写出 KM1、KM2 自锁回路的构成。

3）电流表 A 电路中的 KT 延时打开的常闭触点有何作用?

5-2　在 Z3040 摇臂钻床中，时间继电器 KT 和电磁阀什么时候动作?

5-3　试分析 Z3040 摇臂钻床摇臂下降的工作过程。

5-4　试叙述 Z3040 摇臂钻床电气控制和 PLC 控制中采取了哪些控制环节。

5-5　试画出 T610 型卧式镗床的电气控制和 PLC 控制原理图中的起动运行和反接制动线

路部分，并分析其工作过程。

5-6　在T610型卧式镗床电气控制和PLC控制图原理图中，试分析：

（1）KM1和KM2的自锁回路是如何组成的？

（2）KT的作用是什么？它是如何完成任务的？

（3）在KM1正常运转时，点动控制有效吗？为什么？

5-7　试画出T610型卧式镗床电气控制和PLC控制原理图中起动运行和制动线路部分，并分析其工作过程。

5-8　M7475平面磨床采用电磁吸盘夹持工件有何特点？为什么电磁吸盘要用直流电而不用交流电？

5-9　M7475平面磨床控制中采用了哪些控制电路环节和保护环节？

5-10　试分析B2012A龙门刨床电气控制和PLC控制有何特点？使用了哪些控制环节？

5-11　试分析B2012A龙门刨床工作台的自动循环是怎样控制的？采用了哪些保护措施？

第 6 章　机床电气与 PLC 控制系统设计

主要内容

1）机床电气和 PLC 控制系统设计的基本内容和一般原则。

2）电力拖动方案确定原则和电机的选择。

3）机床电气控制线路的经验设计法和逻辑设计法。

4）机床电气控制系统的工艺设计。

5）机床的 PLC 控制系统设计。

学习重点及教学要求

1）掌握机床电气和 PLC 控制系统设计的基本内容和一般原则。

2）掌握机床电力拖动方案确定原则和电机的选择。

3）掌握机床电气控制线路的设计方法。

4）掌握机床电气控制系统的工艺设计。

5）掌握机床的 PLC 控制系统设计方法。

本章学习重点是机床电气控制线路设计和 PLC 控制系统设计的方法。

机床的种类繁多，其控制装置也各不相同，但任何机床电控装置的设计原则却是相同的：第一，设计应满足机床对电气和 PLC 控制提出的要求，这些要求包括控制方式、控制精度、自动化程度、响应速度等，在电气和 PLC 控制原理设计时要根据这些要求制订出总体技术方案。第二，设计应满足机床本身的制造、使用和维护等需要，全套机床的造价要经济，结构要合理，这些问题应在机床电气控制装置的工艺设计阶段予以充分的考虑；第三，设计应与时俱进，尽可能地采用当今世界出现的高新技术，与国际先进技术同步和接轨，使国产机床不落后。本章所论述的机床电控装置设计主要只是设计过程中的一般共性问题，还有许多设计中应该考虑的具体问题必须查阅有关的电气工程技术手册和资料，通过课程设计、毕业设计以及今后在技术工作岗位上亲身参加实践，在分析解决实际问题的过程中获得经验，提高自己的设计能力。机床电气和 PLC 控制系统的设计就是根据机床机械设备和加工的工艺过程，设计出合乎要求的、经济合理的电气和 PLC 控制线路；并编制出设备制造、安装和维修使用过程中必需的图样和资料，包括电气原理图、安装图和接线图以及设备清单和说明书等。由于设计是灵活多变的，即使是同一功能，不同人员设计出来的线路结构也可能完全不同。因此，作为设计人员，应该随时发现和总结经验，不断丰富自己的知识，开阔思路，才能做出最为合格和技术先进的设计。

6.1 机床电气控制系统设计的基本内容和一般原则

6.1.1 机床电气控制系统设计的基本内容

设计一台机床电气控制系统，一般应包括以下设计内容。

1）拟定机床电气设计的技术条件（任务书）。

2）选择机床电气传动形式与控制方案。

3）确定机床传动电动机的容量和选型。

4）设计机床电气控制原理图。

5）选择机床电气元器件，制订机床电机和电气元器件明细表。

6）画出机床电动机、执行电磁铁、电气控制部件以及检测元件的总布置图。

7）设计机床电气柜、操作台、电气安装板以及非标准电器和专用安装零件。

8）绘制机床电控设备装配图和接线图。

9）编写机床电控系统设计计算说明书和安装使用说明书。

根据机床设备的总体技术要求和电气系统的复杂程度不同，以上步骤可以有增有减，某些图纸和技术文件的内容也可适当合并或增删。

6.1.2 机床电气控制线路设计的一般原则

当机床设备的电力拖动方案和控制方案已经确定后，就可以进行机床电气控制线路的设计。机床电气控制线路的设计是机床电力拖动方案和控制方案的具体化实施，一般在设计时应该遵循以下原则。

1. 最大限度地实现机床设备和生产工艺对电气控制线路的要求

控制线路是为整个机床设备和生产工艺过程服务的。因此，在设计之前，要调查清楚机床的生产工艺要求，对机床设备的工作性能、结构特点和实际加工情况要有充分的了解。电气设计人员要深入现场对同类或相近的机床设备进行考查和调研，收集资料，加以综合分析，并在此基础上考虑控制方式、起动、反向、制动及调速的要求，设置各种连锁及保护装置，最大限度地实现机床设备和工艺对电气控制的要求。

2. 在满足机床生产要求的前提下，力求使控制线路简单、经济

1）尽量选用标准的、常用的或经过实际应用考验过的控制环节和线路。

2）尽量缩短连接导线的数量和长度。设计控制线路时，应合理安排各电器的位置，考虑到各个元件之间的实际接线，要注意机床电气柜、操作台和限位开关之间的连接线。如图6-1所示，起动按钮SB_1和停止按钮SB_2装在操作台上，接触器K装在电气柜内。图6-1a所示的接线不合理，按照图6-1a接线就需要由电气柜引出4根导线到操作台的按钮上。图6-1b所示线路是合理的，它将起动按钮SB_1和停止按钮SB_2直接连接，两个按钮之间距离最小，所需连接导线最短。这样，只需要从电气柜内引出3根导线到操作台上，节省了一根导线。

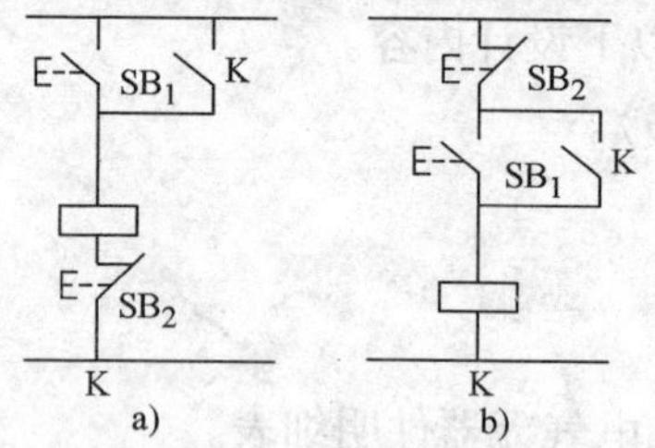

图6-1　电气柜接线图

a）不合理线路　b）合理线路

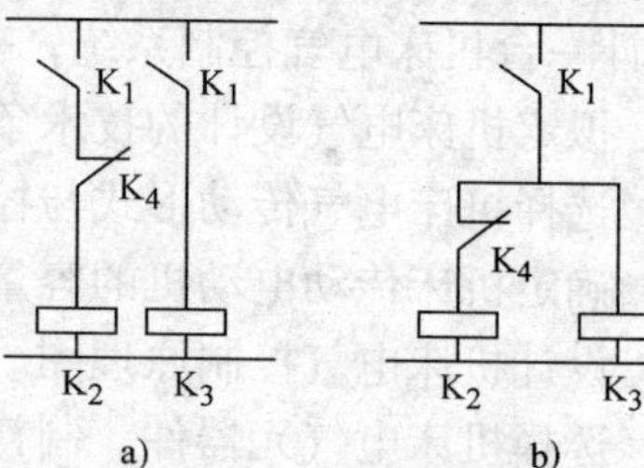

图6-2　合并同类触点

a）未合并接点　b）合并接点

3）尽量减少电气元件的品种、规格和数量，并尽可能采用性能优良器件和标准件，同一用途尽量选用相同型号的电气元件。

4）尽量减少不必要的触点以简化电路。在满足动作要求的条件下，电气元件触点越少，控制线路的故障机率就越低，工作的可靠性越高。常用的方法如下：

①在获得同样功能的情况下，合并同类触点，如图6-2所示。图6-2b将两个线路中间一触点合并，比图6-2a在电路上少了一对触点。但是在合并触点时应注意触点对额定电流值的容限。

②利用半导体二极管的单向导电性来有效地减少触点数，如图6-3所示。对于弱电电气控制电路，这样做既经济又可靠。

③在设计完成后，可利用逻辑代数进行化简，以得到最简化的线路。

5）尽量减少电器不必要的通电时间，使电气元件在必要时通电，不必要时尽量不通电，可以充分节约电能并延长电器的使用寿命。如图6-4为以时间原则控制的电动机降压起动线路图。图6-4a中接触器KM_2得电后，接触器KM_1和时间继电器KT就失去了作用，不必继续通电，但它们仍处于带电状态。图6-4b中线路比较合理，在KM_2得电后，切断了KM_1和KT的电源。

3. 保证机床控制线路工作的可靠性和安全性

1）选用的机床电气元件要可靠、牢固、动作时间短，抗干扰性能好。

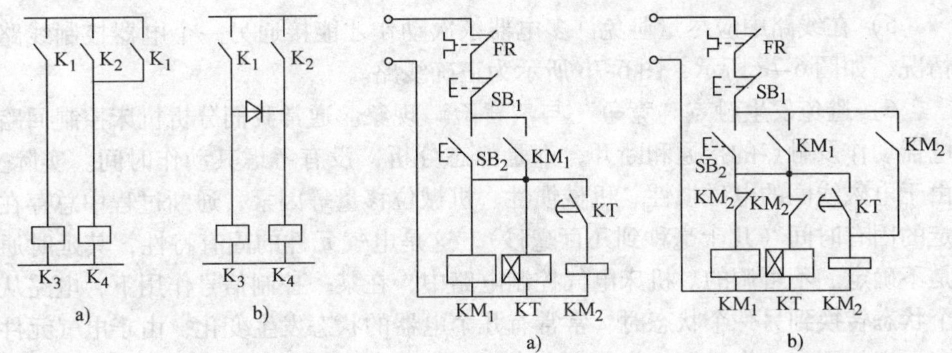

图6-3 半导体二极管的单向导电性
a）不加二极管 b）加二极管

图6-4 以时间原则控制的电动机降压起动线路
a）不合理电路 b）合理电路

2）正确连接机床电器的线圈。在交流控制电路中不能串联接入两个电器的线圈，即使外加电压是两个线圈额定电压之和，也是不允许的，如图6-5所示。因为每个线圈上所分配到的电压与线圈阻抗成正比，两个电器动作总是有先有后，不可能同时吸合。若接触器KM_2先吸合，线圈电感显著增加，其阻抗比未吸合的接触器KM_1的阻抗大得多，因而在该线路上的电压降增大，使KM_1的线圈电压达不到动作电压。因此，若需两个电器同时动作时，其线圈应该并联连接。

3）正确连接机床电器的触点。同一电气元件的常开和常闭触点靠得很近，若分别接在电源不同的相上，由于各相的电位不等，当触点断开时，会产生电弧形成短路。图6-6a所示的开关S_1的常开和常闭触点间会因电位不同产生飞弧而短路，图6-6b所示开关S_1的电位相等，就不会产生飞弧。

4）在机床控制线路中，采用小容量继电器的触点来断开或接通大容量接触器的线圈时，应计算继电器触点断开或接通容量是否足够，不够时必须加小容量的接触器或中间继电器，否则工作不可靠。在频繁操作的可逆线路中，正反向接触器应选较大容量的接触器。

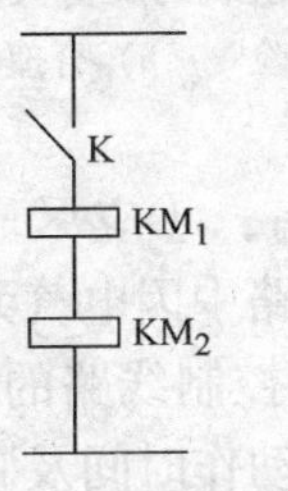

图6-5 两个接触器线圈串联

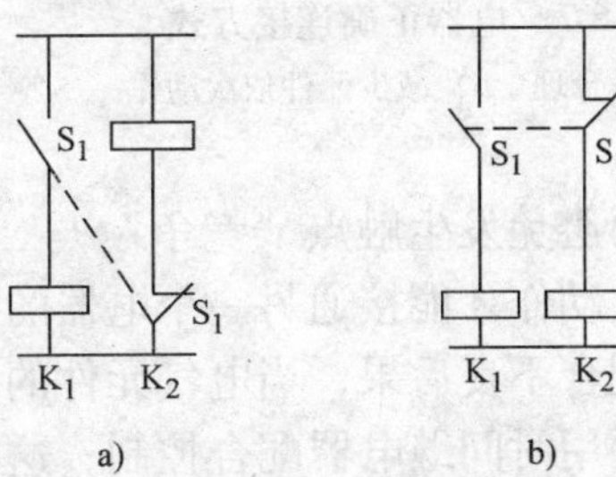

图6-6 电器触点正确连接方式
a）产生飞弧 b）消除飞弧

5）在线路中应尽量避免许多电器依次动作才能接通另一个电器控制线路的情况，如图 6-7a 所示，图 6-7b 所示为正确线路。

6）避免发生触点“竞争”与“冒险”现象。通常我们分析机床控制回路的电器动作及触点的接通和断开，都是静态分析，没有考虑其动作时间。实际上，由于电磁线圈的电磁惯性、机械惯性、机械位移量等因素，通断过程中总存在一定的固有时间（几十毫秒到几百毫秒），这是电气元件的固有特性，其延时通常是不确定、不可调的。机床电气控制电路中，在某一控制信号作用下，电路从一个状态转换到另一个状态时，常常有几个电器的状态发生变化，由于电气元件总有一定的固有动作时间，往往会发生不按预定时序动作的情况，触点争先吸合，发生振荡，这种现象称为电路的“竞争”。另外，由于电气元件的固有释放延时作用，也会出现开关电器不按要求的逻辑功能转换状态的可能性，这种现象称为“冒险”。“竞争”与“冒险”现象都将造成机床控制电路不能按要求动作，引起机床控制失灵。

图 6-8a 所示为用时间继电器组成的反身关闭电路。当时间继电器 KT 的常闭触点延时断开后，时间继电器 KT 线圈失电，经 t_s 秒延时断开的常闭触点恢复闭合，而经 t_1 秒常开触点瞬时动作。如果 $t_s > t_1$ 则电路能反身关闭；如果 $t_s < t_1$ 则继电器 KT 就再次闭合…这种现象就是触点竞争。在此电路中增加中间继电器 KA 就可以解决，如图 6-8b 所示。

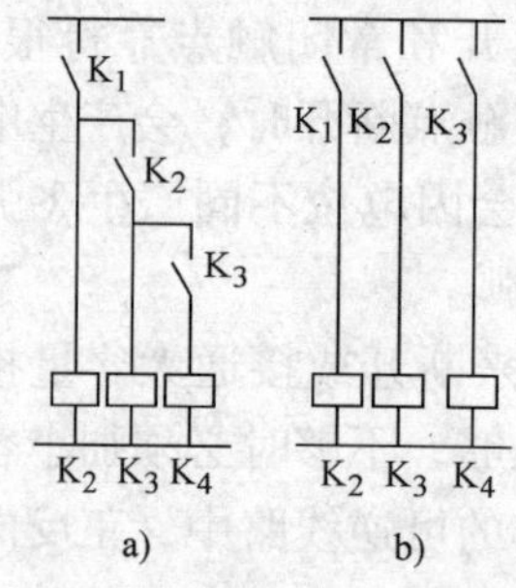

图 6-7　电器正确连接方式
a）不合理　b）减少元件依次动作

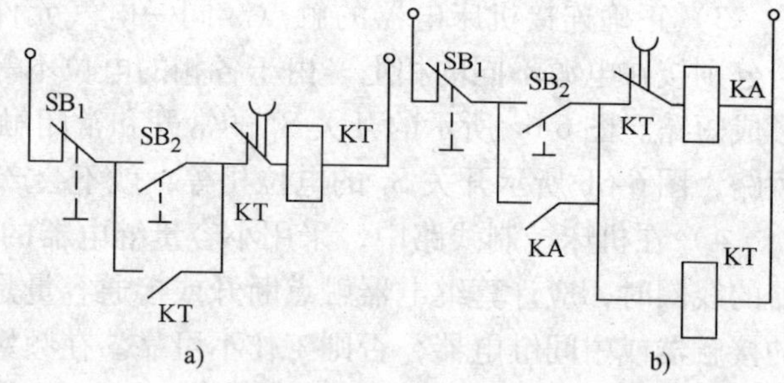

图 6-8　时间继电器组成的反身关闭电路
a）“竞争”与“冒险”　b）合理电路

要避免发生触点“竞争”与“冒险”现象的方法有：①应尽量避免许多电器依次动作才能接通另一个电器的控制线路；②防止电路中因电气元件固有特性引起配合不良后果，当电气元件的动作时间可能影响到控制线路的动作程序时，就需要用时间继电器配合控制，这样可清晰地反映元件动作时间及它们之间的互相配合；③若不可避免，则应将产生“竞争”与“冒险”现象的触点加以区分、连锁隔离或采用多触点开关分离。

7）在控制线路中应避免出现寄生电路。在电气控制线路的动作过程中，意外接通的电路叫寄生电路（或假电路）。图 6-9 所示是一个具有指示灯和热继电器保护的正反向控制电路。在正常工作时，能完成正反向起动、停止和信号指示；但当热继电器 FR 动作时，线路就出现了寄生电路（如图 6-9 中箭头所示），使正向接触器 KM_1 不能释放，起不了互锁保护作用。

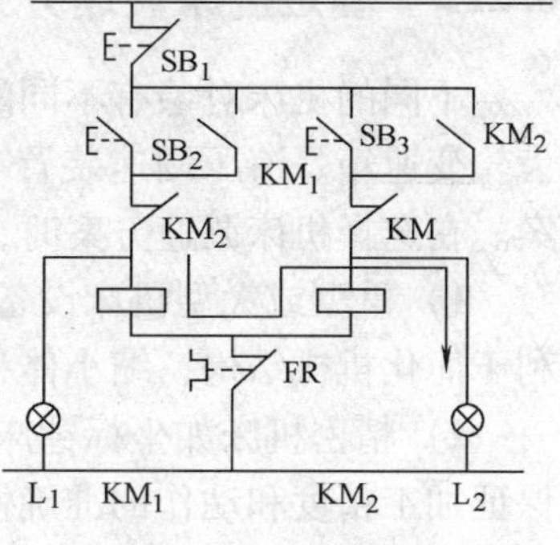

图 6-9　寄生回路

避免产生寄生电路的方法有：在设计机床电气控制线路时，严格按照“线圈、能耗元件下边接电源（零线），上边接触点”的原则，降低产生寄生回路的可能性；还应注意消除两个电路之间产生联系的可能性，若不可避免应加以区分、连锁隔离或采用多触点开关分离。如将图中的指示灯分别用 KM_1、KM_2 的另外常开触点直接连接到上边的控制母线上，就可消除寄生电路。

8）设计的线路应能适应所在电网情况，根据现场的电网容量、电压、频率，以及允许的冲击电流值等，决定电动机是否直接或间接（降压）起动。

4. 操作和维修方便

机床电气设备应力求维修方便，使用安全。电气元件应留有备用触点，必要时应留有备用电气元件，以便检修、改接线用，为避免带电检修应设置隔离电器。控制机构应操作简单、便利，能迅速而方便地由一种控制形式转换到另一种控制形式，例如由手动控制转换到自动控制等。

6.2　机床电力拖动方案确定原则和电动机的选择

机床电力拖动方案是指确定机床传动电动机的类型、数量、传动方式及电动机的起动、运行、调速、转向、制动等控制要求，是机床电气设计的主要内容之一，为机床电气控制原理图设计及电气元件选择提供依据。确定机床电力拖动方案必须依据机床的精度、工作效率、结构以及运动部件的数量、运动要求、负载性质、调速要求以及投资额等条件。

6.2.1　确定机床拖动方式

机床电动机的拖动方式有：单独拖动，一台设备只有一台电动机拖动；分立拖动，由多台电动机分别驱动各个工作机构，通过机械传动链连接各个工作机构。

机床电气传动发展的趋势是缩短机械传动链，电动机逐步接近工作机构，以提高传动效率。因而在确定机床拖动方式时应根据机床工艺及结构的具体情况决定电动机的数量。

6.2.2 确定机床调速方案

不同的机床对象有不同的调速要求，为了达到一定的调速范围，可分别采用齿轮变速箱、液压调速装置、双速或多速电动机以及电气的无级调速等传动方案。在选择机床调速方案时，可参考以下几点内容：

1）重型或大型机床设备主运动及进给运动，应尽可能采用无级调速。这有利于简化机械结构，缩小体积，降低制造成本。

2）精密机床如坐标镗床、精密磨床、数控机床以及某些精密机械手，为了保证加工精度和动作的准确性，便于自动控制也应采用电气无级调速方案。

3）一般中小型机床设备如普通机床没有特殊要求时，可选用经济、简单、可靠的三相笼型异步电动机，配以适当级数的齿轮变速箱。为了简化结构，扩大调速范围，也可采用双速或多速的笼型异步电动机。在选用三相笼型异步电动机的额定转速时，应满足工艺条件要求。

在选择电动机调速方案时，要保证电动机的调速特性与负载特性相适应，否则将会引起拖动工作的不正常，电动机不能充分合理的使用。例如，双速笼型异步电动机，当定子绕组由 Δ 连接改接成 YY 连接时，转速增加一倍，功率却增加很少，因此适用于恒功率传动。对于低速为 Y 连接的双速电动机改接成 YY 后，转速和功率都增加 1 倍，而电动机所输出的转矩却保持不变，适用于恒转矩传动。分析调速性质和负载特性，找出电动机在整个调速范围内的转矩、功率与转速的关系，以确定负载是需要恒功率调速还是恒转矩调速，为合理确定拖动方案和控制方案以及电动机和电动机容量的选择提供必要的依据。

6.2.3 机电电动机的选择和机床电动机的起动、制动和反向要求

1. 机床电动机的选择

机床电动机的选择包括电动机的种类、结构形式、额定转速和额定功率。机床电动机的种类和转速根据机床的调速要求选择，一般都应采用感应电动机，仅在起动、制动和调速不满足机床要求时才选用直流电动机；电动机的结构形式应适应机床结构和现场环境，可选用开启式、防护式、封闭式、防腐式甚至是防爆式电动机；电动机的额定功率根据机床的功率负载和转矩负载选择，使电动机容量得到充分利用。

一般情况下为了避免复杂的计算过程，机床电动机容量的选择往往采用统计类比或根据经验采用工程估算方法，但这通常具有较大的宽裕度。

2. 机床电动机起动、制动和反向要求

一般情况下，由电动机完成机床的起动、制动和反向要比机械方法简单容

易。机床主轴的起动、停止、正反转运动和调整操作，只要条件允许最好由电动机完成。

机床设备主运动传动系统的起动转矩一般都比较小，因此，原则上可采用任何一种起动方式。对于它的辅助运动，在起动时往往要克服较大的静转矩，必要时也可选用高起动转矩的电动机，或采用提高起动转矩的措施。另外，还要考虑电网容量，对电网容量不大而起动电流较大的电动机，一定要采取限制起动电流的措施，如 Y/Δ 起动、自耦调压器起动、定子回路串电阻降压起动等，以免电网电压波动较大而造成事故。

传动电动机是否需要制动，应视机床设备工作循环的长短而定。对于某些高速高效金属切削机床，宜采用电动机制动。如果对于制动的性能无特殊要求而电动机又需要反转时，则采用反接制动可使线路简化。在要求制动平稳、准确，即在制动过程中不允许有反转可能性时，则宜采用能耗制动方式。在某些机床设备中也常采用具有连锁保护功能的电磁机械制动（电磁抱闸），在有些场合下也可采用回馈制动等。

6.3　机床电气控制线路的经验设计法和逻辑设计法

机床电气控制线路有两种设计方法：一种是经验设计法，另一种是逻辑代数设计法。下面对这两种常用设计方法分别进行介绍。

6.3.1　经验设计法

所谓经验设计法就是根据机床生产工艺要求直接设计出控制线路。在具体的设计过程中常有两种做法：一种是根据机床的工艺要求，适当选用现有的典型电控环节，将它们有机地组合起来，综合成所需要的控制线路；另一种是根据机床工艺要求自行设计，随时增加所需的电气元件和触点，以满足给定的工作条件。

1. 经验设计法的基本步骤

一般的机床电气控制电路设计包括主电路和辅助电路等的设计。

（1）主电路设计　主要考虑机床电动机的起动、点动、正反转、制动及多速电动机的调速、短路、过载、欠压等各种保护环节以及连锁、照明和信号等环节。

（2）辅助电路设计　主要考虑如何满足电动机的各种运转功能及生产工艺要求。设计步骤是根据机床对电气控制电路的要求，首先设计出各个独立环节的控制电路，然后再根据各个控制环节之间的相互制约关系，进一步拟定连锁控制电路等辅助电路的设计，最后再考虑根据线路的简单、经济和安全、可靠等原则，修改线路。

（3）反复审核电路是否满足设计原则　在条件允许的情况下，进行模拟试验，逐步完善整个机床电气控制电路的设计，直至电路动作准确无误。

2. 经验设计法的特点

1）易于掌握，使用很广，但一般不易获得最佳设计方案。

2）要求设计者具有一定的实际经验，在设计过程中往往会因考虑不周发生差错，影响电路的可靠性。

3）当线路达不到要求时，多用增加触点或电器数量的方法来加以解决，所以设计出的电路常常不是最简单经济的。

4）需要反复修改草图，一般需要进行模拟试验，设计速度慢。

3. 经验设计法举例

下面以设计龙门刨床横梁升降控制线路为例来说明经验设计法。

龙门刨床（或立车）上装有横梁机构，刀架装在横梁上，随着加工工件大小不同横梁机构需要沿立柱上下移动，在加工过程中，横梁又需要保证夹紧在立柱上不松动。横梁的上升与下降由横梁升降电动机来驱动，横梁的夹紧与放松由横梁夹紧放松电动机来驱动。横梁升降电动机装在龙门顶上，通过蜗轮传动，使立柱上的丝杠转动，通过螺母使横梁上下移动。横梁夹紧电动机通过减速机构传动夹紧螺杆，通过杠杆作用使压块夹紧或放松。龙门刨床横梁夹紧放松示意图如图 6-10 所示。

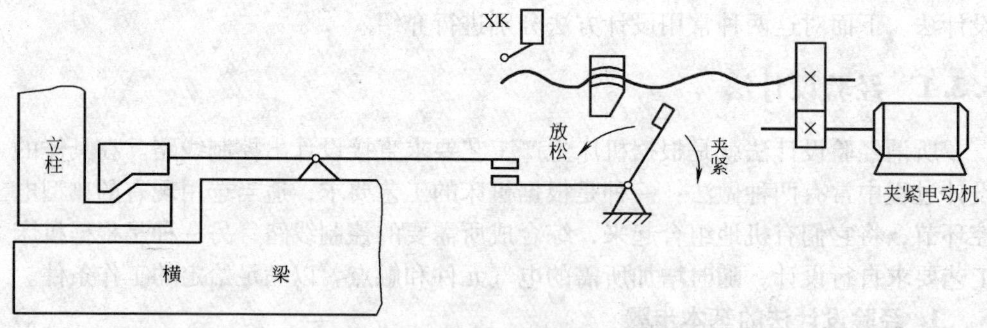

图 6-10　龙门刨床横梁夹紧放松示意图

龙门刨床横梁机构对电气控制系统的工艺要求如下：

1）刀架装在横梁上，要求横梁能沿立柱做上升、下降的调整移动。

2）在加工过程中，横梁必须紧紧地夹在立柱上，不许松动。夹紧机构能实现横梁的夹紧和放松。

3）在动作配合上，横梁夹紧与横梁移动之间必须有一定的操作程序，具体如下：

①按动向上或向下移动按钮后，首先使夹紧机构自动放松。

②横梁放松后，自动转换成向上或向下移动。

③移动到所需要的位置后，松开按钮，横梁自动夹紧。

④夹紧后夹紧电动机自动停止运动。

4）横梁在上升与下降时，应有上下行程的限位保护。

5）正反向运动之间，以及横梁夹紧与移动之间要有必要的联锁。

在了解清楚龙门刨床横梁机构上述生产工艺要求之后，就可以进行控制线路的设计了。

（1）设计主电路后　根据横梁能上下移动和能夹紧放松的工艺要求，需要用两台电动机来驱动，且电动机能实现正反向运转。因此采用4个接触器KM_1、KM_2和KM_3、KM_4，分别控制升降电动机M_1和夹紧放松电动机M_2的正反转，如图6-11a所示。因而，主电路就是控制两台电动机正反转的电路。

（2）设计基本控制电路　由于横梁的升降和夹紧放松均为调整运动，故都采用点动控制。采用两个点动按钮分别控制升降和夹紧放松运动，仅靠两个点动按钮控制4个接触器线圈，则需要增加两个中间继电器KA_1和KA_2。根据工艺要求可设计出如图6-11b所示的草图。

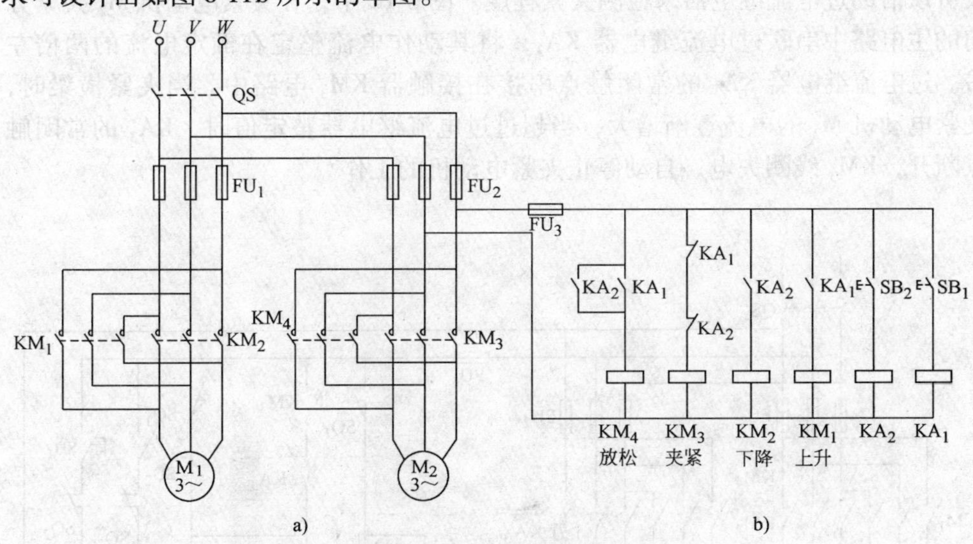

图6-11　龙门刨床横梁控制电路
a）横梁控制的主电路　b）横梁控制的辅助电路

经仔细分析可知，该线路存在问题如下：

1）按动上升点动按钮SB_1后，接触器KM_1和KM_4同时得电吸合，横梁的上升与放松同时进行，按动下降点动按钮SB_2，也出现类似情况。不满足“夹紧机构先放松，横梁后移动”的工艺要求。

2）放松线圈 KM_1 一直通电，使夹紧机构持续放松，没有设置检测元件检查横梁放松的程度。

3）松开按钮 SB_1，横梁不再上升，横梁夹紧线圈得电吸合，横梁持续夹紧，不能自动停止。

根据以上问题，需要恰当地选择控制过程中的变化参量，实现上述自动控制要求。

（3）选择控制参量，确定控制原则

1）反映横梁放松程度的参量。可以采用行程开关 SQ_1 检测放松程度，如图 6-12 所示。当横梁放松到一定程度时，其压块压动 SQ_1，使常闭触点 SQ_1 断开，表示已经放松，接触器 KM_4 线圈失电；同时，常开触点 SQ_3 闭合，使上升或下降接触器 KM_1 或 KM_2 通电，横梁向上或向下移动。

2）反映横梁夹紧程度的参量。包括时间参量、行程参量和反映夹紧力的电流量。若用时间参量，不易调整准确度；若用行程参量，当夹紧机构磨损后，测量也不准确。这里选用反映夹紧力的电流参量是适宜的，夹紧力大，电流也大，故可以借助过电流继电器来检测夹紧程度。图 6-12 中，在夹紧电动机 M_2 夹紧方向的主电路中串联过电流继电器 KA_3，将其动作电流整定在额定电流的两倍左右。过电流继电器 KA_3 的常闭触点串接在接触器 KM_3 电路中。当夹紧横梁时，夹紧电动机 M_2 的电流逐渐增大，当超过过电流继电器整定值时，KA_3 的常闭触点断开，KM_3 线圈失电，自动停止夹紧电动机的工作。

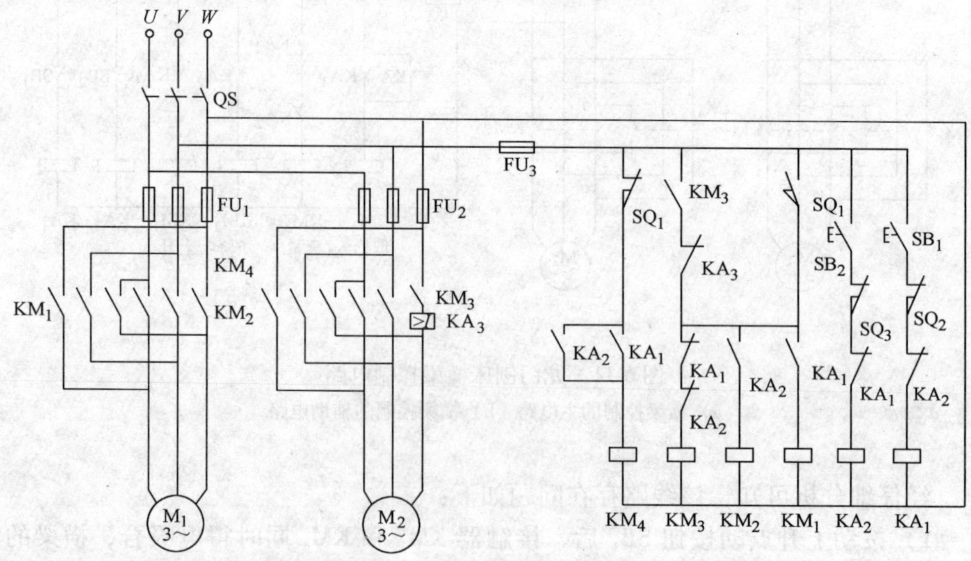

图 6-12　完整的控制线路图

3）设计连锁保护环节。采用行程开关SQ_2和SQ_3分别实现横梁上、下行程的限位保护。

图6-12为修改过的完整控制线路图。其中：

1）采用熔断器FU_1和FU_2作短路保护。

2）行程开关SQ_1不仅反映了放松信号，而且还起到了横梁移动和横梁夹紧之间的连锁作用。

3）中间继电器KA_1、KA_2的常闭触点，用于实现横梁移动电动机和夹紧电动机正反向运动的联锁保护。

4）线路的完善和校核。控制线路设计完毕后，往往还有不合理的地方，或者还有需要进一步简化或优化之处，应认真仔细地校核。对图6-12所示线路审核是对照生产机械工艺要求，反复分析所设计线路是否能逐条实现，是否会出现误动作，是否保证了设备和人身安全，是否还要进一步简化以减少触点或节省连线等。

下面分四个阶段对横梁移动和夹紧放松进行分析。

1）按下横梁上升点动按钮SB_1，由于行程开关SQ_1的常升触点没有压合，M_1不工作；中间继电器KA_1线圈得电、KM_4线圈得电，夹紧放松电动机M_2放松。

2）当横梁放松到一定程度时，夹紧装置将SQ_1压下，夹紧放松电动机停止工作；SQ_1常开触点闭合，驱动横梁在放松状态下向上移动。下降电动机工作将横梁压下，其常闭触点断开，KM_4线圈失电，KM_1线圈得电，升降电动机M_1起动。

3）当横梁移动到所需位置时，松开上升点动按钮SB_1，KA_1线圈失电，KM_1线圈失电使升降电动机M_1停止工作；由于横梁处于放松状态，SQ_1的常开触点一直闭合，KA_1常闭触点闭合，KM_3线圈得电，使M_2反向工作，从而进入夹紧阶段。

4）当夹紧电动机M_2刚起动时，起动电流较大，过电流继电器KA_3动作，但是由于SQ_1的常开触点闭合，KM_3线圈仍然得电；横梁继续夹紧，电流减小，过电流继电器KA_3复位；在夹紧过程中，行程开关SQ_1复位，为下次放松作准备。当夹紧到一定程度时，过电流继电器KA_3的常闭触点断，KM_2线圈失电，切断夹紧放松电动机M_2电源，整个上升过程到此结束。

横梁下降的工作过程与横梁上升操作过程类同。

从以上分析初看无问题，但仔细分析第二阶段即横梁上升或下降阶段，其条件是横梁必须放松到位。如果按下SB_1后的时间很短，横梁放松还未到位就已松开按下的按钮，致使横梁既不能放松又不能进行夹紧，容易出现事故。改进的方法是将KM_4的辅助触点并联在KM_1、KM_2两端，使横梁一旦放松，就必然继续工作至放松到位，然后可靠地进入夹紧阶段。

6.3.2 逻辑分析设计法简介

逻辑设计法是根据机床生产工艺的要求，利用逻辑代数来分析、化简、设计线路的方法。这种设计方法是将机床控制线路中的继电器、接触器线圈的通、断以及触点的断开、闭合等看成逻辑变量，并根据机床控制要求将它们之间的关系用逻辑函数关系式来表达，然后再运用逻辑函数基本公式和运算规律进行简化，根据最简式画出相应的机床电路结构图，最后再作进一步的检查和完善，即能获得需要的控制线路。

逻辑设计法较为科学，能够确定实现一个机床控制线路所必需的最少的中间记忆元件（中间继电器）的数目，以达到使逻辑电路最简单的目的，设计的线路比较简化、合理。但是当设计的机床控制系统比较复杂时，这种方法就显得十分繁琐，工作量也大。因此，如果将一个较大的、功能较为复杂的机床控制系统分成若干个互相联系的控制单元，用逻辑设计方法先完成每个单元控制线路的设计，然后再用经验设计方法把这些单元电路组合起来，各取所长，也是一种简捷的设计方法。

逻辑设计法可以使线路简化，充分利用电气元件来得到较合理的线路。对复杂线路的设计，特别是数控生产自动线、组合机床等控制线路的设计，采用逻辑设计法比经验设计法更为方便、合理。

逻辑设计法的一般步骤如下：

1）充分研究加工工艺过程，绘出工作循环图或工作示意图。

2）按工作循环图绘出执行元件及检测元件状态表。

3）根据状态表，设置中间记忆元件，并列写中间记忆元件及执行元件逻辑函数式。

4）根据逻辑函数式建立电路结构图。

5）进一步完善电路，增加必要的联锁、保护等辅助环节，检查电路是否符合原控制要求？有无寄生回路？是否存在触点竞争等现象？

完成以上五步，就可得到一张完整的机电控制原理图。

使用逻辑设计法能够加深对电路的分析与理解，有助于弄清机床电气控制系统中输入与输出的作用与相互关系，认识到继电接触器控制线路设计的实质，对学用 PLC 打下良好的基础。对于具体的设计方法，限于篇幅，本书不做深入介绍，感兴趣的读者可参阅有关参考书。

6.4 机床电气控制系统设计

在完成机床电气原理设计及电气元件选择之后，就应进行机床电气控制的工艺设计，目的是为了满足机床电气控制设备的制造和使用等要求。

机床电气控制系统工艺设计内容包括以下几点：

1）机床电气控制设备总体配置，即总装配图、总接线图。

2）机床电气控制各部分的电器装配图与接线图，并列出各部分的元件目录清单等技术资料。

3）机床电气控制设备使用、维修说明书。

6.4.1 机床电气设备总体配置设计

机床电气设备中各种电动机及各类电气元件根据各自的作用，都有一定的装配位置，在构成一个完整的机床自动控制系统时，必须划分组件。以龙门刨床为例，可划分机床电器部分（各拖动电动机，抬刀机构电磁铁，各种行程开关和控制站等）、机组部件（交磁放大机组，电动发电机组等）以及电气箱（各种控制电气、保护电器、调节电器等等）。根据各部分的复杂程度又可划分成若干组件，如印制电路组件、电器安装板组件、控制面板组件，电源组件等。同时要解决组件之间、电气箱之间以及电气箱与被控制装置之间的连线问题。

1. 划分组件的原则

1）功能类似的元件组合在一起。例如用于机床操作的各类按钮、开关、键盘、指示检测、调节等元件集中为控制面板组件，各种继电器、接触器、熔断器、照明变压器等控制电器集中为电气板组件，各类控制电源、整流、滤波元件集中为电源组件等。

2）尽可能减少组件之间的连线数量，接线关系密切的控制电器置于同一组件中。

3）强弱电控制器分离，以减少干扰。

4）力求整齐美观，外形尺寸、重量相近的电器组合在一起。

5）便于检查与调试，需经常调节、维护和易损元件组合在一起。

2. 电气控制设备的各部分及组件之间的接线方式

1）电器板、控制板、机床电器的进出线一般采用接线端子（按电流大小及进出线数选用不同规格的接线端子）。

2）电器箱与被控制设备或电气箱之间采用多孔接插件，便于拆装、搬运。

3）印制电路板及弱电控制组件之间宜采用各种类型标准接插件。

总体配置设计是以机床电气控制系统的总装配图与总接线图形式来表达的。图中应以示意形式反映出机电设备部分主要组件的位置及各部分接线关系、走线方式及使用管线要求等。

总装配图、接线图是进行分部设计和协调各部分组成一个完整系统的依据。总体设计要使整个系统集中、紧凑，同时在场地允许条件下，对发热严重、噪声和振动大的电气部件，如电动机组、起动电阻箱等尽量放在离操作者较远的地方或隔离起来；对于多工位加工的大型设备，应考虑两地操作的可能；总电源紧急停止控制应安放在方便而明显的位置。总体配置设计合理与否将影响到机床电气控制系统工作的可靠性，并关系到机床电气系统的制造、装配、调试、操作以及维护是否方便。

6.4.2 机床电气元件布置图的设计及电器部件接线图的绘制

总体配置设计确定了各组件的位置和连线后，就要对每个组件中的电气元件进行设计，机床电气元件的设计图包括布置图、接线图、电气箱及非标准零件图的设计。

1. 机床电气元件布置图

机床电气元件布置图是依据机床电控总原理图中的部件原理图设计的，是某些电器元件按一定原则的组合。布置图根据电器元件的外形绘制，并标出各元件间距尺寸。每个电气元件的安装尺寸及其公差范围，应严格按产品手册标准标注，作为底板加工依据，以保证各电器的顺利安装。

同一组件中电器元件的布置要注意的问题如下：

1）体积大和较重的电气元件应装在电器板的下面，而发热元件应安装在电器板的上面。

2）强弱电分开并注意弱电屏蔽，防止外界干扰。

3）需要经常维护、检修、调整的电器元件安装位置不宜过高或过低。

4）电气元件的布置应考虑整齐、美观、对称，外形尺寸与结构类似的电器安放在一起以利加工、安装和配线。

5）电气元件布置不宜过密，要留有一定的间距，若采用板前走线槽配线方式，应适当加大各排电器间距，以利布线和维护。

各电气元件的位置确定以后，便可绘制电气布置图。在电器布置图设计中，还要根据本部件进出线的数量（由部件原理图统计出来）和采用导线规格，选择进出线方式，并选用适当接线端子板或接插件，按一定顺序标上进出线的接线号。

2. 机床电气部件接线图

机电气部件接线图是部件中各电气元件的接线图。电气元件的接线要注意的问题如下：

1）接线图和接线表的绘制应符合 GB6988.5—1986 中《电气制图接线图和接线表》的规定。

2）电气元件按外形绘制，并与布置图一致，偏差不要太大。

3）所有电气元件及其引线应标注与电气原理图中相一致的文字符号及接线号。

4）与电气原理图不同，在接线图中，同一电气元件的各个部分（触点、线圈等）必须画在一起。

5）电气接线图一律采用细线条，走线方式有板前走线及板后走线两种，一般采用板前走线。对于简单电气控制部件，电气元件数量较少，接线关系不复杂，可直接画出元件间的连线。但对于复杂部件，电气元件数量多，接线较复杂的情况，一般是采用走线槽，只需在各电气元件上标出接线号，不必画出各元件间连线。

6）接线图中应标出配线用的各种导线的型号、规格、截面积及颜色要求。

7）部件的进出线除大截面导线外，都应经过接线板，不得直接进出。

3. 机床电气箱及非标准零件图的设计

在机床电气控制系统比较简单时，控制电器可以附在机床机械内部，而在控制系统比较复杂或由于生产环境及操作的需要，通常都带有单独的机床电气控制箱，以利于制造、使用和维护。

机床电气控制箱设计要考虑电气箱总体尺寸及结构方式、方便安装、调整及维修要求并利于箱内电器的通风散热。

大型机床控制系统，电气箱常设计成立柜式或工作台式，小型机床控制设备则设计成台式、手提式或悬挂式。

6.4.3　清单汇总和说明书的编写

在机床电气控制系统原理设计及工艺设计结束后，应根据各种图样，对本机床需要的各种零件及材料进行综合统计，按类别绘出外购成品件汇总清单表、标准件清单表、主要材料消耗定额表及辅助材料消耗定额表。

机床电气控制系统设计及使用说明书是设计审定及调试、使用、维护机床过程中必不可少的技术资料。机床电气控制系统设计及使用说明书应包含的主要内容如下：

1）机床拖动方案选择依据及本设计的主要特点。

2）机床电气控制系统设计主要参数的计算过程。

3）机床电气控制系统各项技术指标的核算与评价。

4）机床电气控制系统设备调试要求与调试方法。

5）机床电气控制系统使用、维护要求及注意事项。

6.5　机床的 PLC 控制系统设计

6.5.1　机床 PLC 控制系统设计的基本原则

设计任何一个机床 PLC 控制系统，如同设计任何一种机床电气控制系统一样，其目的都是通过控制被控对象机床来实现其机械加工的生产工艺要求，提高生产效率和产品质量。因此，在设计 PLC 控制系统时，应遵循以下基本原则：

1）机床 PLC 控制系统应能控制机床设备最大限度地满足机床的生产工艺要求。设计前，应深入生产现场进行实地考查和调查研究，搜索资料，并与机床的机械设计人员和实际操作人员密切配合，共同拟定机床控制方案，协同解决设计中出现的各种问题。

2）在满足生产工艺要求的前提下，力求使 PLC 控制系统越简单、越经济，操作使用及维护维修越方便越好。

3）要充分保证 PLC 控制系统的安全和可靠性。

4）考虑到今后加工生产的可持续发展和机床工艺的不断改进，在配置 PLC 硬件设备时应适当留有一定的扩展裕量。

6.5.2 机床 PLC 控制系统设计的基本内容

机床 PLC 控制系统是由 PLC 与机床输入、输出设备连接而成的。因此，机床 PLC 控制系统设计的基本内容应包括以下主要内容：

1）选择机床输入设备（按钮、操作开关、限位开关、传感器等）、输出设备（继电器、接触器、信号灯等执行元件）以及由输出设备驱动的控制对象（电动机、电磁阀等）。这些设备属于一般的电气元件，其选择的方法在前面章节中已作了介绍。

2）PLC 的选择。PLC 是 PLC 控制系统的核心部件。正确选择 PLC 对于保证整个控制系统的技术经济性能指标将起着重要的决定性作用。选择 PLC，主要包括机型、容量的选择以及 I/O 模块、电源模块等的选择。

3）分配 I/O 点，绘制 PLC 的实际接线图。

4）控制程序设计，包括控制系统流程图、状态转移图、梯形图、语句表（即指令字程序清单）等的设计。控制程序是控制整个机床系统工作的软件，是保证机床系统工作正常、安全、可靠的关键。因此，设计的机床控制程序必须经过反复调试、修改，直到满足机床生产工艺要求为止。

5）必要时还要设计机床控制台（柜）等。

6）编制机床 PLC 控制系统的技术文件。包括设计说明书、电气图及电气元件明细表。传统的电气图，一般包括电气原理图、电器布置图及电气安装图。在 PLC 控制系统中，这一部分图统称为“硬件图”。它在传统电气图的基础上增加了 PLC 部分，因此在电气图中应增加 PLC I/O 接口的实际接线图。

另外，在机床 PLC 控制系统中的电气图中还应包括控制程序图（梯形图），通常称它为“软件图”。向机床用户提供“软件图”，可便于机床用户在生产发展或工艺改进时修改程序，并有利于机床用户在维护或维修时分析和排除故障。

6.5.3　机床 PLC 控制系统设计的一般步骤

设计机床 PLC 控制系统的一般步骤如图 6-13 所示。主要包括：

1）根据生产的工艺过程分析控制要求，了解需要完成的动作（动作顺序、动作条件、必须的保护和连锁等）、操作方式（手动、自动；连续、单周期、单步等）。

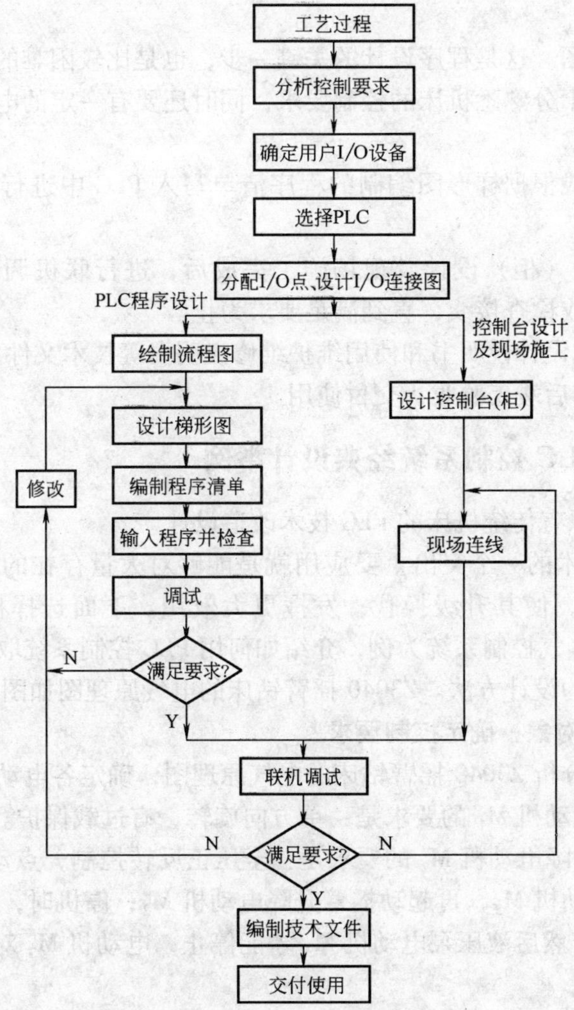

图 6-13　机床 PLC 控制系统设计步骤

2）根据控制要求确定所需要的输入、输出设备，据此确定 PLC 的 I/O 接点数。

3）选择 PLC 机型及容量。

4）定义输入、输出点名称，分配 PLC 的 I/O 点，设计 PLC 的实际接线图。

5）根据 PLC 所要完成的任务及应具备的功能进行 PLC 程序设计，同时可进行控制台（柜）的设计和现场施工。

PLC 程序设计的步骤与内容有以下几点：

①对于较复杂的控制系统，可首先绘制出系统控制流程图或状态转移图，用图示方法清楚地表明动作的顺序和条件。对于简单的控制系统，也可省去这一步。

②设计梯形图。这是程序设计的关键一步，也是比较困难的一步。要设计好梯形图，首先要十分熟悉机床的控制要求，同时还要有一定的电气设计的实践经验。

③将梯形图或根据梯形图编制的程序清单写入 PLC 中进行程序试和系统试运行。

6）待控制台（柜）设计及现场施工完成后，进行联机调试。如不满足要求，再修改程序或检查接线，直到满足要求为止。

7）编制系统设计说明书和使用维护维修说明书等技术文件。

8）经试生产后竣工验收，交付使用。

6.5.4 机床 PLC 控制系统经典设计举例

【例 6-1】 原有传统机床的 PLC 技术改造设计

学习 PLC 技术的一个突出重要应用就是能够对大量存在的原有传统机床进行技术改造设计，使其升级换代，发挥更大效用。下面选择机床中最常用的 Z3040 摇臂钻床电气控制系统为例，介绍如何用 PLC 控制系统取代 Z3040 摇臂钻床电气控制系统的设计方法。Z3040 摇臂钻床的电气原理图如图 6-14 所示。

1. 分析控制对象，确定控制要求

仔细阅读、分析 Z3040 摇臂钻床的电气原理图，确定各电动机的控制要求。

1）对主轴电动机 M_1 的要求是：单方向旋转，有过载保护。

2）对摇臂升降电动机 M_2 的要求是：全压正反转控制，点动控制；起动时，先起动液压泵电动机 M_3，再起动摇臂升降电动机 M_2；停机时，起动摇臂升降电动机 M_2 先停止，然后液压泵电动机 M_3 才能停止；电动机 M_3 对 M_2 设有必要的联锁保护。

3）对液压泵电动机 M_3 的要求是：全压正反转控制，设长期过载保护。

4）冷却泵电动机 M_4 容量小，由开关 SA_1 控制，单方向运转。

2. 分析控制要求，确定 I/O 点数

分析图 6-14 所示 Z3040 摇臂钻床的控制要求，找出要改用 PLC 控制的输入、输出信号，共有13个输入信号，9个输出信号。照明灯可不通过PLC而由外电

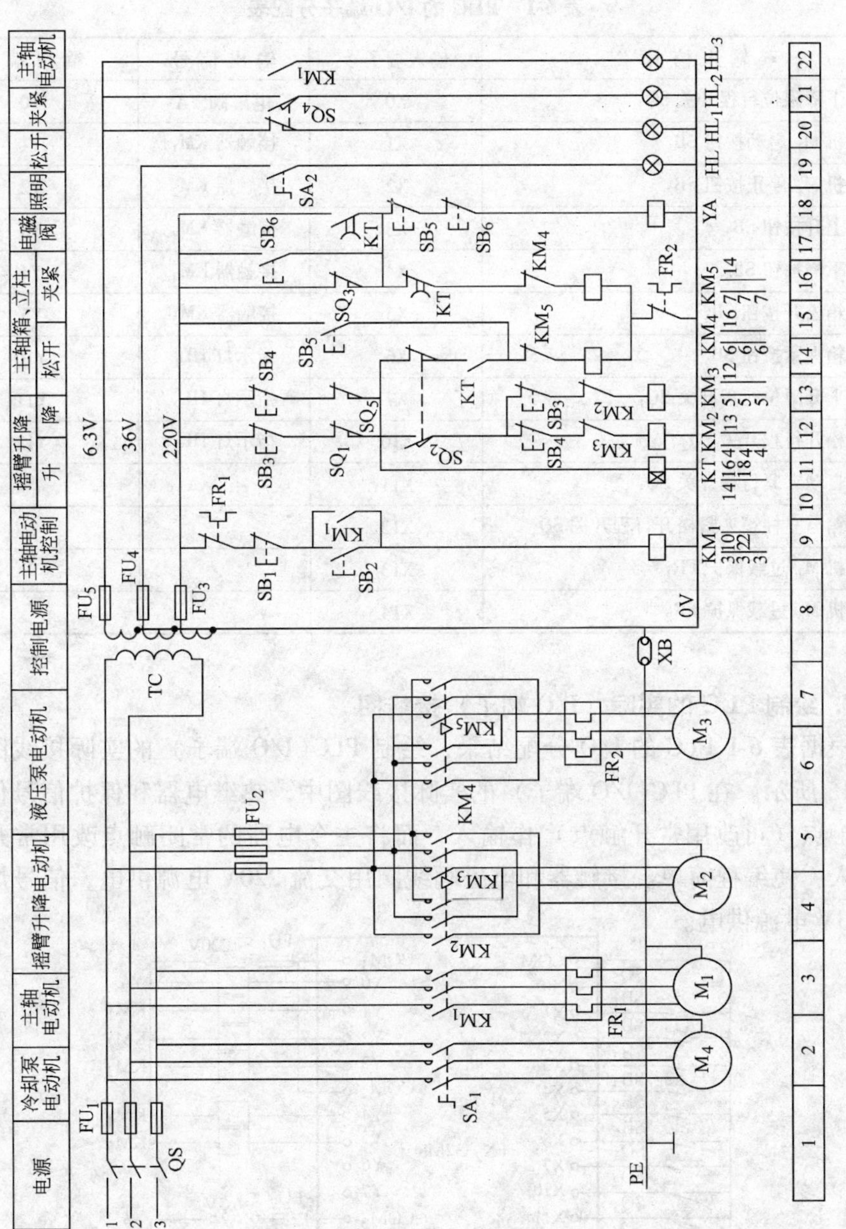

图 6-14　Z3040 摇臂钻床的电气原理图

路直接控制，可以节约PLC的I/O端子数。考虑将来的发展需要，留一定余量，选用FX_{2N}-32MR PLC。将输入、输出信号进行地址分配，见表6-1。

表6-1　PLC的I/O端子分配表

输入信号	输入端子号	输出信号	输出端子
摇臂下降限位行程开关SQ_5	X0	电磁阀YA	Y0
电动机M_1启动按钮SB_1	X1	接触器KM_1	Y1
电动机M_1停止按钮SB_2	X2	接触器KM_2	Y2
摇臂上升按钮SB_3	X3	接触器KM_3	Y3
摇臂下降按钮SB_4	X4	接触器KM_4	Y4
主轴箱松开按钮SB_5	X5	接触器KM_5	Y5
主轴箱夹紧按钮SB_6	X6	指示灯HL_1	Y10
摇臂上升限位行程开关SQ_1	X7	指示灯HL_2	Y11
摇臂松开行程开关SQ_2	X10	指示灯HL_3	Y12
摇臂自动夹紧行程开关SQ_3	X11		
主轴箱与立柱箱夹紧松开行程开关SQ_4	X12		
电动机M_1过载保护FR_1	X13		
电动机M_3过载保护FR_2	X14		

3. 绘制PLC的实际（I/O端子）接线图

根据表6-1 PLC的I/O分配结果，绘制PLC（I/O端子）的实际接线图，如图6-15所示。在PLC（I/O端子）的实际接线图中，热继电器和保护信号仍采用常闭触点（可改用常开触点）作输入，而将主令电器的常闭触点改用常开触点作输入，使编程简单。接触器和电磁阀线圈用交流220V电源供电，信号灯用交流6.3V电源供电。

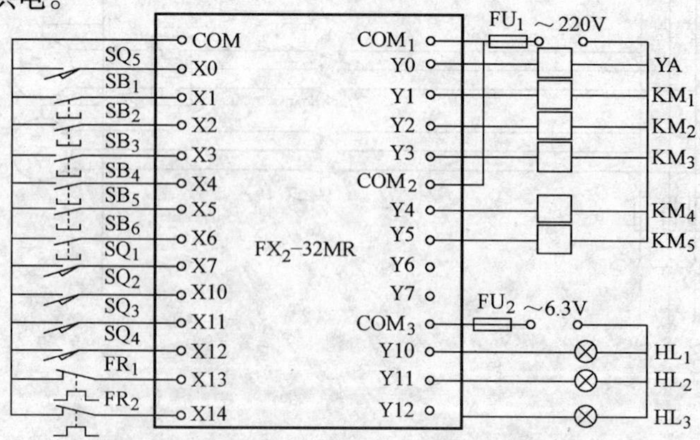

图6-15　改用PLC控制的实际（I/O端子）接线图

4. 设计PLC控制的梯形图

对Z3040摇臂钻床梯形图的改造设计，可根据PLC（I/O端子）的实际接线图，参照原有的电气控制原理图，用习惯常用的翻译法进行PLC控制系统的梯形图改造设计。首先，将整个控制电路分解成若干个控制环节，分别设计出各控制环节的梯形图；然后，再根据控制要求把它们综合在一起；最后，经整理、修改和完善，设计出符合Z3040摇臂钻床控制要求的完整的梯形图。

（1）设计控制主轴电动机 M_1 的梯形图　在电气控制原理图中，主轴电动机M1的控制比较简单，梯形图如图6-16所示。

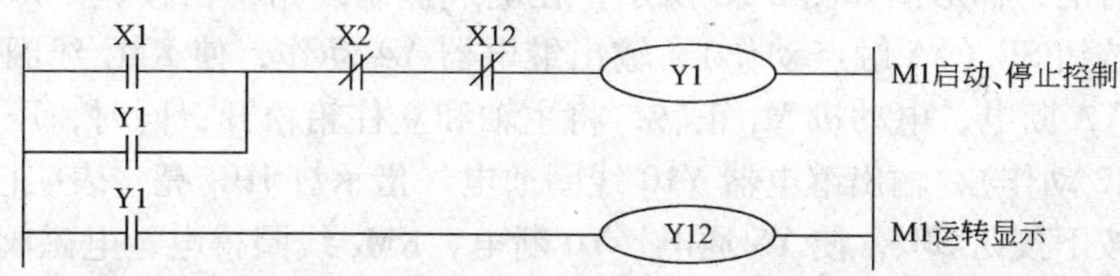

图6-16　控制主轴电动机 M_1 的PLC梯形图

（2）设计控制摇臂升降电动机 M_2 和液压泵电动机 M_3 的梯形图

1）摇臂升降过程。摇臂的升降、夹紧控制与液压系统紧密配合，梯形图如图6-17所示。由上升按钮 SB_3 和下降按钮 SB_4 与正、反转接触器 KM_2、KM_3 组成电动机 M_2 的正反转电动机点动控制。摇臂升降为点动控制，且摇臂升降前必须先起动液压泵电动机 M_3，将摇臂松开，然后方能起动摇臂升降电动机 M_2。按摇臂上升按钮 SB_3（X3 = ON），PLC内部继电器M0线圈通电，电气原理图中的时间继电器KT在梯形图中由定时器T0代替，时间继电器的瞬时动作触点KT由辅助继电器M0代替，使得输出继电器Y4和Y0动作，则 KM_4 和电磁阀YA线圈

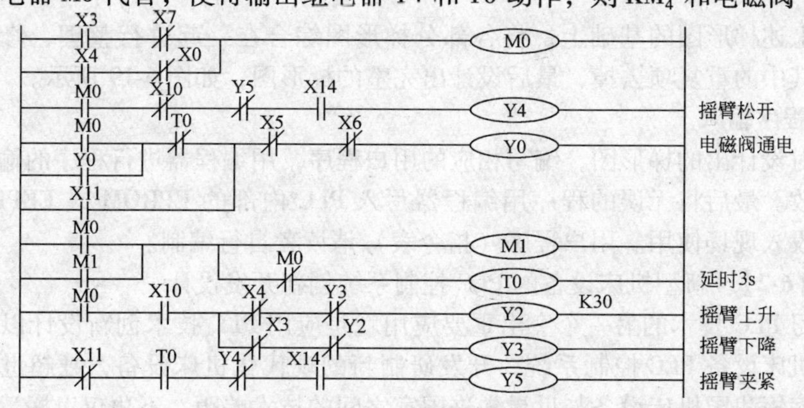

图6-17　摇臂升、降控制梯形图

同时通电，电动机 M_3 正转将摇臂松开。松开到位压下摇臂松开的行程开关 SQ_2（X10 动作），使输出继电器 Y4 断电，Y2 动作，KM_4 断电，同时 KM_2 通电，摇臂维持松开进行上升。上升到位松开按钮 SB_3（X3 = OFF），M0 线圈断电，摇臂停止上升，同时定时器 T0 线圈通电延时（1 ~ 3）s 后触点动作，输出继电器 Y5 动作，使 KM_5 线圈通电，电动机 M_3 反转，摇臂夹紧。夹紧时压下行程开关 SQ_3（X11 动作），输出继电器 Y5 和 Y0 复位，KM_5 和电磁阀线圈断电，电动机 M_3 停转。

2）主轴箱和立柱箱的松开与夹紧控制。主轴箱和立柱箱的松开与夹紧控制是同时进行的，梯形图如图 6-18 所示，在电气控制线路中由按钮 SB_5 和 SB_6 控制。按下按钮 SB_5（X5 触点动作），输出继电器 Y4 动作，使 KM_4 线圈得电，电磁阀线圈 YA 断电，电动机 M_3 正转，将主轴和立柱箱松开；同时，压下行程开关 SQ_4（X12 动作），输出继电器 Y10 线圈通电，指示灯 HL_1 亮，表明已经松开。反之，当按下按钮 SB_6，使 Y5 通电、Y0 断电，KM_5 线圈得电，电磁阀 YA 仍断电，电动机 M_3 反转将主轴箱和立柱箱夹紧；同时行程开关 SQ_4 复位，输出继电器 Y11 动作，夹紧指示灯 HL_2 亮，表明夹紧动作完成。

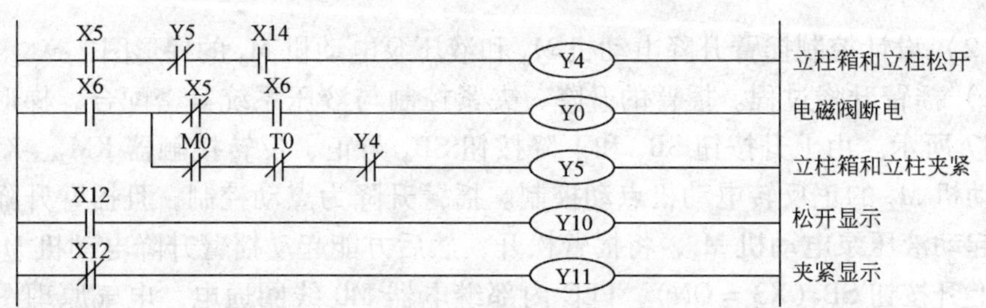

图 6-18　主轴箱和立柱箱的松开与夹紧 PLC 控制梯形图

在上述梯形图的基础上，将各部分梯形图综合在一起进行整理、修改和完善，把其中的重复项去掉，最后设计出完整的梯形图，如图 6-19 所示。

5. 程序输入

针对设计出的梯形图，编写相应的用户程序，用编程器进行程序的输入、调试、修改。最后将无误的程序用编程器写入 PLC 内部的 EPROM 或 EEPROM 芯片内，投入现场使用。用户程序（指令表）请读者自行编制。

【例 6-2】 新型机床设备的 PLC 控制系统创新开发设计

学习 PLC 技术的另一个突出重要应用就是应用 PLC 技术创新设计以前没有的新型机床设备 PLC 控制系统，开发研制新的现代化机床设备，赶超世界先进水平，缩短我国机床设备与世界先进国家之间的技术差距。下边仅以搬运工件的机械手为例，介绍其创新开发设计的方法。

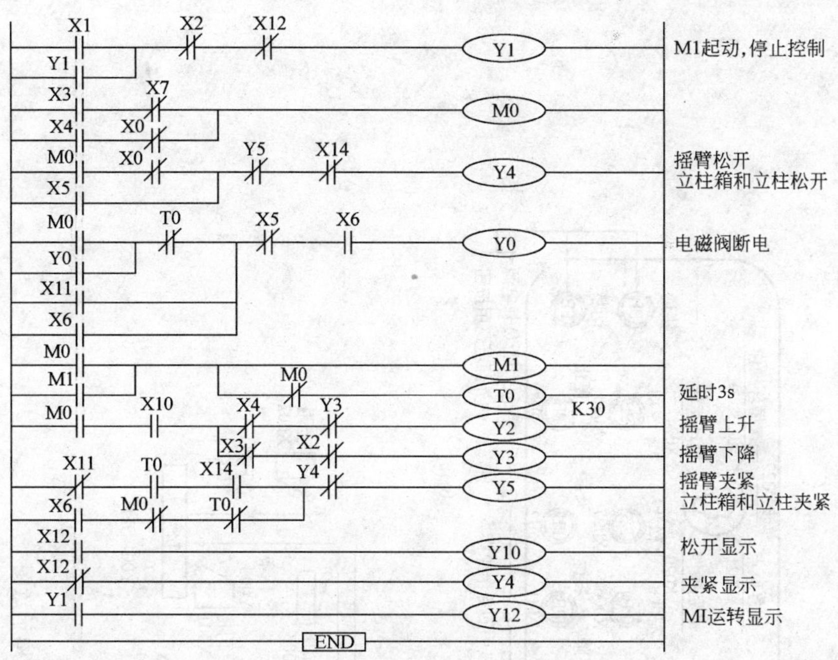

图 6-19　Z3040 摇臂钻床 PLC 控制梯形图

1. 机械手搬运工件的生产工艺过程分析

图 6-20a 所示是工件传送机构，通过机械手可将工件从 A 点传送到 B 点。图 6-20b 是机械手的操作面板，面板上操作可分为手动和自动两种。

（1）手动

1）单个操作：用单个按钮接通或切断各负载的模式。

2）原点复位：按下原点复归按钮时，使机械自动复归原点的模式。

（2）自动

1）单步：每次按下起动按钮，前进一个工序。

2）循环运行一次：在原点位置上按起动按钮时，进行一次循环的自动运行到原点停止。途中按停止按钮，工作停止；若再按起动按钮，则在停止位置继续运行至原点停止。

3）连续运转：在原点位置上按起动按钮，开始连续反复运转。若按停止按钮，运转至原点位置后停止。

图 6-20c 是工件传送机构的原理图。左上为原点，按①下降、②夹紧、③上升、④右行、⑤下降、⑥松开、⑦上升、⑧左行的顺序从左向右传送。下降/上升、左行/右行使用的是双电磁阀（驱动/非驱动 2 个输入），夹紧使用的是单电磁阀（只在通电中动作）。

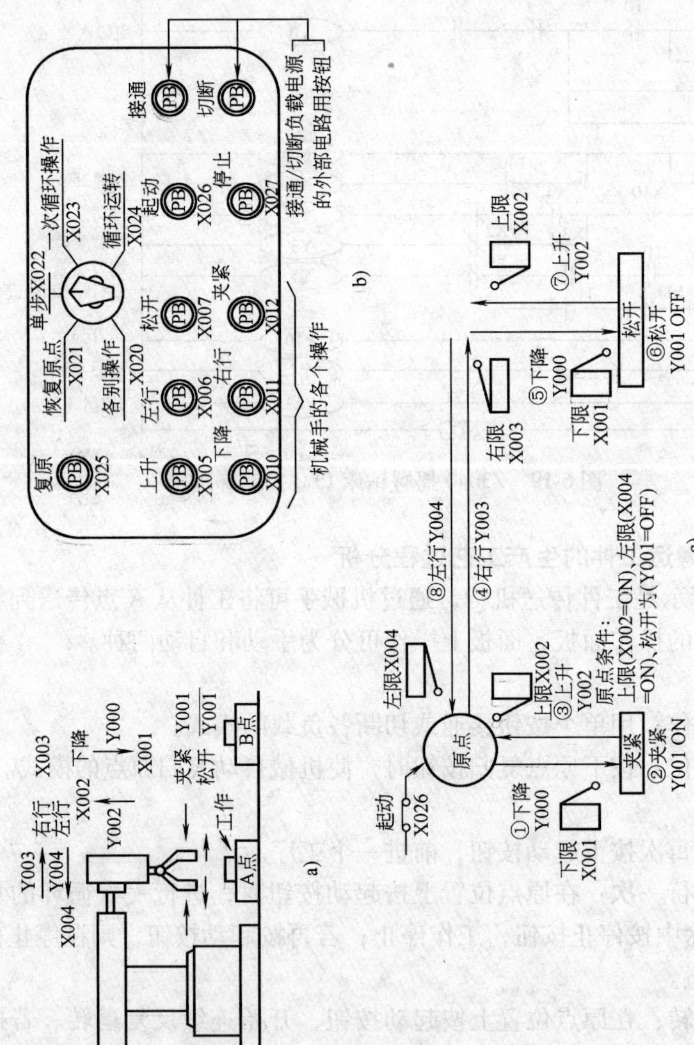

图 6-20 工件传动控制机构示意图

a）工件传送机构输入、输出控制 b）工件传送机构操作面板 c）传送机构控制原理图

2. PLC 的 I/O 接点地址

根据操作面板模式和控制原理图，分配 I/O 接点地址，如表 6-2、6-3 所示。

表 6-2　I 分配表

输入		输入		输入		输入	
各别操作	X020	连续运行	X024	上升	X005	松开	X007
原点复归	X021			下降	X010	夹紧	X012
单步操作	X022	自动启动	X026	左行	X006	复原	X025
循环一次	X023	停止	X027	右行	X011		

表 6-3　I/O 分配表

输入		输出		输入		输出	
下限位 SQ1	X001	下降	Y000	左限位 SQ4	X004	右行	Y003
上限位 SQ2	X002	夹紧/松开	Y001			左行	Y004
右限位 SQ3	X003	上升	Y002				

3. PLC 控制的用户程序设计

根据工件传送机构的原理图，则可以编写出机械手状态转移图，如图 6-21 所示；步进状态初始化、单个操作、原点复位、自动运行（包括单步、循环一次、连续运行）四部分梯形图程序如图 6-22 所示，指令表程序如图 6-23 所示。

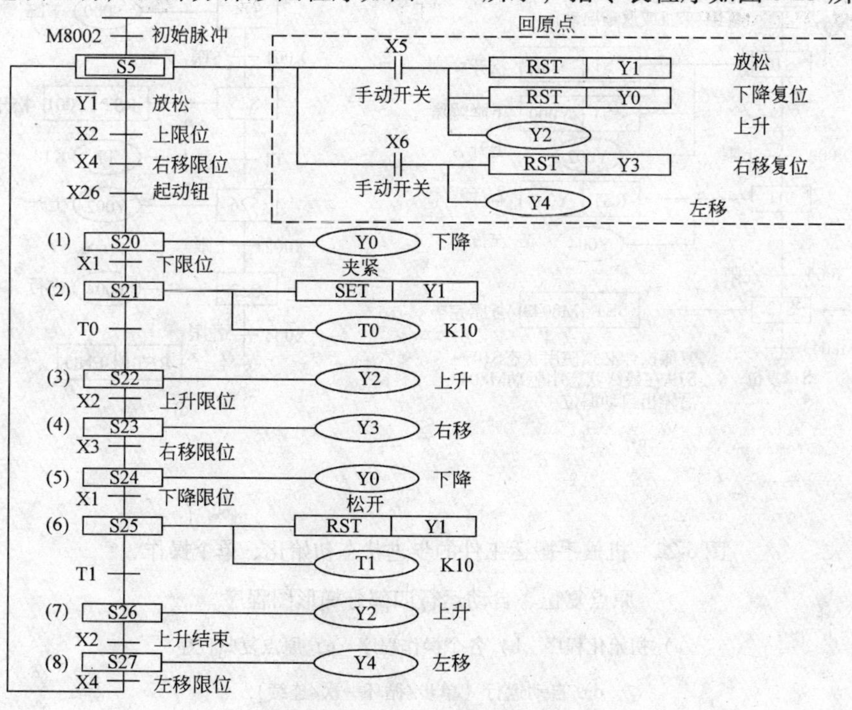

图 6-21　机械手状态转移图

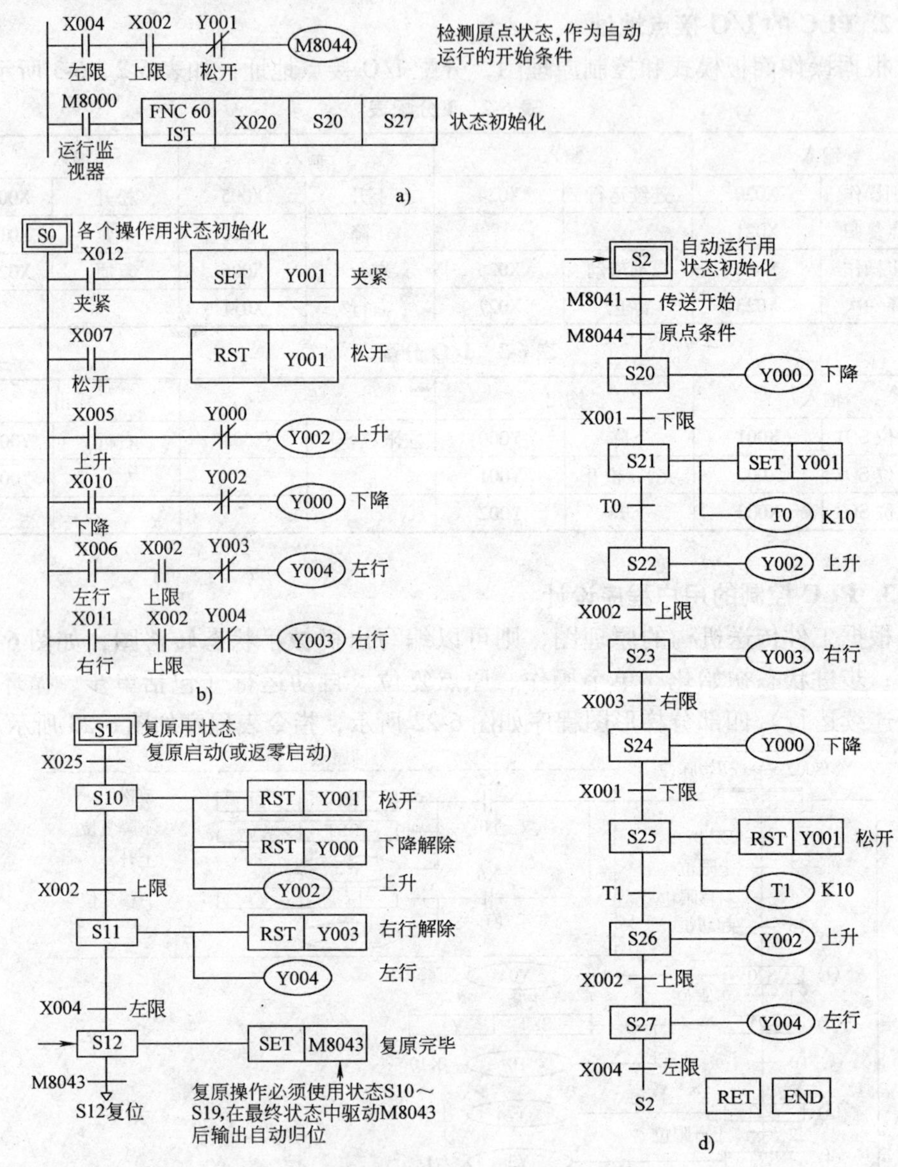

图 6-22　机械手搬运工件的步进状态初始化、单个操作、原点复位、自动运行四部分梯形图程序

a）初始化程序　b）各个操作程序　c）原点复归程序　d）自动运行（单步/循环一次/连续）

程序	步	指令	元件
初始化程序	0	LD	X 004
	1	AND	X 002
	2	ANI	Y 001
	3	OUT	M8044
	5	LD	M8000
	6	IST	60
			X 020
			S20
			S27
	13	STL	S0
各个操作程序	14	LD	X 012
	15	SET	Y 001
	16	LD	X 007
	17	RST	Y 001
	18	LD	X 005
	19	ANI	Y 000
	20	OUT	Y 002
	21	LD	X 010
	22	ANI	Y 002
	23	OUT	Y 000
	24	LD	X 006
	25	AND	X 002
	26	ANI	Y 003
	27	OUT	Y 004
	28	LD	X 011
	29	AND	X 002
	30	ANI	Y 004
	31	OUT	Y 003
	(RET)←—不需要程序		
原点复归程序	32	STL	S1
	33	LD	X 025
	34	SET	S10
	36	STL	S10
	37	RST	Y 001
	38	RST	Y 000
	39	OUT	Y 002
	40	LD	X 002
	41	SET	S11
	43	STL	S11
	44	RST	Y 003
	45	OUT	Y 004
	46	LD	X 004
	47	SET	S12
	49	STL	S12
	50	SET	M8043
	52	LD	M8043
	53	RST	S12
	(RET)		

程序	步	指令	元件
自动运行程序	55	STL	S2
	56	LD	M8041
	57	AND	M8044
	58	SET	S20
	60	STL	S20
	61	OUT	Y 000
	62	LD	X 001
	63	SEI	S21
	65	SIL	S21
	66	SET	Y 001
	67	OUT	T0
			K10
	70	LD	T0
	71	SE1	S22
	73	STL	S22
	74	OUT	Y 002
	75	LD	X 002
	76	SET	S23
	78	STL	S23
	79	OUT	Y 003
	80	LD	X 003
	81	SET	S24
	83	STL	S24
	85	OUT	Y 000
	86	SET	S25
	88	STL	S25
	89	RST	Y 001
	90	OUT	T1
			K10
	93	LD	T1
	94	SET	S26
	96	STL	S26
	97	OUT	Y 002
	98	LD	X 002
	99	SET	S27
	101	STL	S27
	102	OUT	Y 004
	103	LD	X 004
	104	OUT	S2
	106	RET	
	107	END	

图 6-23　机械手搬运工件的步进状态初始化、单个操作、原点复位、自动运行四部分指令字程序

【例 6-3】 PLC 在机床设备现代高新技术中的应用设计

变频调速是近代出现的高新技术，日本安川 VS-616G5 变频器属电压型变频器，具有全程磁通矢量电流控制的特点，它包含 4 种控制方式：标准 V/F 控制、带 PG 反馈（速度反馈）的 V/F 控制、无传感器的磁通矢量控制、带 PG 反馈的磁通矢量控制，具有广泛的应用领域，从高精度的伺服机床到多电动机系统的驱动设备均能适应。其外部接线图如图 6-24 所示。

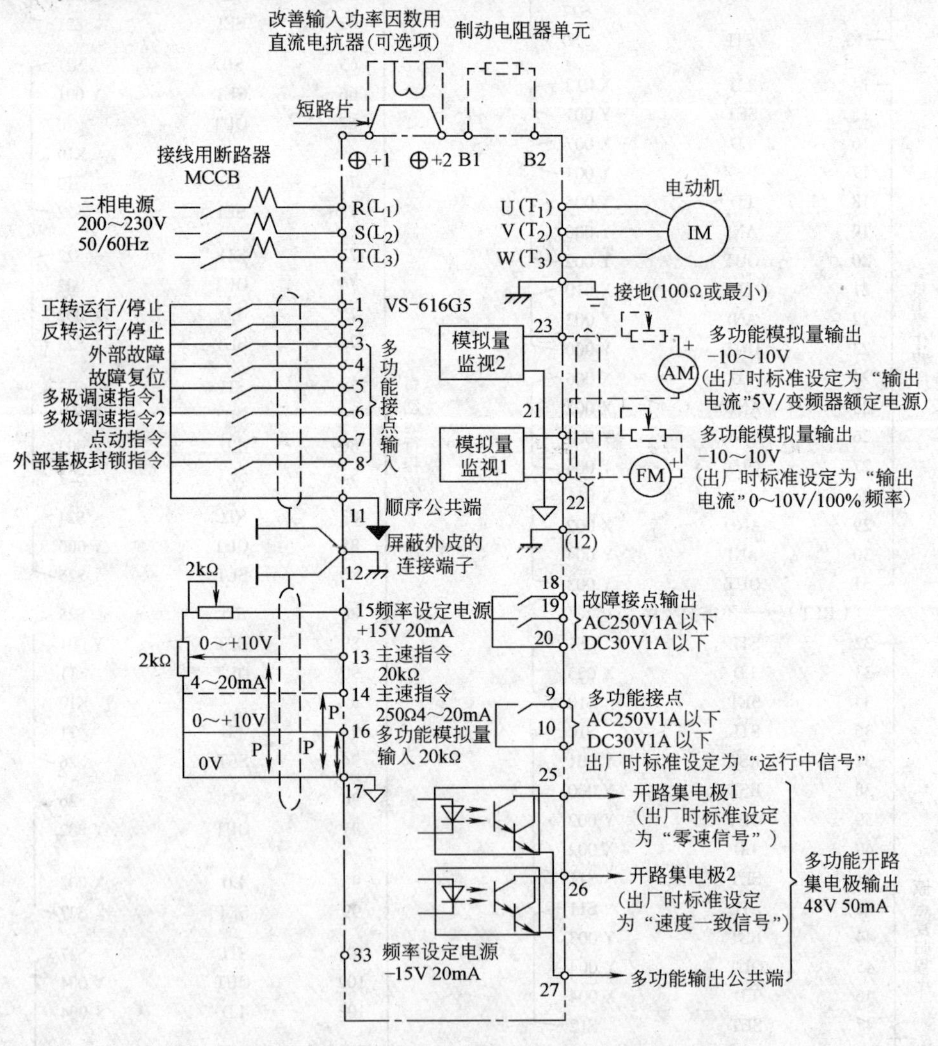

图 6-24 日本安川 VS-616G5 变频器外部接线图

在 VS-616G5 变频器的使用中，为了更有效更充分地利用其有限的端子，通常采取可以自由地改变一些端子（多功能输入端）和接点功能的做法，以使变频器具有更多的功能。另外，当用变频器构成自动控制系统时，它需要接收来自自控系统的频率指令信号和其他运行控制信号等，并给系统提供变频器运行状态的监测信号。在许多情况下，变频器需要和 PLC 等上位机配合使用。下面就介绍 PLC 在变频器的外部控制端子上应用连接设计。

1. 顺序控制端子功能及应用（有级调速方式）

顺序控制端子功能见表 6-4 和图 6-25。变频器的输入信号包括对运行/停止、正转/反转、点动等运行状态进行操作的运行信号（数字输入信号）。变频器通常利用继电器接点或晶体管集电极开路形式与上位机连接，并得到这些运行信号，如图 6-26 所示。

表 6-4　顺序控制端子功能表

端子记号	信号名称	端子功能说明	
1	正转运行停止指令	"闭"正转"开"停止	
2	反转运行停止指令	"闭"反转"开"停止	
3	外部故障输入	"闭"故障"开"正常	3 ~ 8 为多功能输入端（根据 H1-01 ~ H1-06 的设定，可选择指令信号）。表中功能为出厂时设定
4	异常复位	"闭"时复位	
5	主速/辅助切换（多段速指令 1）	"闭"辅助频率指令	
6	多段速指令 2	"闭"多段速设定 2 有效	
7	点动指令	"闭"时点动运行	
8	外部基极封锁	"闭"时变频器停止输出	
9	顺控器控制输入公共端		

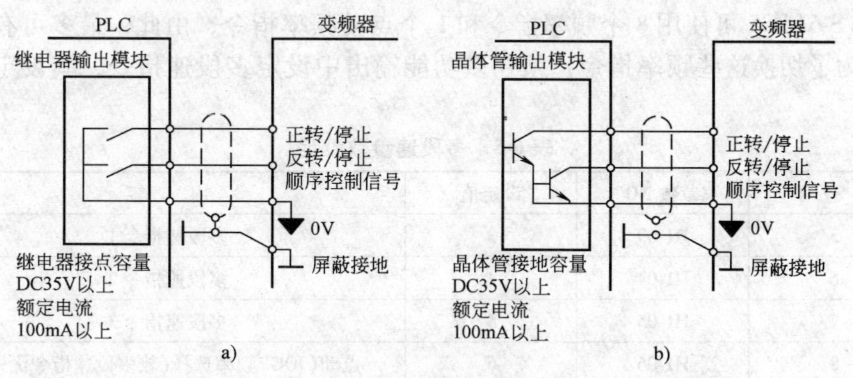

图 6-25　运行信号连接方式

a）继电器接点　b）晶体管（集电极开路）

通过多功能输入端的设定，即设定多级速度频率，可实现多级调速运转，并可通过外部信号选择使用某一级速度，高性能变频器可设定 3 ~ 8 级速度频率。

实际上，可用 PLC 的开关量输入输出模块控制变频器多功能输入端，以控制电动机的正反转、转速等，实现有级调速。对于大多数系统，这种控制方式不但能满足其工艺要求，而且接线简单，抗干扰能力强，使用方便。同用模拟信号进行速度给定的方法相比，这种方式的设定精度高、成本低，不存在由漂移和噪声带来的各种问题。下面介绍这种控制方法。

用数字操作器可对参数 H1-01 ~ H1-06 进行设定。根据不同的设定，VS-616G5 变频器可用 3 线制程序运行、3 段速运行以及最多 9 段速运行。下面是 9 段速运行的例子。图 6-26 是三菱公司的 $FX_{2(2N)}$-24MR 型 PLC 与安川变频器 VS-616G5 的硬件接线图，其中将端子 20、11 与端子 27 相连。

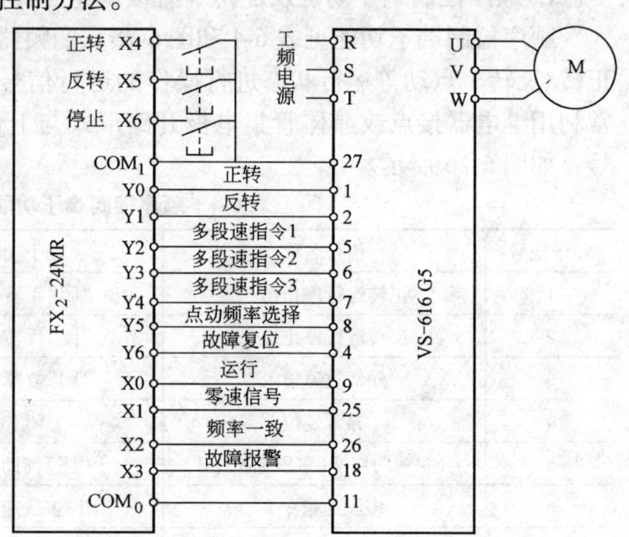

图 6-26　三菱公司的 $FX_{2(2N)}$-24MR 型 PLC 与安川变频器 VS-616G5 的硬件接线图

在变频器运行之前，必须用其数字操作器对有关的功能指令码和参数进行设定，如上升时间、下降时间等。现仅列出多段速指令的设定。

VS-616G5 可使用 8 个频率指令和 1 个点动频率指令，由此，最多可有 9 段速。为了切换这些频率指令，须在多功能输出中设定多段速指令，其设定见表 6-5。

表 6-5　多段速参数设定

端　子	参数 NO	设定值	内　容
5	H1-03	3	多段速指令 1
6	H1-04	4	多段速指令 2
7	H1-05	5	多段速指令 3
8	H1-06	6	点动(JOG)频率选择(较多段速指令优先)

图 6-26 中的多功能端子是出厂时设定的，而根据表 6-5 的设定，多功能端子和被选择的频率见表 6-6。其中，点动运转是一种与所设置的加减速时间无关的、单步的、以点动频率运转的驱动功能。点动频率可为固定值，亦可任意设定。

表6-6 多功能端子与频率指令

端子5	端子6	端子7	端子8	被选择的频率
多段速指令1	多段速指令2	多段速指令3	点动频率选择	
OFF	OFF	OFF	OFF	频率指令1 d1-01 主速频率数
ON	OFF	OFF	OFF	频率指令2 d1-02 辅助频率数
OFF	ON	OFF	OFF	频率指令3 d1-03
ON	ON	OFF	OFF	频率指令4 d1-04
OFF	OFF	ON	OFF	频率指令5 d1-05
ON	OFF	ON	OFF	频率指令6 d1-06
OFF	ON	ON	OFF	频率指令7 d1-07
ON	ON	ON	OFF	频率指令8 d1-08
			ON	点动频率 d1-09

如果某机床电动机的频率曲线图如图6-27所示，用变频器的3个输入端子5、6、7可控制8档频率，每档频率对应的频率指令值可通过数字操作器进行参数d1-01～d1-08设置而定（设定范围0～400Hz）。根据硬件接线图和表6-5，可画出PLC有关输出信号的波形图。若在$t=0$时按下正转运行按钮，电动机起动并以频率指令1对应的速度运行；随后每隔10s依次加速至频率指令8对应的速度，然后减速至点动频率对应的速度并以该速度运行，历时80s后停车10s；再按反转运行按钮，电动机反向起动并以频率指令1对应的速度运行，1min后停车。对应梯形图的设计如图6-28所示。

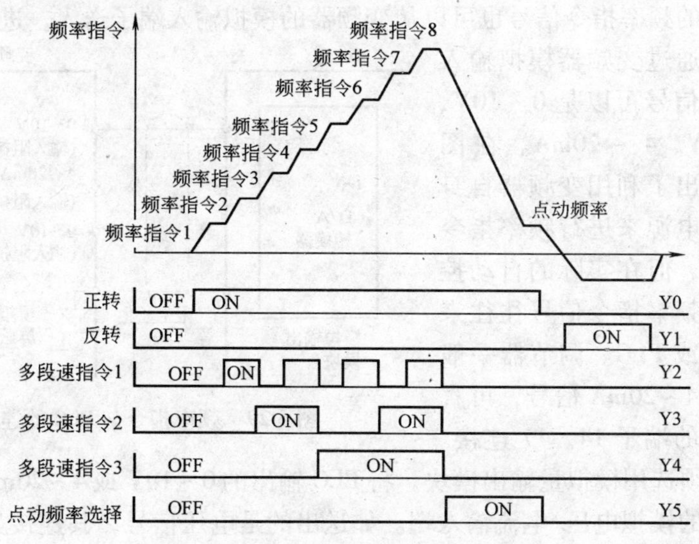

图6-27 多段速度指令下对应的波形图

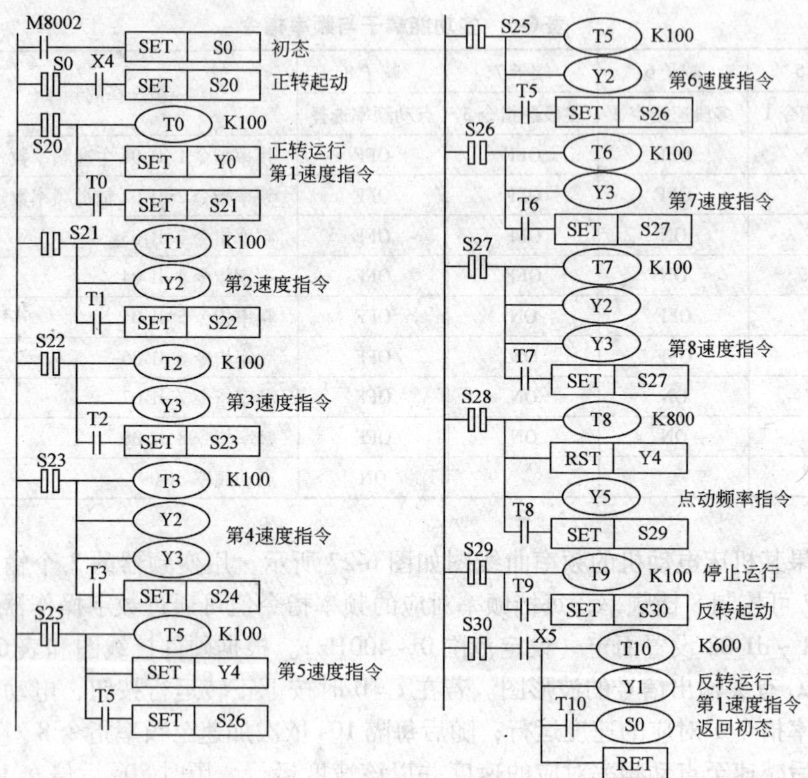

图 6-28　PLC 与变频器多段速控制梯形图

2. 变频器的频率指令信号（无级调速方式）

变频器的频率指令信号也可以从变频器的模拟输入端子送入，进行变频器的无级调速。通过变频器模拟输入端子送入的信号可以是 0 ~ 10V、-10 ~ +10V、4 ~ 20mA。在图 6-24 中，给出了利用变频器自身的频率设定电源来进行频率指令给定的方式，但在实际的自动控制系统中，频率指令信号往往来自于调节器或 PLC。调节器一般输出标准的 4 ~ 20mA 信号，可直接与变频器的端子 14、17 连接。

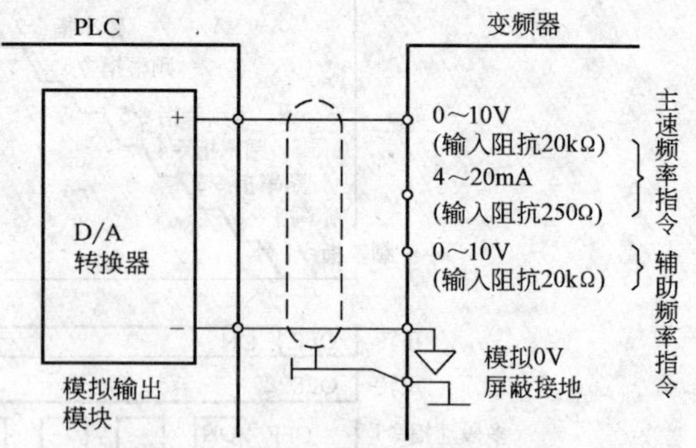

图 6-29　频率指令与 PLC 的连接

对于 PLC，须选用模拟量输出模块，将 PLC 输出的 0 ~ 10V 或 4 ~ 20mA 信号送给变频器相应的模拟电压/电流输入端。如送出的是电压信号，其连接如图 6-29 所示。这种控制方式的特点是硬件接线简单，可进行无级调速，但是 PLC 的模拟量输出模块的价格较高，有的用户难以接收。特别要注意的是，当变频器与PLC的模拟输出模块的电压范围不同时，例如变频器的输入电压为0～10V，而PLC的输出电压信号范围为0～5V时，虽可以通过调节变频器的内部参数（见图6-30）使系统工作，但进行频率设定时的分辨率会变差。总之，在选择PLC时，一是必须根据变频器的输入阻抗来选择PLC的模拟输出模块；二是选择PLC的模拟输出模块应与变频器的输入信号范围一致为好。

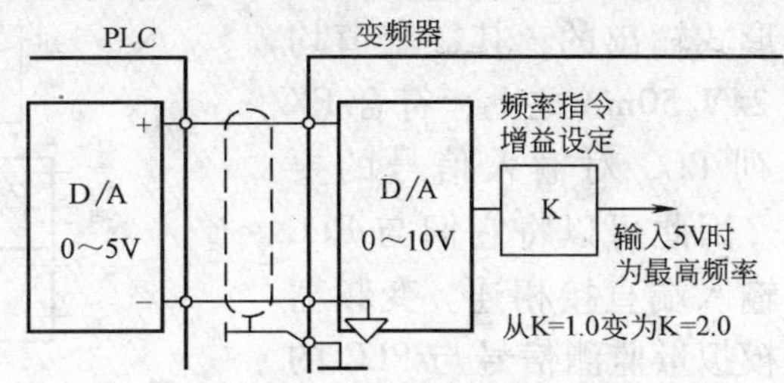

图6-30　输入信号电平转换

此外，还可以通过串行通信口将频率指令信号送入，PLC的串行通信口为RS-422，变频器一般都备有相应的通信接口卡。如变频器VS-616G5备有SI-K2变换卡，可进行RS-232与RS-485或RS-422变换，可对应通信速度9.6Kbit/s。这种控制方式的硬件接线也很简单（只须3根线），但通信接口模块的价格较贵，且熟悉通信模块的使用方法和设计通信程序也需要一定的开发时间。

变频器通信接口的主要作用是和PLC或计算机或现场总线进行通信，并按照上位机的指令完成所需的动作。

3. PLC与变频器监测信号的连接

在变频器工作过程中，需要将变频器的内部运行状态和相关信息送与外部，以便系统检测变频器的工作状态。变频器的监测输出信号通常包括故障检测信号、速度检测信号、电流计端子和频率计端子等，这些信号用于和各种其他设备配合以构成控制系统。这类变频器监控信号又有开关量监测信号和模拟量监测信号两种。表6-7列出了变频器VS-616G5的监控信号及功能。

表6-7　变频器VS-616G5的监控信号及功能

种类	端子记号	信号名	端子功能说明	
顺控器输出信号	9	运行中信号接点	运行"闭"	多功能输出
	10			
	25	零速检出	零速值(b2-01)以下时"闭"	
	26	速度一致检出	设定频率的±2Hz以下内"闭"	
	27	开路集电极输出公共端	—	
	18	故障输出信号接点	故障时18-20间"闭" 故障时19-20间"开"	
	19			
	20			
模拟量输出信号	21	频率表输出	0～10V/100%频率	多功能模拟监测1
	22	公共端	—	
	23	电流监视	5V/变频器额定电流	多功能模拟监测2

监测端子的外部参考接线如图6-24所示，变频器的开关量监测信号与PLC的连接如图6-31所示。由于这些开关量信号是通过继电器接点或晶体管集电极开路的形式输出的，其额定值均在24V/50mA之上，符合FX系列PLC对输入信号的要求，因此可以将它们与PLC的输入端直接相连。变频器的模拟量监测信号与PLC的连接对应的是PLC的模拟量输入模块，必须注意PLC侧输入阻抗的大小，保证该输入电路中的电流不超过电路的额定电流。

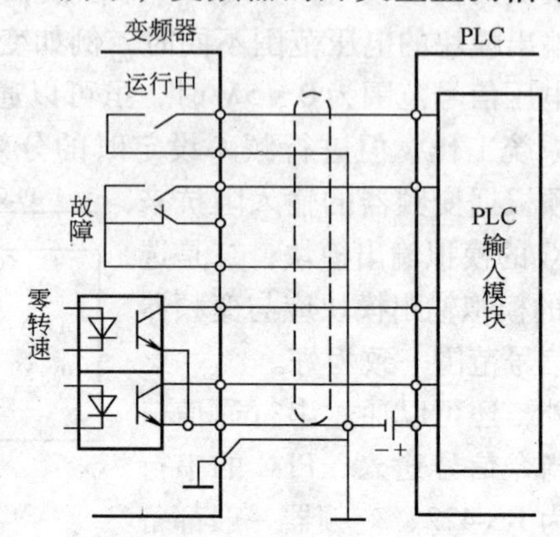

图6-31　变频器的开关量监测信号与PLC的连接

本章小结

本章在已初步掌握阅读和分析电气控制线路能力的基础上，介绍了设计机床电气控制线路的基本内容、设计方法步骤和设计原则；阐述了机床PLC控制的设计原则、内容和步骤；给出了机床电气控制线路和机床PLC控制系统精典设计举例，力图使读者通过举一反三，掌握机床电气与PLC控制系统设计的方法，能有效地改造我国大量存在的原有传统旧机床老设备和自主创新、开发研制出现代机床新设备。

设计机床电气控制线路和机床PLC控制系统有其一般的原则，用户必须认真遵照这些基本原则设计线路，才能避免出现一些常见的故障，使设计的线路安全、可靠。

设计电气控制线路的一般方法有经验设计法和逻辑设计法，两种方法各有其利弊，经验设计法根据典型环节并在具有一定经验的基础上反复修改来完成设计；逻辑设计法则根据逻辑函数，画出工作循环图，最后得出控制线路。用户根据自己的特长，选择使用不同的方法来实现设计方案，使设计方案简洁、科学。

设计机床PLC控制系统有技术改造和自主研发创新两大类。对原有传统旧机床老设备的改造设计常采用翻译法；对新机床的自主研发创新，常借助于流程图、状态转移图。

通过本章的学习，应主要掌握电气控制的经验设计法，自行设计各种控制线路，完成不同的控制功能。对逻辑设计法，有自主学习能力并感兴趣的读者可参阅有关参考书。PLC控制技术是近代刚发展起来的高科学新技术，我们大多数人学习PLC的目的主要在于对PLC的开发应用，要从熟练掌握它的硬件资源和编程工具入手，先学习别人的编程思想、编程方法和技巧，通过边学边练、熟能生巧，最终灵活、熟练掌握PLC的开发应用技术。

习题与思考题

6-1 如果有两个交流接触器，型号相同，额定电压相同，在电气线路中如果将其线圈串联连接通电，会出现什么情况？为什么？

6-2 机床电气控制设计中应遵循的原则是什么？设计内容包括哪些方面？

6-3 如何根据设计要求选择拖动方案与控制方式？

6-4 某电动机要求只有在继电器KA_1、KA_2、KA_3中任何两个动作时才能运转，试用逻辑设计法设计其控制线路。

6-5 设计一个小型吊车的控制线路。小型吊车有3台电动机，横梁电动机M_1带动横梁在车间前后移动，小车电动机M_2带动提升机构在横梁上左右移动，提升电动机M_3升降重物。3台电动机都采用直接起动，自由停车，要求如下：

1）3台电动机都能正常起、保持、停止。

2）在升降过程中，横梁与小车不能动。

3）横梁具有前、后极限保护，提升有上、下极限保护。

6-6 试设计一个加工零件的孔和倒角的机床，其加工过程为："快进→工进→停留光刀→快退"。该机床有三台电动机：M_1：主电动机，4kW；M_2：工进电动机，1.5kW；M_3：快进电动机，0.8kW。要求如下：

1）工作台工进到终点或返回到原位后，有行程开关使其自动停止，设限位保护，为保证工进准确定位，需采取制动措施。

2）快进电动机可进行点动调整，但在工作进给时点动无效。

3）设急停按钮。

4）应有短路和过载保护。

6-7 如何运用翻译法对传统机床电控装置进行PLC控制技术的改造设计？

6-8 试分析运用PLC控制技术对传统Z3040摇臂钻床电控系统进行技术改造设计的全过程。

6-9 试分析运用PLC控制技术开发搬运工件的机械手的设计思路和设计过程。

6-10 了解变频器的电路组成和工作原理，试分析PLC在变频器的外部控制端子上的应用连接设计方法和过程。

第7章　机床电气控制与PLC实验/实训指导

主要内容

1）机床电气控制与PLC实验和实训基本要求及注意事项。
2）机床电气控制部分实验和实训。
3）机床PLC控制部分实验和实训。

学习重点及教学要求

1）了解机床电气控制与PLC实验和实训基本要求及注意事项。
2）掌握机床电气控制部分实验和实训的目的、方法与步骤。
3）掌握机床PLC控制部分实验和实训的目的、方法与步骤。

本章学习重点在于掌握床电气与PLC控制的实验和实训工程实践。

7.1　机床电气控制与PLC实验/实训基本要求和注意事项

机床电气与PLC控制实验/实训是一种实际生产性实践教学环节，其目的在于使学生掌握基本的实验/实训方法与操作技能；培养学生学会根据实验/实训目的，实验/实训内容及实验/实训设备拟定实验/实训线路，选择所需仪表，确定实验/实训步骤，测取所需数据，进行分析研究，得出必要结论，从而完成实验/实训报告；达到工学结合、学用一致、理论密切联系生产实际的教学效果，努力提高学生的综合素质和生产实践技能，铸造高素质高技能的未来蓝领人才。在整个实验过程中，要求学生必须集中精力，严肃认真做好实验/实训。现按实验/实训过程提出下列基本要求和安全注意事项。

7.1.1　实验/实训前的准备

实验/实训前应充分复习教科书有关章节，认真预习、研读实验/实训指导书，了解实验/实训目的、项目、方法与步骤，明确实验/实训过程中应注意的问题（有些内容可到实验/实训室对照实验/实训预习，如熟悉组件的编号，使用及其规定值等），并按照实验/实训项目准备记录抄表等。

实验/实训前应写好预习报告，经指导教师检查认为确实作好了实验/实训前的准备，方可开始作实验/实训。

认真作好实验/实训前的各项准备工作，对于培养同学独立分析问题和解决问题的工作能力，提高实验/实训质量和保护实验设备都是致关重要的。

7.1.2 实验/实训的实施进行

1. 建立小组，合理分工

每次实验/实训都以小组为单位进行，每组由2~3人组成，实验/实训进行中的接线、调节负载、保持电压或电流、记录数据等工作每人应有明确的分工，以保证实验/实训操作协调，记录数据准确可靠。

2. 选择组件和仪表

实验/实训前先熟悉该次实验/实训所用的组件，记录电动机铭牌和选择仪表量程，然后依次排列组件和仪表便于测取数据。

3. 按图接线

根据实验/实训线路图及所选组件、仪表、按图接线，线路力求简单明了，按接线原则是先接串联主回路，再接并联支路。为查找线路方便，每路可用相同颜色的导线或插头。

4. 起动电动机，观察仪表

在正式实验/实训开始之前，先熟悉仪表刻度，并记下倍率，然后按一定规范起动电动机，观察所有仪表是否正常（如指针正、反向是否超满量程等）。如果出现异常，应立即切断电源，并排除故障；如果一切正常，即可正式开始实验/实训。

5. 测取数据

预习时对电动机的试验/实训方法及所测数据的大小做到心中有数。正式实验/实训时，根据实验/实训步骤逐次测取数据。

6. 认真负责，实验/实训有始有终，实验/实训完毕，须将数据交指导教师审阅

7.1.3 实验/实训报告

实验/实训报告是根据实测数据和在实验中观察和发现的问题，经过自己分析研究或分析讨论后写出的心得体会。

实验/实训报告要简明扼要、字迹清楚、图表整洁、结论明确。

实验/实训报告包括以下内容：

1）实验/实训名称、专业班级、学号、姓名、实验/实训日期、室温（℃）。

2）列出实验/实训中所用组件的名称及编号，电动机铭牌数据（P_N、U_N、

I_N、n_N）等。

3）列出实验/实训项目并绘出实验/实训时所用的线路图，并注明仪表量程、电阻器阻值、电源端编号等。

4）数据的整理和计算。

5）按记录及计算的数据用坐标纸画出曲线，图纸尺寸不小于 8cm×8cm，曲线要用曲线尺或曲线板连成光滑曲线，不在曲线上的点仍按实际数据标出。

6）根据数据和曲线进行计算和分析，说明实验/实训结果与理论是否符合，可对某些问题提出一些自己的见解并最后写出结论。实验/实训报告应写在一定规格的报告纸上，保持整洁。

7）对每次实验/实训，每人要独立完成一份报告，按时送交指导教师批阅。

7.1.4 实验/实训中的安全事项

本实验/实训要接触到强电电路，安装与接线错误及操作不当会损坏设备，危及人的生命安全，必须严肃认真、格外注意实验/实训中的设备和人身安全。

1）强电电路的实验/实训，必须至少有两人进行，一人负责接线和操作，一人负责监护。

2）强电电路的安装与接线要穿戴好必要的保护设施（绝缘鞋及绝缘手套等）。

3）强电电路的安装与接线及调试要养成单手作业的习惯。

4）掌握必要的故障下的自救和抢救方法。

7.1.5 实验/实训中要熟练掌握一些关键主要设备的性能

诸如掌握三菱公司的 FX_{2N}-48M 主要技术数据，才能快速高效地完成实验/实训任务。

1）输入点数：24 点，X000 ~ X007、X010 ~ X017、X020 ~ X027。

2）输出点数：24 点，Y000 ~ Y007、Y010 ~ Y017、Y020 ~ Y027。

3）辅助继电器：500 点（通用），M0 ~ M499；524 点（保存用），M500 ~ M1023；2048 点（保存用），M1024 ~ M3071；256 点（特殊用），M8000 ~ M8255。

4）定时器：200 点（100ms 单位），T0 ~ T199；46 点（10ms 单位），T200 ~ T245；4 点（1ms 单位，积算型），T246 ~ T249；6 点（1ms 单位，积算型），T250 ~ T255。

5）计数器：100 点（通用增计数），C0 ~ C99；100 点（保持用增计数），C100 ~ C199；20 点（通用增/减计数），C200 ~ C219；15 点（保持用增/减计数），C220 ~ C234；高速用，C235 ~ C255。

6）状态器：10点（初始化用），S0～S9；490点（通用），S10～S499；400点（保存用），S500～S899；100点（报警用），S900～S999。

7）数据寄存器：8000点（通用，保持用），D0～D8195。

8）指针：128点（跳转用），P0～P127；8点（主控嵌套用），N0～N7；15点（中断用），I0口～I8口、I010口～I060口。

9）常数：K（十进制），32767；H（十六进制），0～FFFF（16位）、0～FFFFFFFF（32位）等。

7.2 机床电气控制部分实验指导

实验1 三相异步电动机点动和连（长）动控制实验

1. 实验目的

1）通过实验熟悉机床控制中常用的各种低压电器。

2）通过实验进一步加深对点动控制和连动控制特点的理解。

3）通过对三相异步电动机点动控制和连动控制线路的实际安装接线，掌握由电气原理图变换成安装接线图的知识。

4）通过实验进一步加深理解点动控制和连动控制的特点以及在机床控制中的应用。

2. 选用组件

按图7-1选择必备的低压电器元件：

1）三相交流异步笼型电动机一台。

2）三极刀开关或自动空气开关一台。

3）起、停、点动按钮（绿、红、黑）各一个。

4）三相交流接触器一台。

5）熔断器（与三极刀开关配套使用）四个。

6）热继电器一台。

注：低压电器元件的选择参数应根据所选用电动机的容量计算确定。

3. 三相异步电动机点动和连动控制参考线路图

如图7-2所示，接线时，先接主电路，它是从三相交流电源的输出端L_1、L_2、L_3开始，经三相刀开关QS、熔断器FU_1（或三相自动空气开关），接触器KM主触点到电动机M的三个线端U、V、W的电路，用导线按顺序串联起来，有三路。主电路经检查无误后，再接控制电路，从熔断器FU_2开始，经FR、按钮SB_3、SB_1、SB_2、接触器KM线圈到电源。

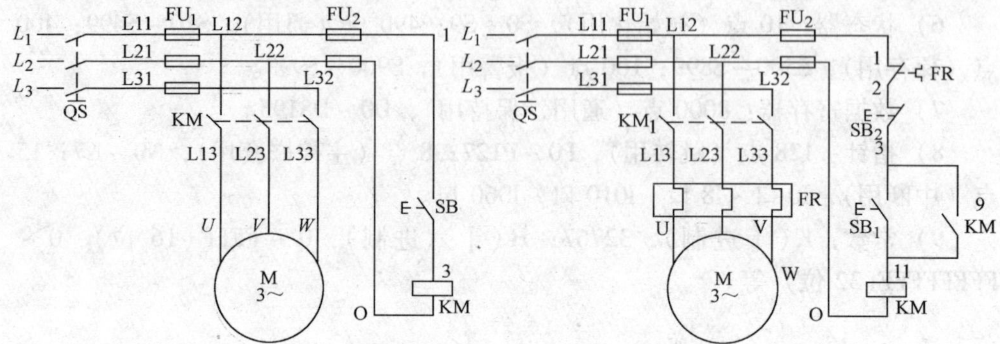

图 7-1　三相异步电动机点动和连动控制参考实验线路图

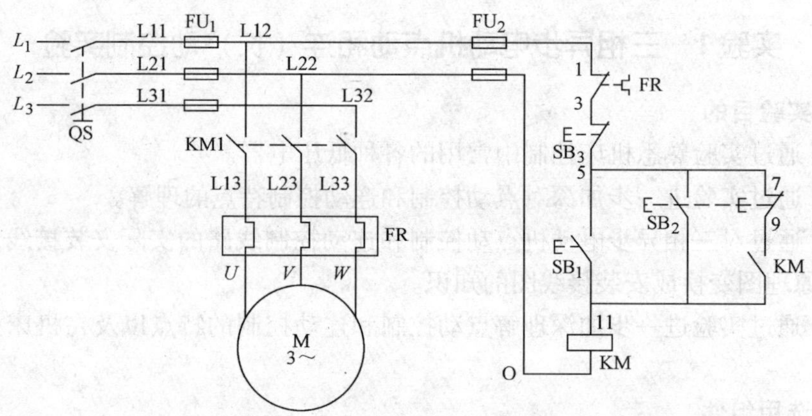

图 7-2　三相异步电动机连动带点动控制参考实验线路图

4. 实验过程

（1）点动控制（如图 7-2 中无自锁）　连线接好经指导老师检查无误后，按下列步骤进行实验：

1）先合上 QS，接通三相交流电动机主电路和控制电路电源。

2）按下起动按钮 SB_2，对电动机 M 进行点动操作，观察电动机 M 运行。

3）松开起动按钮 SB_2，对电动机 M 进行停机操作，观察电动机 M 停机。

4）反复操作几次，比较按下 SB_2 和松开 SB_2 时电动机 M 的运转情况。

5）体验机床点动操作的内涵。

（2）连动控制（如图 7-2 中有自锁）　线接好经指导老师检查无误后，按下列步骤进行实验：

1）先合上 QS，接通三相交流电动机主电路和控制电路电源。

2）按下起动按钮 SB_1，对电动机 M 进行连动操作，观察电动机 M 运行。

3）松开起动按钮 SB_1，观察电动机 M 运行情况。

4）按下停止按钮 SB_3，对电动机M进行停机操作，观察电动机M停机。

5）反复操作几次，比较按下 SB_1 和按下 SB_2 时电动机M的运转情况。

6）体验机床点动和连动操作的内涵；体会自锁的控制概念。

5. 其他参考实验线路图（见图7-3）

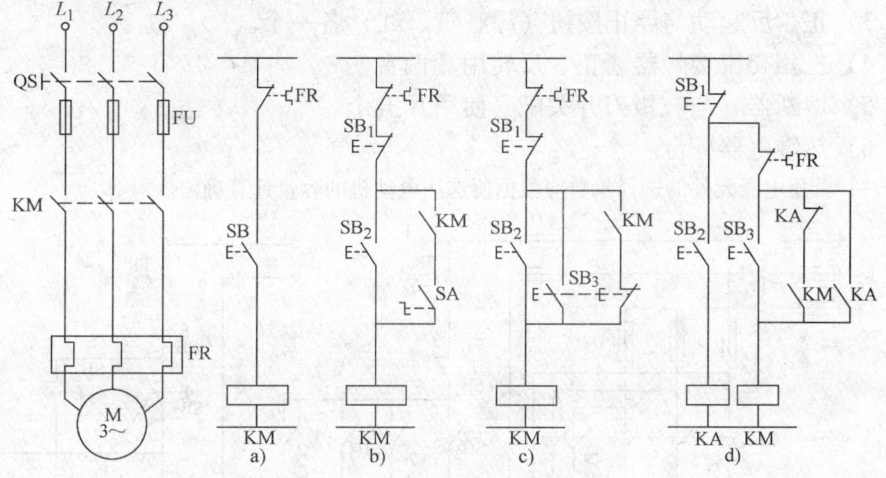

图7-3 其他参考实验线路图

6. 实验报告要求

（1）实验目的。

（2）实验设备和器材。

（3）实验内容和步骤。

（4）画出所用实验电路图。

（5）进行实验结果分析和实验结论小结。

（6）回答问题

1）什么是自锁？点动和连动控制的根本区别在哪里？

2）交流电动机为何都普遍采用接触器进行操作控制？

实验2 三相异步电动机正反转控制实验

1. 实验目的

1）通过对三相异步电动机正反转控制线路的接线，掌握由电路原理图接成实际操作电路的方法。

2）掌握三相异步电动机正反转的原理和方法。

3）掌握接触器互锁正反转、按钮互锁正反转控制及按钮和接触器双重互锁正反转控制线路的不同接法，并熟悉在操作过程中有哪些不同之处。

2. 选用器件

按图 7-4 选择必备的低压电器元件：

1）三相交流异步笼型电动机一台。

2）三极刀开关或自动空气开关一台。

3）正、反起动与停止按钮（绿、黄、红）各一个。

4）三相交流接触器（正、反转用）两台。

5）熔断器（与三极刀开关配套使用）五个。

6）热继电器一台。

注：低压电器元件的选择参数应根据所选用电动机的容量计算确定。

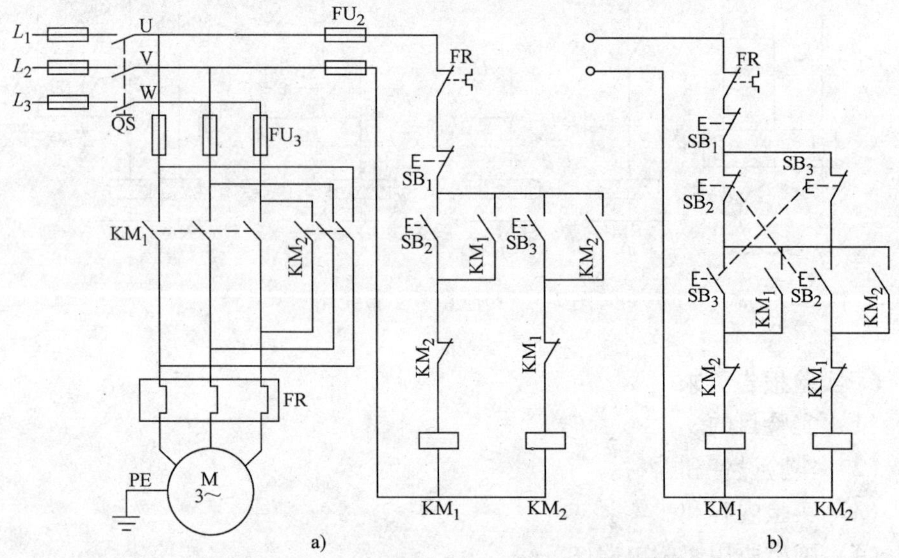

图 7-4 三相异步电动机正反转控制参考线路图

3. 三相异步电动机正反转控制参考线路图

按图 7-4a 或 b 接线。接线时，先接主电路，它是从 380V 三相交流电源的输出端 U、V、W 开始，经三极刀开关 QS、熔断器 FU_1（或三相自动空气开关）、接触器 KM_1、KM_2 主触点、FR 到电动机 M 的三个线端 U、V、W 的电路，用导线按顺序串联起来，各有三路。主电路经检查无误后，再接控制电路，从熔断器 FU_2 开始，经 FR、按钮 SB_1 ~ SB_3、接触器 KM_1、KM_2 常闭接点、线圈等到电源。图 7-4a 为接触器互锁，安全可靠，但正反转操作不方便；图 7-4b 在图 7-4a 接触器互锁的基础上又增加了操作按钮互锁，使正反转操作也方便了。

4. 实验过程

（1）接触器互锁正反转控制线路

1）合上电源开关 QS，接通三相交流电动机主电源和控制电源。

2）按下 SB_2，观察并记录电动机M的转向、接触器自锁和互锁触点的吸断情况。

3）按下 SB_3，观察并记录电动机M的转向、接触器自锁和互锁触点的吸断情况。

4）再按下 SB_1，观察并记录M的转向、接触器自锁和互锁触点的吸断情况。

5）反复操作几次，比较按下 SB_2 和按下 SB_3 时电动机M的运转情况。

6）体验机床正反转操作的内涵；体会互锁的控制概念。

（2）按钮和接触器双重互锁正反转控制线路

1）合上电源开关QS，接通三相交流电动机主电源和控制电源。

2）按下 SB_2，观察并记录电动机M的转向、各触点的吸断情况。

3）按下 SB_3，观察并记录电动机M的转向、各触点的吸断情况。

4）按下 SB_1，观察并记录电动机M的转向、各触点的吸断情况。

5）反复操作几次，比较按下 SB_2 和按下 SB_3 时电动机M的运转情况。

6）体验机床按钮和接触器双重互锁操作的内涵；体会操作互锁的控制概念。

5. 工作台自动往返循环控制的实验线路（见图7-5）

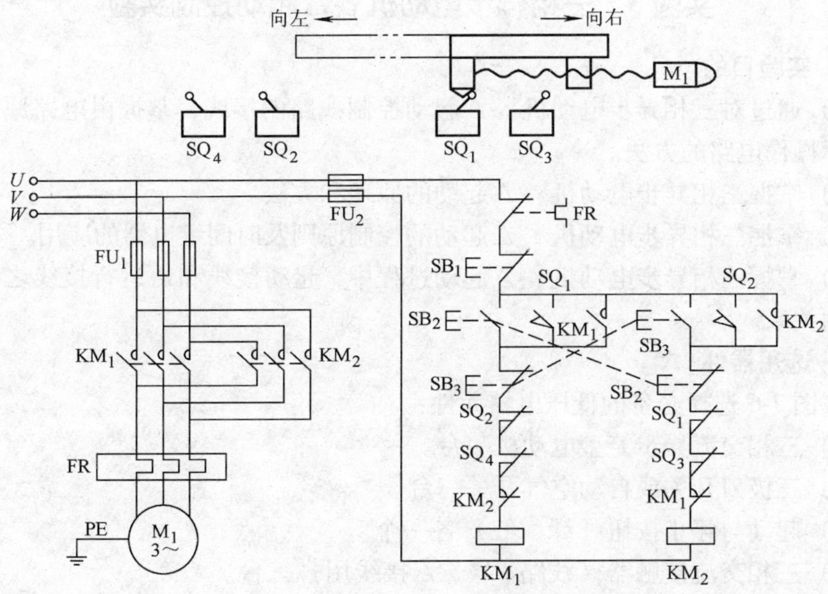

图7-5　工作台自动往返循环控制线路

6. 实验报告要求

（1）实验目的

（2）实验设备和器材

（3）实验内容和步骤

（4）画出所用实验电路图

（5）进行实验结果分析和实验结论小结

（6）通过实验，回答问题

1）交流异步电动机的正反转是如何实现的？自锁和互锁有何不同？

2）交流异步电动机的正反转不能实现直接切换的可能故障有哪些？

3）什么情况下容易发生两相电源短路故障？

4）交流异步电动机若有一相熔断器熔，可能会产生什么故障？

5）交流异步电动机的正反转为何一定要带有接触器互锁？

6）用按钮完成交流异步电动机的正反转操作互锁有何好处？能否单独使用按钮完成交流异步电动机的正反转互锁？为什么？

7）用按钮和接触器互锁双重互锁交流异步电动机的正反转有何特点？

8）画出你在实验过程中所遇到故障现象的原理图，并分析故障原因及排除方法。

实验3　三相异步电动机Y-△起动控制实验

1. 实验目的

1）通过对三相异步电动机Y-△起动控制线路的接线，掌握由电路原理图接成实际操作电路的方法。

2）掌握三相异步电动机Y-△起动的原理和方法。

3）掌握三相异步电动机Y-△起动的控制原则及时间继电器的应用。

4）掌握三相异步电动机Y-△起动过程中Y起动接线和△运行接线之间的互锁控制关系。

2. 选用器件

按图7-6选择必备的低压电器元件：

1）三相交流异步笼型电动机一台。

2）三极刀开关或自动空气开关一台。

3）起动与停止按钮（绿、红）各一个。

4）三相交流接触器（线路、Y、△接线用）三台。

5）熔断器（与三极刀开关配套使用）五个。

6）热继电器一台。

7）时间继电器一台。

注：低压电器元件的选择参数应根据所选用电动机的容量计算确定。

3. 三相异步电动机Y-△起动控制参考线路图

如图7-6所示，接线时，先接主电路，它是从三相交流电源的输出端L_1、L_2、L_3开始，经三相刀开关QS、熔断器FU_1（或三相自动空气开关）、接触器KM_1、KM_2、KM_3主触点、FR到电动机M的六个接线端$U1$、$U2$ 、$V1$、$V2$、$W1$、$W2$，用导线按顺序串联起来，有三条主电路。主电路经检查无误后，再接控制电路，从熔断器FU_2开始，经FR、按钮SB_1、SB_2、接触器KM_1 ~ KM_3及KT的接点、KM_1 ~ KM_3及KT的线圈到FU_2。要严格按照原理图接线，不得有误。

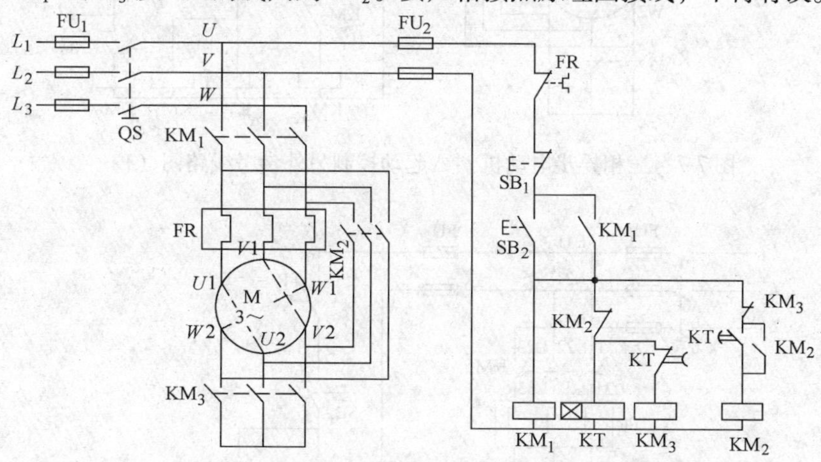

图7-6 三相异步电动机Y-△起动控制参考线路图

4. 实验过程

1）起动控制屏，合上电源开关QS，接通三相交流电动机主电源和控制电源。

2）按下SB_2，电动机作Y接法起动，注意观察起动时，电流表最大读数$I_{Y起动}$ = ________ A。

3）延迟一定时间后，使电动机为△接法正常运行，注意观察△运行时，电流表电流为$I_{△运行}$ = ________ A。

4）比较$I_{Y起动}/I_{△起动}$ = ________，结果说明什么问题？

5）按下SB_1，电动机M停止运转。

5. 其他参考实验线路图（见图7-7和图7-8）

6. 实验报告要求

（1）实验目的

（2）实验设备和器材

（3）实验内容和步骤

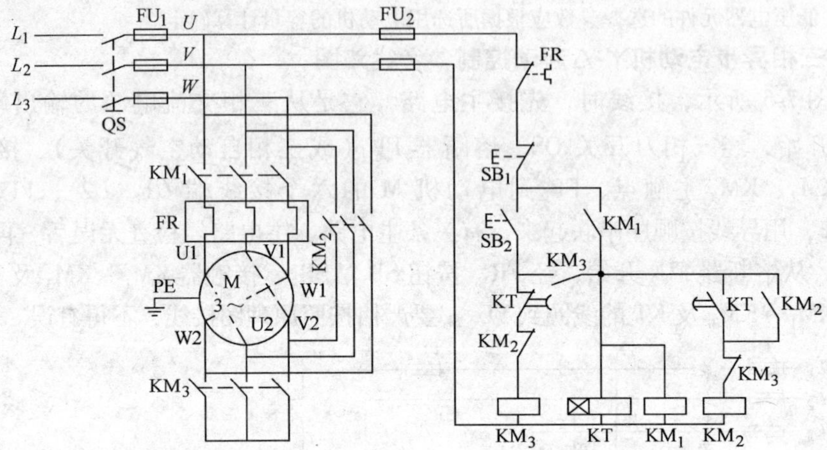

图 7-7　三相异步电动机Y-△起动控制另外参考线路图（1）

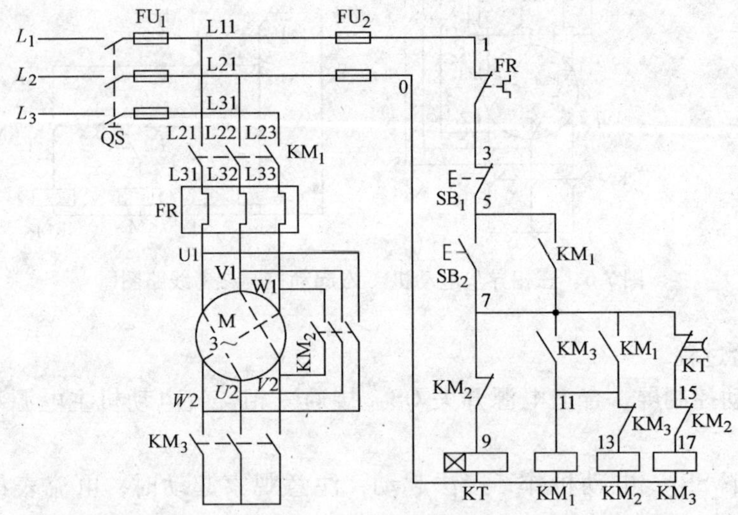

图 7-8　三相异步电动机Y-△起动控制另外参考线路图（2）

（4）画出所用实验电路图

（5）进行实验结果分析和实验结论小结

（6）回答问题

1）交流异步电动机的Y-△起动是如何实现的？时间继电器有何作用？

2）采用Y-△降压起动的方法时对电动机有何要求？

3）采用Y-△降压起动的控制原则是什么？

4）采用Y-△降压起动的目的是什么？

5）采用Y-△降压起动最终控制的是什么物理量？

6）采用Y-△降压起动时，其电压能降低多少？其电流能降低多少？

实验 4　三相异步电动机能耗制动控制实验

1. 实验目的

1）通过对三相异步电动机能耗制动控制线路的接线，掌握由电路原理图接成实际操作电路的方法。

2）掌握三相异步电动机能耗制动的原理和方法。

3）掌握三相异步电动机能耗制动的控制原则及时间继电器的应用。

4）掌握三相异步电动机能耗制动过程中交流运行电源接线和直流制动电源接线之间的互锁控制关系。

2. 选用器件

按图 7-9 选择必备的低压电器元件：

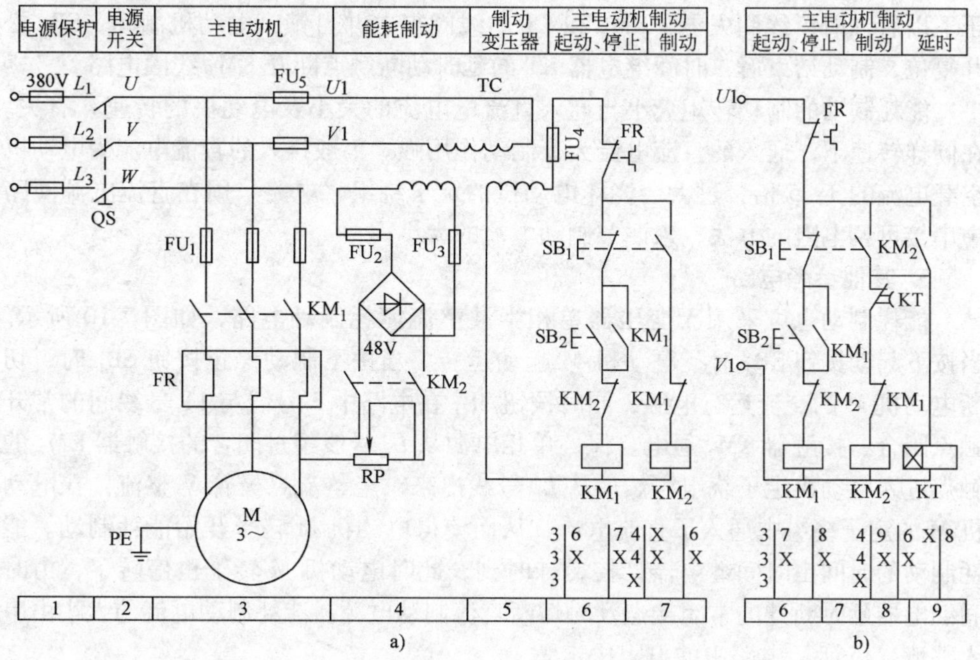

图 7-9　三相异步电动机能耗制动控制参考线路图

1）三相交流异步笼型电动机一台。

2）三极刀开关或自动空气开关一台。

3）起动与停止按钮（绿、红）各一个。

4）三相交流接触器（交直流电源路接线用）二台。

5）熔断器（与三极刀开关配套使用）五个。

6）热继电器一台。

7）时间继电器一台。

8）48V 直流电源一台。

9）硅整流二极管一个。

注：低压电器元件的选择参数应根据所选用电动机的容量计算确定。

3. 三相异步电动机能耗制动控制参考线路图（见图 7-9）

4. 实验过程

在图 7-9a 所示控制电路中，当按下停止复合按钮 SB_1 时，其动断触点切断接触器 KM_1 的线圈电路，同时其动合触点将 KM_2 的线圈电路接通，接触器 KM_1 和 KM_2 的主触点在主电路中断开三相电源，接入直流电源进行制动，松开 SB_1，KM_2 线圈断电，制动停止。由于用复合按钮控制，制动过程中按钮必须始终处于压下状态，操作不便。图 7-9b 采用时间继电器实现自动控制，当复合按钮 SB_1 压下以后，KM_1 线圈失电，KM_2 和 KT 的线圈得电并自锁，电动机制动，SB_1 松开复位，制动结束后，时间继电器 KT 的延时动断触点断开 KM_2 线圈电路。

能耗制动的制动转矩大小与通入直流电电流的大小及电动机的转速 n 有关。在同样转速下，通入的直流电流大，制动作用强。一般接入的直流电流为电动机空载电流的 3 ~5 倍，过大会烧坏电动机的定子绕组，电路采用在直流电源回路中串接可调电阻的方法，来调节制动电流的大小。

5. 其他参考电路

能耗制动也可采用无变压器单相半波整流能耗制动电路，如图 7-10 所示。当按下起动按钮 SB_2 时，电动机 M 起动运转。当按下制动停止按钮 SB_1 时，切断电动机 M 的交流运行电源，同时按钮 SB_1 在电路中 3 号线与 11 号线间的常开触点闭合，接触器 KM_2 通电自保，单相电源从 L_{32} 号线经过闭合的接触器 KM_2 的触点进入电动机定子绕组，然后从 L_{13} 号线出来，经整流二极管 V 整流，在电动机 M 的定子绕组中通入了直流电流，从而使得电动机 M 转子开始能耗制动。能耗制动的时间由时间继电器计控，计时到，此时电动机 M 转子也停转了，由时间继电器延时断开的常闭接点及时切断直流制动电源。能耗制动电流的大小由串入整流二极管 V 电路中的电阻决定。

6. 实验报告要求

（1）实验目的

（2）实验设备和器材

（3）实验内容和步骤

（4）画出所用实验电路图

（5）进行实验结果分析和实验结论小结

（6）回答问题

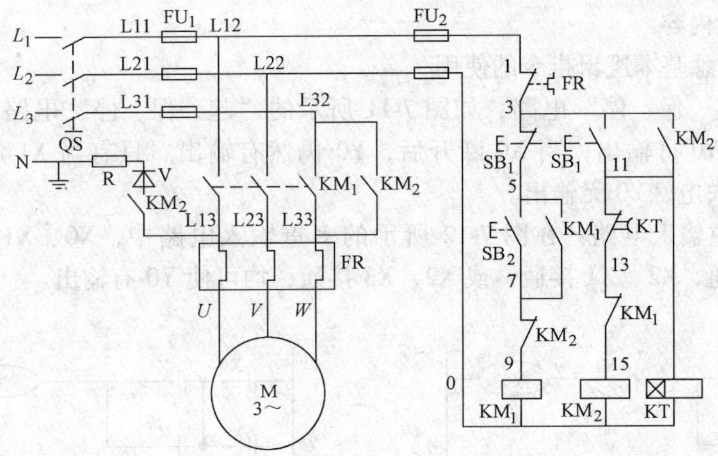

图7-10　能耗制动也可采用无变压器单相半波整流能耗制动电路

1）交流异步电动机的能耗制动是如何实现的？时间继电器有何作用？

2）采用能耗制动时对电动机有何要求？

3）采用能耗制动的控制原则是什么？

4）采用能耗制动的目的是什么？

5）采用能耗制动最终控制的是什么物理量？

6）采用能耗制动时，其制动效果的强弱由什么决定？如何调整？

7）比较图7-9和图7-10两种整流能耗制动电路各有什么特点？

7.3　机床PLC控制技术实验指导

实验1　熟悉PLC基本编程指令实验

1. 实验目的

1）熟悉了解TVT-90C学习机的功能和特点。

2）熟悉了解日本三菱公司FX_{2N}系列PLC的硬、软件功能和性能。

3）用FX_{2N}系列PLC练习PLC常用的基本编程指令。

2. 实验设备

1）FX_{2N}-48MR主机模块。

2）电源模板。

3）TVT-90C学习机。

4）带有编程软件的计算机。

3. 实验内容

（1）熟悉基本逻辑指令的使用

1）“起、保、停”电路：如图 7-11 所示的“起、保、停”电路中，当 X0 接通一下，Y0 有输出；当 X0 断开后，Y0 仍然有输出。只有当 X1 触点断开，才能使 Y0 失电，Y0 无输出。

2）多重输入电路：在图 7-12 所示的多重输入电路中，X0、X1 接通，或 X0、X3 接通，X2、X1 接通，或 X2、X3 接通，均可使 Y0 有输出。

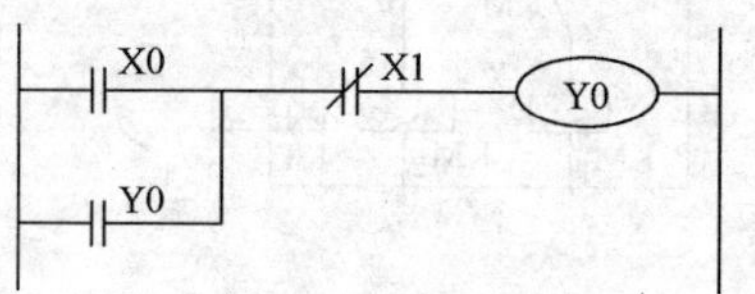

图 7-11 “起、保、停”电路

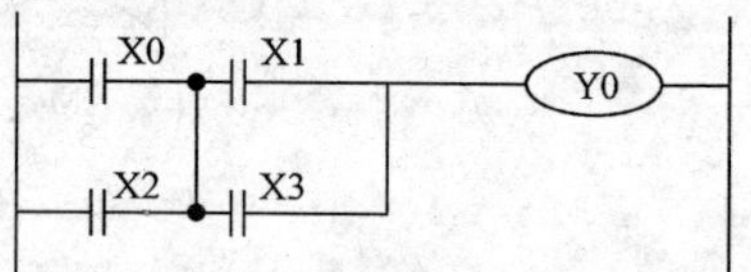

图 7-11 多重输入电路

3）比较电路：如图 7-13 所示，该电路按预先设定的输出要求，根据对两个输入信号的比较，决定某一输出。若 X0、X1 同时接通，Y0 有输出；若 X0、X1 均不接通，Y1 有输出；若 X0 不接通，X1 接通，则 Y2 有输出；X0 若接通，X1 不接通，则 Y3 有输出。

（2）定时器的编程练习

1）延时接通电路：如图 7-14 所示，给 X0 一个输入信号，经过 2s 延时接通 Y0，对应的指示灯亮。注意 Y0 对应的灯的亮灭情况。

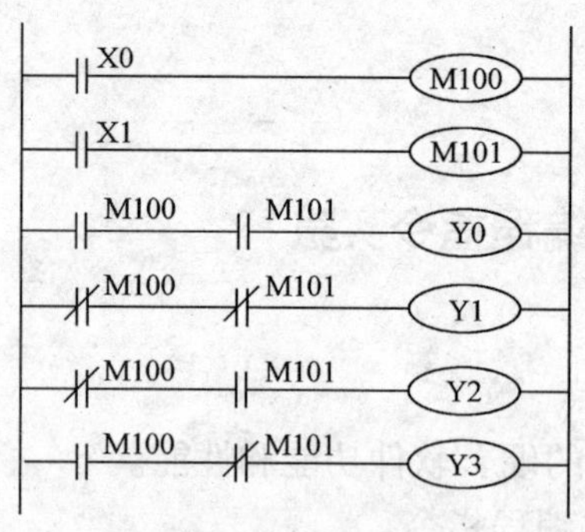

图 7-13 比较电路

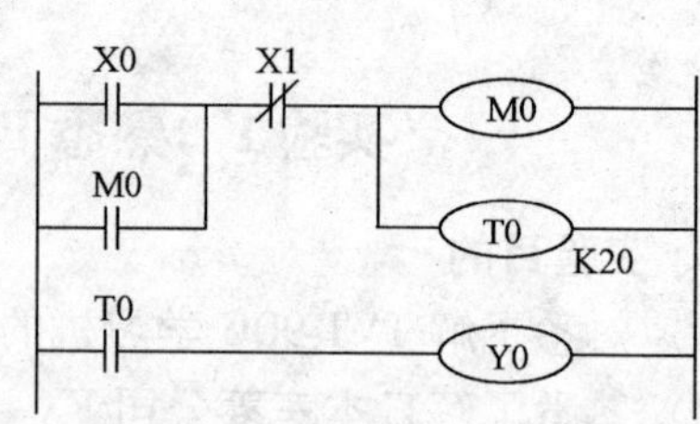

图 7-14 延时接通电路

2）延时断开电路：如图 7-15 所示，给 X0 一个输入信号，Y0 灯亮，当 X0 断开时，经过 2s 延时关断 Y0。注意 Y0 对应的灯的亮灭情况。

3）延时接通断开电路：如图 7-16 所示，当 X0 接通时，经过 1s 延时后 T0

接通、Y0 接通；当 X0 关断时，经过 2s 延时后 Y0 关断。

4）长延时电路：如图 7-17、图 7-18 所示，用监控方式观察各编程器件的开断情况，并记录。

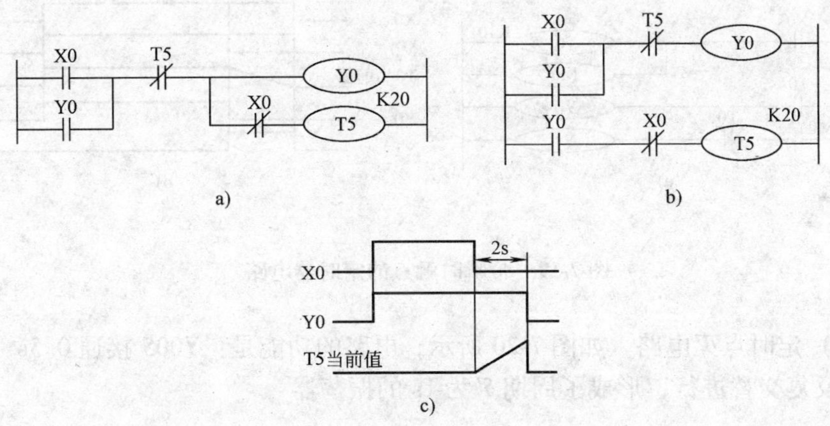

图 7-15　延时断开电路

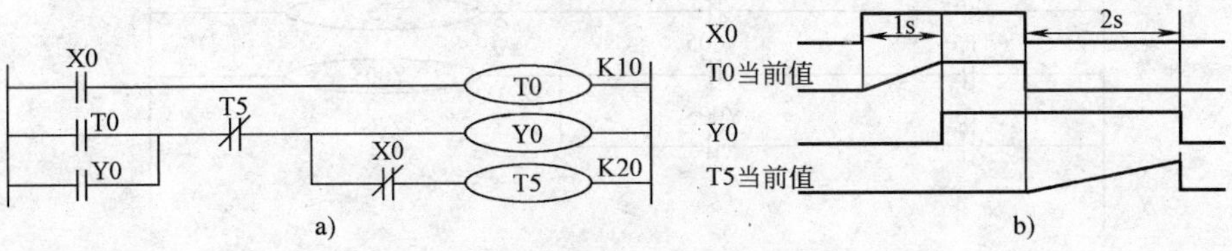

图 7-16　延时接通断开电路

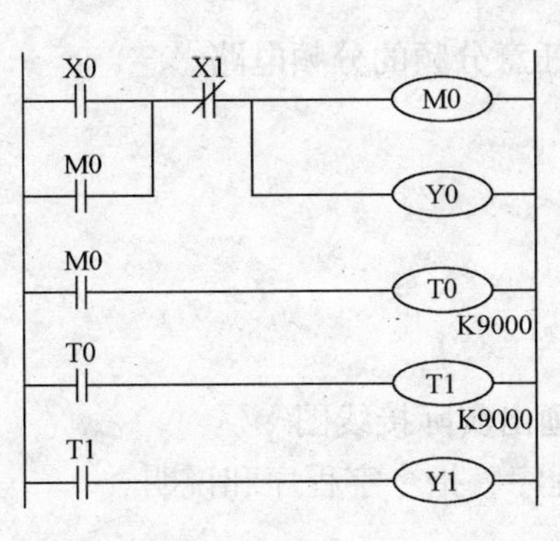

图 7-17　长延时电路（1）

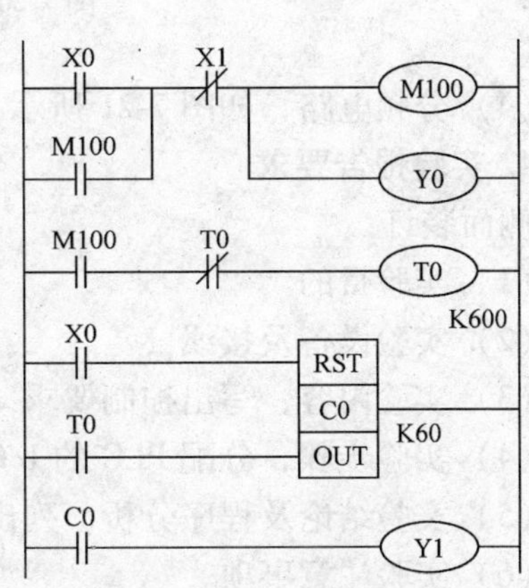

图 7-18　长延时电路（2）

5）带瞬时触点的定时器电路：如图 7-19 所示，用 M0 作为瞬时触点，组成带瞬时触点的定时器电路。

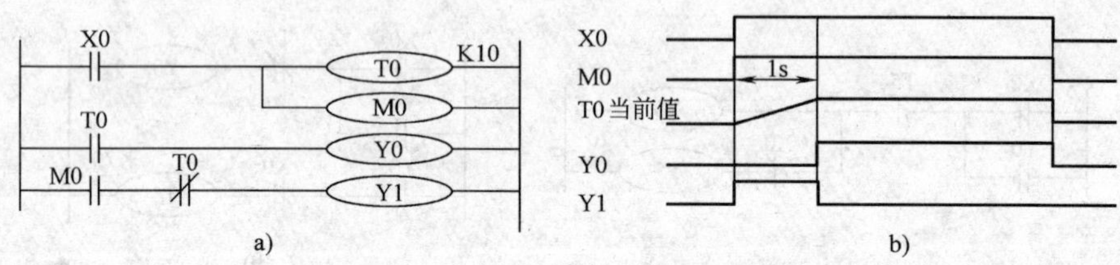

图 7-19　带瞬时触点的定时器电路

（3）定时点灭电路　如图 7-20 所示，电路的功能是：Y005 接通 0.5s，断开 0.5s，反复交替进行，形成了周期 T 为 1s 的振荡器

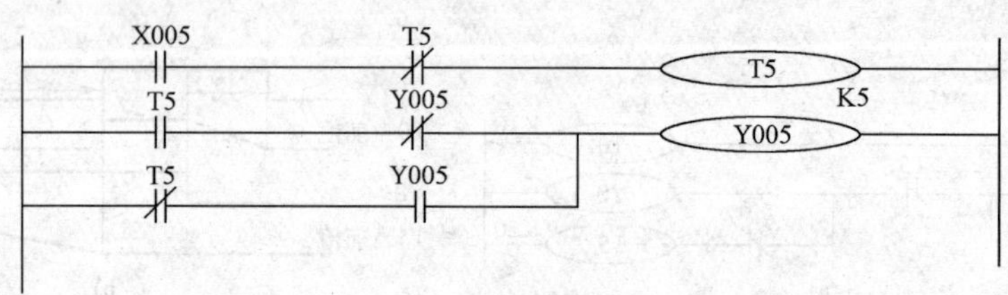

图 7-20　定时点灭电路

（4）分频电路　如图 7-21 所示，可构成任意分频的分频电路。

4. 实验报告要求

侧面装订：

（1）实验目的

（2）实验设备及接线

（3）实验内容，写出控制要求

（4）实验步骤，分配 PLC 的 I/O 端口，画出实际接线图

（5）实验结论及程序分析，列出梯形图程序、指令字程序和说明

（6）实验注意事项

（7）实验小结

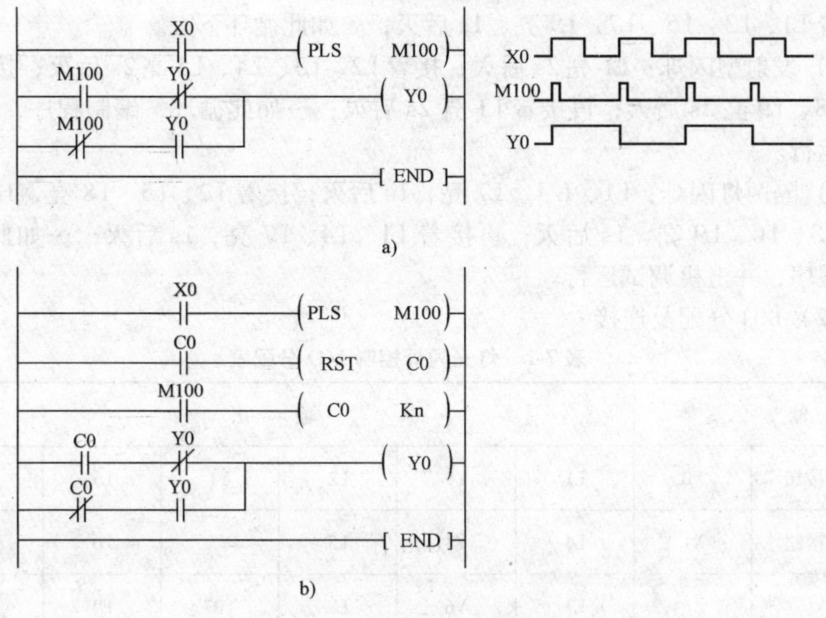

图 7-21　二分频和 n 分频电路

a）二分频电路　b）n 分频电路

实验 2　天塔之光的 PLC 控制实验

1. 实验目的

1）用 PLC 构成灯光闪烁控制系统。

2）熟悉掌握日本三菱公司 FX_{2N} 系列 PLC 的硬、软件功能和性能后，练习 PLC 的实用接线。

3）练习 PLC 的编程。

2. 实验设备

1）主机模块。

2）电源模板。

3）天塔之光实验板，如图 7-22 所示。

4）开关、按钮板。

5）连接导线一套。

3. 实验内容

（1）控制要求

1）隔灯闪烁：L1、L3、L5、L7、L9 亮，1s 后灭；接着 L2、L4、L6、L8 亮，1s 后灭；

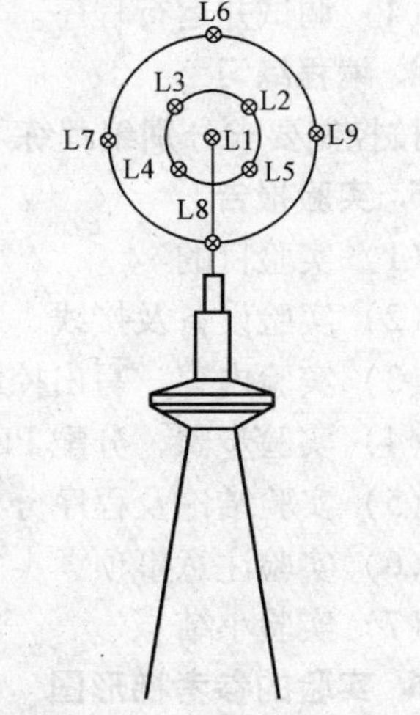

图 7-22　天塔之光实验板

再接着 L1、L3、L5、L7、L9 亮，1s 后灭；…如此循环下去。

2）发射型闪烁：L1 亮 2s 后灭；接着 L2、L3、L4、L5 亮 2s 后灭；接着 L6、L7、L8、L9 亮 2s 后灭；再接着 L1 亮 2s 后灭；…如此循环，编制程序，并上机调试运行。

3）隔两灯闪烁：L1、L 4、L7 亮，1s 后灭；接着 L2、L5、L8 亮，1s 后灭；接着 L3、L6、L9 亮，1s 后灭；再接着 L1、L4、L7 亮，1s 后灭；…如此循环，编制程序，并上机调试运行。

（2）I/O 分配及连接

表 7-1　灯光闪烁控制 I/O 分配表

输　入		输　出					
起动按钮	X0	L1	Y0	L2	Y1	L3	Y2
停止按钮	X1	L4	Y3	L5	Y5	L6	Y5
		L7	Y6	L8	Y07	L9	Y10

1）输入开关和输出模拟元件在实验板上均有，根据 I/O 分配表 7-1 与主机输入、输出端口进行相应连接。

2）将电源模板上的 24V 直流电源引到实验板上的 24V 直流电源端。

3）把主机上用到的输入/输出接点对应的 COM 端与实验板的 +24V 端相连，输入/输出接点对应的 C0、C1、C2 端与实验板的 0V 端相连。

（3）按要求编写程序并输入程序。

（4）调试并运行程序。

4. 编程练习

按控制要求分别编程练习，然后调试并运行程序。

5. 实验报告

（1）实验目的

（2）实验设备及接线

（3）实验内容，写出控制要求

（4）实验步骤，分配 PLC 的 I/O 端口，画出实际接线图

（5）实验结论及程序分析，列出梯形图程序、指令字程序和说明

（6）实验注意事项

（7）实验小结

6. 实验的参考梯形图

该实验的要求如下：

1）按实验内容中的控制要求进行编程。

2）输入如图7-23～图7-26所示的PLC参考程序。

3）运行程序，并按控制要求对照检验信号输出的状态。

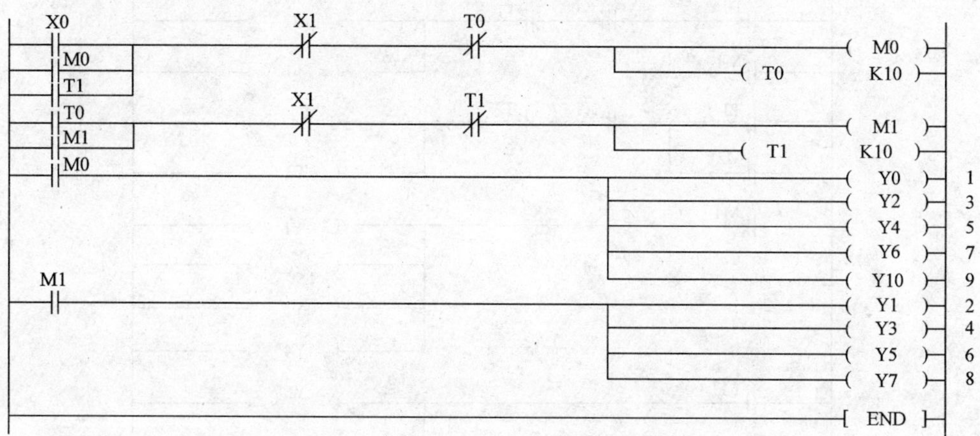

图7-23　天塔之光隔灯闪烁控制参考程序

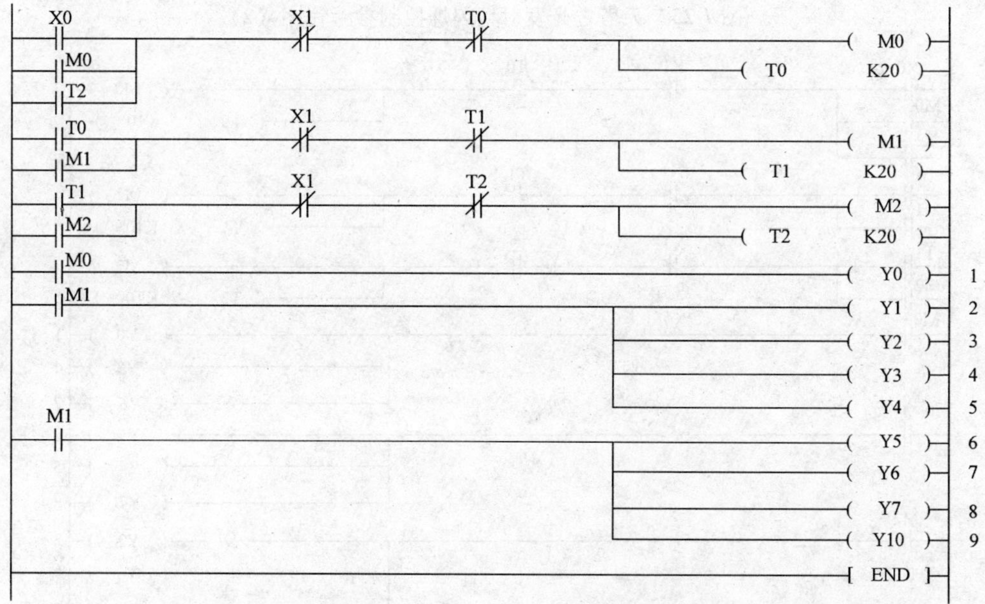

图7-24　天塔之光发射型闪烁控制参考程序（1）

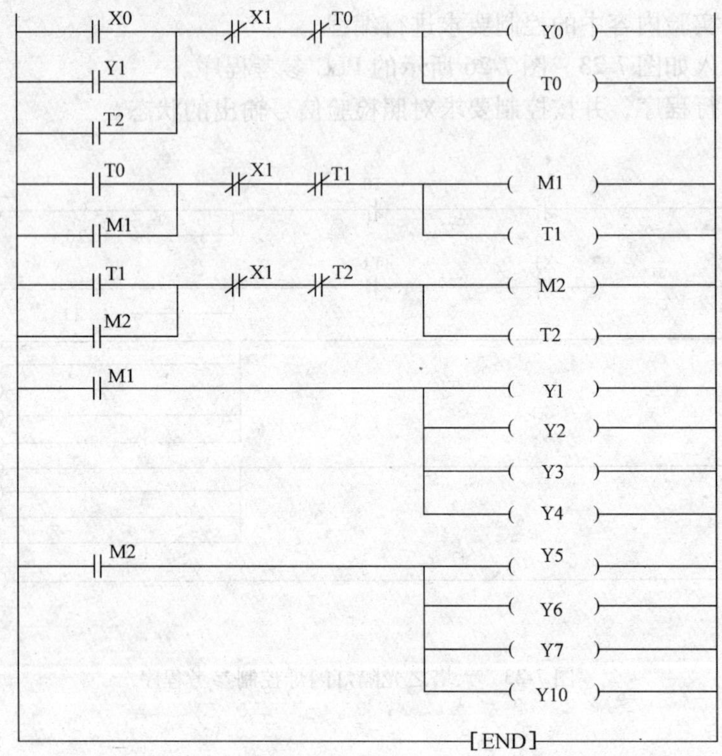

图 7-25　天塔之光发射型闪烁控制参考程序（2）

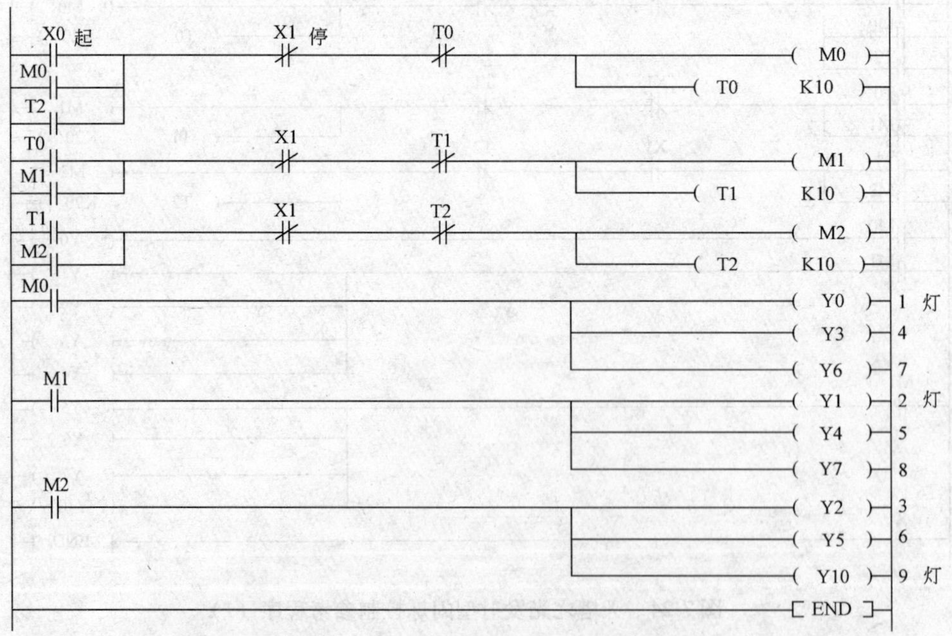

图 7-26　天塔之光隔两灯闪烁控制参考程序

7. 注意事项

1）X0起动按钮应选用自复式按钮。

2）各程序中的各输入、输出点应与外部实际I/O正确连接。

实验3　水塔水位的PLC自动控制实验

1. 实验目的

1）用PLC构成水塔自动控制系统。

2）熟悉掌握日本三菱公司FX_{2N}系列PLC的硬、软件功能和性能后，练习PLC的实用接线。

3）练习PLC的编程。

2. 实验设备

1）主机模块。

2）电源模块。

3）水塔水位自动控制板，如图7-27所示。

4）连接导线一套。

3. 实验内容

（1）控制要求　当水池水位低于水池低水位界（S4为ON）时，电磁阀Y打开进水（S4为OFF表示高于水池低水位界）。当水池水位高于水池高水位界（S3为ON表示）时，阀Y关闭。当S4为OFF，且水塔水位低于水塔低水位界时，S2为ON，电动机M运转，开始抽水。当水塔水位高于水塔高水位界时，S1为ON，电动机M停止。

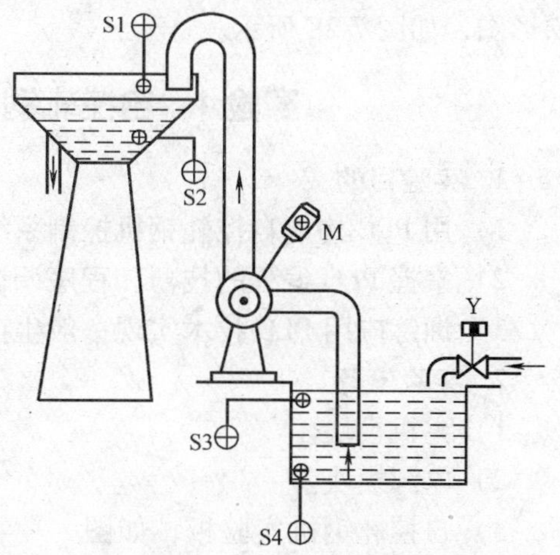

图7-27　水塔水位自动控制板

（2）I/O分配及连线　I/O分配见表7-2。

表7-2　水塔水位自动控制I/O分配表

输　入						输　出	
起动开关(S0)	X0	S2	X2	电磁阀Y	Y1
关断开关		S3	X3	电动机M	Y2
S1	X1	S4	X4		

1）输入开关和输出模拟元件在实验板上均有，分配输入/输出接点，并与主机的输入/输出端进行相应连接。

2）将电源模板上的24V直流电源引到实验板上的24V直流电源端。

3）把主机上用到的输入/输出接点对应的COM端与实验板的+24V端相连，

输入/输出接点对应的 C0、C1、C2 端与实验板的 0V 端相连。

4. 编程练习

按控制要求进行编程练习。

5. 实验报告

1）写出控制要求。

2）画出 PLC 的 I/O 端口接线图。

3）列出梯形图程序和说明。

6. 实验的参考梯形图

按照 I/O 分配表，画出水塔水位控制的梯形图，如图 7-28 所示。

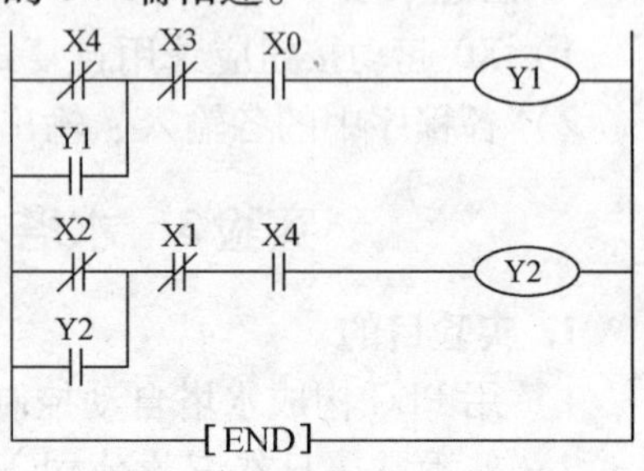

图 7-28　水塔水位控制的梯形图

实验 4　自控轧钢机的 PLC 控制实验

1. 实验目的

1）用 PLC 构成自控轧钢机控制系统。

2）掌握 PLC 编程的技巧和程序调试的方法。

3）训练应用 PLC 技术实现一般生产过程控制的能力。

2. 实验设备

1）主机模块。

2）电源模块。

3）自控轧钢机实验板，如图 7-29 所示。

4）连接导线一套。

自控轧钢机实验板的输出端 Y1 为一特殊设计的端子。它的功能是：开机后 Y1 旁箭头内的三个发光管均为 OFF；Y1 第一次接通后，最上面的发光管为 ON，表示轧钢机有一个压下量；Y1 第二次接通后，最上面和中间的发光二极管为 ON，表示轧钢机有两个压下量；Y1 第三次接通后，箭头内三个发光二极管都为 ON，表示轧钢机有三个压下量；当 Y1 第四次接通，Y1 旁箭头内的三个发光管均为 OFF，表示轧机复位；第五次接通回到第一次，如此循环。

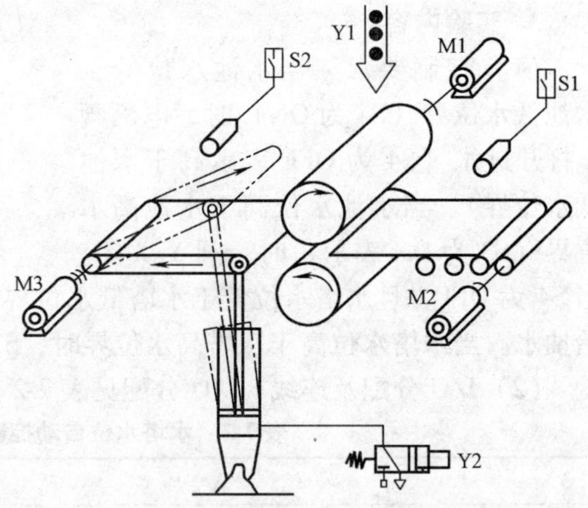

图 7-29　自控轧钢机实验板

3. 实验内容

（1）控制要求　当起动按钮按下时，电动机 M_1、M_2 运行，传送钢板；监测传送带上有无钢板的传感器 S1 有信号（为 ON）时，表示有钢板，则电动机 M_3

正转，S1的信号消失（为OFF）；监测传送带上钢板到位后的传感器S2有信号（为ON）时，表示钢板到位，电磁阀Y2动作，电动机M_3反转。Y1给出一向下压下量，S2信号消失，S1有信号，电动机M_3正转，S1的信号消失；重复直至Y1给出三个向下压下量后，若S2有信号，则停机，需重新起动。

（2）I/O分配及连接　I/O分配见表7-3。

表7-3　I/O分配表

输　入		输　出		输　入		输　出	
SB0（起动）	X000	M_1	Y001	S2（到位）	X002	M_4（反转）	Y004
SB_1（停止）	X003	M_2	Y002			Y1（信号灯）	Y005
S1（有钢）	X001	M_3（正转）	Y003			Y2（电磁阀）	Y006

1）自行分配I/O，并与主机输入、输出端口进行相应连接。

2）将电源模板上的24V直流电源引到实验板上的24V直流电源端。

3）把主机上用到的输入/输出接点对应的COM端与实验板的+24V端相连，输入/输出接点对应的C0、C1、C2端与实验板的0V端相连。

4）按要求编写程序并输入程序。

5）调试并运行程序。

4. 编程练习

分别完成满足以下控制要求的程序设计，并上机调试运行：

1）当起动按钮按下时，电动机M_1、M_2运行；S1有信号后，电动机M_3正转，S1的信号消失；S2有信号后，电磁阀Y2动作，电动机M_3反转，Y1给向下压下量，S2信号消失；S1有信号，电动机M_3正转，S1的信号消失；重复直至Y1给三个向下压下量，S2有信号后，则停机一段时间（10s）后，取出成品后，继续运行。

2）基本要求同1的内容。只是重复直至Y1给四个向下压下量，观察其实验结果。

5. 实验报告

（1）实验目的

（2）实验设备及接线

（3）实验内容，写出控制要求。

（4）实验步骤，分配PLC的I/O端口，画出实际接线图。

（5）实验结论及程序分析，列出梯形图程序、指令字程序和说明。

（6）实验注意事项

（7）实验小结

6. 实验的参考梯形图（见图7-30、图7-31）

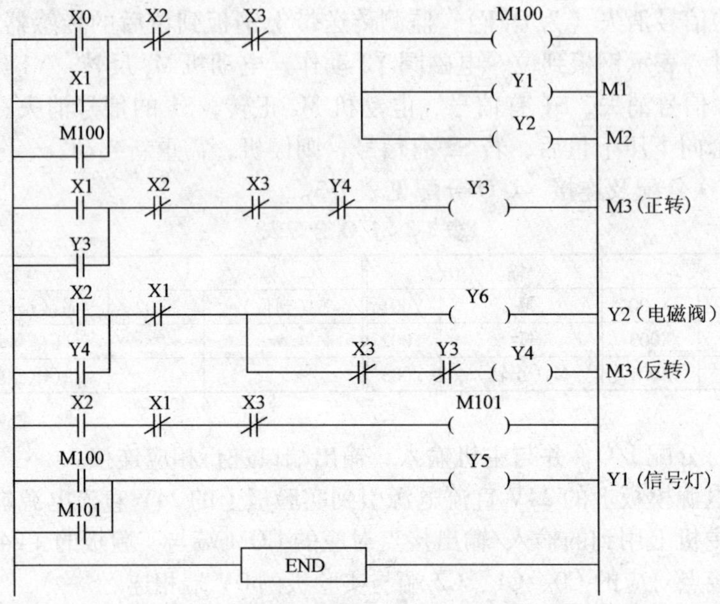

图 7-30　自控轧钢机 PLC 控制参考程序（1）

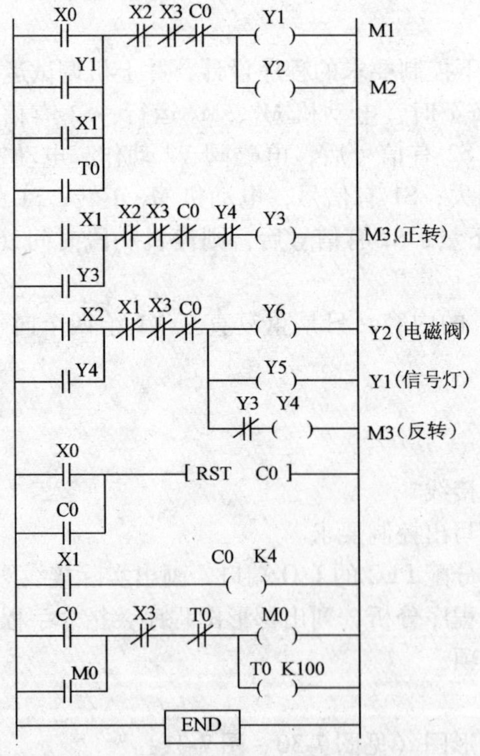

7-31　自控轧钢机 PLC 控制参考程序（2）

实验5　汽车自动清洗机PLC控制实验

1. 实验目的

1）用PLC构成汽车自动清洗机控制系统。

2）掌握PLC编程的技巧和程序调试的方法。

3）训练应用PLC技术实现一般生产过程控制的能力。

2. 实验设备

1）主机模块。

2）汽车自动清洗机实验板，如图7-32所示。

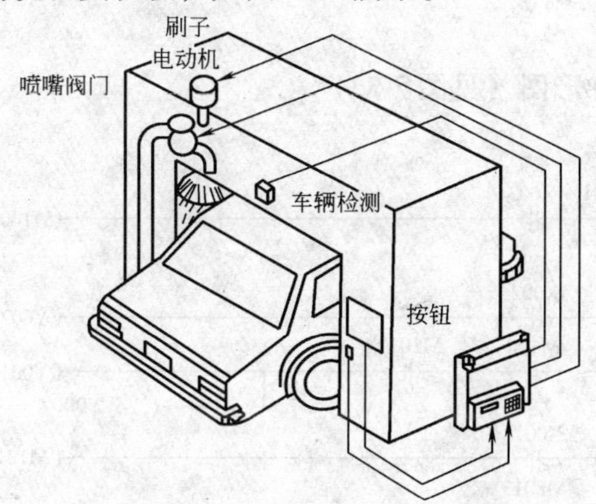

图7-32　汽车自动清洗机实验板

3）开关、按钮板。

4）电源模板。

5）连接导线一套。

3. 实验内容

汽车清洗机上有起动按钮和一个车辆检测器，当按下起动按钮后，汽车清洗机就沿着轨道运动；当车辆检测器检测到有汽车时，就自动打开喷淋器阀门并起动刷子电动机；清洗完毕自动停止。

4. I/O分配

汽车自动清洗机控制PLC输入/输出点分配见表7-4。

表7-4　I/O分配表

输　入		输　出		输　入		输　出	
SB_1（起动）	X000	YV（喷淋阀）	Y000	SQ_2（终点到位）	X002	KM_3（清洗机）	Y002
SQ_1（车辆检测）	X001	KM_1（刷子机）	Y001	SB_0（急停）	X003	HA（蜂鸣器）	Y003

5. 编程练习

编程完成上述控制要求。

6. 实验报告

（1）实验目的

（2）实验设备及接线

（3）实验内容，写出控制要求

（4）实验步骤，分配 PLC 的 I/O 端口，画出实际接线图

（5）实验结论及程序分析，列出梯形图程序、指令字程序和说明

（6）实验注意事项

（7）实验小结

7. 实验的参考梯形图（见图 7-33）

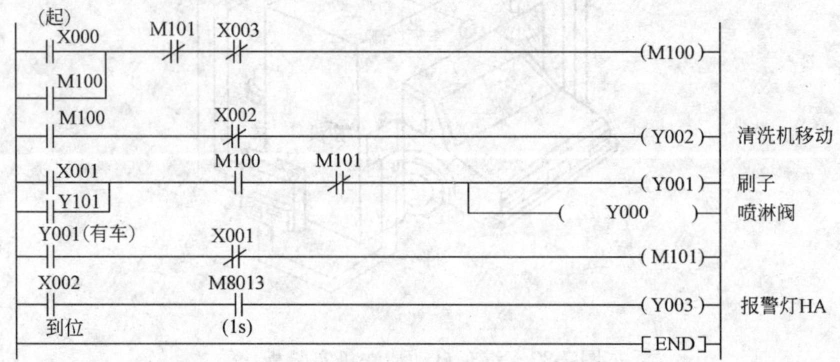

图 7-33　汽车自动清洗机 PLC 控制梯形图程序

实验 6　PLC 构成的抢答器实验

1. 实验目的

1）用 PLC 构成抢答器系统。

2）掌握 PLC 编程的技巧和程序调试的方法。

3）训练应用 PLC 技术实现一般编程应用的能力。

2. 实验设备

1）主机模块。

2）八段码显示实验板，如图 7-34 所示。

3）开关、按钮板。

4）电源模板。

5）连接导线一套。

3. 实验内容

（1）控制要求

1）控制一个八组抢答器，任一组抢先按下后，显示器能及时显示该组的编号，同时锁住其他抢答器，使其他组按下无效；复位后可重新抢答。

2）当主持人按下“开始”按钮后方可抢答；否则视为犯规。

（2）I/O分配及接线

1）输入开关和输出模拟元件在实验板上均有，用开关、按钮板上的按钮作为起动按钮，根据I/O分配表7-5，将输入/输出接点与主机的输入/输出端进行相应连接。

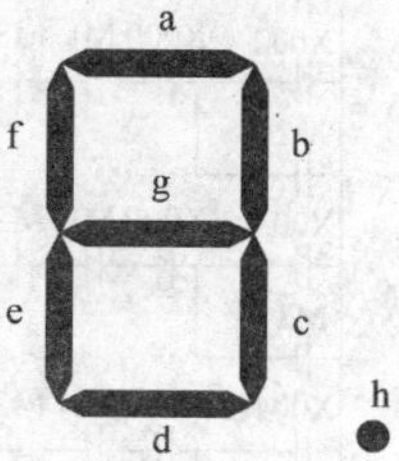

2）将电源模板上的24V直流电源引到实验板上的24V直流电源端。

图7-34 八段码显示实验板

3）把主机上用到的输入/输出接点对应的COM端与实验板的+24V端相连，输入/输出接点对应的C0、C1、C2端与实验板的0V端相连。

表7-5 I/O分配表

输入		输出		输入		输出	
SB_0(复位)	X000	a	Y001	SB_6(6组)	X006	g	Y007
SB_1(1组)	X001	b	Y002	SB_7(7组)	X007	h	Y000
SB_2(2组)	X002	c	Y003	SB_8(8组)	X010		
SB_3(3组)	X003	d	Y004				
SB_4(4组)	X004	e	Y005	SB_9(开始)	X020		
SB_5(5组)	X005	f	Y006				

4）按要求编写程序并输入程序。

5）调试并运行程序。

4. 编程练习

按八组抢答器的控制要求，编写八组抢答器的控制程序。

5. 实验报告

（1）实验目的

（2）实验设备及接线

（3）实验内容，写出控制要求

（4）实验步骤，分配PLC的I/O端口，画出实际接线图

（5）实验结论及程序分析，列出梯形图程序、指令字程序和说明

（6）实验注意事项

（7）实验小结

6. 实验的参考梯形图（见图7-35、图7-36）

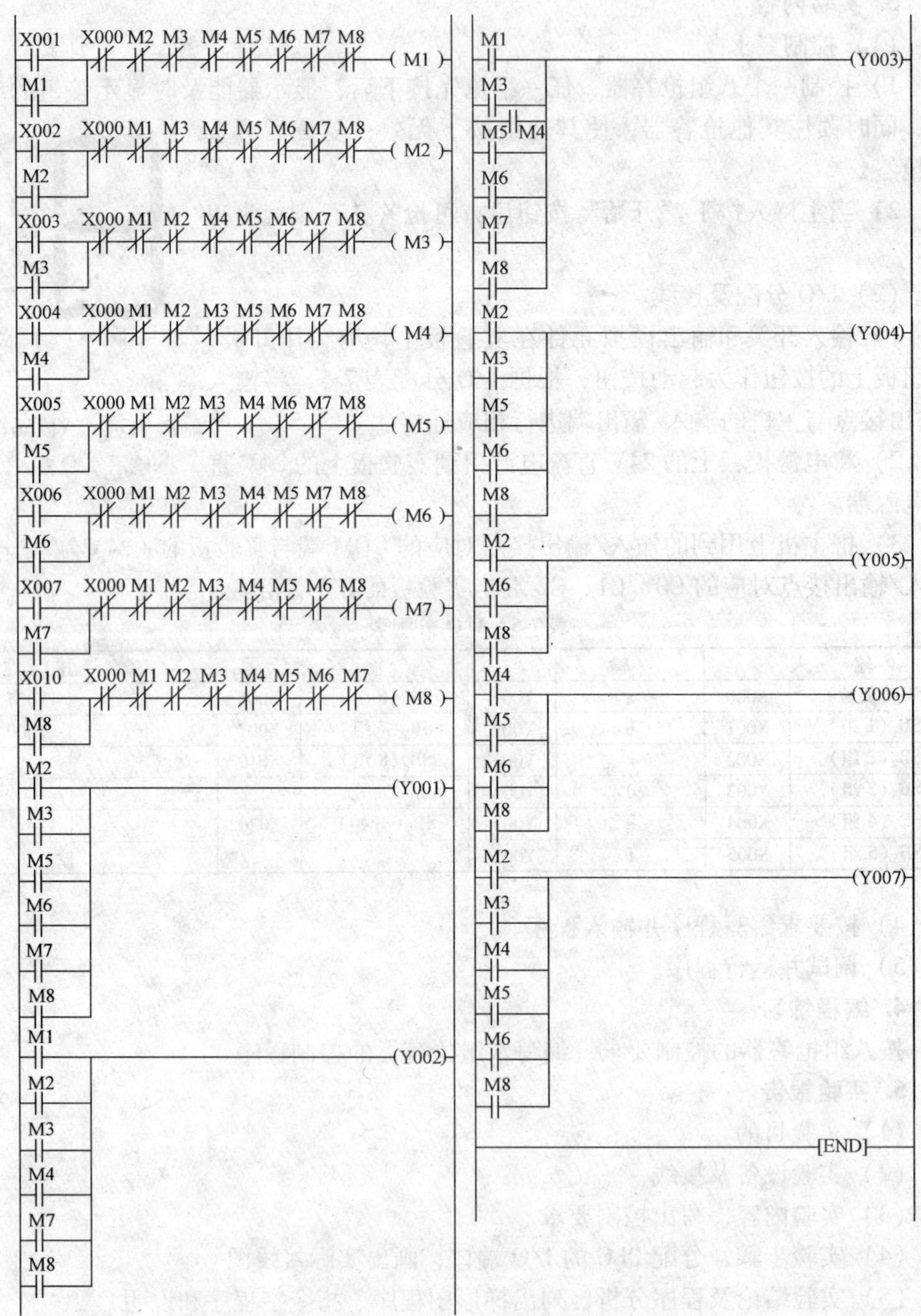

图 7-35　控制要求 1）的参考程序

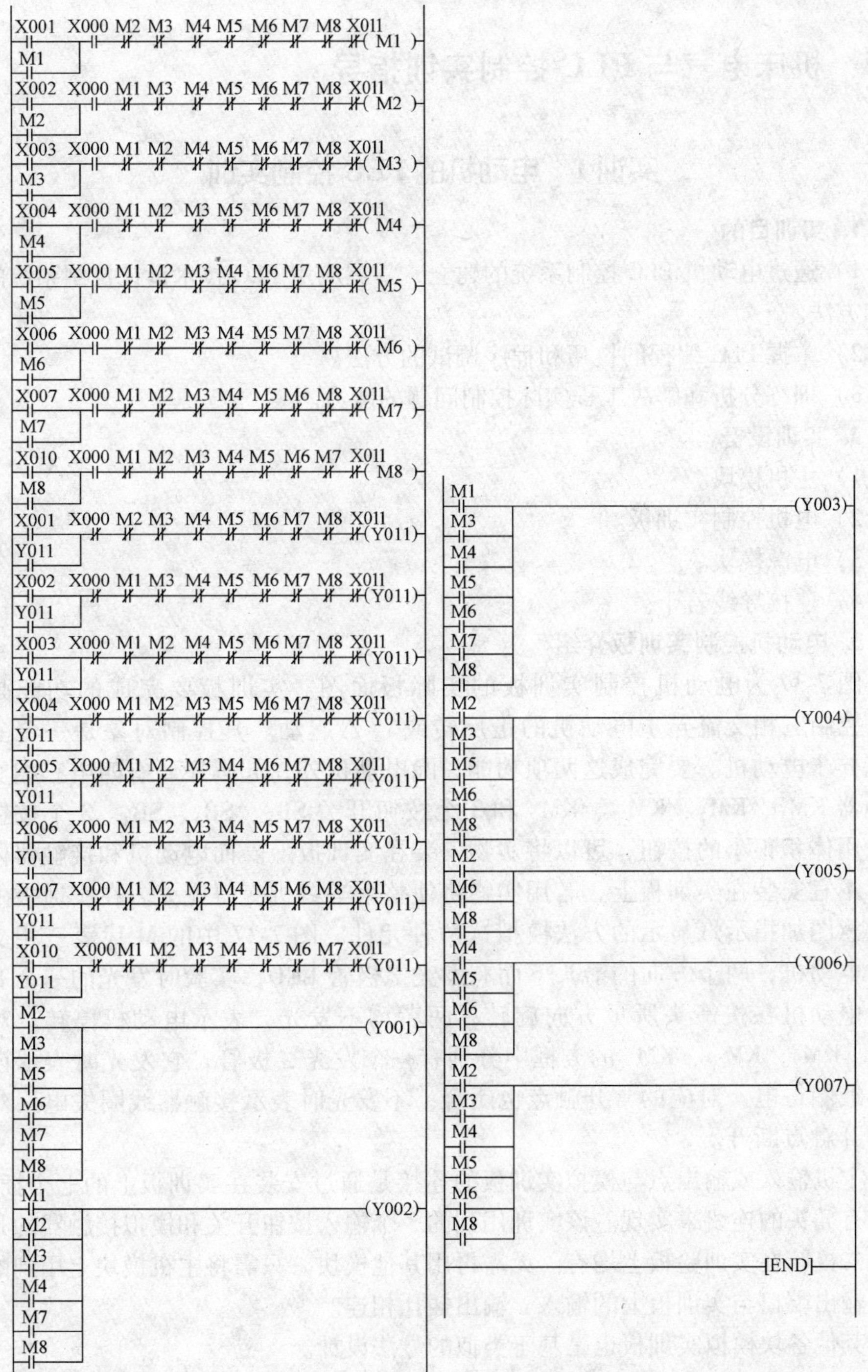

图7-36 控制要求2）的参考程序

7.4 机床电气与 PLC 控制实训指导

实训 1 电动机的 PLC 控制实训

1. 实训目的

1）通过电动机 PLC 控制系统的建立，掌握应用 PLC 技术设计控制系统的思想和方法。

2）掌握 PLC 编程的技巧和程序调试的方法。

3）训练分析和解决工程实际控制问题的能力。

2. 实训设备

1）主机模块。

2）电机控制实训板。

3）电源模块。

4）连接导线若干。

3. 电动机控制实训板介绍

图 7-37 为电动机控制实训板的实际板面图。实训板要完成的功能是用 PLC 控制三相交流异步电动机的正反转或Y/△起动。其控制对象是一台三相交流异步电动机。要完成这两项功能，除电动机外，起码还要有四组三相交流接触器 KM_1、KM_2、KM_{Y}、$KM_{\triangle}$和 3 个按钮开关 SB_1、SB_2、SB_3。3 个按钮开关采用体积很小的按钮，可以将实物安装在实训扳上。而电动机和接触器体积大，不宜安装在实训板上，若用实物将使整个学习机变得庞大。在实训板上采用示意图加指示灯显示的方法模拟这两种元件。图 7-37 中的 M 代表三相交流异步电动机，两个方向的箭头下面有发光二极管 LED，实验时发光的一个 LED 表示电动机在按箭头所示方向旋转；两者均不发光，表示电动机停转。对于 KM_1、KM_2，KM_{Y}、$KM_{\triangle}$的方框中分别有一个发光二极管，它发光时表示该接触器线圈得电，对应的常开触点也闭合；不发光时表示接触器线圈失电，对应的常开触点断开。

主机输入或输出点与模拟实训板的连接是通过安装在实训板上的七个插孔，用带有插头的连线来实现。该实训用到的 3 个输入按钮开关和模拟接触器的几个发光二极管在实训验板上均有。无需再用其他模块。只需将主机模块上用到的输入、输出端口与实训板上的输入、输出插孔相连。

其他各块模拟实训板也是基于类似的方法设计。

4. 实训要求

（1）控制电动机正、反转

1）按下启动按钮 SB_1，KM_1 得电，电动机正转；按下起动按钮 SB_2，KM_2 得电，电动机反转。

2）按下停止按钮 SB_3，电动机停转；电动机正反转之间要有可靠的互锁。

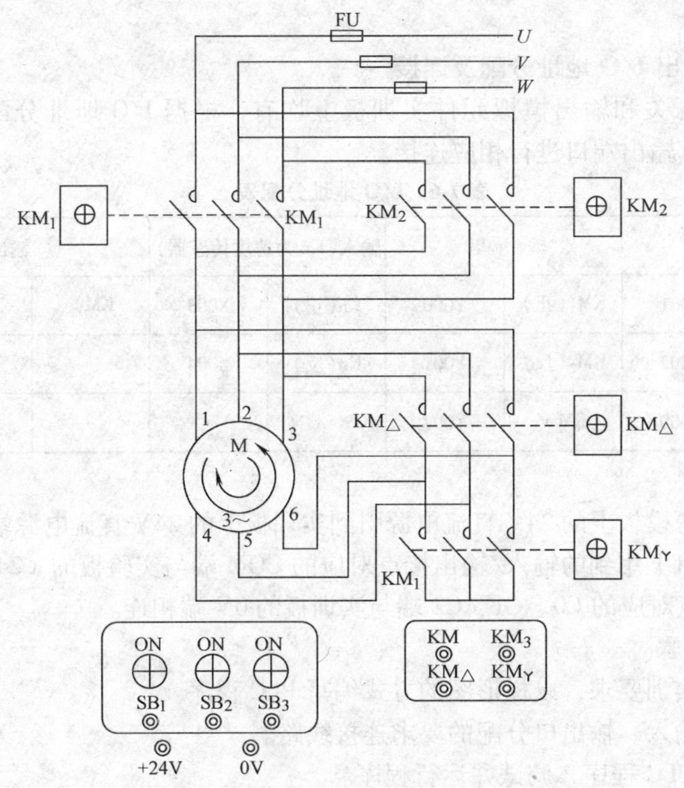

图 7-37　电动机控制实训板

（2）控制电机Y/△启动

按下起动按钮 SB_1，KM_1、KM_Y 得电接通，电动机Y起动；2s 后 KM_Y 失电断开，$KM_\triangle$ 得电接通，切换到△运行；按下停止按钮 SB_3，电动机停止运行；电动机Y/△之间要有可靠的互锁。

（3）电动机正、反转的反接制动控制

用两个开关模拟速度继电器，实现正反转停机时的反接制动控制。

（4）控制电机往复运行

按下起动按钮 SB_1，KM_1 得电，电动机正转 10s；然后再反转运行 10s；如此不断循环；当按下停止按钮 SB_3 后，电动机停转；电动机正反转之间要有可靠的互锁。

（5）控制电动机正、反转，Y/△起动，往复运行和正反转停机时的反接制动综合控制

在分别做了前 4 种基本环节的 PLC 控制之后，将其组合在一起，实现机床的综合控制。

5. 输入输出 I/O 地址分配及连接

1）输入开关和输出模拟元件实训板上均有，根据 I/O 地址分配表 7-6 与 PLC 主机输入/输出端口进行相应连接。

表 7-6　I/O 地址分配表

输　入		输　出		输入（Kn 为速度传感器）		输出	
SB_1（正）	X001	KM_1（正）	Y000	Kn（正）	X003	$KM_{\triangle}$	Y003
SB_2（反）	X002	KM_2（反）	Y001	Kn（反）	X004		
SB_3（停）	X000	KM_{Y}	Y002				

2）将电源模板上的 24V 直流电源引到实训板上的 24V 直流电源端。

3）把主机上用到的输入/输出接点对应的 COM 端与实验板的 +24V 端相连，输入/输出接点对应的 C0、C1、C2 端与实训板的 0V 端相连。

6. 实训步骤

1）根据实训要求，以梯形图的方式编写 PLC 程序。

2）根据输入、输出口分配的要求连接线路。

3）输入 PLC 程序，调试并运行程序。

7. 实训报告

1）实训目的。

2）实训设备及接线。

3）实训内容，写出控制要求。

4）实训步骤，分配 PLC 的 I/O 端口，画出实际接线图。

5）实训结论及程序分析，列出梯形图程序、指令字程序和说明。

6）实训注意事项。

7）实训总结。

8. 实训的参考梯形图程序

上述 4 种控制的单环节控制梯形图程序由读者自己完成，其综合控制参考梯形图程序如图 7-38 所示。

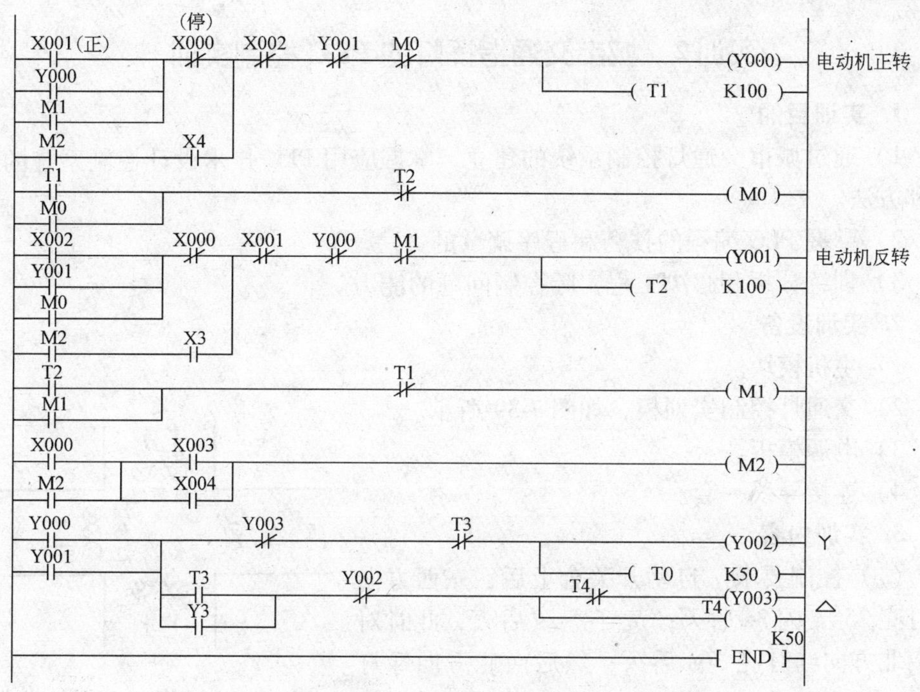

图7-38 电动机正、反转，Y/△启动，转和正反转停机时的反接制动综合控制

9. 实训考核

考核项目、内容、要求及评分标准如表7-7所示。

表7-7 考核项目、内容、要求及评分标准表

考核项目	考核内容	配分	考核要求及评分标准	得分
系统与程序设计	I/O配置	10分	I/O配置合理5分 I/O接线正确5分	
	梯形图设计	20分	能实现预定控制15分 梯形图设计有新意5分	
	程序编写	10分	符合编程规则5分 输入正确5分	
调试与运行	运行	20分	会查寻并排除故障10分 电动机的动作符合控制要求10分	
	监控	20分	能对元件的动作进行监控10分 会修改元件参数10分	
作业	训练题	20分	时序图正确5分 梯形图设计正确10分 梯形图设计有新意5分	
计分		100分		

实训2　城市交通指挥灯的 PLC 控制实训

1. 实训目的

1）通过城市交通灯控制系统的建立，掌握应用 PLC 技术设计控制系统的思想和方法。

2）掌握 PLC 编程的技巧和程序调试的方法。

3）训练分析和解决工程实际控制问题的能力。

2. 实训设备

1）主机模块。

2）交通灯控制实训板，如图 7-39 所示。

3）电源模板。

4）连接导线一套。

3. 实训内容

（1）控制要求　自动开关合上后，东西方向绿灯亮 25s，闪 3s 后灭；黄灯亮 2s 后灭，此时对应南北方向红灯亮 30s 后灭；然后南北方向绿灯亮 25s、闪 3s 后灭；黄灯亮 2s 后灭，此时对应东西方向红灯亮 30s 后灭；…，如此循环。其控制时序图如图 7-40 所示。

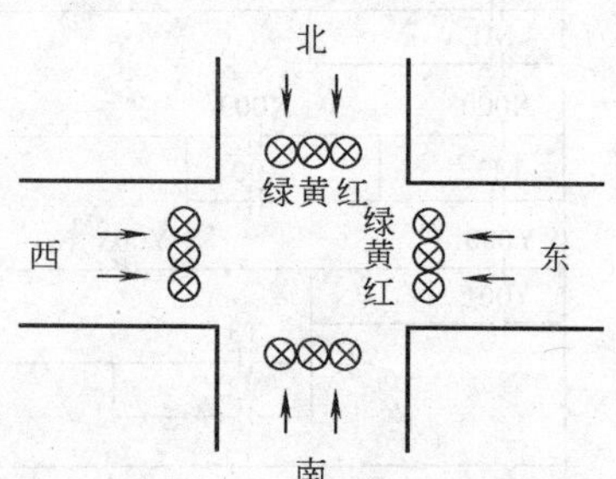

图 7-39　交通灯控制实训板

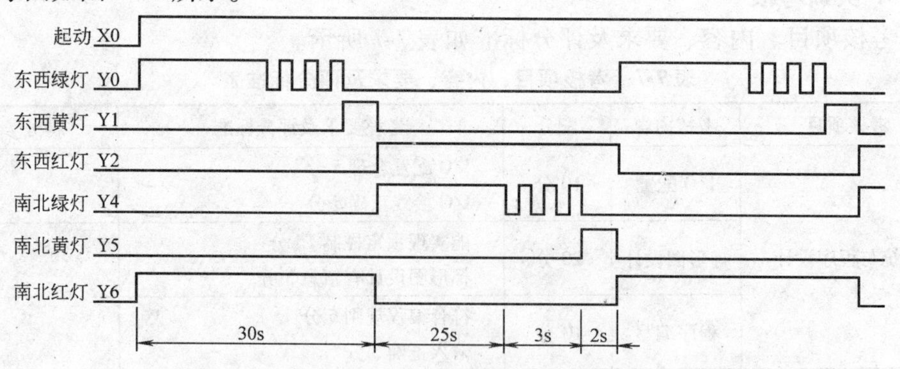

图 7-40　交通信号灯控制的时序图

（2）I/O 分配及连接　I/O 地址分配表见表 7-8。

表 7-8　I/O 地址分配表

输　入		输　出			
起动按钮	X0	南北红灯	Y6	东西红灯	Y2
停止按钮	X1	南北黄灯	Y5	东西黄灯	Y1
		南北绿灯	Y4	东西绿灯	Y0

1）输入开关和输出模拟元件在实验板上均有，分配输入、输出接点，并与主机输入/输出端口进行相应连接。

2）将电源模板上的24V直流电源引到实训板上的24V直流电源端。

3）把主机上用到的输入/输出接点对应的COM端与实训板的+24V端相连，输入/输出接点对应的C0、C1、C2端与实训板的0V端相连。

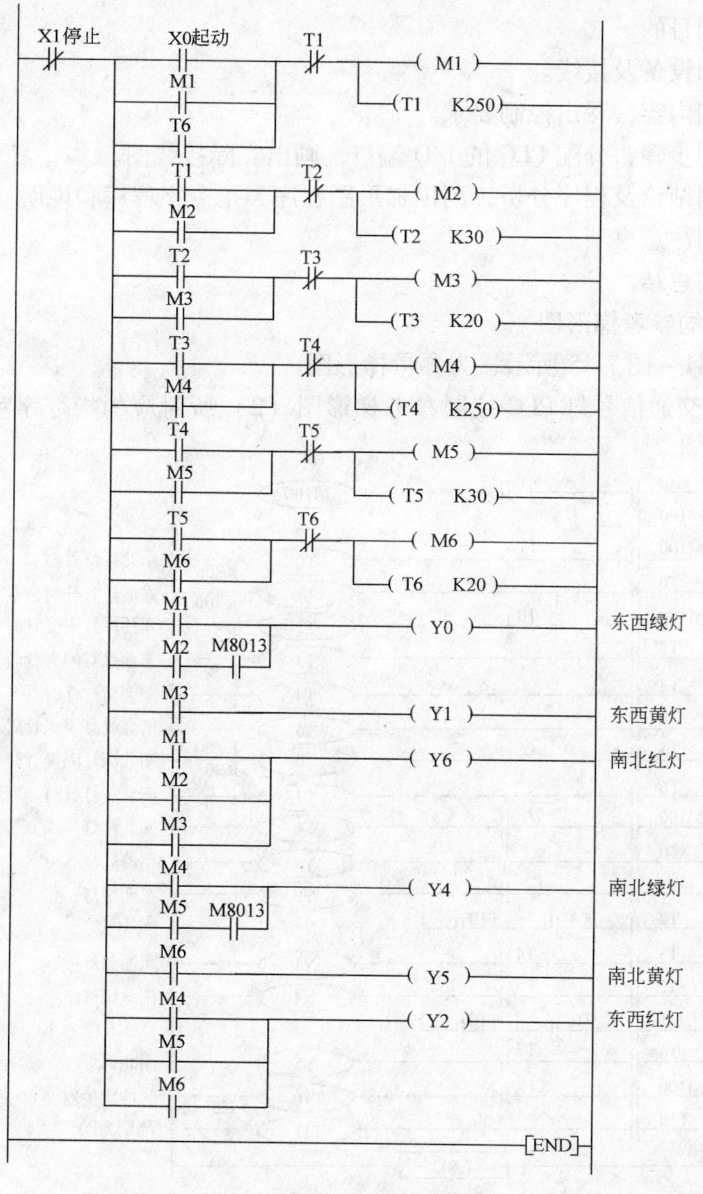

图7-41　交通信号灯PLC控制参考梯形图（1）

（3）按要求编写程序并输入程序

（4）调试并运行程序

4. 实训编程练习

按控制要求编写城市交通灯 PLC 控制梯形图。

5. 实训报告

1）实训目的。

2）实训设备及接线。

3）实训内容，写出控制要求。

4）实训步骤，分配 PLC 的 I/O 端口，画出实际接线图。

5）实训结论及程序分析，列出梯形图程序、指令字程序和说明。

6）实训注意事项。

7）实训总结。

6. 实训的参考梯形图

如图 7-41 ~ 图 7-45 所示，为参考梯形图。

图 7-42 交通信号灯 PLC 控制参考梯形图（2）所对应的指令字程序见表 7-9。

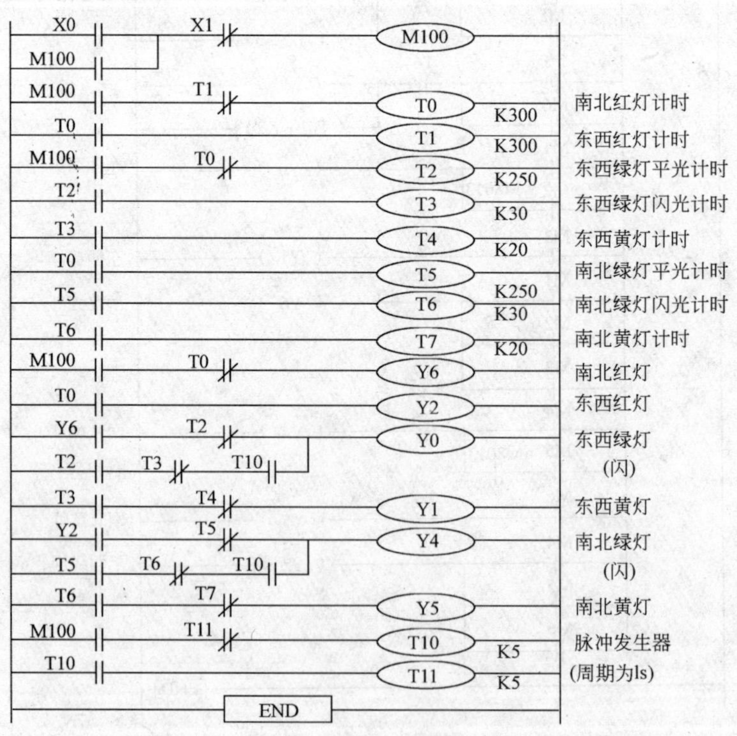

图 7-42 交通信号灯 PLC 控制参考梯形图（2）

表7-9 图7-23交通信号灯PLC控制参考梯形图（2）所对应的指令字程序

指令程序			指令程序			指令程序			指令程序		
0	LD	X0	19	OUT	T3	40	OUT	Y6	56	ANI	T6
1	OR	M100		K	30	41	LD	T0	57	AND	T10
2	ANI	X1	22	LD	T3	42	OUT	Y2	58	ORB	
3	OUT	M100	23	OUT	T4	43	LD	Y6	59	OUT	Y4
4	LD	M100		K	20	44	ANI	T2	60	LD	T6
5	ANI	T1	26	LD	T0	45	LD	T2	61	ANI	T7
6	OUT	T0	27	OUT	T5	46	ANI	T3	62	OUT	Y5
	K	300		K	250	47	AND	T10	63	LD	M100
9	LD	T0	30	LD	T5	48	ORB		64	ANI	T11
10	OUT	T1	31	OUT	T6	49	OUT	Y0	65	OUT	T10
	K	300		K	30	50	LD	T3		K	5
13	LD	M100	34	LD	T6	51	ANI	T4	68	LD	T10
14	ANI	T0	35	OUT	T7	52	OUT	Y1	69	OUT	T11
15	OUT	T2		K	20	53	LD	Y2		K	5
	K	250	38	LD	M100	54	ANI	T5	72	END	
18	LD	T2	39	ANI	T0	55	LD	T5			

对交通信号灯时序步进类PLC控制，采用步进接点指令编程，设计思路更清晰，梯形图更简明易懂，一目了然。

（1）按单流程编程　如果把东西和南北力向信号灯的动作视为一个顺序动作过程，其中每一个时序同时有两个输出，一个输出控制东西方向的信号灯，另一个输出控制南北方向的信号灯，这样就可以按单流程进行编程，其状态转移图如图7-43所示，对应的步进梯形图如图7-44所示。

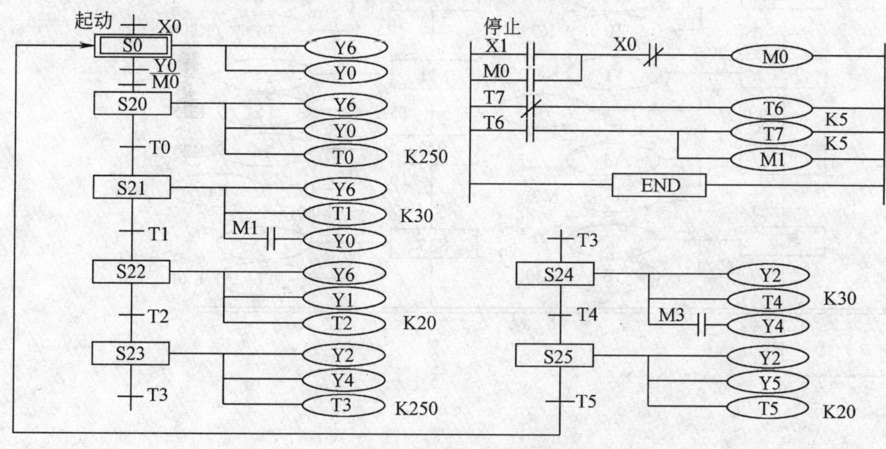

图7-43　按单流程编程的状态转移图

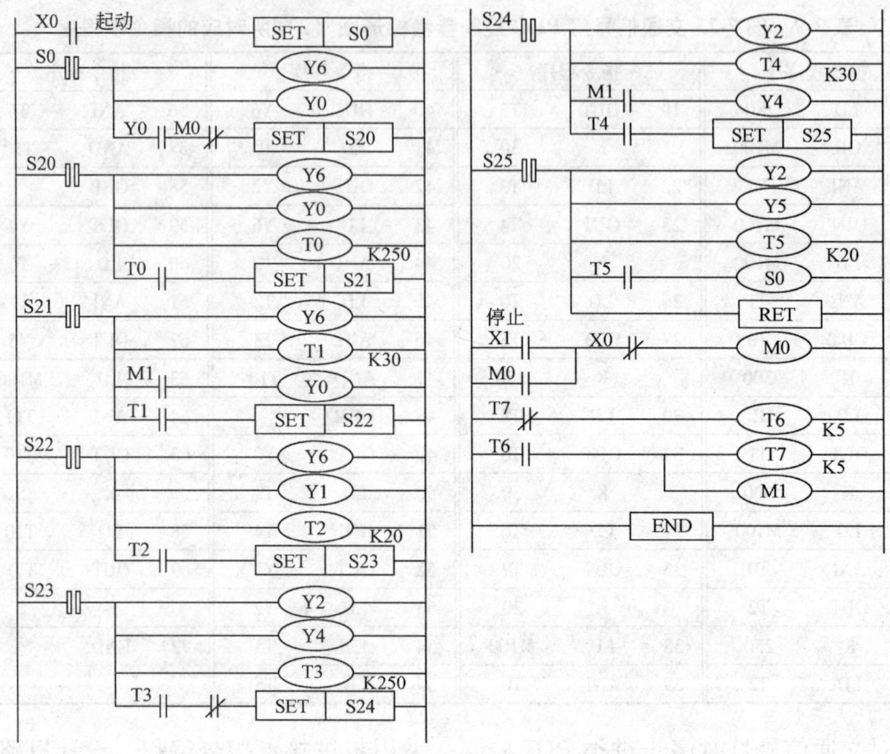

图 7-44　按单流程编程的步进梯形图

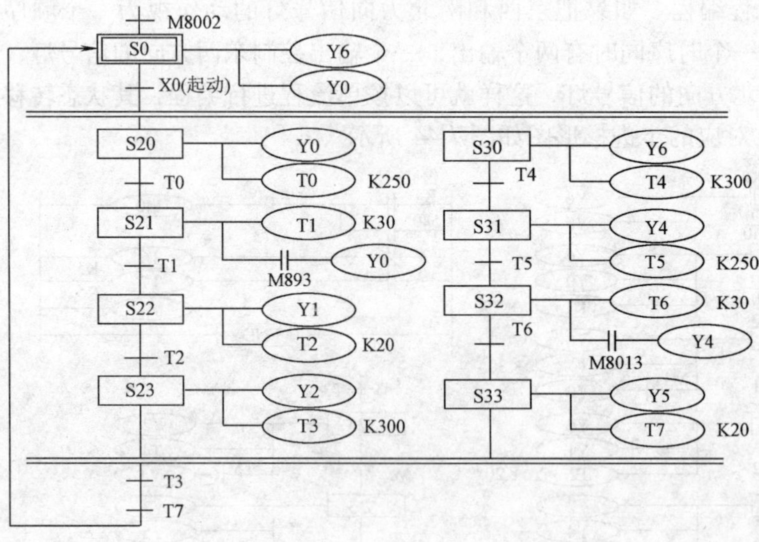

图 7-45　按双流程编程的状态转移图

（2）按双流程编程　东西方向和南北方向信号灯的动作过程也可以分别看成是两个独立的顺序动作过程，其状态转移图如图7-45所示。它具有两条状态转移支路，其结构为并联分支与汇合。其对应的步进梯形图由读者自己完成。

7. 实训考核

考核项目、内容、要求及评分标准如表7-10所示。

表7-10　考核项目、内容、要求及评分标准

考核项目	考核内容	配分	考核要求及评分标准	得分
系统与程序设计	I/O配置	10分	I/O配置合理5分 I/O接线正确5分	
	梯形图设计	20分	能实现预定控制15分 梯形图设计有新意5分	
	程序编写	10分	符合编程规则5分 输入正确5分	
调试与运行	运行	20分	会查寻并排除故障10分 信号灯的动作符合控制要求10分	
	监控	20分	能对元件的动作进行监控10分 会修改元件参数10分	
作业	训练题	20分	步进梯形图设计正确10分 程序编写正确,调试成功10分	
计分		100分		

实训3　自动送料装车的PLC控制实训

1. 实训目的

1）通过自动送料装车控制系统的建立，掌握应用PLC技术设计控制系统的思想和方法。

2）掌握PLC编程的技巧和程序调试的方法。

3）训练解决工程实际控制问题的能力。

2. 实训设备

1）主机模块。

2）电源模块。

3）自动送料装车实验板，如图7-46所示。

4）连接导线一套。

3. 实训内容

（1）控制要求

自动送料装车控制系统如图 7-45 所示，其控制要求如下：

1）初始状态　红灯 L_1 灭，绿灯 L_2 亮，表明允许汽车开进装料，M_2 和 M_3 皆为 OFF。

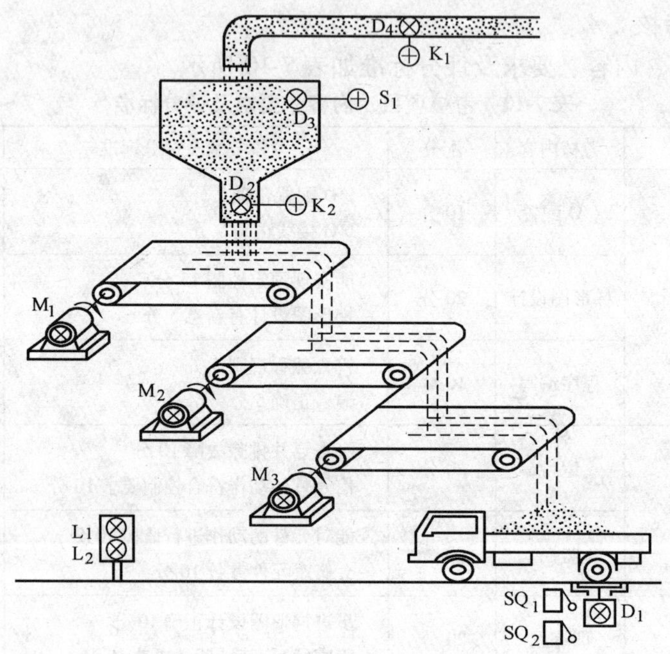

图 7-46　自动送料装车实训板

2）装车控制

①进料　如料斗中料不满（S_1 为 OFF），5s 后进料阀 K_1 开启进料：当料满（S_1 为 ON）时，中止进料。

②装车　当汽车开进到装车位置（SQ_1 为 ON）时，红灯 L_1 亮，绿灯 L_2 灭；同时起动 M_3，经 2s 后起动 M_2，再经 2s 后起动 M_1，再经 2s 后打开料斗（K_2 为 ON）出料。

当车装满（SQ_2 为 OFF）时，料斗 K_2 关闭，2s 后 M_1 停止，M_2 在 M_1 停止 2s 后停止，M_3 在 M_2 停止 2s 后停止，同时红灯 L_1 灭，绿灯 L_2 亮，表明汽车可以开走。

3）停机控制　按下停止按钮 SB_2，整个系统中止运行。

（2）I/O 分配及连接　I/O 地址分配及 PLC 实际连接图如图 7-47 所示。注意：本接线图中 SB_2 和 SQ_2 用的是常闭接点，其梯形图中要格外考虑其常闭接点的控制关系。

考虑到车在位指示信号和红灯信号的同步控制，Y10 ~ Y17 还要用于计数输出，为了节省输出点，可用一个输出点Y2驱动红灯L_1和车在位信号D_1。电动机M_1～M_3通过接触器KM_1～KM_3控制，也可以在实训板上用信号灯模拟电动机的运行。

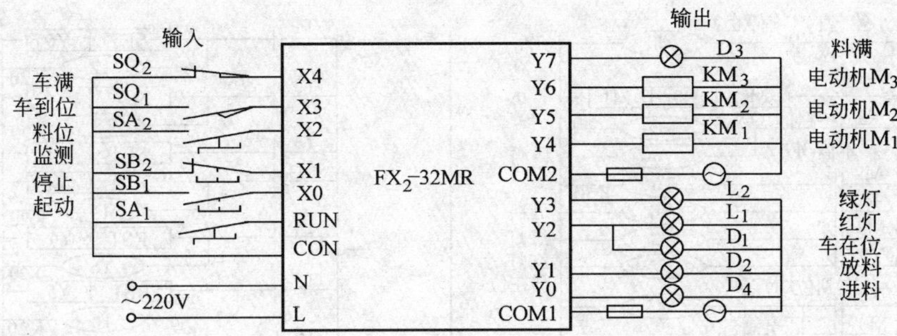

图7-47　I/O地址分配及PLC实际连接图

1）分配I/O，并与主机输入、输出端口进行相应连接。

2）将电源模板上的24V直流电源引到实验板上的24V直流电源端。

3）把主机上用到的输入/输出接点对应的COM端与实验板的+24V端相连，输入/输出接点对应的C0、C1、C2端与实验板的0V端相连。

4）按要求编写程序并输入程序。

5）调试并运行程序。

4. 实训编程练习

按实训内容中的控制要求进行编程练习。

5. 实训报告

1）实训目的。

2）实训设备及接线。

3）实训内容，写出控制要求。

4）实训步骤，分配PLC的I/O端口，画出实际接线图。

5）实训结论及程序分析，列出梯形图程序、指令字程序和说明。

6）实训注意事项。

7）实训总结。

6. 实训的参考梯形图

（1）用基本逻辑指令编程　自动送料装车控制系统中，进料阀K_1受料位传感器S_1的控制，S_1无监测信号，表明料不满，经5s后进料；S_1有监测信号时表明料已满，中止进料。送料系统的起动，可以通过台秤下面的限位开关SQ_1实现。当汽车开近装车位置时，在其自重作用下，接通SQ_1，送料系统起动；当车装到吨位时，限位开关SQ_2断开，停止送料。

用基本逻辑指令设计的自动送料装车控制系统梯形图如图 7-48 所示。其对应的指令字程序见表 7-11。

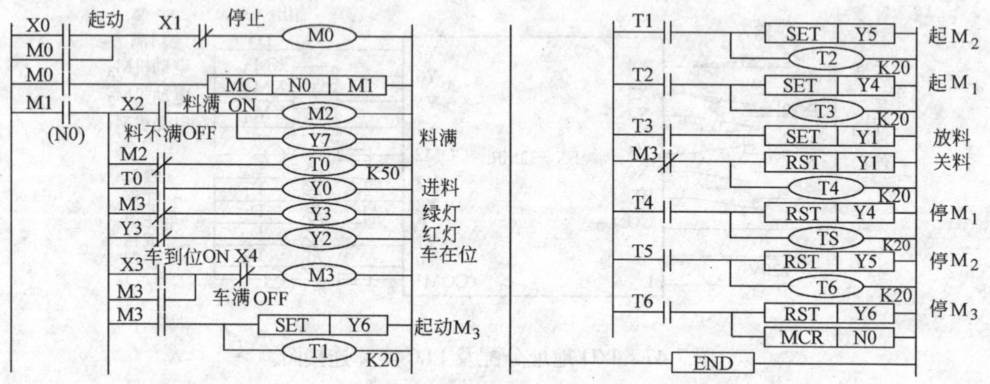

图 7-48　用基本逻辑指令设计的自动送料装车控制系统梯形图

表 7-11　自动送料装车控制系统的指令字程序

指令程序			指令程序			指令程序			指令程序		
0	LD	X0	16	OUT	Y0	31	SET	Y5	48	RST	Y4
1	OR	M0	17	LDI	M3	32	OUT	T2	49	OUT	T5
2	ANI	X1	18	OUT	Y3		K	20		K	20
3	OUT	M0	19	LDI	Y3	35	LD	T2	52	LD	T5
4	LD	M0	20	OUT	Y2	36	SET	Y4	53	RST	Y5
5	MC	N0	21	LD	X3	37	OUT	T3	54	OUT	T6
		M1	22	OR	M3		K	20		K	20
8	LD	X2	23	ANI	X4	40	LD	T3	57	LD	T6
9	OUT	M2	24	OUT	M3	41	SET	Y1	58	RST	Y6
10	OUT	Y7	25	LD	M3	42	LDI	M3	59	MCR	N0
11	LDI	M2	26	SET	Y6	43	RST	Y1	61	END	
12	OUT	T0	27	OUT	T1	44	OUT	T4			
	K	50		K	20		K	20			
15	LD	T0	30	LD	T1	47	LD	T4			

（2）用步进指令编程　自动送料装车过程实际上是一个按一定顺序动作的生产控制过程，因此用步进指令编程更为方便，其状态转移图如图 7-49 所示。其状态梯形图由读者自己完成。

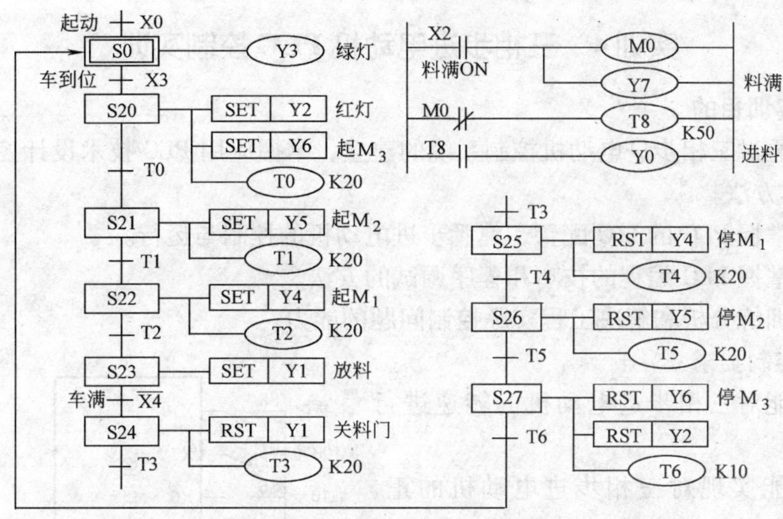

图7-49　用步进指令编程的自动送料装车状态转换图

7. 实训考核

考核项目、内容、要求及评分标准如表7-12所示。

表7-12　考核项目、内容、要求及评分标准

考核项目	考核内容	配分	考核要求及评分标准	得分
系统与程序设计	I/O配置	10分	I/O分配合理5分 I/O接线正确5分	
	梯形图设计	15分	能实现预定控制10分 梯形图设计有新意5分	
	状态转移图设计	15分	能实现预定控制10分 状态转移图设计有新意5分	
	程序编写	10分	符合编程规则5分 输入正确5分	
调试与运行	运行	10分	会查寻并排除故障5分 送料装车的动作符合控制要求5分	
	监控	10分	能对元件的动作进行监控5分 会修改元件参数5分	
训练题	I/O配置 状态转移图设计 调试与运行	30分	I/O分配合理5分 状态转移图设计正确15分 调试运行成功10分	
计分		100分		

实训 4 三相步进电动机 PLC 控制实训

1. 实训目的

1）通过三相步进电动机控制系统的建立，掌握应用 PLC 技术设计控制系统的思想和方法。

2）掌握 PLC 的 I/O 配置，熟悉步进电动机的控制与运行。

3）掌握 PLC 编程的技巧和程序调试的方法。

4）训练分析和解决工程实际控制问题的能力。

2. 控制要求

1）能对三相步进电动机的转速进行控制。

2）能实现对三相步进电动机的正、反转控制。

3）能对三相步进电动机的步数进行控制。

3. 实训内容及指导

（1）系统配置

1）FX_{2N}-48MR PLC 一台。

2）36BF02 型三相反应式步进电动机一台。

3）连接导线若干。

4）根据对三相步进电动机控制的要求，I/O 配置及其接线如图 7-50 所示。三相步进电动机转速的控制分慢速、中速和快速三挡，分别通过开关 S_1、S_2 和 S_3 选择；正、反转控制由开关 S_4 选择；步数控制分单步、10 步和 100 步三挡，分别通过按钮 SB、开关 S_6 和 S_7 选择；暂停开关为 S_6。

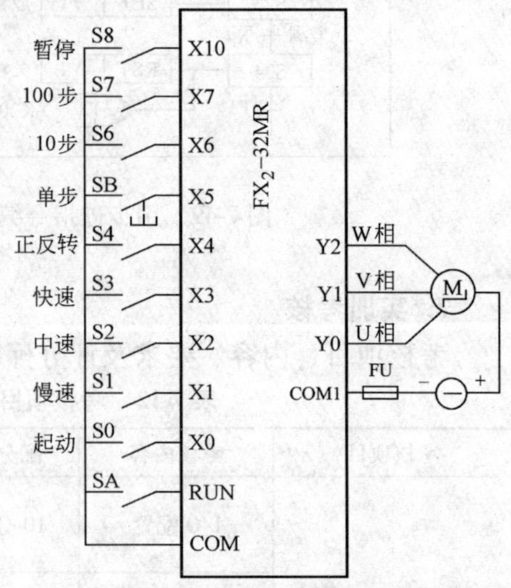

图 7-50 PLC I/O 配置及接线图

（2）程序设计 三相步进电动机控制的梯形图如图 7-51 所示。指令字程序见表 7-13。

1）转速控制。由脉冲发生器产生不同周期 *T* 的控制脉冲，通过脉冲控制器的选择，再通过三相六拍环形分配器使三个输出继电器 Y0、Y1 和 Y2 按照单双六拍的通电方式接通，其接通顺序为：

$$Y0 \xrightarrow{T} Y0、Y1 \xrightarrow{T} Y1 \xrightarrow{T} Y1、Y2 \xrightarrow{T} Y2 \xrightarrow{T} Y2、Y0 \xrightarrow{T} Y0$$

该过程对应于三相步进电动机的通电顺序是：

$$U \xrightarrow{T} U、V \xrightarrow{T} V \xrightarrow{T} V、W \xrightarrow{T} W \xrightarrow{T} W、U \xrightarrow{T} U$$

选择不同的脉冲周期 T、以获得不同频率的控制脉冲，从而实现对步进电动机的调速。

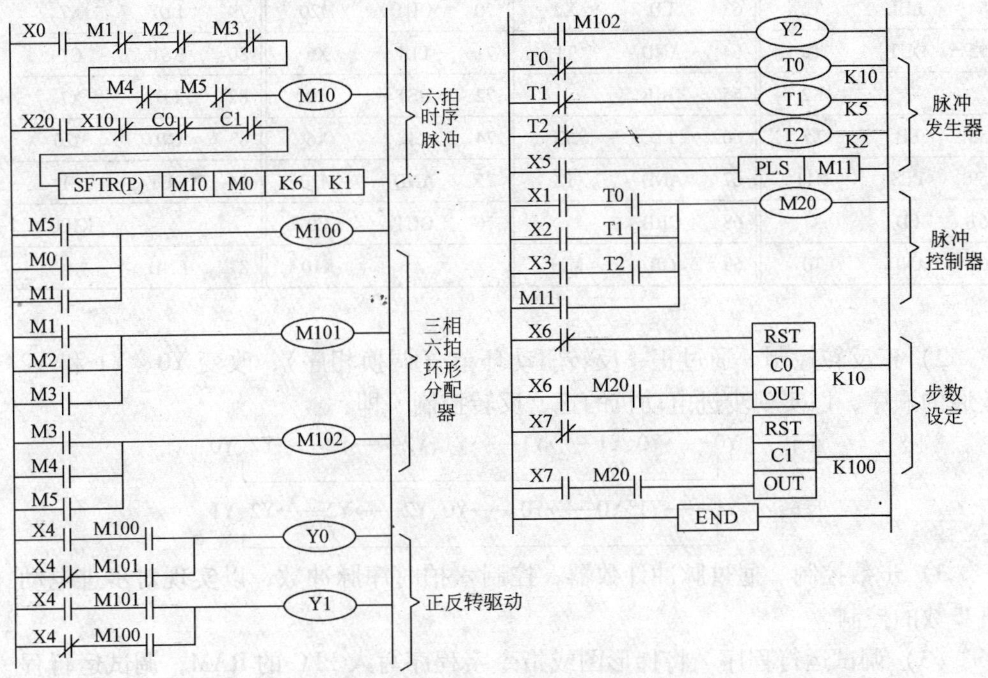

图 7-51 三相步进电动机控制的梯形

表 7-13 三相步进电动机控制的指令字程序

指令程序			指令程序			指令程序			指令程序		
0	LD	X0			M10	28	LD	M3	40	LDI	X4
1	ANI	M1			M0	29	OR	M4	41	AND	M100
2	ANI	M2			K6	30	OR	M5	42	ORB	
3	ANI	M3			K1	31	OUT	M102	43	OUT	Y1
4	ANI	M4	20	LD	M5	32	LD	X4	44	LD	M102
5	ANI	M5	21	OR	M0	33	AND	M100	45	OUT	Y2
6	OUT	M10	22	OR	M1	34	LDI	X4	46	LDI	T0
7	LD	M20	23	OUT	M100	35	AND	M101	47	OUT	T0
8	ANI	X10	24	LD	M1	36	ORB				K10
9	ANI	C0	25	OR	M2	37	OUT	Y0	50	LDI	T1
10	ANI	C1	26	OR	M3	38	LD	X4	51	OUT	T1
11	SFTR(P)	34	27	OUT	M101	39	AND	M101			K5

（续）

指令程序			指令程序			指令程序			指令程序		
54	LDI	T2	63	LD	X2	70	OUT	M20	79	LDI	X7
55	OUT	T2	64	AND	T1	71	LDI	X6	80	RST	C1
		K2	65	ORB		72	RST	C0	82	LD	X7
58	LD	X5	66	LD	X3	74	LD	X6	83	AND	M20
59	PLS	M11	67	AND	T2	75	AND	M20	84	OUT	C1
61	LD	X1	68	ORB		76	OUT	C0			K100
62	AND	T0	69	OR	M11			K10	87	END	

2）正反转控制。通过正、反转驱动环节（调换相序），改变 Y0、Y1 和 Y2 接通的顺序，以实现步进电动机的正、反转控制。即：

正转：Y0⟶Y0、Y1⟶Y1⟶Y1、Y2⟶Y2⟶Y2、Y0（循环）

反转：Y1⟶Y1、Y0⟶Y0⟶Y0、Y2⟶Y2⟶Y2、Y1（循环）

3）步数控制。通过脉冲计数器，控制六拍时序脉冲数，以实现对步进电动机步数的控制。

（3）调试运行程序　将梯形图或指令字程序写入 PLC 的 RAM，调试运行程序。

1）转速控制。选择慢速（接通 S_1），接通起动开关 S_0，脉冲控制器产生周期为 1s 的控制脉冲，使 M0～M5 的状态随脉冲向右移位，产生六拍时序脉冲，并通过三相六拍环形分配器使 Y0、Y1 和 Y2 按照单双六拍的通电方式接通，步进电动机开始慢速步进运行。断开 S_1、S_0；接通 S_2、S_0 或 S_3、S_0，观察步进电动机的转速，并说明每步间隔的时间。记录每步间隔的时间和调试运行情况。

2）正反转控制。先接通正、反转开关 S_4，再重复上述 1）的转速控制操作，观察步进电动机的运行，记录调试运行情况。

3）步数控制。选择慢速（接通 S_1）；选择 10 步（接通 S_6）；接通起动开关 S_0。六拍时序脉冲及三相六拍环形分配器开始工作；计数器开始计数，当走完预定步数时，计数器动作，其常闭触点断开移位驱动电路，六拍时序脉冲、三相六拍环形分配器及正反转驱动环节停止工作，步进电动机停转。在选择慢速的前提下，再选择单步、10 步或 100 步重复上述操作，观察步进电动机的运行，记录调试运行情况。

4. 实训编程练习

按实训内容中的控制要求进行编程练习。

5. 实训报告

1）实训目的。

2）实训设备及接线。

3）实训内容，写出控制要求。

4）实训步骤，分配PLC的I/O端口，画出实际接线图。

5）实训结论及程序分析，列出梯形图程序、指令字程序和说明。

6）实训注意事项。

7）实训总结。

6. 实训考核

考核项目、内容、要求及评分标准如表7-14所示。

表7-14　考核项目、内容、要求及评分标准

考核项目	考核内容	配分	考核要求及评分标准	得分
系统与程序设计	I/O配置	10分	I/O配置合理5分 I/O接线正确5分	
	梯形图设计	20分	能实现预定控制15分 梯形图设计有新意5分	
	程序编写	10分	符合编程规则5分 输入正确5分	
调试与运行	运行	20分	会查寻并排除故障10分 步进电动机的动作符合控制要求10分	
	监控	20分	能对元件的动作进行监控10分 会修改元件参数10分	
作业	训练题	20分	梯形图设计正确10分 程序编写正确,调试成功10分	
计分		100分		

实训5　机床送料车PLC控制实训

1. 实训目的

1）掌握应用PLC技术控制送料车编程的思想和方法。

2）训练应用功能指令简化程序的方法和技巧，增强应用功能指令的意识。

3）熟悉PLC的I/O配置，提高应用PIC的能力。

2. 控制要求

某机械加工车间有6个机床工作台，送料车往返于各个工作台之间送料，如

图 7-52 所示。每个工作台设有一个呼叫按钮（SB）和一个到位开关（SQ）。具体控制要求如下：

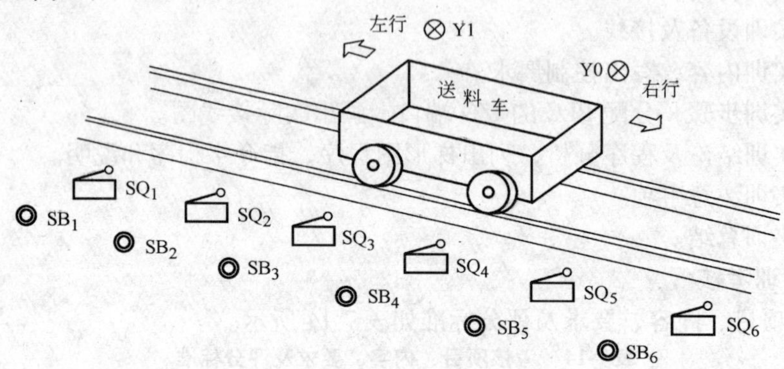

图 7-52　机床工作台送料车送料控制模拟实训板图

1）送料车开始应能停留在 6 个工作台中任意一个到位开关位置上；

2）设送料车现暂停于 m 号工作台（SQ_m 为 ON）处，这时 n 号工作台呼叫（SB_n 为 ON），若：

①$m>n$，送料车左行，直至 SQ_n 动作，到位停车。即送料车所停位置 SQ 的编号大于呼叫按钮 SB 的编号时，送料车往左运行至呼叫位置后停止。

②$m<n$，送料车右行，直至 SQ_n 动作，到位停车。即送料车所停位置 SQ 的编号小于呼叫按钮 SB 的编号时，送料车往右运行至呼叫位置后停止。

③$m=n$，送料车原位不动。即送料车所停位置 SQ 的编号与呼叫按钮 SB 的编号相同时，送料车不动。

3. 实训设备

1）FX_{2N}-48MR PLC 主机一台。

2）送料车控制模拟实训板一块（也可用电梯控制模拟实训板代替），如图 7-52 所示。

3）连接导线若干。

4. I/O 地址配置及接线

1）根据对送料车控制的实际要求，分配 I/O 地址。

2）根据所分配的 I/O 地址，画出 PLC 的实际接线图，如图 7-53 所示。

5. 编程练习

（1）用基本逻辑指令编程　用基本逻辑指令控制送料车的梯形图，如图 7-54 所示。

1）根据图 7-54 梯形图写出指令字程序（读者自己完成）。

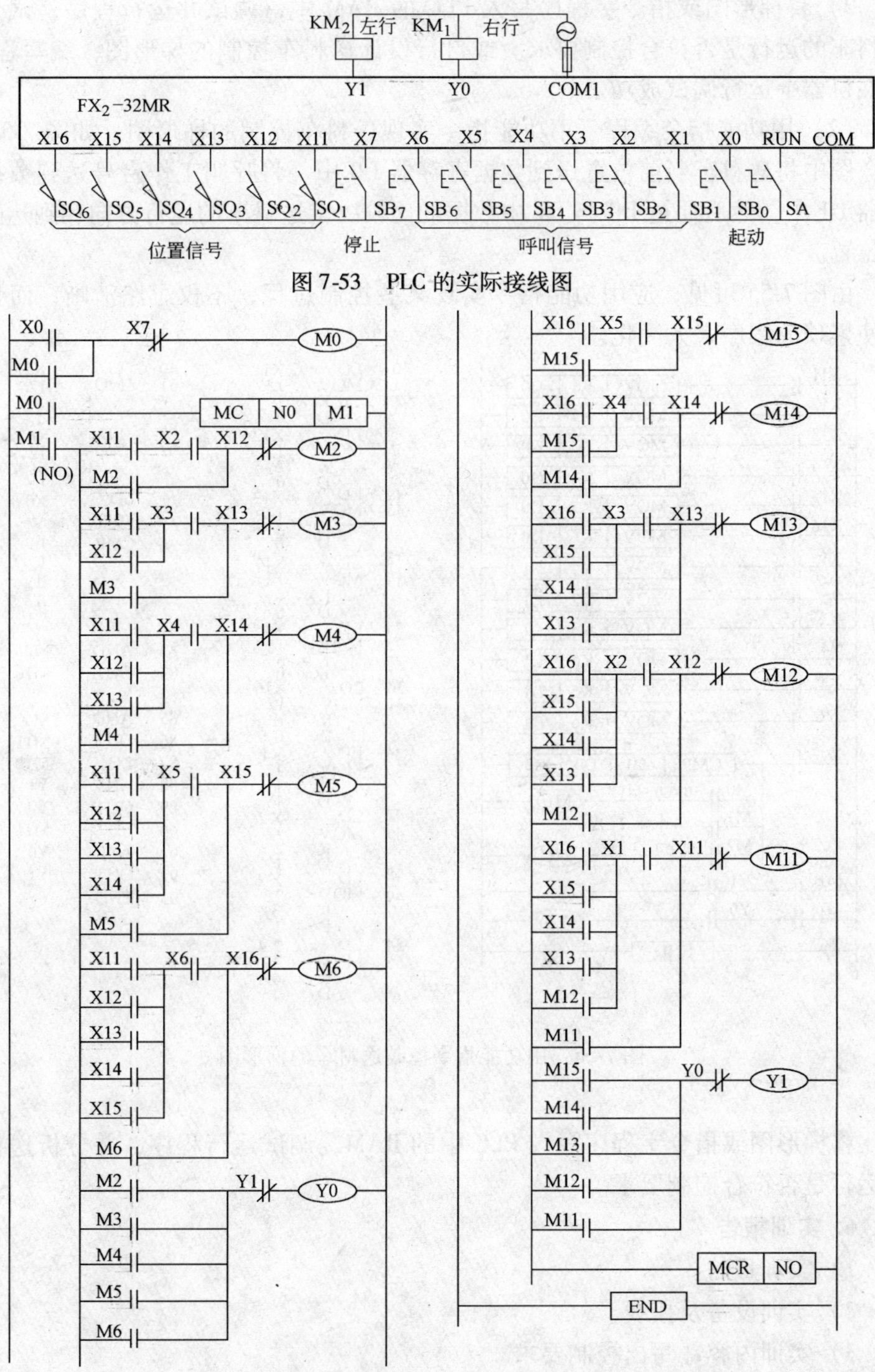

图 7-53　PLC 的实际接线图

图 7-54　用基本逻辑指令控制送料车的梯形图

2）将梯形图或指令字程序写入 PLC 的 RAM 中，调试并运行程序，试分析送料车的运行是否符合控制要求。或自行设计送料车控制的梯形图，编写程序，并在机器上运行调试成功。

（2）用功能指令编程　用功能指令实现送料车控制的梯形图，如图 7-55 所示。图中将送料车当前位置送到数据寄存器 D0 中，将呼叫工作台号送到数据寄存器 D1 中，然后通过 D0 与 D1 中数据的比较决定送料车的运行方向和到达的目标位置。

由图 7-55 可见，应用功能指令实现某些控制过程，不仅思路清晰，而且可以使繁琐的程序大大简化。

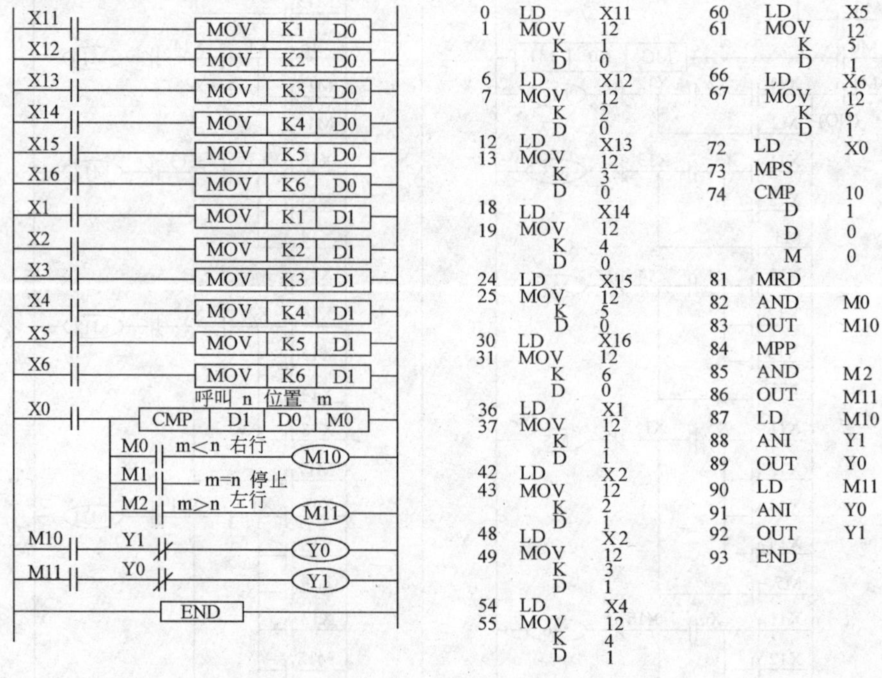

图 7-55　用功能指令控制送料车的梯形图

将梯形图或指令字程序写入 PLC 中的 RAM，调试运行程序，并分析送料车的运行是否符合控制要求。

6. 实训报告

1）实训目的。

2）实训设备及接线。

3）实训内容，写出控制要求。

4）实训步骤，分配 PLC 的 I/O 端口，画出实际接线图。

5）实训结论及程序分析，列出梯形图程序、指令字程序和说明。

6）实训注意事项。

7）实训总结。

7. 实训考核

考核项目、内容、要求及评分标准如表7-15所示。

表7-15 考核项目、内容、要求及评分标准

考核项目	考核内容	配分	考核要求及评分标准	得分
系统与程序设计	I/O配置	10分	I/O分配合理5分 I/O接线正确5分	
	梯形图设计	25分	能实现预定控制20分 梯形图设计有新意5分	
	程序编写	10分	符合编程规则5分 输入正确5分	
调试与运行	运行	15分	会查寻并排除故障10分 送料车的运行符合控制要求5分	
	监控	10分	能对元件的动作进行监控5分 会修改元件参数5分	
训练题	I/O配置 梯形图设计 调试与运行	30分	I/O分配合理5分 梯形图设计正确15分 调试运行成功10分	
计分		100分		

实训6 PLC在组合机床控制中的应用实训

1. 实训目的

1）了解PLC在机床控制中的应用。

2）掌握用PLC技术实现机床控制的方法。

3）训练应用功能指令简化程序的方法和技巧，增强应用功能指令的意识。

4）熟悉PLC的I/O配置，提高应用PIC的能力。

5）了解运用程序实现机床故障检测的方法。

2. 控制要求

（1）组合机床概述　两工位钻孔、攻螺纹组合机床，能自动完成工件的钻孔和攻螺纹加工，自动化程度高，生产效率高。

组合机床主要由床身、移动工作台、夹具、钻孔滑台、钻孔动力头、攻螺纹滑台、攻螺纹动力头、滑台移动控制凸轮和液压系统等组成，如图7-56所示。

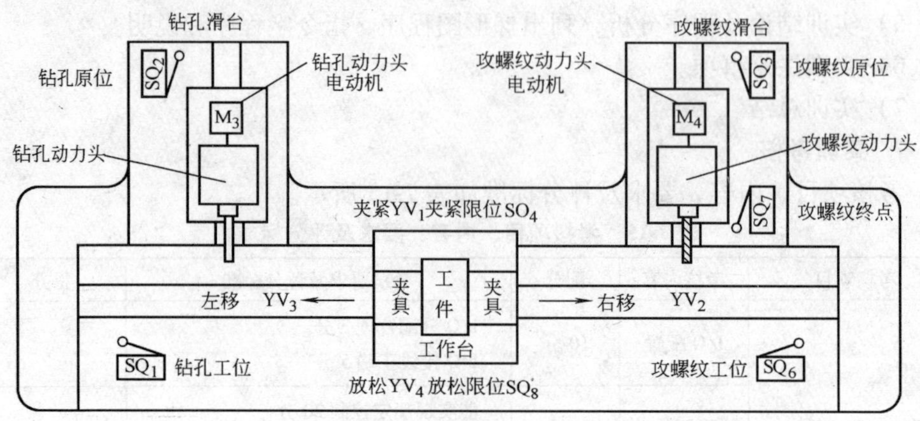

图 7-56　两工位钻孔攻螺纹组合机床的组成示意图

移动工作台和夹具用以完成工件的移动和夹紧，实现自动加工。

钻孔滑台和钻孔动力头、用以实现钻孔加工量的调整和钻孔加工。

攻螺纹滑台和攻螺纹动力头，用以实现攻螺纹加工量的调整和攻螺纹加工。

工作台的移动（左移、右移），夹具的动作（加紧、放松），钻孔滑台和攻螺纹滑台的移动（前移、后移），均由液压系统执行。其中两个滑台移动的液压系统由滑台移动控制凸轮来控制，工作台的移动和夹具的夹紧与放松由电磁阀控制。

根据设计要求，工作台的移动和滑台的移动应严格按规定的时序同步进行，两种运动密切配合，以提高生产效率。

（2）加工工艺及控制要求　组合机床主要加工工艺及控制要求如下：

系统通电，自动起动液压泵电动机 M_1。

若机床各部分在原位（工作台在钻孔工位 SQ_1 动作；钻孔滑台在原位 SQ_2 动作；攻螺纹滑台在原位 SQ_3 动作），并且液压系统压力正常，压力继电器 PV 动作，原位指示灯 KL_1 亮。

将工件放在工作台上，按下起动按钮 SB，夹紧电磁阀 YV_1 得电，液压系统控制夹具将工件夹紧，与此同时控制凸轮电动机 M_2 得电运转。当夹紧限位 XQ_4 动作后，表明工件已被夹紧。

起动钻孔动力头电动机 M_3，由于凸轮电动机 M_2 已运转，控制凸轮将控制相应的液压阀使钻孔滑台前移，进行钻孔加工。当钻孔滑台到达终点时，钻孔滑台自动后退，退到原位时停止，M_3 同时停止。

等到钻孔滑台回到原位后，工作台右移电磁阀 YV_2 得电，液压系统使工作台右移，当工作台到攻螺纹工位时，限位开关 SQ_6 动作，工作台停止。启动攻螺

纹动力头电动机 M_4 正转，攻螺纹滑台开始前移，进行攻螺纹加上。当攻螺纹滑台到达终点时（终点限位开关 SQ_7 动作），制动电磁铁 DL 得电，攻螺纹动力头制动，0.3s 后攻螺纹动力头电动机 M_4 反转，同时攻螺纹滑台由控制凸轮控制使其自动后退。

当攻螺纹滑台后退到原位时，攻螺纹动力头电动机 M_4 停止，凸轮正好运转一个周期，凸轮电动机 M_2 停止，延时 3s 后左移电磁阀 YV_3 得电，工作台左移，到钻孔工位时停止。松开电磁阀 YV_4 得电，松开工件；松开限位开关 SQ_8 动作后，停止松开。原位指示灯亮，取下工件，加工过程完成。

两个滑台的移动，是通过控制凸轮来控制滑台移动液压系统的液压阀实现的，电气系统不参与，只需起动控制凸轮电动机 M_2 即可。

在加工过程中，应起动冷却泵电动机 M_5，供给冷却液。

机床的加工工步顺序如表 7-16 所示。

表 7-16 机床的加工工步顺序

工步		通电起动液压泵	各部分在原位	起动机床凸轮电动机并进行夹紧	钻孔加工	钻孔滑台退原位工作台右移	到攻螺纹工位攻螺纹加工	攻螺纹滑台到终端制动延时 0.3s	攻螺纹工作头反转后退	攻螺纹滑台到原位延时 3s	工作台左移到钻孔工位放松	放松完成原位指示灯亮
检测元件	液压压力检测 PV		1									
	钻孔工位 SQ_1		1								1	1
	钻孔滑台原位 SQ_2		1			1	1	1	1	1	1	1
	攻螺纹滑台原位 SQ_3		1							1	1	1
	起动按钮 SB			1								
	加紧限位 SQ_4				1	1	1	1	1	1		
	攻螺纹工位 SQ_6						1	1	1	1		
	攻螺纹滑台终点 SQ_7							1				
	放松限位 SQ_8		1									1
驱动元件	液压泵电动机 M_1	1	1	1	1	1	1	1	1	1	1	
	凸轮电动机 M_2			1	1	1	1	1	1	1		
	加紧电磁阀 YV_1			1	1	1	1	1	1	1		
	钻孔动力头 M_3				1							
	冷却泵电动机 M_5				1	1	1	1	1			
	工作台右移电磁阀 YV_2					1						
	攻螺纹动力头电动机 M_4 正转						1					

（续）

工步		通电起动液压泵	各部分在原位	起动机床凸轮电动机并进行夹紧	钻孔加工	钻孔滑台退原位工作台右移	到攻螺纹工位攻螺纹加工	攻螺纹滑台到终端制动延时 0.3s	攻螺纹工作头反转后退	攻螺纹滑台到原位延时 3s	工作台左移到钻孔工位放松	放松完成原位指示灯亮
驱动元件	攻螺纹动力头制动 DL							1				
	攻螺纹动力头电动机 M_4 反转								1			
	工作台左移电磁阀 YV_3									1		
	放松电磁阀 YV_4										1	
	原位指示 HL_1		1									1

3. 控制系统设计

（1）I/O 分配　I/O 分配如表 7-17 所示。

表 7-17　I/O 分配表

输入		输出	
压力检测 PV	X000	原点指示 HL_1	Y014
钻孔工位限位 SQ_1	X001	液压泵电动机 M_1（KM_1）	Y001
钻孔滑台原位 SQ_2	X002	凸轮电动机 M_2（KM_2）	Y002
攻螺纹滑台原位 SQ_3	X003	夹紧电磁阀 YV_1	Y010
夹紧限位 SQ_4	X004	钻孔动力头电动机 M_3（KM_3）	Y003
攻螺纹工位 SQ_6	X006	冷却泵电动机 M_5（KM_6）	Y004
攻螺纹滑台终点 SQ_7	X007	工作台右移电磁阀 YV_2	Y011
松开限位 SQ_8	X010	攻螺纹动力头电动机 M_4 正转（KM_4）	Y005
起动按钮 SB	X010	制动 DL	Y006
自动/手动选择 SA	X012	攻螺纹动力头电动机 M_4 反转（KM_5）	Y000
液压泵手动按钮 SB_1		工作台右移电磁阀 YV_3	Y012
凸轮电动机手动按钮 SB_2		松开电磁阀 YV_4	Y013
钻孔手动按钮 SB_3		自动指示灯 HL_2	Y015
手动攻螺纹正转按钮 SB_4		手动指示灯 HL_3	Y016
手动攻螺纹反转按钮 SB_5		故障代码输出 HL_7（高位）	Y020
冷却泵手动按钮 SB_6		故障代码输出 HL_6	Y021
手动加紧按钮 SB_7		故障代码输出 HL_5	Y022

（续）

输　入		输　出	
手动右移按钮 SB_8		故障代码输出 HL_4（低位）	Y023
手动左移按钮 SB_9		报警	Y007
手动松开按钮 SB_{10}		手动电源	Y017

（2）控制系统设计

由加工工艺要求可知，组合机床的控制为顺序控制过程，故可运用状态编程思想，采用步进顺控指令对其进行控制。但考虑到具体应用要求，需设置手动加工。将在驱动电路中接入按钮或转换开头，以实现上述各工步的手动操作。系统配置及I/O接线如图7-57所示；组合机床控制的状态转移图如图7-58所示；梯形图由读者完成。

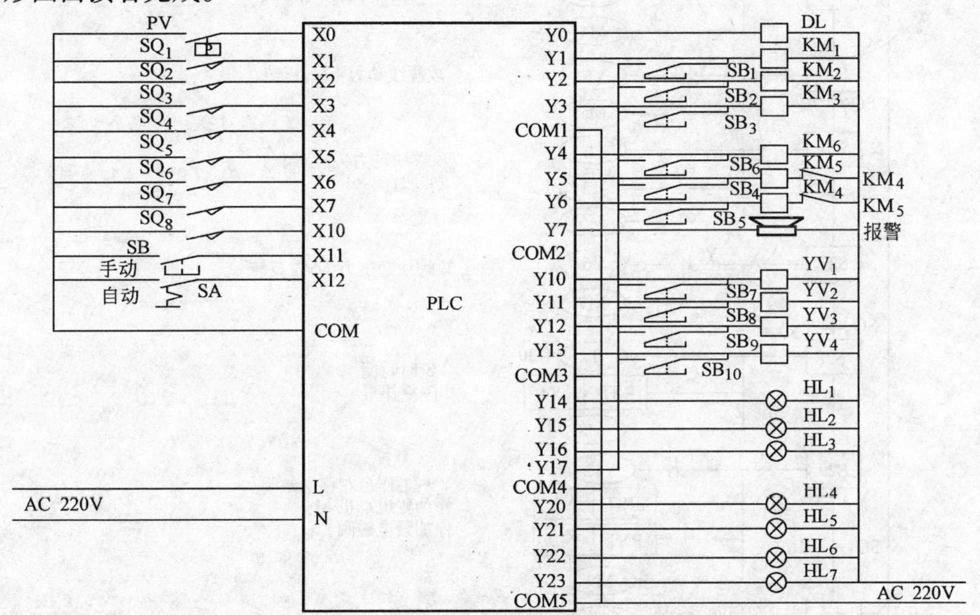

图7-57　系统配置及I/O接线图

4. 系统的故障诊断程序设计

组合机床在实际运行中，由于种种原因会出现一些故障。因此组合机床的控制，除正常的控制程序外，还必须为其编制故障诊断显示程序。

一旦机床出现故障时，通过故障诊断显示程序立即显示报警。维修人员可根据显示情况，对照诊断表立刻找出故障点，予以排除。这样可大大缩短故障的检查和排除时间，提高机床的恢复开动率，进而提高机床的生产效率。

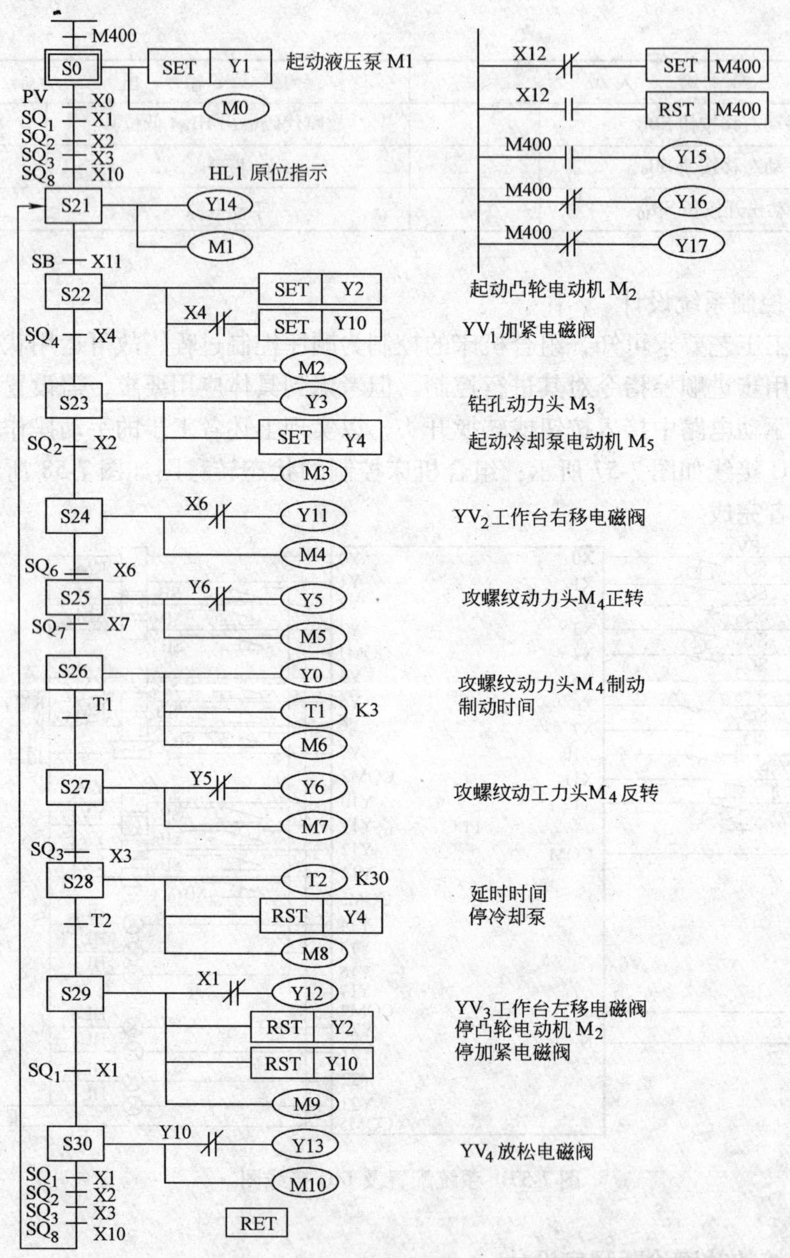

图 7-58　组合机床 PLC 控制的状态转移图

经验表明，机床故障大多出现在检测元件上，因此在机床上设置了 15 个故障监控点，故障诊断如表 7-18 所示，组合机床故障诊断显示程序如图 7-59 所示。

表7-18 组合机床的故障诊断表

故障代码				故障点
HL7	HL6	HL5	HL4	
0	0	0	1	SQ_1 损坏或工作台不在原位
0	0	1	0	SQ_2 损坏或钻孔滑台不在原位
0	0	1	1	SQ_3 损坏或攻螺纹滑台不在原位
0	1	0	0	SQ_4 损坏或夹具不能夹紧
0	1	0	1	钻孔加工时,工件没夹紧或 SQ_4 损坏
0	1	1	0	钻孔加工结束钻孔滑台不能回原位或 SQ_2 损坏
0	1	1	1	凸轮电动机 M_2 没工作或滑台移动液压系统故障
1	0	0	0	夹具没在放松状态或 SQ_8 损坏
1	0	0	1	加工时间超过节拍周期,不能正常工作
1	0	1	0	SQ_6 损坏或液压系统故障,工作台不能右移
1	0	1	1	SQ_7 损坏或攻螺纹滑台不动作
1	1	0	0	SQ_5 损坏或攻螺纹滑台不能回原位
1	1	0	1	工作台不能左移到钻孔工位或 SQ_1 损坏
1	1	1	0	SQ_8 损坏或夹具不能放松
1	1	1	1	液压系统失压或压力不足或压力继电器损坏

准确而不遗漏地快速找到机床可能发生的故障点，并为其设置监控地址是故障诊断显示程序设计成功与否的关键。采用编码后，机床的故障点可分为两种情况：

1）检测开关故障，采用检测开关监控。

2）非检测开关故障，采用定时器监控。

例如机床控制凸轮的工件周期为20s，若曲轮电动机过载停转，或机械松脱打滑，会引起加工时间超过20s的情况，可用一个定时器T1来进行监控。

5. 实练内容

（1）编程　针对组合机床PLC控制的状态转移图进行编程练习。

（2）调试　根据工艺要求，运用PLC的调试手段对系统进行调试，记录系统调试过程和结果。

（3）验证　观测组合机床的运行过程，验证组合机床PLC控制的正确性和优越性。

（4）故障检测　在系统外部设置故障，测试系统的故障检测功能。

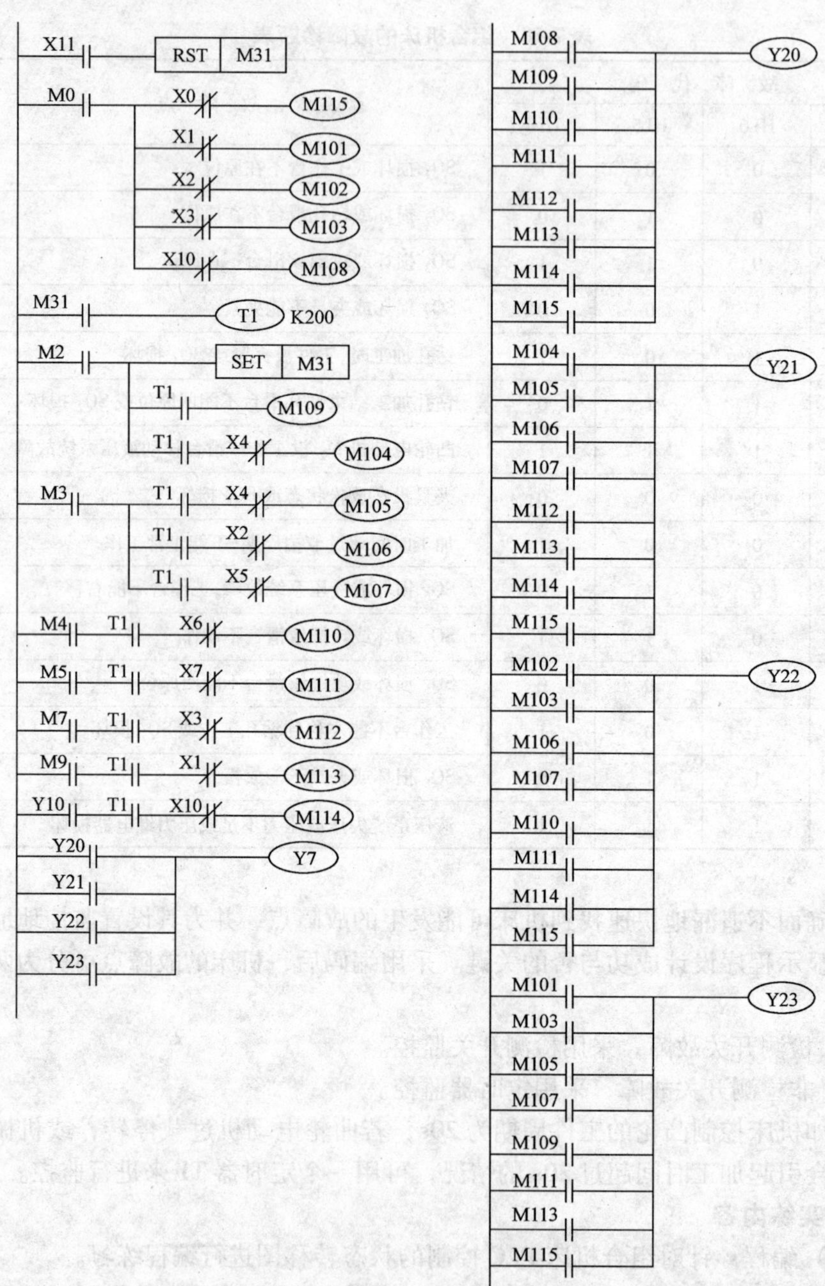

图 7-59　组合机床故障诊断显示程序

6. 实训报告

1）实训目的。

2）实训设备及接线。
3）实训内容，写出控制要求。
4）实训步骤，分配PLC的I/O端口，画出实际接线图。
5）实训结论及程序分析，列出梯形图程序、指令字程序和说明。
6）实训注意事项。
7）实训总结。

7. 实训考核

考核项目、内容、要求及评分标准如表7-19所示。

表7-19 考核项目、内容、要求及评分标准

考核项目	考核内容	配分	考核要求及评分标准	得分
系统与程序设计	I/O配置	10分	I/O配置合理5分 I/O接线正确5分	
	梯形图设计	20分	能实现预定控制15分 梯形图设计有新意5分	
	程序编写	10分	符合编程规则5分 输入正确5分	
调试与运行	运行	20分	会查寻并排除故障10分 步进电动机的动作符合控制要求10分	
	监控	20分	能对元件的动作进行监控10分 会修改元件参数10分	
作业	训练题	20分	梯形图设计正确10分 程序编写正确，调试成功10分	
计分		100分		

本章小结

本章从生产实用的角度出发，详尽介绍了机床电气与PLC控制技术的实验、实训指导。从实验（实训）的目的、实验（实训）内容及实验（实训）设备、拟定实验（实训）线路、选择所需仪表、确定实验（实训）步骤、编写控制程序、测取所需数据、进行分析研究、得出必要结论、到完成实验（实训）报告等都作了必要的规范，力求能有效指导大学生完成本课程重要的生产实践性学习环节，达到工学结合、学用一致、理论密切联系生产实际的教学效果。其宗旨就在于强化培养大学生分析和解决生产实际问题的工程实践能力，努力提高大学生的综合素质和生产实践技能，加速造就国家紧缺急需的高素质高技能的未来蓝领人才。

第 8 章　施耐德公司的 Twido 系列 PLC 开发应用指南

施耐德电气公司作为一个专业致力于电气工业领域的电气公司，拥有悠久的历史和强大的实力；输配电、工业控制和自动化是施耐德电气携手并进的两大领域。其生产的 Twido 系列 PLC 物美价廉，使其雄居于全世界 PLC 生产厂商的五强之列。尤其是近来亚龙集团公司采用施耐德 TWDLCAA40DRF 型 PLC 生产的 YL-100A 电工电子及自动化综合实验实训装置被国家教育部采购一举中标，目前使众多高校拥有了基于施耐德 PLC 的实验实训装置。但是遗憾的是，目前的图书市场上针对施耐德 Twido 系列 PLC 所编写的教材奇缺，严重地影响了它的教学与应用实践。本章的编写就是为了解决其燃眉之急。

8.1　Twido 系列 PLC 简介

Twido 是施耐德电气公司的小型 PLC，它由本体和扩展模块组成。本体集成了 CPU、存储器、电源、输入、输出几部分。Twido PLC 有两种模式：一体型和模块型。一体型包括 10I/O、16I/O、24I/O 和 40I/O；模块型包括 20I/O 和 40I/O；使用扩展 I/O 模块可以增加 PLC 的 I/O 点数，它们包括 15 种数字量 I/O 扩展模块和 8 种模拟量 I/O 扩展模块。

TWDLCAA40DRF 是施耐德电气公司的一体化 PLC，其外形如图 8-1 所示。本章就以它为典型代表加以介绍。

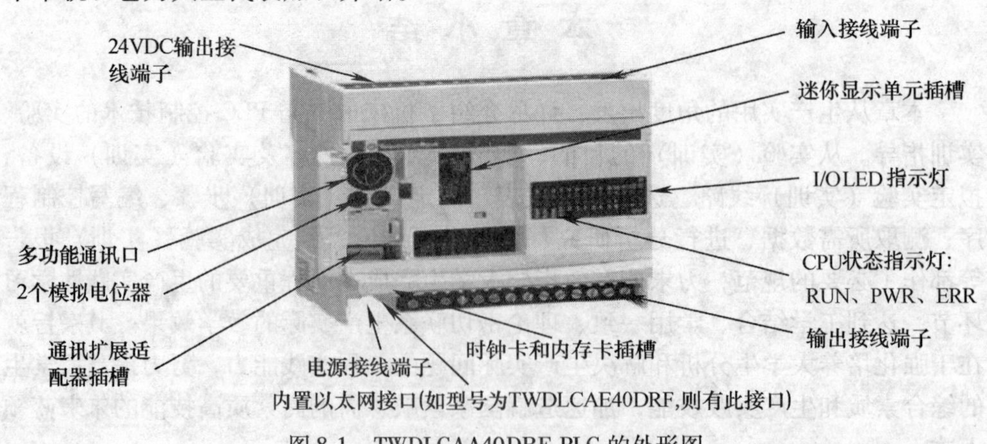

图 8-1　TWDLCAA40DRF PLC 的外形图

8.2 Twido 系列 PLC 的主要功能

Twido 系列 PLC 默认所有 I/O 均为数字量 I/O。但是，某些 I/O 可以通过配置实现特殊功能，例如：运行/停止输入；输入锁存；高速计数器：单加/减计数器 5kHz（单相）、超高速计数器加/减计数器 20kHz(2-相)；控制器状态输出：脉宽调制（PWM）、脉冲（PLS）发生器输出等。Twido 控制器通过 TwidoSoft 编程实现以下功能：PWM；PLS；高速计数器和超高速计数器；PID 和 PID 自整定等。其主要功能描述如下：

（1）扫描　常规（循环）或周期（常数）(2 ~150ms)。

（2）执行时间　0.14 ~0.9μs/一条列表指令。

（3）存储器容量数据　对所有 PLC 有 3000 个内存字，TWDLCAA10DRF 和 TWDLCAA16DRF 有 128 个内存位，其他型号控制器有 256 个内存位。

（4）程序　一体型 10I/OPLC 有 700 条列表指令；16I/OPLC 有 2000 条列表指令；24I/OPLC 和模块型 2I/OTWDLMDA20D * K 控制器有 3000 条列表指令；模块型 20I/OTWDLMDA20DRT 控制器、模块型 40I/O 控制器和一体型 40I/O 控制器有 6000 条列表指令（带有一块 64Kb 卡，否则为 3000 条列表指令）。

（5）RAM 备份　所有 PLC 在锂电池充满电后，通过内部锂电池备份大约可持续 30 天（典型），在25°C(77°F)下。电池从 0% 到 90% 的充电时间为 15 小时。在充电 9 小时使用 15 小时的情况下，电池寿命大约为 10 年。电池不可更换。对 40DRF 一体型 PLC，在正常的工作环境下（无长时间断电），通过外部可更换的锂电池（除内部锂电池外），在25°C(77°F)下，大约可持续 3 年（典型）。前面板上的 BAT LED 指示灯会显示电池供电状态。

（6）编程端口　所有 PLC 都配置有 EIA RS-485；对 TWDLCAE40DRF 一体型 PLC，内置有 RJ 45 以太网通信口。

（7）扩展 I/O　模块一体型 10 和 16I/OPLC 没有扩展模块；一体型 24 和模块型 20I/OPLC 最多可接 4 个扩展 I/O 模块；模块型 40I/OPLC 和 40I/OPLC 最多可接 7 个扩展 I/O 模块。

（8）AS-IV2 总线接口模块　一体型 10 和 16I/OPLC 无 AS-I 总线接口模块；24I/O 和 40I/O 一体型 PLC、20I/O 和 40I/O 模块型 PLC，最多可接 2 个 AS-I 总线接口模块。

（9）远程连接通信　通过远程 I/O 或对等 PLC 可连接最多 7 个从设备，整个网络的最大长度为 200m（650 英尺）。

（10）Modbus 通信　非隔离 EIA RS-485 型最大长度为 200m。ASCII 或 RTU 模式。

（11）以太网通信　TWDLCAE40DRF 一体型 PLC 和 499TWD01100 以太网接口模块，通过内置 RJ45 口，利用 TCP/IP 协议的 100Base-TX 自适应以太网通信。

（12）ASCII 通信　设备采用半双工协议。

（13）特殊功能模块　①PWM/PLS：所有模块和 40I/O 一体型控制器为 2；②高速计数器：TWDLCA. 40DRF 一体型 PLC 为 4，其他一体型 PLC 为 3，所有模块型 PLC 为 2；③超高速计数器：TWDLCA. 40DRF 一体型控制器为 2，其他一体型 PLC 为 1，所有模块型 PLC 为 2。

（14）模拟电位器　24I/O 和 40I/O 一体型控制器为 2；其他所有 PLC 均为 1。

（15）内置模拟量通道　一体型 PLC 无；模块型 PLC 为 1 输入。

（16）可编程输入滤波器　通过配置可以改变输入滤波时间；无滤波或滤波时间为 3ms 或 12ms；I/O 点将被成组配置。

（17）特殊 I/O

1）输入：RUN/STOP 为任何一个基本输入；锁存为最多 4 个输入（%I0. 2 到%I0. 5）；对于有内置模拟量输入功能的 PLC，内置模拟量输入连接到%IW0. 1；高速计数器最大为 5kHz；超高速计数器最大为 20kHz；频率计为 1kHz 到最大 20kHz；

2）输出：PLC 状态输出为 3 个输出中的任何 1 个（%Q0. 1 到%Q0. 3）；PLS 最大为 7kHz；PWM 最大为 7kHz。

（18）通信　TwidoPLC 具有一个或可选择的第二个串行口，用于提供实时或系统管理服务。实时服务提供用于和 I/O 设备交换数据的数据分发功能，同时还提供用于和外部设备通信的信息服务。系统管理服务通过 TwidoSoft 管理和配置 PLC。任何一个串行口都可用来提供这些服务，但只有串口 1 能用于和 TwidoSoft 通信。每一个 PLC 上有 3 种协议支持这些服务：远程连接、Modbus 和 ASCII。另外，TWDLCAE40DRF 一体型 PLC 特别内置了 RJ45 以太网通信端口，可以通过网络完成所有的实时通信和系统管理任务。以太网通信遵循以下协议：ModbusTCP/IP。图 8-2 示出了采用所有 3 种协议的通信结构。

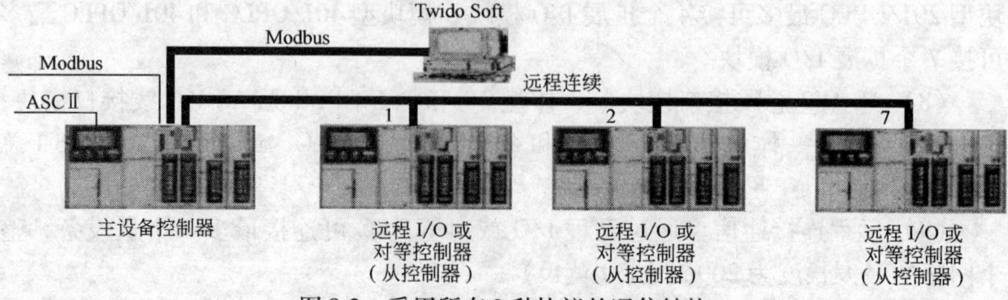

图 8-2　采用所有 3 种协议的通信结构

（注意："Modbus" 和 "远程连接" 通信的协议不能同时出现）

1）远程连接协议：远程连接协议是一种高速主/从总线，专门用于在主从 PLC 之间进行小容量数据交换，从 PLC 最大可接 7 个。根据远程 PLC 的配置，传输相应的应用和 I/O 数据。远程 PLC 的类型可以是远程 I/O 扩展或对等 PLC。

2）Modbus 协议：Modbus 协议是一种主/从协议，它允许一个主 PLC 对从 PLC 请求回应并基于请求执行命令。主机可以单独对一个从机发送命令，或是以广播方式对所有从机发送命令。从机对每一个单独发送给他们的查询做出响应。但对广播方式查询不做响应。

①Modbus 主模式：Modbus 主模式允许 PLC 开始一个 Modbus 发送查询，同时等待 Modbus 从机的响应。

②Modbus 从模式：Modbus 从模式允许 PLC 应答一个 Modbus 主机的查询。如果第二个串行口通信未被配置，默认为此模式。

3）Modbus TCP/IP 协议：注意，只有内置以太网接口的 TWDLCAE40DRF 系列一体型 PLC 才支持 Modbus TCP/IP 协议。以下信息描述 Modbus 应用协议（MBAP）。

Modbus 应用协议（MBAP）是一种七层协议，支持 PLC 与网络上其他节点进行对等通信。Twido TWDLCAE40DRF 在以太网上采用 Modbus TCP/IP 客户端/服务器通信。Modbus 协议包是一种典型的请求-响应交换信息方式。PLC 根据查询还是回应信息来决定是作为客户端还是服务器。从传统的 Modbus 意义上说，Modbus TCP/IP 客户端等同于 Modbus 主 PLC，而 Modbus TCP/IP 服务器等同于 Modbus 从 PLC。

4）ASCII 协议：ASCII 协议允许 PLC 和一个字符终端设备之间进行通信，如打印机等。

8.3　一体型 TWDLCAA40DRF PLC 的主要使用特点

（1）供电电源　100/240V AC。

（2）输入类型　24V DC，共有 24 路，编号为%I0.0 ~ %I0.23。

（3）输出类型　2 路晶体管输出（%Q0.0 和%Q0.1）；14 路继电器输出，其中，公共端 COM2 对应%Q0.2 ~ %Q0.5；公共端 COM3 对应%Q0.6 ~ %Q0.9；公共端 COM4 对应%Q0.10 ~ %Q0.13；公共端 COM5 对应%Q0.14；公共端 COM6 对应%Q0.15。

（4）丰富的软元件

1）内部位：最高 256 点。

2）定时器：最高 128 点。

3）计数器：128 点。

4）数据寄存器：3000 字。

5）高速计数器：20kHz 双相和 5kHz 单相；最多可达 6 个。

6）脉冲输出：7kHz；最多可达 2 个。

8.4 TWDLCAA40DRF 的硬件接线

1）DC 漏极输入接线图，见图 8-3。

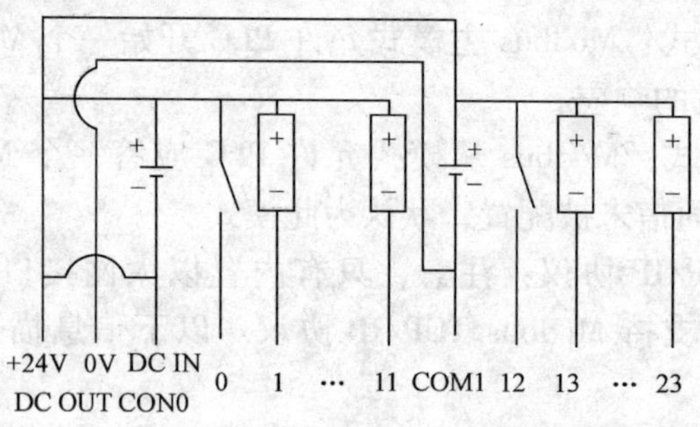

图 8-3 DC 漏极输入接线图

2）AC 电源和继电器输出接线图，见图 8-4。

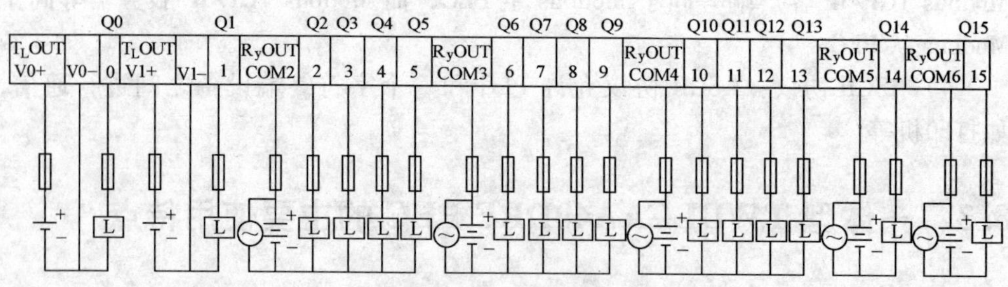

图 8-4 AC 电源和继电器输出接线图

8.5 Twido 系列 PLC 基本指令编程应用

1. 装载指令

装载指令 LD/LDN/LDR/LDF 分别对应于常开、常闭、上升沿和下降沿触点。装载指令类型、等价梯形图及允许操作数见表 8-1；装载指令编程应用示例如图 8-5 所示。

表 8-1　装载指令类型、等价梯形图及允许操作数

列表指令	等价梯形图	允许操作数
LD	—| |—	0/1,%1,%1A,%1WCx，y，z：Xk,%Q,%QA,%M,%S,%X,%BLK，x,%：Xk，[
LDN	—|/|—	0/1,%1,%1A,%1WCx，y，z：Xk,%Q,%QA,%M,%S,%X,%BLK，x,%：Xk，[
LDR	—|P|—	%1,%1A,%M
LDF	—|N|—	%1,%1A,%M

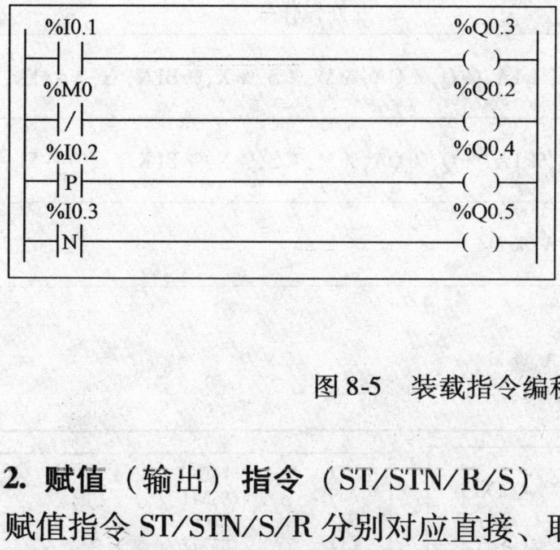


```
LD      %I0.1
ST      %Q0.3
LDN     %MO
ST      %Q0.2
LDR     %I0.2
ST      %Q0.4
LDF     %I0.3
ST      %Q0.5
```

图 8-5　装载指令编程应用示例

2. 赋值（输出）**指令**（ST/STN/R/S）

赋值指令 ST/STN/S/R 分别对应直接、取反、置位、复位线圈。赋值指令类型、等价梯形图及允许操作数见表 8-2；赋值指令编程应用示例如图 8-6 所示。

表 8-2　赋值指令类型、等价梯形图及允许操作数

列表指令	等价梯形图	允许操作数
ST	( )	%Q,%QA,%M,%S,%BLK，x,%：Xk
STN	(/)	%Q,%QA,%M,%S,%BLK，x,%：Xk
S	(S)	%Q,%QA,%M,%S,%X,%BLK，x,%：Xk
R	(R)	%Q,%QA,%M,%S,%X,%BLK，x,%：Xk

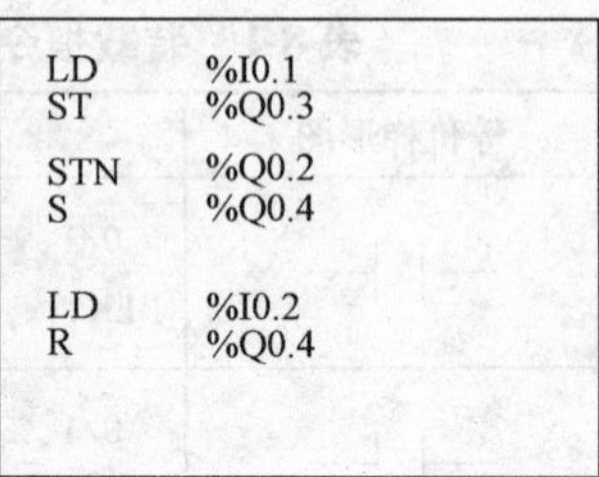

```
LD    %I0.1
ST    %Q0.3
STN   %Q0.2
S     %Q0.4

LD    %I0.2
R     %Q0.4
```

图 8-6　赋值指令编程应用示例

3. 逻辑与指令（AND/ANDN/ANDR/ANDF）

逻辑与指令执行操作数（或它的取反数、或上升沿、或下降沿）和前面指令的布尔运算结果间的逻辑与操作。逻辑与指令类型、等价梯形图及允许操作数见表 8-3；逻辑与指令编程应用示例如图 8-7 所示。

表 8-3　逻辑与指令类型、等价梯形图及允许操作数

列表指令	等价梯形图	允许操作数
AND	─┤ ├─┤ ├─	0/1, %I, %IA, %Q, %QA, %M, %S, %X, %BLK, x, %: Xk, [
ANDN	─┤ ├─┤/├─	0/1, %I, %IA, %Q, %QA, %M, %S, %X, %BLK, x, %: Xk, [
ANDR	─┤ ├─┤P├─	%I, %IA, %M
ANDF	─┤ ├─┤N├─	%I, %IA, %M

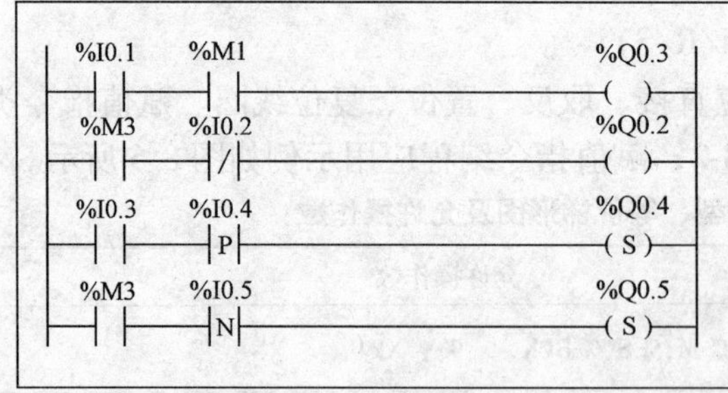


```
LD     %I0.1
AND    %M1
ST     %Q0.3
LD     %M2
ANDN   %O0.2
ST     %I0.2
LD     %I0.3
ANDR   %I0.4
S      %Q0.4
LD     %M3
ANDF   %I0.5
S      %Q0.5
```

图 8-7　逻辑与指令编程应用示例

4. 逻辑或指令（OR/ORN/ORR/ORF）

逻辑或指令执行操作数（或它的取反数、或上升沿、或下降沿）和前面指令的布尔运算结果间的逻辑或操作。逻辑或指令类型、等价梯形图及允许操作数见表 8-4；逻辑或指令编程应用示例如图 8-8 所示。

表 8-4　逻辑或指令类型、等价梯形图及允许操作数

列表指令	等价梯形图	允许操作数
OR		0/1,%I,%IA,%Q,%QA,%M,%S,%X,%BLK,x,%:Xk
ORN		0/1,%I,%IA,%Q,%QA,%M,%S,%X,%BLK,x,%:Xk
ORR		%I,%IA,%M
ORF		%I,%IA,%M

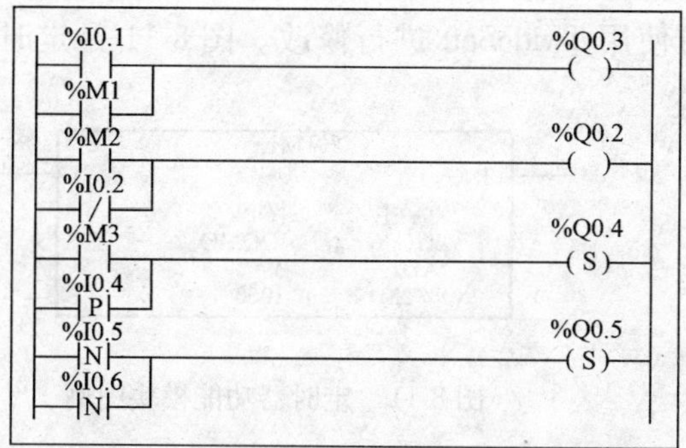


```
LD    %I0.1
OR    %M1
ST    %Q0.3

LD    %M2
ORN   %I0.2
ST    %Q0.2

LD    %M3
ORR   %I0.4
S     %Q0.4

LDF   %I0.5
ORF   %I0.6
S     %Q0.5
```

图 8-8　逻辑或指令编程应用示例

5. 异或指令（XOR/XORN/XORR/XORF）

异或指令执行操作数（或它的反转数、或上升沿、或下降沿）和前面指令的布尔运算结果间的异或操作。异或指令类型及允许操作数见表 8-5；异或指令的编程应用示例如图 8-9 所示。

表 8-5　异或指令类型及允许操作数

列表指令	允许操作数
XOR	%I,%IA,%Q,%QA,%M,%S,%X,%BLK, x,%: Xk
XORN	%I,%IA,%Q,%QA,%M,%S,%X,%BLK, x,%: Xk
XORR	%I,%IA,%M
XORF	%I,%IA,%M

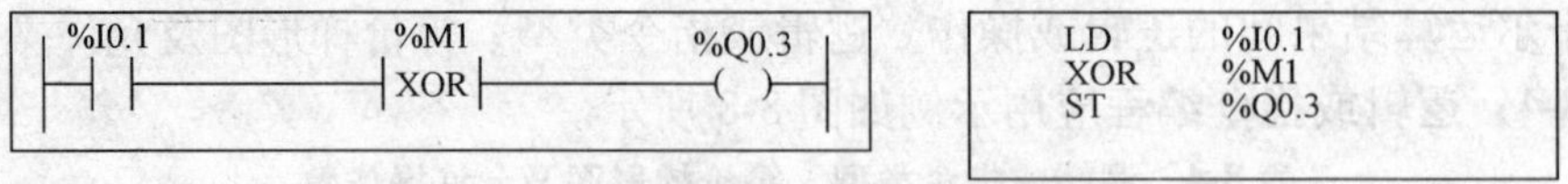

图 8-9 异或指令的编程应用示例

6. 取反指令（N）

取反（N）指令将前面指令的布尔运算结果取反。取反指令编程应用示例如图 8-10 所示。

7. 定时器功能模块（% TMi）

（1）定时器 Twido PLC 可提供 128 个定时器（$i=0\sim127$），定时器有三种类型，可在配置时设定为：

1）TON（导通延时定时器），这种定时器用于控制导通延时动作。

2）TOF（关断延时定时器），这种定时器用于控制关断延时动作。

3）TP（脉冲发生定时器），这种定时器用于产生精确宽度的脉冲。

延时或脉冲周期可编程，并且可使用 TwidoSoft 进行修改。图 8-11 是定时器功能模块图例。定时器参数见表 8-6。

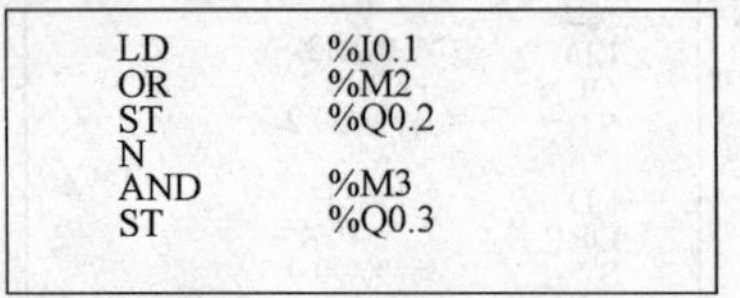

图 8-10 取反指令编程应用示例

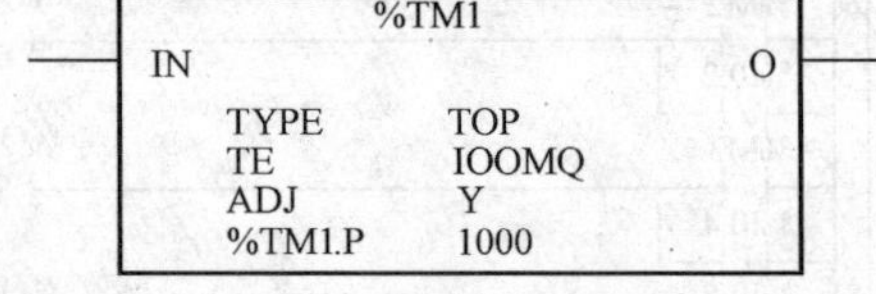

图 8-11 定时器功能模块图例

表 8-6 定时器参数表

参　数	标识	值
定时器编号	% TMi	0 到 63：TWDLCAA10DRF 和 TWDLCAA16DRF 0 到 127 对所有其他控制器
类型	TON	定时器导通-延时（默认）
	TOF	定时器关断-延时
	TP	脉冲（单稳态）
时基	TB	1min（默认），1s，100ms，10ms，1ms
当前值	% TMi. V	当定时器工作时，该字从 0 增加到% TMi. P。可被程序读和测试，但不可写。% TMi. V 可以通过活动表编辑器修改
预置值	% TMi. P	0 ~ 9999，该字可读，测试和被写，默认值是 9999。周期或产生的延时为% TMi. P x TB

（续）

参　数	标识	值
动态监控表编辑器	Y/N	Y：Yes，预置%TMi.P 值可以通过活动表编辑器修改 N：No，预置%TMi.P 值不能通过活动表编辑器被修改
输入使能（或指令）	IN	上升沿（TON 或 TP 类型）或下降沿（TOF 类型）起动定时器
定时器输出	Q	根据执行功能的类型，相关位%TMi.Q 置为 1：TON、TOF 或 TP

（2）定时器编程和配置　不管定时器功能模块（%TMi）用途如何，它们的编程方法均相同。定时器功能（TON、TOF 或 TP）在配置中选定。定时器功能模块可逆和不可逆编程应用示例如图 8-12 所示。

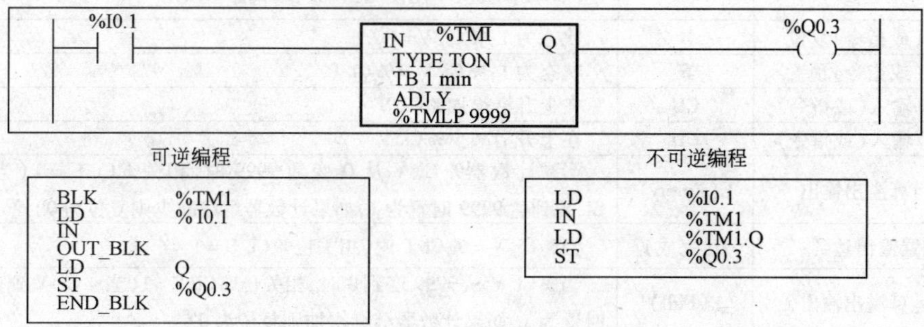

图 8-12　定时器功能模块可逆和不可逆编程应用示例

下面参数必须在配置中输入：

1）定时器类型：TON、TOF 或 TP。

2）时基：1min、1s、100ms、10ms 或 1ms。

3）预置值（%TMi.P）：0 到 9999。

4）可调节：复选或不复选。

8. 加/减计数器功能模块（%Ci）

（1）计数器功能模块（%Ci）　它提供事件的加和减计数。这两种运算可以同时进行。图 8-13 是加/减计数器功能模块图例。寄存器功能模块参数见表 8-7。

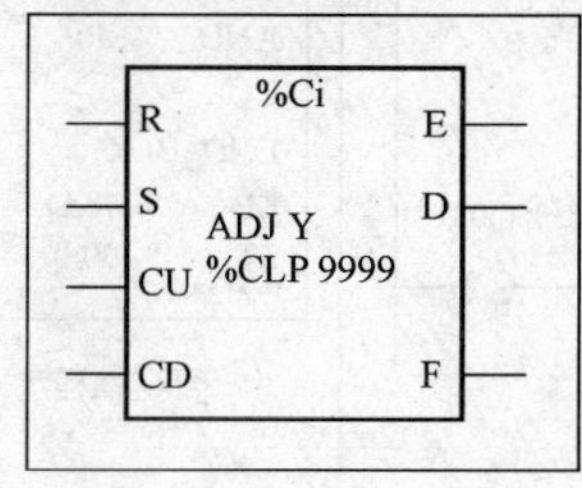

图 8-13　加/减计数器功能模块图例

表 8-7　寄存器功能模块参数

参　　数	标识	值
计数器编号	%Ci	0 到 127
当前值	%Ci. V	字根据输入(或指令)CU 和 CD 被增加或减少。可被程序读和测试,但不可写。使用数据编辑器修改 %Ci. V
预置值	%Ci. P	0≤%Ci. P≤9999 能被读、测试和写 (默认值:9999)
用活动表编辑器编辑	ADJ	● Y:Yes,预置值可以通过活动表编辑器修改 ● N:No,预置值不能使用活动表编辑器修改
输入(或指令)复位	R	状态为 1:%Ci. V=0
输入(或指令)预置	S	状态为 1:%Ci. V=%Ci. P.
加运算输入(或指令)	CU	在上升沿增加%Ci. V
减运算输入(或指令)	CD	在上升沿减少%Ci. V
减运算溢出输出	E(Empty)	当减计数器%Ci. V 从 0 变到 9999 时,相关%Ci. E=1(当%Ci. V 到达 9999 时置为 1,如果计数器继续减少则复位为 0)
预置输出达到	D(完成)	当%Ci. V=%Ci. P 时,相关位%Ci. D=1
加运算溢出输出	F(Full)	当%Ci. V 从9999 变到0 时,相关位%Ci. F=1(当%Ci. V 到达0 时置为 1,如果计数器继续增加则复位为 0)

(2) 计数器编程和配置　图 8-14 是一个提供高达 9999 条计数的计数器编程应用示例。输入%I1.2 的每个脉冲(当内部位%M0 置为 1 时)都使计数器%C8 增加,直至达到它的预置值(位%C8.D=1)。计数器的值由输入%I1.1 复位。图 8-15 是计数器功能模块可逆编程和不可逆编程应用示例。

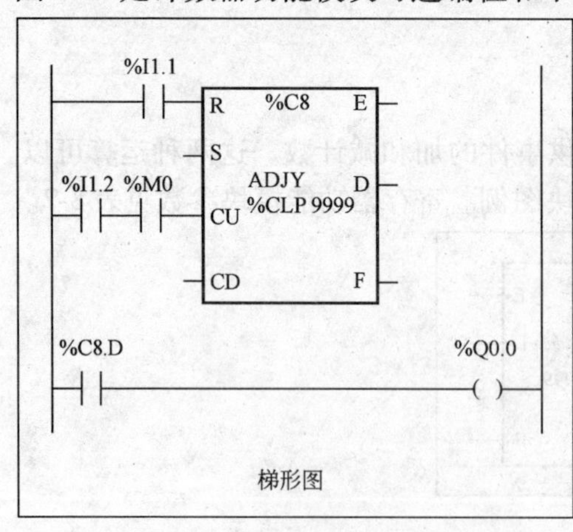

图 8-14　计数器编程应用示例

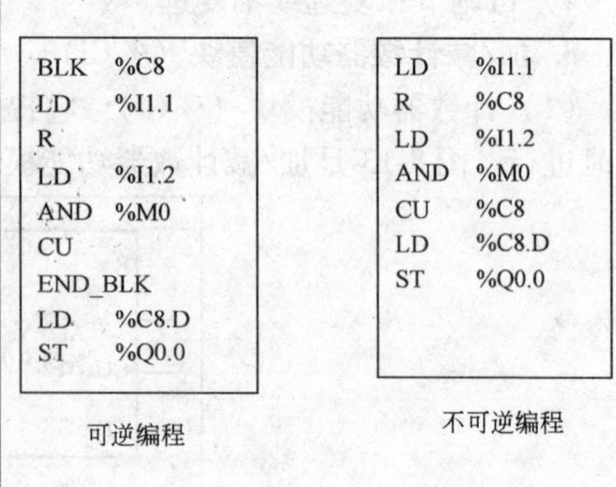

图 8-15　计数器功能模块可逆编程和不可逆编程应用示例

下面参数必须在配置中输入：

1）预置值（%Ci. P），此例中设为 9999。

2）可调节，是。

9. 步进计数器功能模块（%SCi）

步进计数器功能模块（%SCi）提供了一系列的步，这些步可赋值给动作。从一个步移动到另一个步取决于外部或内部事件。每当一个步处于激活状态时，相关位被置为 1。步进计数器在一个时刻只能有一个步被激活。步进计数器功能模块示例如图 8-16 所示。

%SCi
R
CU
CD

图 8-16　步进计数器功能模块示例

步进计数器功能模块参数见表 8-8。步进计数器功能模块编程应用示例如图 8-17 所示。

1）步进计数器 0 由输入%I0. 2 增加。

2）步进计数器 0 由输入% I0. 3 或当它到达步 3 时复位到 0。

表 8-8　步进计数器功能模块参数

参　数	标　识	值
步进计数器编号	%SCi	0～7
步进计数器位	%SCi. j	步进计数器的位 0 到 225（j＝0 到 225）可被装载逻辑测试，且由赋值指令写
输入（或指令）复位	R	当功能块参数 R 为 1 时，将复位步进计数器
输入（或指令）增加	CU	其上升沿将步进计数器增加一步
输入（或指令）减少	CD	其上升沿将步进计数器减少一步

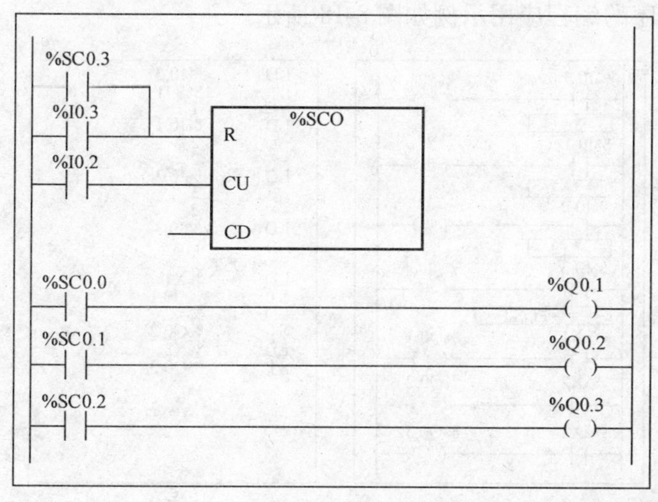

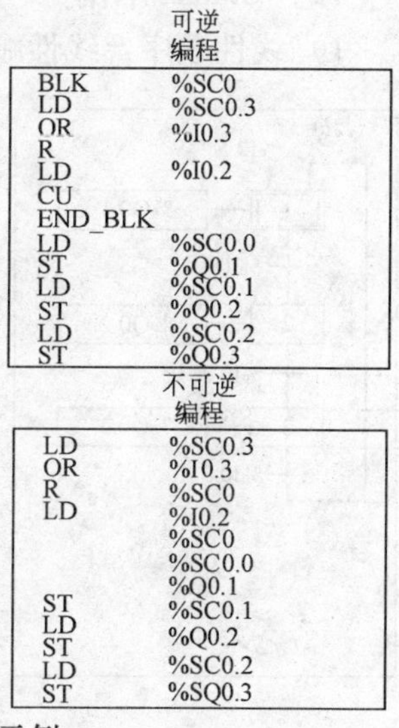

可逆编程

```
BLK      %SC0
LD       %SC0.3
OR       %I0.3
R
LD       %I0.2
CU
END_BLK
LD       %SC0.0
ST       %Q0.1
LD       %SC0.1
ST       %Q0.2
LD       %SC0.2
ST       %Q0.3
```

不可逆编程

```
LD       %SC0.3
OR       %I0.3
R        %SC0
LD       %I0.2
         %SC0
         %SC0.0
         %Q0.1
ST       %SC0.1
LD       %Q0.2
ST       %SC0.2
LD       %SQ0.3
ST
```

图 8-17　步进计数器功能模块编程应用示例

3）步 0 控制输出% Q0.1，步 1 控制输出% Q0.2，步 2 控制输出% Q0.3。

4）此例中还示出可逆和不可逆编程。

10. Grafcet 语言编程

（1）Grafcet 指令描述　TwidoSoft 中 Grafcet 指令提供了翻译控制顺序的一个简单方法（Grafcet 表）。Grafcet 的最大步数取决于 Twido 控制器的型号。任何时刻活动步的数目仅由步的总数目所限制。对于 TWDLCAA40DRF，可使用步为 1 到 95。表 8-9 列出了 Grafcet 表编程所需的所有指令和对象。

表 8-9　Grafcet 表编程所需的所有指令和对象

图形表示（1）	TwldoSoft 语言抄本	功　能
图例： 初始步 转换 步	=＊=i	开始初始步（2）
	#i	在停止当前步后激活步 i
	–＊–i	开始步 i 并使相关转换有效（2）
	#	停止当前步并不激活其他任何步
	#Di	停止步 i 和当前步
	=＊=POST	开始后处理并结束顺序处理
	% Xi	步 i 的相关位，可以被测试和被写（步的最大数目取决于控制器）
Xi ─┤├─ Xi ─(S)─	LD% Xi，LDN% Xi AND% Xi，ANDN% Xi， OR% Xi，ORN% Xi XOR% Xi，XORN% Xi	测试步 i 的活动性
Xi ─(R)─	S% Xi	激活步 i
	R% Xi	停止步 i

（2）Grafcet 示例

1）线性顺序：线性顺序的编程应用示例如图 8-18 所示。

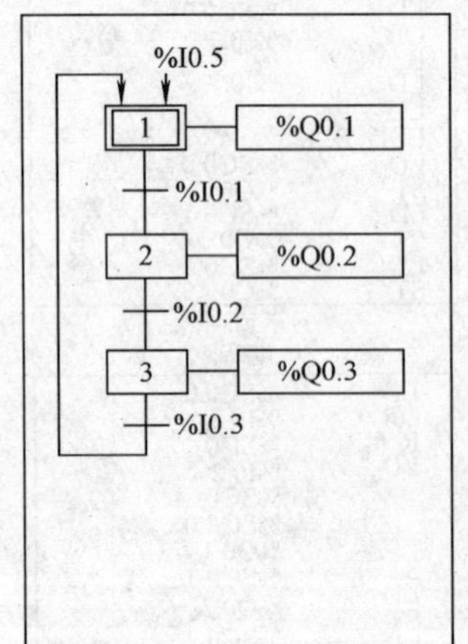

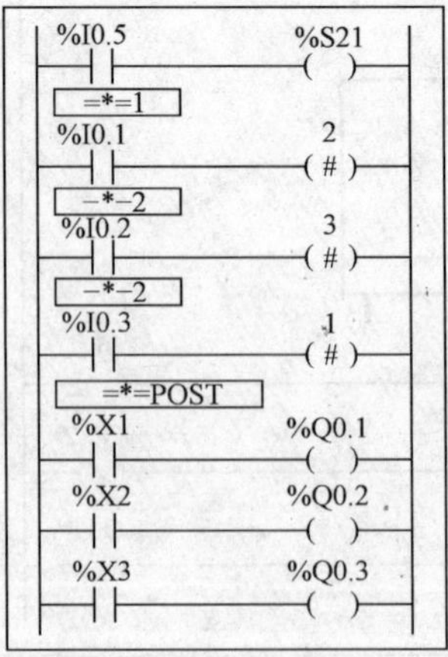

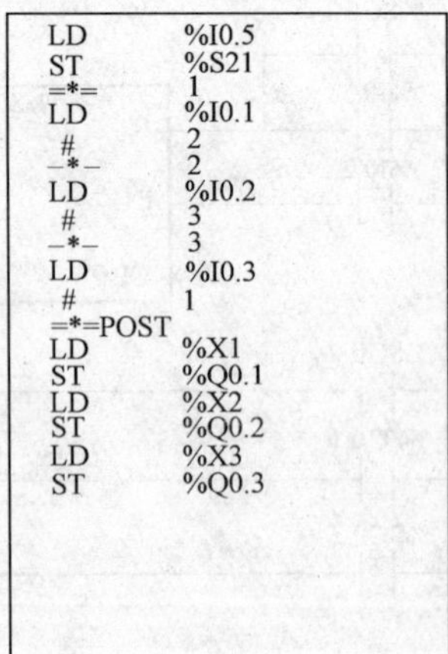

图 8-18　线性顺序的编程应用示例

2）并列顺序：并列顺序的编程应用示例如图 8-19 所示。

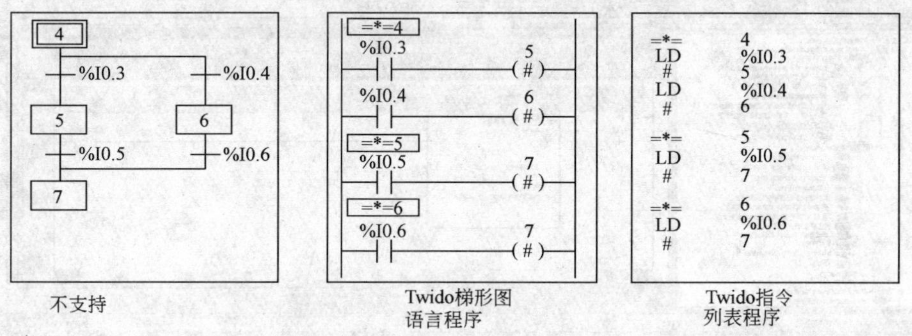

图 8-19　线性顺序的编程应用示例

3）同步顺序：同步顺序的编程应用示例如图 8-20 所示。

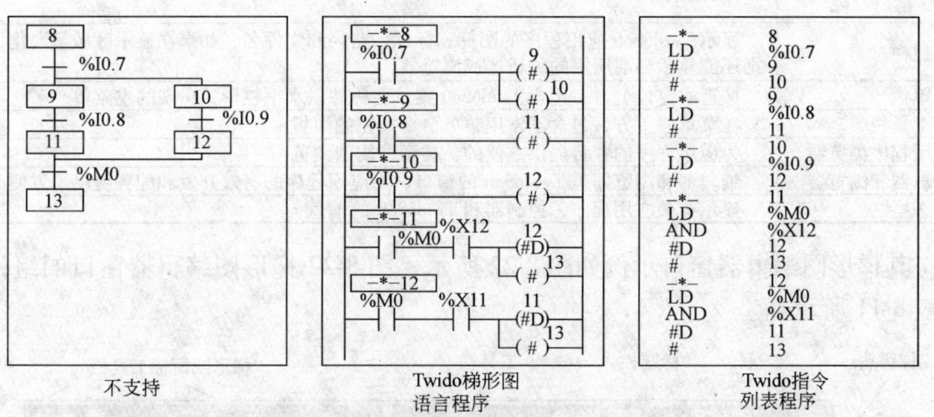

图 8-20　线性顺序的编程应用示例

8.6　Twido 编程工具软件介绍

1. TwidoSoft 软件的起动和退出

在桌面上双击 TwidoSoft 的图标或点击“开始”进入程序组起动 TwidoSoft。退出：［文件］→［退出］。起动后进入如图 8-21 所示的 TwidoSoft 主窗口。

图 8-21 主窗口所示的组件如表 8-10 所示。

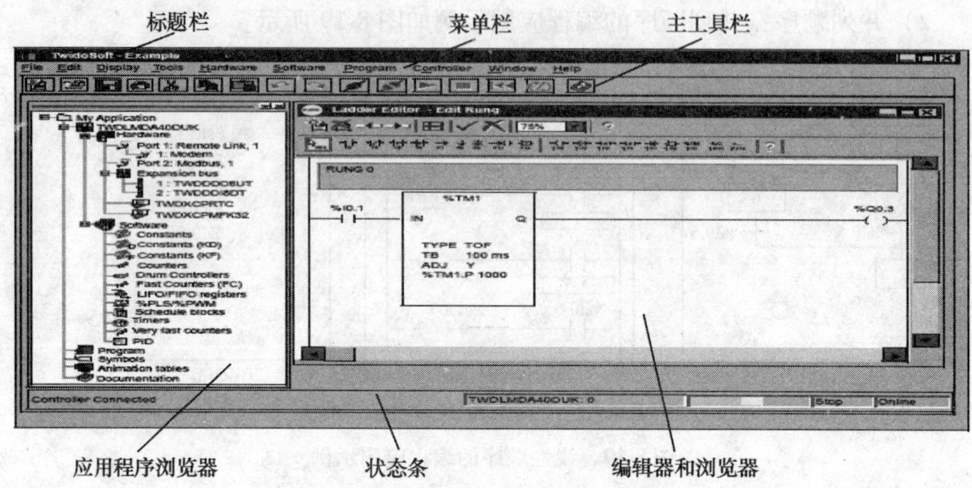

图 8-21 起动后的 TwidoSoft 主窗口

表 8-10 图 8-21 主窗口所示的组件

组 件	描 述
标题栏	显示 TwidoSoft 应用程序的图标和标题，路径和文件名，如果在显示区域最大化，则还能显示当前所用的编辑器或浏览器
菜单栏	接近主窗口上方，包含 TwidoSoft 菜单名称并以水平栏形式出现的主菜单
主工具栏	在菜单栏下方，包含了常用菜单命令按钮的面板
应用程序浏览器	为应用程序的察看提供方便的，树型结构的浏览
编辑器和浏览器	编辑器和浏览器是 TwidoSoft 的窗口，为应用程序的有效开发和配置提供了方便
状态栏	显示有关应用程序，控制器和 TwidoSoft 的信息

其梯形图编辑器窗口示例如图 8-22 所示；图 8-22 梯形图编辑器窗口的组件如表 8-11 所示。

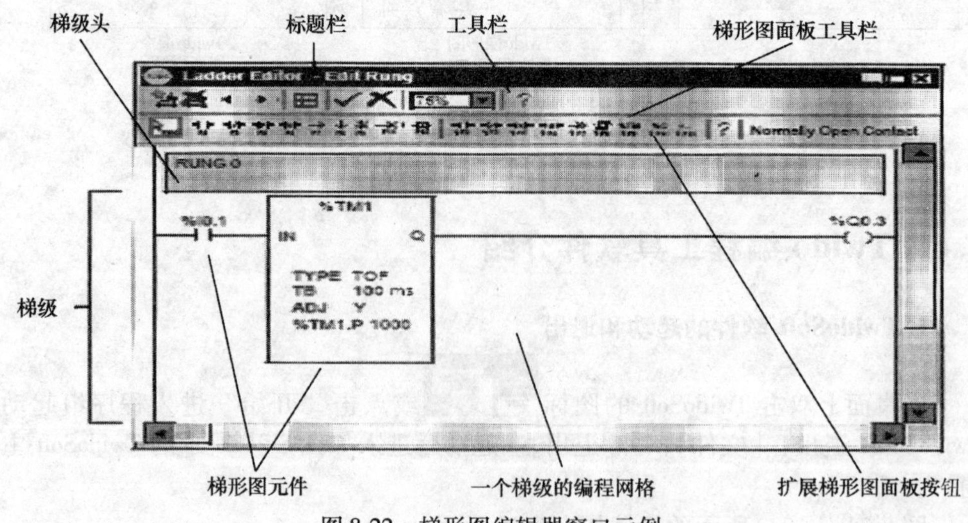

图 8-22 梯形图编辑器窗口示例

表 8-11　图 8-22 梯形图编辑器窗口的组件

部　件	描　述
标题栏	位于窗口顶端，显示编辑器或浏览器名称的栏。指示是否编辑或插入梯级
工具栏	位于标题栏下方，显示梯形图浏览器常用命令的栏
梯形图工具栏	位于工具栏下方的显示梯形图元件常用命令的栏。左键单击符号选择元件，然后点击单元格插入元件
梯形图扩展工具	指令栏上的特殊选择，打开为特殊触点，功能模块和特殊线圈等附加选项的对话框。见扩展梯形图模板，p. 41
梯级	包含图形化元件和连接的界面。梯形图编辑器一次只能显示一个带编程网格的梯级
梯级头	位于梯级上方的一个界面，用于定义梯级并包含用户注释
编程网格	每个梯级包含一个 7 行 11 列单元矩阵。每个单元包含一个梯形图元件。双击梯形图元件可对其进行属性编辑
梯形图元件	梯形图程序中的功能符号，如：线圈，触点和功能模块。一旦在编程网格中选中梯形图元件，该元件会被红色矩形包围

其指令表梯级编辑器窗口示例如图 8-23 所示；图 8-23 指令表梯级编辑器窗口的组件如表 8-12 所示。

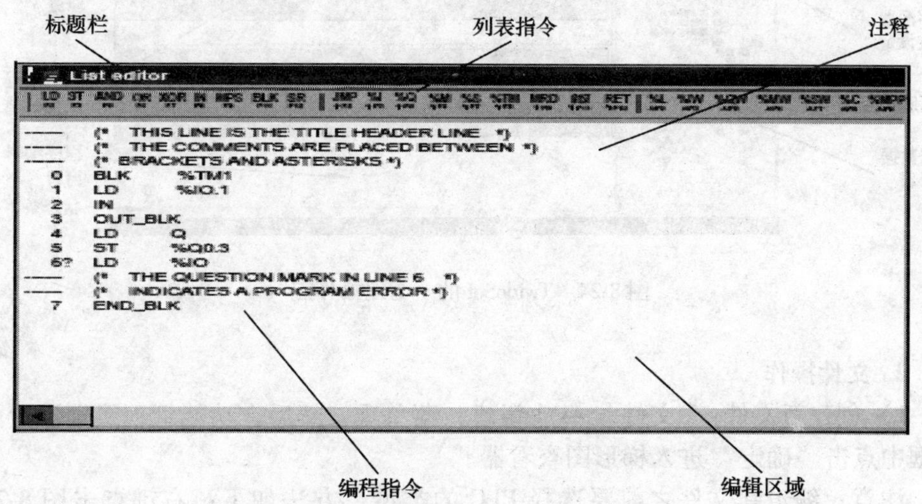

图 8-23　指令表梯级编辑器编辑器窗口示例

表 8-12　图 8-23 指令表梯级编辑器窗口的组件

部　件	描　述
标题栏	位于窗口上方，显示编辑器名称的栏
指令表指令栏	位于标题栏下方，显示符号和指令相关快捷键的栏。左单击符号在编辑区光标处插入所选指令

（续）

部　件	描　述
编辑区	包含指令和注释。在此处输入和修改指令
程序指令	指令行包括了行号，指令代码和操作数
注释	用户输入的用来说明程序的文本。注释必须插入到圆括号和星号内，例如（"此处为注释"）

图 8-24 是一个 TwidoSof 编辑界面，利用该编辑界面就可对用户程序进行编辑。

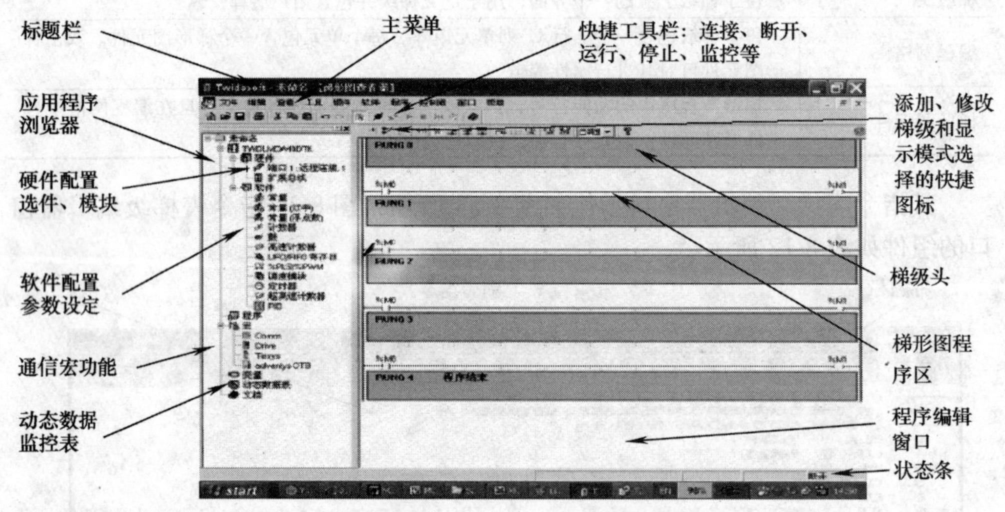

图 8-24　TwidoSof 的一个编辑界面

2. 文件操作

1）创建新文件：［文件］→［新建］菜单项，然后在功能管理级别设置弹出框中点击"确定"进入梯形图查看器。

注意：编辑新文件之前要选择 PLC 的类型，方法如下：右键点击图 8-25 中应用程序浏览器左上方（矩形框中）的默认的 PLC 类型，弹出"更改控制器类型"菜单项，选择 TWDLCAA40DRF（倒数第二个选项），单击［更改］完成。

2）打开文件：［文件］→［打开］。

3）保存文件：［文件］→［保存］。

3. 梯形图编程

1）编辑操作：单击梯形图查看器左上角的第一个图标（"添加"），即进入

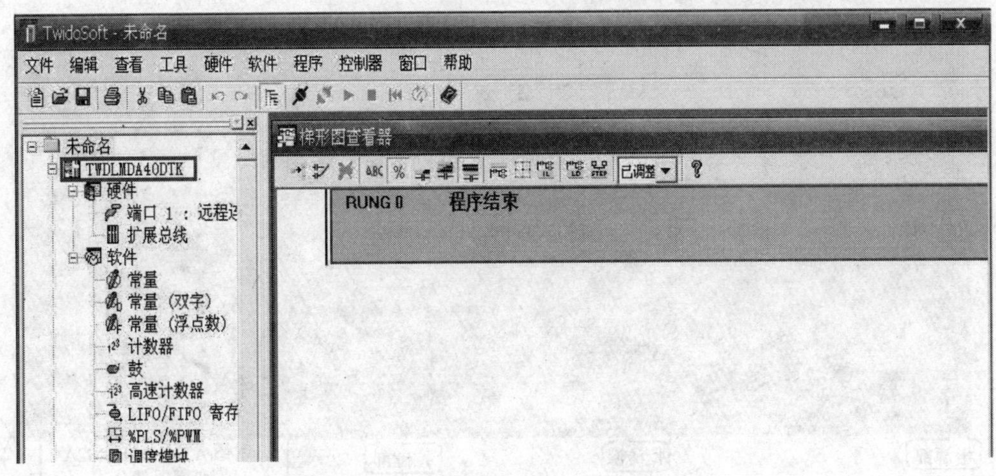

图 8-25　TwidoSof 的应用程序浏览器

梯形图编辑器。

2）元件输入：通过点选“梯形图编辑器”中的元件的图标输入触点、线圈符号、特殊功能线圈和连接线，然后双击输入的符号填写相应的元件的编号。

3）多个梯级的输入：可以使用［工具］→［插入梯级］输入从 RANGE0 开始的多个梯级，最后通过［工具］→［接受更改］或点击图标确认，完成梯形图的绘制。需要注意的是，END 指令的输入要先点击图标，然后选择输入。

4）指令表编程：通过［程序］→［列表编辑器］或［梯形图编辑器］，可实现编辑方式和显示方式之间的转换。

5）程序的传送：完成 PC 和 PLC 的物理连接以后，通过［控制器］→［连接］菜单进行通信，成功以后通过［控制器］→［传送 PC = >控制器］把编辑好的程序传送到 PLC 中。

6）PLC 的运行与监控操作：使用［控制器］→［运行（RUN）］起动 PLC，可以通过［控制器］→［查看控制器］监控 PLC 的输入输出元件的当前状态。

8.7　亚龙 YL-100A 综合实验设备简介

图 8-26 为亚龙 YL-100A 综合实验设备面板示意图，图 8-27 为其施耐德 PLC 主机面板示意图。主要包括指示灯区、输入点接线区、直流电源区、PLC 主机区、晶体管输出点接线区、继电器输出区和按钮输入区。

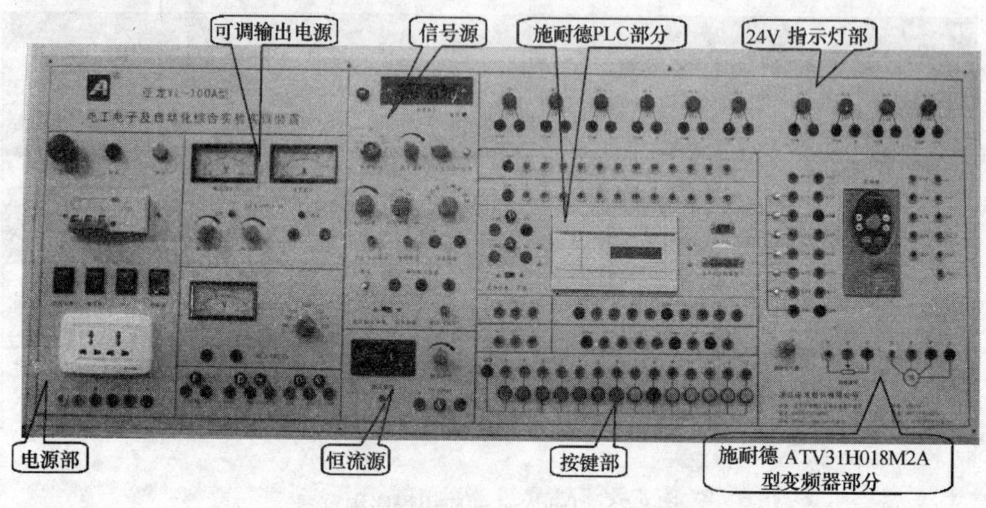

图 8-26　亚龙 YL-100A 综合实验设备面板示意图

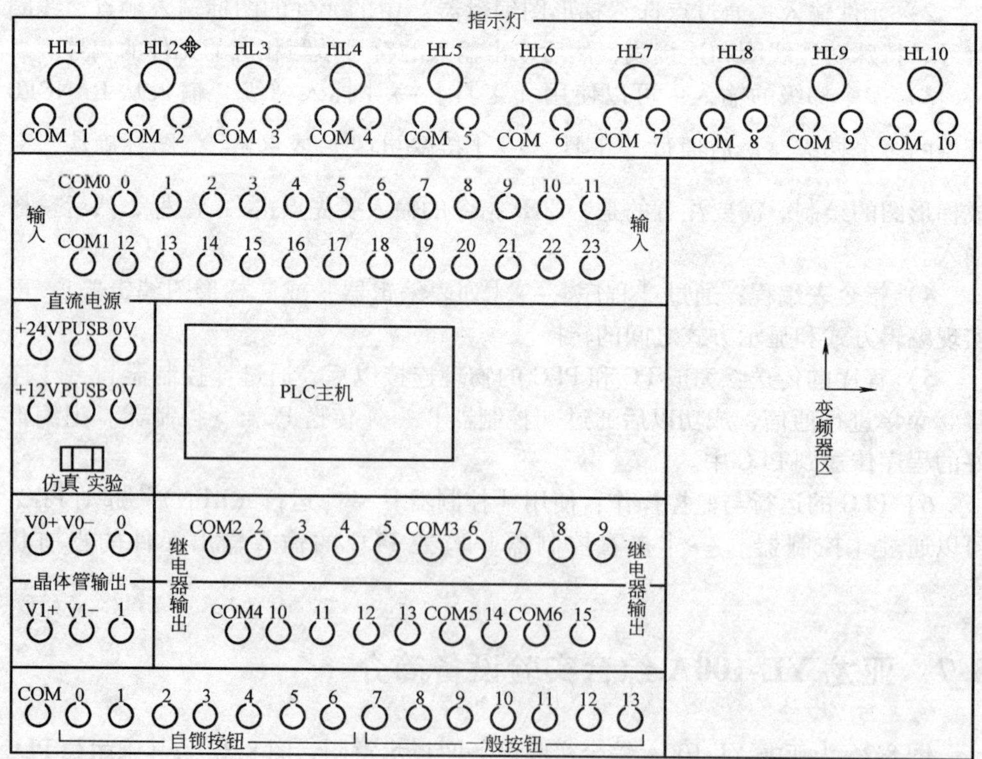

图 8-27　YL-100A 上的施耐德 PLC 主机面板示意图

下面是各区的分布情况：

1）指示灯区包括 HL1 ~ HL10 共 10 只指示灯，使用 DC12V ~ 24V 电源工作。

2）输入点接线区% I0.0 ~ % I0.23 共 24 组输入点，使用 24V 直流电源。

3）直流电源区为 PLC 输入输出以及实验板提供 12V 或 24V 直流电压。

4）直流电源区下部有一个仿真和实验选择开关，实验时要拨动到实验位置。

5）PLC 主机区放置一台施耐德 TWDLCAA40DRF 可编程控制器。

6）晶体管输出区有 V0 +、V0 -、0 和 V1 +、V1 -、1 共计六个接线端，分别是晶体管输出点% Q0.0 和% Q0.1 所用电源输入以及输出点接线处。

7）继电器输出区包含% Q0.2 ~ % Q0.15 共计 14 个继电器输出点。

8）面板的下部为按钮区，其中编号 0 ~6 的红色按钮为自锁按钮，编号 7 ~ 13 的绿色按钮为通常的点动按钮。

8.8 施耐德 PLC 实验装置拟开出的实验实训项目指导

（1）全自动洗衣机的控制

（2）三相电动机的控制

（3）步进电机控制

（4）交通灯控制

（5）四层电梯控制

（6）电镀生产线控制

（7）水塔水位自动控制

（8）自控成型机

（9）多种液体自动混合

（10）自动送料装车系统

（11）自控轧钢机

（12）邮件分拣机

（13）铁塔之光

（14）其他逻辑控制实验

实验1 基本逻辑指令编程实验

1. 实验目的

1）熟悉 TwidoSoft 编程软件的使用方法。

2）熟悉实验设备的操作。

3）掌握简单梯形图的绘制方法。

4）掌握常用基本逻辑指令的使用方法。

2. 实验设备

1）亚龙 YL-100A 综合实验装置一套。

2）海尔计算机一台。

3）连接导线若干。

3. 实验原理

（1）I/O 分配表　见表 8-13。

表 8-13　I/O 分配表

输　入		输　出	
起动按钮（7）	I0.0	指示灯（1）	Q0.2
停止按钮（8）	I0.1		

（2）I/O 接线图　如图 8-28 所示。

（3）实物接线　如图 8-29 所示。

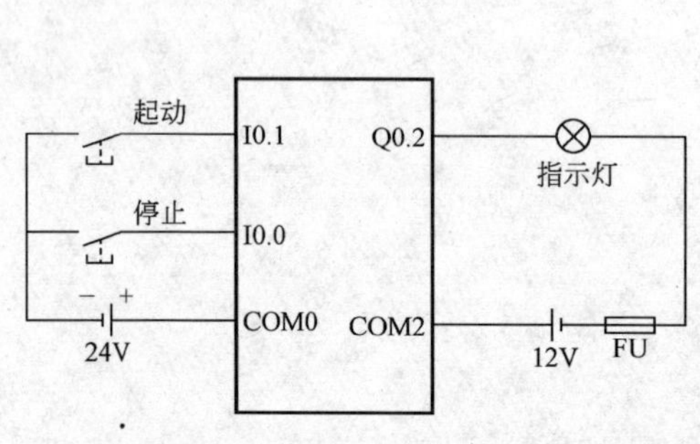

图 8-28　I/O 接线图

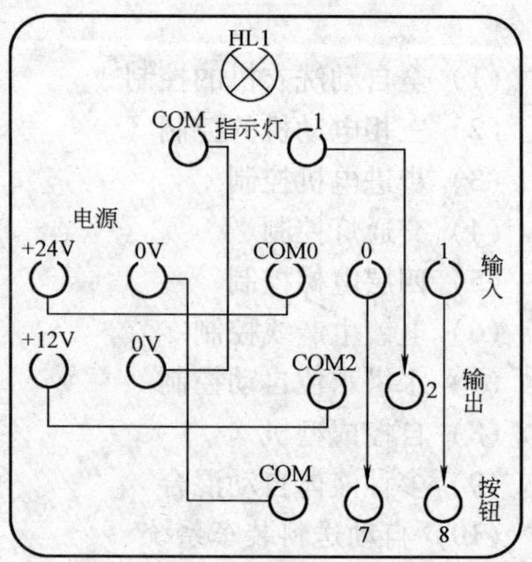

图 8-29　实物接线图

4. 实验参考梯形图

（1）点动电路　如图 8-30 所示。

（2）启保停电路　如图 8-31 所示。

（3）定时器电路

1）通电延时电路如图 8-32 所示。

2）断电延时电路如图 8-33 所示。

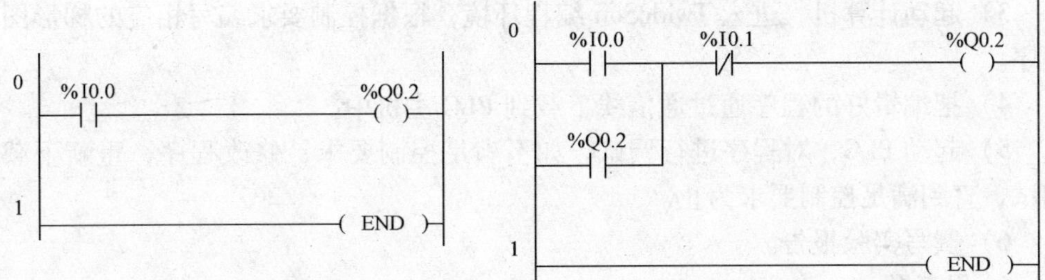

图 8-30　点动控制梯形图　　　　图 8-31　启保停电路梯形图

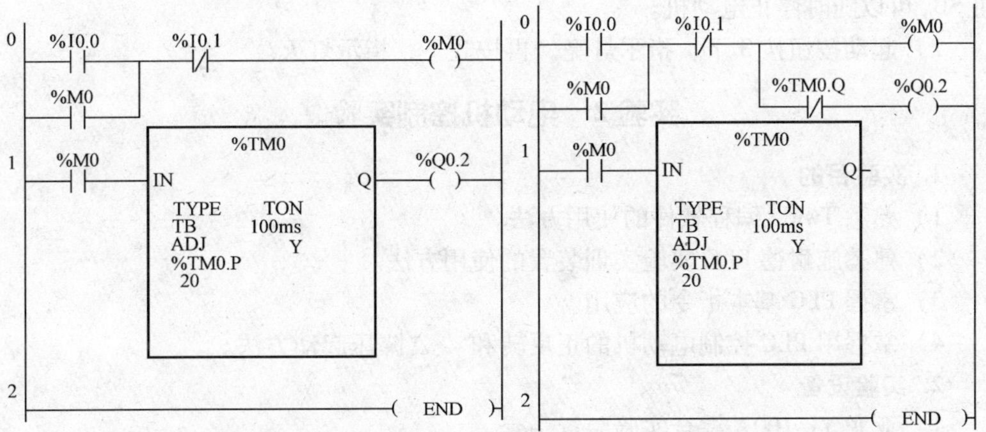

图 8-32　通电延时电路梯形图　　　　图 8-33　断电延时电路梯形图

（4）计数器的使用　计数器的使用如图 8-34 所示。

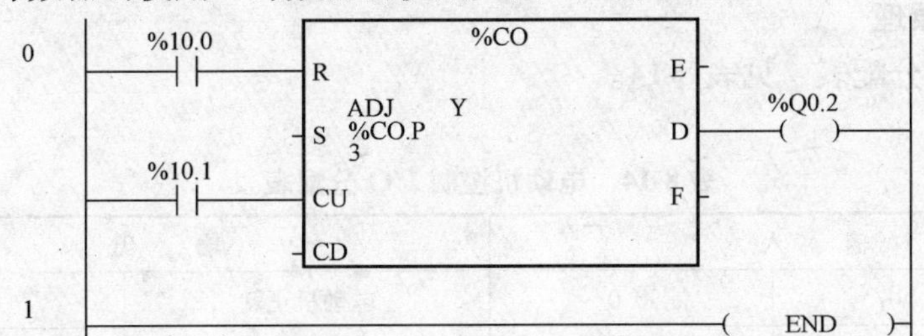

图 8-34　计数器的使用

5. 实验步骤

1）将 PLC 通信线与计算机上的串口通信线进行连接。

2）根据实物接线图进行接线。

3）起动计算机，进入 TwidoSoft 编程环境，根据控制要求编写相应的梯形图程序。

4）把编辑好的程序通过通信线下载到 PLC 主机中。

5）起动 PLC，对程序进行调试，如不满足控制要求，修改程序，重新下载调试，直到满足控制要求为止。

6）撰写实验报告。

6. 思考题

试设计程序，分别满足如下的要求：

1）按下按钮 SB1，电动机 5s 后起动，电动机运行 5s 后自动停止，按下按钮 SB_0 可以随时停止电动机。

2）起动按钮按 3 下，指示灯亮，再按 3 下，指示灯灭。

实验 2　电动机控制实验

1. 实验目的

1）熟悉 Twido 编程软件的使用方法。

2）熟悉施耐德 PLC 实验实训装置的使用方法。

3）掌握 PLC 基本指令的应用。

4）掌握用 PLC 控制电动机的正反转和Y/△降压起动方法。

2. 实验设备

1）亚龙 YL-100A 综合实验装置一套。

2）YL-PC 电动机顺序控制单元一台。

3）海尔计算机一台。

4）连接导线若干。

3. 实验原理

（1）I/O 分配表　见表 8-14。

表 8-14　电动机控制 I/O 分配表

输　入		输　出	
停止按钮 SB_1	I0.0	电动机正转	Q0.2
正转起动按钮 SB_2	I0.1	电动机Y形	Q0.3
反转起动按钮 SB_3	I0.2	电动机△形	Q0.4
		电动机反转	Q0.5

（2）I/O 接线图　如图 8-35 所示。

（3）实物接线图　如图 8-36 所示。

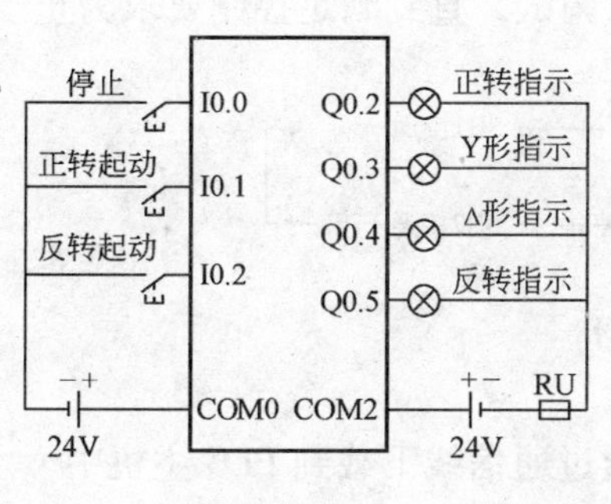

图 8-35　电动机控制 I/O 接线图

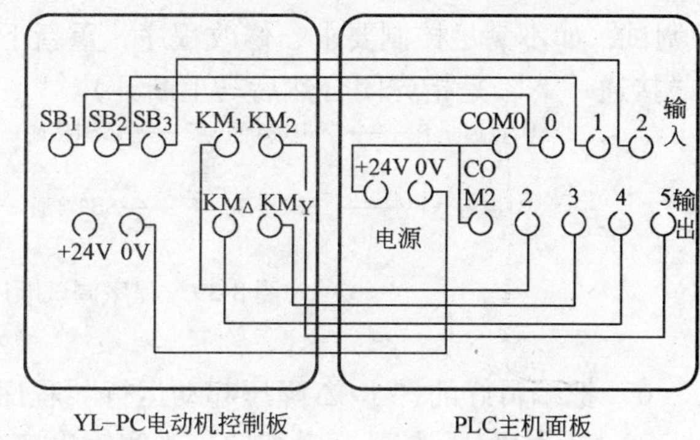

图 8-36　电动机控制实物接线图

4. 参考梯形图

（1）电动机正反转控制梯形图　如图 8-37 所示。

（2）电动机Y-△降压起动控制梯形图　如图 8-38 所示。

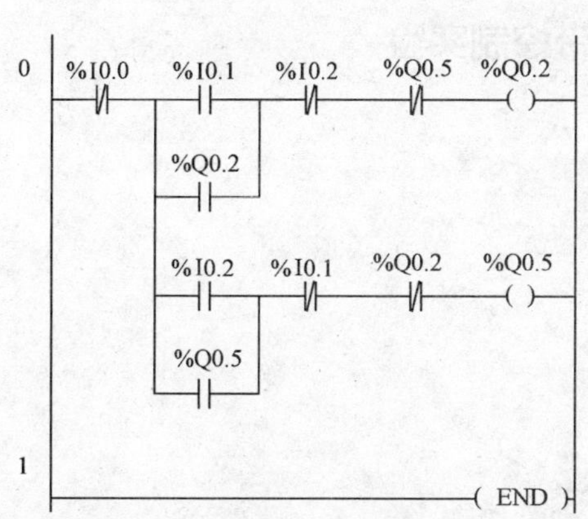

图 8-37　电动机正反转控制梯形图

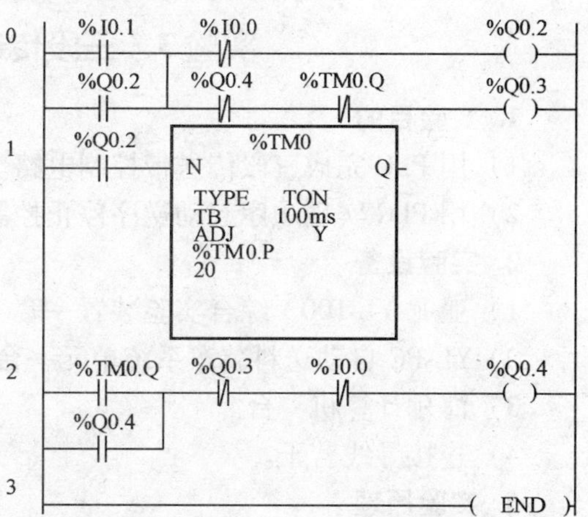

图 8-38　电动机Y-△降压起动控制梯形图

5. 实验步骤

1）将 PLC 通信线与计算机上的串口通信线进行连接。

2）根据实物接线图进行接线。

3）起动计算机，进入 TwidoSoft 编程环境，根据控制要求编写相应的梯形图程序。

4）把编辑好的“电动机正反转控制”程序通过通信线下载到 PLC 主机中。

5）起动 PLC，按照图 8-39 顺序改变输入，观察程序运行情况，并对程序进行调试，如不满足控制要求，修改程序，重新下载调试，直到满足控制要求为止（“接通一下”是指先闭合然后马上断开）。

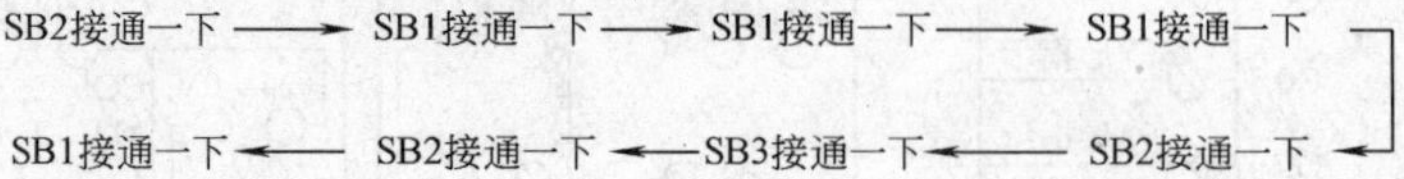

SB2接通一下 → SB1接通一下 → SB1接通一下 → SB1接通一下 → SB2接通一下 → SB3接通一下 → SB2接通一下 → SB1接通一下

图8-39　程序调试顺序图

6）把编辑好的“Y/△降压起动运行”程序通过通信线下载到PLC主机中。

7）起动PLC，按下起动按钮，观察输出变化情况，几秒以后，按下停止按钮，使输出停止。

8）撰写实验报告。

6. 思考题

试在一个梯形图中同时实现正反转和Y/△起动控制。画出I/O分配表并作出梯形图。

实验3　三段传送带控制实验

1. 实验目的

1）用PLC完成三段传送带控制电路。

2）用PLC实现顺序起动逆序停止控制。

2. 实验设备

1）亚龙YL-100A综合实验装置一套。

2）YL-PC自动送料装车系统单元一台。

3）海尔计算机一台。

4）连接导线若干。

3. 实验原理

（1）控制要求　当按下起动按钮，电动机M_3起动运行，2s后电动机M_2起动运行，再过2s后，电动机M_1起动运行；停止时，按下停止按钮，电动机M_1立刻停止，延时2s后M_2停止，M_3在M_2停2s后停止。

（2）实验原理

1）I/O分配表见表8-15。

表8-15　三段传送带控制I/O分配表

输入		输出	
起动按钮（7）	I0.1	M1	Q0.2
停止按钮（8）	I0.0	M2	Q0.3
		M3	Q0.4

2）I/O 接线图　如图 8-40 所示。

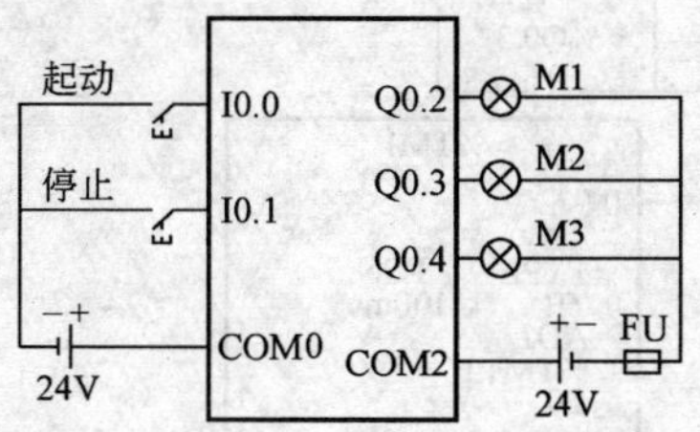

图 8-40　三段传送带 PLC 控制 I/O 接线图

3）实物接线图　如图 8-41 所示。

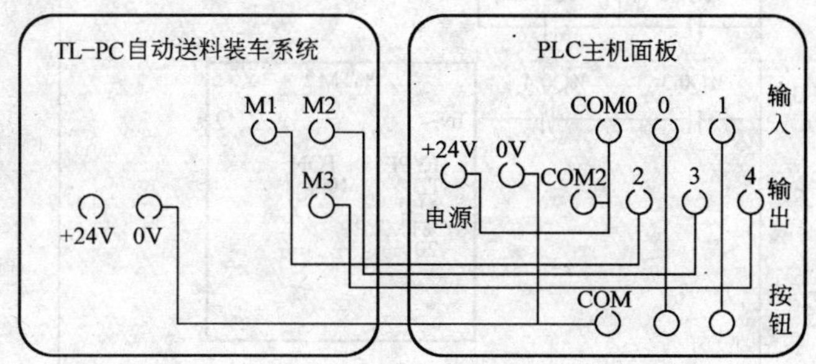

图 8-41　三段传送带控制实物接线图

4. 参考梯形图

参考梯形图如图 8-42 所示。

5. 实验步骤

1）将 PLC 通信线与计算机上的串口通信线进行连接。

2）根据实物接线图进行接线。

3）起动计算机，进入 TwidoSoft 编程环境，根据控制要求编写相应的梯形图程序。

4）把编辑好的程序通过通信线下载到 PLC 主机中。

5）起动 PLC，先按下起动按钮（8），等三台电动机全部起动后，按下停止按钮（7），观察程序运行情况，并对程序进行调试，如不满足控制要求，修改程序，重新下载调试，直到满足控制要求为止。

6）撰写实验报告。

6. 思考题

如果不使用定时器，而是每台电动机都由起动、停止按钮控制，试设计该三段传送带控制程序。

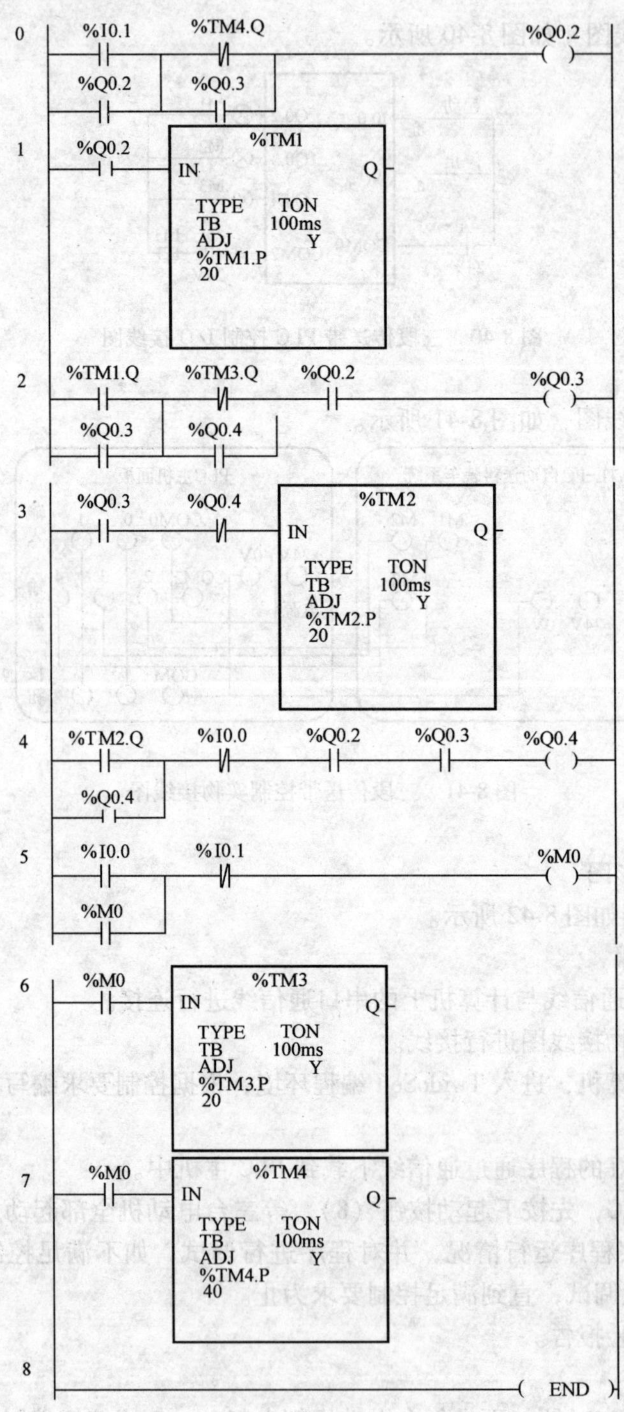

图 8-42　三段传送带控制 PLC 梯形图

实验 4 铁塔之光实验

1. 实验目的

1）熟悉定时器的特点和使用方法。

2）掌握循环程序的设计方法。

3）用定时器实现铁塔之光控制。

2. 实验设备

1）亚龙 YL-100A 综合实验装置一套。

2）YL-PC 铁塔之光控制单元一台。

3）海尔计算机一台。

4）连接导线若干。

3. 实验原理

PLC 运行后，按下起动按钮，灯 L1、L4、L7 亮，1s 后熄灭同时点亮 L2、L5、L8，再过 1s 上述三只灯均熄灭，点亮 L3、L6、L9，亮 1s 后熄灭，同时点亮 L1、L4、L7，如此循环，要求有停止按钮。

（1）I/O 分配表　见表 8-16。

表 8-16　铁塔之光控制 I/O 分配表

输　入		输　出			
起动按钮	I0. 1	L1	Q0. 2	L6	Q0. 7
停止按钮	I0. 0	L2	Q0. 3	L7	Q0. 8
		L3	Q0. 4	L8	Q0. 9
		L4	Q0. 5	L9	Q0. 10
		L5	Q0. 6		

（2）I/O 接线图　如图 8-43 所示。

（3）实物接线图（略）

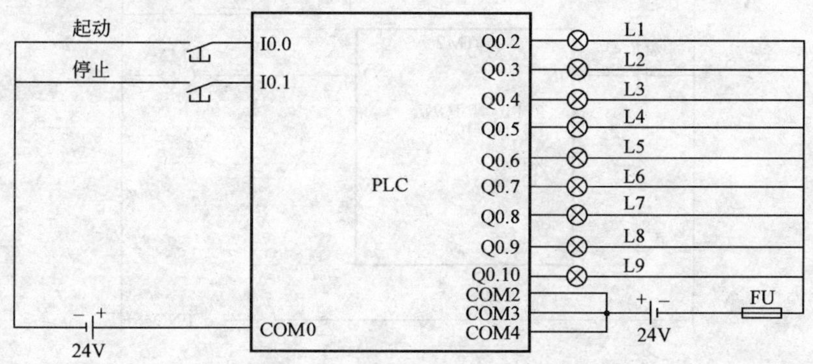

图 8-43　铁塔之光控制 I/O 接线图

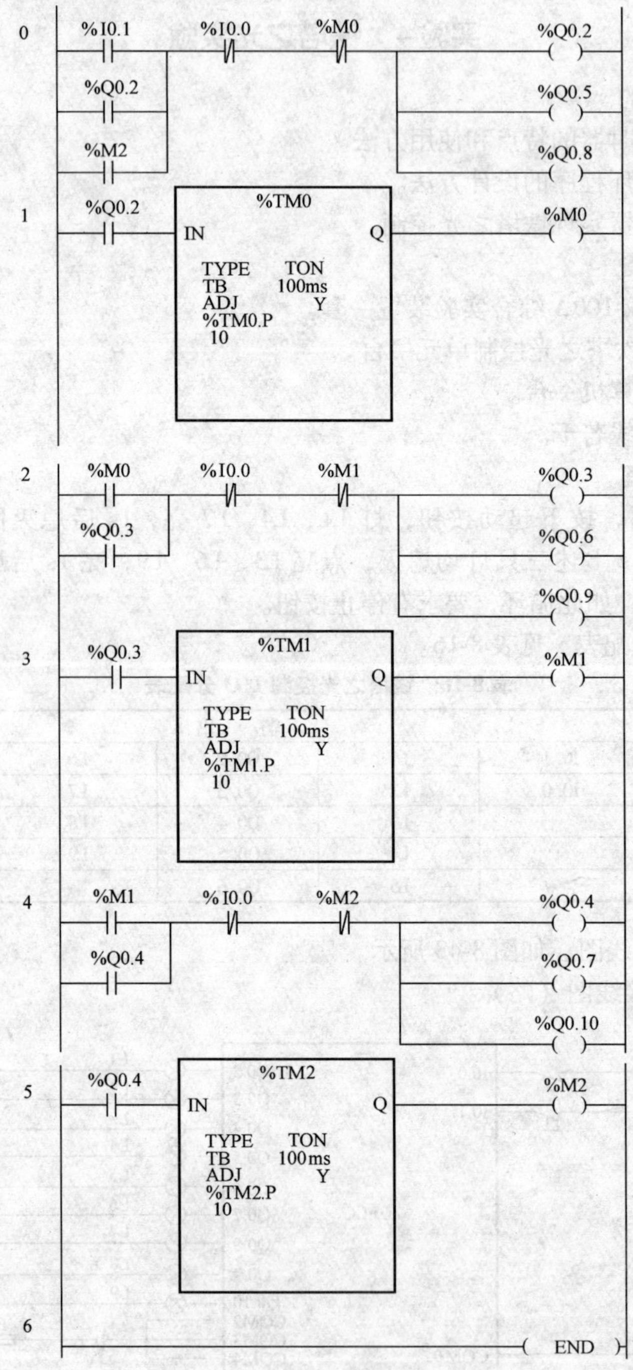

图 8-44 铁塔之光控制梯形图

4. 参考梯形图

如图 8-44 所示。

5. 实验步骤

1）将 PLC 通信线与计算机上的串口通信线进行连接。

2）根据实物接线图进行接线。

3）起动计算机，进入 TwidoSoft 编程环境，根据控制要求编写相应的梯形图程序。

4）把编辑好的程序通过通信线下载到 PLC 主机中。

5）起动 PLC，先按下起动按钮（8），观察程序运行情况，并对程序进行调试，如不满足控制要求，修改程序，重新下载调试，直到满足控制要求为止。

6）撰写实验报告。

6. 思考题

试编写程序，实现如下不同的显示效果：

1）彩灯按照 L1、L2、L3、…、L9 的顺序循环点亮。

2）彩灯按照 L9、L8、L7、…、L1 的顺序循环点亮。

3）编号为奇数的灯先亮，1s 后熄灭同时编号为偶数的点亮，1s 后编号为偶数的等熄灭，同时重新点亮编号为奇数的灯，如此循环。

实验 5　6 组抢答器实验

1. 实验目的

1）理解 LED 数码管的工作原理。

2）掌握互锁电路的实验方法。

3）用 PLC 实现抢答器控制和显示电路。

2. 实验设备

1）亚龙 YL-100A 综合实验装置一套。

2）YL-PC 抢答器控制单元一台。

3）海尔计算机一台。

4）连接导线若干。

3. 控制要求

设计一个 6 路输入抢答器，要求每组使用一个抢答按钮，编号分别为 $SB_1 \sim SB_6$。任意按下一组选择按钮后，八段码显示器能及时显示该组的号码，同时锁住其他抢答器，使其他组按下无效。要求主持人有开始（复位）开关，各组在主持人宣布开始并闭合开始开关后方可抢答，复位后可以重新抢答。

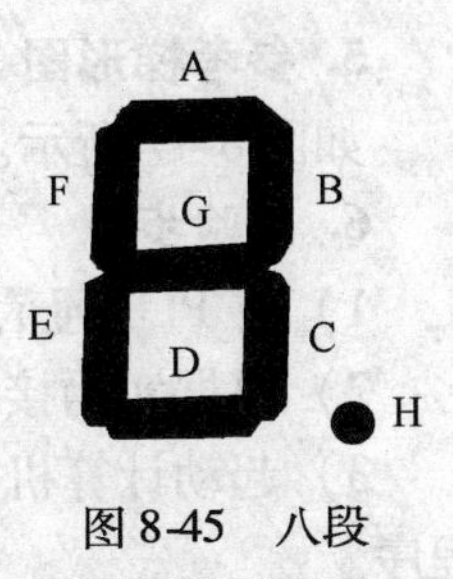

图 8-45　八段数码管示意图

八段码显示器如图 8-45 所示。数码管共有 8 段笔画，分别是 A ~ H，控制笔画的显示与否，就可以显示不同的字符。本实验中，可以使用 PLC 的 8 个输出点来分别控制 8 段笔画，从而可以显示不同的数字。

（1）I/O 分配表　见表 8-17。

表 8-17　6 组抢答器 I/O 分配表

输入				输出			
开始开关	I0.0	4 组按钮	I0.4	A	Q0.2	E	Q0.6
1 组按钮	I0.1	5 组按钮	I0.5	B	Q0.3	F	Q0.7
2 组按钮	I0.2	6 组按钮	I0.6	C	Q0.4	G	Q0.8
3 组按钮	I0.3			D	Q0.5	H	Q0.9

注意：开始开关要使用带有自锁的按钮，如 PLC 主机面板上编号为 0 ~ 6 的红色按钮。

（2）I/O 接线图　如图 8-46 所示。

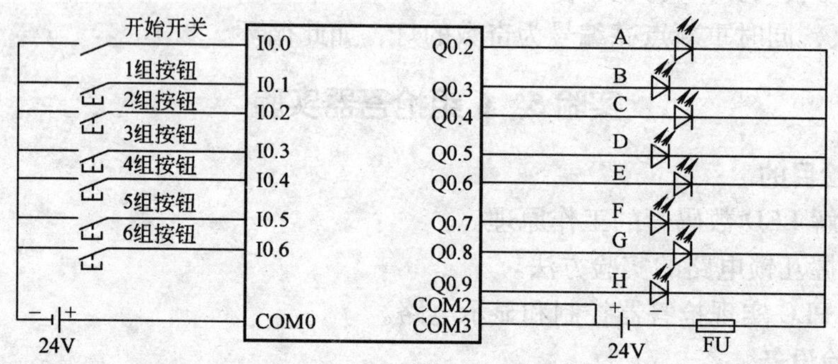

图 8-46　6 组抢答器 I/O 接线图

4. 实物接线图（略）

5. 参考梯形图

如图 8-47 所示。

6. 实验步骤

1）将 PLC 通信线与计算机上的串口通信线进行连接。

2）根据实物接线图进行接线。

3）起动计算机，进入 TwidoSoft 编程环境，根据控制要求编写相应的梯形图程序。

4）把编辑好的程序通过通信线下载到 PLC 主机中。

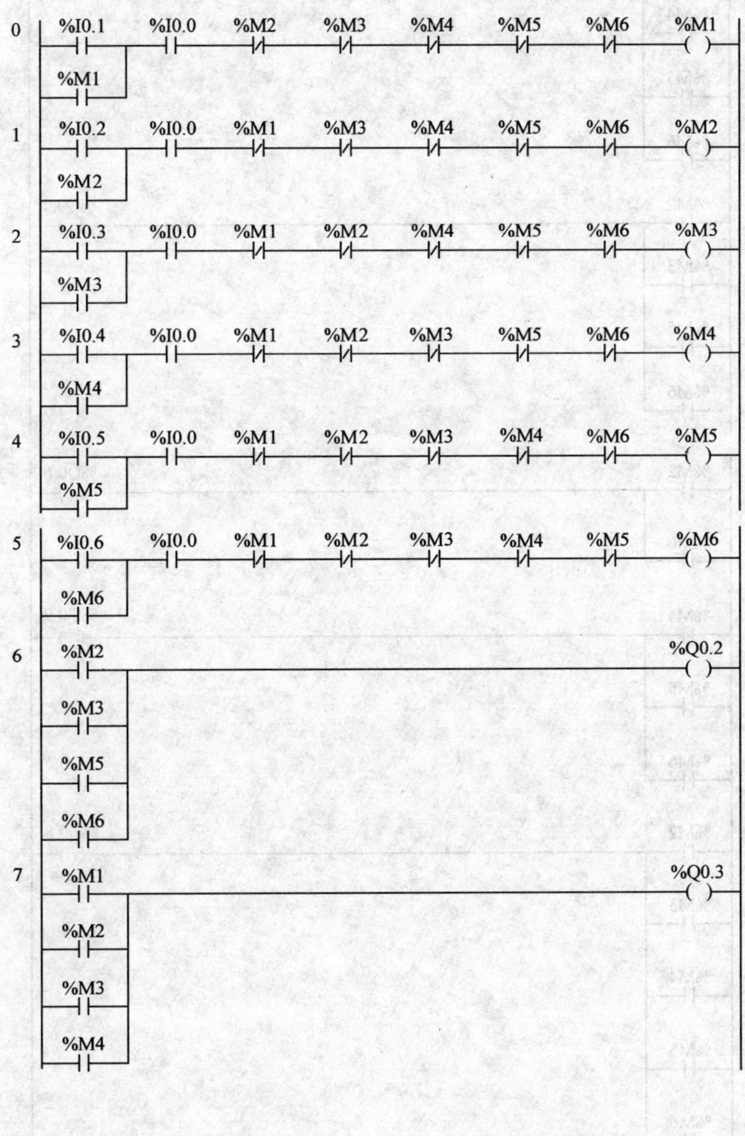

图 8-47　6 组抢答器梯形图

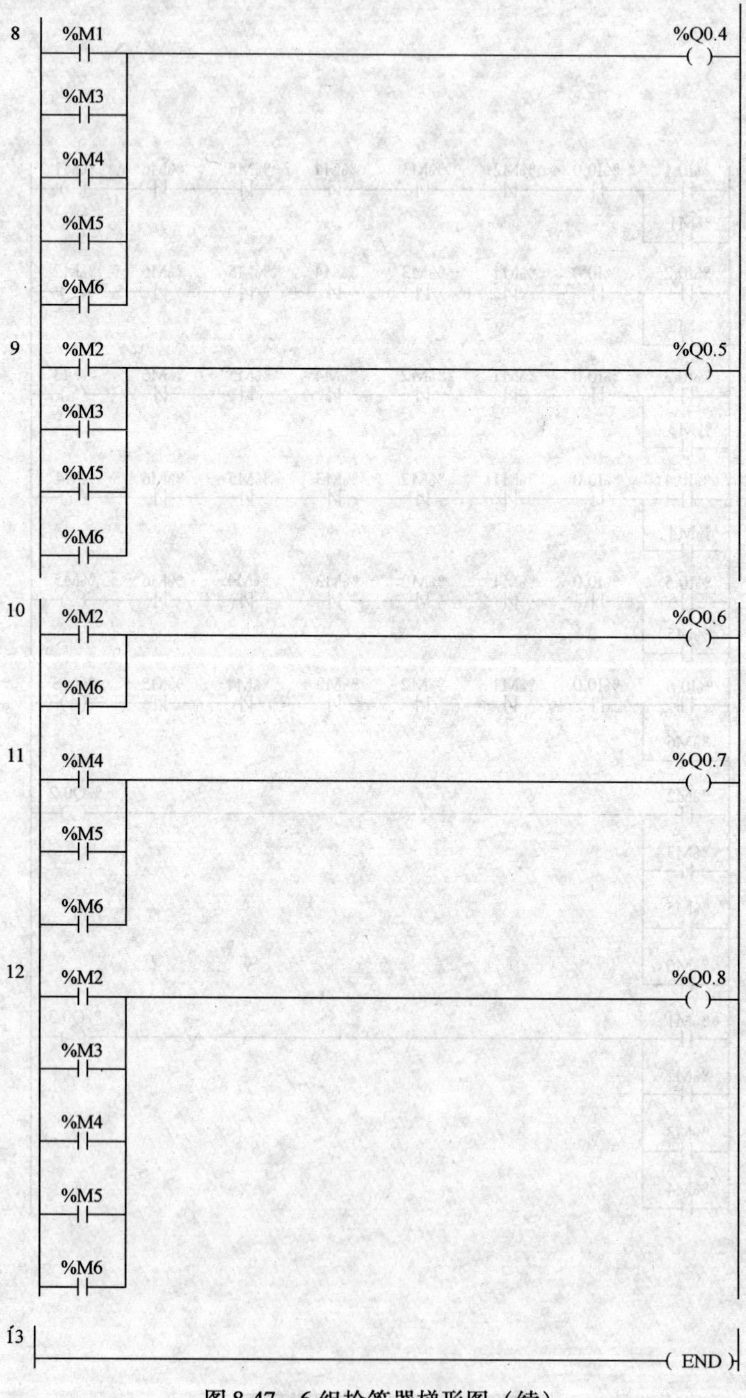

图 8-47　6 组抢答器梯形图（续）

5）起动 PLC，先按下自锁按钮（开始开关），然后按下某个抢答按钮，看数码管是否显示该组对应的数字，一组抢答成功后，再按下其他组按钮，观察是否能封锁其他各组输入。然后连续按 2 次自锁按钮，看是否能重新抢答。根据不同的现象并对程序进行调试，如不满足控制要求，修改程序，重新下载调试，直到满足控制要求为止。

6）撰写实验报告。

7. 思考题

1）给该抢答器加上一个抢答有效时限，在主持人宣布开始抢答后 10s 内抢答有效，否则该题作废，并显示字母 F。

2）给该抢答器加上抢答时间限制，当某组按下抢答按钮抢答成功后，必须在 15s 以内回答完毕，否则显示字母 C。

实验 6　交通灯控制实验

1. 实验目的

1）熟悉交通灯的控制特点。

2）掌握定时器在交通灯控制中的使用方法。

3）用 PLC 完成交通灯的控制。

2. 实验设备

1）亚龙 YL-100A 综合实验装置一套。

2）YL- PC 交通灯控制单元一台。

3）海尔计算机一台。

4）连接导线若干。

3. 实验原理

（1）交通灯控制要求

1）该单元设有起动和停止开关 S1、S2，用以控制系统的起动与停止。

2）交通灯显示方式：开关合上后，东西方向绿灯亮 10s 灭，黄灯亮 3s 灭，红灯亮 13s 灭，然后绿灯亮，…如此循环；对应东西方向绿、黄灯亮时，南北红灯亮 13s，接着绿灯亮 10s 灭，黄灯亮 3s 灭，红灯又亮，…循环。

（2）I/O 分配表　见表 8-18。

表 8-18　交通灯控制 I/O 分配表

输　入		输　出			
起动开关	I0. 14	南北红灯	Q0. 2	东西红灯	Q0. 5
停止开关	I0. 15	南北黄灯	Q0. 3	东西黄灯	Q0. 6
		南北绿灯	Q0. 4	东西绿灯	Q0. 7

4. I/O 接线图

如图 8-48 所示。

5. 实物接线图（略）

6. 参考梯形图

如图 8-49 所示。

7. 实验步骤

1）将 PLC 通信线与计算机上的串口通信线进行连接。

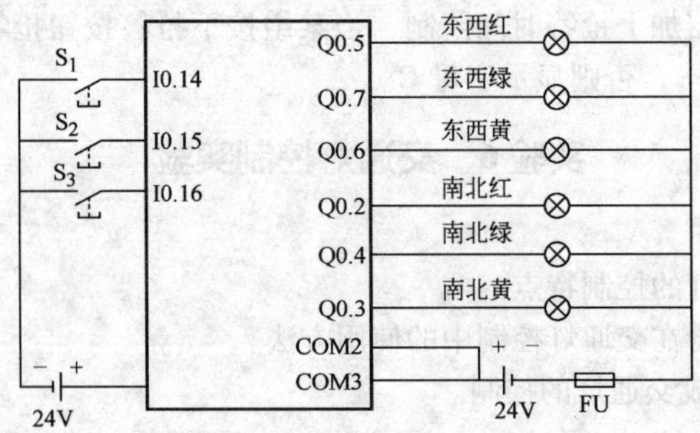

图 8-48　交通灯控制 I/O 接线图

2）根据 I/O 接线图自己画出实物接线图，并进行接线。

3）起动计算机，进入 TwidoSoft 编程环境，根据控制要求编写相应的梯形图程序。

4）把编辑好的程序通过通信线下载到 PLC 主机中。

5）起动 PLC，按照如下的顺序调试程序：

①将起动 S_1 先拨上再拨下，观察交通灯的变化。

②拨上停止开关 S_2，观察灯的变化；拨下 S_2，观察灯的变化。

6）撰写实验报告。

8. 思考题

1）改动程序使得绿灯的点亮规律变成：亮 7s，闪烁 3s（灭 0. 5s 亮 0. 5s…）（提示使用状态位%S6 或者两个定时器实现）。

2）如果在自动的基础上加上手动控制：不管何时手动开关闭合时，南北绿灯亮，东西红灯亮。当手动开关断开后，自动开关闭合时，东西绿灯亮，南北红灯亮。

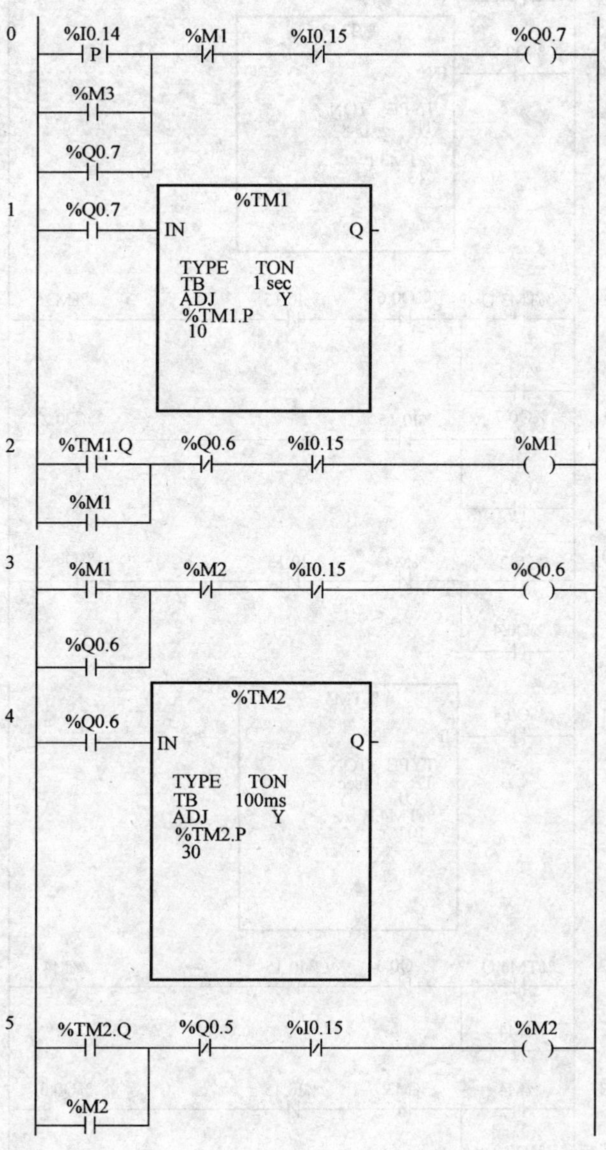

图 8-49　交通灯控制 I/O 梯形图

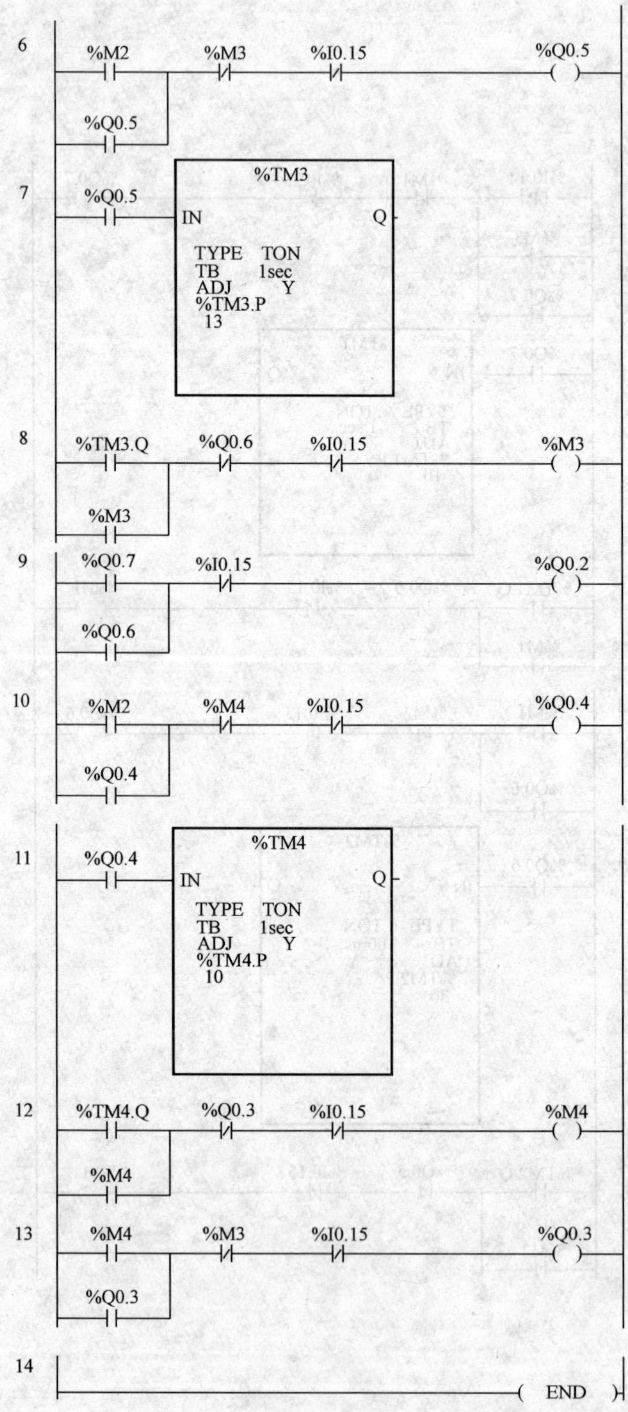

图 8-49　交通灯控制 I/O 梯形图（续）

实验7 自控轧钢机实验

1. 实验目的

1）用PLC构成自控轧钢机控制系统。

2）训练用PLC技术来分析和解决工厂工程实践的能力。

2. 实验设备

1）亚龙YL-100A综合实验装置一套。

2）YL-PC自控轧钢机控制单元一台。

3）海尔计算机一台。

4）连接导线若干。

3. 实验原理

（1）自控轧钢机控制要求　按下起动按钮，电动机M_1、M_2运行，传送钢板。用开关S_1模拟传感器，当传送带上面有钢板时S_1为ON，则电动机M_3正转，Y_1给出一个轧压量，钢板轧过后，S_1的信号消失（S_1为OFF），检测传送带上面钢板到位的传感器S_2有信号（S_2为ON），表示钢板到位，电磁阀Y_2动作，电动机M_3反转，将钢板推回，Y_2给出较Y_1更大的轧压量，随后S_2信号消失，S_1再次有信号，电动机M_3正转。当S_1的信号消失，仍重复上述动作，如此循环。按下停止按钮随时可以停机。

（2）I/O分配表　见表8-19。

表8-19　自动轧钢机I/O分配表

输　入		输　出			
S_1	I0.15	轧压量Y_1	Q0.2	电动机M_3正转	Q0.6
S_2	I0.16	轧压量Y_2	Q0.3	电动机M_3反转	Q0.7
起动	I0.21	电动机M_1	Q0.4		
停止	I0.20	电动机M_2	Q0.5		

（3）I/O接线图　如图8-50所示。

4. 实物接线图（略）

5. 参考梯形图（略）

6. 实验步骤

1）将PLC通信线与计算机上的串口通信线进行连接。

2）根据I/O接线图自己画出实物接线图，并进行接线。

3）起动计算机，进入TwidoSoft编程环境，根据控制要求编写相应的梯形图程序。

4）把编辑好的程序通过通信线下载到PLC主机中。

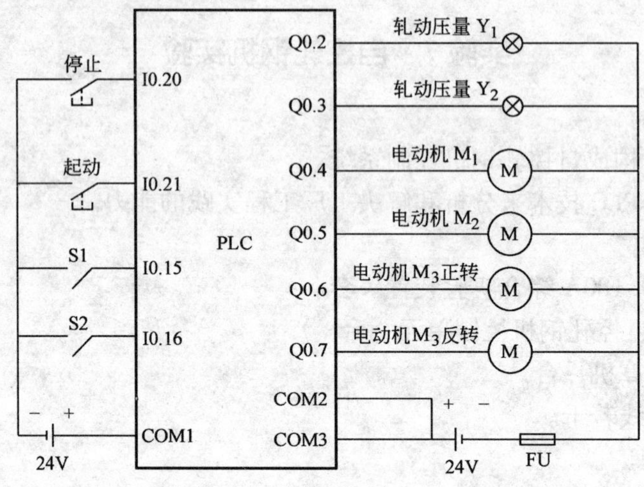

图 8-50　自动轧钢机 I/O 接线图

5）起动 PLC，按照下列步骤进行实训操作：

①按下起动按钮，Y_1、M_1、M_2 灯亮。

②先拨上 S_1，后拨下 S_1，Y_1、M_1、M_2 以及向左灯亮。

③先拨上 S_2，后拨下 S_2，Y_1、Y_2 及向右箭头灯亮。

④如此交替通断 S_1、S_2，观察程序运行情况。

⑤按下起动按钮，全过程结束。

6）撰写实验报告。

7. 思考题

1）如果要求连续轧压三次后，系统自动停机，请设计程序。

2）根据上述工艺过程，修改程序，实现加工件的计数功能。

实验 8　水塔水位自动控制实验

1. 实验目的

1）理解水塔水位自动控制的工作原理。

2）用 PLC 构成水塔水位自动控制系统。

2. 实验设备

1）亚龙 YL-100A 综合实验装置一套。

2）YL-PC 水塔水位自动控制单元一台。

3）海尔计算机一台。

4）连接导线若干。

3. 实验原理

（1）水塔水位的控制要求　当水池液面低于下限水位（S_4 为 ON 表示），电磁阀 Y 打开注水，S_4 为 OFF，表示水位高于下限水位。当水池液面高于上限水位（S_3 为 ON 表示），电磁阀 Y 关闭。

当水塔水位低于下限水位（S_2 为 ON 表示），水泵 M 工作，向水塔供水，S_2 为 OFF，表示水位高于下限水位。当水塔水位低于下限水位，同时水池水位也低于下限水位时，水泵 M 不起动。

（2）I/O 分配表　见表 8-20。

表 8-20　水塔水位自动控制 I/O 分配表

输　入				输　出	
水塔上限 S1	I0.15	水池上限 S3	I0.17	电磁阀 Y	Q0.2
水塔下限 S2	I0.16	水池下限 S4	I0.18	水泵 M	Q0.3

（3）I/O 接线图　如图 8-51 所示。

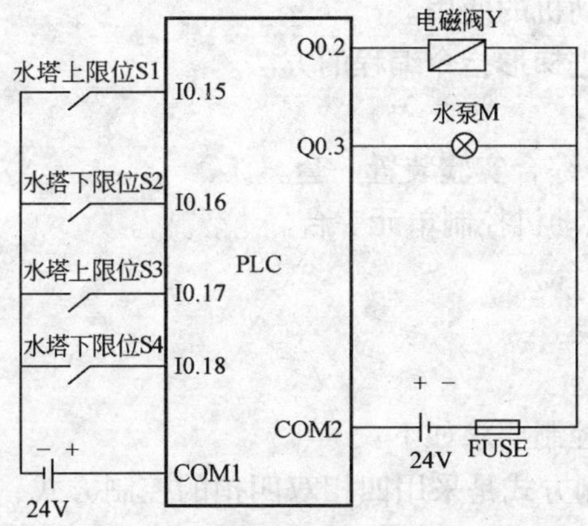

图 8-51　水塔水位自动控制 I/O 接线图

4. 实物接线图（略）

5. 参考梯形图（略）

6. 实验步骤

1）将 PLC 通信线与计算机上的串口通信线进行连接。

2）根据 I/O 接线图自已画出实物接线图，并进行接线。

3）起动计算机，进入 TwidoSoft 编程环境，根据控制要求编写相应的梯形图程序。

4）把编辑好的程序通过通信线下载到 PLC 主机中。

5）起动 PLC，按照下面的顺序对程序进行调试，如不满足控制要求，修改程序，重新下载调试，直到满足控制要求为止：

①拨上 S_4，Y 亮，再拨下 S_4。

②拨上 S_3，Y 灭；

③拨上 S_2，M 亮，再拨下 S_3。

④拨上 S_1，M 灭。

6）撰写实验报告。

7. 思考题

当水池水位低于下限水位（S_4 为 ON)，电磁阀 Y 应打开注水，若 3s 内开关 S_4 仍未由闭合转为分断，表明电磁阀 Y 未打开，出现故障，则指示灯 Y 闪烁报警。

实验 9　步进电动机控制实验

1. 实验目的

（1）学习步进电动机的使用。

（2）掌握使用步进梯形指令编程的方法。

2. 实验设备

1）亚龙 YL-100A 综合实验装置一套。

2）YL- PC 步进电动机控制单元一台。

3）海尔计算机一台。

4）连接导线若干。

3. 实验原理

（1）步进电动机控制要求如下：

步进电动机的控制方式是采用四相双四拍的控制方式，每步旋转 15°，每周走 24 步。电动机正转时的供电时序如图 8-52 所示。

电动机反转时供电时序如图 8-53 所示。

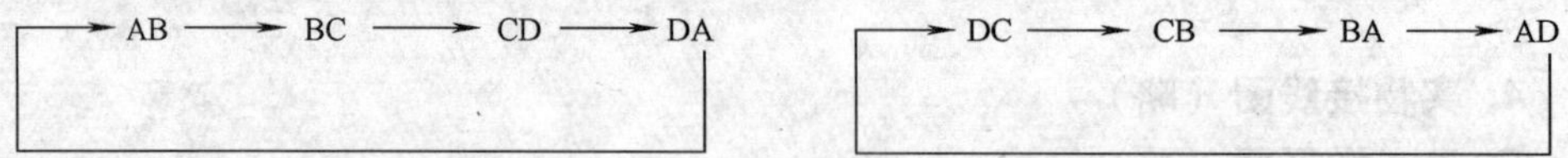

图 8-52　步进电动机正转的供电时序图

图 8-53　步进电动机反转的供电时序图

（2）步进电动机单元设有一些开关，其功能如下：

1）起动/停止开关——控制步进电动机起动或停止。

2）正转/反转开关——控制步进电动机正转或反转。

3）速度开关——控制步进电机连续运转，其中：

①速度 S 的速度为 0（此状态为单步状态）。

②速度 N_1 的速度为 6. 25r/min（脉冲周期为 400ms）；

③速度 N_2 的速度为 15. 6r/min（脉冲周期为 160ms）；

④速度 N_3 的速度为 62. 5r/min（脉冲周期为 40ms）；

4）单步按钮开关，当速度开关置于速度 IV 档时，按一下手动按钮，电动机运行一步。

（3）I/O 分配表　见表 8-21。

表 8-21　步进电机控制 I/O 分配表

输　入			输　出		
正反转按钮	I0. 14	手动按钮	I0. 19	A 相	Q0. 8
速度 3 档	I0. 15	起停按钮	I0.6	B 相	Q0. 9
速度 2 档	I0. 16	单步按钮	I0. 7	C 相	Q0. 10
速度 1 档	I0. 17			D 相	Q0. 11

（4）I/O 接线图　如图 8-54 所示。

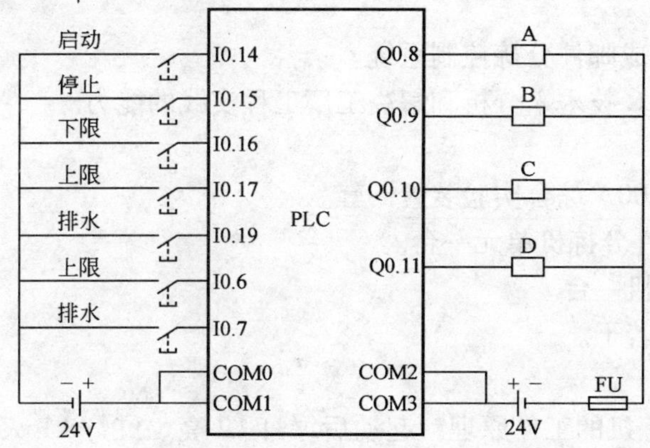

图 8-54　步进电动机控制 I/O 接线图

（5）实物接线图（略）

4. 参考梯形图（略）

5. 实验步骤

1）将 PLC 通信线与计算机上的串口通信线进行连接。

2）根据 I/O 接线图自己画出实物接线图，并进行接线。

3）起动计算机，进入 TwidoSoft 编程环境，根据控制要求编写相应的梯形图程序。

4）把编辑好的程序通过通信线下载到 PLC 主机中。

5）起动 PLC，按照下面的顺序对程序进行调试。

①将正转/反转开关设置为正转。

②分别选定速度Ⅰ、速度Ⅱ和速度Ⅲ，然后将起动/停止开关置为起动，观察步进电动机如何运行。按停止按钮，使电动机停转。

③将正转/反转开关，设置为“反转”，重复（2）的操作。

④选定速度单步档，进入手动单步方式，起动/停止开关设置为起动时，每按一下手动按钮，电动机进一步。起动/停止开关设置为“停止”，使步进电机退出工作状态。尝试正反转。

6）撰写实验报告。

6. 思考题

1）如何改变步进电动机的转速?

2）试编写一个使步进电动机正转 3.5 圈、反转 3 圈的循环程序。

实验 10　邮件分拣机实验

1. 实验目的

1）用 PLC 构成邮件分拣控制系统。

2）训练用 PLC 技术来分析和解决工厂工程实践的能力。

2. 实验设备

1）亚龙 YL-100A 综合实验装置一套。

2）YL-PC 邮件分拣机单元一台。

3）海尔计算机一台。

4）连接导线若干。

3. 实验原理

（1）邮件分拣机的工作原理　起动后绿灯 L2 亮、红灯 L1 灭、且电动机 M_5 运行，表示可以进行邮件分拣。开关 S_2 为 ON 表示检测到了邮件，用拨码开关模拟邮件的邮编号码，从拨码开关读到的邮码的正常值为 1、2、3、4、5。若非此 5 个数，则红灯 L_1 闪烁，表示出错，电动机 M_5 停止。重新起动后，方可再运行。若是此 5 个数中的任一个，则红灯亮绿灯灭，电动机 M_5 运行，PLC 采集电机光码器 S_1 的脉冲数（从邮件读码器到相应的分拣箱的距离已折合成脉冲数），邮件到达分拣箱时，推进器将邮件推进邮箱。随后红灯灭绿灯亮，可继续分拣。

（2）PLC 邮件分拣机演示单元的工作原理　L_1、L_2 分别为红、绿指示灯，S_2 开关为模拟读码器，$M \sim M_4$ 为模拟推进器，其上面的指示灯为等待，下面的指示灯为工作。当开关断开时 LED（上）亮，LED（下）灭，当开关闭合时 LED

（上）灭，LED（下）亮。

（3）I/O 分配表　见表 8-22。

表 8-22　邮件分拣机 I/O 分配表

输　　入		输　　出			
模拟光码管 S_1	I0.15	模拟推进器 M_1	Q0.2	驱动电动机 M_5	Q0.6
模拟读码器 S_2	I0.16	模拟推进器 M_2	Q0.3	绿灯	Q0.7
		模拟推进器 M_3	Q0.4	红灯	Q0.8
		模拟推进器 M_4	Q0.5		

（4）I/O 接线图　如图 8-55 所示。

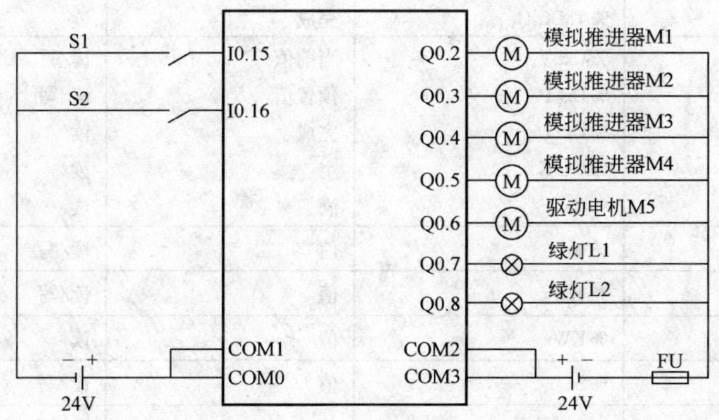

图 8-55　邮件分拣机 I/O 接线图

（5）实物接线图（略）

4. 参考梯形图（略）

5. 实验步骤

1）将 PLC 通信线与计算机上的串口通信线进行连接。

2）根据 I/O 接线图自己画出实物接线图，并进行接线。

3）起动计算机，进入 TwidoSoft 编程环境，根据控制要求编写相应的梯形图程序。

4）把编辑好的程序通过通信线下载到 PLC 主机中。

5）起动 PLC，根据控制要求，调试程序，如不满足要求，修改程序并重新下载调试，直到满足控制要求为止。

6）撰写实验报告。

6. 思考题

根据上述控制要求，如何增加各个邮件的计数功能？

附录

附录 1　Twido 系统对象和变量列表

对象	变量/属性	描述	访问
输入	%Ix. y. z	值	读/强制
输出	%Qx. y. z	值	读/写/强制
定时器	%TMX. V	当前值	读/写
	%TMX. P	预置值	读/写
	%TMX. Q	完成	读
计数器	%Cx. V	当前值	读/写
	%Cx. P	预置值	读/写
	%Cx. D	完成	读
	%Cx. E	空	读
	%Cx. F	满	读
存储位	%Mx	值	读/写
存储字	%MWx	值	读/写
常量字	%KWx	值	读
系统位	%Sx	值	读/写
系统字	%SWx	值	读/写
模拟输入	%IWx. y. z	值	读
模拟输出	%QWx. y. z	值	读/写
高速计数器	%FCx. V	当前值	读
	%FCx. VD*	当前值	读
	%FCx. P	预设值	读/写
	%FCx. PD*	预设值	读/写
	%FCx. D	完成	读
超高速计数器	略	当前值	读
输出网络字	%QNWx. z	值	读/写
Grafcet	%Xx	步位	读
脉冲发生器	%PLS. N	脉冲数	读/写
	%PLS. ND*	脉冲数	读/写
	%PLS. P	预设值	读/写
	%PLS. D	完成	读
	%PLS. Q	当前输出	读

（续）

对象	变量/属性	描述	访问
脉宽调节器	%PWM. R	比率	读/写
	%PWM. P	预置值	读/写
鼓形控制器	%DRx. S	当前步数满	读
	%DRx. F		读
步进计数器	%SCx. n	步进计数器位	读/写
寄存器	%Rx. I	输入	读/写
	%Rx. O	输出	读/写
	%Rx. E	空	读
	%Rx. F	满	读
移位寄存器	%SBR. x. y	寄存器位	读/写
消息	%MSGx. D	完成	读
	%MSGx. E	错误	读
AS-I 从设备输入	%IAx. y. z	值	读/强制
AS-I 模拟从设备输入	%IWAx. y. z	值	读
AS-I 从设备输出	%QAx. y. z	值	读/写/强制
AS-I 模拟从设备输出	%QWAx. y. z	值	读/写
CANopen 子站 PDO 输入	%IWCx. y. z	单字值	读
CANopen 子站 PDO 输出	%QWCx. y. z	单字值	读/写

附录 2　Twido 列表编程指令一览表

1. 测试指令

名　称	等价梯形图元素	功　能
LD	─┤├─	布尔运算结果与操作数状态相同
LDN	─┤/├─	布尔运算结果为操作数状态取反
LDR	─┤P├─	当检测到操作数(上升沿)从 0 变为 1 时布尔运算结果变为 1
LDF	─┤N├─	当检测到操作数(下降沿)从 1 变为 0 时布尔运算结果变为 1
AND	─┤├──┤├─	布尔运算结果等于前面指令布尔运算结果和操作数状态的逻辑与结果
ANDN	─┤├──┤/├─	布尔运算结果等于前面指令布尔运算结果和操作数状态取反的逻辑与结果
ANDR	─┤├──┤P├─	布尔运算结果等于前面指令布尔运算结果和操作数上升沿(1 = 上升沿)检测的逻辑与结果

（续）

名　称	等价梯形图元素	功　能
ANDF	─┤ ├─┤N├─	布尔运算结果等于前面指令布尔运算结果和操作数下降沿(1＝下降沿)检测的逻辑与结果
OR		布尔运算结果等于前面指令布尔运算结果和操作数状态的逻辑或结果
AND(		逻辑与(8 层嵌套)
OR(		逻辑或(8 层嵌套)
XOR,XORN, XORR,XORF	─┤XOR├─ ─┤XORN├─ ─┤XORR├─ ─┤XORF├─	异或
MPS MRD MPP		转换到线圈
N	—	取反(NOT)

2. 动作指令

名　称	等价梯形图元素	功　能
ST	─( )─	相关操作数取值为测试区结果值
STN	─(/)─	相关操作数取值为测试区结果值取反
S	─(S)─	当测试区结果为 1 时相关操作数置为 1
R	─(R)─	当测试区结果为 1 时相关操作数置为 0
JMP	—	无条件向上或向下转移到一个标记序列
SRn	->>%SRi	转移到子程序开始
RET	<RET>	从子程序返回
END	<END>	程序结束
ENDC	<ENDC>	布尔运算结果为 1 时程序结束
ENDCN	<ENDCN>	布尔运算结果为 0 时程序结束

3. 模块功能指令

名称	等价梯形图元素	功 能
定时器,计数器,寄存器,等		每个功能模块均有模块控制指令。一个结构化的格式直接用于硬连线模块的输入和输出。 注意:功能模块的输出不能互相连接(垂直短接)

附录3 Twido 一体型控制器 I/O 规格

1. DC 输入规格

一体型控制器	TWDLCAA10DRF TWDLCDA10DRF	TWDLCAA16DRF TWDLCDA16DRF	TWDLCAA24DRF TWDLCDA24DRF	TWDLCAA40DRF TWDLCAE40DRF
输入节点	1 根公共线 支持6个节点	1 根公共线 支持9个节点	1 根公共线 支持14个节点	2根公共线24个点
额定输入电压	24VDC 漏/源输入信号			
输入电压范围	从20.4到28.8VDC			
额定输入电流	10和11:11mA 12到113:7mA/节点(24VDC)			10,11,16,17:11mA 12 到 15,18 到 123:7mA/节点(24VDC)
输入阻抗	10和11:2.1kΩ 12到113:3.4kΩ			10,11,16,17:2.1kΩ 12 到 15,18 到 123:3.4kΩ
接通时间	10到11:35μs+滤波值 12到113:40μs+滤波值			10,11,16,17:35μs+滤波值 12 到 15,18 到 123:40μs+滤波值
断开时间	10和11:45μs+滤波值 12到113:150μs+滤波值			10,11,16,17:45μs+滤波值 12 到 15,18 到 123:40μs+滤波值
隔离	输入端与内部电路之间:光电耦合隔离(隔离保护500V) 输入端之间:不隔离			
输入类型	类型1(IEC61131)			
I/O互联的外部负载	不需要			
信号测量方法	静态			
输入信号类型	输入信号即可以是源极又可以是漏极。			
电缆长度	3m(9.84ft)符合抗电磁干扰标准。			

2. 晶体管源极输出规格

一体型控制器	TWDLCAA40DRF 和 TWDLCAE40DRF
输出类型	源极输出
数字量数出点数	2
每根公共线的输出点数	1
额定负载电压	24VDC
最大负载电流	每根公共线 1A
工作负载电压范围	从 20.4 到 28.8VDC
电压降落(得电)	最大为 1V(指输出接通时,COM 和输出端的电压)
额定负载电流	每个输出节点 1A
瞬间峰值电流	最大 2.5A
漏电流	最大 0.25mA
指示灯最大负载	19W
感性负载	L/R = 10ms(28.8VDC,1Hz)
外部电流拉升	最大 12mA,24VDC(+V 端电源电压)
隔离	输出端和内部电路的隔离:光电耦合隔离(隔离保护 500VDC) 输出端之间:不隔离
输出延时-开关时间	Q0,Q1:5μs 最大(I≥5mA)

3. 继电器输出规格

一体型控制器	TWDLCAA10DRF TWDLCDA10DRF	TWDLCAA16DRF TWDLCDA16DRF	TWDLCAA24DRF TWDLCDA24DRF	TWDLCAA40DRF TWDLCDAE40DRF
输出点数	4 个	7 个	10 个	14 个
每个公共端的输出点数:COM0	3 个常开触点	4 个常开触点	4 个常开触点	—
每个公共的输出节点:COM1	1 个常开触点	2 个常开触点	4 个常开触点	—
每个公共端的输出点数:COM2	—	1 个常开触点	1 个常开触点	4 个常开触点
每个公共端的输出点数:COM3	—	—	1 个常开触点	4 个常开触点
每个公共端的输出点数:COM4	—	—	—	4 个常开触点
每个公共端的输出点数:COM5	—	—	—	1 个常开触点
每个公共端的输出点数:COM6	—	—	—	1 个常开触点
最大负载电流	每个节点 2A 每根公共线 8A			
最小开关负载	0.1mA/0.1VDC(参考值)			
初始接触电阻	30mΩ 最大: 在 240VAC/2A 负载下(TWDLCA・…控制器) 在 30VDC/2A 负载下(TWDLCD・…控制器)			

（续）

一体型控制器	TWDLCAA10DRF TWDLCDA10DRF	TWDLCAA16DRF TWDLCDA16DRF	TWDLCAA24DRF TWDLCDA24DRF	TWDLCAA40DRF TWDLCDAE40DRF
电气寿命	不低于 100,000 次（额定负载电阻 1800 次/小时）			
机械寿命	不低于 20,000,000 次（额定负载 18,000 次/小时）			
额定负载（阻性/感性）	240VAC/2A,30VDC/2A			
绝缘强度	输出和内部电路之间：1500VAC,1min 输出组（COMs）之间：1500VAC,1min			

附录 4 Twido 系统位一览表

系统位	功能	描　述	初始状态	控　制
%S0	冷启动处理	一般置为 0，下面将其置为 1： ● 电源恢复且数据丢失（电池故障） ● 用户程序或动态监控表编辑器 ● 操作显示器 该位在第一次扫描时被置为 1，在下一次扫描前被系统置为 0	0	S 或 U→S
%S1	热启动	一般置为 0，下面将其置为 1： ● 电源恢复且数据保留 ● 用户程序或动态监控表编辑器 ● 操作显示器 该位在第一次扫描结束时被系统置为 0	0	S 或 U→S
%S4 %S5 %S6 %S7	时基：10ms 时基：100ms 时基：1s 时基：10min	状态变化频率由内部时钟测量。它们与控制器扫描不同步 示例：%S4 5ms 5ms	—	S
%S8	连线测试	初始置为 1，该位用于控制器“非配置”状态测试连线：要修改此位的值，利用操作显示单元改变所需输出状态： ● 置为 1，输出复位 ● 置为 0，连线测试被允许	1	U
%S9	复位输出	一般置为 0。它可以被程序或终端（通过动态监控表编辑器）置为 1： ● 状态为 1 时，若控制器处于运行模式则输出被强制到 0 ● 状态为 0 时，输出被正常更新	0	U

（续）

系统位	功能	描　述	初始状态	控　制
%S10	I/O 故障	一般置为 1。当检测到 I/O 故障时该位被系统置为 0	1	S
%S11	看门狗溢出	一般置为 0。当程序执行时间（扫描时间）超过最大扫描时间（软件看门狗）时该位被系统置为 1。看门狗溢出导致控制器进入暂停状态	0	S
%S12	PLC 处于运行模式	该位表示控制器处于运行状态。系统在控制器运行时将该位置为 1。在停止，初始化，或任何其他状态时置为 0	0	S
%S13	运行的第一个循环	一般置为 0，在控制器变为运行状态后的第一个扫描过程中被系统置为 1	1	S
%S17	容量超出	一般置为 0，它在下列情况被系统置为 1： ● 在循环或移动操作时，系统把此输出位转换为 1。它必须由用户程序在每次可能产生溢出的操作之后测试，溢出发生后由用户复位到 0	0	S→U
%S18	算术溢出或错误	一般置为 0，它在进行运算时出现溢出的情况下被置为 1	0	S→U
%S19	扫描周期溢出（周期扫描）	一般置为 0，该位在扫描周期溢出（扫描时间大于用户在配置中定义或在%SWD 中编程的周期）的情况下被系统置为 1 该位由用户复位到 0	0	S→U
%S20	索引溢出	一般置为 0，它在索引对象的地址小于 0 或大于对象的最大地址范围时被置为 1 它必须由用户程序在每次可能产生溢出的操作之后测试，然后在溢出发生后复位到 0	0	S→U
%S21	GRAFCET 初始化	一般置为 0，下面将其置为 1： ● 冷重启，%S0 = 1 ● 用户程序，且只能在预处理程序部分，使用 Set 指令（S%S21）或设置线圈-(S)-%S21 ● 终端 状态为 1 时，它导致 GRAFCET 初始化。已激活步被停止且激活初始步 它在 GRAFCET 初始化之后被系统复位到 0。	0	U→S
%S22	GRAFCET 复位	一般置为 0，能且只能被程序预处理时置为 1 状态为 1 时它导致全部 GRAFCET 的活动步停止 它在顺控程序开始执行时由系统复位到 0	0	U→S

（续）

系统位	功能	描 述	初始状态	控 制
%S23	GRAFCET预置和冻结	一般置为0,它只能在预处理程序模块由程序置为1。置为1时,它使GRAFCET的预置生效。维持该位在1将冻结GRAFCET(冻结图表)。它在顺控程序开始执行时由系统复位到0以保证GRAFCET表从冻结状态变为活动状态	0	S→U
%S24	操作显示	一般置为0,该位可被用户置为1。 ● 状态为0时,操作显示正常工作 ● 状态为1时,操作显示被冻结,保持当前显示不变,不能闪烁,且停止输入键处理	0	U→S
%S25	选择操作显示器的显示模式	有两种显示模式:数据模式和正常模式。 ● %S25=0,正常模式有效 在第一行,能输入对象名(系统字,内存字,系统位) 第二行显示当前值 ● %S25=1,数据模式有效 在第一行显示%SW68 在第二行显示%SW69 %S25=1,键盘操作无效 注意:Firmware版本V3.0或更高	0	U
%S26	选择显示一有符号或无符号数在操作显示器上	两种类型可选:有符号或无符号 ● %S26=0,有符号数显示有效。(-327687~32767) +/-符号在每行的开头处 ● %S26=1,无符号数显示有效(0~65535) %S26仅当%S25=1时被用 注意:Fimware版本3.0或更高。	0	U
%S31	事件标志	一般为1 ● 状态为0时,事件不能被执行且排队等待 ● 状态为1时,事件可被执行 该位能被用户或系统设为初始状态1(冷起动)	1	U→S
%S38	允许事件进入事件队列	一般为1 ● 置为0时,事件不能进入事件队列 ● 置为1时,一旦检测到事件就将它们放置到事件队列 该位能被用户或系统设为初始状态1(冷起动)	1	U→S

（续）

系统位	功能	描述	初始状态	控制
%S39	事件队列饱和	一般为0 ● 置为0时，所有事件都被报告 ● 置为1时，至少一个事件被丢失 该位可由用户和系统（在冷重启情况下）置为0	0	U→S
%S50	使用字%SW49到%SW53更新日期和时间	一般置为0，该位可被程序或操作显示置为1 ● 置为0时，日期和时间均只可读 ● 置为1时，日期和时间可被更新 控制器内部RTC在%S50下降沿被刷新	0	U→S
%S51	日历时钟状态	一般置为0，该位可被程序或操作显示置为1 ● 置为0时，日期和时间是不可变的 ● 置为1时，日期和时间必须由用户初始化 当该位置为1时，日期时钟的时间数据无数。日期和时间可能从未配置过，电池可能电压低，或控制器RTC修正量不正确（未配置，修正值和保存值不同，或超出范围）。状态1到状态0的转变强制写入修正常量到RTC	0	U→S
%S52	RTC错误	由系统管理的此位表示RTC修正值还未输入，且时间和日期是错误的 ● 置为0时，日期和时间是不可变的 ● 置为1时，日期和时间必须被初始化	0	S
%S59	使用字%SW59更新日期和时间	一般置为0，该位可被程序或操作显示置为1 ● 置为0时，不能管理系统字%SW59 ● 置为1时，日期和时间根据%SW59设置的控制位的上升沿增加或减少	0	U
%S66	BAT LED（电池指示灯）显示激活/关闭（仅有支持外部电池的控制器型号：TWDLCA*40DRF）	该系统位可由用户设定，它允许用户点亮或关掉BAT LED（电池指示灯）： ● 设为0时，BAT LED被激活（在上电时，被系统复位到0） ● 设为1时，BAT LED被关闭（这时即使外部电池电压低或没有外部电池，LED也不被点亮）	0	S或U→S
%S69	用户STAT LED显示	置为0时，STAT LED关断 置为1时，STAT LED打开	0	U
%S75	外部电池状态（仅有支持外部电池的控制器型号：TWDLCA*40DRF）	该系统位由系统设定，它指示外部电池的状态，可由用户读取： ● 设定为0时，外部电池工作正常 ● 设定为1时，外部电池电量低或没装外部电池	0	S

（续）

系统位	功能	描　述	初始状态	控　制
%S95	恢复存储字	当前面存储内存字到内部 EEPROM 时，可以设置该位。完成后系统将该位置回 0 且恢复的内存字数置于%SW97	0	U
%S96	备份程序完成	该位可在任何时刻被读取（被程序读或调整时读），特别是在冷起动或热重启之后 ● 置为 0 时，备份程序无效 ● 置为 1 时，备份程序有效	0	S
%S97	保存%MW 完成	该位可在任何时刻被读取（被程序读或调整时读），特别是在冷起动或热重启之后 ● 置为 0 时，保存%MW 无效 ● 置为 1 时，保存%MW 有效	0	S
%S100	TwidoSoft 通信电缆连接	显示 TwidoSoft 通信电缆是否已连接 ● 置为 1 时，没有连接，TwidoSoft 通信电缆或是 TwidoSoft ● 置为 0 时，TwidoSoft 通信电缆已连接	—	S
%S101	端口地址（Modbus 协议）改变	用系统字%SW101（端口）1%SW102 和（端口 2）来改变端口地址。为改变端口地址，%S101 必须置为 1 ● 置为 0，地址不能被改变。%SW101 和%SW102 的值与当前端口地址相匹配 ● 置为 1，通过改变%SW101（端口 1）和%SW102（端口 2）的值可修改其地址。系统字修改完毕后，%S101 必须被置 0	0	U
%S103 %S104	使用 ASCII 协议	准许在 Comm1（%S103）或 Comm2（%S104）上使用 ASCII 协议。ASCII 协议通过系统字进行配置，%SW103 和%SW105 配置 Comm1，%SW104 和%SW106 配置 Comm2 ● 设定为 0 时，它执行 TwidoSoft 中配置的协议 ● 置为 1，ASCII 协议用于 Comm1（%S103）或 Comm2（%S104），%SW103 和%SW105 必须提前配置好，且用于 Comm1，%SW104 和%SW106 用于 Comm2	0	U
%S110	远程连接交换	由程序或终端将此位复位为 0 ● 对主机，置为 1 表示所有的远程连接交换（仅远程 I/O）完成 ● 对从机，置为 1 表示和主机的交换完成	0	S→U

（续）

系统位	功能	描　述	初始状态	控　制
%S111	单一远程连接交换	● 对主机，置为 0 表示单一远程连接交换完成 ● 对主机，置为 1 表示单一远程连接交换处于进行中	0	S
%S112	连接远程连接	● 对主机，置为 0 表示远程连接处于激活状态 ● 对主机，置为 1 表示远程连接处于非活动状态	0	U
%S113	远程连接配置/操作	● 对主机或从机，置为 0 表示远程连接配置/操作完成 ● 对主机，置为 1 表示其远程连接配置/操作出错 ● 对从机，置为 1 表示其远程连接配置/操作出错	0	S→U
%S118	远程 I/O 出错	一般置为 1。当远程连接检测到 I/O 故障时该位被置为 0	1	S
%S119	本地 I/O 出错	一般置为 1。当检测到 I/O 故障时该位被置为 0。%SW118 决定故障种类 当故障消除时复位到 1	1	S

本 章 小 结

本章从实用的角度出发，以最精炼的篇幅突出介绍了施耐德公司的 Twido 系列 PLC 开发应用指南。主要内容包括：施耐德公司的 Twido 系列 PLC 简介；Twido 系列 PLC 的主要功能；一体型 TWDLCAA40DRF PLC 的主要使用特点；TWDLCAA40DRF 的硬件接线；Twido 系列 PLC 基本指令的编程应用；Twido 编程工具软件介绍；亚龙 YL-100A 综合实验设备简介以及拟开出的实验实训项目等。其目的是在学习掌握了日本三菱公司 FX_{2N} PLC 开发应用的基础上，高效速成，迅速把亚龙 YL-100A 综合实验设备的丰富教学和实践资源也充分利用起来，努力提高机床电气与 PLC 控制的教学和开发应用水平。限于篇幅，本章只不过是最简单的基本应用，更详尽的内容和复杂应用，请参阅施耐德公司有关用户使用手册。

习题与思考题

8-1　试分析和比较施耐德公司的 Twido 系列 PLC 和日本三菱公司的 FX 系列 PLC 有何特点和不同？

8-2　试分析和比较施耐德公司和日本三菱公司的 PLC 编程软件在开发应用上有哪些相同

和不同?

8-3　试分析和比较 TVT9 学习机和 YL-100A 综合实验设备在使用上有哪些相同和不同?

8-4　试分别用施耐德公司的 Twido 系列 PLC 和日本三菱公司的 FX 系列 PLC 完成本课题所要求做的实验和实训内容,并分析和比较它们各自的特点和不足。

8-5　试列表总结日本三菱公司的 FX_{2N} PLC 和施耐德公司的 TWDLCAA40DRF 型 PLC 的硬/软件资源和主要应用功能特点。

附　录

附录 A　电气技术常用电气图形符号和文字符号新旧标准对照表

名称		新标准 图形符号	新标准 文字符号	旧标准 图形符号	旧标准 文字符号
一般三极开关			QS		K
低压断路器			QF		UZ
位置开关	常开触点		SQ(T)		XK
位置开关	常闭触点		SQ(T)		XK
位置开关	复合触点		SQ(T)		XK
熔断器			FU		RD
按钮	起动		SB		AN
按钮	停止		SB		AN
按钮	复合		SB		AN
接触器	线圈		KM		C
接触器	主触点		KM		C
接触器	常开辅助触点		KM		C
接触器	常闭辅助触点		KM		C
速度继电器	常开触点		KS		SDJ
速度继电器	常闭触点		KS		SDJ
时间继电器	线圈		KT		SJ

（续）

名称		新标准 图形符号	新标准 文字符号	旧标准 图形符号	旧标准 文字符号
时间继电器	延时闭合常开触点		KT		SJ
时间继电器	延时断开常闭触点		KT		SJ
时间继电器	延时闭合常闭触点		KT		SJ
时间继电器	延时断开常开触点		KT		SJ
热继电器	线圈		FR（KR）		RJ
热继电器	常闭触点		FR（KR）		RJ
继电器	中间继电器线圈		KA		ZJ
继电器	欠电压继电器线圈		KU		QYJ
继电器	过电压继电器线圈		KU		GYJ
继电器	常开触点		相应继电器符号		相应继电器符号
继电器	常闭触点		相应继电器符号		相应继电器符号

名称		新标准 图形符号	新标准 文字符号	旧标准 图形符号	旧标准 文字符号
继电器	欠电流继电器线圈		KI		QLJ
继电器	过电流继电器线圈		KI		GLJ
转换开关			SA		HK
制动电磁铁			YB		DT
电磁离合器			YC		CH
电位器			RP		W
桥式整流装置			UC		ZL
照明灯			EL		ZD
信号灯			HL		XD
电阻器			R		R
插头和插座			X		CZ
电磁铁			YA		DT
电磁吸盘			YH		DX

（续）

名称	新标准图形符号	新标准文字符号	旧标准图形符号	旧标准文字符号	名称	新标准图形符号	新标准文字符号	旧标准图形符号	旧标准文字符号
串励直流电动机		M		ZD	单相变压器		T		B
并励直流电动机		M		ZD	整流变压器		T		ZLB
他励直流电动机		M		ZD	照明变压器		T		ZB
复励直流电动机		M		ZD	隔离变压器		TC		B
直流发电机		G		ZF	三相自耦变压器		T		ZOB
三相笼型异步电动机		M		D	半导体二极管		V		D
三相绕线转子异步电动机		M		D	PNP 型三极管		V		T
					NPN 型三极管		V		T
					晶闸管		V		SCR

附录 B FX$_{2N}$系列的 PLC 功能指令表

分类	FNC 编号	指令符号	32 位指令	脉冲指令	功　能	FX$_{0S}$	FX$_{0}$	FX$_{0N}$	FX$_{2}$	FX$_{2N}$ FX$_{2C}$
程序流向控制指令	00	CJ	×	√	条件跳转	√	√	√	√	√
	01	CALL	×	√	调用子程序	×	×	×	√	√
	02	SRET	×	×	子程序返回	×	×	×	√	√
	03	IRET	×	×	中断返回	√	√	√	√	√
	04	EI	×	×	允许中断	√	√	√	√	√
	05	DI	×	×	禁止中断	√	√	√	√	√
	06	FEND	×	×	主程序结束	√	√	√	√	√
	07	WDT	×	√	监控定时器刷新	√	√	√	√	√
	08	FOR	×	×	循环开始	√	√	√	√	√
	09	NEXT	×	×	循环结束	√	√	√	√	√
数据比较和传送指令	10	CMP	√	√	比较	√	√	√	√	√
	11	ZCP	√	√	区间比较	√	√	√	√	√
	12	MOV	√	√	传送	√	√	√	√	√
	13	SMOV	×	√	BCD 码移位传送	×	×	×	√	√
	14	CML	√	√	取反传送	×	×	×	√	√
	15	BMOV	×	√	成批传送	×	×	√	√	√
	16	FMOV	√	√	多点传送	×	×	×	√	√
	17	XCH	√	√	数据交换	×	×	×	√	√
	18	BCD	√	√	BCD 变换	√	√	√	√	√
	19	BIN	√	√	BIN 变换	√	√	√	√	√
算术运算与字逻辑运算指令	20	ADD	√	√	BIN 加法	√	√	√	√	√
	21	SUB	√	√	BIN 减法	√	√	√	√	√
	22	MUL	√	√	BIN 乘法	√	√	√	√	√
	23	DIV	√	√	BIN 除法	√	√	√	√	√
	24	INC	√	√	BIN 加 1	√	√	√	√	√
	25	DEC	√	√	BIN 减 1	√	√	√	√	√
	26	WAND	√	√	字逻辑与	√	√	√	√	√
	27	WOR	√	√	字逻辑或	√	√	√	√	√
	28	WXOR	√	√	字逻辑异或	√	√	√	√	√
	29	NEG	√	√	求二进制补码	×	×	×	√	√

（续）

分类	FNC 编号	指令符号	32 位指令	脉冲指令	功　　能	FX_{0S}	FX_0	FX_{0N}	FX_2	FX_{2N} FX_{2C}
循环移位与移位指令	30	ROR	√	√	右循环	×	×	×	√	√
	31	ROL	√	√	左循环	×	×	×	√	√
	32	RCR	√	√	带进位右循环	×	×	×	√	√
	33	RCL	√	√	带进位左循环	×	×	×	√	√
	34	SFTR	×	√	位右移	√	√	√	√	√
	35	SFTL	×	√	位左移	√	√	√	√	√
	36	WSFR	×	√	字右移	×	×	×	√	√
	37	WSFL	×	√	字左移	×	×	×	√	√
	38	SFWR	×	√	先入先出写入	×	×	×	√	√
	39	SFRD	×	√	先入先出读出	×	×	×	√	√
数据处理指令	40	ZRST	×	√	成批复位	×	√	√	√	√
	41	DECO	×	√	解码	×	√	√	√	√
	42	ENCO	×	√	编码	×	√	√	√	√
	43	SUM	√	√	置 ON 位总数	×	×	×	√	√
	44	BON	√	√	ON 位判别	×	×	×	√	√
	45	MEAN	√	√	平均值计算	×	×	×	√	√
	46	ANS	×	×	信号报警器置位	×	×	×	√	√
	47	ANR	×	√	信号报警器复位	×	×	×	√	√
	48	SQR	√	√	平方根计算	×	×	×	√	√
	49	FLT	√	√	BIN 整数→BIN 浮点数转换	×	×	×	√	√
高速处理指令	50	REF	×	√	输入输出刷新	√	√	√	√	√
	51	REFF	×	√	输入滤波器时间常数调整	×	×	×	√	√
	52	MTR	×	×	矩阵输入	×	×	×	√	√
	53	HSCS	√	×	高速计数器比较置位	√	√	√	√	√
	54	HSCR	√	×	高速计数器比较复位	√	√	√	√	√
	55	HSZ	√	×	高速计数器区间比较	×	×	×	√	√
	56	SPD	×	×	速度测量	×	×	×	√	√
	57	PLSY	√	×	脉冲输出*	√	√	√	√	√
	58	PWM	×	×	脉冲宽度调制*	√	√	√	√	√
	59	PLSR	√	×	可调速脉冲输出	×		×		√

（续）

分类	FNC 编号	指令符号	32位指令	脉冲指令	功 能	FX_{0S}	FX_0	FX_{0N}	FX_2	FX_{2N} FX_{2C}
方便指令	60	IST	×	×	状态初始化*	√	√	√	√	√
	61	SER	√	√	数据搜索	×	×	×	√	√
	62	ABSD	√	×	绝对式凸轮顺控*	×	×	×	√	√
	63	INCD	×	×	增量式凸轮顺控*	×	×	×	√	√
	64	TTMR	×	×	示教定时器	×	×	×	√	√
	65	STMR	×	×	特殊定时器	×	×	×	√	√
	66	ALT	×	√	交替输出	√	√	√	√	√
	67	RAMP	×	×	斜坡信号输出	√	√	√	√	√
	68	ROTC	×	×	旋转台控制	×	×	×	√	√
	69	SORT	×	×	数控排序	×	×	×	√	√
外部I/O设备指令	70	TKY	√	×	10键输入*	×	×	×	√	√
	71	HKY	√	×	16键输入*	×	×	×	√	√
	72	DSW	×	×	数字开关输入★	×	×	×	√	√
	73	SEGD	×	√	7段译码	×	×	×	√	√
	74	SEGL	×	×	带锁存的7段显示★	×	×	×	√	√
	75	ARWS	×	×	方向开关*	×	×	×	√	√
	76	ASC	×	×	ASCII码转换	×	×	×	√	√
	77	PR	×	×	ASCII码打印输出*	×	×	×	√	√
	78	FROM	√	√	从特殊功能模块读出	×	×	×	√	√
	79	TO	√	√	向特殊功能模块写入	×	×	×	√	√
外部设备SER指令	80	RS	×	×	RS-232C串行数据通信	×	×	×	√	√
	81	PRUN	√	√	并行通信	×	×	×	√	√
	82	ASCI	×	√	HEX→ASCII码变换	×	×	×	√	√
	83	HEX	×	√	ASCII码→HEX变换	×	×	×	√	√
	84	CCD	×	√	校验码	×	×	×	√	√
	85	VRRD	×	√	模拟量功能扩展板读出	×	×	×	√	√
	86	VRSC	×	√	模拟量功能扩展板开关设定	×	×	×	√	√
	87									
	88	PID	×	√	PID回路运算	×	×	×		√
	89									

（续）

分类	FNC 编号	指令符号	32 位指令	脉冲指令	功能	FX_{0S}	FX_0	FX_{0N}	FX_2	FX_{2N} FX_{2C}
浮点数运算指令	110	ECMP	√	√	二进制浮点数比较	×	×	×		√
	111	EZCP	√	√	二进制浮点数区间比较	×	×	×		√
	118	EBCD	√	√	二进制浮点数→十进制浮点数	×	×	×		√
	119	EBIN	√	√	十进制浮点数→二进制浮点数	×	×	×		√
	120	EADD	√	√	二进制浮点数加法	×	×	×		√
	121	ESUB	√	√	二进制浮点数减法	×	×	×		√
	122	EMUL	√	√	二进制浮点数乘法	×	×	×		√
	123	EDIV	√	√	二进制浮点数除法	×	×	×		√
	127	ESQR	√	√	二进制浮点数开平方	×	×	×		√
	129	INT	√	√	二进制浮点数→二进制整数	×	×	×		√
	130	SIN	√	√	二进制浮点数正弦函数	×	×	×		√
	131	COS	√	√	二进制浮点数余弦函数	×	×	×		√
	132	TAN	√	√	二进制浮点数正切函数	×	×	×		√
	147	SWP	√	√	高低字节交换	×	×	×		√
时钟运算指令	160	TCMP	×	√	时钟数据比较		×	×		√
	161	TZCP	×	√	时钟数据区间比较	×	×	×		√
	162	TADD	×	√	时钟数据加法	×	×	×		√
	163	TSUB	×	√	时钟数据减法	×	×	×		√
	166	TRD	×	√	时钟数据读出	×	×	×		√
	167	TWR	×	√	时钟数据写入	×	×	×		√
变换指令	170	GRY	√	√	二进制→格雷码	×	×	×		√
	171	GBIN	√	√	格雷码→二进制	×	×	×		√
触点型比较指令	224	LD =	√	×	(S1) = (S2)时运算开始的触点接通	×	×	×		√
	225	LD >	√	×	(S1) > (S2)时运算开始的触点接通	×	×	×		√
	226	LD <	√	×	(S1) < (S2)时运算开始的触点接通	×	×	×		√
	228	LD < >	√	×	(S1) ≠ (S2)时运算开始的触点接通	×	×	×		√
	229	LD≤	√	×	(S1) ≤ (S2)时运算开始的触点接通	×	×	×		√
	230	LD≥	√	×	(S1) ≥ (S2)时运算开始的触点接通	×	×	×		√
	232	AND =	√	×	(S1) = (S2)时串联触点接通	×	×	×		√
	233	AND >	√	×	(S1) > (S2)时串联触点接通	×	×	×		√
	234	AND <	√	×	(S1) < (S2)时串联触点接通	×	×	×		√

（续）

分类	FNC编号	指令符号	32位指令	脉冲指令	功能	FX_{0S}	FX_0	FX_{0N}	FX_2	FX_{2N} FX_{2C}
触点型比较指令	236	AND < >	√	×	(S1)≠(S2)时串联触点接通	×	×	×		√
	237	AND≤	√	×	(S1)≤(S2)时串联触点接通	×	×	×		√
	238	AND≥	√	×	(S1)≥(S2)时串联触点接通	×	×	×		√
	240	OR =	√	×	(S1)=(S2)时并联触点接通	×	×	×		√
	241	OR >	√	×	(S1)>(S2)时并联触点接通	×	×	×		√
	242	OR <	√	×	(S1)<(S2)时并联触点接通	×	×	×		√
	244	OR < >	√	×	(S1)≠(S2)时并联触点接通	×	×	×		√
	245	OR≤	√	×	(S1)≤(S2)时并联触点接通	×	×	×		√
	246	OR≥	√	×	(S1)≥(S2)时并联触点接通	×	×	×		√

注：“×”表示不可以使用该功能指令，“√”表示可以使用该功能指令，＊表示程序中可使用1次，★表示程序中可使用2次。FX_0、FX_{0N}系列中无脉冲执行指令。

参考文献

[1] 高安邦，等. 机电一体化系统设计禁忌 [M]. 北京：机械工业出版社，2007.

[2] 高安邦. 典型电线电缆设备电气控制 [M]. 北京：机械工业出版社，1996.

[3] 张海根，高安邦. 机电传动控制 [M]. 北京：高等教育出版社，2001.

[4] 朱伯欣. 德国电气技术 [M]. 上海：上海科学技术文献出版社，1992.

[5] 朱立义. 冷冲压工艺与模具设计 [M]. 重庆：重庆大学出版社，2006.

[6] 张立勋. 电气传动与调速系统 [M]. 北京：中央广播电视大学科学出版社，2005

[7] 徐建俊. 电机与电气控制 [M]. 北京：清华大学出版社，2004.

[8] 徐建俊. 电工考工实训教程 [M]. 北京：北京交通大学出版社，2005.

[9] 徐建俊. 机电设备控制与维修 [M]. 北京：电子工业出版社，2002.

[10] 史国生. 电气控制与可编程控制器技术 [M]. 北京：化学工业出版社，2004.

[11] 张万忠. 可编程控制器应用技术 [M]. 2 版. 北京：化学工业出版社，2005.

[12] 贺哲荣，石帅军. 流行 PLC 实用程序及设计 [M]. 西安：西安电子科技大学出版社，2006.

[13] 王卫兵,高峻山. 可编程控制器原理及应用[M]. 北京:机械工业出版社,2002.

[14] 江秀汉，李萍，薄保中. 可编程控制器原理及应用 [M]. 西安：西安电子科技大学出版社. 2000.

[15] 刘敏. 可编程控制器技术 [M]. 北京：机械工业出版社，2001.

[16] 台方，耿红旗，吕冬艳，等. 可编程控制器应用教程 [M]. 北京：中国水利水电出版社，2001.

[17] 夏幸明. 可编程控制器计数及应用 [M]. 北京：北京理工大学出版社，2001.

[18] 郑瑜平. 可编程控制器 [M]. 北京：北京航空航天大学出版社，2000.

[19] 漆汉宏. PLC 电气控制技术 [M]. 北京：机械工业出版社，2007.

[20] 李道霖. 电气控制与 PLC 原理及应用 [M]. 北京：电子工业出版社，2004.

[21] 周美兰，等. PLC 电气控制与组态设计 [M]. 北京：科学出版社. 2003.

[22] 黄云龙. 可编程控制器教程 [M]. 北京：科学出版社. 2003.

[23] 尹昭辉，姜福详，高安邦. 数控机床的机电一体化改造设计 [J]. 电脑学习，2006（4），8—10.

[24] 高安邦，杜新芳，高云. 全自动钢管表面除锈机 PLC 控制系统 [J]. 电脑学习，1998（5）.

[25] 邵俊鹏，高安邦，司俊山. 钢坯高压水除鳞设备自动检测及 PLC 控制系统 [J]. 电脑学习，1998（3）.

[26] 赵莉，高安邦. 全自动集成式燃油锅炉燃烧器的研制 [J]. 电脑学习，1998（2）.

[27] 马春山，智淑亚，高安邦. 现代化高速话缆绝缘线芯生产线的电控（PLC）系统设计 [J]. 基础自动化，1996（4）.

[28] 高安邦，崔永焕，崔勇. 同位素分装机 PLC 控制系统 [J]. 电脑学习，1995（4）.